高等学校“十三五”规划教材

化工自动化及仪表

（工艺类专业适用）

第二版

张光新　杨丽明　王会芹　编著

化学工业出版社

·北京·

《化工自动化及仪表》以控制系统、检测技术、控制装置为主体，并辅以计算机控制系统的应用实例，全书共分11章。第1、2章介绍自动控制基础知识，第3章介绍检测技术与检测仪表，第4、5章介绍控制器与计算机控制装置，第6章介绍执行器，第7～9章介绍简单控制系统、复杂控制系统、新型控制系统，第10、11章介绍典型化工单元的控制与计算机控制系统的应用。

《化工自动化及仪表》丰富了自控系统理论基础方面的知识，对新概念、新技术、新系统、新装置、新方法作了全面的阐述。

《化工自动化及仪表》适用于化工、炼油、轻工、冶金、制药、林化工等工艺类专业本科生、专科生及相关专业工程技术人员。

图书在版编目(CIP)数据

化工自动化及仪表/张光新，杨丽明，王会芹编著．—2版．—北京：化学工业出版社，2016.3 （2025.1重印）
高等学校“十三五”规划教材．工艺类专业适用
ISBN 978-7-122-26152-6

Ⅰ．①化… Ⅱ．①张…②杨…③王… Ⅲ．①化工仪表-高等学校-教材②化工过程-自动控制-高等学校-教材 Ⅳ．①TQ056

中国版本图书馆CIP数据核字（2016）第015068号

责任编辑：唐旭华　　装帧设计：张　辉
责任校对：王素芹

出版发行：化学工业出版社（北京市东城区青年湖南街13号　邮政编码100011）
印　　装：河北延风印务有限公司
787mm×1092mm　1/16　印张18¼　字数500千字　2025年1月北京第2版第11次印刷

购书咨询：010-64518888　　售后服务：010-64518899
网　　址：http：//www.cip.com.cn
凡购买本书，如有缺损质量问题，本社销售中心负责调换。

定　　价：45.00元

前　言

伴随着科学技术的迅速发展，自动化技术已成为当今举世瞩目的高技术之一，涉及人类生产、生活、国防、科研等领域的各个层面，是信息时代的一大标志。

自动化技术的进步极大地推动了工业生产的飞速发展，随着生产过程的大型化、复杂化，各种类型的自动控制系统已经成了现代工业生产实现安全、高效、优质、低耗的基本条件和重要保证。因此，对工艺类专业的工程技术人员来说，学习和掌握必要的自动化知识，对于管理与开发现代化生产过程是十分重要的。

《化工自动化及仪表》是一本适用于化工、炼油、轻工、冶金等工艺类专业本、专科学生的自动化教材。本书的指导思想是结合信息时代的特点，在介绍传统自动控制基础知识的同时，对新概念、新技术、新系统、新装置、新方法作了全面的阐述，以适应自动化理论、自动化技术、计算机技术、检测技术的新发展。

《化工自动化及仪表》是国家级教改项目（世行贷款）《化工类专业创新人才培养模式、教学内容、教学方法和教学技术改革的研究与实施》的研究成果之一。全书以控制系统、检测技术、控制装置为主线，并辅以计算机控制系统的应用实例，共分为 11 章。第 1 章对系统组成、系统分类、系统的过渡过程以及传递函数等一些基本概念进行介绍，为后面章节的学习做准备。与同类教材相比，本章引入了传递函数和方块图这一基本概念，并对为什么要引入传递函数及方块图这一基本概念进行了说明。第 2 章介绍系统各组成环节的特性及其对控制质量的影响。在这一章中，除了对被控对象数学模型的建立、对象特性及其对过渡过程的影响进行介绍外，还引入了测量变送、执行器、控制器等其他三个环节特性的分析，使读者对系统特性有一个完整的了解。第 3 章在简要介绍测量与测量仪表共性的基础上，介绍了常用被测参数的检测方法、检测原理、仪表外特性、仪表选型方法等，并引入了软测量技术和安全仪表系统的介绍。第 4 章着重介绍数字式控制器及可编程调节器的工作原理、特点及外特性，删除了 DDZ-Ⅲ型调节器方面的内容。第 5 章介绍工业控制计算机、可编程序控制器、集散控制系统、现场总线控制系统、工业以太网等计算机控制装置方面的内容，本章强调的是原理性的、具有共性的内容，避免在某种控制系统或某组态软件上花大量篇幅进行介绍的编写方法。第 6 章介绍执行器的作用、分类、工作原理、选择与安装等方面的内容，与其他同类教材相比，本章除加重对电动执行器机构的介绍外，还引入了智能式电动执行机构的介绍。第 7 章介绍简单控制系统的组成、设计、投运与整定，本章引入了一种新的控制器正、反作用的选择方法。第 8 章介绍串级、均匀、比值、选择、分程、前馈、多冲量等复杂控制系统的组成、特点与应用场合。第 9 章介绍了解耦、推断、自适应、预测、模糊、神经元网络、智能控制与专家系统等先进控制系统的基本概念。第 10 章介绍典型化工操作单元的控制方案。第 11 章介绍计算机控制系统的应用，对计算机控制系统的设计原则、设计程序、设计方法进行阐述，并对 PLC、DCS、FCS 等系统的应用进行举例，本章系统地介绍了计算机控制系统的工程设计与实施方面内容，力求使读者掌握计算机控制系统的应用方法。书后附有部分习题的参考答案。

为方便教学，《化工自动化及仪表》配套的电子教案可免费提供给采用本书作为教材的大专院校使用。如有需要，请发电子邮件至 cipedu@163. com。

由浙江大学、北京化工大学、华东理工大学等联合编写的《化工仪表及自动化例题习题集》（第三版）内容基本上覆盖了目前化学工业出版社已经出版的同类教材的所有习题与思考题，除了对主要的习题给出了详细的题解外，还列举了部分例题进行了深入的分析，以使该课程的任课教师与学生能更好地理解教材的内容与要点，欢迎广大师生及读者选用。

本书的编写得到了浙江大学周泽魁、黄志尧、张宏建三位教授以及浙江工程设计有限公司徐立伟高级工程师的大力支持和热情帮助，在此表示衷心的感谢。

由于编著者水平有限，书中难免存在不足之处，恳请读者批评指正。

编著者

2015 年 12 月

目　　录

1 自动控制系统概述

在工业生产过程中采用自动控制装置，部分或全部地取代人工操作，使生产在不同程度上自动地进行，这种用自动化装置来操纵和管理生产过程的办法，称为工业自动化。工业自动化一般主要包括自动检测、自动控制、自动保护、自动操纵等方面的内容。

本章首先介绍自动控制的一些基本概念，如系统组成、工作原理、动态及反馈，以及过渡过程的品质指标、传递函数等，为后面章节的学习提供必要的基础知识。

1.1 自动控制系统的组成

自动控制系统是在人工控制的基础上产生和发展起来的。为对自动控制有一个更加清晰的了解，下面对人工操作与自动控制作一个对比与分析。

图 1-1 所示是一个液体贮槽，在生产中常用来作为一般的中间容器或成品罐。从前一个工序出来的物料连续不断地流入槽中，而槽中的液体又送至下一工序进行加工或包装。当流入量 Q_i（或流出量 Q_o）波动时会引起槽内液位的波动，严重时会溢出或抽空。解决这个问题的最简单办法，是以贮槽液位为操作指标，以改变出口阀门开度为控制手段，如图 1-1 所示。当液位上升时，操作人员可以将出口阀门开大，液位上升越多，阀门开得越大；反之，当液位下降时，则关小出口阀门，液位下降越多，阀门关得越小。归纳起来，操作人员所进行的工作有以下三个方面。

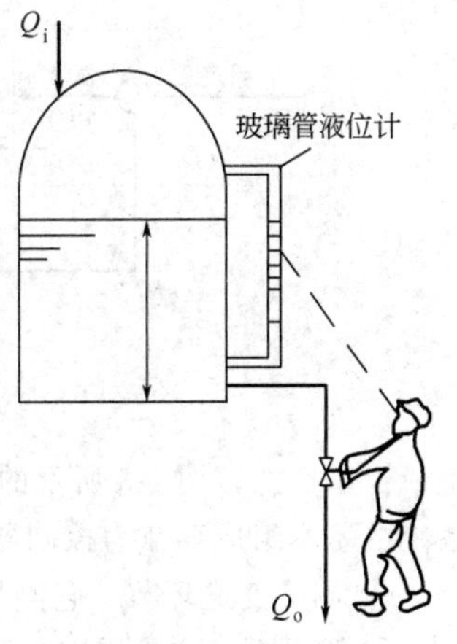

图 1-1 液位人工控制

① 检测 用眼睛观察玻璃管液位计（测量元件）中液位的高低。

② 运算、命令 大脑根据眼睛看到的液位高度，与要求的液位值进行比较，得出偏差的大小和正负，然后根据操作经验，经思考、决策后发出命令。

③ 执行 根据大脑发出的命令，用手去改变阀门开度，以改变出口流量 Q_o，使液位保持在所需高度上。

眼、脑、手三个器官，分别担负了检测、运算/决策和执行三个任务，来完成测量偏差、操纵阀门和纠正偏差的全过程。

若采用一套自动控制装置来取代上述人工操作，就称为液位自动控制。自动化装置和液体贮槽一起，构成了如图 1-2 所示的自动控制系统。

为以后叙述的方便，下面结合图 1-2 的例子介绍几个常用术语。

① 被控对象 需要实现控制的设备、机械或生产过程称为被控对象，简称对象，如图 1-2 中的液体贮槽。

② 被控变量 对象内要求保持一定数值（或按某一规律变化）的物理量称为被控变量，如图 1-2 中的液位。

③ 控制变量（操纵变量） 受执行器控制，用以使被控变量保持一定数值的物料或能量称为控制变量或操纵变量，如图 1-2 所示的出料流量。

④ 干扰（扰动） 除控制变量（操纵变量）以外，作用于对象并引起被控变量变化的一切其

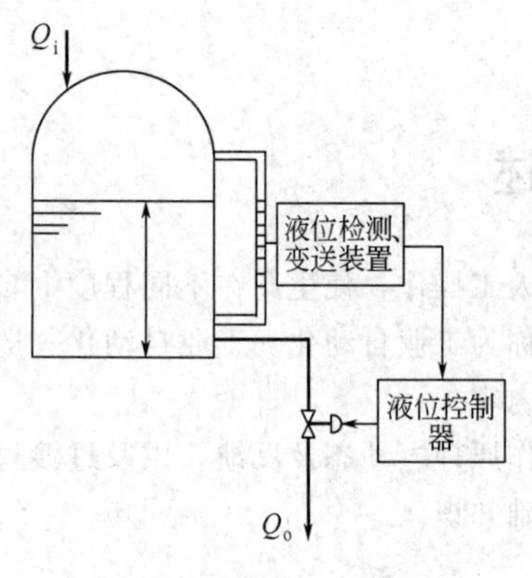

图 1-2　液位自动控制

他因素称为干扰，如图 1-2 中的流入贮槽的液体流量。

⑤ 设（给）定值　工艺规定被控变量所要保持的数值，如图 1-2 中的液位高度。

⑥ 偏差　偏差本应是设定值与被控变量的实际值之差，但能获取的信息是被控变量的测量值而非实际值，因此，在控制系统中通常把设定值与测量值之差定义为偏差。

图 1-2 所示的液位自动控制系统可用图 1-3 的方块图来表示。每个方块表示组成系统的一个环节，两个方块之间用一条带箭头的线条表示其相互间的信号联系，箭头表示进入还是离开这个方块，线上的字母表示相互间的作用信号。

由图 1-3 可见，图 1-2 所示的液位自动控制系统由控制器（含比较环节）、执行器、被控对象及测量、变送环节四部分

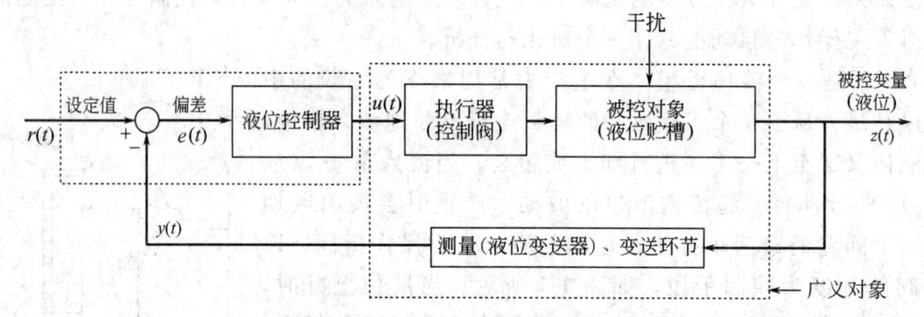

图 1-3　自动控制系统方块图

组成。事实上，图 1-3 所示的结构也就是一个典型的简单控制系统的基本组成。因此，一个控制系统的基本组成环节为控制器、执行器、测量/变送环节及被控对象，各部分的功能如下。

① 测量变送环节　它测量被控变量 $z(t)$，并将被控变量转换为特定的信号 $y(t)$。

② 控制器　它接受来自于变送器的信号，与设定值进行比较得出偏差 $e(t)=r(t)-y(t)$，并根据一定的规律进行运算，然后将运算结果用特定的信号发送出去。比较环节是控制器的一个组成部分。

③ 执行器　它根据控制器送来的信号相应地改变控制变量的流量，以达到控制被控变量的目的。

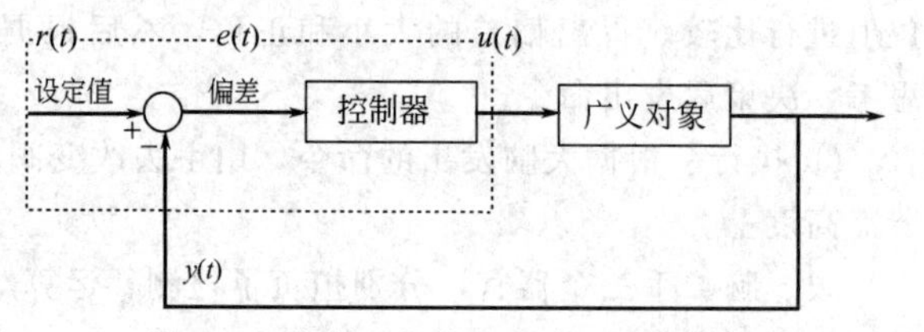

图 1-4　控制器与广义对象之间的关系

图中执行器、被控对象及测量、变送环节统称为广义对象，则图 1-3 又可用图 1-4 所示的方块图表示。

1.2　自动控制系统的分类

自动控制系统有多种分类方法。按系统的反馈形式可以分为开环控制系统与闭环控制系统；按系统的结构形式可以分为简单控制系统与复杂控制系统；按系统的给定值可以分为定值控制系统、随动控制系统和程序控制系统。

1.2.1　定值控制系统

给定值恒定不变的闭环控制系统称为定值控制系统。在生产过程中，若工艺要求被控变量为恒定值，那么，就需要采用定值控制系统。图 1-2 所示的液位控制系统就是定值控制系统。其目

的是为了使贮槽内的液位保持恒定。

1.2.2 随动控制系统

随动控制系统又称自动跟踪系统，这类系统的特点是给定值不断变化，而这种变化不是预先规定好的，也就是说，给定值是随机变化的。随动控制的目的是使被控变量准确、快速地跟随给定值的变化。例如军事领域的导弹制导系统、航空领域的导航雷达系统等都是随动控制的例子。在化工生产中，比值控制系统就属于随动控制系统。

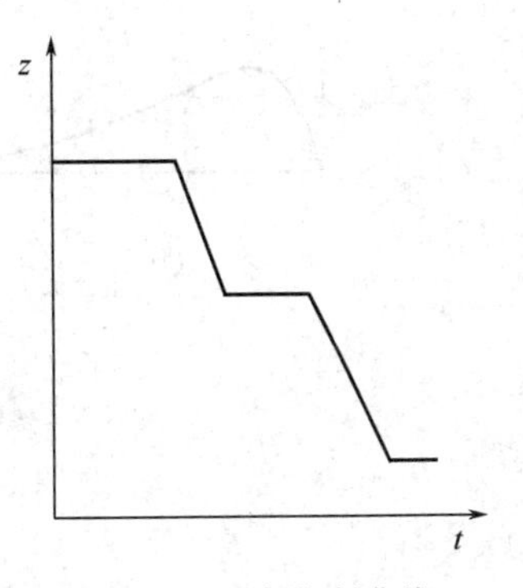

图 1-5 程序控制曲线

1.2.3 程序控制系统

这类控制系统的给定值是变化的，但它是一个已知的时间函数，即被控变量按一定的时间程序变化，如图 1-5 所示。

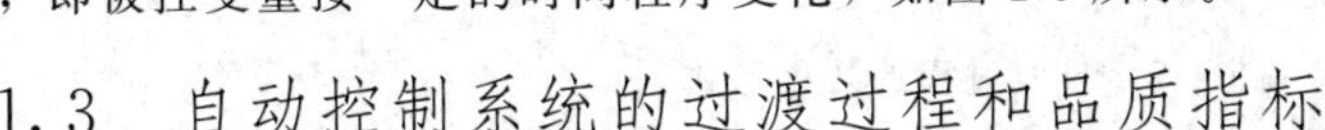

1.3 自动控制系统的过渡过程和品质指标

1.3.1 系统的稳态和动态

① 稳态 被控变量不随时间变化的平衡状态称为系统的稳态。在这种状态下，自控系统的输入和输出均保持原有的状态不变，整个控制系统处于相对稳定的平衡状态，系统各组成环节的输入、输出信号也都处于相对的静止状态，即各环节信号的变化率为零。此时输入与输出的关系称为稳态特性。

这里所谓的稳态并不是指物料不流动或能量不交换，而是指物料的流动和能量的交换达到了动态平衡。如图 1-2 所示的液位贮槽的流入量等于贮槽的流出量时，贮槽的液位就达到了相对平衡状态，即所谓的系统处于稳态。

② 动态 被控变量随时间变化的不平衡状态称为系统的动态。在这种状态下，系统各环节的输入、输出信号都处于变化的过程之中。此时输入与输出的关系称为动态特性。此时由于系统各环节的输入是变化的，所以系统的被控变量及各环节的输出信号也是变化的。

在定值控制中，扰动不断使被控变量偏离设定值，控制作用也就不断克服其影响，系统总是处于动态过程中。同样，在随动或程序控制系统中，设定值不断变化，系统也总是处于动态过程中。所以，在自动控制中，了解系统的动态特性比了解系统的稳态特性更为重要。

1.3.2 系统的过渡过程

自动控制的目的是使被控变量保持在设定值上。但在实际生产过程中，总是会有干扰存在，使系统偏离平衡状态，处于动态之中，而控制作用又使系统回复到平衡状态。系统从偏离平衡的状态回复到平衡状态的过程称为过渡过程。了解过渡过程中被控变量的变化规律对于研究自动控制系统是十分重要的。

被控变量的变化规律取决于系统的特性和作用于系统的干扰形式。在生产中，出现的干扰是没有固定形式的，多数属于随机性质。在分析和设计控制系统时，为了方便，常选择一些定型的干扰形式，其中常用的是图 1-6 所示的阶跃干扰。采用阶跃干扰的形式来研究自动控制系统是因为考虑到这种形式的干扰比较突然，它对被控变量的影响较大。如果一个控制系统能够有效地克服这种类型的干扰，那么对于其他较缓和的干扰也能较好地克服。同时，这种干扰的形式简单，容易实现，便于分析、实验和计算。

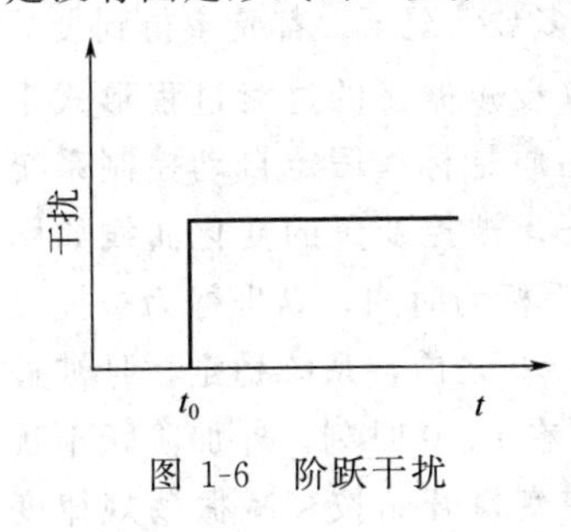

图 1-6 阶跃干扰

一般来说，自动控制系统在阶跃干扰作用下的过渡过程有图 1-7所示的几种基本形式。

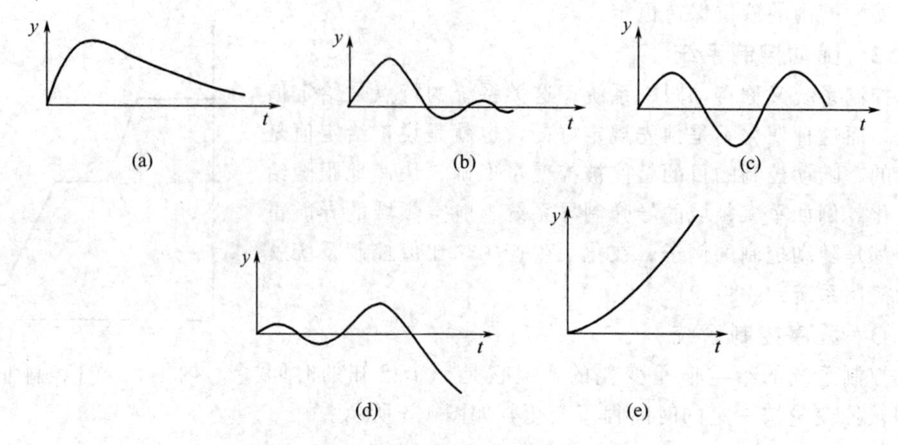

图 1-7 过渡过程的几种形式

① 非周期衰减过程　被控变量在给定值的某一侧作缓慢变化，没有来回波动，最后稳定在某一数值上，这种过渡过程形式为非周期衰减过程，如图 1-7（a）所示。

② 衰减振荡过程　被控变量上下在给定值附近波动，但幅度逐渐减小，最后稳定在某一数值上，这种过渡过程形式为衰减振荡过程，如图 1-7（b）所示。

③ 等幅振荡过程　被控变量在给定值附近来回波动，且波动幅度保持不变，这种情况称为等幅振荡过程，如图 1-7（c）所示。

④ 发散振荡过程　被控变量来回波动，且波动幅度逐渐变大，即偏离给定值越来越远，这种情况称为发散振荡过程，如图 1-7（d）所示。

⑤ 单调发散过程　被控变量虽不振荡，但偏离原来的平衡点越来越远，如图 1-7（e）所示。

以上过渡过程的五种形式可以归纳为三类（参照图 1-7）。

① 衰减过程　过渡过程形式（a）和（b）都是衰减的，称为稳定过程。被控变量经过一段时间后，逐渐趋向原来的或新的平衡状态，这是所希望的。对于非周期的衰减过程，由于这种过渡过程变化较慢，被控变量在控制过程中长时间地偏离给定值，而不能很快恢复平衡状态，所以一般不采用，只是在生产上不允许被控变量有波动的情况下才采用。

② 等幅振荡过程　过渡过程形式（c）介于不稳定与稳定之间，一般也认为是不稳定过程，生产上不能采用。只是对于某些控制质量要求不高的场合，如果被控变量允许在工艺许可的范围内振荡，那么这种过渡过程的形式是可以采用的。

③ 发散过程　过渡过程形式（d）、（e）是发散的，为不稳定的过渡过程，其被控变量在控制过程中，不但不能达到平衡状态，而且逐渐远离给定值，它将导致被控变量超越工艺允许范围，严重时会引起事故，这是生产上所不允许的，应竭力避免。

1.3.3 描述系统过渡过程的品质指标

控制系统的过渡过程形式是衡量控制系统品质的依据。由于在多数情况下，都希望得到衰减振荡过程，所以取衰减振荡的过渡过程形式来讨论控制系统的品质指标。假定自动控制系统在阶跃输入作用下，被控变量的变化曲线如图 1-8 所示。图上横坐标为时间，纵坐标为被控变量。假定在时间 $t=0$ 之前，系统稳定，且被控变量等于给定值，在 $t=0$ 时刻，外加阶跃干扰作用，系统的被控变量开始按衰减振荡规律变

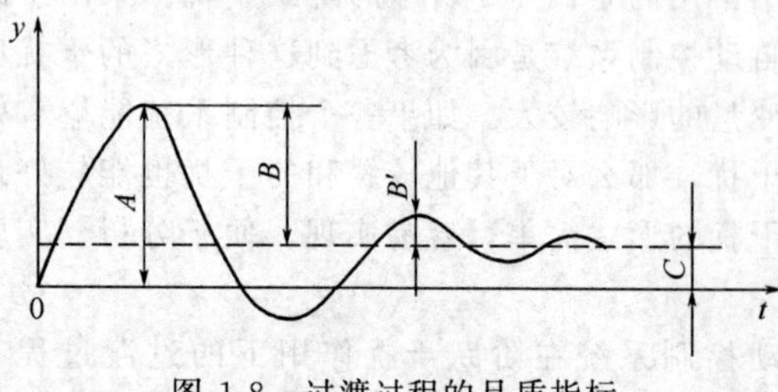

图 1-8 过渡过程的品质指标

化，然后逐渐稳定在 C 值上。

对于如图 1-8 所示的过渡过程一般采用下列品质指标来评价控制系统的质量。

1.3.3.1 最大偏差或超调量

最大偏差是指在过渡过程中，被控变量偏离给定值的最大数值。在衰减振荡过程中，最大偏差就是第一个波的峰值，在图 1-8 中以 A 表示。最大偏差表示系统瞬间偏离给定值的最大程度。若偏离越大，偏离的时间越长，对稳定正常生产越不利。一般来说，最大偏差以小为好，特别是对于一些有约束条件的系统，如化学反应器的化合物爆炸极限、触媒烧结温度极限等，都会对最大偏差的允许值有所限制。同时考虑到干扰会不断出现，当第一个干扰还未清除时，第二个干扰可能又出现了，偏差有可能是叠加的，这就更需要限制最大偏差的允许值。所以，在决定最大偏差允许值时，应根据工艺情况慎重选择。

有时也可以用超调量来表征被控变量偏离给定值的程度。在图 1-8 中超调量以 B 表示。从图中可以看出，超调量是第一峰值 A 与新稳定值 C 之差，即 $B=A-C$。如果系统的新稳态值等于给定值，那么最大偏差 A 也就与超调量 B 相等。超调量习惯上用百分数 σ 来表示。

$$\sigma=\frac{B}{C}\times 100\% \tag{1-1}$$

1.3.3.2 衰减比 n

衰减比指前后相邻两个峰值之比。在图 1-8 中，衰减比 $n=B/B'$。若 $n>1$，过渡过程是衰减振荡过程；若 $n=1$，过渡过程是等幅振荡过程；若 $n<1$，过渡过程是发散振荡过程。

要满足控制要求，n 必须大于 1。若 n 虽然大于 1，但只比 1 稍大一点，则过渡过程接近于等幅振荡过程，由于这种过程不易稳定、振荡过于频繁，一般不采用。如果 n 很大，则又太接近于非振荡过程，过渡过程过于缓慢，通常这也是不希望的。一般 n 取（4∶1）～（10∶1）之间为宜。因为衰减比在（4∶1）～（10∶1）之间时，过渡过程开始阶段的变化速度比较快，被控变量在同时受到干扰作用和控制作用的影响后，能比较快地达到一个峰值，然后马上下降，又较快地达到一个低峰值，而且第二个峰值明显低于第一个峰值。当操作人员看到这种现象后，心里就比较踏实，因为操作人员知道被控变量再振荡数次后就会很快稳定下来不会出现太高或太低的现象，更不会远离给定值以致造成事故。尤其在反应比较缓慢的情况下，衰减振荡过程的这一特点尤为重要。对于这种系统，如果过渡过程接近于非振荡的衰减过程，操作人员很可能在较长时间内，都只看到被控变量一直上升（或下降），就会怀疑被控变量会继续上升（或下降）不止，由于这种焦急的心情，很可能会进行干预。假若一旦出现这种情况，那么就等于给系统施加了人为的干扰，有可能使被控变量离开给定值更远，使系统处于难以控制的状态。所以，选择衰减振荡过程并规定衰减比在（4∶1）～（10∶1）之间，是根据多年的实践经验总结得出的结论。

1.3.3.3 余差

过渡过程终了时，被控变量新稳态值与设定值之差称为余差。或者说余差就是过渡过程终了时存在的残余偏差，在图 1-8 中用 C 表示。给定值是生产的技术指标，所以，被控变量越接近给定值越好，亦即余差越小越好。但实际生产中，也并不是要求任何系统的余差都很小，如一般贮槽的液位调节要求就不高，这种系统往往允许液位有较大的变化范围，余差就可以大一些。又如化学反应器的温度控制，一般要求比较高，应当尽量消除余差。所以，对余差大小的要求，必须结合具体系统作具体分析，不能一概而论。

1.3.3.4 过渡时间

从干扰信号作用开始，到系统重新建立平衡为止，过渡过程所经历的时间称为过渡时间。从理论上讲，要完全达到新的平衡状态需要无限长的时间。实际上，当被控变量接近于新稳态值的

±5%（或±2%）的偏差范围内且不再越出时为止所经历的时间，可计为过渡时间。过渡时间短，表示过渡过程进行得比较迅速，这时即使干扰频繁出现，系统也能适应；反之，过渡时间太长，前一个干扰引起的过渡过程尚未结束，后续干扰就已经出现，这样，几个干扰的影响叠加起来，就可能使系统满足不了生产的要求。

1.3.3.5 振荡周期或频率

过渡过程同向两波峰（或波谷）之间的时间间隔称为振荡周期或工作周期，其倒数称为振荡频率。一般希望振荡周期短一些。

除上述品质指标外，还有一些次要的品质指标，其中振荡次数，是指在过渡过程内被控变量振荡的次数。所谓“理想过渡过程两个波”，就是指过渡过程振荡两次就能稳定下来，它在一般情况下，可认为是较为理想的过程。另外，上升时间也是一个品质指标，它是指干扰开始作用起至第一个波峰时所需要的时间，显然，上升时间以短一些为好。

综上所述，过渡过程的品质指标主要有：最大偏差、衰减比、余差、过渡时间等。这些指标在不同的系统中各有其重要性。因此，应根据具体情况分清主次，区别轻重，对那些对生产过程有决定性意义的主要品质指标应优先予以保证。另外，对一个系统提出的品质要求和评价一个控制系统的质量，都应该从实际需要出发，不应过分偏高偏严，否则就会造成人力物力的巨大浪费，有时甚至根本无法实现。

例 1-1 某换热器的温度调节系统在单位阶跃干扰作用下的过渡过程曲线如图 1-9 所示。试分别求出最大偏差、余差、衰减比、振荡周期和过渡时间（给定值为 200℃）。

解 （1）最大偏差：$A=230-200=30$（℃）。

（2）余差 $C=205-200=5$（℃）。

（3）第一个波峰值 $B=230-205=25$（℃），第二个波峰值 $B'=210-205=5$（℃），衰减比 $n=25:5=5:1$。

（4）振荡周期为同向两波峰之间的时间间隔，故周期 $T=20-5=15$（min）。

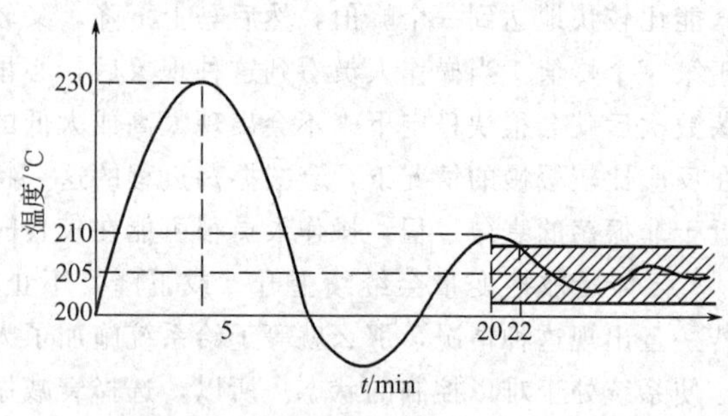

图 1-9 温度控制系统过渡过程曲线

（5）过渡时间与规定的被控变量限制范围大小有关，假定被控变量进入设定值±2%的偏差范围内就可以认为过渡过程已经结束，那么限制范围为 200×(±2%)=±4(℃)，这时，可在新稳态值（205℃）两侧以宽度为±4℃画一区域，图 1-9 中以画有阴影线的区域表示，只要被控变量进入这一区域且不再越出，过渡过程就可以认为已经结束。因此，从图上可以看出，过渡时间为 22min。

1.4 传递函数和方块图

1.4.1 问题的引入

分析和研究控制系统，实际上就是要分析、研究组成系统的各环节的特性，以及由这些环节组合而成的系统的特性。系统特性也就是系统输入与输出之间的关系。在知道系统特性之后，就可以知道在以某一规律变化的输入的作用下，系统的输出（即被控变量）是怎样变化的、是否稳定、最终稳态值是多少、是否符合生产要求等问题。了解这些问题，对于设计、投运控制系统是非常重要的。

本书所研究的范围仅限于线性系统，即组成系统的各环节的输入与输出之间为线性关系。如果系统组成如图 1-3 所示，图中所示的各环节特性都可用线性微分方程来描述，则在已知各环节特性的基础上，联立求解微分方程组，就可得到整个控制系统的特性。

但求解表征其特性的微分方程或微分方程组是比较繁琐的，而且在分析多个单元或环节组成的复杂系统时很不方便。采用拉普拉斯变换可以将微分方程转化为代数方程以便于运算。而传递函数及方块图变换则是在拉普拉斯变换的基础上，为了使自控系统的分析更为方便而引入的一种概念和分析方法。

1.4.2 拉普拉斯变换

1.4.2.1 拉普拉斯变换的定义

拉普拉斯变换将以时间 t 为自变量的函数 $f(t)$ 转换为以复数 s 为自变量的函数 $F(s)$。其定义如下：若函数 $f(t)$ 在 s 复数平面是收敛的，则定义

$$F(s)=L[f(t)]=\int_0^{\infty} f(t)e^{-st}dt \tag{1-2}$$

$F(s)$ 称为函数 $f(t)$ 的象函数，$f(t)$ 称为 $F(s)$ 的原函数。

不难验证，只要在 $t\to\infty$ 的过程中，$|f(t)|$ 项多按指数式 $e^{s_0 t}$（s_0 为有限实数）增长，则总可以选取实部足够大的 s 使积分收敛。

1.4.2.2 常用函数的拉普拉斯变换式

① 阶跃函数 $f(t)=\begin{cases}0, & t<0\\ A, & t\geqslant 0\end{cases}$ 的象函数　根据定义 (1-3)

$$F(s)=\int_0^{\infty} Ae^{-st}dt=\frac{A}{s} \tag{1-4}$$

对于单位阶跃函数，即 $A=1$ 时

$$F(s)=\frac{1}{s} \tag{1-5}$$

② 斜坡函数 $f(t)=\begin{cases}0, & t<0\\ At, & t\geqslant 0\end{cases}$ 的象函数　根据定义

$$F(s)=\int_0^{\infty} Ate^{-st}dt=-\frac{A}{s}[te^{-st}]\Big|_0^{\infty}+\frac{A}{s}\int_0^{\infty} e^{-st}dt=\frac{A}{s^2} \tag{1-6}$$

当 $A=1$ 时

$$F(s)=\frac{1}{s^2} \tag{1-7}$$

③ 指数函数 $f(t)=\begin{cases}0, & t<0\\ e^{\lambda t}, & t\geqslant 0\end{cases}$ 的象函数　根据定义 (1-8)

$$F(s)=\int_0^{\infty} e^{\lambda t}e^{-st}dt=\frac{1}{s-\lambda} \tag{1-9}$$

1.4.2.3 拉普拉斯变换的性质

(1) 微分性质

导数 $\dfrac{df(t)}{dt}$ 的拉普拉斯变换式为

$$L\left[\frac{df(t)}{dt}\right]=sF(s)-f(0) \tag{1-10}$$

若 $f(0)=0$，则

$$L\left[\frac{df(t)}{dt}\right]=sF(s) \tag{1-11}$$

同理，若 $f(0)=f'(0)=\cdots=f^{(n)}(0)=0$，则

$$L\left[\frac{\mathrm{d}^n f(t)}{\mathrm{d}t^n}\right]=s^n F(s) \tag{1-12}$$

证明 根据定义

$$L\left[\frac{\mathrm{d}f(t)}{\mathrm{d}t}\right]=\int_0^{\infty}\frac{\mathrm{d}f(t)}{\mathrm{d}t}\mathrm{e}^{-st}\mathrm{d}t=f(t)\mathrm{e}^{-st}\Big|_0^{\infty}+s\int_0^{\infty}f(t)\mathrm{e}^{-st}\mathrm{d}t$$

$$=\lim_{t\to\infty}f(t)\mathrm{e}^{-st}-f(0)+sF(s)=sF(s)-f(0) \tag{1-13}$$

(2) 积分性质

积分 $\varphi(t)=\int f(t)\mathrm{d}t$ 的拉普拉斯变换式为

$$L[\varphi(t)]=L\left[\int f(t)\mathrm{d}t\right]=\frac{1}{s}F(s) \tag{1-14}$$

证明 对积分式两边同时求导后，进行拉普拉斯变换，并由式（1-10）得

$$L[f(t)]=F(s)=L[\varphi'(t)]=sL[\varphi(t)]-\varphi(0) \tag{1-15}$$

由于

$$\varphi(0)=\int_{0^-}^{0^+}f(t)\mathrm{d}t=0 \tag{1-16}$$

所以 $L[f(t)]=F(s)=L[\varphi'(t)]=sL[\varphi(t)]$

(3) 平移性质

延迟函数 $f(t-\tau)$[$t<\tau$ 时，$f(t-\tau)=0$]的拉普拉斯变换式为

$$L[f(t-\tau)]=\mathrm{e}^{-s\tau}F(s) \tag{1-17}$$

证明 根据定义

$$L[f(t-\tau)]=\int_0^{\infty}f(t-\tau)\mathrm{e}^{-st}\mathrm{d}t \tag{1-18}$$

令 $\xi=t-\tau$；由于 $t<\tau$ 时，$f(t-\tau)=0$，式（1-18）可表示为

$$L[f(t-\tau)]=\int_0^{\infty}f(\xi)\mathrm{e}^{-s(\xi+\tau)}\mathrm{d}\xi=\mathrm{e}^{-s\tau}\int_0^{\infty}f(\xi)\mathrm{e}^{-s\xi}\mathrm{d}\xi=\mathrm{e}^{-s\tau}F(s) \tag{1-19}$$

(4) 线性性质

函数 $Af(t)$及函数 $f_1(t)+f_2(t)$的拉普拉斯变换式为

$$L[Af(t)]=AF(s) \tag{1-20}$$

$$L[f_1(t)+f_2(t)]=F_1(s)+F_2(s) \tag{1-21}$$

(5) 端点性质

终值 $$f(\infty)=\lim_{t\to\infty}f(t)=\lim_{s\to 0}sF(s) \tag{1-22}$$

初值 $$f(0^+)=\lim_{s\to\infty}sF(s) \tag{1-23}$$

根据上述讨论，采用拉普拉斯变换可以方便地将微分方程转换为代数方程。其简单的代换关系如下。

① 用 $F(s)$代换 $f(t)$[$f(t)\rightarrow F(s)$]。

② 用 s 代换$\frac{\mathrm{d}}{\mathrm{d}t}$，或用 s^n 代换$\frac{\mathrm{d}^n}{\mathrm{d}t^n}$$\left(\frac{\mathrm{d}}{\mathrm{d}t}\rightarrow s；\frac{\mathrm{d}^n}{\mathrm{d}t^n}\rightarrow s^n\right)$。

③ 用$\frac{1}{s}$代换$\int dt\left(\int dt \rightarrow \frac{1}{s}\right)$。

④ 常系数不变。

例如，微分方程$T\frac{dy(t)}{dt}+y(t)=kx(t)$可变换为如下所示的代数方程，即

$$Y(s)=\frac{k}{Ts+1}X(s) \tag{1-24}$$

其中，$Y(s)$为输出，$X(s)$为输入，如图 1-10 (b) 所示。

已知$f(t)$可求出$F(s)$；反之，也可由$F(s)$进行拉普拉斯反变换求出$f(t)$。

1.4.3 传递函数

对于如图 1-10 (a) 所示的线性系统，其输入输出关系一般来说可用如下微分方程来描述：

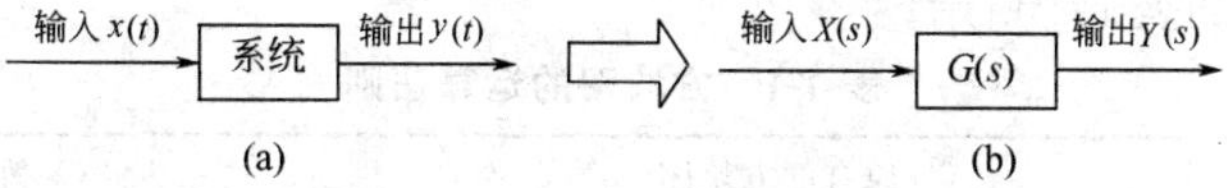

输入$x(t)$ → 系统 → 输出$y(t)$ ⇨ 输入$X(s)$ → $G(s)$ → 输出$Y(s)$

(a) (b)

图 1-10 系统的输入输出关系

$$\begin{aligned}&a_n y^{(n)}(t)+a_{n-1}y^{(n-1)}(t)+\cdots+a_1 y'(t)+a_0 y(t)\\&=b_m x^{(m)}(t)+b_{m-1}x^{(m-1)}(t)+\cdots+b_1 x'(t)+b_0 x(t)\end{aligned} \tag{1-25}$$

其中，$y(t)$为输出；$x(t)$为输入。若将其进行拉普拉斯变换，并令初始条件为零，可得

$$Y(s)=\frac{b_m s^m+b_{m-1}s^{m-1}+\cdots+b_1 s+b_0}{a_n s^n+a_{n-1}s^{n-1}+\cdots+a_1 s+a_0}X(s) \tag{1-26}$$

其中，$Y(s)$为输出；$X(s)$为输入。将$X(s)$移到等式的左边，得

$$G(s)=\frac{Y(s)}{X(s)}=\frac{b_m s^m+b_{m-1}s^{m-1}+\cdots+b_1 s+b_0}{a_n s^n+a_{n-1}s^{n-1}+\cdots+a_1 s+a_0} \tag{1-27}$$

$G(s)$称为传递函数，它为输出与输入的拉普拉斯变换式之比，即系统在复数s域的输出与输入之比。可简单地用图 1-10 (b) 所示的方块图表示。由此可见，传递函数表征了系统本身的特性，仅与系统本身的结构有关，而与系统的输入无关。

图 1-10 (b) 说明，输入$X(s)$经过传递函数为$G(s)$的系统后得到输出$Y(s)$，即

$$Y(s)=G(s)X(s)$$

1.4.4 方块图

将控制系统中各环节之间的作用关系用方块图来表示十分简单明确，在各方块内填入传递函数表达了信息传递的动态关系 [见图 1-10 (b)]，应用方块图的代数运算使控制系统的分析计算变得十分简单。因此方块图是控制系统分析中的一个重要工具。

1.4.4.1 方块图的基本元素

构成控制系统方块图的基本元素是加法器、信息和环节。

(1) 加法器

加法器用于信号的相加或相减，如图 1-11 所示。在图 1-11 中，当两个信号相减，即$E(s)=X(s)-Y(s)$时，又称为比较器。

(2) 信息

控制系统中传递的信息也就是系统中各环节的输入输出变量，用标有方向的线段表示，如图 1-12所示。图中箭头指出了信息的作用方向。信息的各分支点具有相同的值。

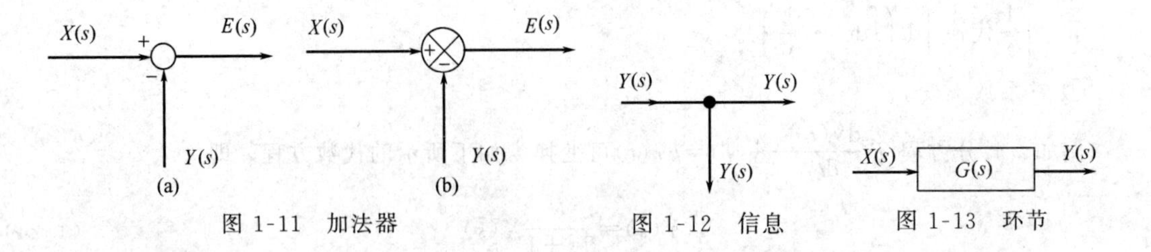

图 1-11 加法器　　图 1-12 信息　　图 1-13 环节

(3) 环节

控制系统中的环节为填入传递函数并加上环节输入输出信息的方块，如图 1-13 所示。环节具有单向性，即只能由输入得到输出，不能逆行。

1.4.4.2 方块图运算法则

方块图运算法则如表 1-1 所示。

表 1-1 方块图的运算法则

法　则	原有的方块图	等效的方块图
加法器次序无关	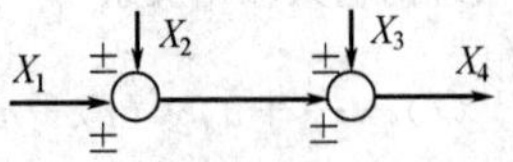	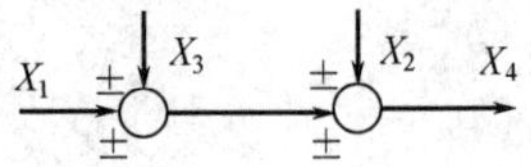
相加点后移	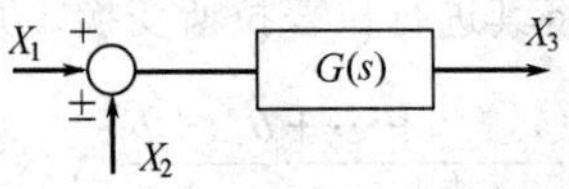	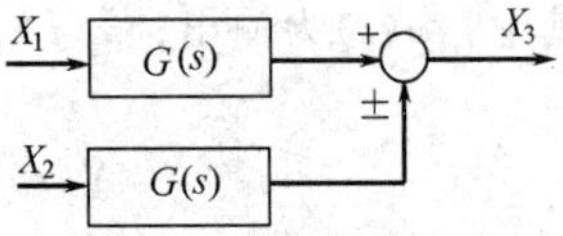
相加点前移	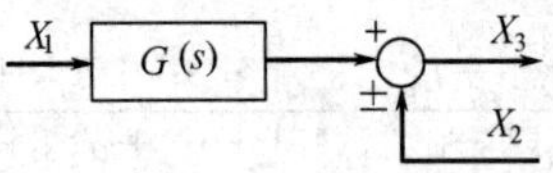	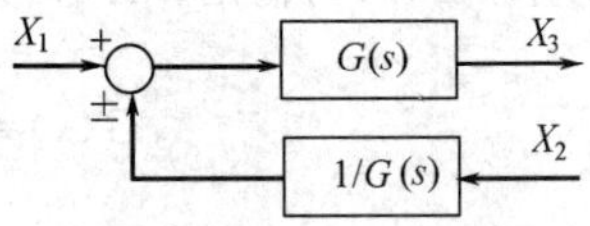
分支点后移	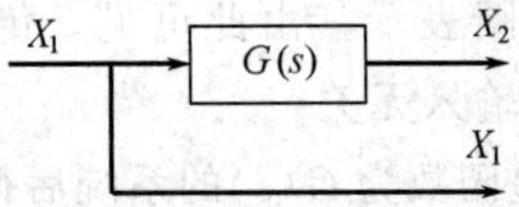	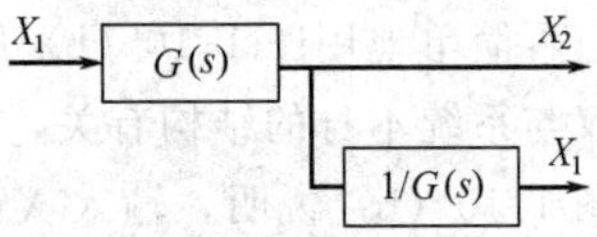
分支点前移	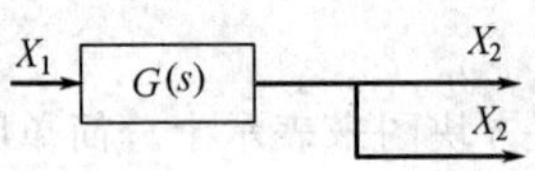	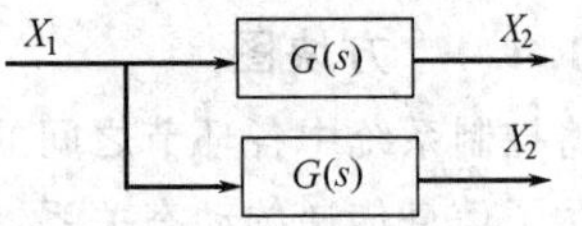

方块图的运算是一种代数运算，其基本运算法则如下。

(1) 环节串联

环节串联时其等效传递函数 $G(s)$ 等于各环节传递函数之积，如图 1-14 所示。

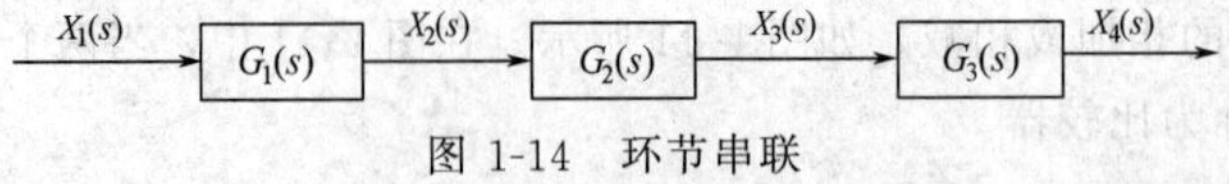

图 1-14 环节串联

因为 $X_4(s)=G_3(s)X_3(s)$，$X_3(s)=G_2(s)X_2(s)$，$X_2(s)=G_1(s)X_1(s)$

所以
$$G(s)=G_1(s)G_2(s)G_3(s) \tag{1-28}$$

(2) 环节并联

环节并联时其等效传递函数 $G(s)$ 等于各环节传递函数之和，如图 1-15 所示。

因为 $$Y(s)=Y_1(s)+Y_2(s)+Y_3(s)=[G_1(s)+G_2(s)+G_3(s)]X(s)$$

所以

$$G(s)=G_1(s)+G_2(s)+G_3(s) \tag{1-29}$$

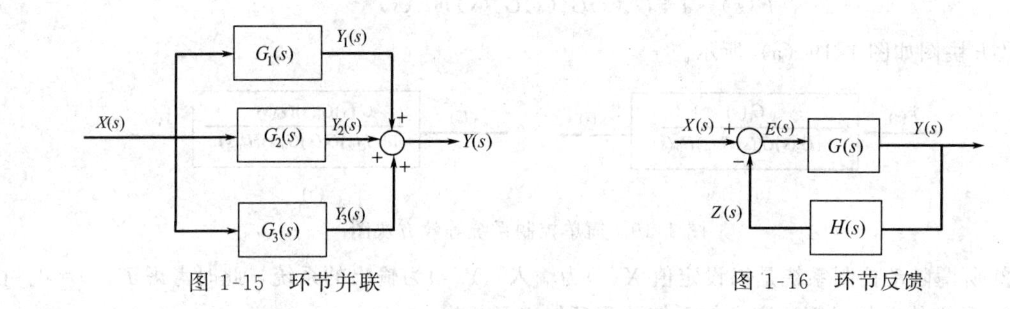

图 1-15 环节并联　　　　图 1-16 环节反馈

(3) 反馈回路

如图 1-16 所示，因为

$$Y(s)=G(s)E(s),\quad E(s)=X(s)-Z(s)$$

所以 $$Y(s)=G(s)[X(s)-H(s)Y(s)]=\frac{G(s)}{1+G(s)H(s)}X(s) \tag{1-30}$$

由此可知，图 1-16 所示系统的闭环传递函数 $W(s)$ 为

$$W(s)=\frac{G(s)}{1+G(s)H(s)} \tag{1-31}$$

其等效方块图如图 1-17 所示。

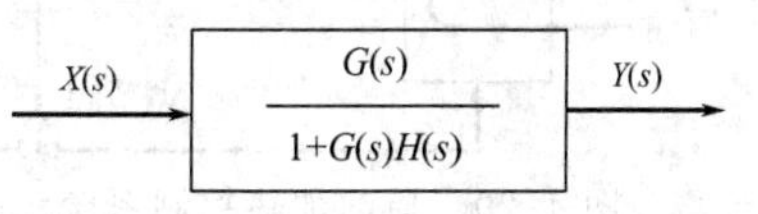

图 1-17 闭环系统等效方块图

1.4.4.3 复杂方块图的化简及应用

对于复杂系统的方块图，可以通过化简转化成上述基本形式。转化的基本原则是转化前后对应的输入、输出信息不变。常用的变换规则可参见表 1-1。

例 1-2 图 1-3 所示的控制系统的方块图如图 1-18 所示，控制器、执行器、被控对象控制通道、干扰通道、测量/变送环节的传递函数分别为 $G_c(s)$、$G_v(s)$、$G_o(s)$、$G_f(s)$、$H_m(s)$，$X(s)$和 $F(s)$分别为系统的设定值与干扰输入，被控对象的输出为被控对象控制通道输出与干扰通道输出之和。求

① 定值系统的等效方块图；

② 随动系统的等效方块图。

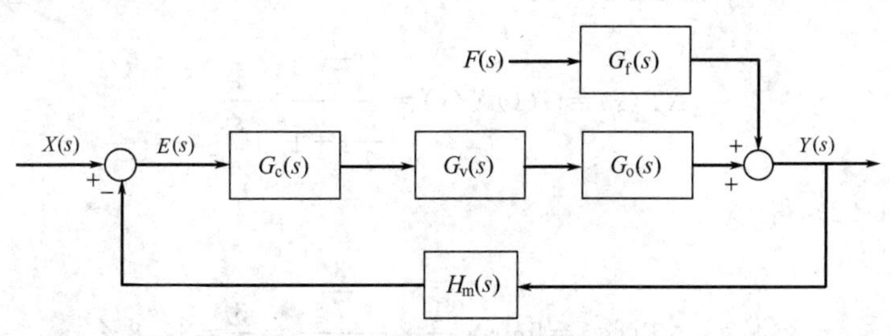

图 1-18 简单控制系统方块图

解 ① 所谓定值控制系统是以干扰 $F(s)$为输入，$Y(s)$为输出的系统，此时 $X(s)=0$，即设定值的增量等于零（设定值不变）。由图 1-18 及方块图的运算法则可知

$$Y(s)=G_c(s)G_v(s)G_o(s)E(s)+H_m(s)F(s)$$

$$E(s)=0-H_m(s)Y(s)=-H_m(s)Y(s)$$

所以

$$Y(s)=\frac{G_f(s)}{1+G_c(s)G_v(s)G_o(s)H_m(s)}F(s) \tag{1-32}$$

其闭环传递函数为

$$\frac{Y(s)}{F(s)}=\frac{G_f(s)}{1+G_c(s)G_v(s)G_o(s)H_m(s)} \tag{1-33}$$

其等效方块图如图 1-19（a）所示。

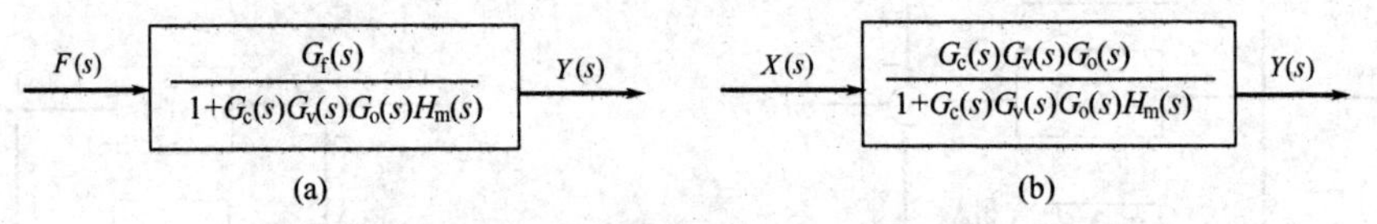

图 1-19　简单控制系统等效方块图

② 所谓随动控制系统是以设定值 $X(s)$ 为输入，$Y(s)$ 为输出的系统，此时考虑 $F(s)=0$。由图 1-18 及方块图的运算法则可知系统的闭环传递函数为

$$\frac{Y(s)}{X(s)}=\frac{G_c(s)G_v(s)G_o(s)}{1+G_c(s)G_v(s)G_o(s)H_m(s)} \tag{1-34}$$

其等效方块图如图 1-19（b）所示。

例 1-3　图 1-20 是某原油加热控制系统。图中 TT 为温度测量变送环节，TC 为温度控制器。若被控对象控制通道的传递函数为 $G_o(s)=\frac{3}{5s+4}$；控制器 TC 的传递函数为 $G_c(s)=1$；调节阀的传递函数为 $G_v(s)=1$；测量、变送环节的 TT 的传递函数为 $H_m(s)=1$；当设定值发生单位阶跃变化时，求原油出口温度的稳态变化量 $\Delta T(\infty)$。

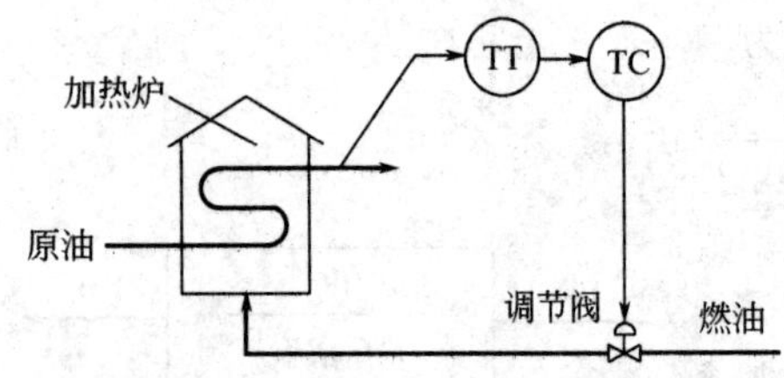

图 1-20　原油加热控制系统示意

解　该系统的被控对象为加热炉，被控变量为原油出口温度，控制变量为燃油流量。其方块图如图 1-18 所示。当设定值改变时系统为随动控制系统，系统的等效传递函数同式（1-34）。根据式（1-34）得系统的等效传递函数为

$$G(s)=\frac{\frac{3}{5s+4}}{1+\frac{3}{5s+4}}=\frac{\frac{3}{7}}{\frac{5}{7}s+1} \tag{1-35}$$

由式（1-5）及式（1-35）得系统的输出为

$$\Delta T(s)=G(s)X(s)=\frac{\frac{3}{7}}{\frac{5}{7}s+1}\times\frac{1}{s} \tag{1-36}$$

由端点性质式（1-22）得

$$\Delta T(\infty)=\lim_{s\to 0}s\times\frac{1}{s}\times\frac{\frac{3}{7}}{\frac{5}{7}s+1}=\frac{3}{7}=42.8\% \tag{1-37}$$

例 1-4　有一复杂系统方块图如图 1-21 所示，求其传递函数 $G(s)=\frac{Y(s)}{X(s)}=?$

解　将环节 $H_2(s)$ 的输出与 $G_1(s)$ 的相加点前移，并移动加入点位置，如图 1-22 所示。

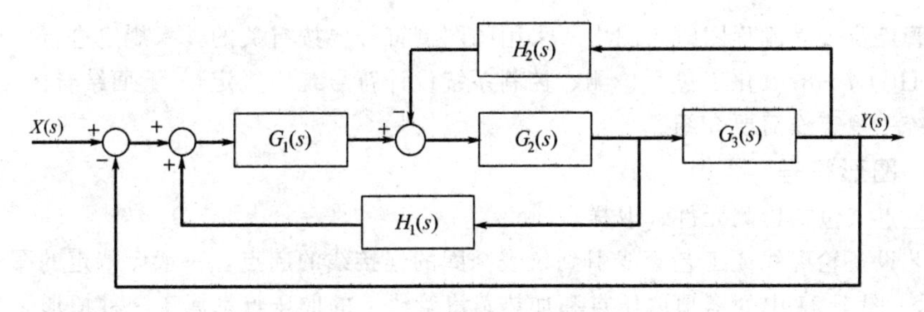

图 1-21　例 1-4 图

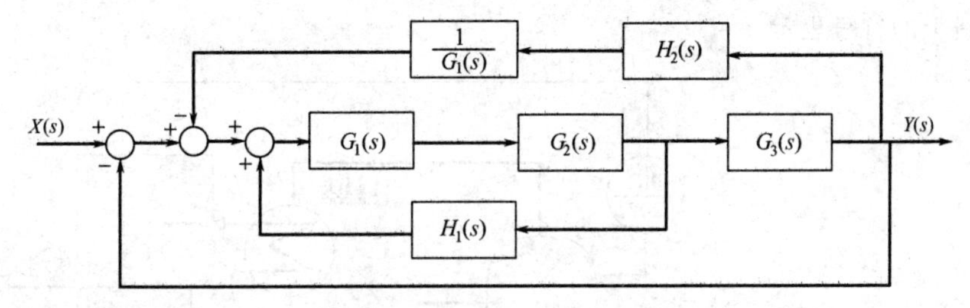

图 1-22　图 1-21 等效方块图

图 1-22 化简为图 1-23 后，进一步化简为图 1-24，最后得式（1-38）。

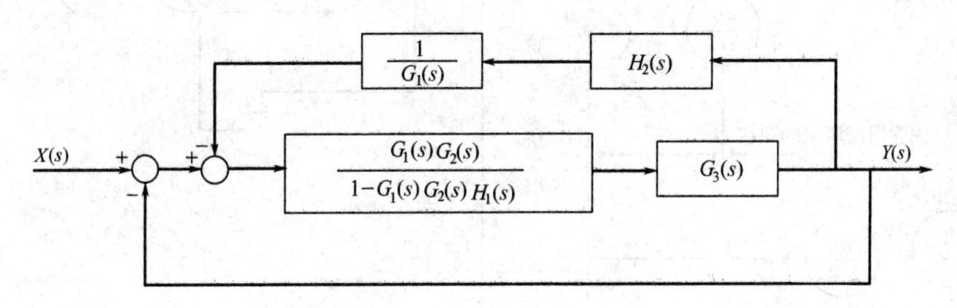

图 1-23　图 1-22 化简后图

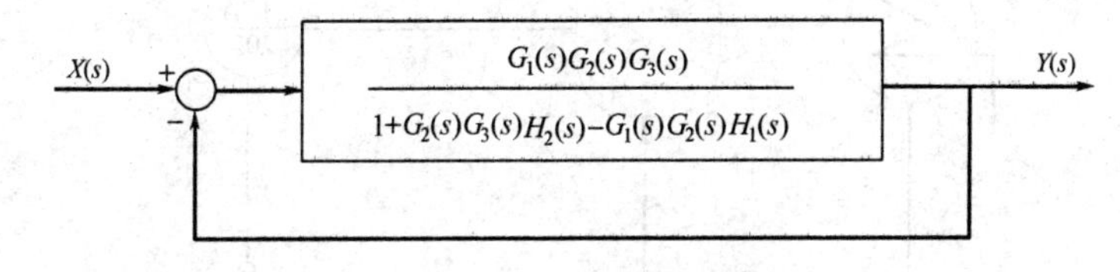

图 1-24　图 1-23 进一步化简图

$$G(s)=\frac{Y(s)}{X(s)}=\frac{G_1(s)G_2(s)G_3(s)}{1-G_1(s)G_2(s)H_1(s)+H_2(s)G_2(s)G_3(s)+G_1(s)G_2(s)G_3(s)} \tag{1-38}$$

1.5　管道及仪表流程图

在工艺设计给出的流程图上，按流程顺序标注出相应的测量点、控制点、控制系统及自动信号与联锁保护系统等，便构成了管道及仪表流程图。由管道及仪表流程图可以清楚地了解生产的工艺流程与自控方案。

图 1-25 所示是简化了的乙烯生产过程中脱乙烷塔的管道及仪表流程图。从脱甲烷塔出来的釜液进入脱乙烷塔脱除乙烷。从脱乙烷塔塔顶出来的 C_2H_6、C_2H_4 等馏分经塔顶冷凝器冷凝后，部分作为回流，其余则去乙炔加氢反应器进行加氢反应。从脱乙烷塔底出来的釜液部分经再沸器后返回塔底，其余则去脱丙烷塔脱除丙烷。

在绘制管道及仪表流程图时，图中所采用的图例符号要按有关的技术规定进行，可参见化工部设计标准 HGJ 7—87《化工过程检测、控制系统设计符号统一规定》。下面结合图 1-25 对其中一些常用的统一规定作简要介绍。

1.5.1 图形符号

(1) 测量点（包括检测元件、取样点）

是由工艺设备轮廓线或工艺管线引到仪表圆圈的连接线的起点，一般无特定的图形符号，如图 1-26 所示。图 1-25 中的塔顶取压点和加热蒸汽管线上的取压点都属于这种情形。必要时检测元件也可以用象形或图形符号表示。例如流量检测采用孔板时，检测点也可用图 1-25 中脱乙烷塔的进料管线上的符号表示。

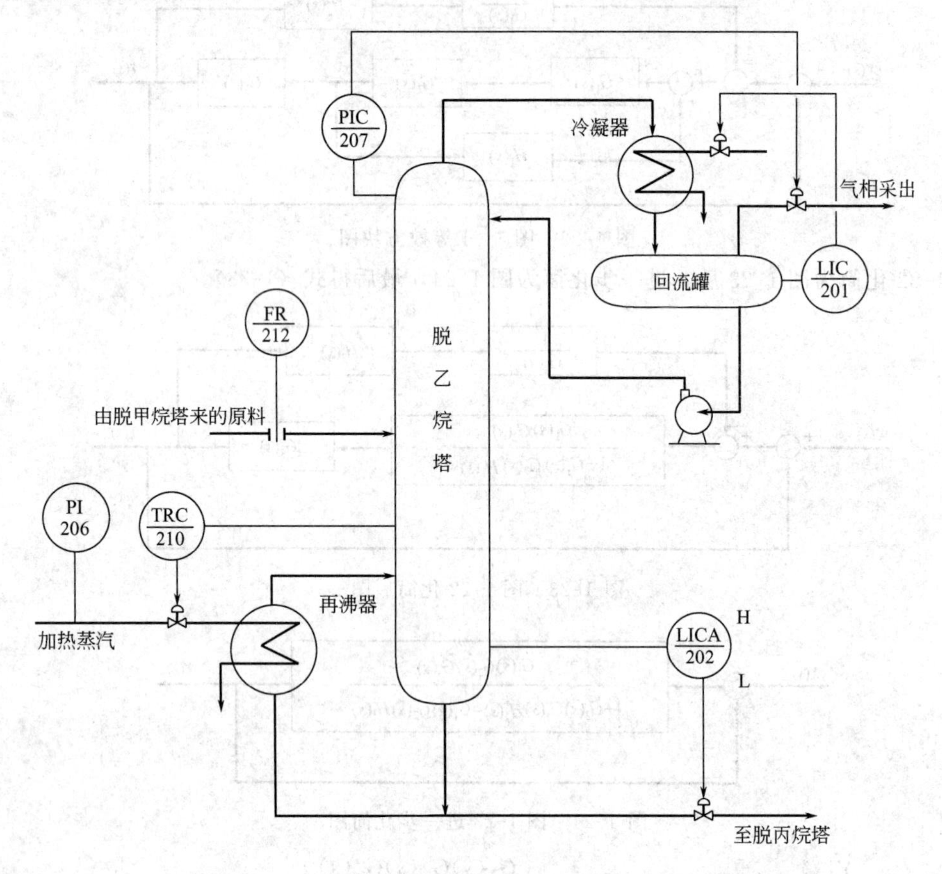

图 1-25 管道及仪表流程图

(2) 连接线

通用的仪表信号线均以细实线表示。连接线表示交叉及相接时，采用图 1-27 的形式。必要时也可用加箭头的方式表示信号的方向。在需要时，信号线也可按气信号、电信号、导压毛细管等不同的表示方式以示区别。

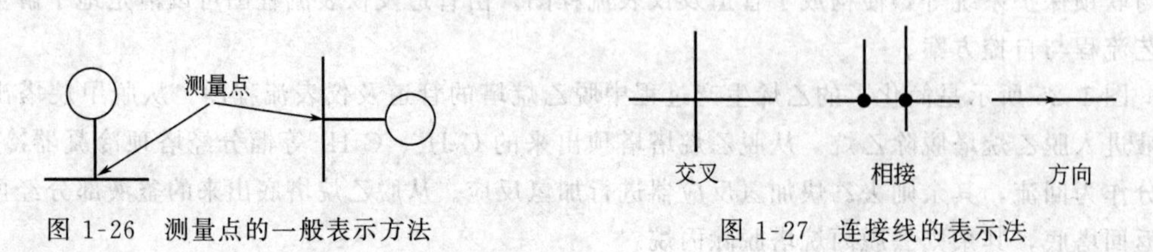

图 1-26 测量点的一般表示方法　　图 1-27 连接线的表示法

（3）仪表（包括检测、显示、控制）的图形符号

仪表的图形符号是一个细实线圆圈，直径约 10mm，对于不同的仪表安装位置的图形符号，如表 1-2 所示。

表 1-2　仪表安装位置的图形符号表示

序号	安装位置	图形符号	备　注	序号	安装位置	图形符号	备　注
1	就地安装仪表			3	就地仪表盘面安装仪表		
			嵌在管道中	4	集中仪表盘后安装仪表		
2	集中仪表盘面安装仪表			5	就地仪表盘后安装仪表		

对于同一个检测点，但具有两个或两个以上的被测变量，其具有相同或不同功能的复式仪表，可用两个相切的圆或分别用细实线圆与细虚线圆相切表示（测量点在图纸上距离较远或不在同一图纸上），如图 1-28 所示。

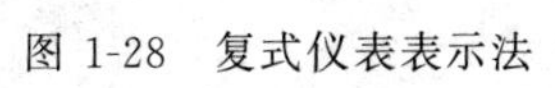

图 1-28　复式仪表表示法

1.5.2　字母代号

在管道及仪表流程图中，用来表示仪表的小圆圈的上半圆内，一般写有两位（或两位以上）字母，第一位字母表示被测变量，后继字母表示仪表的功能，常用被测变量和仪表功能的字母代号如表 1-3 所示。

表 1-3　常用被测变量和仪表功能的字母代号

字　母	第一位字母		后继字母
	被测变量	修饰词	功　能
A	分析		报警
C	电导率		控制
D	密度	差	
E	电压		检测元件
F	流量	比(分数)	
I	电流		指示
K	时间或时间程序		自动手动操作器
L	液位		
M	水分或湿度		
P	压力或真空		
Q	数量或件数	积分、累积	积分、累积
R	放射性		记录或打印
S	速度或频率		开关、联锁
T	温度	安全	传送
V	黏度		阀、挡板、百叶窗
W	力		套管
Y	选用		继电器或计算器
Z	位置		驱动、执行或未分类的终端执行器

现以图 1-25 的脱乙烷塔管道及仪表流程图，来说明如何以字母代号的组合来表示被测变量及仪表功能。塔顶的压力控制系统中的“PIC-207”，其中第一位字母“P”表示被测变量为压力，字母“I”表示具有指示功能，第三位字母“C”表示具有控制功能，“207”为仪表位号。因此，PIC 的组合就表示一台具有指示功能的压力控制器。该控制系统是通过改变气相采出量来维持塔压稳定的。同样，回流罐液位控制系统中的“LIC-201”是一台具有指示功能的液位控制器，它通过

改变进入冷凝器的冷剂量来维持回流罐中液位的稳定。在塔下部的温度控制系统中的“TRC-210”表示一台具有记录功能的温度控制器，它通过改变进入再沸器的加热蒸汽量来维持塔底温度的恒定。当一台仪表同时具有指示、记录功能时，只需标注字母代号“R”，不标“I”，所以“TRC-210”可以表示同时具有指示、记录功能。同样，在进料管线上的“FR-212”可以表示同时具有指示、记录功能的流量仪表。在塔底的液位控制系统中的“LICA-202”代表一台具有指示、报警功能的液位控制器，它通过改变塔底采出量来维持塔釜液位的稳定。仪表圆圈外标有“H”、“L”字母，表示该仪表同时具有高、低限报警，在塔釜液位过高或过低时，会发出声、光报警信号。

1.5.3 仪表位号

在检测、控制系统中，构成一个回路的每个仪表（或元件）都应有自己的仪表位号。仪表位号由字母代号组合和阿拉伯数字编号两部分组成。字母代号的意义前面已经解释过，阿拉伯数字编号写在圆圈的下半部，第一位数字表示段号，后续数字（二位或三位数字）表示仪表序号。图 1-25中仪表的数字编号第一位都是 2，表示脱乙烷塔在乙烯生产中属于第二工段。通过管道及仪表流程图，可以看出其上每台仪表的测量点位置、被测变量、仪表功能、工段号、仪表序号、安装位置等。例如图 1-25 中的“PI-206”表示测量点在加热蒸汽管线上的蒸汽压力指示仪表，该仪表为就地安装，工段号为 2，仪表序号为 06。而“TRC-210”表示同一工段的一台温度记录控制仪，其温度的测量点在塔的下部，仪表安装在集中仪表盘面上。

思考题与习题

1. 何谓自动控制？自动控制系统怎样构成？各组成环节起什么作用？

2. 什么是被控对象、被控变量、控制变量（操纵变量）、设定值及干扰？画出图 1-29 所示控制系统的方框图，并指出该系统中的被控对象、被控变量、控制变量、干扰变量是什么。

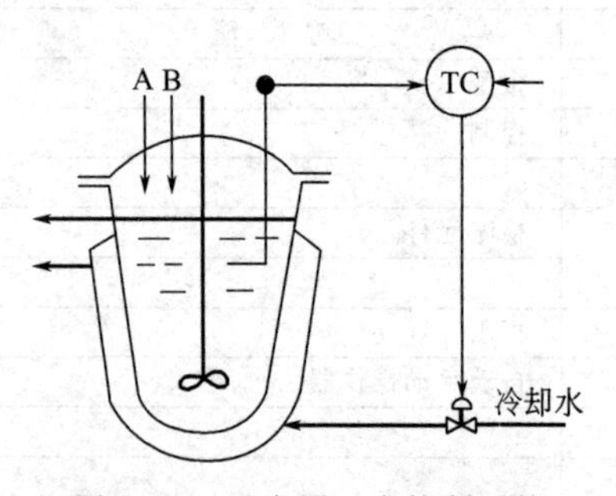

图 1-29 反应器温度控制系统

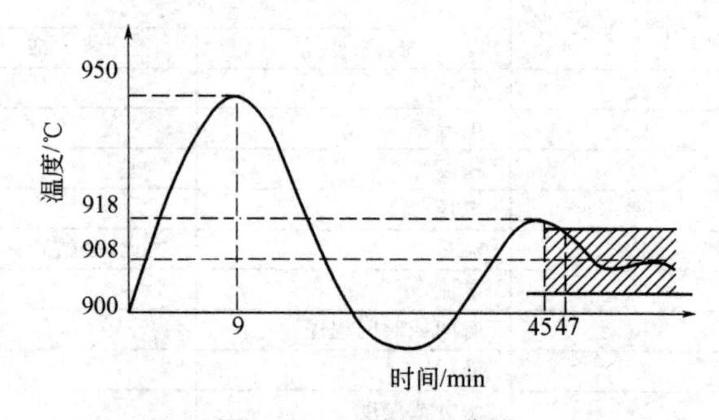

图 1-30 过渡过程曲线

3. 什么是反馈？什么是负反馈？负反馈在自动控制系统中有什么重要意义？自动控制系统怎样才能构成负反馈？

4. 根据设定值的形式，控制系统可以分为哪几类？

5. 什么是控制系统的稳态与动态？为什么说研究控制系统的动态特性比研究其稳态性质更重要？

6. 什么是自动控制系统的过渡过程？它有哪几种基本形式？其中哪几种形式能满足自动控制的要求？

7. 描述自动控制系统衰减振荡过程的品质指标有哪些？

8. 某化学反应器工艺规定的操作温度为(900±10)℃。考虑安全因素，控制过程中温度偏离给定值最大不得超过 80℃。现设计的温度定值控制系统，在最大阶跃干扰作用下的过渡过程曲线如图 1-30 所示。试求最大偏差、衰减比和振荡周期等过渡过程品质指标，并说明该控制系统是否满足题中的工艺要求。

9. 什么是传递函数？用传递函数描述系统的动态特性有什么好处？

10. 试写出下列表达式的传递函数：

(1) $T\frac{\mathrm{d}y(t)}{\mathrm{d}t}+y(t)=Kx(t)$

(2) $T_1T_2\dfrac{d^2y(t)}{dt^2}+(T_1+T_2)\dfrac{dy(t)}{dt}+y(t)=Kx(t)$

(3) $u(t)=K_pe(t)$

(4) $u(t)=K_p\left[e(t)+\dfrac{1}{T_i}\int e(t)dt+T_d\dfrac{de(t)}{dt}\right]$

11. 什么是方块图？方块图由哪些基本元素构成？

12. 已知传递函数分别为$G_1(s)$和$G_2(s)$的两个环节。试画出将它们分别按串联、并联、正反馈、负反馈等方式连接组成的方块图，并写出相应的传递函数。

13. 试化简图 1-31、图 1-32 所示的方块图，并求其等效传递函数。

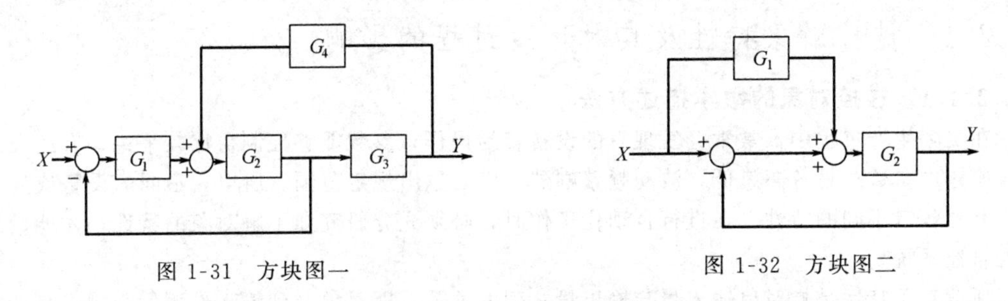

图 1-31　方块图一　　　　图 1-32　方块图二

14. 图 1-33 是蒸汽加热器温度控制系统示意，试解答下列问题。

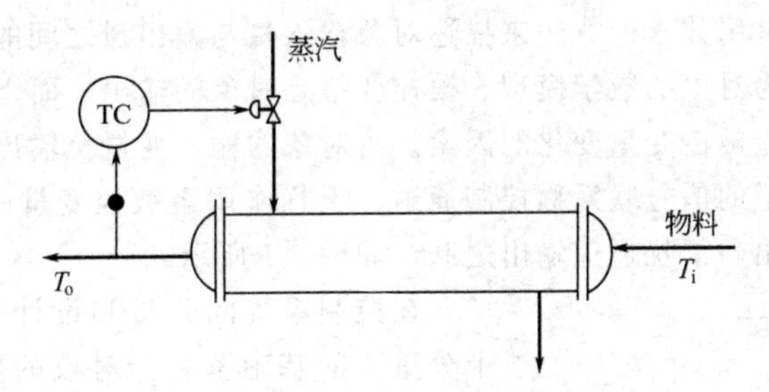

图 1-33　蒸汽加热器温度控制系统

(1) 画出该系统的方块图，并指出被控对象、被控变量、控制变量及可能存在的干扰。

(2) 若被控对象控制通道的传递函数为$G_0(s)=\dfrac{5}{7s+4}$；控制器 TC 的传递函数为$G_c(s)=1$；调节阀的传递函数为$G_v(s)=1$；测量、变送环节 TT 的传递函数为$H_m(s)=1$。因是生产需要，出口物料温度从80℃提高到 85℃时，物料出口温度的稳态变化量 $\Delta T(\infty)$ 为多少？系统的余差为多少？

15. 什么是管道及仪表流程图？

16. 图 1-34 为某列管式蒸汽加热器的管道及仪表流程。试说明图中 PI-307、TRC-303、FRC-305 所代表的意义。

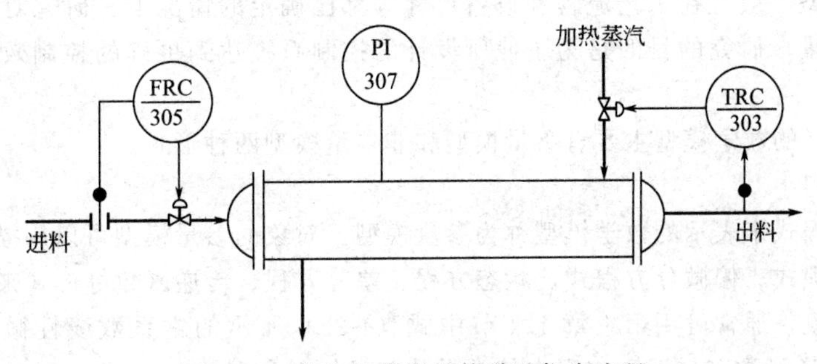

图 1-34　蒸汽加热器的管道及仪表流程

2 控制系统基本组成环节特性分析

控制系统由被控对象、控制器、测量变送环节、执行器等基本环节组成。因此控制系统的特性也就取决于这些基本环节的特性。要设计或改进自动控制系统使之达到预期的质量指标，首先必须了解与掌握系统各组成环节的稳态与动态特性。

2.1 被控对象特性及其对过渡过程的影响

2.1.1 被控对象的数学描述方法

在实际生产过程中，常常会发现有的设备容易操作，参数能够控制得比较平稳；有的设备却很难操作，参数总是忽高忽低，波动频繁剧烈，极易越出规定范围。所以，不同的设备或生产过程，有着各自不同的特性。在进行自动化工作时，必须充分研究和了解对象的特性，才能设计合理的自控系统。

所谓对象特性是指对象输入量与输出量之间的关系，即对象受到输入作用后，输出是如何变化的、变化量为多少等。

研究对象特性，就是用数学的方法来描述对象输入量与输出量之间的关系。描述对象的数学方程、曲线、表格等称为对象的数学模型。被控变量是对象的输出，而干扰作用和控制作用是对象的输入，它们都是引起被控变量变化的因素。由对象的输入变量至输出变量的信号联系称为通道，控制作用至被控变量的信号联系称控制通道；干扰作用至被控变量的信号联系称干扰通道，对象输出为控制通道输出与干扰通道输出之和，如图 2-1 所示。

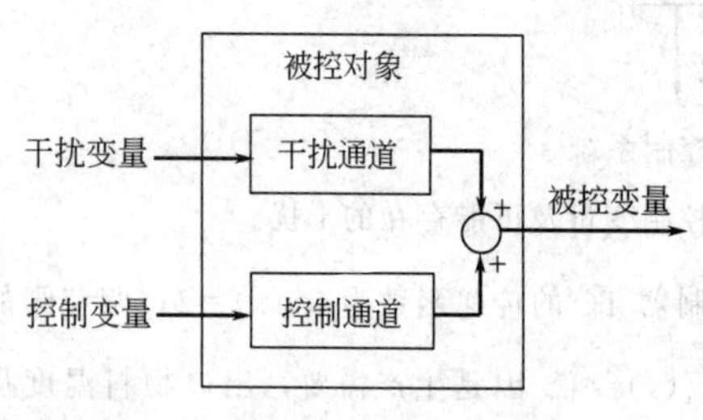

图 2-1 干扰输入变量、控制输入变量与对象输出变量之间的关系

在控制系统的分析和设计中，对象的数学模型是十分重要的基础资料。对象的数学模型可分为稳态数学模型和动态数学模型。稳态数学模型描述的是对象在稳态时的输入量与输出量之间的关系；动态数学模型描述的是对象在输入量改变以后输出量的变化情况。稳态数学模型是动态数学模型在对象达到平衡时的特例。

用于工艺设计的数学模型是在产品规格和产量已经确定的情况下，通过模型的计算，来确定设备的结构、尺寸、工艺流程和某些工艺条件，以期达到最好的经济效益，主要关注的是稳态模型。用于控制的数学模型一般是在工艺流程和设备尺寸等都已确定的情况下，研究对象的输入变量是如何影响输出变量，研究的目的是为了使所设计的控制系统达到更好的控制效果，侧重的是动态模型。

描述对象特性的数学模型主要有参量模型和非参量模型两种形式。

(1) 参量模型

采用数学方程式来表示的数学模型称为参量模型。对象的参量模型可以用描述对象输入、输出关系的微分方程式、偏微分方程式、状态方程、差分方程、传递函数等形式来表示。

对于线性对象，通常可用第 1 章 1.4 节中式 (1-25) 所示的常系数线性微分方程式，或式 (1-27) 所示的传递函数来描述，方程中的常系数与具体对象有关。

有时要得到对象的参量模型很困难，在这种情况下可采用非参量模型进行描述。

(2) 非参量模型

采用曲线或表格来表示的数学模型称为非参量模型。非参量模型可以通过记录实验结果得到，有时也可通过计算得到。其特点是形象、清晰，比较容易看出定性特征。但是，由于它们缺乏数学方程的解析性质，要直接利用它们来进行系统的分析和设计往往比较困难，必要时，可以对它们进行一定的数学处理来得到参量模型的形式。

由于对象的数学模型描述的是对象在受到控制作用或干扰作用后被控变量的变化规律，因此对象的非参量模型可以用对象在一定形式的输入作用下的输出曲线或数据来表示。根据输入形式的不同，主要有阶跃响应曲线法、脉冲响应曲线法、矩形脉冲响应曲线法、频率特性曲线法等。这些曲线一般都可以通过实验直接得到。

2.1.2 对象数学模型的建立方法

一般来说，建模的方法有机理建模、实验建模、混合建模三种。

(1) 机理建模

机理建模是根据对象或生产过程的内部机理，写出各种有关的平衡方程，如物料平衡方程、能量平衡方程、动量平衡方程、相平衡方程以及某些物性方程、设备特性方程、化学反应定律等，从而得到对象（或过程）的数学模型。这类模型通常称为机理模型。应用这种方法建立的数学模型最大的优点是具有非常明确的物理意义。但由于某些被控对象较为复杂，对其物理、化学过程的机理还不是完全了解，而且线性的并不多，再加上分布元件参数（即参数是时间与位置的函数）较多，所以对于某些对象（或过程）很难得到机理模型。

(2) 实验建模

在机理模型难以建立的情况下，可采用实验建模的方法得到对象的数学模型。实验建模就是在所要研究的对象上，人为地施加一个输入作用，然后用仪表记录表征对象特性的物理量随时间变化的规律，得到一系列实验数据或曲线。这些数据或曲线就可以用来表示对象特性。有时，为进一步分析对象特性，对这些数据或曲线进行处理，使其转化为描述对象特性的解析表达式。

这种应用对象输入输出的实测数据来决定其模型结构和参数的方法，通常称为系统辨识。其主要特点是把被研究的对象视为一个黑箱子，不管其内部机理如何，完全从外部特性上来测试和描述对象的动态特性。因此对于一些内部机理复杂的对象，实验建模比机理建模要简单、省力。

(3) 混合建模

将机理建模与实验建模结合起来，称为混合建模。混合建模是一种比较实用的方法，它先由机理分析的方法提出数学模型的结构形式，然后对其中某些未知的或不确定的参数利用实验的方法给予确定。这种在已知模型结构的基础上，通过实测数据来确定数学表达式中某些参数的方法，称为参数估计。

在下面两节中将通过具体的例子对机理建模和实验建模的方法进行简单的介绍。

2.1.3 对象机理数学模型的建立

(1) 一阶线性对象

当对象的动态特性可以用一阶线性微分方程式来描述时，一般称为一阶线性对象。

图 2-2 是一个水槽，水经过阀门 1 流入水槽，水槽内的水又通过阀门 2 流出。工艺上要求水槽的液位保持一定数值。此时，水槽是被控对象，液位 h 是被控变量。如果阀门 2 的开度保持不变，而阀门 1 的开度变化是引起液位变化的主要因素。那么，这里所指的对象特性，就是指当阀门 1 的开度变化时，液位是如何变化的。在这种情况下，对象的输入变量是流入水槽的流量 q_i，

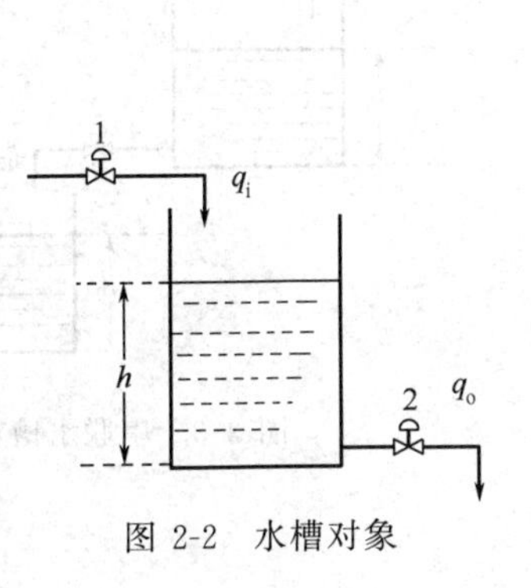

图 2-2　水槽对象

对象的输出变量是液位 h。下面推导表征 h 与 q_i 之间的数学表达式。

在生产过程中，最基本的关系是物料平衡和能量平衡。当单位时间流入对象的物料（或能量）不等于流出对象的物料（或能量）时，表征对象物料（或能量）蓄存量的参数就要随时间而变化，找出它们之间的关系，就能写出描述它们之间关系的微分方程式。因此，列写微分方程式的依据为

对象物料（或能量）蓄存量的变化率

＝单位时间流入对象的物料（或能量）－单位时间流出对象的物料（或能量）

现以图 2-2 的贮槽为例。贮槽截面积为 C，当流入贮槽的流量 q_i 等于流出贮槽的流量 q_o 时，系统处于平衡状态，即稳态，这时液位 h 保持不变。

假定某一时刻 q_i 有了变化，q_i 不等于 q_o，根据物料平衡关系，在微小时间间隔 $\mathrm{d}t$ 内贮槽内液体的改变量为

$$C\mathrm{d}h(t)=[q_i(t)-q_o(t)]\mathrm{d}t \tag{2-1}$$

根据流体力学定理，当液位在平衡位置附近作微小变化时，考虑变化量很微小（由于在自动控制系统中，各个变量都是在它们的给定值附近作微小的波动，因此作这样的假定是允许的），可以近似认为流出贮槽的流量与液位 h 成正比，与出水阀的阻力系数 R 成反比，其表达式为

$$q_o=\frac{h}{R} \tag{2-2}$$

把式（2-2）代入式（2-1），整理后得

$$RC\frac{\mathrm{d}h(t)}{\mathrm{d}t}+h(t)=Rq_i(t) \tag{2-3}$$

令 $T=RC$，$K=R$ 得

$$T\frac{\mathrm{d}h(t)}{\mathrm{d}t}+h(t)=Kq_i(t) \tag{2-4}$$

式（2-3）或式（2-4）就是用来描述贮槽对象的一阶常系数微分方程，式中，T 称为时间常数，K 称为放大系数。

将式（2-4）进行拉普拉斯变换，并令初始条件为零后得贮槽对象的传递函数 $G(s)$ 为

$$G(s)=\frac{H(s)}{Q_i(s)}=\frac{K}{Ts+1} \tag{2-5}$$

（2）二阶线性对象

当对象的动态特性可以用二阶线性微分方程式来描述时，一般称为二阶线性对象。

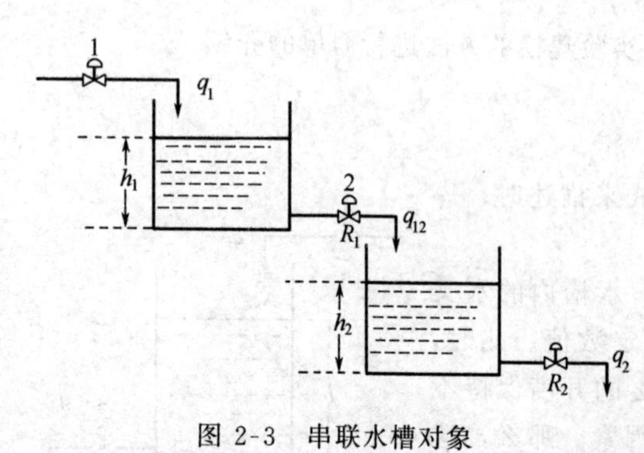

图 2-3　串联水槽对象

图 2-3 所示为串联水槽对象，表征其对象特性微分方程式的建立方法与单贮槽同理。假定这时对象的输入量是 q_1，输出量是 h_2，也就是研究对象输入变量 q_1 变化时，输出变量（被控变量）h_2 是如何变化的。同样，假定在输入、输出量变化很小的情况下，贮槽的液位与输出流量具有线性关系，即

$$q_{12}=\frac{h_1}{R_1} \tag{2-6}$$

$$q_2=\frac{h_2}{R_2} \tag{2-7}$$

式中，R_1、R_2 分别表示第一只贮槽的出水阀与第二只贮槽的出水阀的阻力系数。

假定第一只贮槽、第二只贮槽的截面积分别为 C_1、C_2，则对于每只贮槽，都具有与方程式（2-1）相同的物料平衡关系，即

$$C_1\mathrm{d}h_1=(q_1-q_{12})\mathrm{d}t \tag{2-8}$$

$$C_2\mathrm{d}h_2=(q_{12}-q_2)\mathrm{d}t \tag{2-9}$$

将式（2-8）、式（2-9）改写为

$$C_1\frac{\mathrm{d}h_1}{\mathrm{d}t}=q_1-q_{12} \tag{2-10}$$

$$C_2\frac{\mathrm{d}h_2}{\mathrm{d}t}=q_{12}-q_2 \tag{2-11}$$

由式（2-11）得

$$q_{12}=C_2\frac{\mathrm{d}h_2}{\mathrm{d}t}+q_2 \tag{2-12}$$

将式（2-7）代入式（2-12）后，再代入式（2-10）得

$$C_1\frac{\mathrm{d}h_1}{\mathrm{d}t}=q_1-C_2\frac{\mathrm{d}h_2}{\mathrm{d}t}-\frac{h_2}{R_2} \tag{2-13}$$

将式（2-6）、式（2-7）代入式（2-11），并两边同时求导后乘以 C_1 得

$$C_1C_2\frac{\mathrm{d}^2h_2}{\mathrm{d}t^2}=\frac{1}{R_1}C_1\frac{\mathrm{d}h_1}{\mathrm{d}t}-\frac{1}{R_2}C_1\frac{\mathrm{d}h_2}{\mathrm{d}t} \tag{2-14}$$

将式（2-13）代入式（2-14），整理后得

$$R_1C_1R_2C_2\frac{\mathrm{d}^2h_2}{\mathrm{d}t^2}+(R_1C_1+R_2C_2)\frac{\mathrm{d}h_2}{\mathrm{d}t}+h_2=R_2q_1 \tag{2-15}$$

或写为

$$T_1T_2\frac{\mathrm{d}^2h_2}{\mathrm{d}t^2}+(T_1+T_2)\frac{\mathrm{d}h_2}{\mathrm{d}t}+h_2=Kq_1 \tag{2-16}$$

式中　$T_1=R_1C_1$——第一只贮槽的时间常数；

$T_2=R_2C_2$——第二只贮槽的时间常数；

$K=R_2$——整个对象的放大系数。

式（2-15）或式（2-16）就是用来描述串联贮槽对象的二阶常系数微分方程。

将式（2-16）进行拉普拉斯变换，并令初始条件为零后得串联贮槽对象的传递函数 $G(s)$ 为

$$G(s)=\frac{H_2(s)}{Q_1(s)}=\frac{K}{(T_1s+1)(T_2s+1)} \tag{2-17}$$

(3) 纯滞后环节

有些对象在受到输入作用后，输出不是立即响应输入发生变化，而是要等一段时间后，输出才开始响应输入的作用，这种现象称为纯滞后，纯滞后时间一般用 τ 表示。

在工业过程中常有一些输送物料的中间过程，例如图 2-4 所示的盐混合槽。盐粒投入 料斗，经过挡板 2 控制盐量 $q_i(t)$后，再通过皮带输送机 3 送入混合槽 4 内，设皮带输送机的输送速度为 v，输送距离为 L，则经控制的盐量 $q_i(t)$需经过输送时间 $\tau=L/v$ 后才能到达混合槽。也就是说，在小于 τ 的时间内，虽然挡板 2 已经改变了盐的投放量，但混合槽并未得到任何信息，它的投入盐量 $q_f(t)$仍是原先的量。

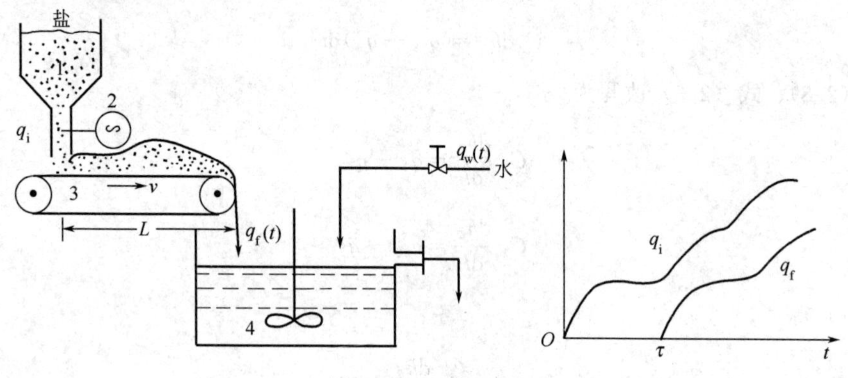

图 2-4　纯滞后过程

$q_f(t)$和 $q_i(t)$具有相同的变化规律，但 $q_f(t)$在时间上滞后 $q_i(t)$一个 τ 时间。纯滞后的关系可用下式表示

$$q_f(t)=q_i(t-\tau) \tag{2-18}$$

若无滞后的混合槽的对象特性可用如下一阶线性微分方程来描述

$$T\frac{\mathrm{d}y(t)}{\mathrm{d}t}+y(t)=Kx(t) \tag{2-19}$$

则具有纯滞后的混合槽的对象特性可用下式表示

$$T\frac{\mathrm{d}y(t)}{\mathrm{d}t}+y(t)=Kx(t-\tau) \tag{2-20}$$

由第 1 章的知识可知，式 (2-18) 的拉普拉斯变化式为

$$Q_f(s)=\mathrm{e}^{-\tau s}Q_i(s) \tag{2-21}$$

所以，具有纯滞后的混合槽对象的传递函数 $G(s)$为

$$G(s)=\frac{K}{Ts+1}\mathrm{e}^{-\tau s} \tag{2-22}$$

传递函数中 $\mathrm{e}^{-\tau s}$表达了对象存在纯滞后时间 τ。

在工业过程中，皮带输送机和长的输送管路等都可近似认为是一个纯滞后环节。

(4) 数学模型的无因次化

前面推导数学模型时，变量都是有因次的（即有量纲）。但在自动控制系统的分析和研究中，常不注重变量的绝对变化量，而主要是考虑它们与某一基准值（一般是变量的平衡状态值）相比较的相对变化量。也就是说用相对百分数来表示，微分方程就可化成无因次形式，称为无因次化。

若一个有因次的微分方程式为

$$T\frac{dy(t)}{dt}+y(t)=K_1x(t) \tag{2-23}$$

变量 y 的稳态值为 y_0，变量 x 的稳态值为 x_0，式（2-23）可写为

$$T\frac{\frac{dy}{y_0}y_0}{dt}+\frac{y}{y_0}y_0=K_1\frac{x}{x_0}x_0 \tag{2-24}$$

令 $\theta=y/y_0$，$\psi=x/x_0$，$K=\frac{K_1x_0}{y_0}$，上式写为

$$T\frac{d\theta(t)}{dt}+y(t)=K\psi(t) \tag{2-25}$$

若式（2-25）所表征的对象具有纯滞后环节，对象特性可用下式表示，即

$$T\frac{d\theta(t)}{dt}+y(t)=K\psi(t-\tau) \tag{2-26}$$

在式（2-25）和式（2-26）中除 T、t、τ 具有时间因次外，变量及放大系数都是无因次量。

无论是贮槽对象、传热对象、混合槽对象还是压力对象等，它们的数学模型都可以化成式（2-25）或式（2-26）所示的标准无因次形式。无因次化的数学模型对各种物理系统是通用的，它以时间常数 T，放大系数 K，滞后时间 τ 这些常系数表征物理系统的具体特性。即具体对象的特性可由式（2-25）或式（2-26）方程中的系数来表征，表征对象特性的这些参数称为对象特性参数。下面将从研究这几个参数物理意义的角度出发，进行详细的分析与讨论。

2.1.4 描述对象特性的参数及其对过渡过程的影响

这里所要研究的是当对象的输入变化后，输出是怎样变化的。显然，对象输出的变化情况与输入的形式有关。为使问题简单起见，下面假定对象的输入均为阶跃输入信号。

（1）放大系数 K

对于式（2-25）所描述的一阶线性对象，当其输入信号为阶跃信号

$$\begin{cases}\psi=0, & t<0\\ \psi=A, & t\geqslant 0\end{cases} \tag{2-27}$$

时，方程的解析解为

$$\theta=KA(1-e^{-t/T}) \tag{2-28}$$

当 $t=0$ 时，$\theta(0)=0$；当 $t\to\infty$ 时，$\theta(\infty)=KA$，其响应曲线如图 2-5 所示。由此可见，当输入量有一阶跃变化量 A 后，输出相应地发生变化，最后稳定在一定的数值上（称为最终稳态值），输出的最终变化量为输入变化量的 K 倍。所以，式（2-25）中的系数 K 就称为放大系数，它表征了对象对输入变量的放大能力。$K=\Delta\theta/\Delta\psi$，即放大系数 K 等于输出的稳态变化量与输入的变化量之比。放大系数与对象输出的中间变化过程无关，而只与过程初终两点有关，所以，放大系数表征了对象的稳态特性。

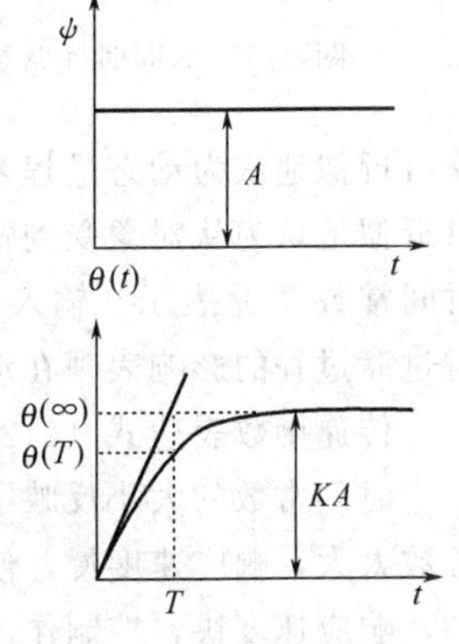

图 2-5 一阶线性对象的阶跃响应曲线

式（2-25）所表征的一阶线性对象的传递函数 $G(s)$ 可写为

$$G(s)=\frac{K}{Ts+1} \tag{2-29}$$

式中，系数 K 即为对象的放大系数。

对象的放大系数 K 越大，就表示当对象的输入量有一定变化时，对输出的影响也越大。对于同一个对象，不同的输入变量与被控变量之间的放大系数的大小有可能各不相同。

如前所述，对象的输入至输出的信号联系通道分为控制通道与干扰通道，控制通道的放大系数（一般用 K_0 表示）越大，表示控制作用对被控变量的影响也越强；干扰通道的放大系数（一般用 K_f 表示）越大，表示干扰作用对被控变量的影响也越强。所以，在设计控制方案时，总是希望 K_0 要大一些，K_f 要尽可能小一些。K_0 越大，控制作用对干扰的补偿能力也越强，越有利于克服干扰；K_f 越小，干扰对被控变量的影响就越小。但 K_0 也不能太大，否则过于灵敏，使过程不易控制，难以达到稳定。

(2) 时间常数 T

从生产实践中发现，有的对象受到干扰后，被控变量变化很快，较迅速地达到了稳态值；有的对象在受到干扰后，惯性很大，被控变量要经过很长时间才能达到新的稳态值。这说明对于不同的对象，或同一个对象对于不同的输入变量，其输出对输入变化的响应速度是不一样的，有的快有的慢。一般用时间常数 T 来描述对象对输入响应的快慢程度。

若由式（2-25）所描述的一阶线性对象有式（2-27）所示的阶跃输入时，其解析表达式如式（2-28）所示。当 $t=T$ 时，$\theta(T)=KA(1-e^{-1})=0.632KA$，如图 2-5 所示。由此可见，时间常数 T 为当对象受到阶跃输入作用时，对象输出达到最终稳态值的 63.2%所需要的时间，或者说时间常数为对象的输出保持以初速度变化而达到最终稳态值所需要的时间。时间常数越大，被控变量对输入的响应也越慢，被控变量的变化也越慢，达到新的稳态值所需的时间也越长。

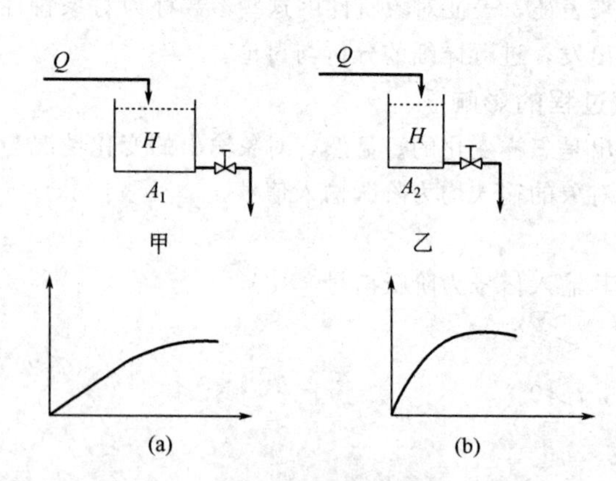

图 2-6　不同时间常数的对象反应曲线

如图 2-6 所示的甲、乙两个水槽，水槽的截面积分别为 A_1、A_2，且 $A_1>A_2$，进/出口管路、阀门等参数都相同，当进口流量改变同样一个数值时，截面积小的水槽液位变化很快，并迅速趋向新的稳态值。而截面积大的水槽惰性大，液位变化慢，须经过很长时间才能达到新稳态值。所以水槽甲的时间常数大于水槽乙的时间常数。

因为只有当 $t\rightarrow\infty$ 时，才有 $\theta(\infty)=KA$，所以，从理论上说对象的输出需要无限长的时间才能达到稳态值。但在实际工作中只要对象的输出进入最终稳态值的 95%的范围之内时，就可近似地认为动态过程基本结束。当 $\theta(t)=0.95\theta(\infty)=0.95KA$ 时，此时，$t\approx3T$。所以，可以近似地认为从对象受到输入作用开始，经过 $3T$ 时间后，动态过程基本结束，对象处于稳态。时间常数 T 是表示在输入作用下，被控变量完成其变化过程所需要的时间的一个重要参数。它对过渡过程的影响表现在动态方面，所以，时间常数 T 是表征了对象动态特性之一的重要参数。

传递函数表达式（2-29）中的系数 T 即为对象的时间常数。

时间常数的大小反映了对象输出变量对输入变量响应速度的快慢，对控制通道而言，若时间常数太大，响应速度慢，使控制作用不及时，易引起过大的超调量，过渡时间很长；若时间常数小，响应速度快，控制作用及时，控制质量容易保证。但时间常数过小也不利于控制，时间常数过小，响应过快，易引起振荡，使系统的稳定性降低。对干扰通道而言，干扰通道的时间常数越大，被控变量对干扰的响应就越慢，控制作用就越容易克服干扰而获得较高的控制质量。

(3) 滞后时间 τ

根据滞后性质的不同，滞后可分为传递滞后和容量滞后两类。

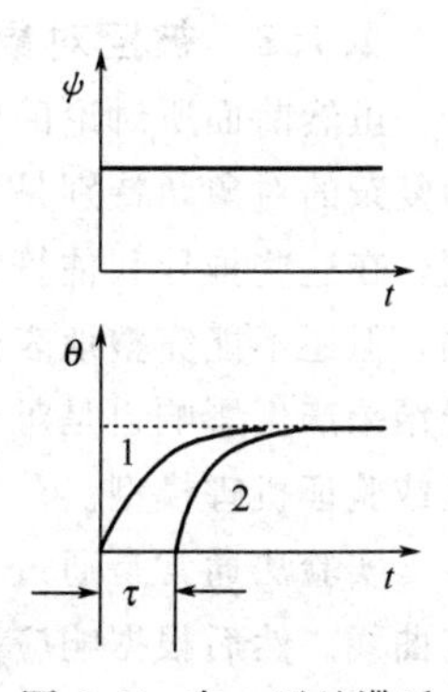

图 2-7 有、无纯滞后的一阶响应曲线

传递滞后是指由于物料从一点移动到另一点需要一定的时间而产生的滞后，它将输出对输入的响应推迟了一段时间 τ，如图 2-7 所示。图中，曲线 1 为无纯滞后的响应曲线，曲线 2 为有纯滞后的响应曲线。

有些对象在受到阶跃输入作用 ψ 后（如图 2-3 所示的串联液体贮槽），被控变量 θ 开始变化很慢，后来才逐渐加快，最后又变慢，直至逐渐接近稳态值，这种现象叫容量滞后或过渡滞后，这种对象称为多容对象，其响应曲线如图 2-8 所示。

容量滞后一般是由于物料或能量的传递需要通过一定阻力而引起的，在动态特性上可近似地作为纯滞后看待，如图 2-8 中的 τ_h 这段时间，通常称为等效纯滞后。

在纯滞后和容量滞后同时存在时，常把二者之和称为滞后时间 τ，$\tau=\tau_0+\tau_h$，如图2-9 所示。

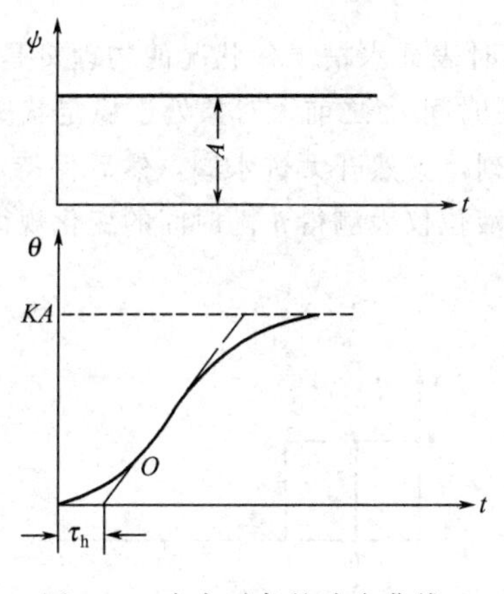

图 2-8 多容对象的响应曲线

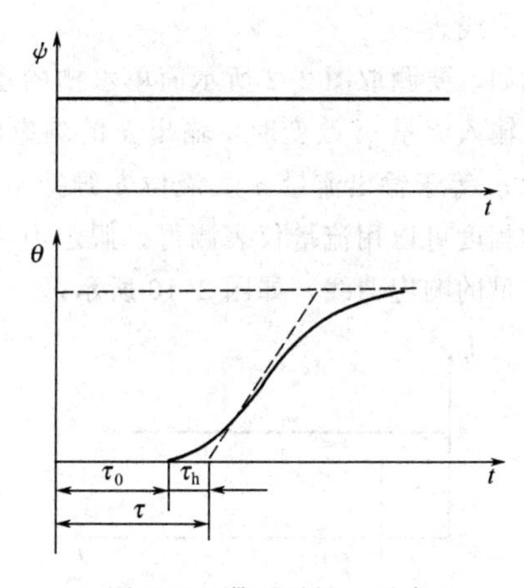

图 2-9 滞后时间 τ 示意

控制通道上存在的滞后时间通常用 τ_0 来表示，干扰通道上存在的滞后时间通常用 τ_f 来表示。显然，控制通道上纯滞后 τ_0 的存在是不利于控制的。也就是说，系统受到干扰作用后，由于纯滞后 τ_0 的存在，控制作用要过一段时间 τ_0 后才起作用，使被控变量的超调量增加，控制质量恶化。所以，在设计和安装控制系统时，都应当尽量避免控制通道滞后 τ_0 的存在，实在无法避免时，也应尽量把控制通道的滞后时间减到最小。例如，在选择控制阀与检测点的安装位置时，应选取靠近控制对象的有利位置。从工艺角度来说，应通过工艺改进，尽量减少或缩短那些不必要的管线及阻力，以利于减少控制通道的滞后时间。

干扰通道 τ_f 的存在相当于干扰被推迟了 τ_f 时间进入系统，所以对过渡过程品质的影响不大。

综上所述，简单对象的特性参数可以用放大系数 K、时间常数 T、滞后时间 τ 三个特性参数表征，多容对象也可近似地用它们代表。对象特性对控制系统的工作质量有着非常重要的影响。所以在确定控制方案时，应根据工艺要求确定被控变量，并从生产实际出发，分析干扰因素，抓主要矛盾，合理地选择控制变量，以构成合理的控制通道，组成一个可控性良好的被控对象，这是控制系统设计中的一个重要环节。如何根据对象特性选择被控变量及控制变量，将在第 7 章中进行详细讨论。

2.1.5 被控对象特性参数的实验测定方法

虽然前面所讨论的应用机理建模求取对象动态特性的方法具有较大的普遍性，但对于一些较为复杂的对象，特别是一些化工对象来说，描述对象特性的微分方程式有时难于建立。另一方面，在这些推导和估算方法中，常应用不少假定和假设，虽然这些假设或假定有一定的实际依据，但还不能完整地表达对象特性；另外，在一些复杂对象中，错综复杂的相互关联会不会对推导结果产生影响也是难于估计的。所以在实际工作中，有时需要依靠实验法来得到对象的动态特性或验证机理模型。

实验法通常是通过在调节阀上施加阶跃输入信号，并自动记录系统开环运行下被控变量的响应曲线。然后根据响应曲线，近似得到描述广义对象特性的等效时间常数、放大系数及纯滞后时间等参数。

对象特性的实验测取法有很多种，这些方法常以所加输入形式的不同来区分的，现介绍如下。

(1) 阶跃响应曲线法

测取对象的阶跃响应曲线，就是用实验的方法测取对象在阶跃输入作用下，输出随时间的变化响应曲线。

例如，要测取图 2-2 所示简单水槽的动态特性，这时表征水槽工作状况的物理量是液位 h，要测取输入流量 q_i 改变时，输出 h 的响应曲线。假定在时间 t_0 之前，对象处于稳定状况，即输入流量 q_i 等于输出流量 q_o，液位 h 维持不变。在 t_0 时刻，突然开大进水阀，然后保持不变。q_i 改变的幅度可以用流量仪表测得，假定为 A。这时若用液位仪表测得 h 随时间的变化规律，便是简单水槽的响应曲线，如图 2-10 所示。

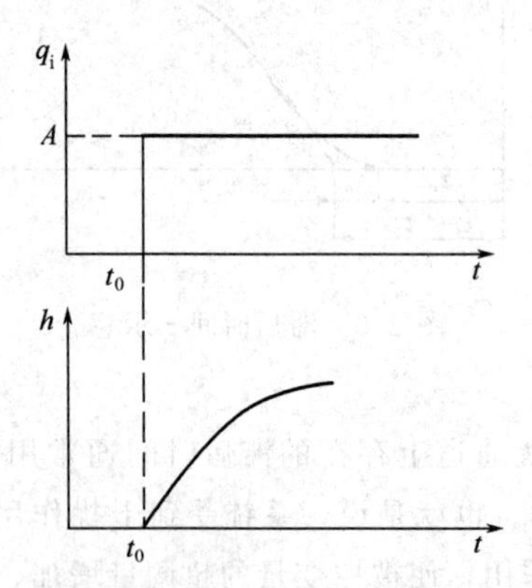

图 2-10 水槽的阶跃响应曲线

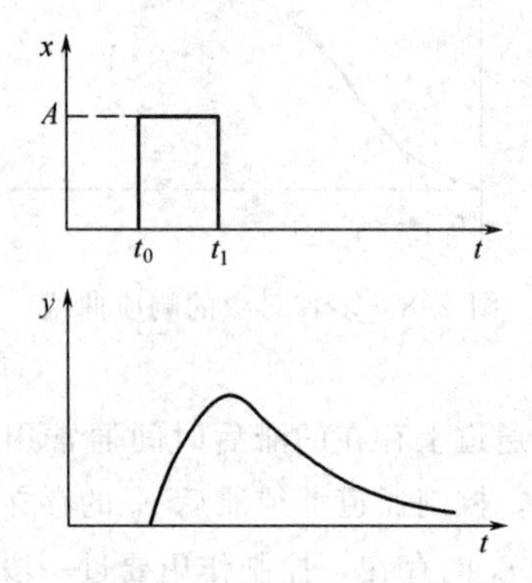

图 2-11 矩形脉冲特性曲线

阶跃响应曲线法是一种比较简易的动态特性测试方法，其优点是简便易行，一般不需要另外增加特殊的仪器设备。但这种方法也存在一些缺点。主要是对象在阶跃信号作用下，从不稳定到稳定一般需要较长的时间，在这段时间内，对象不可避免要受到许多其他的干扰，因而测试精度受到限制。为了提高精度，就必须加大所施加的输入作用的幅度，可这样会给正常生产带来影响，工艺上往往是不允许的。一般所施加输入作用的大小是额定值的5%～10%。

(2) 矩形脉冲法

当对象处于稳定工况下，在时刻 t_0 突然施加一阶跃干扰，幅值为 A，在 t_1 时刻突然除去阶跃干扰，这时测得的输出量 y 随时间的变化规律，称为对象的矩形脉冲特性，这种形式的干扰称为矩形脉冲干扰，如图 2-11 所示。

用矩形脉冲干扰来测取对象特性时，由于加在对象上的干扰，经过一段时间后即被除去，因此干扰的幅值可取得比较大，可以提高实验精度，且对象的输出量又不至于长时间地偏离给定值，因而对正常生产影响较小。这种方法也是测取对象动态特性的常用方法之一。

除了应用阶跃干扰与矩形脉冲干扰作为实验测取对象动态特性的输入信号形式外，还可以采用矩形脉冲波和正弦信号（分别见图 2-12 与图 2-13）等来测取对象的动态特性，分别称为矩形脉冲波法与频率特性法。

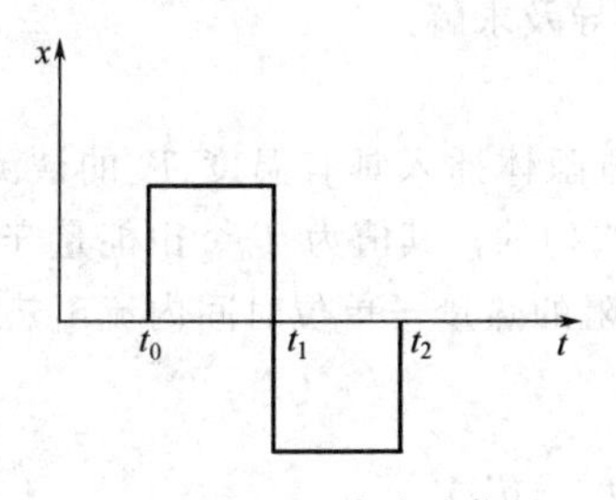

图 2-12 矩形脉冲波信号

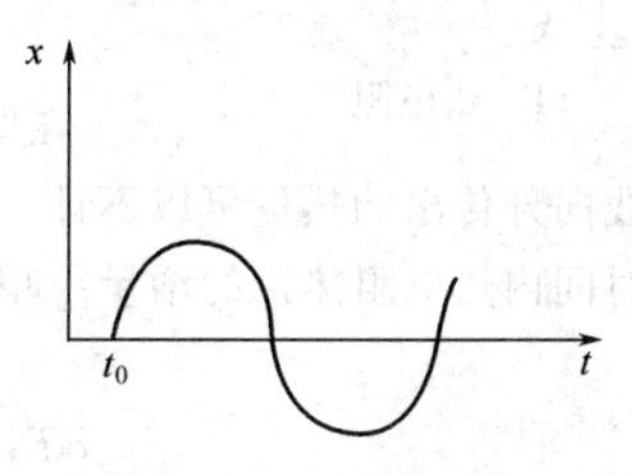

图 2-13 正弦信号

上述各种方法都有一个共同的特点，就是要在对象上人为地外加干扰作用（或称测试信号），这在一般的生产中是允许的，因为一般加的干扰量比较小，时间不太长，只要自动化人员与工艺人员密切配合，互相协作，根据现场的实际情况，合理地选择以上几种方法中的一种，可以得到对象的动态特性，从而为正确设计自动化系统创造有利的条件。

在对象特性的测试过程中必须注意以下几点。

① 加测试信号之前对象的输入量和输出量应尽可能稳定一段时间，不然会影响测试结果的准确度。当然在工厂现场测试时，要求各个因素都绝对稳定是不可能的，只要是相对稳定，不超过一定的波动范围即可。

② 为准确测量滞后时间，必须记录输入量开始作阶跃变化时至反应曲线的起始点的时间。

③ 为保证测试精度，排除测试过程中其他干扰的影响，测试曲线应是平滑无突变的。最好在相同条件下，重复测试 2～3 次，如几次所得曲线比较接近即可。

④ 加测试信号后，要密切注意各干扰量与被控量的变化，尽可能把与测试无关的干扰排除，被控变量变化应在工艺允许范围内，一旦有异常现象，应及时采取措施。

⑤ 测试和记录工作应该持续进行到输出量达到新稳态值为止。

⑥ 在反应曲线测试工作中，要特别注意工作点的选取，因为多数工业对象不是真正线性的，由于非线性关系，对象的放大系数是可变的。所以，作为测试对象特性的工作点，应该选择正常的工作状态，也就是在额定负荷、正常干扰及被控变量在给定值情况下，因为整个控制过程将在此工作点附近进行，实验测得放大系数较符合实际情况。

用实验法测试对象特性是一种研究对象特性的有效方法。为了提高测试精度和减少计算量，也可以利用专用的仪器，在系统中施加对正常生产基本上没有影响的一些特殊信号（例如伪随机信号），然后对系统的输入输出数据进行分析处理，可以比较准确地获得对象动态特性。

2.2 测量、变送环节特性及其对过渡过程的影响

测量、变送环节也是自动控制系统的一个重要组成部分。测量、变送环节是自动控制系统的感觉器官，控制器根据测量信号而动作。假若测量、变送环节的性能不好，就会发出不正确的信号，致使控制器发出误动作，而导致自动控制系统失调，不能正常工作。

在这里主要研究测量、变送环节的动态特性，即分析当被控变量［如图 1-3 中的 $z(t)$］发生变化后，测量参数［如图 1-3 中的 $y(t)$］随时间而变化的过程。

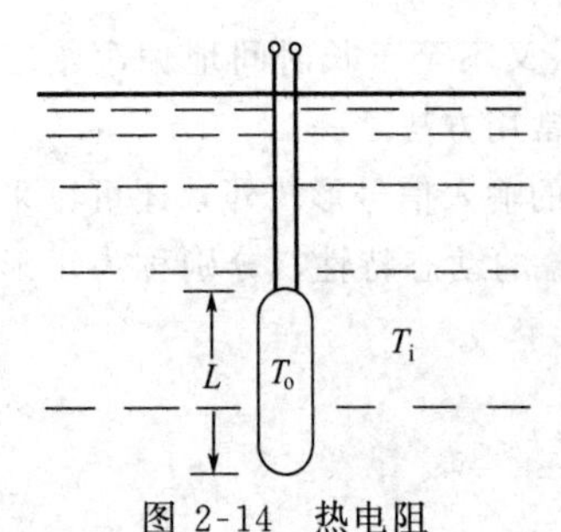

图 2-14 热电阻

测量、变送环节一般由测量元件及变送器组成，下面将分别对它们进行分析。

2.2.1 测量元件

测量元件的品种很多，例如热电阻就是工业生产过程中一种常用的用于温度测量的元件。下面就以热电阻为例说明测量元件动态特性即微分方程式的推导及求解。

(1) 热电阻测量元件

在图 2-14 所示的一个电阻体插入具有温度 T_i 的被测介质中，假设由导线向外传出的热量可以不计，并且电阻体温度是均匀的，其值为 T_o。由能量守恒关系可得：单位时间内热电阻热量的增量＝单位时间内进入热电阻的热量－单位时间内流出热电阻的热量，即

$$Mc\frac{\mathrm{d}T_\mathrm{o}}{\mathrm{d}t}=Q_\mathrm{in}-Q_\mathrm{out}=F\alpha(T_\mathrm{i}-T_\mathrm{o}) \tag{2-30}$$

式中，M 为热电阻体质量；c 为热电阻体比热容；F 为热电阻体表面积；α 为给热系数。

令 $T_\mathrm{m}=\frac{Mc}{F\alpha}$，式 (2-30) 可写为

$$T_\mathrm{m}\frac{\mathrm{d}T_\mathrm{o}}{\mathrm{d}t}+T_\mathrm{o}=T_\mathrm{i} \tag{2-31}$$

其传递函数表达式为

$$H_\mathrm{m}(s)=\frac{K_\mathrm{m}}{T_\mathrm{m}s+1} \tag{2-32}$$

由式 (2-31) 或式 (2-32) 可见，热电阻的动态特性可由一阶线性微分方程来描述，其放大系数为 1，时间参数为 T_m，T_m 与电阻体的质量、比热容成正比，与热电阻体表面积及给热系数成反比。当介质温度 T_i 有阶跃变化时，热电阻对输入的响应曲线如图 2-16 中的曲线 1 所示。时间常数越大，热电阻对被测介质温度变化的响应就越慢；反之，时间常数越小，热电阻对被测介质温度变化的响应就越快。这类元件称为一阶元件。

(2) 有套管的热电阻

在大多数工业现场，都需在热电阻外加上保护套管，以保护热电阻不被损坏或腐蚀。其结构如图 2-15 所示。假设保护套管插入被测介质中较深，由上部传出的热损耗可以忽略，并且保护套管具有均匀的温度 T_a，介质温度为 T_i，则对保护套管，根据能量守恒原理可得

$$M_1c_1\frac{\mathrm{d}T_\mathrm{a}}{\mathrm{d}t}=\alpha_1F_1(T_\mathrm{i}-T_\mathrm{a})-\alpha_2F_2(T_\mathrm{a}-T_\mathrm{o}) \tag{2-33}$$

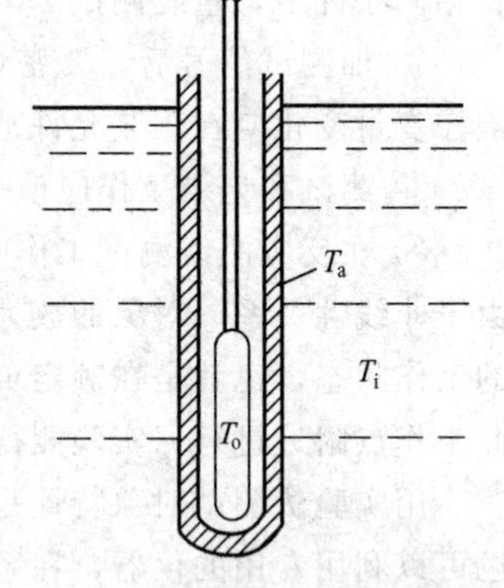

图 2-15 有套管的热电阻

式中，M_1 为套管的质量；c_1 为保护套管的比热容；α_1 为介质对套管的给热系数；F_1 为套管的有效面积；α_2 为套管对热电阻的给热系数；F_2 为热电阻的体表面积。

对热电阻则有

$$M_2c_2\frac{\mathrm{d}T_\mathrm{o}}{\mathrm{d}t}=\alpha_2F_2(T_\mathrm{a}-T_\mathrm{o}) \tag{2-34}$$

式中，T_o 为热电阻体的温度；M_2 为热电阻体的质量；c_2 为热电阻体的比热容。

若令 $R_1=\frac{1}{F_1\alpha_1}$，$R_2=\frac{1}{F_2\alpha_2}$，$C_1=M_1c_1$，$C_2=M_2c_2$，则将式（2-33）、式（2-34）整理后，可以写为以 T_i 为输入，T_o 为输出的数学表达式为

$$T_{m1}T_{m2}\frac{d^2T_o}{dt^2}+(T_{m1}+T_{m2}+R_1C_2)\frac{dT_o}{dt}+T_o=T_i \tag{2-35}$$

式中，$T_{m1}=R_1C_1$；$T_{m2}=R_2C_2$ 为时间常数；R_1C_2 为输出与输入之间的关联系数，关联的二阶系统是指前后二者相互有影响的情况。如具有保护套管热电阻测温元件例子中，保护套管传送给热电阻体的热量和它们二者的温差有关，热电阻体温度改变时，会影响套管对热电阻的给热。

由式（2-35）可见，有套管的热电阻的动态特性可由二阶线性微分方程来描述，其放大系数为1，时间常数分别为 T_{m1}、T_{m2}，套管的时间常数与套管的质量、比热容成正比，与套管体表面积及给热系数成反比。当介质温度 T_i 有阶跃变化时，热电阻对输入的响应曲线如图 2-16 的曲线 2 所示。

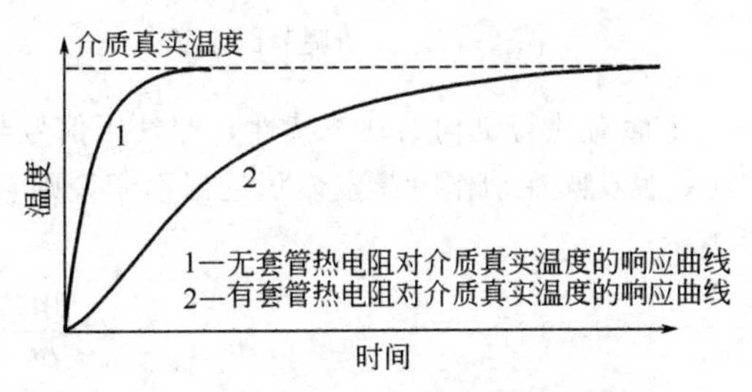

图 2-16 热电阻对介质真实温度的响应曲线

比较一下有、无套管热电阻的差别。无套管时被测介质直接加热（或冷却）热电阻体，反应较快；有套管时被测介质先加热套管，然后再由套管加热热电阻体。由于热电阻大多不与套管接触，传热速度很慢，所以增加套管后反应较慢。具体反应曲线如图 2-16 中曲线 2 所示。

套管的时间常数 T_{m1} 越大，热电阻对被测介质温度变化的响应就越慢。因此在温度控制系统中应尽量减小套管的时间常数，以保证控制质量。

以上对热电阻动态特性的讨论也适用于其他测量元件。

2.2.2 变送器

对于变送器而言，其纯滞后和时间常数都很小，可以略去不计。所以实际上它相当于一个放大环节。

综合起来，测量、变送器的特性亦可用放大系数（一般用 K_m 表示）、时间常数（一般用 T_m 表示）和滞后时间 τ_m 三个特性参数表示。三者对控制质量的影响也与对象特性参数相仿。

如果测量装置纯滞后非常严重或者时间常数很大，特别是在物性测定和分析方面，它相当于将被控变量的最新变化情况积压了一段时间再去报告控制器，显然这种信号是不合适的。自控系统对测量、变送环节的要求是准确可靠、重复再现性好、响应速度快、灵敏度高，即时间常数尽可能短，纯滞后最好为 0，并在整个量程范围内放大系数保持常数。

2.3 执行器特性及其对过渡过程的影响

执行器是控制系统的又一个重要组成部分。气动薄膜调节阀（以后简称调节阀）是工业现场最常用的一类执行器，它由执行机构和调节机构两部分组成。从调节阀的膜头到阀杆称执行机构，阀杆、阀芯和阀座组成调节机构。调节阀及执行机构示意分别如图 2-17、图 2-18 所示。它由上部的薄膜式气室和刚性弹簧所构成的执行机构及下部的阀体所组成。薄膜室中气压的变动引起阀杆成正比地上下移动。并改变阀座和阀芯之间的开启面积，以改变介质流过的流量 Q。由于阀体开启面积的改变基本上无惯性地使介质流量 Q 发生改变，所以调节阀的动态特性主要取决于执行机构的动态特性。

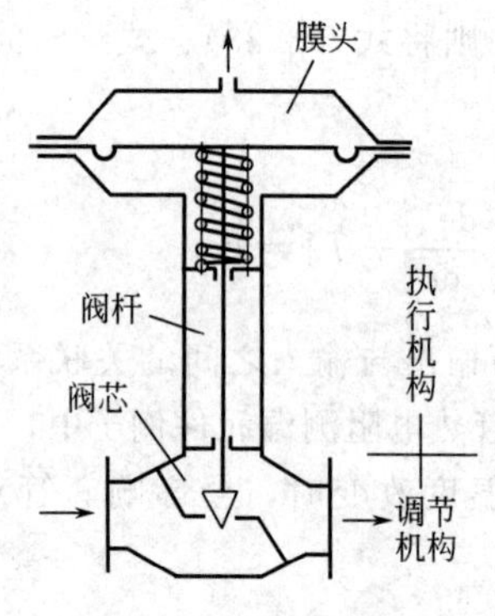

图 2-17 气动调节阀示意

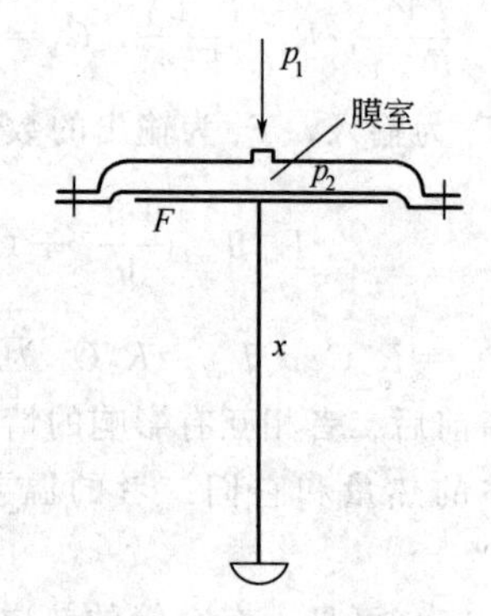

图 2-18 执行机构示意

下面对执行机构的动态特性，即气压信号与阀杆位移之间的关系进行讨论。若膜室的气容为 C，并假设阀在动作时膜室体积近似不变，则它就相当于一个简单的压力容器。根据物料平衡关系有

$$C\frac{\mathrm{d}p_2}{\mathrm{d}t}=q_i-q_o \tag{2-36}$$

式中，p_2 为膜室内的压力；q_i 为气体流入膜室的流量；q_o 为气体流出膜室的流量。q_i 与压力的近似关系式为

$$q_i=\frac{p_1-p_2}{R} \tag{2-37}$$

式中，R 为从控制器到调节阀之间的导管阻力；p_1 为控制器来的气压。

由于膜室是封闭的，所以 $q_o=0$。

将式（2-36）代入式（2-37）得

$$RC\frac{\mathrm{d}p_2}{\mathrm{d}t}+p_2=p_1 \tag{2-38}$$

令 $T_v=RC$，T_v 为时间常数。式（2-38）可写为

$$T_v\frac{\mathrm{d}p_2}{\mathrm{d}t}+p_2=p_1 \tag{2-39}$$

当膜片所受的压力与膜片所受到的弹簧的反作用弹力相等时有

$$p_2F=kl \tag{2-40}$$

式中，F 为膜片的面积；k 为弹簧的弹性系数；l 为阀杆的位移量。将式（2-40）代入式（2-39），整理后得

$$T_v\frac{\mathrm{d}l}{\mathrm{d}t}+l=K_vp_1 \tag{2-41}$$

式中，$K_v=\frac{F}{k}$，为放大系数。式（2-40）的传递函数为

$$G_v(s)=\frac{K_v}{T_vs+1} \tag{2-42}$$

所以，执行机构的动态特性也可用一阶线性微分方程来描述，其特性也可用放大系数 K_v、时间常数 T_v 及滞后时间 τ_v 来表征。若调节阀的引压管线很长，膜室空间又大，则时间常数及滞后时间都会较大，这时调节阀动作缓慢，调节质量会受影响，改进的方法是增用阀门定位器，以加大功率，提高调节阀的运动速度。

一般来说，调节阀的滞后时间和时间常数都不大，在数秒至数十秒左右，多数时候忽略不

计，所以调节阀可作放大环节处理。

调节阀在自动调节系统中好比手脚，如若手脚不灵，那必然会寸步难行。调节阀的详细结构、工作原理等将在第6章进行介绍。

在分析研究自动控制系统时，常将测量、变送环节、执行器和被控对象等几部分合并考虑，通常称为广义对象。

2.4 控制规律及其对过渡过程的影响

控制系统中控制器的作用是给出输出控制信号，以消除被控变量和给定值的偏差。它是构成自动控制系统的基本环节。控制系统的运行质量在很大程度上取决于控制器的性能，即控制规律的选取。不同的控制规律适应不同的生产要求。如选用不当，不但不能起到好的作用，反而会使控制过程恶化，甚至造成事故。要选用合适的控制器，首先必须了解常用的几种控制规律的特点与适用条件，然后根据过渡过程品质指标要求，结合具体对象特性，作出正确的选择。

所谓控制规律是指控制器的输出信号与输入信号之间的关系。目前，常用工业控制器的控制规律基本上为位式控制、比例控制（P)、比例积分控制（PI)、比例微分控制（PD)、比例积分微分控制（PID)。其中PID控制规律的应用率占到了85%以上。PID控制规律是长期生产实践的经验总结，是熟练技巧操作工人经验的模仿。

控制器的输入信号为变送器送来的测量信号与给定信号之差。即 $e(t)=z(t)-x(t)$，如图2-19所示。在此需要说明的是在分析自动控制系统时，偏差定义为 $e(t)=x(t)-z(t)$，即给定值与测量值之差，但在单独分析控制器时，偏差习惯上定义为测量值与给定值之差。

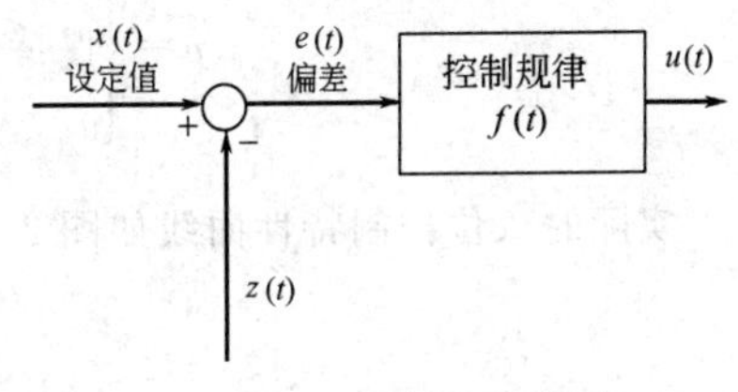

图 2-19 控制器方块图

在研究控制器的控制规律时，经常是假定控制器的输入信号 e 是一个阶跃信号，然后来分析控制器的输出信号 u 随时间的变化规律。

2.4.1 双位控制

目前常用的控制规律当中，最简单的控制规律是双位控制。双位控制的动作规律是当测量值大于给定值时，控制器的输出为最大（或最小)，而当测量值小于给定值时，则输出为最小（或最大)，即控制器只有两个输出值，相应的控制机构只有开和关两个极限位置，因此又称开关控制。

理想的双位控制器其输出与输入偏差 e 之间的关系为

$$u=\begin{cases}u_{\max}, & e>0\\ u_{\min}, & e<0\end{cases} \quad 或 \quad u=\begin{cases}u_{\max}, & e<0\\ u_{\min}, & e>0\end{cases} \tag{2-43}$$

其理想的偏差与控制器输出之间的关系曲线如图2-20所示。

图2-21是一个采用双位控制的液位控制系统，它利用电极式液位计来控制贮槽的液位，槽内装有一根电极作为测量液位的装置，电极的一端与继电器的线圈相接，另一端调整在液位给定值的位置，导电的流体由装有电磁阀V的管线进入贮槽，经下部出料管流出。贮槽外壳接地，当液位低于给定值 H 时，流体未接触电极，继电器断路，此时电磁阀V全开，流体流入贮槽使液位上升，当液位上升至稍大于给定值时，流体与电极接触，继电器接通，使电磁阀全关，流体不再进入贮槽。但槽内流体仍在继续往外排出，故液位将要下降。当液位 H 下降到稍小于给定值时，流体与电极脱离，于是电磁阀V又开启，如此反复循环，使液位被维持在给定值上下很小一个范围内波动。由此可见，控制机构的动作非常频繁，这样会使系统中的运动部件（例如继电器、电磁阀等）因动作频繁而损坏，因此实际应用的双位控制器具有一个中间区。

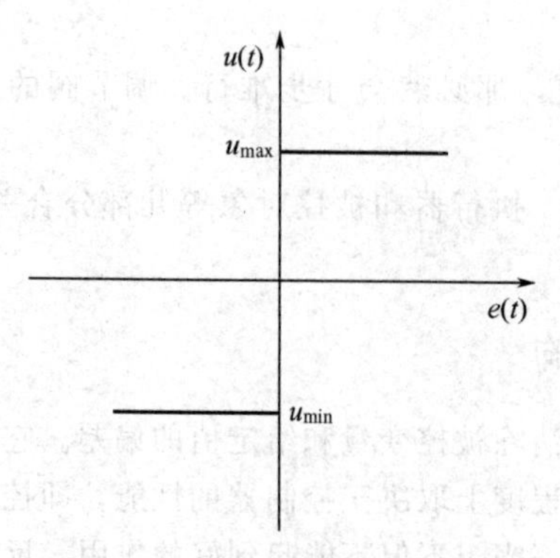

图 2-20 理想的双位控制特性

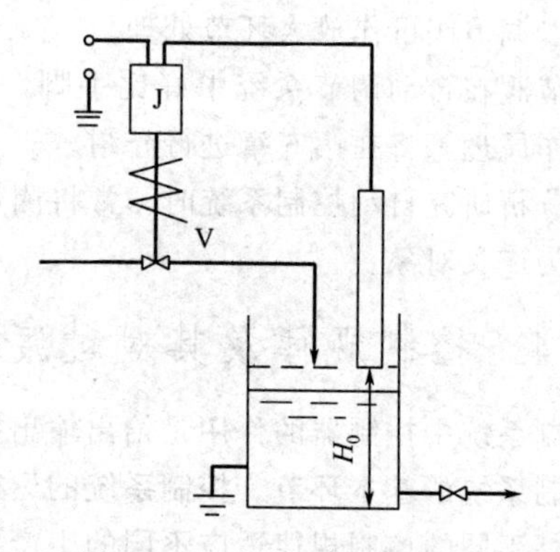

图 2-21 液位双位控制系统

偏差在中间区内时，控制机构不动作。当被控变量的测量值上升到高于给定值某一数值（即偏差大于某一数值 e_{max}）后，控制器的输出变为最大 u_{max}，控制机构处于开（或关）的位置，当被控变量的测量值下降到低于给定值某一数值（即偏差小于某一数值 e_{min}）后，控制器的输出变为最小 u_{min}，控制机构才处于关（或开）的位置。所以，实际的双位控制器的控制规律为

$$u=\begin{cases}u_{max}, & e\geqslant e_{max}\\ \text{保持 } u_{max} \text{ 或 } u_{min} \text{ 不变}, & e_{min}<e<e_{max}\\ u_{min}, & e\leqslant e_{min}\end{cases} \tag{2-44}$$

实际的双位控制特性曲线如图 2-22 所示。

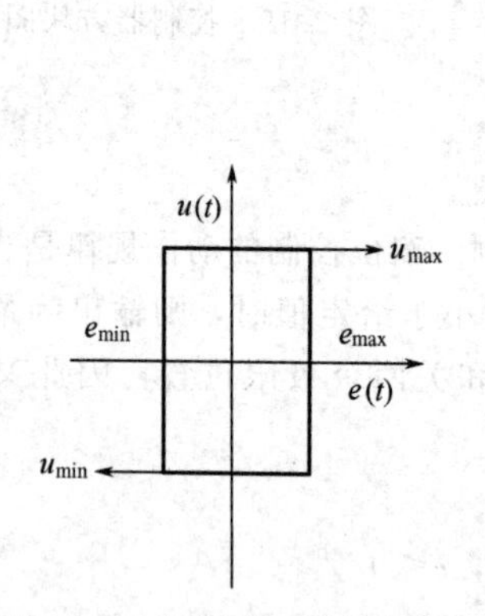

图 2-22 实际的双位控制特性

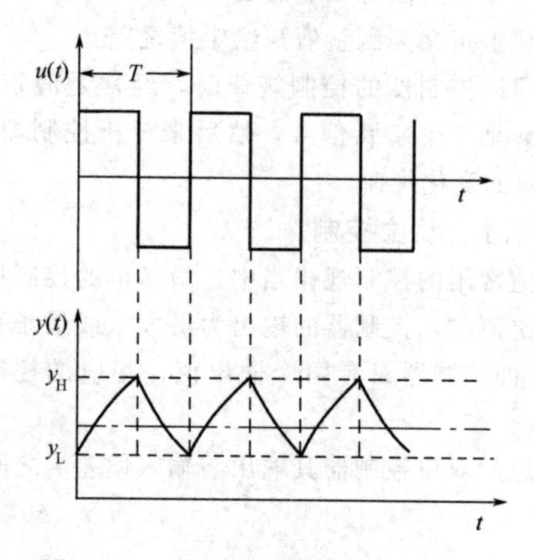

图 2-23 具有中间区的双位控制过程

将上例中的测量装置及继电器线路（例如采用延时继电器）稍加改变，便可构成为具有中间区的双位控制器。由于设置了中间区，当偏差在中间区内变化时，控制机构不会动作，因此可以使控制机构的开关频率降低，延长控制系统中运动部件的使用寿命。

具有中间区的双位控制过程如图 2-23 所示。图中上面的曲线表示控制机构阀位与时间的关系，下面的曲线是被控变量（液位）随时间变化的曲线，它是一个等幅振荡过程。

双位控制过程中不采用对连续控制作用下的衰减振荡过程所提供的那些品质指标，一般采用振幅与周期作为品质指标，在图 2-23 中振幅为 y_H-y_L，周期为 T。

如果生产工艺允许被控变量在一个较宽的范围内波动，控制器的中间区就可以宽一些，这样振荡周期较长，可使可动部件动作的次数减少，提高可动部件的使用寿命。

双位控制器结构简单、成本较低、易于实现，因而应用很普遍，例如仪表用压缩空气贮罐的压力控制，恒温炉、管式炉的温度控制、发酵罐的压力、温度控制等。

除了双位控制外，还有三位（即具有一个中间位置）或更多位的控制，包括双位控制在内，这一类的控制规律统称为位式控制，它们的工作原理基本上相同。

2.4.2 比例控制（P）

（1）比例控制规律（P）

在双位控制系统中，被控变量不可避免地会产生持续的等幅振荡，这是由于双位控制器只有两个特定的输出值，相应的控制阀也只有两个极限位置；势必在一个极限位置时，流入对象的物料量（能量）大于由对象流出的物料量（能量），因此被控变量上升；而在另一个极限位置时，情况正好相反，被控变量下降，如此反复，被控变量势必产生等幅振荡。为了避免这种情况，应该使控制阀的开度（对应于控制器的输出值）与被控变量的偏差成比例，根据偏差的大小，控制阀可以处于不同的位置，这样就有可能获得与对象负荷相适应的控制变量，使被控变量趋于稳定，达到平衡状态。如图 2-24 所示的液位控制系统，当液位高于给定值时，控制阀就关小，液位越高，阀关得越小；若液位低于给定值，控制阀就开大，液位越低，阀开得越大。它相当于把位式控制的位数增加到无穷多位，于是变成了连续控制系统。图中浮球是测量元件，杠杆就是一个最简单的控制器。

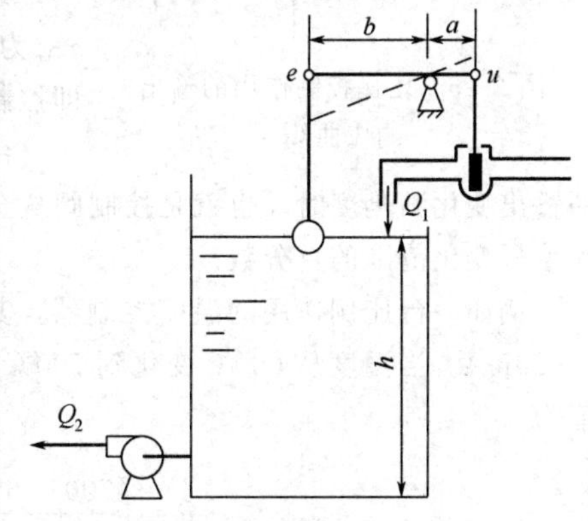

图 2-24　液位比例控制示意

图 2-24 中，若杠杆在液位改变前的位置用实线表示，改变后的位置用虚线表示，根据相似三角形原理，有

$$\frac{a}{b}=\frac{u}{e}$$

即

$$u=\frac{a}{b}e \tag{2-45}$$

式中，e 为杠杆左端的位移，即液位的变化量；u 为杠杆右端的位移，即阀杆的位移量；a、b 分别为杠杆支点与两端的距离。

由此可见，在该控制系统中，阀门开度的改变量与被控变量（液位）的偏差值成比例，这就是比例控制规律，其输出信号的变化量与输入信号（指偏差，当给定值不变时，偏差就是被控变量测量值的变化量）的变化量之间成比例关系，即

$$u(t)=K_{p}e(t) \tag{2-46}$$

其传递函数为

$$G(s)=K_{p} \tag{2-47}$$

式中，K_p 是一个可调的放大倍数，通常称为比例增益。对照式（2-45），可知图 2-24 所示的比例控制器的 $K_p=\frac{a}{b}$，改变杠杆支点的位置，便可改变 K_p 的数值。具有比例作用（通常称为 P 控制规律）的控制器其输出能立即响应输入，图 2-25 所示为当输入为阶跃信号时，在系统开环的情况下，比例控制作用的输出响应曲线。

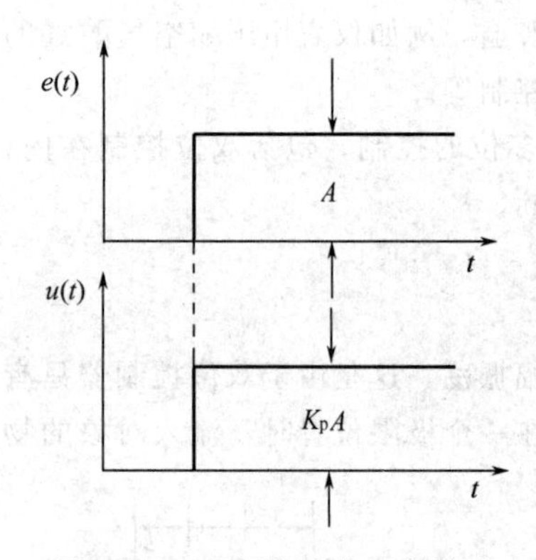

图 2-25　比例控制作用的输出响应曲线

比例控制的放大倍数 K_p 是一个重要的系数，它决定了比例控制作用的强弱。K_p 越大，比例控制作用越强。在以往的习惯中，通常使用比例度 δ 来表示比例控制作用的强弱。

(2) 比例度

比例度定义为控制器输入的变化相对值与相应的输出变化相对值之比的百分数，其表达式为

$$\delta=\left(\frac{\Delta e}{x_{max}-x_{min}}\bigg/\frac{\Delta u}{u_{max}-u_{min}}\right)\times 100\% \tag{2-48}$$

式中，Δe 为输入变化量；Δu 为相应的输出变化量；$x_{max}-x_{min}$ 为输入信号的变化范围；$u_{max}-u_{min}$ 为输出信号的变化范围，即控制器输出信号的变化范围。

由式 (2-48) 可以看出比例度 δ 的具体意义为，使控制器的输出变化满刻度时［也就是控制阀从全关到全开（或相反）］，相应的控制器输入变化量占输入信号变化范围的百分数。

例如一台比例作用的温度控制器，其温度的变化范围为 400～800℃，控制器的输出范围是 4～20mA。当温度从 600℃变化到 700℃时，控制器相应的输出从 8mA 变为 12mA，其比例度的值为

$$\delta=\left(\frac{700-600}{800-400}\bigg/\frac{12-8}{20-4}\right)\times 100\%=100\%$$

这说明在这个比例度下，温度全范围变化（相当于 400℃）时，控制器的输出从最小变为最大，在此区间内，e 和 u 是成比例的。图 2-26 所示是比例度的示意。当比例度为 50%、100%、200%时，只要偏差 e 变化占输入信号变化范围的 50%、100%、200%时，控制器的输出就可以由最小 u_{min} 变为最大 u_{max}。

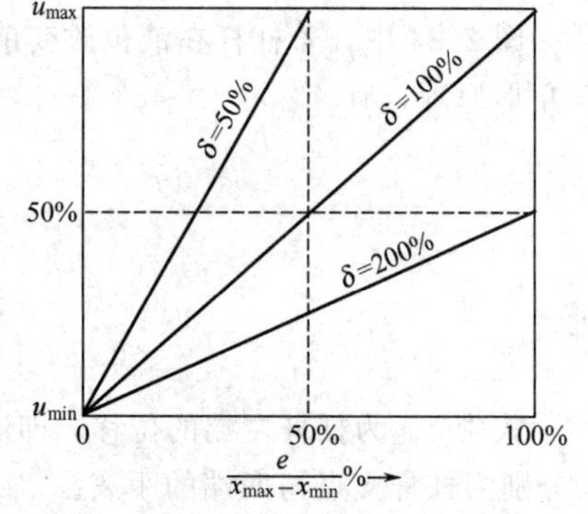

图 2-26　比例度示意

将式 (2-48) 的关系代入式 (2-46)，经整理后可得

$$\delta=C\times\frac{1}{K_p}\times 100\% \tag{2-49}$$

式中，$C=\frac{u_{max}-u_{min}}{x_{max}-x_{min}}$ 为控制器输出信号的变化范围与输入信号的变化范围之比，称为仪表系数。由此可见，比例度 δ 与放大倍数 K_p 成反比。比例度 δ 越小，控制器的放大倍数 K_p 就越大，它将偏差（控制器输入）放大的能力越强，反之亦然。可见，比例度 δ 和放大倍数 K_p 都能表示比例控制器控制作用的强弱，只不过 K_p 越大，表示控制作用越强，而 δ 越大，表示控制作用越弱。

(3) 比例作用与比例度对过渡过程的影响

从图 2-24 中可以看出，在负荷未变化前，进水量与出水量是相等的，此时调节阀有一个固定的开度，比如说对应于杠杆为水平的位置。而当 $t=t_0$ 时刻，出水量有一个阶跃增大后，进水量也必须增加到与出水量相等时，平衡才能重新建立起来。要使进水量增加，调节阀开度必须增大，阀杆必须上移。然而杠杆是一种刚性的机构，阀杆上移时浮球杆必然下移，这说明浮球所在的液位比原来低，液面稳定在一个比原稳态值（即给定值）要低的一个位置上，其与给定值之差就是余差。显然，对这个简单的比例控制系统，可以直观地看出过渡过程终了时存在余差。

再看第1章1.4节中例1-2所示的图1-18。图1-18为一简单控制系统的方块图。为简化起见，假定图中被控对象的控制通道及干扰通道均为一阶滞后环节，即其传递函数分别为 $G_o(s)=\dfrac{K_0}{T_0s+1}$、$G_f(s)=\dfrac{K_f}{T_fs+1}$；测量变送环节、执行器的传递函数均为1（测量/变送环节及执行器无滞后且放大系数为1），即 $H_m(s)=1$、$G_v(s)=1$。下面对该系统在受到阶跃干扰输入作用 $f(t)$ 后，在比例增益为 K_p 的比例控制规律作用下，过渡过程终了时是否存在余差、余差为多少进行分析。

由例1-2及式（2-47）可知，该简单控制系统的等效传递函数为

$$G(s)=\frac{G_f(s)}{1+G_c(s)G_v(s)G_o(s)H_m(s)}=\frac{K_f}{T_fs+1}\Big/\left(1+\frac{K_pK_0}{T_0s+1}\right) \tag{2-50}$$

当干扰输入作用为 $f(t)\left[F(s)=\dfrac{1}{s}\right]$ 时，对于定值系统，由于给定值不变，其余差为

$$e(\infty)=\lim_{t\to\infty}e(t)=\lim_{t\to\infty}x(t)-\lim_{t\to\infty}y(t)=-\lim_{t\to\infty}y(t) \tag{2-51}$$

根据拉普拉斯变换的终值定理有

$$e(\infty)=-\lim_{s\to 0}s\times Y(s)=-\lim_{s\to 0}G(s) \tag{2-52}$$

将式（2-50）代入式（2-52），并取其绝对值得

$$|e(\infty)|=\left|-\lim_{s\to 0}\frac{K_f}{T_fs+1}\Big/\left(1+\frac{K_pK_0}{T_0s+1}\right)\right|=\frac{K_f}{1+K_pK_0} \tag{2-53}$$

同理，对于随动系统（即给定值发生改变），其余差为

$$e(\infty)=1-\lim_{t\to\infty}y(t)=1-\lim_{s\to 0}G(s) \tag{2-54}$$

那么，对于图1-18所示的简单控制系统，其余差为

$$e(\infty)=1-\lim_{s\to 0}\left[\frac{K_pK_0}{T_0s+1}\Big/\left(1+\frac{K_pK_0}{T_0s+1}\right)\right]=\frac{1}{1+K_pK_0} \tag{2-55}$$

由此可见，对采用比例控制规律的简单控制系统而言，余差必然是不可避免的。对于定值系统，余差的大小与被控对象干扰通道的放大系数成正比；与被控对象控制通道的放大系数及控制器的比例增益成反比。对于随动系统，余差的大小与被控对象控制通道的放大系数及控制器的比例增益成反比。对于其他复杂一些的比例控制系统而言，在过渡过程终了时，余差同样是不可避免的。

当被控对象有较大的滞后存在时，控制作用就不能及时地影响被控变量，结果就有可能出现振荡的过渡过程。在一个控制系统中，对象的滞后愈小、时间常数愈大或放大系数愈小，则系统愈易稳定。但是，对象的滞后、时间常数和放大系数都是由它自身的特性所决定的，虽然在设计系统时可以进行一些选择和改进，但也不能任意改变，常常受到工艺设备的限制。因而用改变控制器的特性来改善系统的控制质量是最现实的，实际工作中也正是这样做的。

控制器的比例度愈大（比例增益愈小），过渡过程曲线的振荡愈小，但余差也愈大。比例度愈小（比例增益愈大），则振荡愈激烈。若比例度过小（比例增益过大），系统可能出现不稳定现象。图2-27是同一对象在相同干扰量下比例度对过渡过程的影响。

当比例度大（即放大倍数小）时，在干扰产生后，控制器的输出变化较小，因而调节阀移动也小，这样，被控变量的变化就很缓慢（如曲线6）。当比例度减小时，控制器放大倍数增大；

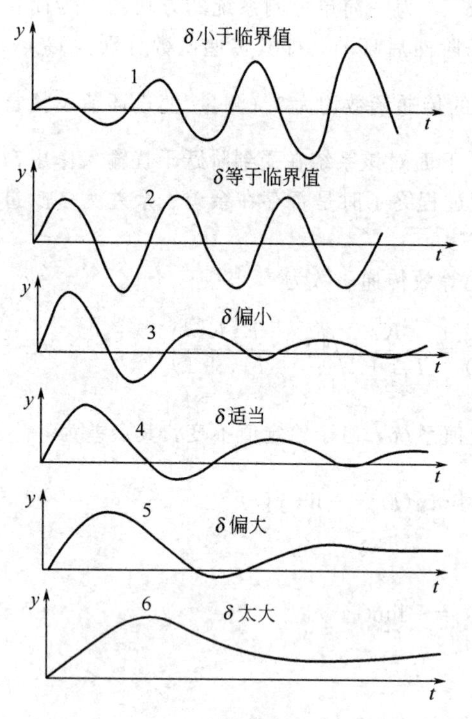

图 2-27　比例度对过渡过程的影响

调节阀移动就大，被控变量变化也比较灵敏，开始有些小量的振荡，余差也不大（如曲线 5 与 4）。当比例度再减小，调节阀移动就更大，大到有点过分的时候，被控变量也就跟着过分地变化，这样一过头就会过得很多，等到再拉回来时又拉过头，结果会出现激烈的振荡（如曲线 3）。当比例度继续减小到某一数值时，系统出现等幅振荡，这时的比例度称为临界比例度 δ_K（如曲线 2）。具体在什么比例度数值时会出现这种情况，则随系统的不同而异。一般除反应很快的流量及管道压力等系统外，大多出现在比例度 δ 小于 20%的时候。当比例度小于临界比例度 δ_K 时，系统在干扰产生后将出现不稳定的发散振荡（如曲线 1），这是很危险的，甚至会造成重大事故。所以，并不是安装了自动控制系统后，就一定能起到自动控制的效果，还需要学会正确使用控制器。对比例控制器来说，就是了解比例度的影响，从而正确地选用比例度。

一般来说，若对象的滞后较小、时间常数较大以及放大倍数较小时，控制器的比例度可以选得小些，以提高系统的灵敏度，使反应快些，从而过渡过程曲线的形状较好。反之，比例度就要选大些，以保证稳定。

2.4.3　比例积分控制（PI）

比例控制最大的优点是反应快，控制作用及时；最大的缺点是控制结果存在余差。当工艺对控制质量有更高要求，不允许控制结果存在余差时，就需要在比例控制的基础上，再加上能消除余差的积分控制（通常称为 I 控制规律）作用。

（1）积分控制作用（I）

积分控制作用的输出变化量 u_I 与输入偏差的变化量 e 的积分成正比，其关系式为

$$u_I=\frac{1}{T_i}\int e(t)\mathrm{d}t \tag{2-56}$$

式中，T_i 称为积分时间。当输入偏差为一幅度为 A 的阶跃信号时，积分作用 u_I 的响应为

$$u_I=\frac{1}{T_i}\int e(t)\mathrm{d}t=\frac{1}{T_i}\int A\mathrm{d}t=\frac{1}{T_i}At \tag{2-57}$$

其响应曲线如图 2-28 所示。

由此可见，只要有偏差存在，输出 u_I 就会一直变化下去，直到偏差为零为止。输出信号的变化速度与积分时间 T_i 成反比。积分时间表示了积分速度的大小，T_i 越大，在同样的输入作用下，输出的变化速度越慢，即积分作用越弱；T_i 越小，积分速度越快，积分作用越强。

积分作用的特点是，控制器的输出 u_I 与偏差 e 存在的时间有关。只要有偏差存在，即使是很小，控制器的输出也会随时间累积而不断增大施加控制作用，直到偏差消除，控制作用才停止。可见，消除余差是积分作用的一个主要优点。但是积分控制作用不够及时，在偏差刚出现时，u_I

还很小，控制作用很弱，不能及时克服干扰的影响。所以，实际上很少单独采用积分作用，而是将积分作用与比例作用结合起来，组成兼有两者优点的比例积分控制作用。

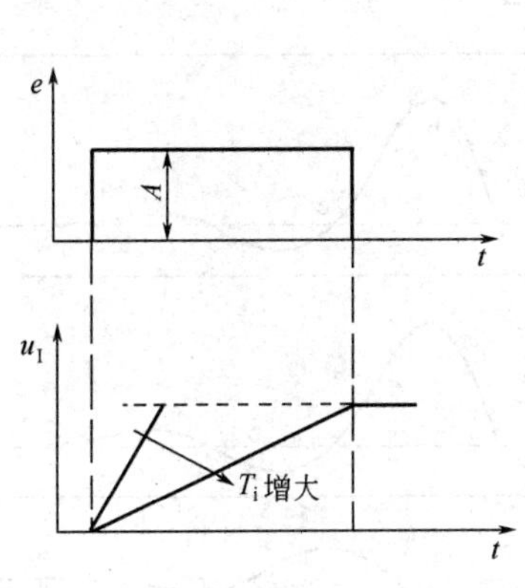

图 2-28 积分作用响应曲线

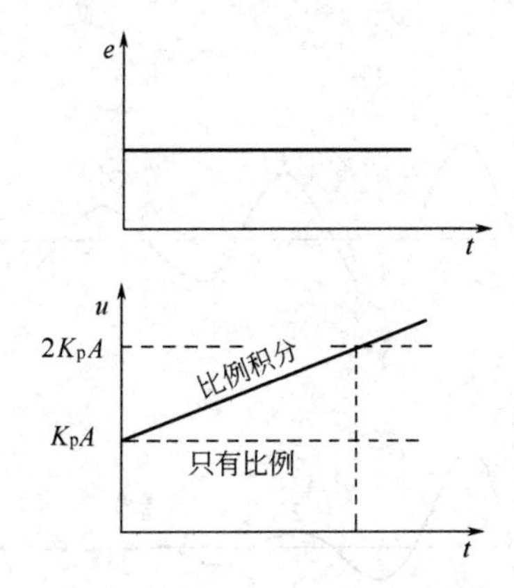

图 2-29 比例积分作用响应曲线

（2）比例积分控制规律（PI）

比例积分控制规律（通常称为 PI 控制规律）可用下式表示

$$u(t)=K_p\left[e(t)+\frac{1}{T_i}\int e(t)\mathrm{d}t\right] \tag{2-58}$$

其传递函数表达式为

$$G(s)=K_p\left(1+\frac{1}{T_i s}\right) \tag{2-59}$$

比例积分作用是比例作用与积分作用的叠加。在阶跃偏差输入 A 作用下，其输出响应曲线如图 2-29所示。由图可见，在 $t=0$ 时刻由于比例作用，控制器的输出立即跃变至 K_pA，而后积分起作用，使输出随时间等速变化。在比例增益 K_p 及干扰幅值 A 确定的情况下，输出变化的速度取决于积分时间 T_i，T_i 越大，积分速度越小，积分作用越弱，当 $T_i\to\infty$则积分作用消失。

（3）积分作用与积分时间对过渡过程的影响

下面通过如上所述及图 1-18 的例子来进一步定量说明积分作用对过渡过程最终状态的影响。假定图 1-18 所示的简单控制系统中的对象特性、测量变送环节及执行器特性仍如前所述不变，但控制规律由纯比例控制改为比例积分控制，则根据式（2-59）及例 1-2 可知，系统的等效传递函数为

$$G(s)=\frac{G_f(s)}{1+G_c(s)G_v(s)G_o(s)H_m(s)}=\frac{K_f}{T_f s+1}\bigg/\left(1+\frac{K_pK_0}{T_0 s+1}\right)\left(1+\frac{1}{T_i s}\right) \tag{2-60}$$

当系统受到单位阶跃干扰时，与上述式（2-53）同理，系统的余差为

$$|e(\infty)|=\left|-\lim_{s\to 0}\left[\frac{K_f}{T_f s+1}\bigg/\left(1+\frac{K_pK_0}{T_0 s+1}\right)\left(1+\frac{1}{T_i s}\right)\right]\right|=0 \tag{2-61}$$

由式（2-61）可见，引入积分作用能消除余差，即在系统过渡过程终了时系统的残余偏差为零。

采用比例积分控制作用时，积分时间对过渡过程的影响具有两重性。在同样的比例度下，缩短积分时间 T_i，将使积分调节作用加强，容易消除余差，这是有利的一面。但缩短积分时间，也会使系统振荡加剧，有不易稳定的倾向。积分时间越短，振荡倾向越强烈，甚至会成为不稳定的发散振荡，这是不利的一面。图 2-30 所示是一个具体控制系统在同一比例度不同积分时间下的过渡过程曲线。

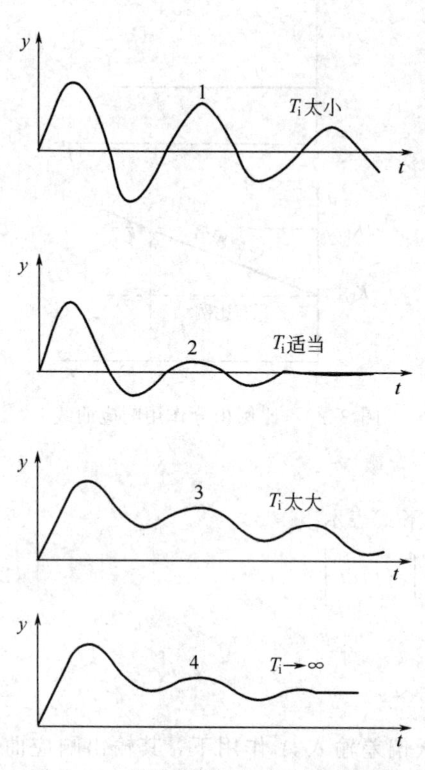

图 2-30 积分作用对过渡过程的影响

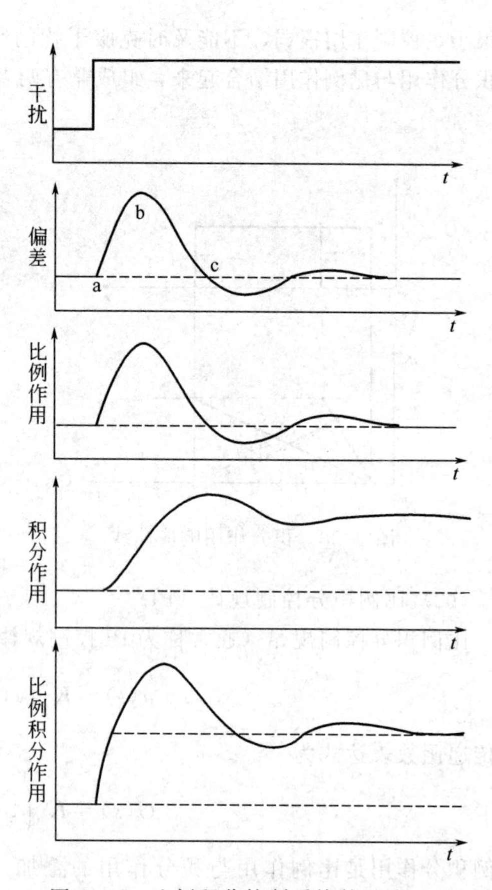

图 2-31 比例积分控制系统的过渡过程

由图 2-30 可以看出，积分时间过大或过小均不合适。积分时间过大，积分作用不明显，余差消除很慢，见曲线 3。积分时间过小，过渡过程振荡太剧烈，稳定程度降低，见曲线 1。为什么增加积分作用后，会使系统的振荡加剧？这可以用图 2-31 来说明。

当时间从点 a 开始，偏差开始增大，于是比例和积分部分都同时增大，其效应是使偏差回降，因此偏差上升速度越来越慢。到了点 b，偏差达到最大，比例作用输出也达最大，然而由于偏差仍在同一方向，积分作用将继续积累并增加上去。在点 b 到点 c 之间，偏差已在回降，比例作用也就回降，但积分作用却仍按同一方向上升。直至点 c，由于偏差改变了方向，积分作用也才改变积累方向，并开始下降。这样的动作，必然使被控变量在这段时间中调节过头。所以到了 c 点后，偏差仍会继续下降，由正偏差变为负偏差，这样就形成了振荡。所以，积分作用会加强振荡倾向。被控对象的滞后愈大，这种不良后果愈为明显。所以控制器的积分时间应按被控对象特性来选择。

比例积分控制规律对于多数系统都可采用，比例度和积分时间两个参数均可调整。当对象的时间常数很大时，可能控制时间较长、最大偏差也较大；负荷变化过于剧烈时，由于积分动作缓慢，使控制作用不及时，此时可增加微分作用。

2.4.4 比例微分控制（PD）

（1）比例微分控制规律

比例控制规律和积分控制规律，都是根据已经形成的被控变量与给定值的偏差而进行动作。但对于惯性较大的对象，为了使控制作用及时，常常希望能根据被控变量变化的快慢来控制。在人工控制时，虽然偏差可能还小，但看到参数变化很快，估计到很快就会有更大偏差，此时会先改变阀门开度以克服干扰影响，它是根据偏差的变化速度而引入的超前控制作用，只要偏差的变化一露头，就立即动作，这样控制的效果将会更好。微分作用就是模拟这一实践活动而采用的控制规律。微分控制（通常称为 D 控制规律）主要用来克服被控对象的惯性滞后（时间常数 T）和容量滞后，但不能克服纯滞后。

微分控制器的输出信号 u_D 与偏差信号的变化速度成正比，理想的微分控制规律表达式为

$$u_D(t)=T_d\frac{de(t)}{dt} \tag{2-62}$$

式中，T_d 为微分时间；$\frac{de(t)}{dt}$为偏差的变化速度。此式表示若在 $t=t_0$ 时刻有一个阶跃输入信号，则在 $t=t_0$ 时刻控制器的输出将为无穷大，其他时刻为零，如图 2-32 所示。在这种系统中，即使偏差很小，只要出现变化趋势，马上就进行控制，故有超前控制之称，这是它的优点。但它的输出不能反映偏差的大小，假如偏差固定，即使数值很大，微分作用也没有输出，所以不能单独使用这种控制器，它常与比例作用组合构成比例微分控制规律（通常称为 PD 控制规律）。

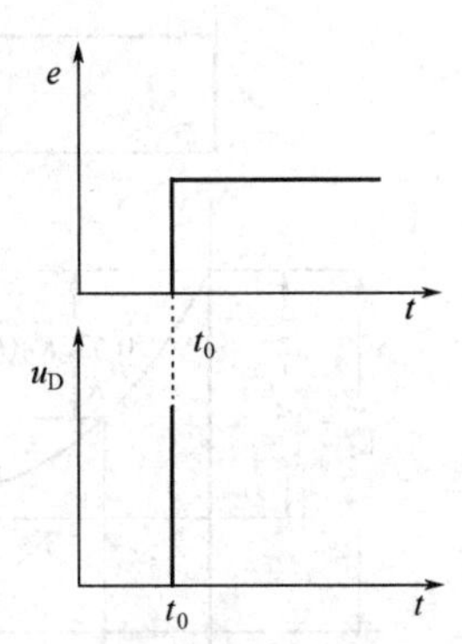

图 2-32　理想的微分控制器响应曲线

比例微分控制规律为

$$u(t)=K_p\left[e(t)+T_d\frac{de(t)}{dt}\right] \tag{2-63}$$

（2）实际比例微分控制规律与微分时间

要实现式（2-63）所示的理想的比例微分控制作用是很困难的，且输出跳变过大也并不实用。工业上则采用对此作了限制的实际比例微分控制规律，其特性为

$$u+\frac{T_d}{K_d}\times\frac{du}{dt}=K_p\left(e+T_d\frac{de}{dt}\right) \tag{2-64}$$

式中，K_d 为微分增益，它反映了实际微分特性与理想微分特性接近的程度。K_d 越大，微分作用越接近理想程度。在电动控制器中一般 K_d 为 5～10。另外还有一类 $K_d<1$ 的单元，称为反微分器，它具有延缓信号变换的作用。

在幅度为 A 的阶跃信号的作用下，实际微分控制器的输出［即式（2-64）的解析解］为

$$u=K_pA\left[1+(K_d-1)e^{-\frac{K_d}{T_d}t}\right] \tag{2-65}$$

当 $t=0^+$ 时，$u(0^+)=K_pK_dA$；当 $t\to\infty$ 时，$u(\infty)=K_pA$；当 $t=T_d/K_d$ 时，$u(T_d/K_d)=K_pA+0.368K_pA(K_d-1)$。其响应曲线如图 2-33 所示。

（3）微分作用与微分时间对过渡过程的影响

微分作用与偏差的变化速度成比例。若系统的输入（干扰）为阶跃变化，当时间为零时，偏差变化速度最大，微分作用也最大。当偏差到最高点时，偏差变化率为零，微分作用也为零。偏差从最高点下降时，变化速度为负值，微分作用也为负值。微分作用的方向总是阻止被控变量的变化，力图使偏差不变。所以微分作用的实质是不管偏差的大小及方向如何，它都能阻止被控变量的一切变化。因此，微分作用加得恰当时，能够大大改善调节系统的质量。当被控变量发生突然而又剧烈的变化时，往往是由于生产过程中有较大的干扰产生，微分作用可以在剧烈变化一出现的时刻，立即产生一个较大的控制作用，它具有一种预先控制的性质，所以具有“超前调节”的作用。

在比例微分控制系统中，微分时间对系统过渡过程的影响如图 2-34 所示。从图看出，微分时间太大及太小均不合适，应取适当的数值。由于增加微分作用，可以适当减小比例度，因而微分时间越大，余差也就越小，但不能消除余差。一般温度调节系统常需加微分作用，其他系统需要较少。有些系统由于反应太快，可加“反微分”，以降低系统的灵敏度。现场控制系统中用比例微分作用的不多，较常见的是比例积分微分三作用控制规律（通常称为 PID 控制）。

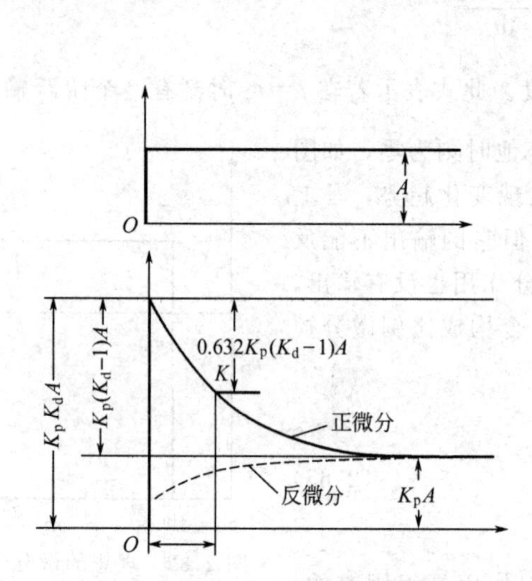

图 2-33　实际比例微分控制器响应曲线

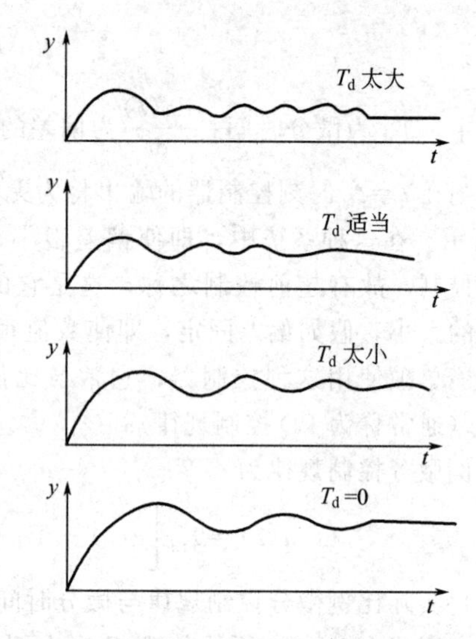

图 2-34　微分时间对系统过渡过程的影响

2.4.5　比例积分微分控制（PID）

在生产中常将比例、积分、微分三种作用规律结合起来，可以得到较为满意的控制质量，包括这三种控制规律的控制器称为比例积分微分三作用控制器，习惯上称为 PID 控制规律，其理想的输出与输入的关系为

$$u(t)=K_{\mathrm{p}}\left[e(t)+\frac{1}{T_{\mathrm{i}}}\int e(t)\mathrm{d}t+T_{\mathrm{d}}\frac{\mathrm{d}e(t)}{\mathrm{d}t}\right] \tag{2-66}$$

传递函数为

$$G(s)=K_{\mathrm{p}}\left[1+\frac{1}{T_{\mathrm{i}}s}+T_{\mathrm{d}}s\right] \tag{2-67}$$

在阶跃输入作用下，PID 控制作用的响应曲线如图2-35所示。

三种控制规律可概括为：比例作用的输出是与偏差值成正比的；积分作用输出的变化速度与偏差值成正比；微分作用的输出与偏差的变化速度成正比。PID 控制规律综合比例、积分、微分三种控制作用的特点。在被控变量的偏差刚出现时，比例微分同时先起作用。由于微分的超前控制作用，可以使起始偏差幅度减小，降低超调量；比例作用是经常的、起主要作用的控制作用，可使系统比较稳定。接着积分作用会慢慢消除掉余差。所以，只要 PID 控制器的参数 δ、T_{i}、T_{d} 选择得当，就可充分发挥三种控制作用的优点，使系统获得较高的控制质量。

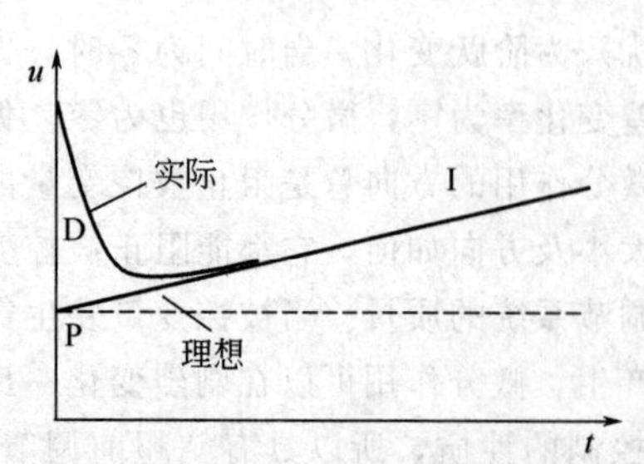

图 2-35　比例积分微分响应曲线

思考题与习题

1. 什么是对象特性？为什么要研究对象特性？

2. 什么是控制通道？什么是干扰通道？在反馈控制系统中它们是怎样影响被控变量的？

3. 为什么要建立被控对象的数学模型？稳态数学模型与动态数学模型有什么不同？

4. 被控对象的数学模型主要有哪几种类型？它们各有什么特点？

5. 建立对象数学模型的方法主要有哪几种？

6. 何谓一阶线性对象？何谓二阶线性对象？

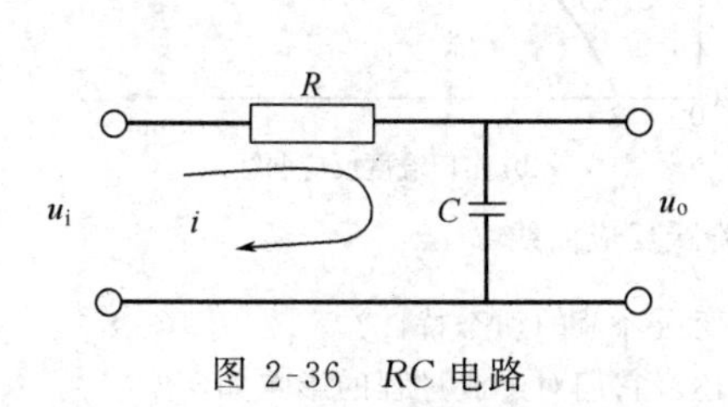

图 2-36　RC 电路

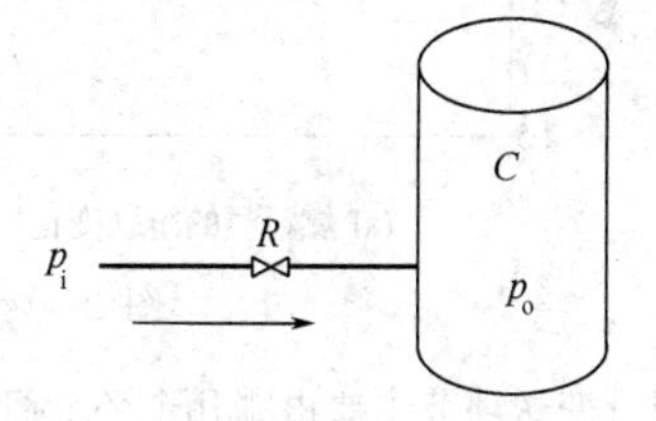

图 2-37　压力容器

7. 试分析图 2-36 所示 RC 电路的动态特性，写出以 u_i 的变化量为输入、u_o 的变化量为输出的微分方程及传递函数表达式。$\left(提示：C=\dfrac{\int i\,dt}{u_o}\right)$

8. 试分析图 2-37 所示压力对象的动态特性，写出以 p_i 的变化量为输入、p_o 的变化量为输出的微分方程及传递函数表达式。图中气体以一定的压力 p_i 经连接管路和阀门向容器内充气，R 为气阻，其定义为 $R=\dfrac{气体压降的变化量}{气体质量流量的变化量}$；$C$ 为气容，其定义为 $C=\dfrac{容器内气体质量的变化量}{容器内气体压力的变化量}$。假定该压力对象在工作过程中各变量偏离各稳态值的量都很小，且在一定的温度条件下，气阻和气容均为常数。$\left(提示：在各变量偏离稳态值量都很小的条件下，该对象可认为是线性对象，R=\dfrac{p_i-p_o}{气体质量流量}\right)$

9. 试分析图 2-38 所示串联液体贮槽对象的动态特性，写出以 q_1 的变化量为输入、h_2 的变化量为输出的微分方程及传递函数表达式。图中，C_1、C_2 分别为贮槽 1 及贮槽 2 的截面积，阀门的阻力系数分别为 R_1、R_2。$\left(提示：q_2\approx\dfrac{h_1-h_2}{R_1}\right)$

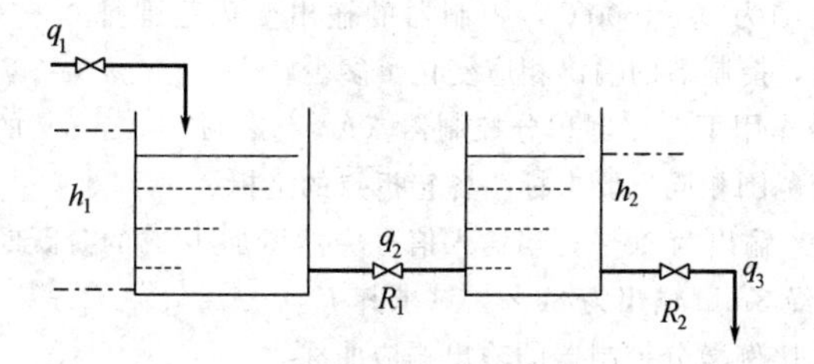

图 2-38　串联液体贮槽对象

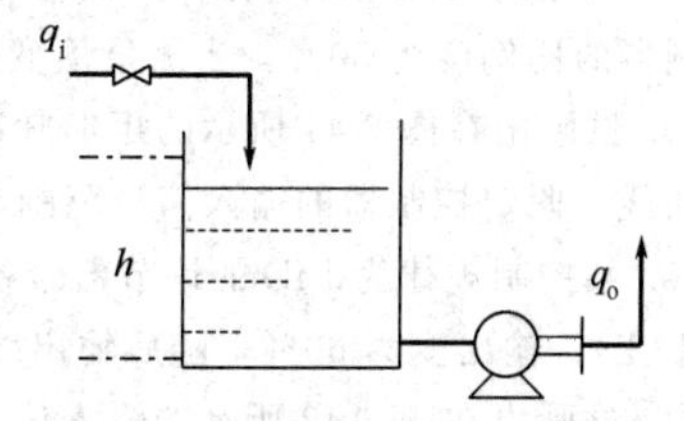

图 2-39　出流量恒定的水槽对象

10. 反映对象特性的参数有哪些？它们各有什么物理意义？对过渡过程有什么影响？

11. 已知一个对象具有纯滞后的一阶特性，其时间常数为 5，放大系数为 10，纯滞后时间为 2，试写出描述该对象的微分方程及传递函数表达式。

12. 图 2-39 所示的水槽的截面积为 0.5m^2，水槽中的水由泵抽出，其流量为恒定值 q_o。如果在稳定的情况下，输入流量 q_i 突然增加了 $0.1\text{m}^3/\text{h}$，试列出以液位 h 的变化量为输出、流入量 q_i 的变化量为输入的表征其动态特性的微分方程及传递函数表达式，并画出水槽液位改变量随时间的变化曲线。(提示：因为

流出量 q_o 为恒定值，所以其增量为零)

13. 为了测定某重油预热炉的对象特性，在某瞬间（假定为 $t_0=0$）突然将燃料气量从 2.5t/h 增加到 3.0t/h，重油出口温度记录仪得到的阶跃反应曲线如图 2-40 所示。假定该对象为一阶对象，试写出描述该重油预热炉特性的微分方程式（分别以温度变化量与燃料量变化为输入量与输出量）及传递函数表达式。

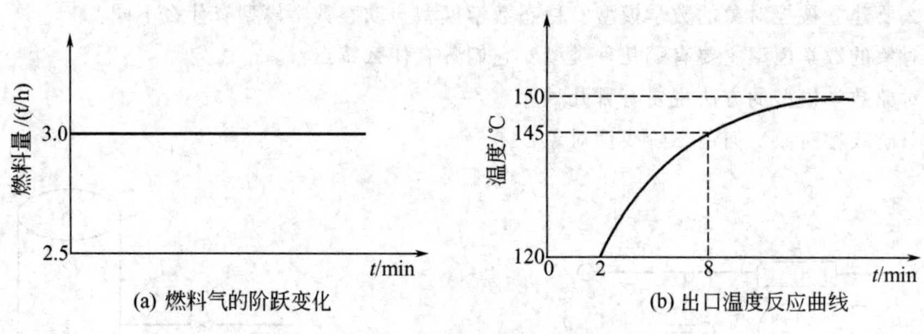

图 2-40　重油预热炉的阶跃反应曲线

14. 测量变送环节主要由哪几个环节组成？什么是测量变送环节的动态特性？

15. 测量变送环节的动态特性可以用哪几个参数进行描述？它们对过渡过程的影响如何？

16. 目前工程上常用的执行器是什么？它主要有哪几个组成部分？其动态特性如何？可以用哪几个参数进行描述？它们对过渡过程的影响如何？

17. 为什么说执行器性能的好坏直接影响着控制质量？

18. 什么是控制器的控制规律？工业上常用的控制规律有哪几种？它们各有什么特点？适用于哪些场合？

19. 试描述家用电冰箱的温度控制过程，并绘出其压缩机的工作过程及电冰箱内温度的变化曲线，它的温度控制规律是什么？

20. 什么是比例度、积分时间、微分时间？它们对过渡过程各有什么影响？

21. 比例控制是否存在余差？为什么？余差的大小与比例度及对象特性成什么关系？

22. 引入积分作用为什么能消除余差？积分作用的优点是否仅仅在于消除余差？

23. 为什么引入积分作用会加剧系统的振荡？

24. 为什么一般不单独使用积分作用？

25. 微分作用是否对纯滞后环节有效？

26. 为什么微分作用不能单独使用？

27. 某比例式液位控制器，其液位的测量范围为 0～1.2m，控制器的输出变化范围是 0～100%。当测量值从 0.4m 增加到 0.6m 时，控制器的输出信号从 50%增加到 70%，试求该比例控制器的比例度 δ。

28. 某比例式温度控制器，其测量值的变化范围为 0～1000℃，控制器的输出变化范围是 0～100%。若控制器的比例度为 50%，当测量值变化 100℃时，控制器的输出相应变化了多少？

29. 试画出在图 2-41 所示的矩形脉冲输入信号作用下，比例积分控制器（$K_p=1$，$T_i=2\text{min}$）的输出响应曲线。假定控制器的输入信号范围与输出信号范围相同，要求标明各转折点的坐标。

30. 某控制规律为 PID 的调节器，初始（稳态）输出为 50%，当输入信号突然增加 10%的阶跃时（给定值不变），输出变为 60%，随后输出线性上升，经 3min 输出为 80%，试求其 K_p、T_i、T_d。

31. 试画出在图 2-42 所示的输入信号作用下，比例微分控制器的输出响应曲线。

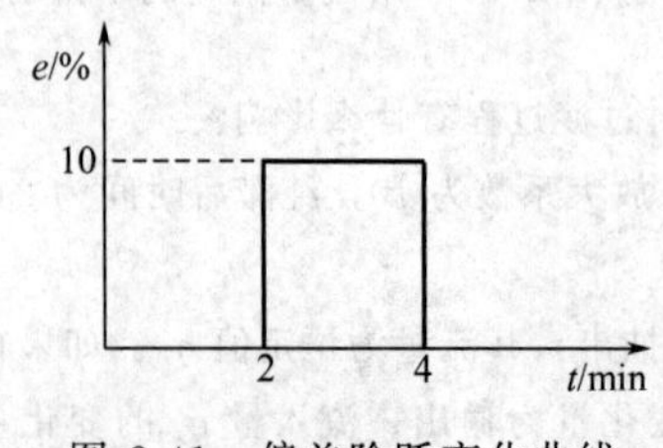

图 2-41　偏差阶跃变化曲线

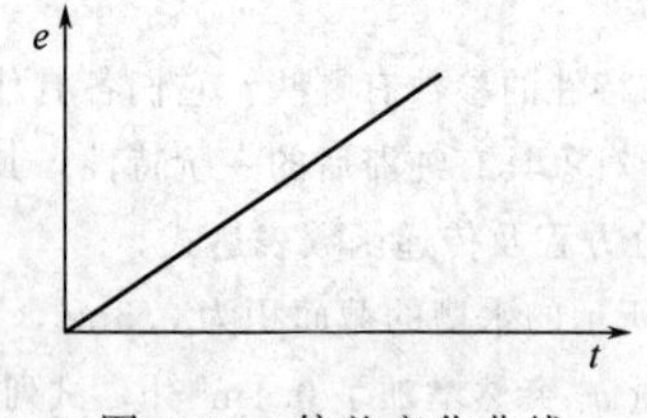

图 2-42　偏差变化曲线

3　过程参数的检测

3.1　概述

在工业生产中，为了正确地指导生产操作，保证生产安全，保证产品质量和实现生产过程自动化，一项必不可少的工作是准确而及时地检测出生产过程中各有关参数，这也是自动控制系统中的一个基本环节，离开这一基本环节，再好的控制技术也无法用于生产过程。

检测技术在理论和方法上与物理、化学、电子学、光学、材料科学以及信息科学密切相关。随着科学技术的发展，生产规模的扩大和强度的提高，对于生产的控制与管理要求也越来越高，因而需要收集生产过程中的信息的种类也将越来越多。除了过程自动化最常见的温度、压力、流量、液位（物位）四大参数以外，往往还要检测物料组分、物性、噪声、振动等参数，甚至还要测量诸如转化率、催化剂活性等无法（或难以）直接在线检测的参数。

随着新的测量领域的出现，对过程参数检测相应也提出了更高要求，与此同时新的检测技术也随之得到发展。例如利用激光脉冲原理测量宇宙空间的距离，可以大大提高测量精度。另外，随着信息技术的发展，近年来一种新型检测技术——软测量技术逐渐发展起来，这种检测技术主要用于解决一些难以利用现成的检测仪表实现直接检测的问题。软测量技术的基本思想是给予某种最优准则，选择一组与主导参数有密切联系又容易测量的参数，称为辅助参数，在二者间构造某种关系的数学模型，通过辅助参数的检测，利用计算机实现对主导参数的估计。软测量技术还可以实现对一些反映过程特征的工艺参数，如精馏塔的塔板效率、反应釜中的催化剂活性等进行估计。

在检测技术发展的同时，各种检测仪表也在不断发展。新型的传感器、变送器不断涌现，当前传统的模拟量检测仪表已经发展到相当水平，充分利用新技术来扩大仪表的测量功能、实现测量信息的数字化、仪表的智能化已逐渐成为一个主要的发展趋势。近年来，在测量仪表中引入微处理器进行数据分析、计算、处理、校验、判断、储存及传输等工作，实现了原来单个仪表根本不可能实现的许多功能，大大提高了测量效率、测量精度、测量的可靠性、稳定性和操作的方便性。这也是与计算机控制技术的迅速发展相一致的。

3.1.1　检测过程与测量误差

3.1.1.1　检测过程

参数检测就是用专门的技术工具，依靠能量的变换、实验和计算找到被测量的值。在生产过程中对各种参数进行检测时，尽管检测技术和检测仪表有所不同，但从测量过程的本质上看，却都有共同之处。

如图 3-1 所示，一个检测系统主要由被测对象、传感器、变送器和显示装置等部分组成。对某一个具体的检测系统而言，被测对象、检测元件和显示装置部分总是必需的，而其他部分则视具体系统的结构而异。

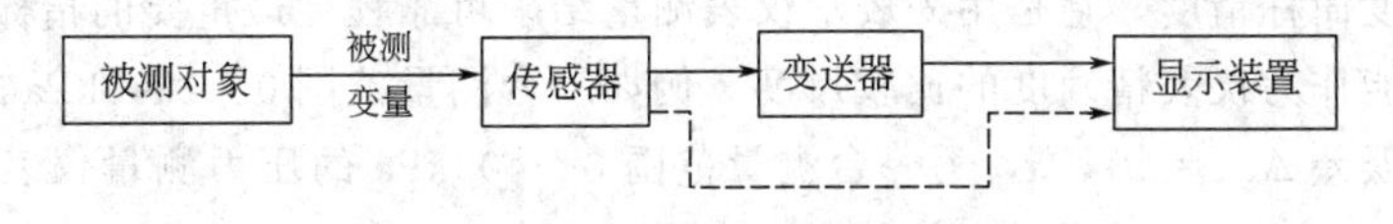

图 3-1　参数检测的基本过程

传感器又称为检测元件或敏感元件，它直接响应被测变量，经能量转换并转化成一个与被测变量成对应关系的便于传送的输出信号，如电压、电流、电阻、频率、位移、力等。有些时候，传感器的输出可以不经过变送环节，直接通过显示装置把被测量显示出来。

从自动控制的角度来看，由于传感器的输出信号种类很多，而且信号往往很微弱，一般都需要经过变送环节的进一步处理，把传感器的输出转换成如0～10mA、4～20mA等标准统一的模拟量信号或者满足特定标准的数字量信号，这种检测仪表称为变送器。变送器的输出信号送到显示装置以指针、数字、曲线等形式把被测量显示出来，或者同时送到控制器对其实现控制。

有时传感器、变送器和显示装置可统称为检测仪表，或者将传感器称为一次仪表，将变送器和显示装置称为二次仪表。一般来说，检测、变送和显示可以是三个独立的部分，当然检测和其他部分也可以有机地结合在一起成为一体。有一点需要提出的是，在目前的检测或控制系统中，除了如弹簧管压力表等就地指示仪表之外，显示仪表更多地被数码显示仪表、光柱显示仪表、无纸记录仪、计算机监控系统所替代。

3.1.1.2　测量误差

由于在检测过程中使用的工具本身的准确性有高低之分，检测环境等因素发生变化也会影响测量结果的准确性，使得从检测仪表获得的被测值与被测变量真实值之间会存在一定的差距，这一差距称为测量误差。

测量误差有绝对误差和相对误差之分。

(1) 绝对误差

绝对误差Δ在理论上是指测量值x与被测量的真值x_t之间的差值，即

$$\Delta = x - x_t \tag{3-1}$$

由于x_t是指被测量客观存在的真实数值，它是无法真正得到的。因此，在一台检测仪表的量程范围内，各点读数的绝对误差是指该检测仪表（精确度较低）与标准表（精确度较高）同时对同一被测量进行测量时得到的两个读数之差。把式（3-1）中的真实值x_t用标准表读数x_0来代替，则绝对误差可以表示成

$$\Delta = x - x_0 \tag{3-2}$$

(2) 相对误差

相对误差通常有三种表示方法，即实际相对误差、标称相对误差和相对百分误差（有些资料称之为相对引用误差或引用误差）。

实际相对误差：
$$\delta_1 = \frac{\Delta}{x_t} \times 100\% \tag{3-3}$$

标称相对误差：
$$\delta_2 = \frac{\Delta}{x_0} \times 100\% \tag{3-4}$$

相对百分误差：
$$\delta_3 = \frac{\Delta}{\text{测量范围上限} - \text{测量范围下限}} \times 100\% \tag{3-5}$$

3.1.1.3　检测仪表的主要性能指标

评判一台检测仪表性能的优劣通常可以根据以下指标进行衡量。

(1) 精确度和仪表的精度等级

仪表的精确度简称精度，它是用来表示仪表测量结果可靠程度最重要的指标。

绝对误差不能作为仪表精确度的比较尺度。例如一台测量范围0～1000kPa的压力测量仪表，出现的最大绝对误差$\Delta_{max}=10$kPa，另一台测量范围0～400kPa的压力测量仪表，出现的最大绝对误差$\Delta_{max}=5$kPa，这并不说明后者较前者精度高。在自动化仪表中，通常是以最大相对百分误差来定义仪表的精度等级。

仪表的测量范围上限值与下限值之差称为该仪表的量程。由于仪表的绝对误差在测量范围内的各点上是不相同的，因此，在工业上通常将绝对误差中的最大值，即把最大绝对误差 Δ_{max} 折合成测量范围的百分数表示，称为最大相对百分误差，即

$$\delta=\frac{\Delta_{max}}{\text{测量范围上限}-\text{测量范围下限}}\times 100\% \tag{3-6}$$

仪表的精度等级（精确度等级）是指仪表在规定的工作条件下允许的最大相对百分误差。把仪表允许的最大相对百分误差去掉“±”和“%”，便可以用来确定仪表的精度等级。目前，按照国家统一规定所划分的仪表精度等级有：0.005，0.02，0.05，0.1，0.2，0.4，0.5，1.0，1.5，2.5，4.0 等。所谓的 0.5 级仪表，表示该仪表允许的最大相对百分误差为±0.5%，以此类推。精度等级一般用一定的符号形式表示在仪表面板上，例如：△1.0、⊙1.5……

仪表的精度等级是衡量仪表质量优劣的重要指标之一。精度等级数值越小，表示仪表的精确度越高。精度等级数值小于等于 0.05 级的仪表通常用来作为标准表，而工业用表的精度等级数值一般大于等于 0.2 级。

例 3-1 某压力测量仪表的测量范围是 0～1000kPa，校验该表时得到最大的绝对误差的绝对值为 8kPa，试确定该仪表的精度等级。

解 该仪表的最大相对百分误差是

$$\delta=\frac{+8}{1000-0}\times 100\%=+0.8\%$$

将 δ 去掉“+”和“%”得到数值为 0.8。由于国家规定的仪表精度等级中没有 0.8 级，而且该仪表超过了 0.5 级仪表所规定的最大允许误差，所以该仪表的精度等级为1.0 级。

例 3-2 某压力参数的测量范围要求 0～1000kPa，根据工艺要求，压力测量的绝对误差不能超过±8kPa，试问选择何种精度等级的压力测量仪表才能满足要求。

解 根据工艺要求，被选仪表允许的最大相对百分误差是

$$\delta_{允}=\frac{\pm 8}{1000-0}\times 100\%=\pm 0.8\%$$

如果去掉 $\delta_{允}$ 的“±”和“%”得到数值也为 0.8，介于 0.5 和 1.0 之间。如果选择 1.0 级的仪表，其允许的最大相对百分误差为±1.0%，超过了工艺上允许的数值，因此，只有选择 0.5 级仪表才能满足工艺要求。

从以上两个例子中可以看出，根据仪表的校验结果来确定仪表的精度等级和根据工艺要求来选择仪表的精度等级，二者是不一样的。另外，仪表的精度还与量程有关。在仪表精度等级一定的情况下，适当减小量程，可以减小测量误差，提高测量精度。

例 3-3 某被测温度信号在 70～80℃范围内变化，工艺要求测量误差不超过±1%，现有两台温度测量仪表，精度等级均为 0.5 级，其中一台仪表的测量范围是 0～100℃，另一台仪表的测量范围是 0～200℃，试问这两台仪表能否满足上述测量要求。

解 由题意可知，被测温度的允许最大绝对误差为 $|\Delta_{max}|=70\times 1\%=0.7$(℃)，而测量范围为 0～100℃的仪表的最大允许绝对误差为 $|\Delta_{max}|_1=100\times 0.5\%=0.5$(℃)；测量范围为 0～200℃的仪表的最大允许绝对误差为 $|\Delta_{max}|_2=200\times 0.5\%=1.0$(℃)。

根据上述计算，虽然两台仪表的精度等级均为 0.5 级，但只有测量范围是 0～100℃的温度测量仪表才满足本题的测量要求。

（2）非线性误差

在通常情况下，总是希望测量仪表的输出量和输入量之间成线性对应关系。测量仪表的非线性误差就是用来表征仪表的输出量和输入量的实际对应关系与理论直线的吻合程度。

对于理论上具有线性特性的检测仪表，往往由于各种因素的影响，使其实际特性偏离线性，如图 3-2 所示。通常，非线性误差用实际测得的输入-输出特性曲线（也称为校准曲线）与理论直线之间的最大偏差 $\Delta'_{\max}$ 和测量仪表量程之比的百分数来表示，即

$$\delta_{\mathrm{f}}=\frac{\Delta'_{\max}}{\text{测量范围上限}-\text{测量范围下限}}\times 100\% \tag{3-7}$$

式中，$\Delta'_{\max}$ 为校准曲线与理论直线之间的最大偏差；δ_{f} 为非线性误差。

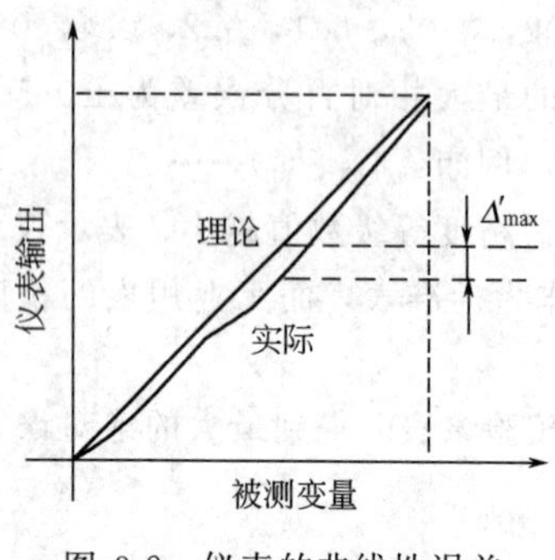

图 3-2 仪表的非线性误差

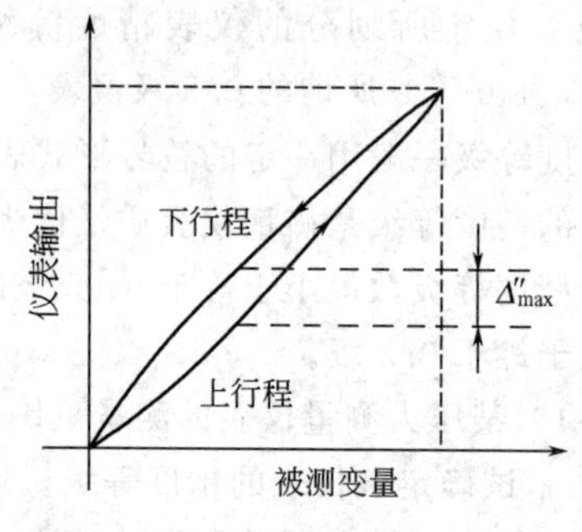

图 3-3 仪表的变差

(3) 变差

在外界条件不变的情况下，使用同一仪表对被测变量在全量程范围内进行上下行程（即逐渐由小到大和逐渐由大到小）测量时，对应于同一被测值的仪表输出可能不等，二者之差的绝对值即为变差，如图 3-3 所示。变差的大小，根据在同一被测值下正反特性间仪表输出的最大绝对误差 $\Delta''_{\max}$ 和测量仪表量程之比的百分数来表示，即

$$\text{变差}=\frac{\Delta''_{\max}}{\text{测量范围上限}-\text{测量范围下限}}\times 100\% \tag{3-8}$$

造成仪表变差的原因很多，例如传动机构间的间隙、传动部件的摩擦、弹性元件的弹性滞后等。必须注意的是，仪表的变差不能超过仪表的允许误差，否则应该及时维修。

(4) 灵敏度和分辨力

灵敏度是表征检测仪表对被测量变化的灵敏程度，它是指仪表输出变化量 Δy 和输入变化量 Δx 之比，即

$$\text{灵敏度}=\frac{\Delta y}{\Delta x} \tag{3-9}$$

分辨力又称为灵敏限，是仪表输出能响应和分辨的最小输入变化量，它也是灵敏度的一种反映。对数字式仪表来说，分辨力就是数字显示仪表变化一个 LSB（二进制最低有效位）时输入的最小变化量。

(5) 动态误差

上面所介绍的用来表示仪表精度的相对百分误差、非线性误差、变差都是稳态（静态）误差。动态误差是指检测系统受外部扰动作用后，被测变量处于变动状态下仪表示值与参数实际值之间的差异。引起该误差的原因是由于检测元件和检测系统中各种运动惯性以及能量形式转换需要时间所造成的。衡量各种运动惯性的大小，以及能量传递的快慢常采用时间常数 T 和传递滞后时间（纯滞后时间）τ 两个参数表示。事实上，这两个参数的含义与上一章中对象数学模型中的时间常数 T 和纯滞后时间 τ 的数学含义是一致的，它们的存在会降低检测过程的动态性能，其中纯滞后时间 τ 的不利影响会远远超过时间常数 T 的影响。

3.1.2 过程参数的一般检测原理

参数检测离不开敏感元件（传感器），敏感元件是按照一定的原理把被测变量的信息转换成另一种可进行进一步处理或表示的信息。这个转换过程一般都是利用诸多的自然规律和基础效应，为了便于后面的学习，下面就一些与检测技术相关的自然规律、基础效应作一个简单的介绍。

(1) 守恒定律

守恒定律是自然界最基本的定律，它包括能量守恒、动量守恒等。守恒定律在流量检测中有一定的应用。例如，孔板流量计、转子流量计等就是利用了能量守恒定律。

(2) 场的定律

场的定律是关于物质作用的定律，如电磁场的感应定律、动力场的运动定律等。

电磁流量计就是利用了法拉第的电磁感应定律，当导电性的流体作垂直于磁场的运动时，会产生感应电势，感应电势的大小与流体的速度、有效长度及磁场的场强有关，由此可以测量导电流体的流速。

电容式传感器则是利用静电场有关定律的一个典型例子。如图 3-4 是最简单的平行板电容器，电容器的电容量 C 为

$$C=\frac{\varepsilon S}{d} \tag{3-10}$$

式中，ε 为两平行板之间物质的介电常数；S 为平行板的面积；d 为两平行板之间的距离。如果把一个极板固定，把另一个极板与可产生位移的敏感元件相连，即可将敏感元件的位移转换成电容量的大小。

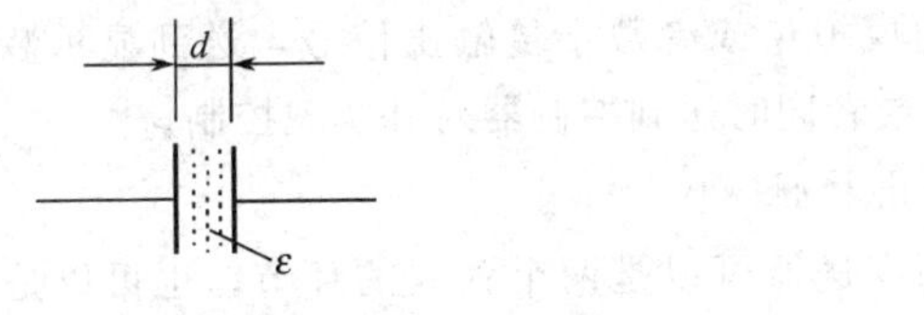

图 3-4 平行板电容器

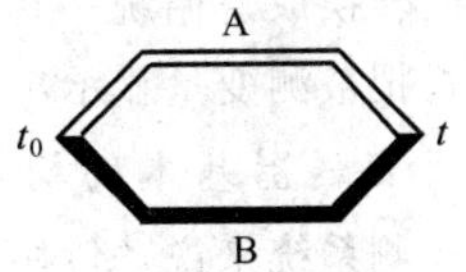

图 3-5 热电效应

(3) 热电效应

把两种不同的导体或者半导体连接成闭合的回路，如果将两个接点分别放置于不同的温度，则该回路内部会产生热电势，这种现象称为热电效应，如图 3-5 所示。

图中的闭合回路中所产生的热电势由温差电势和接触电势两部分组成。温差电势是同一导体两端因其温度不同而产生的一种热电势。当同一导体两端温度不同时，高温端的电子能量比低温端的电子能量大，从高温端跑向低温端的电子数要比从低温端跑向高温端的电子数多，从而形成一个从高温端指向低温端的静电场。当电子运动达到平衡时，导体两端便形成一个相应的温差电势。接触电势是由于两种不同的导体接触时，因自由电子密度差异而形成电子的扩散，当电子扩散达到动态平衡便形成稳定的接触电势。接触电势的大小与两种导体的性质和接触点温度有关。因此，利用导体的热电效应，可将两种不同的导体制成热电偶用于温度检测，这也是一种工业上普遍使用的温度检测方法之一。

(4) 电阻的热效应

电阻的热效应是指金属导体的电阻值随温度变化而发生变化的现象。通常，电阻值和温度之间可以建立如下的简化关系式，即

$$R_t=R_{t_0}[1+\alpha(t-t_0)] \tag{3-11}$$

式中，R_t 为温度 t 时的电阻值；R_{t_0} 为温度 t_0 时的电阻值；α 为温度系数。

由此可见，温度的变化可以导致电阻体的电阻发生变化，这样只要设法测量出电阻值的变化就可以达到测量温度的目的。后面要介绍的热电阻温度测量方法就是利用了电阻的热效应，这也是另一种工业上普遍使用的温度检测方法。

(5) 应变效应和压阻效应

物质的电阻是最常见的物理量之一，由于它测量容易，准确度高，在检测技术中经常利用材料的电阻与被检测量之间的关系进行参数检测。

利用金属导体和半导体材料制成的电阻体，其阻值 R 可以表示成

$$R=\rho\frac{l}{A} \tag{3-12}$$

式中，ρ 为材料的电阻率；l 为材料的长度；A 为材料的横截面积。由于有

$$\frac{\mathrm{d}R}{R}=\frac{\mathrm{d}\rho}{\rho}+\frac{\mathrm{d}l}{l}-\frac{\mathrm{d}A}{A} \tag{3-13}$$

可见，当电阻体材料的电阻率、长度或者截面积发生变化，可引起电阻体的电阻发生变化。电阻体的电阻变化归结为两个因素：一是由尺寸变化引起的（如 l、A），称为应变效应；二是由电阻率变化引起的，称为压阻效应。对于金属材料，以前者为主；对于半导体材料，以后者为主。利用材料的应变效应和压阻效应制成的敏感元件可用于压力等参数的测量。

3.1.3 变送器的基本特性和构成原理

根据前面的介绍，传感器的作用是基于各种自然规律和基础效应的前提下，把被测变量转化为一个与之成对应关系的便于传送的输出信号。但由于传感器的输出信号种类很多，而且信号往往十分微弱，因此，除了部分单纯以显示为目的的检测系统之外，多数情况下都要利用变送器来把传感器的输出转换成遵循统一标准的模拟量或者数字量输出信号，送到显示装置以指针、数字、曲线等形式把被测变量显示出来，或者同时送到控制器对其实现控制。

3.1.3.1 变送器基本的输入输出特性

对于一个检测系统来说，传感器和变送器可以是两个独立的环节，也可以是一个有机的整体。但是，变送器的输入输出特性通常是指包括敏感元件和变送环节的整体特性，其中一个原因是人们往往更关心检测系统的输出与被测物理量之间的对应关系，另一个原因是因为敏感元件的某些特性需要通过变送环节进行处理和补偿以提高测量精度，例如，线性化处理、环境温度的补偿等。

变送器的理想输入输出特性如图 3-6 所示。$x_{\max}$ 和 $x_{\min}$ 分别为变送器测量范围的上限值和下限值，即被测参数的上限值和下限值，图中的 $x_{\min}=0$。$y_{\max}$ 和 $y_{\min}$ 分别为变送器输出信号的上限值和下限值。对于模拟式变送器，$y_{\max}$ 和 $y_{\min}$ 即为统一标准信号的上限值和下限值；对于智能式变送器，$y_{\max}$ 和 $y_{\min}$ 即为输出的数字信号范围的上限值和下限值。

由图 3-6 可得出变送器的输出一般表达式为

$$y=\frac{x}{x_{\max}-x_{\min}}(y_{\max}-y_{\min})+y_{\min} \tag{3-14}$$

式中，x 为变送器的输入信号；y 为相对应于 x 时变送器的输出信号。

3.1.3.2 模拟式变送器的基本构成原理

模拟式变送器完全由模拟元器件构成，它将输入的各种被测参数转换成统一标准信号，其性能也完全取决于所采用的硬件。从构成原理来看，模拟式变送器由测量部分、放大器和反馈部分三部分组成，如图 3-7 所示。在放大器的输入端还加有零点调整与零点迁移信号 z_0，z_0 由零点调整（简称调零）或零点迁移（简称零迁）环节产生。

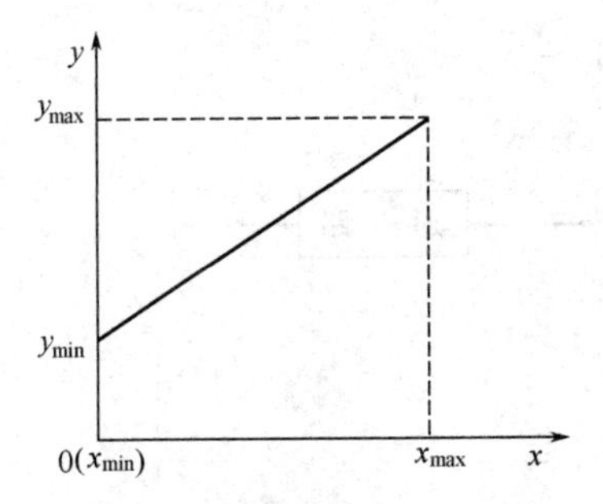

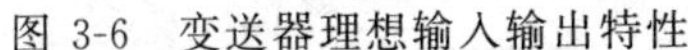
图 3-6　变送器理想输入输出特性

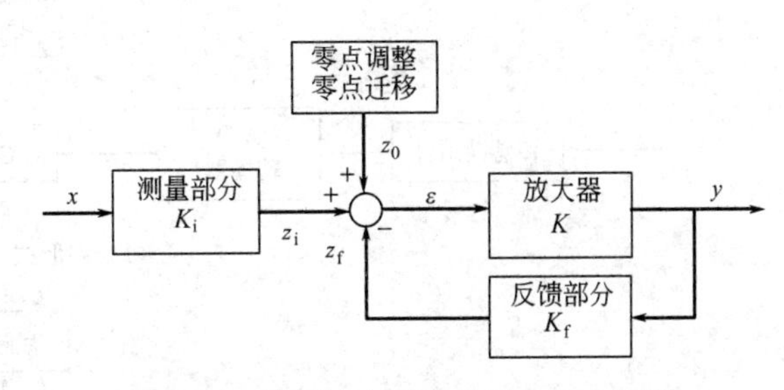

图 3-7　模拟式变送器的基本构成原理

测量部分中包含检测元件，它的作用是检测被测参数 x，并将其转换成放大器可以接收的信号 z_i；反馈部分把变送器的输出信号 y 转换成反馈信号 z_f；在放大器的输入端，z_i 与调零及零点迁移信号 z_0 的代数和同 z_f 进行比较，其差值 ε 由放大器进行放大，并转换成统一标准信号 y 输出。

由图 3-7 可以求得整个变送器的输入输出关系为

$$y=\frac{K_iK}{1+KK_f}x+\frac{z_0K}{1+KK_f} \tag{3-15}$$

式中，K_i 为测量部分的转换系数；K 为放大器的放大系数；K_f 为反馈部分的反馈系数。

当满足 $KK_f \gg 1$（称为深度负反馈）的条件时，由式（3-15）可得

$$y=\frac{K_i}{K_f}x+\frac{z_0}{K_f} \tag{3-16}$$

式（3-16）表明，在满足 $KK_f \gg 1$ 的条件时，变送器的输出与输入关系仅取决于测量部分的特性和反馈部分的特性，而与放大器的特性几乎无关。如果测量部分的转换系数 K_i 和反馈部分的反馈系数 K_f 是常数，则变送器的输出与输入具有图 3-6 所示的线性关系。

3.1.3.3　智能式变送器的基本构成原理

智能式变送器由以微处理器（CPU）为核心构成的硬件电路和由系统程序、功能模块构成的软件两大部分组成。

模拟式变送器的输出信号一般为统一标准的模拟量信号，例如：DDZ-Ⅱ型仪表输出 0～10mA DC，DDZ-Ⅲ型仪表输出 4～20mA DC 等，在一条电缆上只能传输一个模拟量信号。智能式变送器的输出信号则为数字信号，数字通信可以实现多个信号在同一条通信电缆（总线）上传输，但它们必须遵循共同的通信规范和标准。介于二者之间，还存在一种称为 HART 协议的通信方式。所谓 HART 协议通信方式，是指在一条电缆中同时传输 4～20mA DC 电流信号和数字信号，这种类型的信号称为键控频移信号 FSK。HART 协议通信方式属于模拟信号传输向数字信号传输转变过程中的过渡性产品。

（1）智能式变送器的硬件构成

通常，一般形式的智能式变送器的构成框图如图 3-8（a）所示，采用 HART 协议通信方式的智能式变送器的构成框图，如图 3-8（b）所示。

由图 3-8 可以看出，智能式变送器主要包括传感器组件、A/D 转换器、微处理器、存储器和通信电路等部分；采用 HART 协议通信方式的智能式变送器还包括 D/A 转换器。

被测参数 x 经传感器组件，由 A/D 转换器转换成数字信号送入微处理器，进行数据处理。存储器中除存放系统程序和数据外，还存有传感器特性、变送器的输入输出特性以及变送器的识别数据，以用于变送器在信号转换时的各种补偿，以及零点调整和量程调整。

智能式变送器可以通过通信电路挂接在控制系统网络通信电缆上，与网络中其他各种智能化

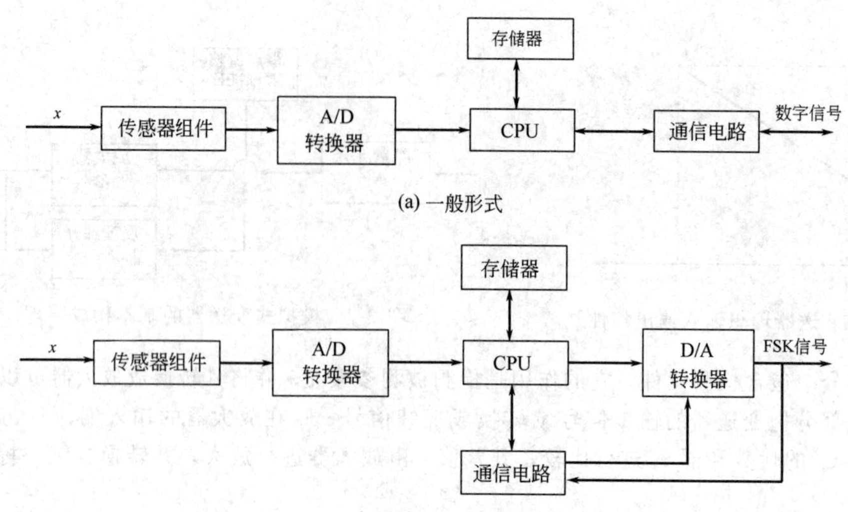

图 3-8 智能式变送器的构成框图

的现场控制设备或计算机进行通信，向它们传送测量结果信号或变送器本身的各种参数，网络中其他各种智能化的现场控制设备或计算机也可对变送器进行远程调整和参数设定，这往往是一个双向的信息传输过程。

（2）智能式变送器的软件构成

智能式变送器的软件分为系统程序和功能模块两大部分。系统程序对变送器的硬件进行管理，并使变送器能完成最基本的功能，如模拟信号和数字信号的转换、数据通信、变送器自检等；功能模块提供了各种功能，供用户组态时调用以实现用户所要求的功能。不同的变送器，其具体用途和硬件结构不同，因而它们所包含的功能在内容和数量上是有差异的。

3.1.4 变送器的若干共性问题

3.1.4.1 量程调整和零点调整

（1）量程调整

量程调整的目的，是使变送器的输出信号上限值 y_{max} 与测量范围的上限值 x_{max} 相对应。图 3-9 为变送器量程调整前后的输入输出特性。由该图可见，量程调整相当于改变变送器的输入输出特性的斜率，也就是改变变送器输出信号 y 与输入信号 x 之间的比例系数。量程调整一般是通过改变反馈部分的特性实现的。

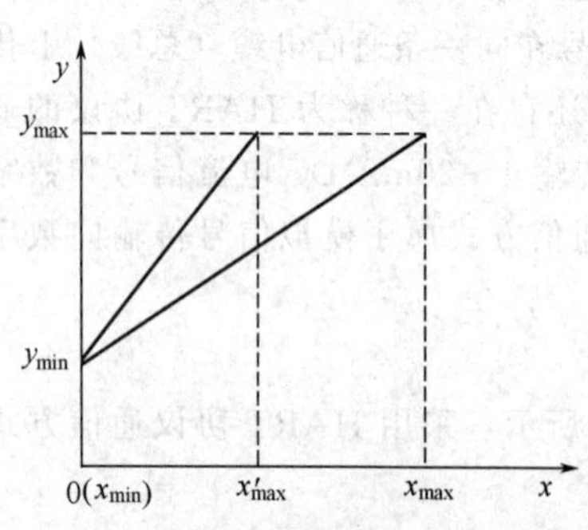

图 3-9 变送器量程调整前后的理想输入输出特性

（2）零点调整和零点迁移

零点调整和零点迁移的目的，都是使变送器的输出信号下限值 y_{min} 与测量范围的下限值 x_{min} 相对应。在 $x_{min}=0$ 时，称为零点调整；在 $x_{min}\neq 0$ 时，称为零点迁移。也就是说，零点调整使变送器的测量起始点为零，而零点迁移是把测量的起始点由零迁移到某一数值（正值或负值）。当测量的起始点由零变为某一正值，称为正迁移；反之，当测量的起始点由零变为某一负值，称为负迁移。图 3-10 为变送器零点迁移前后的输入输出特性。

零点调整的调整量通常比较小，而零点迁移的调整量比较大，可达量程的一倍或数倍。各种变送器对其零点迁移的范围都有明确规定。对于模拟式变送器，零点调整和零点迁移的方法是通

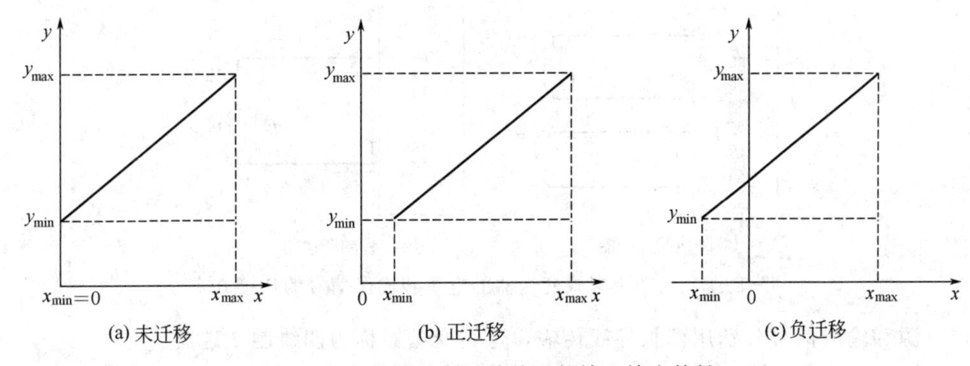

图 3-10 变送器零点迁移前后的输入输出特性

过改变加在放大器输入端上的调零信号 z_0 的大小来实现，参见图 3-7。

例 3-4 某变送器的量程为 0～1MPa，输出信号为4～20mA，欲把该变送器用于测量1～2.6MPa 的某信号，试问该变送器应作如何调整？

解 很明显，现有变送器不能直接用来测量 1～2.6MPa 的信号，必须对变送器进行必要的调整。如图 3-11 所示，该变送器的调整过程大致分以下两个步骤：首先，利用零点调整和量程调整的功能把变送器的量程从 0～1MPa 调整到 0～1.6MPa。通常情况下，这个过程需要对零点和量程进行多次的反复调整，使得在输入 0MPa 时，变送器输出为 4mA，输入 1.6MPa 时，变送器输出为 20mA。然后利用零点迁移的功能，把变送器的量程从 0～1.6MPa 迁移到 1～2.6MPa。

仪表的零点调整、量程调整和零点迁移扩大了仪表的使用范围，增加了仪表的通用性和灵活性。但是，在何种条件下可以进行迁移，有多大的迁移量，这需要结合具体仪表的结构和性能而定。

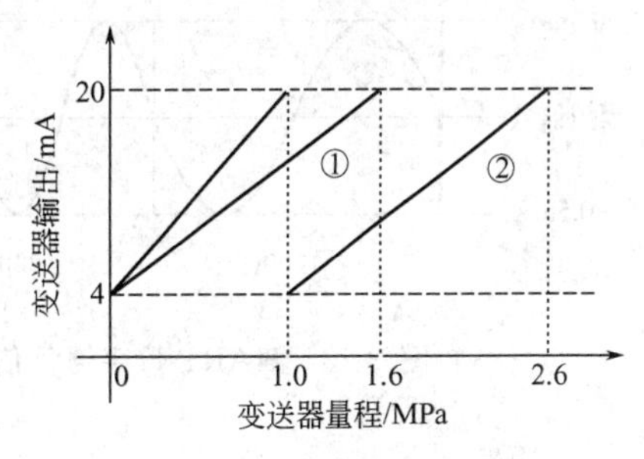

图 3-11 变送器调整、迁移示意

3.1.4.2 智能式变送器的参数设定和调整

智能式变送器的核心是微处理器。微处理器可以实现对检测信号的量程调整、零点调整、线性化处理、数据转换、仪表自检以及数据通信，同时还控制 A/D 和 D/A 转换器的运行，实现模拟信号和数字信号的转换。

通常，智能式变送器还配置有手持终端（外部数据设定器或组态器），用户可以通过挂接在通信电缆上的手持式组态器或者监控计算机系统，对变送器进行远程组态，调用或删除功能模块，如设定变送器的位号、量程调整、零点调整、输入信号选择、输出信号选择、工程单位选择和阻尼时间常数设定以及自诊断等，也可以使用专用的编程工具对变送器进行本地调整。因此，智能式变送器一般都是通过组态来完成参数的设定和调整。

3.1.4.3 变送器信号传输方式

通常，变送器安装在现场，其工作电源从控制室来，而输出信号则要传回到控制室。电动模拟式变送器采用四线制或者二线制方式传输电源和输出信号。智能式变送器采用双向全数字量传输信号，即现场总线通信方式。目前广泛采用的一种过渡方式称为 HART 协议通信方式，即在一条通信电缆中同时传输 4～20mA DC 电流信号和数字信号。

(1) 四线制和二线制传输

电动模拟式变送器的四线制和二线制传输电源和输出信号连接方式如图 3-12 所示，其输出信号就是流经负载电阻 R_L 上的电流 I_o。

图 3-12（a）为四线制传输方式，这种方式中，电源和负载电阻 R_L 是分别与变送器相连的，

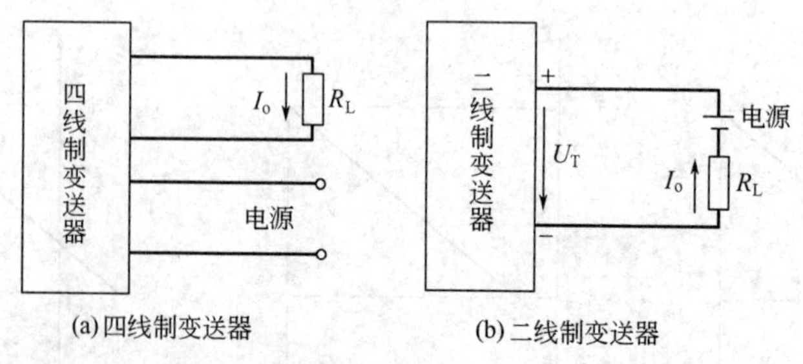

图 3-12 电动模拟式变送器的电源和输出信号的连接方式

即供电电源和输出信号分别用两根导线传输，这类变送器称为四线制变送器。

图 3-12（b）为二线制传输方式，这种方式中，电源、负载电阻 R_L 和变送器是串联的，即两根导线同时传送变送器所需的电源和输出电流信号，这类变送器称为二线制变送器。

二线制变送器同四线制变送器相比，采用二线制信号传输方式具有节省连接电缆、有利于安全防爆和抗干扰等优点，目前大多数变送器均为二线制变送器。

（2）HART 协议通信方式

HART（Highway Addressable Remote Transducer），可寻址远程传感器高速通道的通信协议，具有 HART 通信协议的变送器可以在一条电缆上同时传输 4～20mA DC 的模拟信号和数字信号。

HART 信号传输是基于 Bell 202 通信标准，采用键控频移（FSK）方法，在 4～20mA DC 基础上叠加幅度为±0.5mA的正弦调制波作为数字信号，1200Hz 频率代表逻辑“1”，2200Hz 频率代表逻辑“0”。这种类型的数字信号通常称为 FSK 信号，如图 3-13 所示。由于数字 FSK 信号相位连续，其平均值为零，故不会影响 4～20mA DC 的模拟信号。

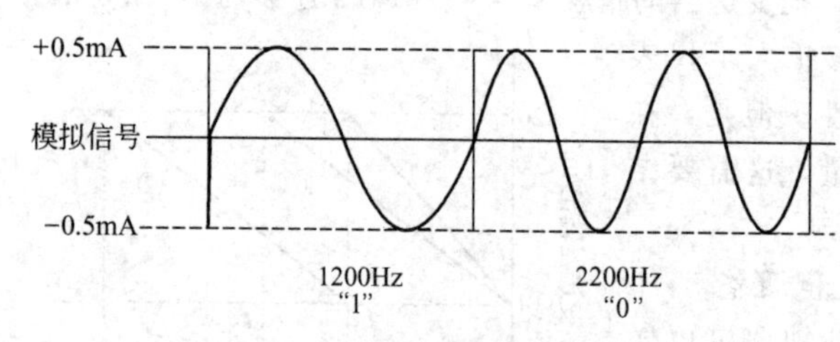

图 3-13 HART 数字通信信号

HART 通信的传输介质为电缆线，通常单芯带屏蔽双绞电缆距离可达 3000m，多芯带屏蔽双绞电缆可达 1500m，短距离可使用非屏蔽电缆。HART 协议一般可以有点对点模式、多点模式和阵发模式三种不同的通信模式。

3.2 压力检测

3.2.1 压力的表示方法

所谓压力是指均匀而垂直作用于单位面积上的力，用符号 p 表示。在国际单位制中，压力的单位是帕斯卡（简称帕，用符号 Pa 表示，$1Pa=1N/m^2$），它也是中国的法定计量单位。但由于在工程上，其他一些压力单位还在普遍使用：工程大气压、巴、毫米汞柱、毫米水柱等。附录 1 给出了部分压力单位的换算关系。

压力的表示方法有三种：绝对压力 p_a，表压力 p，负压或真空度 p_h，其关系如图 3-14 所示。

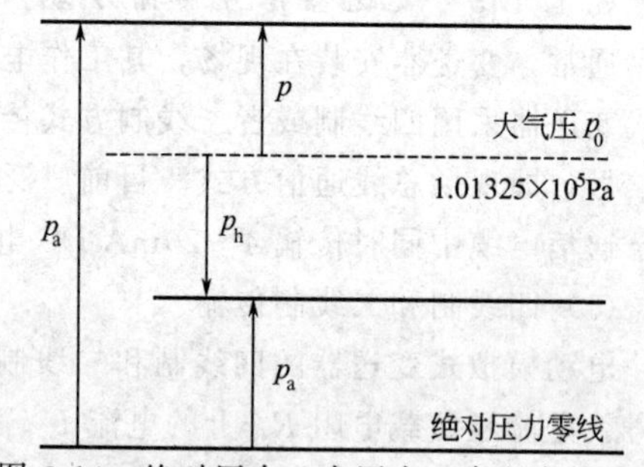

图 3-14 绝对压力、表压力、真空度的关系

绝对压力是指物体所受的实际压力。

表压力是指一般压力仪表所测得的压力，它是高

于大气压力的绝对压力与大气压力之差，即

$$p=p_a-p_0 \tag{3-17}$$

真空度是指大气压与低于大气压的绝对压力之差，有时也称为负压，即

$$p_h=p_0-p_a \tag{3-18}$$

由于各种工艺设备和检测仪表通常是处于大气压之中，本身就承受着大气压力，因此，工程上通常采用表压力或者真空度来表示压力的大小，一般的压力检测仪表所指示的压力也是表压力或者真空度。除特殊说明之外，以后所提及的压力均指表压力。

3.2.2 压力检测概述

目前工业上常用的压力检测方法和压力检测仪表很多，根据敏感元件和转换原理的不同，一般分为以下四类。

① 液柱式压力检测　它是根据流体静力学原理，把被测压力转换成液柱高度，一般采用充有水或水银等液体的玻璃U形管或单管进行测量。

② 弹性式压力检测　它是根据弹性元件受力变形的原理，将被测压力转换成位移进行测量的。常用的弹性元件有弹簧管、膜片和波纹管等。

③ 电气式压力检测　它是利用敏感元件将被测压力直接转换成各种电量进行测量，如电容、电阻、电荷量等。

④ 活塞式压力检测　它是根据液压机液体传送压力的原理，将被测压力转换成活塞面积上所加平衡砝码的质量来进行测量的。活塞式压力计的测量精度较高，允许误差可以小到0.05%～0.02%，这类压力计一般作为标准仪器对压力仪表进行检定。

除了上述的检测仪表外，近年来根据检测对象的变化及压力检测技术的发展，也出现了一些新的压力检测技术，如用于气体压力测量的振频式压力技术，用于液压管路压力非插入式检测的超声技术，还有光电式、光纤式压力检测等。除了这些新的压力检测技术，压力检测仪表的构造也朝着数字化、智能化方向发展。

下面简单介绍部分工业上常用的压力检测仪表。

3.2.3 弹性式压力检测

3.2.3.1 弹性元件

弹性式压力检测是用弹性元件作为压力敏感元件把压力转换成弹性元件位移的一种检测方法。弹性元件在弹性限度内受压后会产生变形，变形的大小与被测压力成正比关系。如图3-15所示，目前工业上常用的测压用弹性元件主要是膜片、波纹管和弹簧管等。

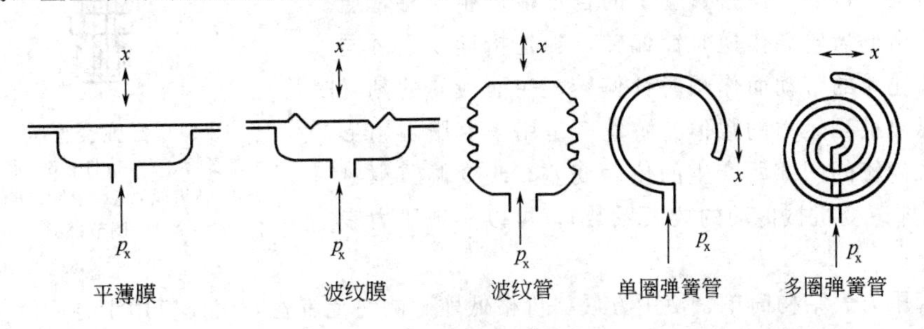

图3-15　弹性元件示意

① 膜片　膜片是一种沿外缘固定的片状圆形薄板或薄膜，按剖面形状分为平薄膜片和波纹膜片。波纹膜片是一种压有环状同心波纹的圆形薄膜，其波纹数量、形状、尺寸和分布情况与压力的测量范围及线性度有关。有时也可以将两块膜片沿周边对焊起来，成一薄膜盒子，两膜片之

间内充液体（如硅油），称为膜盒。

当膜片两边压力不等时，膜片就会发生形变，产生位移，当膜片位移很小时，它们之间具有良好的线性关系，这就是利用膜片进行压力检测的基本原理。膜片受压力作用产生的位移，可直接带动传动机构指示。但是，由于膜片的位移较小，在更多的情况下，都是把膜片和其他转换环节合起来使用，通过膜片和转换环节把压力转换成电信号，例如：膜盒式差压变送器、电容式压力变送器等。

② 波纹管　波纹管是一种具有同轴环状波纹，能沿轴向伸缩的测压弹性元件。当它受到轴向力作用时能产生较大的伸长或收缩位移，通常在其顶端安装传动机构，带动指针直接读数。波纹管的特点是灵敏度较高（特别是在低压区），适合检测低压信号（$\leqslant 10^6$Pa），但波纹管时滞较大，测量精度一般只能达到1.5级。

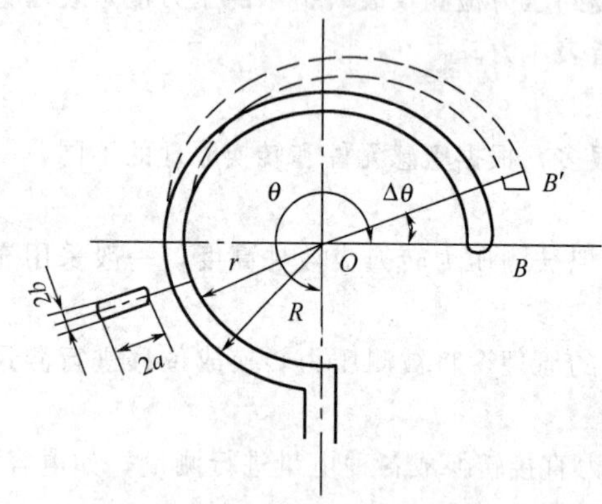

图 3-16　单圈弹簧管结构示意

③ 弹簧管　弹簧管是弯成圆弧形的空心管子（中心角 θ 通常为 270°），其横截面积呈非圆形（椭圆或扁圆形）。弹簧管一端是开口的，另一端是封闭的，如图 3-16 所示。开口端作为固定端，被测压力从开口端接入到弹簧管内腔；封闭端作为自由端，可以自由移动。

当被测压力从弹簧管的固定端输入时，由于弹簧管的非圆横截面，使它有变成圆形并伴有伸直的趋势，使自由端产生位移并改变中心角 $\Delta\theta$。由于输入压力 p 与弹簧管自由端的位移成正比，所以只要测得自由端的位移量就能够反映压力 p 的大小，这就是弹簧管的测压原理。

弹簧管有单圈和多圈之分。单圈弹簧管的中心角变化量较小，而多圈弹簧管的中心角变化量较大，二者的测压原理是相同的。弹簧管常用的材料有锡青铜、磷青铜、合金钢、不锈钢等，适用于不同的压力测量范围和测量介质。

3.2.3.2　弹簧管压力表

弹簧管可以通过传动机构直接指示被测压力，也可以用适当的转换元件把弹簧管自由端的位移变换成电信号输出。

弹簧管压力表是一种指示型仪表，如图 3-17 所示。被测压力由接头 9 输入，使弹簧管 1 的自由端产生位移，通过拉杆 2 使扇形齿轮 3 作逆时针偏转，于是指针 5 通过同轴的中心齿轮 4 的带动而作顺时针偏转，在面板 6 的刻度标尺上显示出被测压力的数值。游丝 7 是用来克服因扇形齿轮和中心齿轮的间隙所产生的仪表变差。改变调节螺钉 8 的位置（即改变机械传动的放大系数），可以实现压力表的量程调节。

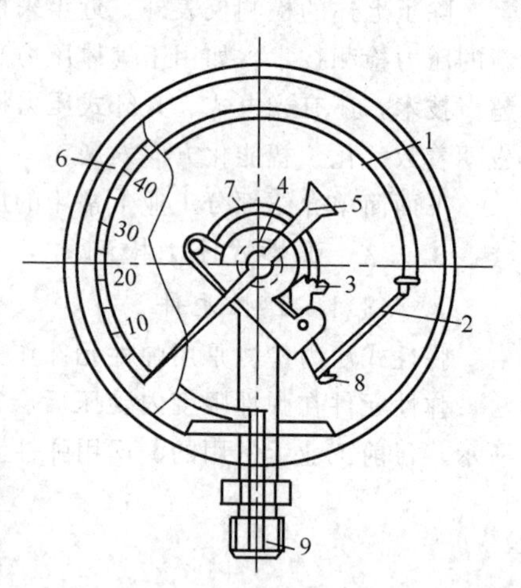

图 3-17　弹簧管压力表

1—弹簧管；2—拉杆；3—扇形齿轮；4—中心齿轮；5—指针；6—面板；7—游丝；8—调节螺钉；9—接头

弹簧管压力表结构简单、使用方便、价格低廉、测量范围宽，因此应用十分广泛。一般的工业用弹簧管压力表的精度等级为 1.5 级或 2.5 级。

3.2.3.3　膜盒式差压变送器

膜盒式差压变送器是基于力矩平衡原理工作的，由测量部分（膜盒）、杠杆系统、放大器和反馈机构等部分组成，如图 3-18 所示。被测差压信号 Δp 经测量部分转换成相应的输入力 F_i，

F_i 与反馈机构输出的反馈力 F_f 一起作用于杠杆系统，使杠杆产生微小的位移，再经放大器转换成标准统一信号输出。当输入力与反馈力对杠杆系统所产生的力矩 M_i、M_f 达到平衡时，杠杆系统便达到稳定状态，此时变送器的输出信号 y 反映了被测差压 Δp 的大小。下面以 DDZ-Ⅲ型膜盒式差压变送器为例进行讨论。

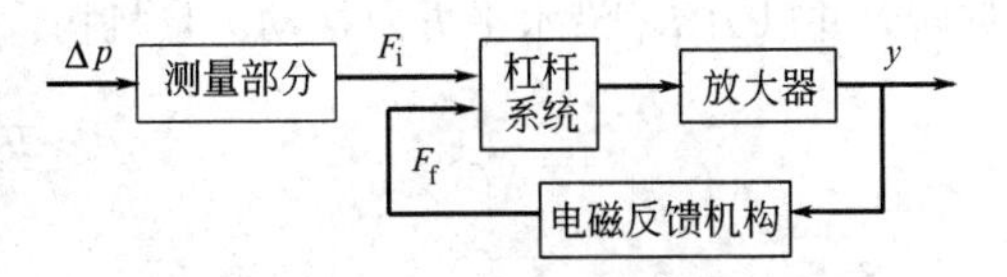

图 3-18　膜盒式差压变送器构成框图

DDZ-Ⅲ型差压变送器是两线制变送器，其结构示意如图 3-19 所示。

（1）测量部分

测量部分的作用，是把被测差压 $\Delta p(\Delta p=p_1-p_2)$ 转换成作用于主杠杆下端的输入力 F_i。如果把 p_2 接大气，则 Δp 相当于 p_1 的表压。测量部分的结构原理如图 3-20 所示，输入力 F_i 与 Δp 之间的关系可用下式表示，即

$$F_i=p_1A_1-p_2A_2=\Delta pA_d \tag{3-19}$$

式中，A_1，A_2 为膜盒正、负压室膜片的有效面积（制造时经严格选配使 $A_1=A_2=A_d$）。

因膜片工作位移只有几十微米，可以认为膜片的有效面积在测量范围内保持不变，即保证了 F_i 与 Δp 之间的线性关系。轴封膜片为主杠杆的支点，同时它又起密封作用。

（2）主杠杆

杠杆系统的作用是进行力的传递和力矩比较。为了便于分析，这里把杠杆系统进行了分解。被测差压 Δp 经膜盒转换成作用于主杠杆下端的输入力 F_i，使主杠杆以轴封膜片 H 为支点而

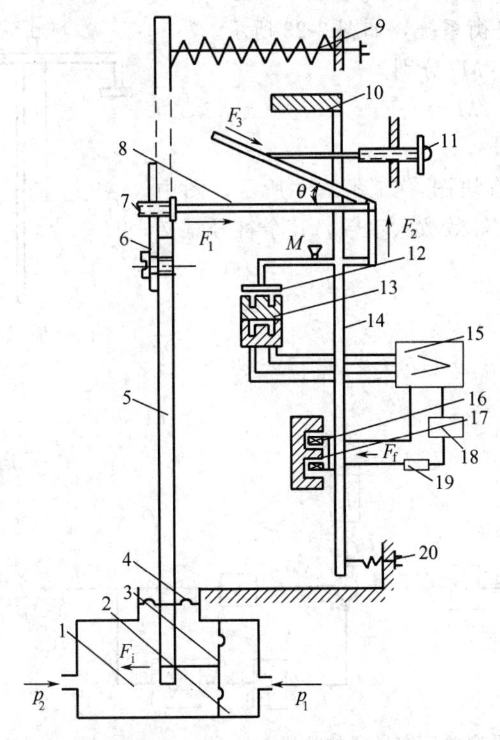

图 3-19　DDZ-Ⅲ型膜盒差压变送器结构示意

1—低压室；2—高压室；3—测量元件（膜盒）；4—轴封膜片；5—主杠杆；6—过载保护簧片；7—静压调整螺钉；8—矢量机构；9—零点迁移弹簧；10—平衡锤；11—量程调整螺钉；12—位移检测片（衔铁）；13—差动变压器；14—副杠杆；15—放大器；16—反馈动圈；17—永久磁钢；18—电源；19—负载；20—调零弹簧

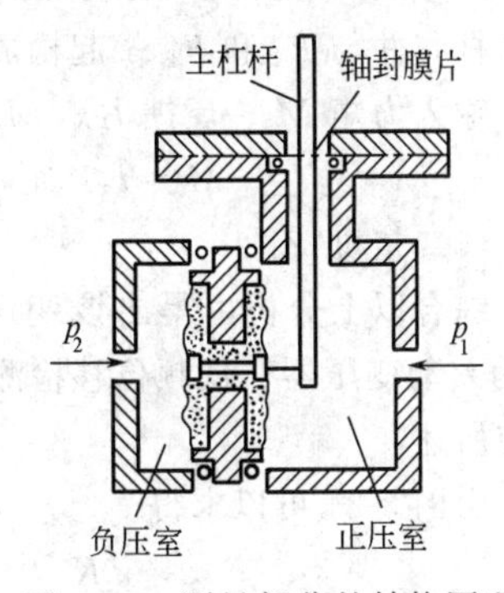

图 3-20　测量部分的结构原理

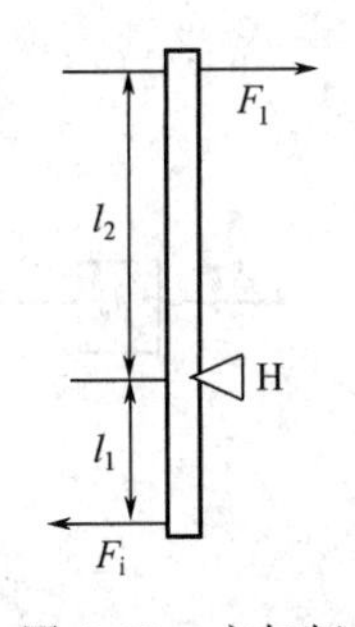

图 3-21　主杠杆

偏转，并以力 F_1 沿水平方向推动矢量机构。由图 3-21 可知 F_1 与 F_i 之间的关系为

$$F_1=\frac{l_1}{l_2}F_i \tag{3-20}$$

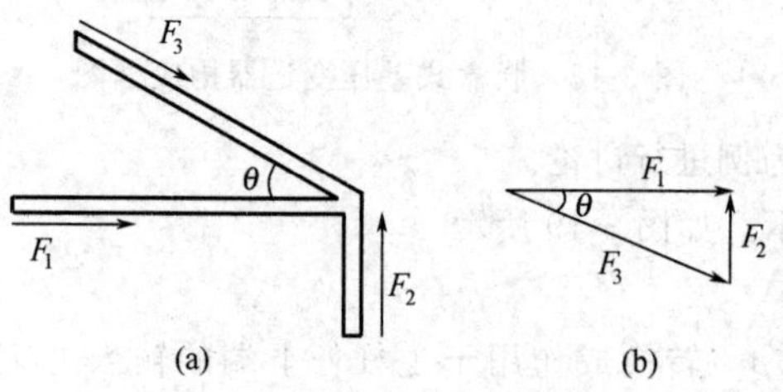

图 3-22　矢量机构及其受力分析

（3）矢量机构

矢量机构的作用是对 F_1 进行矢量分解，将输入力 F_1 转换为作用于副杠杆上的力 F_2，其结构如图 3-22（a）所示。图 3-22（b）为矢量机构的力分析矢量图，由此可得出如下关系

$$F_2=F_1\tan\theta \tag{3-21}$$

（4）副杠杆

由主杠杆传来的推力 F_1 被矢量机构分解为两个分力 F_2 和 F_3。F_3 顺着矢量板方向，不起任何作用；F_2 垂直向上作用于副杠杆上，并使其以支点 M 为中心逆时针偏转，带动副杠杆上的衔铁（位移检测片）靠近差动变压器，两者之间距离的变化量通过位移检测放大器转换为4～20mA 的直流电流 I_o，作为变送器的输出信号；同时，该电流又流过电磁反馈装置，产生电磁反馈力 F_f，使副杠杆顺时针偏转。当 F_i 与 F_f 对杠杆系统所产生的力矩 M_i、M_f 达到平衡时，变送器便达到一个新的稳定状态。反馈力 F_f 与变送器输出电流 I_o 之间的关系可以简单地记为

$$F_f=K_fI_o \tag{3-22}$$

式中，K_f 为反馈系数。需要注意的是，调零弹簧的张力 F_z 也作用于副杠杆，并与 F_f 和 F_2 一起构成一个力矩平衡系统，如图 3-23 所示。

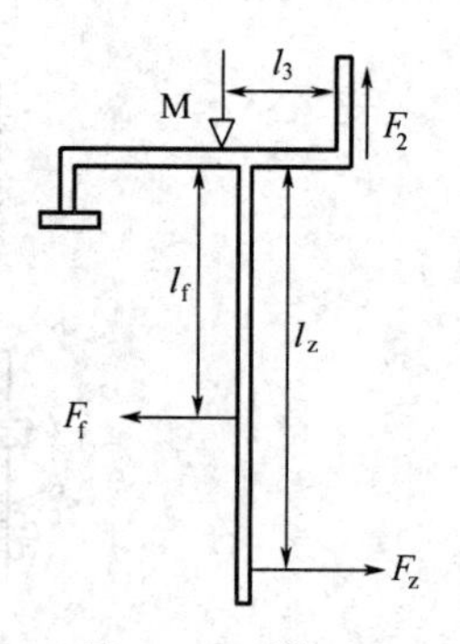

图 3-23　副杠杆

输入力矩 M_i、反馈力矩 M_f 和调零力矩 M_z 分别为

$$M_i=l_3F_2,\quad M_f=l_fF_f,\quad M_z=l_zF_z \tag{3-23}$$

（5）整机特性

综合以上分析可得出该变送器的整机方块图，如图 3-24 所示。图中 K 为差动变压器、低频位移检测放大器等的等效放大系数，其余符号意义如前所述。

由图 3-24 可以求得

$$I_o=\frac{K}{1+KK_fl_f}\left(\Delta pA_d\frac{l_1l_3}{l_2}\tan\theta+F_zl_z\right) \tag{3-24}$$

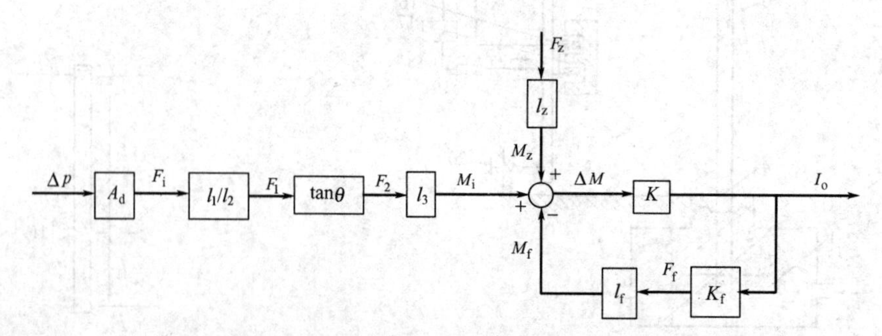

图 3-24　DDZ-Ⅲ型差压变送器的整机方块图

在满足深度负反馈 $KK_fl_f\gg1$ 条件时，DDZ-Ⅲ型差压变送器的输出输入关系如下，即

$$I_o=A_d\frac{l_1l_3}{l_2K_fl_f}\tan\theta\Delta p+\frac{l_z}{K_fl_f}F_z=K_i\Delta p+K_zF_z \tag{3-25}$$

式中，K_i 为变送器的比例系数。

由式（3-25）可以看出：①在满足深度负反馈条件下，在量程一定时，变送器的比例系数 K_i 为常数，即变送器的输出电流 I_o 和输入信号 Δp 之间呈线性关系，其基本误差一般为 ±0.5%，变差为±0.25%；②式中 K_zF_z 为调零项，调整调零弹簧可以调整 F_z 的大小，从而使 I_o 在 $\Delta p=\Delta p_{min}$ 时为 4mA；③改变 θ 和 K_f 可以改变变送器的比例系数 K_i 的大小，θ 的改变是通过调节量程调整螺钉实现的，θ 增大，量程变小，K_f 的改变是通过改变反馈线圈的匝数实现的。另外，调整零点迁移弹簧可以进行零点迁移。

3.2.3.4 电容式差压变送器

电容式差压变送器采用差动电容作为检测元件，主要包括测量部件和转换放大电路两部分，如图 3-25 所示。

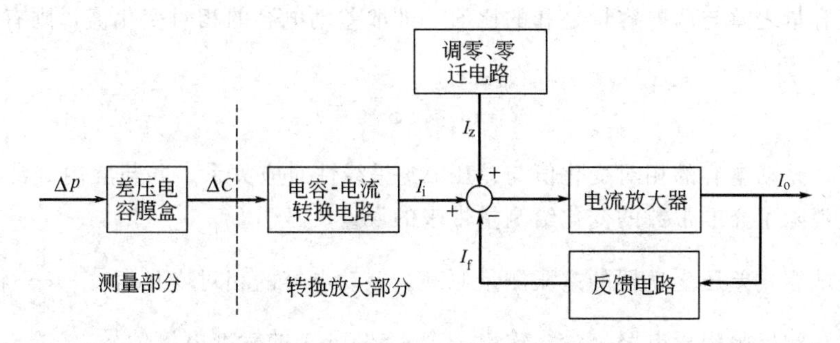

图 3-25 电容式差压变送器构成框图

图 3-26 是电容式差压变送器测量部件的原理，它主要是利用通过中心感压膜片（可动电极）和左右两个弧形电容极板（固定电极）把差压信号转换为差动电容信号，中心感压膜片分别与左右两个弧形电容极板形成电容 C_{i1} 和 C_{i2}。

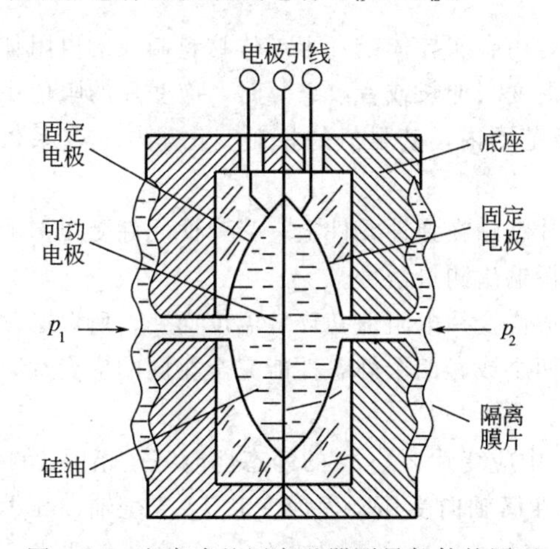

图 3-26 电容式差压变送器测量部件的原理

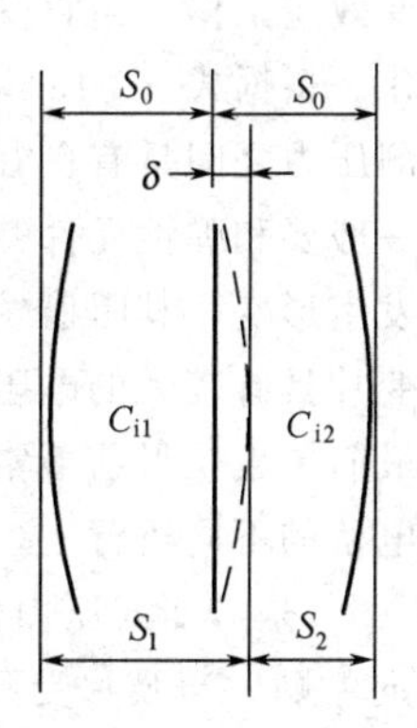

图 3-27 差动电容原理示意

当正、负压力（差压）由正、负压室导压口加到膜盒两边的隔离膜片上时，通过腔内硅油液压传递到中心感压膜片，中心感压膜片产生位移，使可动电极和左右两个固定电极之间的间距不再相等，形成差动电容。

如图 3-27 所示，当 $\Delta p=0$ 时，极板之间的间距满足 $S_1=S_2=S_0$；当 $\Delta p\neq 0$ 时，中心膜片会产生位移 δ，则

$$S_1=S_0+\delta,\quad S_2=S_0-\delta \tag{3-26}$$

由于中心感压膜片是在施加预张力条件下焊接的，其厚度很薄，因此中心感压膜片的位移 δ 与输入差压 Δp 之间可近似为线性关系 $\delta \propto \Delta p$。

若不考虑边缘电场影响，中心感压膜片与两边电极构成的电容 C_{i1}、C_{i2} 可作平板电容处理，即

$$C_{i1}=\frac{\varepsilon A}{S_1}=\frac{\varepsilon A}{S_0+\delta},\qquad C_{i2}=\frac{\varepsilon A}{S_2}=\frac{\varepsilon A}{S_0-\delta} \tag{3-27}$$

式（3-27）中 ε 为介电常数；A 为电极面积（各电极面积是相等的）。由于

$$C_{i1}+C_{i2}=\frac{2\varepsilon AS_0}{S_0^2-\delta^2},\qquad C_{i1}-C_{i2}=\frac{2\varepsilon A\delta}{S_0^2-\delta^2} \tag{3-28}$$

若取两电容量之差与两电容量之和的比值，即取差动电容的相对变化值，则有

$$\frac{C_{i1}-C_{i2}}{C_{i1}+C_{i2}}=\frac{\delta}{S_0}\propto \Delta p \tag{3-29}$$

由此可见，差动电容的相对变化值与差压 Δp 呈线性对应关系，并与腔内硅油的介电常数无关，从原理上消除了介电常数的变化给测量带来的误差。

以上就是电容式差压变送器的差压测量原理。差动电容的相对变化值 $\frac{C_{i2}-C_{i1}}{C_{i2}+C_{i1}}$ 将通过电容-电流转换、放大和输出限幅等电路，最终输出一个 4～20mA 的标准电流信号。

由于整个电容式差压变送器内部没有杠杆和机械传动机构，因而具有高精度、高稳定性和高可靠性的特点，其精度等级可达 0.2 级以上，是目前工业上普遍使用的一类变送器。

3.2.4 电气式压力检测

3.2.4.1 应变式压力传感器

应变式压力传感器的敏感元件称为应变片，是由金属导体或者半导体材料制成的电阻体。应变片基于应变效应工作，当它受到外力作用产生形变（伸长或者收缩）时，应变片的阻值也将发生相应的变化。根据式（3-13），在应变片的测压范围内，其阻值的相对变化量与应变系数成正比，即与被测压力之间具有良好的线性关系。

应变片一般要和弹性元件结合使用，将应变片粘贴在弹性元件上，当弹性元件受压形变时带动应变片也发生形变，其阻值发生变化，通过电桥输出测量信号。

由于应变片具有较大的电阻温度系数，会造成应变片电阻值随环境温度而变，所以必须考虑补偿措施。最简单也是目前最常用的方法是采用两个或者四个静态性能完全相同的应变片，使它们处在同一电桥的不同桥臂上，实现温度的补偿。

图 3-28（a）是应变式压力传感器的原理，图中应变片 r_1、r_2 的静态性能完全相同，r_1 轴向粘贴，r_2 径向粘贴。当膜片受到外力作用时，弹性筒轴向受压，使应变片 r_1 产生轴向压缩，阻值变小；而应变片 r_2 受到径向拉伸，阻值变大。实际上，r_2 的变化量比 r_1 的变化量要小，r_2 的主要作用是温度补偿。

图 3-28（b）是应变片阻值变化量的测量电桥，图中 R_3 和 R_4 是两个阻值相等的精密固定电阻。由此可见，受到压力作用时，r_1 和 r_2 一减一增，使电桥有较大的输出；当环境温度发生变化时，r_1、r_2 同时增减，不影响电桥的平衡。如果仪表能把电桥输出电压 U_i 进一步转换为标准信号输出，则该仪表即可称为应变式压力变送器。

应变片式压力检测仪表具有较大的测量范围，被测压力可达几百兆帕，并具有良好的动态性能，适用于快速变化的压力测量。但是，尽管测量电桥具有一定的温度补偿的作用，应变片式压

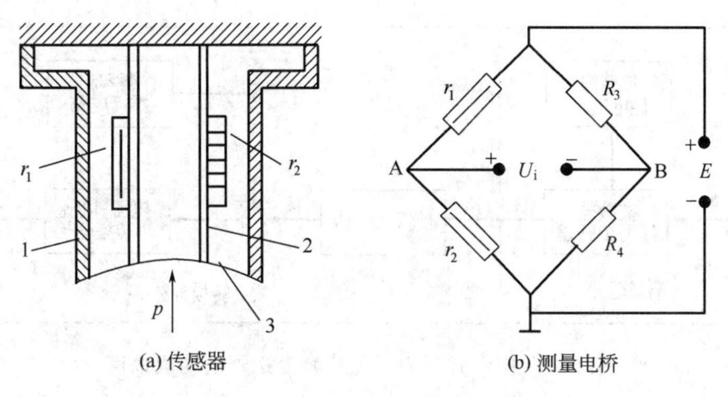

图 3-28 应变式压力传感器示意

1—外壳；2—弹性筒；3—膜片

力检测仪表仍有比较明显的温漂和时漂，因此，这种压力检测仪表较多地用于一般要求的动态压力检测，测量精度一般在0.5%～1.0%左右。

3.2.4.2 压阻式压力传感器

压阻式压力传感器是根据压阻效应原理制造的，其压力敏感元件就是在半导体材料的基片上利用集成电路工艺制成的扩散电阻，当它受到外力作用时，扩散电阻的阻值由于电阻率的变化而改变，扩散电阻一般也要依附于弹性元件才能正常工作。

用作压阻式传感器的基片材料主要为硅片和锗片，由于单晶硅材料纯、功耗小、滞后和蠕变极小、机械稳定性好，而且传感器的制造工艺和硅集成电路工艺有很好的兼容性，所以扩散硅压阻传感器作为检测元件的压力检测仪表得到了广泛的使用。

图 3-29 所示是压阻式压力传感器的结构示意。它的核心部分是一块圆形的单晶硅膜片，膜片上布置有 4 个阻值相等、两两对称的扩散电阻，形成惠斯顿电桥。单晶硅膜片用一个圆形硅杯固定，并将两个气腔隔开，一端接被测压力，另一端接参考压力（如接入低压或者直接通大气）。

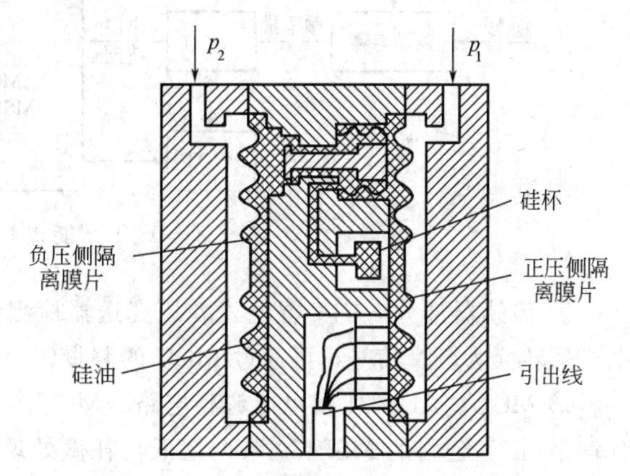

图 3-29 压阻式压力传感器的结构示意

当外界压力作用于膜片上产生压差时，膜片产生形变，使扩散电阻的阻值发生变化，电桥就会产生一个与膜片承受的压差成正比的不平衡输出信号。

压阻式压力（差压）变送器的构成框图可划分为测量和放大转换两大部分，如图 3-30 所示。输入压力 p 作用于测量部分的扩散硅压力传感器，压阻效应使硅材料上的扩散电阻阻值发生变化，从而使这些电阻组成的电桥产生不平衡电压U_o，U_o由前置放大器放大为U_{o1}，U_{o1}与调零和零迁电路产生的调零信号U_z的代数和送入电压-电流转换器转换为整机的输出信号 I_o。

压阻式压力传感器的主要优点是体积小，结构简单，其核心部分就是一个既是弹性元件又是压敏元件的单晶硅膜片。扩散电阻的灵敏系数是金属应变片的几十倍，能直接测量出微小的压力变化。此外，压阻式压力传感器还具有良好的动态响应，迟滞小，可用来测量几千赫兹乃至更高的脉动压力。因此，这是一种发展比较迅速，应用十分广泛的一类压力传感器。

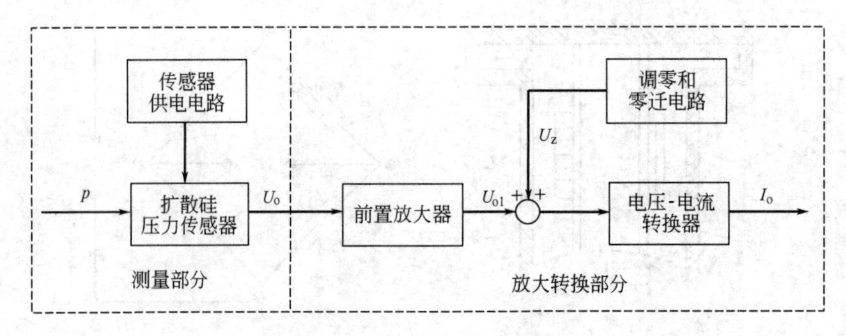

图 3-30 压阻式压力（差压）变送器的构成框图

3.2.5 智能式压力/差压变送器

目前实际应用的智能式压力/差压变送器种类较多，结构各有差异，但从总体结构上看是相似的。下面以浙江中控公司的 CJT 系列智能电容式差压变送器和 Endress＋Hauser Deltabar S 智能压阻差压变送器为例，简单介绍智能式压力/差压变送器的工作原理和特点。

3.2.5.1 CJT 智能电容式差压变送器

CJT 智能式差压变送器是在模拟的电容式差压传感器基础上，结合 HART 通信技术开发的一种智能式变送器，具有数字微调、数字阻尼、通信报警、工程单位转换和有关变送器信息的存储等功能，同时又可传输 4～20mADC 电流信号。其原理框图如图 3-31 所示。

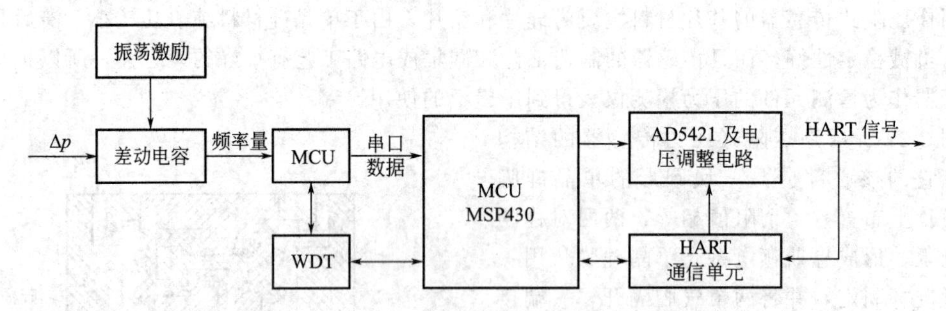

图 3-31 CJT 智能式差压变送器原理框图

① 传感器部分 CJT 智能式差压变送器检测元件采用电容式压力传感器，采用振荡电路将电容值转换为频率信号，再通过 MCU 的测量转换为数字信号。

② MCU、AD5421 及电压调整电路 MCU 是所有智能化仪表的核心，传感器部分和主机部分均采用 TI 公司的 MSP430 系列超低功耗微处理芯片。传感器部分的 MCU 主要负责传感器的数字转换、采样值的通信传送；主机部分的 MCU 主要完成对采样值的线性化、温度补偿、数字通信、自诊断等处理后，通过 AD5421 及电压调整电路输出一个与被测差压对应的 4～20mA 直流电流信号和数字信号，作为变送器的输出。

③ HART 通信部分 HART 通信部分是实现 HART 协议物理层的硬件电路，它主要由 AD5700HART Modem 芯片及部分外围电路来完成。

④ WDT 监控电路 WDT（WatchDog Timer）俗称" 看门狗定时器"，当系统正常工作时，MCU 周期性地向 WDT 发送脉冲信号，此时 WDT 的输出信号对 MCU 的工作没有影响。而系统受到外界干扰导致 MCU 不能正常工作时，WDT 在指定时间内未接收到脉冲，则 WDT 输出使 MCU 不可屏蔽的中断，将正在处理的数据进行保护；同时经过一段等待时间之后，输出复位信号对 MCU 进行复位，使 MCU 重新进入正常工作。

⑤ CJT 智能式差压变送器的软件　CJT 智能式差压变送器的软件分为两部分：传感器部分测控程序和主机部分的处理程序。测控程序包括振荡电路控制程序、频率值采样转换程序、通信处理程序等。主机部分的处理程序非线性补偿程序、量程转换程序、线性或开方输出程序、阻尼程序以及 D/A 输出程序、HART 协议数据链路层和应用层的处理程序等。

值得指出的是，由于二线制变送器的正常工作电流必须等于或小于变送器输出电流的下限值（4mA），同时 HART 通信方式是在 4～20mADC 基础上叠加幅度为±0.5mA 的正弦调制波作为数字信号，因此变送器的正常工作电流必须等于或小于 3.5mA 才能满足要求。为此，变送器的各部分都要采用低功耗器件。

3.2.5.2　Deltabar S 智能压阻式差压变送器

Deltabar S PMD75 智能差压变送器采用单晶硅压阻式传感器，内置一个铂热电阻。同时测差压和温度，在差压信号经过温度补偿运算后，达到更高的精度。其工作原理框图如图 3-32 所示。

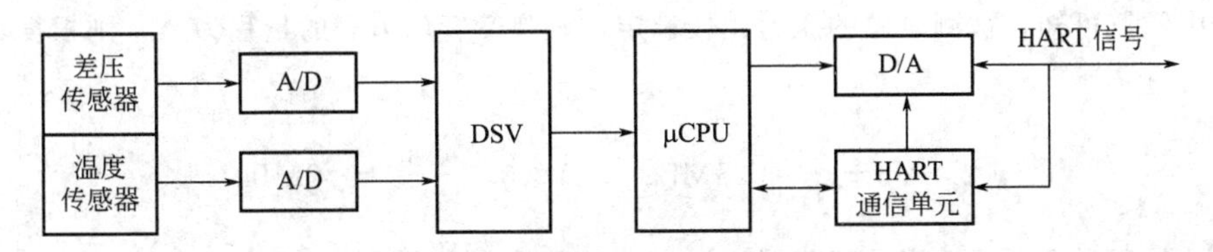

图 3-32　智能扩散硅式差压变速器

① 传感器组件　单晶硅压阻式差压传感器在二侧受压后电阻值发生变化，通过惠斯顿电桥转换成电压信号，再经过 A/D 转换单元转换成数字信号。该传感器组件主要要测量差压信号和温度信号，其中的温度信号主要用于温度补偿。智能压阻式差压变送器采用复合传感器和综合误差自动补偿技术，有效克服了扩散硅压阻传感器对温度变化敏感以及存在非线性的缺点，提高了变送器的测量精度，同时拓宽了量程范围。

② DSV 数字型号处理器　该单元是通过软件对各类信号做运算，包括线性化、温度补偿、单位转换、自诊断等数字和逻辑运算。

③ μC 微处理控制器　该单元是差压变送器各单元软件的运行控制中心，包括时钟控制、通讯控制等。

④ HART 通信单元和 D/A 输出　该单元将 4～20mA 模拟信号与 HART 数字信号叠加后送至控制系统，同时可以接受来自系统中其他设备的 HART 数字信号。

3.2.6　压力检测仪表的选用和安装

3.2.6.1　压力检测仪表的选用

压力检测仪表的选用是一项重要工作，如果选用不当，不仅不能正确、及时地反映被测对象压力的变化，还可能引起事故。选用时应根据生产工艺对压力检测的要求、被测介质的特性、现场使用的环境等条件，本着节约的原则合理地考虑仪表的量程、精度、类型等。

（1）仪表量程的选择

仪表的量程是指该仪表可按规定的精确度对被测量进行测量的范围，它根据操作中需要测量的参数的大小来确定。为了保证敏感元件能在其安全的范围内可靠地工作，也考虑到被测对象可能发生的异常超压情况，对仪表的量程选择必须留有足够的余地。

在被测压力较稳定的情况下，最大工作压力不应超过仪表满量程的 3/4；在被测压力波动较大或测脉动压力时，最大工作压力不应超过仪表满量程的 2/3；在测量高压压力时，最大工作压力不应超过仪表满量程的 3/5。为了保证测量准确度，最小工作压力不应低于满量程的 1/3。当被测压力变化范围大，最大和最小工作压力可能不能同时满足上述要求时，选择仪表量程应首先要满足最大工作压力条件。

根据被测压力计算得到仪表上、下限后，还不能以此直接作为仪表的量程，目前中国出厂的压力（包括差压）检测仪表有统一的量程系列，它们是 1kPa、1.6kPa、2.5kPa、4.0kPa、6.0kPa 以及它们的 10^n 倍数（n 为整数）。因此，在选用仪表量程时，应采用相应规程或者标准中的数值。

(2) 仪表精度的选择

压力检测仪表的精度主要根据生产允许的最大误差来确定，即要求实际被测压力允许的最大绝对误差应小于仪表的基本误差。另外，在选择时应坚持节约的原则，只要测量精度能满足生产的要求，就不必追求用过高精度的仪表。

例 3-5 有一压力容器在正常工作时压力范围为 0.4～0.6MPa，要求使用弹簧管压力表进行检测，并使测量误差不大于被测压力的 4%，试确定该表的量程和精度等级。

解 由题意可知，被测对象的压力比较稳定，设弹簧管压力表的量程为 A，则根据最大、最小工作压力有

$$A>0.6\div\frac{3}{4}=0.8\text{MPa},\quad A<0.4\div\frac{1}{3}=1.2\text{MPa}$$

根据仪表的量程系列，可选用量程范围为 0～1.0MPa 的弹簧管压力表。

根据题意，被测压力的允许最大绝对误差为

$$\Delta_{\max}=0.4\times4\%=0.016\text{MPa} \tag{3-30}$$

这就要求所选仪表的相对百分误差为

$$\delta_{\max}=\frac{0.016}{1.0-0}\times100\%=1.6\% \tag{3-31}$$

按照仪表的精度等级，可选择 1.5 级的压力表。

(3) 仪表类型的选择

根据工艺要求正确选用仪表类型是保证仪表正常工作及安全生产的主要前提。压力检测仪表类型的选择主要应考虑以下几个方面。

① 仪表的材料 压力检测的特点是压力敏感元件往往要与被测介质直接接触，因此在选择仪表材料的时候要综合考虑仪表的工作条件。例如，对腐蚀性较强的介质应使用像不锈钢之类的弹性元件或敏感元件；氨用压力表则要求仪表的材料不允许采用铜或铜合金，因为氨气对铜的腐蚀性极强；又如氧用压力表在结构和材质上可以与普通压力表完全相同，但要禁油，因为油进入氧气系统极易引起爆炸。

② 仪表的输出信号 对于只需要观察压力变化的情况，应选用如弹簧管压力表甚至液柱式压力计那样的直接指示型的仪表；如需将压力信号远传到控制室或其他电动仪表，则可选用电气式压力检测仪表或其他具有电信号输出的仪表；如果控制系统要求能进行数字量通信，则可选用智能式压力检测仪表。

③ 仪表的使用环境 对爆炸性较强的环境，应选择防爆型压力仪表；对于温度特别高或特别低的环境，应选择温度系数小的敏感元件以及其他变换元件。

事实上，上述压力表选型的原则也适用于差压、流量、液位等其他检测仪表的选型。

3.2.6.2 压力检测仪表的安装

(1) 一般压力测量仪表的安装

无论选用何种压力仪表和采用何种安装方式，在安装过程中都应注意以下几点。

① 压力仪表必须经检验合格后才能安装。

② 压力仪表的连接处，应根据被测压力的高低和被测介质性质，选择适当的材料作为密封垫圈，以防泄漏。

③ 压力仪表尽可能安装在室温，相对湿度小于80%，振动小，灰尘少，没有腐蚀性物质的地方，对于电气式压力仪表应尽可能避免受到电磁干扰。

④ 压力仪表应垂直安装。一般情况下，安装高度应与人的视线齐平，对于高压压力仪表，其安装高度应高于一般人的头部。

⑤ 测量液体或蒸汽介质压力时，应避免液柱产生的误差，压力仪表应安装在与取压口同一水平的位置上，否则必须对压力仪表的示值进行修正。

⑥ 导压管的粗细合适，一般为6～10mm，长度尽可能短，否则会引起压力测量的迟缓。

⑦ 压力仪表与取压口之间应安装切断阀，以便维修。

(2) 测量特殊介质时的压力测量仪表安装

① 测量高温（60℃以上）流体介质的压力时，为防止热介质与弹性元件直接接触，压力仪表之前应加装U形管或盘旋管等形式的冷凝器，如图3-33（a）、（b）所示，避免因温度变化对测量精度和弹性元件产生的影响。

② 测量高压流体介质的压力时，安装时压力仪表表壳应朝向墙壁或者无人通过之处，以防发生意外。

③ 测量腐蚀性介质的压力时，除选择具有防腐能力的压力仪表之外，还可加装隔离装置，利用隔离罐中的隔离液将被测介质和弹性元件隔离开来，如图3-33（c）、（d）所示。

④ 测量波动剧烈（如泵、压缩机的出口压力）的压力时，应在压力仪表之前加装针形阀和缓冲器，必要时还应加装阻尼器，如图3-33（e）所示。

⑤ 测量黏性大或易结晶的介质压力时，应在取压装置上安装隔离罐，使罐内和导压管内充满隔离液，必要时可采取保温措施，如图3-33（f）所示。

⑥ 测量含尘介质压力时，最好在取压装置后安装一个除尘器，如图3-33（g）所示。

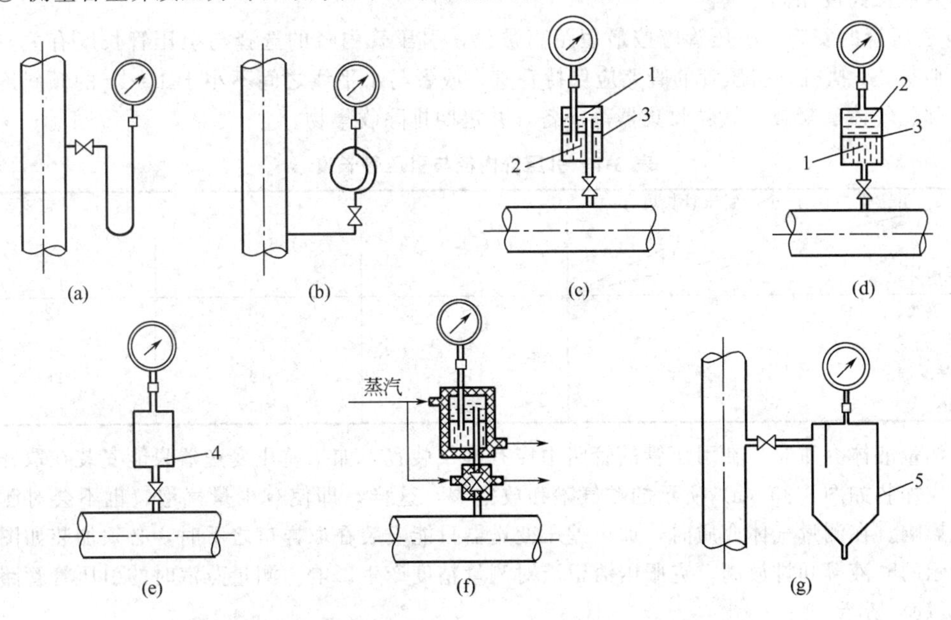

图3-33 测量特殊介质时的压力测量仪表安装

1—被测介质；2—隔离介质；3—隔离罐；4—缓冲罐；5—除尘器

总之，针对被测介质的不同性质，要采取相应的防热、防腐、防冻、防堵和防尘等措施。

(3) 差压变送器的安装

差压变送器也属于压力测量仪表，因此差压变送器的安装要遵循一般压力测量仪表的安装原则。然而，差压变送器与取压口之间必须通过引压导管连接，才能把被测压力正确地传递到变送器的正负压室，如果取压口选择不当，引压管安装不正确，或者引压管有堵塞、渗漏现象，或者差压变送器的安装和操作不正确，都会引起较大的测量误差。

① 取压口的选择　取压口的选择与被测介质的特性有很大关系，不同的介质，取压口的位置应符合如下规定，如图 3-34 所示。

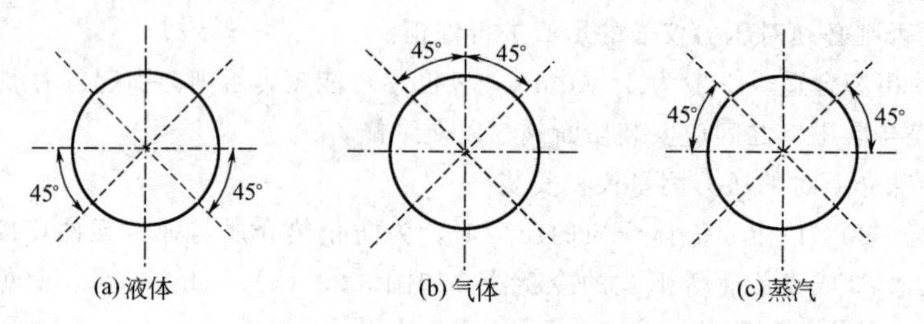

图 3-34　测量不同介质时取压口方位规定示意

被测介质为液体时，取压口应位于管道下半部与管道水平线成 0°～45°内，如图 3-34 (a) 所示。取压口位于管道下半部的目的是保证引压管内没有气泡，这样由两根引压管内液柱所附加在差压变送器正、负压室的压力可以相互抵消；取压口不宜从底部引出，是为了防止液体介质中可能夹带的固体杂质会沉积在引压管中引起堵塞。

被测介质为气体时，取压口应位于管道上半部与管道垂直中心线成 0°～45°内，如图 3-34 (b) 所示，其目的是为了保证引压管中不积聚和滞留液体。

被测介质为蒸汽时，取压口应位于管道上半部与管道水平线成 0°～45°内，如图 3-34 (c) 所示，最常见的接法是从管道水平位置接出，并分别安装凝液罐，这样两根引压管内部都充满冷凝液，而且液位高度相同。

② 引压管的安装　引压管应按最短距离敷设，引压管内径的选择与引压管长度有关，一般可以参照表 3-1 执行。引压管的管路应保持垂直，或者与水平线之间不小于 1∶10 的倾斜度，必要时要加装气体、凝液、微粒收集器等设备，并定期排除收集物。

表 3-1　引压管内径与引压管长度

被测介质 \ 引压管内径/mm \ 引压管长度/m	<1.6	1.6～4.5	4.5～9
水、水蒸气、干气体	7～9	10	13
湿气体	13	13	13
低中黏度油品	13	19	25
脏液体	25	25	33

在测量液体介质时，在引压管的管路中应有排气装置，如果差压变送器只能安装在取样口之上时，应加装如图 3-35 (a) 所示的贮气罐和放空阀，这样，即使有少量气泡，也不会对测量精度造成影响。在测量气体介质时，如果差压变送器只能安装在取样口之下时，必须加装如图 3-35 (b) 所示的贮液罐和排放阀，克服因滞留液对测量精度产生影响。测量蒸汽时的引压管管路则如图 3-35 (c) 所示。

③ 差压变送器的安装　由引压导管接至差压计或变送器前，必须安装切断阀 1、2 和平衡阀 3，构成三阀组，如图 3-36 所示。

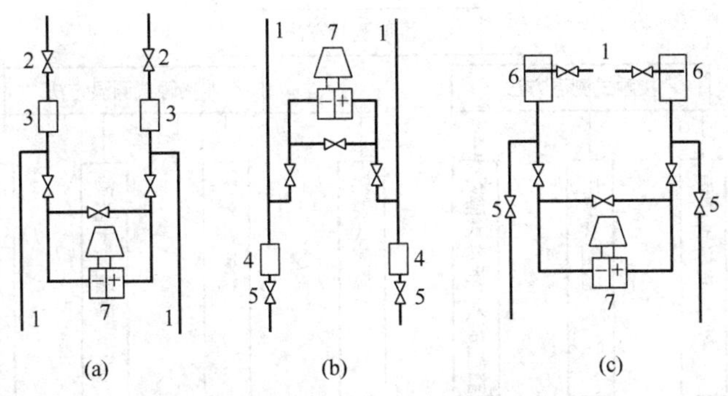

图 3-35　测量不同介质的引压管安装示意

1—取压口；2—放空阀；3—贮气罐；4—贮液罐；
5—排放阀；6—凝液罐；7—差压变送器

差压变送器是用来测量差压的，但如果正、负引压管上的两个切断阀不能同时打开或者关闭时，就会造成差压变送器单向受很大的静压力，有时会使仪表产生附加误差，严重时会使仪表损坏。为了防止差压计单向受很大的静压力，必须正确使用平衡阀。在启用差压变送器时，应先打开平衡阀 3，使正、负压室连通，受压相同，然后再打开切断阀 1、2，最后再关闭平衡阀 3，变送器即可投入运行。差压变送器需要停用时，应先打开平衡阀，然后再关闭切断阀 1、2。当切断阀 1、2 关闭，平衡阀 3 打开时，即可以对仪表进行校验和维护。

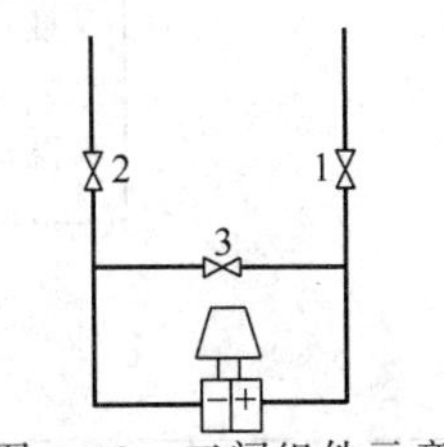

图 3-36　三阀组件示意

1,2—切断阀；3—平衡阀

3.3　温度检测

3.3.1　温度检测概述

温度检测根据敏感元件与被测介质接触与否分为接触式和非接触式两大类。接触式温度测量的特点是感温元件直接与被测对象相接触，两者进行充分的热交换，最后达到热平衡，此时感温元件的温度与被测介质的温度必然相等，温度计的示值就是被测介质的温度。接触式测温的测温精度相对较高，直观可靠，测温元件价格较低；若被测介质具有腐蚀性或温度太高亦将严重影响感温元件的性能和寿命。根据测温转换的原理，接触式测温可分为膨胀式（如温度管水银温度计、双金属温度计）、热阻式、热电式等多种形式。

非接触式温度测量的特点是感温元件不与被测对象直接接触，而是通过接受被测物体的热辐射能来测量被测对象的温度。因此，非接触式测温具有不改变被测物体的温度分布，热惯性小，测温上限可设计得很高，便于测量运动物体的温度和快速变化的温度等优点。但是测量精度低于接触式测温方法。例如机场出口、学校门口用来测体温的红外温度计就属于非接触器式温度计。常见的温度测量方法如图 3-37 所示。

在上述的测温方法中，如热电偶、热电阻及辐射温度计等常用的温度测量仪表在技术上已经成熟；如采用光纤、激光及遥感或存储等技术的新型温度计也已经实用化，出现了由表面到深度，由有线到无线的温度测量技术。而对于传统的热电偶测温仪，其热电偶本身和保护套管的材质、加工工艺都有新的变化，如出现了陶瓷或金属陶瓷保护管和抗氧化钨铼热电偶等。

表 3-2 给出了目前常用的温度检测方法的特点和测温范围。下面主要介绍热电偶和热电阻的测温原理。

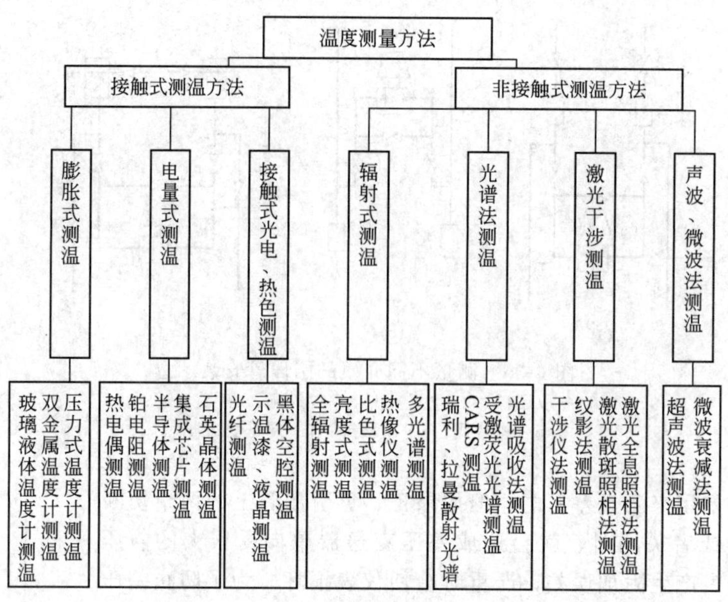

图 3-37 温度测量方法分类

表 3-2 主要的温度检测方法和特点

测温方式		温度测量仪表	测温范围/℃	主要特点
接触式	膨胀式	玻璃液体	−100～600	结构简单，使用方便，测量准确，价格低廉；测量上限和精度受玻璃质量的限制，易碎，不能远传
		双金属	−80～600	结构紧凑，可靠；测量精度低，量程和使用范围有限
	热电效应	热电偶	−200～1800	测温范围广，测量精度高，便于远距离、多点、集中检测和自动控制，应用广泛；需自由端温度补偿，在低温段测量精度较低
	热阻效应	铂电阻	−200～600	测量精度高，便于远距离、多点、集中检测和自动控制，应用广泛；不能测高温
		铜电阻	−50～150	
		半导体热敏电阻	−50～150	灵敏度高，体积小，结构简单，使用方便；互换性较差，测量范围有一定限制
非接触式		辐射式	0～3500	不破坏温度场，测温范围大，响应快，可测运动物体的温度；易受外界环境的影响，标定较困难

3.3.2 热电偶及其测温原理

3.3.2.1 热电效应和热电偶

热电效应是热电偶测温的基本原理。根据热电效应，任何两种不同的导体或半导体组成的闭合回路，如图 3-5 所示，如果将它们的两个接点分别置于温度各为 t 及 t_0 的热源中，则在该回路内就会产生热电势。两个接点中，t 端称为工作端（假定该端置于被测的热源中），又称测量端或热端；t_0 端称为自由端，又称参考端或冷端。这两种不同导体或半导体的组合称为热电偶，每根单独的导体或半导体称为热电极，如图 3-38 所示。

由热电效应可知，闭合回路中所产生的热电势由接触电势和温差电势两部分组成，如图 3-39 所示。

$$E_{AB}(t,t_0)=\underbrace{e_{AB}(t)-e_{AB}(t_0)}_{\text{接触电势}}+\underbrace{e_B(t,t_0)-e_A(t,t_0)}_{\text{温差电势}} \tag{3-32}$$

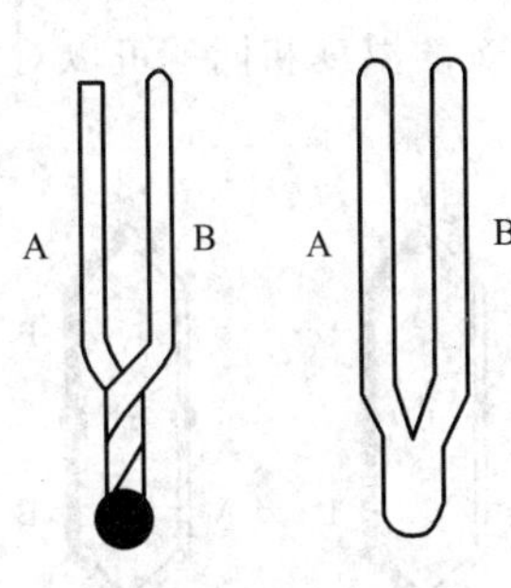

图 3-38 热电偶示意

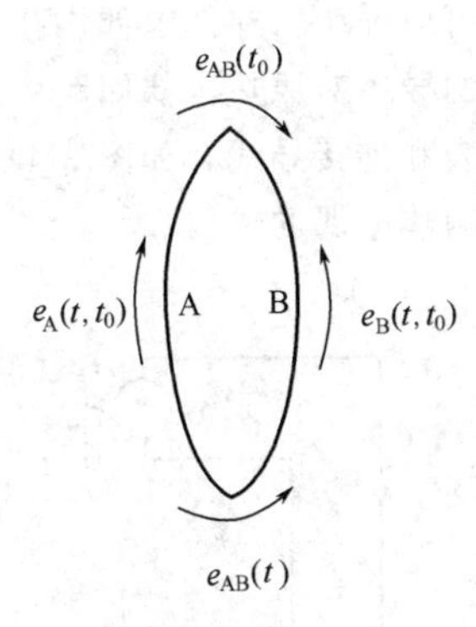

图 3-39 热电现象

$e_{AB}(t)$表示热电偶的接触电势，热电势的大小与温度 t 和电极材料有关，下标 A 表示正电极，B 表示负电极，如果下标次序改为 BA，则热电势 e 前面的符号也应相应改变，即 $e_{AB}(t)=-e_{BA}(t)$。$e_A(t,t_0)$ 和 $e_B(t,t_0)$ 分别表示两电极的温差电势，由于温差电势比接触电势小很多，常常把它忽略不计，这样热电偶的电势可表示为

$$E_{AB}(t,t_0)=e_{AB}(t)-e_{AB}(t_0) \tag{3-33}$$

式（3-33）就是热电偶测温的基本公式。当冷端温度 t_0 一定时，对于确定的热电偶来说 $e_{AB}(t_0)$ 为常数，因此，其总热电势就与温度 t 成单值函数对应关系，和热电偶的长短、直径无关。这样，只要测量出热电偶的热电势大小，就能判断被测温度的高低。

需要注意的是，如果组成热电偶的两种电极材料相同，则无论热电偶冷、热两端的温度如何，闭合回路中的总热电势为零；如果热电偶冷、热两端的温度相同，则无论两电极材料如何，闭合回路中的总热电势也为零；热电偶产生的热电势除了与冷、热两端的温度有关之外，还与电极材料有关，也就是说由不同电极材料制成的热电偶在相同的温度下产生的热电势是不同的。

3.3.2.2 热电偶中间导体定律与热电势的检测

热电偶的输出信号是毫伏信号，毫伏信号的大小不仅与冷、热两端的温度有关，还和热电偶的电极材料有关，理论上任何两种不同导体都可以组成热电偶，都会产生热电势。但如何来检测热电偶产生的毫伏信号呢？因为要测量毫伏信号，必须在热电偶回路中串接毫伏信号的检测仪表，那串接的检测仪表是否会产生额外的热电势，对热电偶回路产生影响呢？要说明以上问题，首先介绍热电偶的一个基本定律，即中间导体定律。

如图 3-40 所示，将由 A、B 两种材料制成的热电偶在其中一端（如 t_0 端）断开，接入第三种导体 C，并使 A 和 C、B 和 C 接触处的温度均为 t_0，则接入导体 C 以后对热电偶回路中的热电势没有影响。

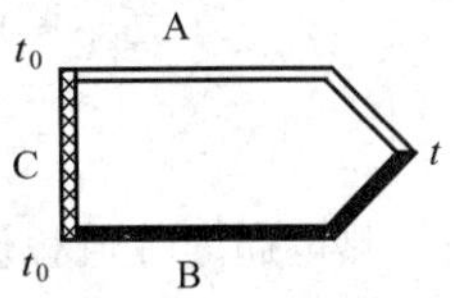

图 3-40 三种导体构成的热电回路

根据前面的分析，由 A、B 两种材料制成的热电偶，在冷、热端温度分别为 t_0 和 t 时所产生的热电势可以用式（3-33）表示。如果断开冷端，接入第三种导体 C，并保持 A 和 C、B 和 C 接触处的温度均为 t_0，则回路中的总热电势等于各接点处的接触电势之和，即

$$E_{ABC}(t,t_0)=e_{AB}(t)+e_{BC}(t_0)+e_{CA}(t_0) \tag{3-34}$$

当 $t=t_0$ 时，有

$$E_{ABC}(t_0,t_0)=e_{AB}(t_0)+e_{BC}(t_0)+e_{CA}(t_0)=0 \tag{3-35}$$

将式（3-35）代入式（3-34），于是可得

$$E_{ABC}(t,t_0)=e_{AB}(t)-e_{AB}(t_0)=E_{AB}(t,t_0) \tag{3-36}$$

同理还可以证明，在热电偶中接入第四种、第五种……导体以后，只要接入导体的两端温度相同，接入的导体对原热电偶回路中的热电势均没有影响。根据这一性质，可以在热电偶回路中接入各种仪表和连接导线，如图 3-41 所示，只要保证两个接点的温度相同就可以对热电势进行测量而不影响热电偶的输出。

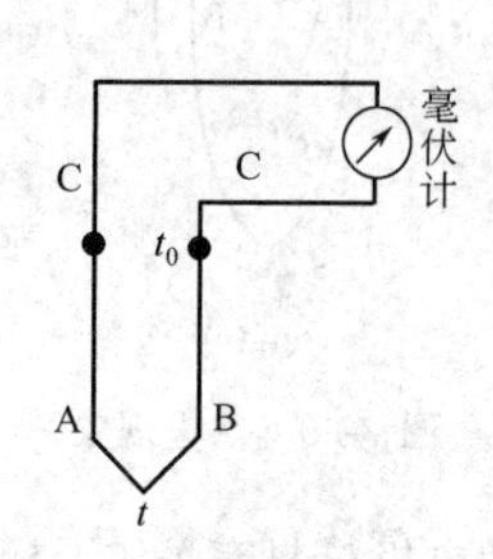

图 3-41 热电势检测示意

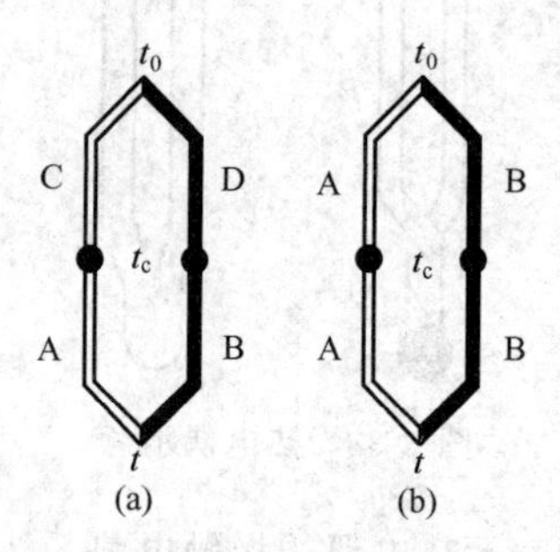

图 3-42 热电偶的等值替代

3.3.2.3 热电偶的等值替代定律和补偿导线

如果热电偶 AB 在某一温度范围内所产生的热电势与热电偶 CD 在同一温度范围内所产生的热电势相等，即 $E_{AB}(t,t_0)=E_{CD}(t,t_0)$，则这两支热电偶在该温度范围内是可以相互替换的，这就是所谓的热电偶等值替代定律。下面通过一个例子来加以说明。

例 3-6 如图 3-42（a）所示，设 $E_{AB}(t_c,t_0)=E_{CD}(t_c,t_0)$，证明该回路的总热电势为 $E_{AB}(t,t_0)$。

证明 对于图 3-42（a）来说，热电回路的总热电势为

$$E_{ABCD}=e_{AB}(t)+e_{BD}(t_c)+e_{DC}(t_0)+e_{CA}(t_c)$$

假设 $t=t_0=t_c$，则有

$$e_{AB}(t_c)+e_{BD}(t_c)+e_{DC}(t_c)+e_{CA}(t_c)=0$$

所以

$$E_{ABCD}=e_{AB}(t)-e_{AB}(t_c)+e_{DC}(t_0)-e_{DC}(t_c)=E_{AB}(t,t_c)+E_{CD}(t_c,t_0)$$

因为 $E_{AB}(t_c,t_0)=E_{CD}(t_c,t_0)$，则

$$\begin{aligned}E_{ABCD}&=E_{AB}(t,t_c)+E_{AB}(t_c,t_0)\\&=e_{AB}(t)-e_{AB}(t_c)+e_{AB}(t_c)-e_{AB}(t_0)=e_{AB}(t)-e_{AB}(t_0)=E_{AB}(t,t_0)\end{aligned}$$

热电偶的等值替代定律也是决定其能够进行工业应用的基础。由热电偶的测温原理可知，只有在热电偶的冷端温度保持不变时，热电势才与被测温度具备单值函数对应关系。在实际应用时，热电偶需要安装在被测对象上，冷、热端距离很近，冷端温度必然会受到设备、环境等因素的影响，难以保持恒定。当然，在理论上可以把热电偶做得很长，将冷端延伸到恒温环境，然而工业用热电偶一般都采用贵重金属材料制作而成，这样势必要浪费大量的贵重的电极材料。

根据热电偶的等值替代定律，当 A、B 作为热电偶的测量电极时，如果有一对导线 CD 在一定的温度范围内与热电偶 AB 具有相同的热电性质，则在该温度范围内可以将这一对导线引入热电偶回路中，而不影响热电偶 AB 的热电势，这对导线就称为补偿导线，它相当于把热电偶的冷端由 t_c 处延长到 t_0 处，进而可以解决冷端温度的恒定问题。

补偿导线通常采用比热电偶电极材料更廉价的两种金属材料做成，一般在 0～100℃范围内

要求补偿导线要与被补偿的热电偶具有几乎完全相同的热电性质，补偿导线的连接如图 3-43 所示。在选择和使用补偿导线时，要和热电偶的型号相匹配，注意极性不能接错，热电偶与补偿导线连接处的温度一般不能高于 100℃。

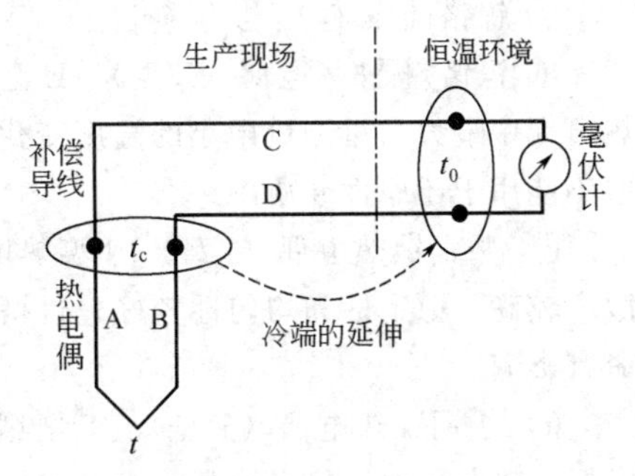

图 3-43 补偿导线的连接示意

3.3.2.4 标准化热电偶和分度表

从理论上分析，似乎任何两种不同的导体都可以组成热电偶，用来测量温度。但实际情况并非如此，为了保证在工业现场应用可靠，并具有足够的精度，热电偶的电极材料在被测温度范围内应满足：热电性质稳定、物理化学性能稳定、热电势随温度的变化率要大、热电势与温度尽可能成线性对应关系、具有足够的机械强度、复制性和互换性好等要求，目前，在国际上被公认的热电偶材料只有几种。

常用热电偶可分为标准热电偶和非标准热电偶两大类。所谓标准热电偶是指国家标准规定了其热电势与温度的关系、允许误差、并有统一的标准型号（有时也称为分度号）的热电偶。非标准化热电偶在使用范围不及标准化热电偶，一般也没有统一的分度表，主要用于某些特殊场合的测量。中国从 1988 年起，热电偶全部按 IEC 国际标准生产，并指定 S、B、E、K、R、J、T 等标准化热电偶为中国统一设计型号的热电偶，参见表 3-3。

表 3-3 标准化热电偶及其补偿导线

热电偶				常用配套的补偿导线(绝缘层着色)		
分度号	热电偶材料①	测温范围/℃		型号②	正极材料	负极材料
		长期	短期			
S	铂铑$_{10}^{③}$-铂	0～1300	1600	SC	铜(红)	铜镍(绿)
R	铂铑$_{13}$-铂	0～1300	1600	RC	铜(红)	铜镍(绿)
B	铂铑$_{30}$-铂铑$_{6}$	0～1600	1800	BC	铜(红)	铜(灰)
K	镍铬-镍硅	−50～1000	1300	KX	镍铬(红)	镍硅(黑)
N	镍铬硅-镍硅	−50～1000	1300	NX	镍铬硅(红)	镍硅(灰)
E	镍铬-铜镍	−40～800	900	EX	镍铬(红)	铜镍(棕)
J	铁-铜镍	0～750	1200	JX	铁(红)	铜镍(紫)
T	铜-铜镍	−200～300	350	TX	铜(红)	铜镍(白)

① 前者表示正极，后者表示负极。

② 补偿导线型号的第一个字母表示配套的热电偶型号；第二个字母“X”表示延伸型补偿导线（补偿导线的材料与热电偶的材料相同），“C”表示补偿型补偿导线。

③ 铂铑$_{10}$表示铂 90%，铑 10%，以此类推。

① 铂铑$_{10}$-铂热电偶（S 型） S 型热电偶属于贵金属热电偶，可以在 1300℃以下范围内长期使用，短期最高温度可达 1600℃，具有准确度高，测温温区宽，使用寿命长等的优点，在氧化性和中性介质中具有较高的物理、化学稳定性。缺点是热电势小。

② 铂铑$_{13}$-铂热电偶（R 型） R 型热电偶的特点与 S 型热电偶相同。

③ 铂铑$_{30}$-铂铑$_{6}$热电偶（B 型） B 型热电偶也为贵金属热电偶，具有与 S 型热电偶相类似的特点。B 型热电偶在<50℃时产生的热电势极小，一般可不考虑冷端温度的补偿。

④ 镍铬-镍硅热电偶（K 型） 这是目前使用最广泛的廉价金属热电偶，具有线性度好，热电势大，稳定性和均匀性较好，价格便宜等优点，适用于氧化性或惰性介质的温度测量，在还原

性介质中，热电极会很快受到腐蚀，只能用于测量500℃以下的温度。

⑤ 镍铬硅-镍硅热电偶（N型） N型热电偶为廉价金属热电偶，其特点与前者相似。

⑥ 镍铬-铜镍热电偶（E型） E型热电偶属于廉价金属热电偶，产生的热电势在所有标准化热电偶中最大，可测量微小的温度变化，稳定性好，适用于湿度较高、氧化性、惰性介质环境，但不能用于还原性介质中。

⑦ 铁-铜镍热电偶（J型） J型热电偶为廉价金属热电偶，具有线性度好、热电势较大、灵敏度较高、稳定性和均匀性较好、价格便宜等优点，能用于还原和惰性环境，氧化环境对使用寿命有影响。

⑧ 铜-铜镍热电偶（T型） T型热电偶是一种最佳的测量低温的廉价金属热电偶，具有线性度好、热电势大、稳定性高等优点，特别是在−200～0℃温区内使用，稳定性更好。

附录2中列出了几种常用的标准热电偶分度表。根据标准规定，热电偶的分度表是以$t_0=$0℃为基准进行分度的。

例3-7 用K型热电偶来测量温度，在冷端温度为$t_0=25$℃时，测得热电势为22.9mV，求被测介质的实际温度。

解 根据题意有$E(t,25)=22.900$mV，其中t为被测温度。

由K型热电偶的分度表查出$E(25,0)=1.000$mV，则

$$E(t,0)=E(t,25)+E(25,0)=22.900+1.000=23.900\ \mathrm{mV}$$

再通过分度表查出测量温度$t=576.4$℃。

由于热电偶的热电势和温度呈一定的非线性关系，因此在计算上述例子时，不能简单地就利用测得的热电势$E(t,t_0)$直接查分度表得出t'，然后加上冷端温度t_0，这样会引入很大的计算误差。如果直接查分度表，可得出与22.900mV对应的温度为552.9℃，再加上冷端温度，结果将是578℃，可见计算误差达到1.5℃。

3.3.2.5 热电偶冷端温度的处理

采用补偿导线，目的是把热电偶的冷端从温度较高和不稳定的现场延伸到温度较低和比较稳定的操作室内，由于操作室内的温度往往高于0℃，而且也是不恒定的，这时，热电偶产生的热电势必然会随冷端温度的变化而变化。因此，在应用热电偶时，只有把冷端温度保持为0℃，或者进行必要的修正和处理才能得出准确的测量结果，对热电偶冷端温度的处理称为冷端温度补偿。目前，热电偶冷端温度主要有以下几种处理方法。

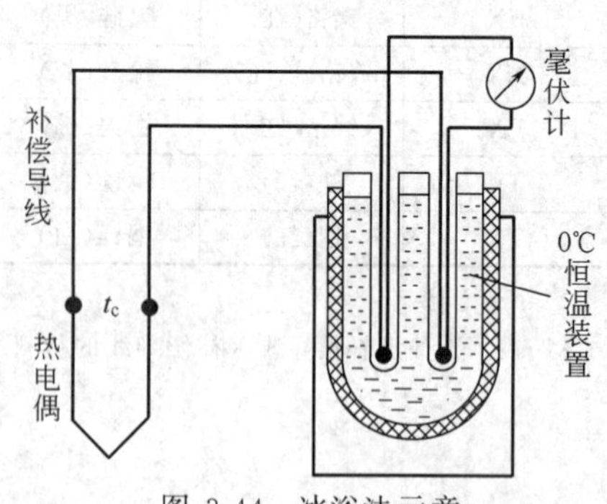

图3-44 冰浴法示意

① 冷端恒温法 如图3-44所示，这是一种最直接的冷端温度处理方法。把热电偶的冷端放入恒温装置中，保持冷端温度为0℃，所以称之为“冰浴法”，这种方法多用于实验室中。

② 计算修正法 当用补偿导线把热电偶的冷端延伸到t_0处，只要t_0值已知，并测得热电偶回路中的热电势，就可以通过查表计算的方法来计算出被测温度t，计算过程参见例3-7。这种方法适用于实验室或者临时测温。

③ 电桥补偿法 电桥补偿法是目前实际应用中最常用的一种处理方法，它利用不平衡电桥产生的热电势来补偿热电偶因冷端温度的变化而引起热电势的变化。如图3-45所示，电桥由R_1、R_2、R_3（均为精密电阻）和R_{Cu}（热敏铜电阻）组成。在设计的冷端温度t_0（例如$t_0=$0℃）时，满足$R_1=R_2$，$R_3=R_{Cu}$，这时电桥平衡，无电压输出，即$U_{ab}(t_0)=0$，回路中的输出电势就是热电偶产生的热电势；当冷端温度由t_0变化到t'_0时，不妨设$t'_0>t_0$，热电势减小，但电

桥中 R_{Cu} 随温度的上升而增大，于是电桥两端会产生一个不平衡电压 $U_{ab}(t'_0)$，此时回路中输出的热电势为 $E(t,t'_0)+U_{ab}(t'_0)$。经过设计，可使电桥的不平衡电压等于因冷端温度变化引起的热电势变化，于是实现了冷端温度的自动补偿。实际的补偿电桥一般是按 $t_0=20$℃设计的，即 $t_0=20$℃时，补偿电桥平衡无电压输出。

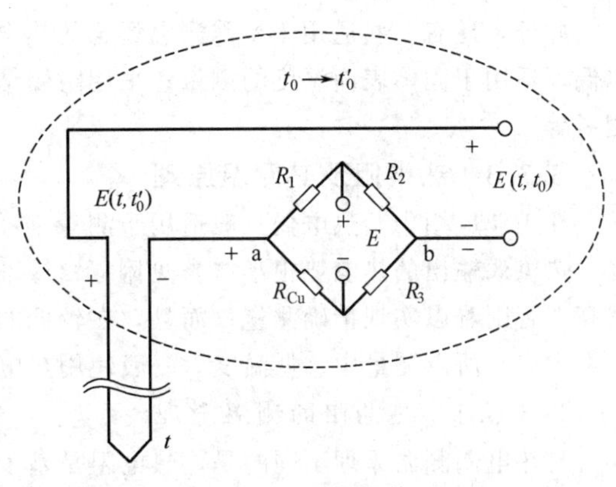

图 3-45 电桥补偿法

3.3.2.6 热电偶的结构形式

热电偶广泛应用于各种条件下的温度测量，尤其适用于500℃以上较高温度的测量，普通型热电偶和铠装型热电偶是实际应用最广泛的两种结构。

① 普通型热电偶 普通型热电偶主要由热电极、绝缘管、保护套管和接线盒等主要部分组成。贵重金属热电极的直径一般为 0.3～0.65mm，普通金属热电极的直径一般为 0.5～3.2mm；热电极的长度由安装条件和插入深度而定，一般为 350～2000mm。绝缘管用于防止两根电极短路，保护套管用于保护热电极不受化学腐蚀和机械损伤，材料的选择因工作条件而定，参见表 3-4、表 3-5。普通型热电偶主要有法兰式和螺纹式两种安装方式，如图 3-46 所示。

表 3-4 常用绝缘管材料

材　料	工作温度/℃	材　料	工作温度/℃
橡皮、绝缘漆	80	瓷管	1400
珐琅	150	Al_2O_3 管	1700
石英管	1200		

表 3-5 常用保护套管材料

材　料	工作温度/℃	材　料	工作温度/℃
无缝钢管	600	瓷管	1400
不锈钢管	1000	Al_2O_3 陶瓷管	1900 以上
石英管	1200		

② 铠装型热电偶 铠装型热电偶是由热电极、绝缘材料和金属套管三者经过拉伸加工成型的，如图 3-47 所示。金属套管一般为铜、不锈钢、镍基高温合金等，保护套管和热电极之间填充绝缘材料粉末，常用的绝缘材料有氧化镁、氧化铝等。铠装型热电偶可以做得很细，一般为 2～8mm，在使用中可以随测量需要任意弯曲。铠装型热电偶具有动态响应快、机械强度高、抗震性好、可弯曲等优点，可安装在结构较复杂的装置上，应用十分广泛。

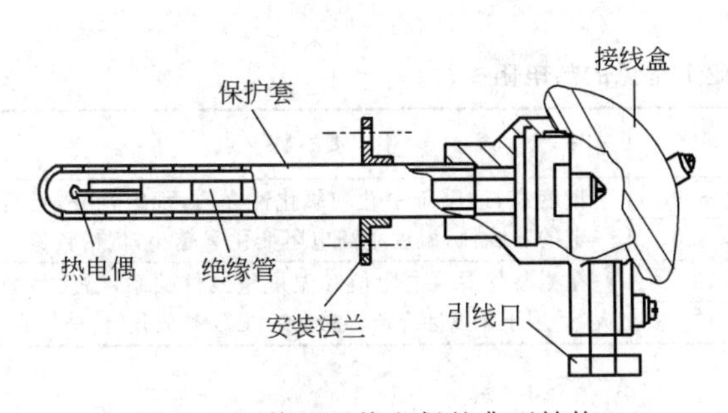

图 3-46 普通型热电偶的典型结构

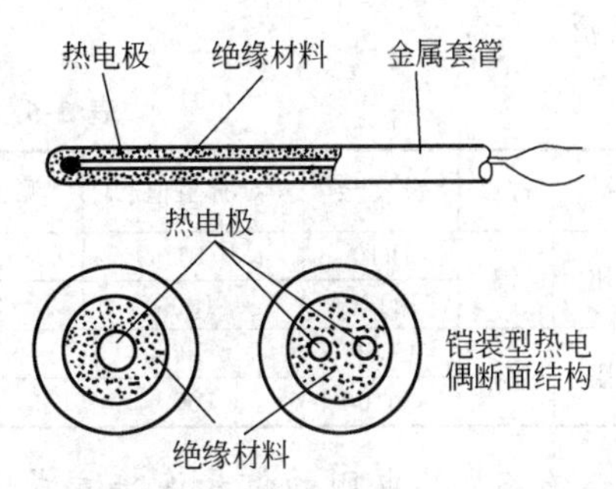

图 3-47 铠装型热电偶的典型结构

此外，还有一些适用于特殊测温场合的热电阻，例如反应速度极快、热惯性极小的表面型热电偶，适用于固体表面温度的测量；采用防爆结构的防爆型热电偶，适用于易燃易爆现场的温度测量等。

3.3.3 热电阻及其测温原理

在工业应用中，热电偶一般适用于测量500℃以上的较高温度。对于500℃以下的中、低温度，热电偶输出的热电势很小（参见附录2），这对二次仪表的放大器、抗干扰措施等的要求就很高，否则难以实现精确测量；而且，在较低的温度区域，冷端温度的变化所引起的相对误差也非常突出。所以测量中、低温度，一般使用热电阻温度测量仪表较为合适。

3.3.3.1 热电阻的测温原理

与热电偶测温原理不同的是，热电阻是基于电阻的热效应进行温度测量的，即电阻体的阻值随温度的变化而变化的特性。因此，只要测出感温热电阻的阻值变化，就可以测量出被测温度。目前，主要有金属热电阻和半导体热敏电阻两类。

金属热电阻的电阻值和温度一般可以用以下的近似关系式表示，即

$$R_t = R_{t_0}[1+\alpha(t-t_0)] \tag{3-37}$$

式中，R_t 为温度 t 时对应的电阻值；R_{t_0} 为温度 t_0（通常 $t_0=0$℃）时对应的电阻值；α 为温度系数。

半导体热敏电阻的阻值和温度的关系为

$$R_t = A\mathrm{e}^{B/t} \tag{3-38}$$

式中，R_t 为热敏电阻在温度 t 时的阻值；A、B 为取决于半导体材料和结构的常数。

相比较而言，热敏电阻的温度系数更大，常温下的电阻值更高（通常在数千欧以上），但互换性较差，非线性严重，测温范围只有－50～300℃左右，大量用于家电和汽车中的温度检测和控制。金属热电阻一般适用于测量－200～500℃范围内的温度测量，其特点是测量准确、稳定性好、性能可靠，在过程控制领域中的应用极其广泛。

3.3.3.2 工业上常用的金属热电阻

从电阻随温度的变化来看，大部分金属导体都有这种性质，但并不是都能用作测温热电阻，作为热电阻的金属材料一般要求：尽可能大而且稳定的温度系数、电阻率要大（在同样灵敏度下减小传感器的尺寸）、在使用的温度范围内具有稳定的化学和物理性能、材料的复制性好、电阻值随温度变化要有单值函数关系（最好呈线性关系）。

目前，应用最广泛的热电阻材料是铂和铜，参见表3-6。中国最常用的铂热电阻有 $R_0=10\Omega$、$R_0=100\Omega$ 和 $R_0=1000\Omega$ 等几种，它们的分度号分别为Pt10、Pt100和Pt1000；铜热电阻有 $R_0=50\Omega$ 和 $R_0=100\Omega$ 两种，它们的分度号分别为Cu50和Cu100。其中Pt100和Cu50的应用更为广泛。

表3-6 工业上常见的热电阻

名称	材料	分度号	0℃时阻值/Ω	测温范围/℃	主要特点
铂电阻	铂	Pt10	10	－200～850	精度高，适用于中性和氧化性介质，稳定性好，具有一定的非线性，温度越高电阻变化率越小，价格较贵
		Pt100	100	－200～850	
铜电阻	铜	Cu50	50	－50～150	在测温范围内电阻值和温度呈线性关系，温度系数大，适用于无腐蚀介质，超过150℃易被氧化，价格便宜
		Cu100	100	－50～150	

3.3.3.3 热电阻的信号连接方式

热电阻是把温度变化转换为电阻值变化的一次元件，通常需要把电阻信号通过引线传递到计

算机控制装置或者其他二次仪表上。工业用热电阻安装在生产现场，与控制室之间存在一定的距离，因此热电阻的引线对测量结果会有较大的影响。

目前，热电阻的引线方式主要有以下三种方式，如图 3-48 所示。

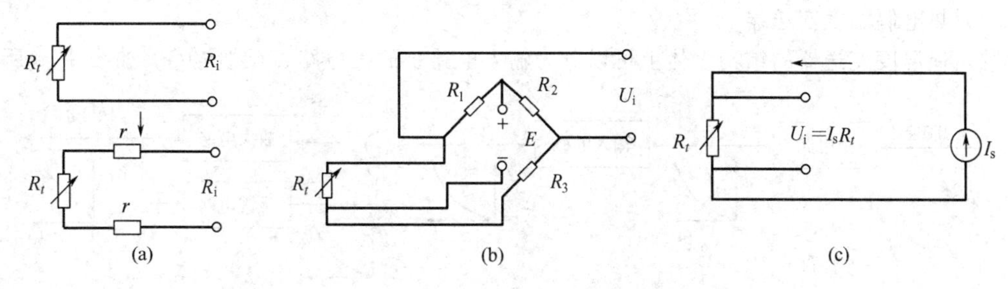

图 3-48 热电阻的引线方式

① 二线制 在热电阻的两端各连接一根导线来引出电阻信号的方式称为二线制，如图 3-48（a）所示。这种引线方式最简单，但由于连接导线必然存在引线电阻 r，r 的大小与导线的材质和长度等因素有关。很明显，图中的 $R_i \approx R_t + 2r$。因此，这种引线方式只适用于测量精度要求较低的场合。

② 三线制 在热电阻根部的一端连接一根引线，另一端连接两根引线的方式称为三线制，如图 3-48（b）所示。这种方式通常与电桥配套使用，可以较好地消除引线电阻的影响，是工业过程中最常用的引线方式。

③ 四线制 在热电阻根部两端各连接两根导线的方式称为四线制，如图 3-48（c）所示。其中两根引线为热电阻提供恒定电流 I_s，把 R_t 转换为电压信号 U_i，再通过另两根引线把 U_i 引至二次仪表。可见这种引线方式可以完全消除引线电阻的影响，主要用于高精度的温度检测。

3.3.3.4 热电阻的结构型式

和热电偶温度传感器相类似，工业上常用的热电阻主要有普通型热电阻和铠装型热电阻两种型式。

普通型热电阻是由感温体、不锈钢外保护管、接线盒以及各种用途的固定装置组成，安装固定装置有固定螺纹、活动法兰盘、固定安装法兰盘和带固定螺栓锥形保护管装置等形式，参见图 3-46。铠装型热电阻外保护套管采用不锈钢，内充高密度氧化物绝缘体，具有很强的抗污染性能和优良的机械强度。与前者相比，铠装型热电阻具有直径小、易弯曲、抗震性好、热响应时间快、使用寿命长等优点，参见图 3-47。

对于一些特殊的测温场合，还可以选用一些专业型热电阻，例如，测量固体表面温度可以选用端面热电阻，在易燃易爆场合可以选用防爆型热电阻，测量振动设备上的温度可以选用带有防震结构的热电阻等。

3.3.4 温度变送器简介

热电偶、热电阻是用于温度信号检测的一次元件，它需要和显示单元、控制单元配合，来实现对温度或温差的显示、控制。目前，大多数计算机控制装置可以直接输入热电偶和热电阻信号，即把电阻信号或者毫伏信号经过补偿导线直接接入到计算机控制设备上，实现被测温度的显示和控制。但是，在实际工业现场中，也不乏利用信号转换仪表先将传感器输出的电阻或者毫伏信号转换为标准信号输出，再把标准信号接入到其他显示单元、控制单元，这种信号转换仪表即为温度变送器。

3.3.4.1 DDZ-Ⅲ型温度变送器

DDZ-Ⅲ型温度变送器是工业过程中使用广泛的一类模拟式温度变送器。它与各种类型的热电阻、热电偶配套使用，将温度或温差信号转换成4～20mA、1～5V DC的统一标准信号输出。DDZ-Ⅲ型温度变送器主要有热电偶温度变送器、热电阻温度变送器和直流毫伏变送器三种类型，在过程控制领域中，使用最多的是热电偶温度变送器和热电阻温度变送器。

（1）热电偶温度变送器

热电偶温度变送器的结构大体上可以分为输入电路、放大电路、反馈电路，如图3-49所示。

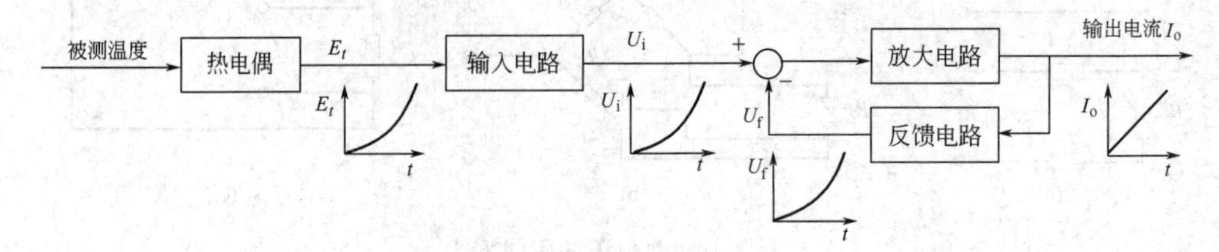

图3-49 热电偶温度变送器结构框图

① 输入电路 图3-50是热电偶温度变送器的输入电路，它的作用是实现热电偶冷端温度补偿和零点调整。电桥中，E是稳压电源，R_1、R_2是高值精密电阻，使流经两个桥臂的电流为定值，虽然R_{Cu}会随冷端温度的变化发生变化，但变化量很小，对桥臂电流的影响可以忽略。这样，电桥提供的补偿电压可以表示成

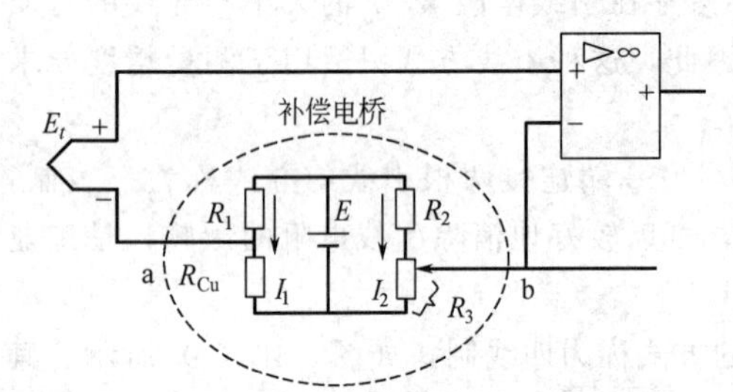

图3-50 热电偶温度变送器的输入电路示意

$$U_{ab}=I_1R_{Cu}-I_2R_3 \tag{3-39}$$

R_3为可调电阻，调整R_3的大小可以自由改变电桥输出的零点。

由于热电偶输出的毫伏信号与被测温度之间存在一定的非线性，因此输入电路的输出信号U_i与被测温度之间也是非线性的。

② 反馈电路 为了使变送器的输出信号I_0与被测温度t成线性对应关系，变送器必须具有线性化处理功能，DDZ-Ⅲ型热电偶温度变送器就是在反馈电路中采用折线处理方法来修正热电偶的非线性特性。如图3-49所示，通过反馈回路的非线性来补偿热电偶的非线性，使I_0与t成线性关系。变送器的量程调整功能通过调整反馈回路中的量程调整电位器实现，具体的非线性反馈电路在此不作详细分析。

③ 放大电路 由于热电偶输出的热电势数值很小，需要经过多级放大后才能变换出较大的输出，放大电路的功能就是把毫伏信号作放大运算，并把放大后的输出电压信号转换成具有一定负载能力的标准电流输出信号。

总而言之，热电偶温度变送器输入热电势毫伏信号，输入回路即是冷端温度自动补偿桥路，其产生的补偿电势与热电势相加后作为测量电势，因此补偿电桥上的参数与热电偶分度号有关，热电偶温度变送器使用时要注意分度号的匹配。

（2）热电阻温度变送器

热电阻温度变送器也是由输入电路、反馈电路和放大及输出等几部分电路组成，采用三线制的连接方式，但输入电路中包含了线性化的功能，图3-51是DDZ-Ⅲ型热电阻温度变送器量程单元的原理。

① 线性化电路 热电阻温度变送器的测温元件热电阻和被测温度之间也存在着非线性关系，图3-52是工业上最常用的Pt100在0～500℃温度范围内的温度特性示意。它表明R_t和t之间关系为上凸形，即热电阻阻值的增加量随温度增加而逐渐减小。在该测量范围内，铂电阻的最大非线性误差约为2%，这对于精度要求较高的场合是不允许的。

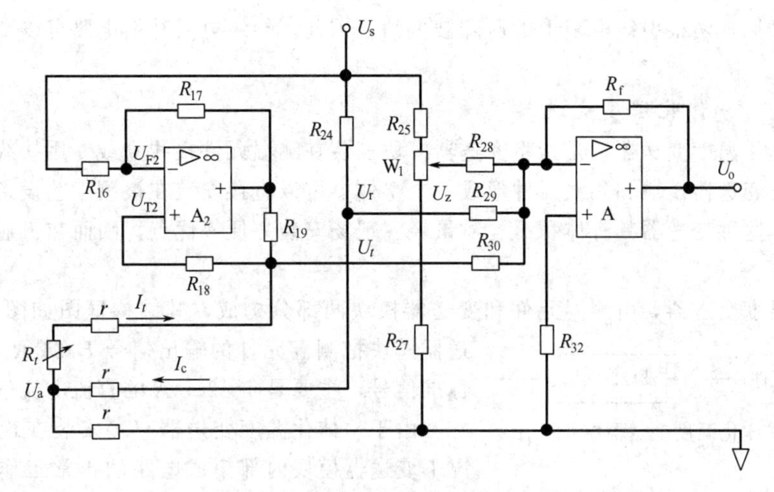

图 3-51 DDZ-Ⅲ热电阻温度变送器量程单元原理

热电阻温度变送器的线性化电路不采用折线电路的方法，而是采用热电阻两端电压信号 U_t 正反馈的方法，使流过热电阻的电流 I_t 随 U_t 增大而增大，即 I_t 随被测温度 t 增高而增大，从而补偿热电阻由于温度增加而导致变化量逐步减小的趋势，最终使得热电阻两端的电压信号 U_t 与被测温度 t 之间呈线性关系。

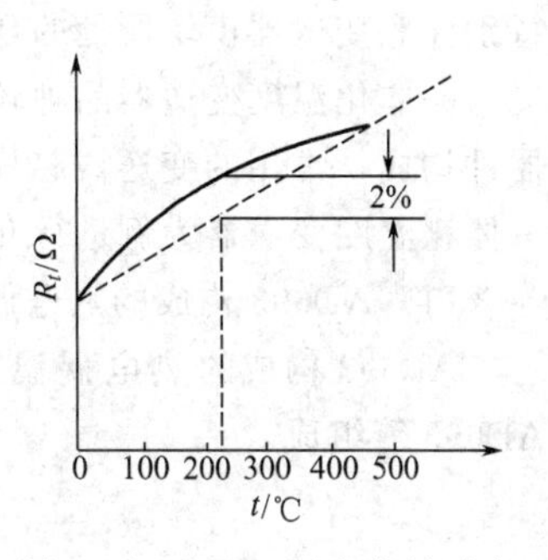

图 3-52 Pt100 温度特性示意

如图 3-51 所示，热电阻 R_t 两端电压 U_t 通过 R_{18} 加到运算放大器 A_2 的同相输入端，构成一个正反馈电路。如把 A_2 看成为理想运算放大器，即偏置电流 $I_b=0$、$U_T=U_F$，先不考虑引线电阻的影响，则可求得

$$U_T=-I_tR_t \tag{3-40}$$

$$U_F=\frac{R_{17}}{R_{16}+R_{17}}U_s-\frac{R_{16}}{R_{16}+R_{17}}I_t(R_t+R_{19}) \tag{3-41}$$

因此由以上两式可求得流过热电阻的电流 I_t 和热电阻两端电压信号 U_t 为

$$I_t=\frac{gU_s}{1-gR_t},\quad U_t=-I_tR_t=-\frac{gR_tU_s}{1-gR_t},\quad g=\frac{R_{17}}{R_{16}R_{19}} \tag{3-42}$$

由式（3-42）可以看出，热电阻 R_t 因被测温度升高而增加时，I_t 将增大，即 I_t 与 t 之间成下凹形关系。而 U_t 为 I_t 和 R_t 的乘积，因此 U_t 随被测温度升高的增加量将逐渐增大，只要适当地选择参数 g，便可以使热电阻两端的电压 U_t 与被测温度 t 之间保持良好的线性关系。

② 热电阻引线电阻补偿电路 由于三线制引线方式中，三根引线一般采用相同材质、相同线径，且长度也几乎相同，因此每根导线的引线电阻可以近似相等。如图 3-51 所示，事实上热电阻两端电压信号 U_t 为

$$U_t=-I_t(R_t+r)+U_a \tag{3-43}$$

由于 R_{24} 所在的支路上的电压 U_r 为

$$U_r=I_cr+U_a \tag{3-44}$$

如果调整 R_{24} 使 $I_t=I_c$，很明显有 $U_a=0$。再考虑调零电路上产生的调零电压 U_z，参见图 3-51（$R_{28}=R_{29}=R_{30}=R$），此时运算放大器 A_2 满足

$$U_o=\frac{R_f}{R}(-U_t-U_r-U_z)=\frac{R_f}{R}(I_tR_t+I_tr-I_cr-U_z)=\frac{R_f}{R}(I_tR_t-U_z) \tag{3-45}$$

由上式可见，两根引线电阻上的压降被抵消，因此，导线电阻补偿电路可以消除热电阻连接导线的影响。

3.3.4.2 一体化温度变送器

所谓一体化温度变送器，是指将变送器模块安装在测温元件接线盒或专用接线盒内的一种温度变送器。其变送器模块和测温元件形成一个整体，可以直接安装在被测工艺设备上，输出为统一标准信号。这种变送器具有体积小、质量轻、现场安装方便等优点，因而在工业生产中得到广泛应用。

一体化温度变送器，由测温元件和变送器模块两部分构成，其结构框图如图3-53所示。变送器模块把测温元件的输出信号 E_t 或 R_t 转换成为统一标准信号，主要是4～20mA的直流电流信号。

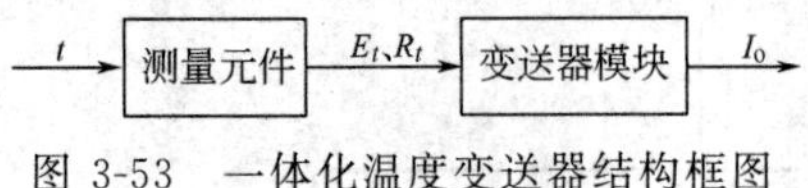

图3-53 一体化温度变送器结构框图

由于一体化温度变送器直接安装在现场，在一般情况下变送器模块内部集成电路的正常工作温度为－20～＋80℃，超过这一范围，电子器件的性能会发生变化，变送器将不能正常工作，因此在使用中应特别注意变送器模块所处的环境温度。

一体化温度变送器品种较多，其变送器模块大多数以一片专用变送器芯片为主，外接少量元器件构成，常用的变送器芯片有AD693、XTR101、XTR103、IXR100等。下面以AD693构成的一体化温度变送器为例进行介绍。

(1) AD693构成的热电偶温度变送器

AD693构成的热电偶温度变送器的电路原理如图3-54所示，它由热电偶、输入电路和AD693等组成。

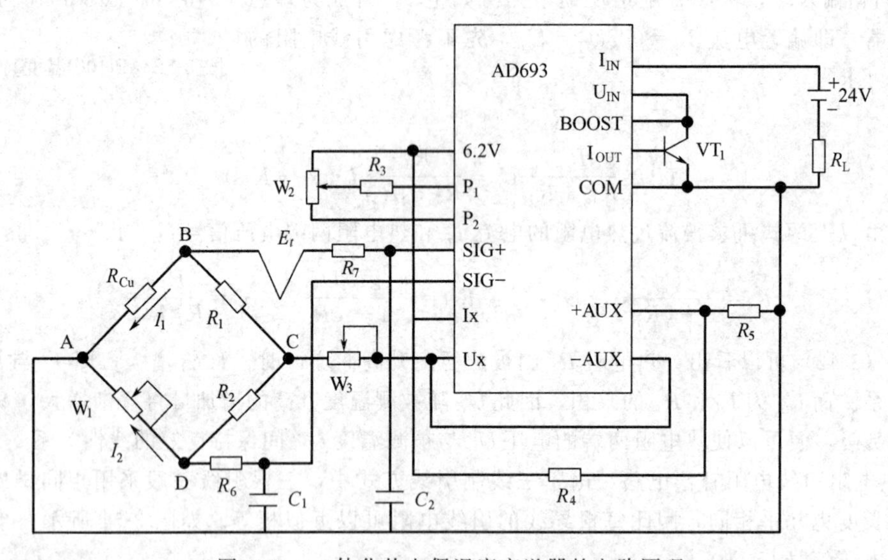

图3-54 一体化热电偶温度变送器的电路原理

图3-54中输入电路是一个冷端温度补偿电桥，B、D是电桥的输出端，与AD693的输入端相连。R_{Cu}为铜补偿电阻，通过改变电位器 W_1 的阻值则可以调整变送器的零点。W_2 和 R_3 起调整放大器转换系数的作用，即起到了量程调整的作用。

AD693的输入信号 U_i 为热电偶所产生的热电势 E_t 与电桥的输出信号 U_{BD} 的代数和，如果设AD693的转换系数为 K，可得变送器输出与输入之间的关系为

$$I_o = KU_i = KE_t + KI_1(R_{Cu} - R_{W1}) \tag{3-46}$$

从式（3-46）可以看出：①变送器的输出电流 I_o 与热电偶的热电势 E_t 成正比关系；② R_{Cu} 阻值随温度而变，合理选择 R_{Cu} 的数值可使 R_{Cu} 随温度变化而引起的 I_1R_{Cu} 变化量近似等于热电偶因冷端温度变化所引起的热电势 E_t 的变化值，两者互相抵消。

（2）AD693 构成的热电阻温度变送器

AD693 构成的热电阻温度变送器采用三线制接法，其电路原理如图 3-55 所示，它与热电偶温度变送器的电路大致相仿，只是原来热电偶冷端温度补偿电阻 R_{Cu} 现用热电阻 R_t 代替。这时，AD693 的输入信号 U_i 为电桥的输出信号 U_{BD}，即

$$U_i = U_{BD} = I_1R_t - I_2R_{W1} = I_1\Delta R_t + I_1(R_{t_0} - R_{W1}) \tag{3-47}$$

式中，I_1、I_2 为桥臂电流，$I_1 = I_2$；ΔR_t 为热电阻随温度的变化量（从被测温度范围的下限值 t_0 开始）；R_{t_0} 为温度 t_0 时热电阻的电阻值；R_{W1} 为调零电位器的电阻值。

同样可求得热电阻温度变送器的输出与输入之间的关系为

$$I_o = KI_1\Delta R_t + KI_1(R_{t_0} - R_{W1}) \tag{3-48}$$

上式表明，变送器输出电流 I_o 与热电阻阻值随温度的变化量 ΔR_t 成比例关系。热电阻温度变送器的零点调整、零点迁移以及量程调整，与前述的热电偶温度变送器大致相同。

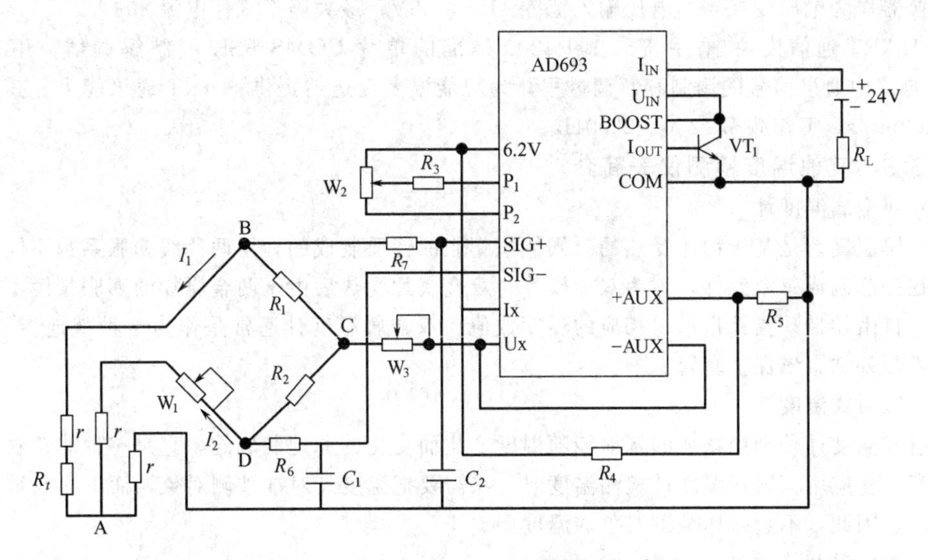

图 3-55　一体化热电阻温度变送器的电路原理

3.3.4.3　智能式温度变送器

智能式温度变送器有采用 HART 协议通信方式，也有采用现场总线通信方式，前者技术比较成熟，产品的种类也比较多。下面以 Endress＋Hauser TMT182 智能温度变送器为例进行介绍。TMT182 一体化式智能温度变送器的原理框图和外形图分别如图 3-56（a）、（b）所示。

TMT182 温度变送器是一种符合 FF 通信协议的现场总线智能仪表，它可以与各种热电阻（Cu10、Ni120、Pt50、Pt100、Pt1000）或热电偶（B、E、J、K、N、R、S、T、L、U）配合使用测量温度，也可以使用其他具有电阻或毫伏（mV）输出的传感器，如负载传感器、电阻位置指示器等测量其他参数。内置温度传感器，测量热电偶信号时可进行冷端补偿。TMT182 温度变送器具有量程范围宽、精度高、环境温度和振动影响小、抗干扰能力强、重量轻以及安装维护方便等优点。

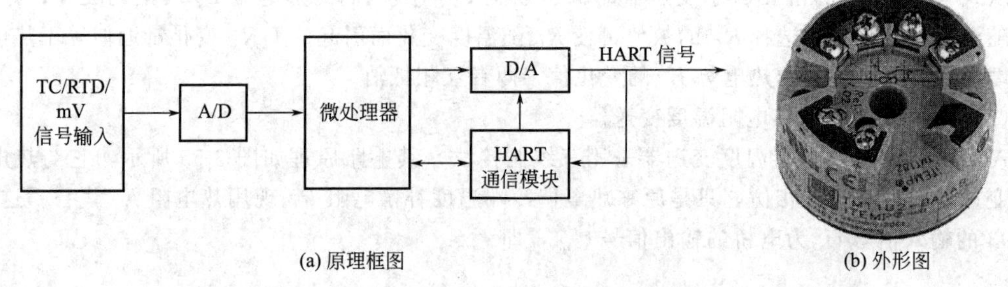

图 3-56　TMT182 一体化式智能温度变送器

TMT182 温度变送器的原理框图如图 3-56（a）所示。

① 信号调理单元　包括滤波放大，A/D 转换器及光电隔离。通过模拟前置放大器将微小的传感器信号进行放大，再通过高精度、微功耗的 A/D 转换器转换成数字信号，最后通过光耦合器进行隔离，实现信号调理单元的高抗干扰性。

② 微处理器　微处理器是所有智能仪表的核心，主要完成数据处理，非线性校正，单位转换、量程配置、温度补偿及诊断，并将主要参数及变量存储在 EEPROM 中。

③ D/A 转换及电源模块 智能温度变送器对电源的功耗要求较低，一般采用高电压低功耗的线性变换器作为电压变换器，电压输入范围 11.5～35V，最大静态工作电流 80μA。

④ HART 通信模块 采用符合 Bel 1202 标准的单片 COMS FSK 调制解调器，用来实现 HART 协议中通讯信号的调制和解调过程，为智能温度变送器提供 HART 通讯能力。其通讯速率为 1200bit/s，工作频率 1200～2200Hz。

3.3.5　其他温度检测仪表简介

（1）双金属温度计

双金属温度计是基于物体受热的时候体积膨胀的性质制成的，用两片线膨胀系数不同的金属片叠焊在一起制成感温元件，称为双金属片。双金属片受热后由于两金属片的膨胀长度不同而产生弯曲，自由端带动指针指示出相应的温度数值。双金属温度计通常是作为一种就地指示仪表，安装时需要外加金属保护套管。

（2）辐射式温度计

辐射式温度计是利用物体的辐射能随温度变化而变化的原理制成的，它是一种非接触式温度检测仪表。在应用辐射式温度计检测温度时，只需要把温度计对准被测对象，而不必与被测对象直接接触。因此，不会破坏被测对象的温度场。

（3）集成温度传感器

集成温度传感器是利用半导体 PN 结的电流电压特性与温度的关系，把敏感元件、放大电路和补偿电路等部分集成一体的温度检测元件，除了具有与其他半导体元件一样的体积小、反应快的优点以外，还具有线性好、性能高、价格低的特点。由于受到 PN 结耐热性能等因素的限制，集成温度传感器只能用来测量 150℃以下的温度。

例如美国的 AD590、中国的 SG590 等都是常用的集成温度传感器，其工作电源一般为 3～30V，可测温度为－55～150℃，传感器的输出为微安级的电流，它与温度的关系是在基准温度下为 1μA/K 左右，但这类传感器的最大缺点是零点的一致性不高。

3.3.6　温度检测仪表的选用和安装

3.3.6.1　温度检测仪表的选用

温度检测仪表的种类很多，参见表 3-2，在选用温度检测仪表的时候，应注意每种仪表的特点和适用范围，这也是确保温度测量精度的第一个关键环节。

目前，工业上常见的温度检测仪表主要有双金属温度计、热电偶、热电阻和辐射式温度计等。双金属温度计一般用于温度信号的就地检测和指示，测量精度不高。热电阻、热电偶和辐射式温度计可用于温度信号的在线测量，其中热电阻和热电偶是工业上最常用的两种测温仪表，前者适用于测量500℃以下的中、低温度，后者更适用于测量500～1800℃范围的中、高温度。辐射式温度计一般用于2000℃以上的高温测量。

另外，在选用温度检测仪表时，除了要综合考虑测量精度、信号制、稳定性等技术要求之外，还应该注意工作环境等因素的影响，例如环境温度、介质特性（氧化性、还原性、腐蚀性）等，选择适当的保护套管、连接导线等附件。

3.3.6.2　温度检测仪表的安装

温度检测仪表的正确安装是保证仪表正常使用的另一个关键的环节。一般来说，温度检测仪表的安装需要遵循以下原则。

① 检测元件的安装应确保测量的准确性，选择有代表性的安装位置。对于接触式检测元件来说，检测元件应该有足够的插入深度，不应该把检测元件插入介质的死角，以确保检测元件与被测介质能进行充分的热交换；测量管道中的介质温度时，检测元件工作端应位于管道中心流速最大之处，检测元件应该迎着流体流动方向安装，非不得已时，切勿与被测介质顺流安装，否则容易产生测量误差，如图3-57所示；测量负压管道（或设备）上的温度时，必须保证有密封性，以免外界空气的吸入而降低精度。

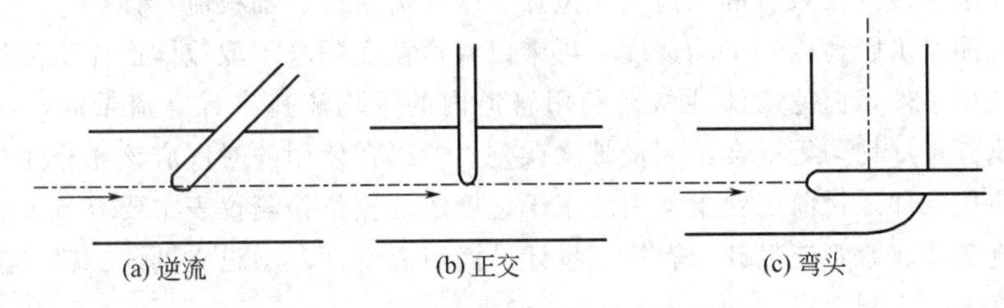

图 3-57　温度检测元件的安装示意

② 检测元件的安装应确保安全、可靠。为避免检测元件的损坏，接触式测量仪表的保护套管应该具有足够的机械强度，在使用时可以根据现场的工作压力、温度、腐蚀性等特性，合理地选择保护套管的材质、壁厚；当介质压力超过10MPa时，必须安装保护外套，确保安全；为了减小测量的滞后，可在保护套管内部加装传热良好的填充物，如硅油、石英砂等；接线盒出线孔应该朝下，以免因密封不良使水汽、灰尘等进入而降低测量精度。

③ 检测元件的安装应综合考虑仪表维修、校验的方便。

3.4　流量检测

流量通常是指单位时间内流经管道某截面的流体的数量，也就是所谓的瞬时流量；在某一段时间内流过流体的总和，称为总量或累积流量。

瞬时流量和累积流量可以用体积表示，也可以用质量表示。

① 体积流量　以体积表示的瞬时流量用 q_v 表示，单位为 m^3/s；以体积表示的累积流量用 Q_v 表示，单位为 m^3。根据定义，体积流量可以用下式表示，即

$$q_v=\int_A v\mathrm{d}A=\bar{v}A \tag{3-49}$$

$$Q_v=\int_0^t q_v\mathrm{d}t \tag{3-50}$$

式中，v 为截面 A 中某一微元面积 dA 上的流速；$\bar{v}$ 为截面 A 上的平均流速。

② 质量流量　以质量表示的瞬时流量用 q_m 表示，单位为 kg/s；以质量表示的累积流量用 Q_m 表示，单位为 kg。根据定义，质量流量可以用下式表示，即

$$q_m = \rho q_v, \quad Q_m = \rho Q_v \tag{3-51}$$

式中，ρ 表示流体的密度。

③ 标准状态下的体积流量　由于气体是可压缩的，流体的体积会受工作状态的影响，为了便于比较，工程上通常把工作状态下测得的体积流量换算成标准状态（温度为 20℃，压力为一个标准大气压）下的体积流量。标准状态下的体积流量用 q_{vn} 表示，单位为 m^3/s。

3.4.1　流量检测概述

流量测量是工业过程测量中的一个重要参数，在工业生产中承担着重要任务。因为在工业生产过程中，物料的输送通常是在管道中进行的，因此，这里将主要介绍用于管道流动的流量检测方法。

(1) 体积流量的检测

体积流量的测量方法分为容积法（又称为直接法）和速度法（又称为间接法）。

容积法是在单位时间内以标准固定体积对流动介质连续不断地进行度量，以排出流体的固定容积数来计算流量。这种测量方法受流体流动状态的影响较小，适用于高黏度、低雷诺数的流体。基于这种方法的检测仪表有椭圆齿轮流量计、腰轮流量计、刮板流量计等。

速度法是先测量出管道内的平均速度，再乘以管道截面积来求取流体的体积流量。这种测量方法有很宽的使用条件，但速度法通常是利用管道内的平均流速来计算流量的，流动产生的涡流、截面上流速分布不均匀等都会给测量带来误差，所以在使用的时候应该充分注意各种流量检测仪表的安装使用条件。目前工业上常用的基于速度法的流量检测仪表主要有节流流量计、转子流量计、靶式流量计、弯管流量计、涡轮流量计、涡街流量计、电磁流量计、超声波流量计等。

(2) 质量流量的检测

质量流量的测量方法也分为直接法和间接法两类。

直接法质量流量计利用检测元件直接测量流体的质量流量，例如悬浮陀螺质量流量计、热式质量流量计、科里奥利力式质量流量计等。

间接法是用两个检测元件分别检测出两个相应的参数，通过运算间接获取质量流量，如同时测体积流量和流体密度来计算质量流量。诸如 ρq_v^2 与 ρ 的组合、q_v 与 ρ 的组合、ρq_v^2 与 q_v 的组合都可以计算出流体的质量流量。

除了上述的检测方法外，目前市场出现了一些新型的流量计，如适用于石油输送管线低导电液体流量测量的静电流量计。它主要是通过金属测量管绝缘地与管系连接，测量电容器上静电荷便可知道测量管内的电荷。再通过流量与电荷之间的线性关系计算流量；测量复合效应的变形求取流量的复合效应流量仪表，其工作原理是基于流体的动量和压力作用于仪表腔体产生的变形；还有基于悬浮效应理论研制的转速表式流量传感器等。这些仪表已经在某些场合开始使用。

下面主要介绍几种工业上常用的流量检测仪表的基本原理和使用方法。

3.4.2　节流式流量计

节流式流量计也称为差压式流量计，它是目前工业生产过程中流量测量最成熟、最常用的方法之一。如果在管道中安置一个固定的阻力件，它的中间开一个比管道截面小的孔，当流体流过该阻力件时，由于流体流束的收缩而使流速加快、静压力降低，其结果是在阻力件前后产生一个较大的压差。压差的大小与流体流速的大小有关，流速愈大，压差也愈大，因此，只要测出压差就可以推算出流速，进而可以计算出流体的流量。

把流体流过阻力件使流束收缩造成压力变化的过程称节流过程，其中的阻力件称为节流件。作为流量检测用的节流件有标准的和特殊的两种。标准节流件包括标准孔板、标准喷嘴和标准文丘里管，如图 3-58 所示。对于标准节流件，在设计计算时都有统一标准的规定、要求和计算所需的有关数据及程序，安装和使用时不必进行标定。特殊节流件主要用于特殊介质或特殊工况条件的流量检测，它必须用实验方法单独标定。

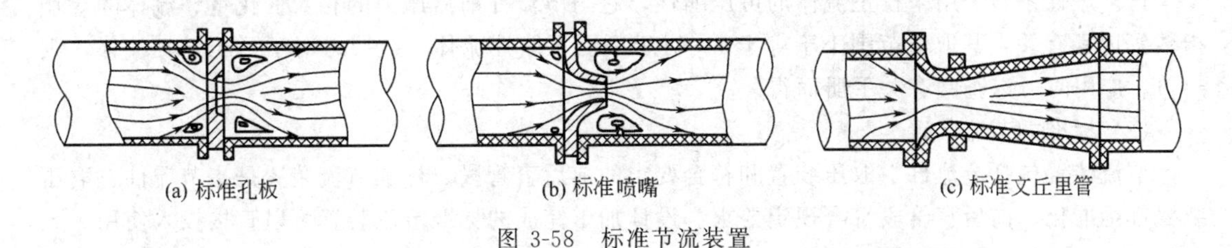

图 3-58 标准节流装置

目前最常用的节流件是标准孔板，所以在以下的讨论中将主要以标准孔板为例介绍节流式流量检测的原理、设计以及实现方法。

(1) 节流原理

流动流体的能量有两种形式：静压能和动能。流体由于有压力而具有静压能，又由于有流动速度而具有动能，这两种形式的能量在一定条件下是可以相互转化的。

设稳定流动的流体沿水平管流经节流件，在节流件前后将产生压力和速度的变化，如图 3-59 所示。

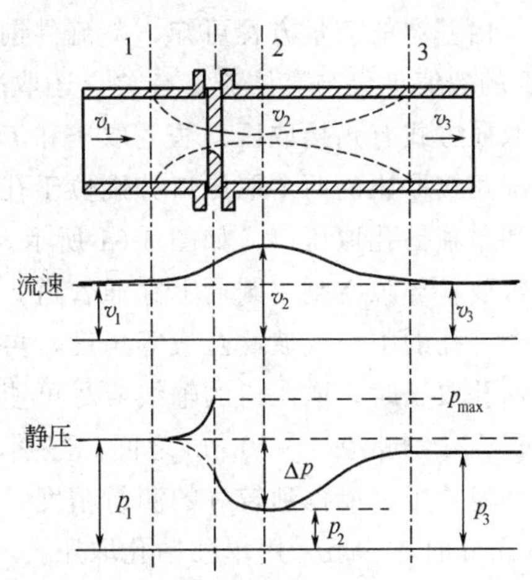

图 3-59 标准孔板的压力、流速分布示意

在截面 1 处流体未受节流件影响，流束充满管道，流体的平均流速为 v_1，静压力为 p_1；流体接近节流装置时，由于遇到节流装置的阻挡，使一部分动能转化为静压能，出现节流装置入口端面靠近管壁处流体的静压力升高至最大 p_{max}；流体流经节流件时，导致流束截面的收缩，流体流速增大，由于惯性作用，流束截面经过节流孔以后继续收缩，到截面 2 处达到最小，此时流速最大为 v_2，静压力 p_2 最小；随后，流体的流束逐渐扩大，到截面 3 以后完全复原，流速恢复到原来的数值，即 $v_3=v_1$，静压力逐渐增大到 p_3。由于流体流动产生的涡流和流体流经节流孔时需要克服的摩擦力，导致流体能力的损失，所以在截面 3 处的静压力 p_3 不能回复到原来的数值 p_1，而产生永久的压力损失。

(2) 流量方程

设流体在流经节流件时，不对外做功，没有外加能量，流体本身也没有温度变化，根据流体力学中的伯努利方程，可以推导得出节流式流量计的流量方程，也就是差压和流量之间的定量关系式，即

$$q_v=\alpha\,\varepsilon A_0\sqrt{\frac{2}{\rho}\Delta p} \tag{3-52}$$

$$q_m=\alpha\,\varepsilon A_0\sqrt{2\rho\Delta p} \tag{3-53}$$

式中，α 为流量系数；ε 为可膨胀性系数；A_0 为节流件的开孔面积；ρ 为节流装置前的流体密度；Δp 为节流装置前后实际测得的压差。

流量系数 α 主要与节流装置的型式、取压方式、流体的流动状态（如雷诺数）和管道条件等因素有关。因此，α 是一个影响因素复杂的综合性参数，也是节流式流量计能否准确测量流量的关键所在。对于标准节流装置，α 可以从有关手册中查出；对于非标准节流装置，其值要由实验方法确定。值得一提的是，在进行节流装置的设计计算时，其计算结果只能应用在一定条件下，一旦条件改变，必须重新计算，否则会引起很大的测量误差。

可膨胀性系数 ε 用来校正流体的可压缩性，它与节流件前后压力的相对变化量、流体的等熵指数等因素有关，其取值范围小于等于 1。对于不可压缩性流体，$\varepsilon=1$；对于可压缩性流体，则 $\varepsilon<1$。应用时可以查阅有关手册而得。

（3）标准的节流装置

节流装置包括节流件、取压装置和符合要求的前后直管段。标准节流装置是指节流件、取压装置都标准化，前后直管段符合规定要求。设计加工完成的标准节流装置可以直接投入使用，无需进行单独的标定。国内外已把最常用的节流装置：孔板、喷嘴、文丘里管等标准化，并称为标准的节流装置。

标准化的具体内容包括节流装置的结构、工艺要求、取压方式和使用条件等。例如图 3-60 所示的标准孔板，其中 d/D 应在 0.2～0.75 之间，d 不小于 12.5mm，直孔厚度 h 应在 $0.005D$～$0.02D$ 之间，孔板的总厚度 H 应在 h～$0.05D$ 之间，圆锥面的斜角 α 应在 30°～45°之间等。标准喷嘴和标准文丘里管的结构参数的规定也可以查阅相关的设计手册。

由基本的流量方程可知，节流件前后的差压 Δp 是节流式流量计计算流量的关键数据，Δp 的数值不仅与流体流量有关，还取决于不同的取压方式。对于标准孔板，中国规定标准的取压方式有角接取压、法兰取压和 D-$D/2$ 取压。

角接取压的两个取压口分别位于孔板上下端面与管壁的夹角处，取压口可以是环隙取压口和单独钻孔取压口，如图 3-61 所示。环隙取压利用左右对称的两个环室把孔板夹在中间，通常要求环隙在整个圆周上穿通管道，或者每个夹持环应至少有四个开孔与管道内部连通，每个开孔的中心线彼此互成等角度，再利用导压管把孔板上下游的压力分别引出；当采用单独钻孔取压时，取压口的轴线应尽可能以 90°与管道轴线相交。环隙宽度和单独钻孔取压口的直径 a 通常在 4～10mm 之间。显然，环隙取压由于环室的均压作用，便于测出孔板两端的平稳差压，能得到较好的测量精度，但是夹持环的加工制造和安装要求严格。当管径 $D>500$mm 时，一般采用单独钻孔取压。

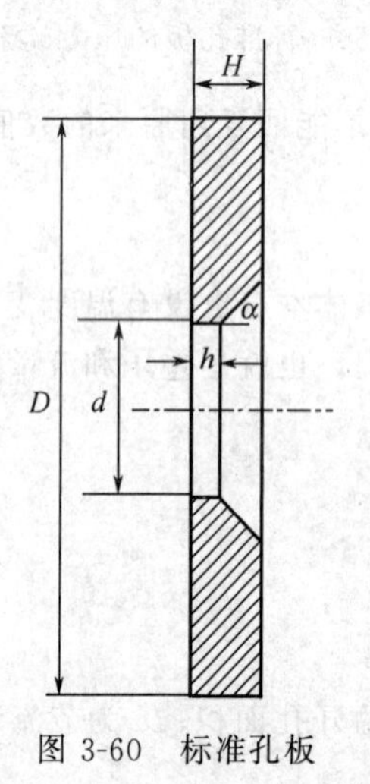

图 3-60　标准孔板

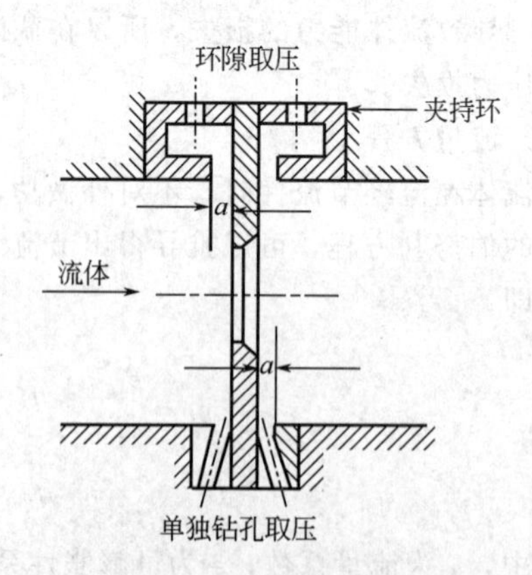

图 3-61　角接取压示意

法兰取压和 D-$D/2$ 取压都仅适用于标准孔板。法兰取压装置是由一对带有取压口的法兰组成，取压口轴线距离孔板端面为25.4mm；D-$D/2$ 取压装置是设有取压口的管段，上下游取压口轴线与孔板端面的距离分别为 D 和 $D/2$（D 为管道的直径）。

在各种标准的节流装置中以标准孔板的应用最为广泛，它具有结构简单、安装使用方便的特点，适用于大流量的测量。孔板的最大缺点是流体流经节流件后压力损失较大，当工艺管路不允许有较大的压力损失时，一般不宜选用孔板流量计。标准喷嘴和标准文丘里管的压力损失较小，但结构比较复杂，不易加工。

(4) 节流式流量计的安装和使用

节流式流量计是基于节流装置的一类流量检测仪表，它由节流装置、引压导管、差压变送器和显示仪表组成，节流式流量计的组成框图如图3-62所示。

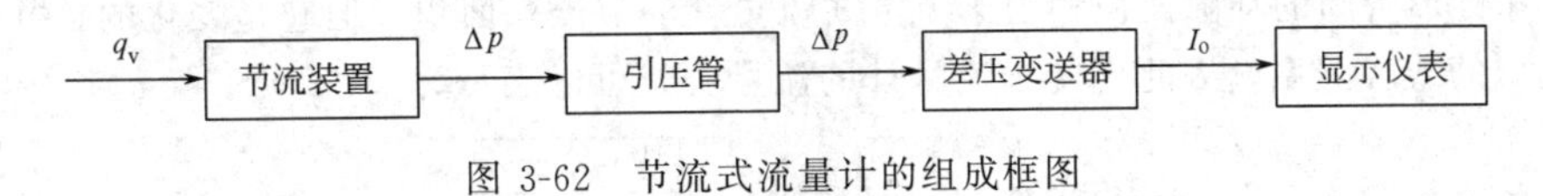

图3-62 节流式流量计的组成框图

虽然节流式流量计的应用非常广泛，但是如果使用不当往往会出现很大的测量误差，有时甚至高达10%～20%。下面列举一些造成测量误差的原因，以便在安装使用过程中得到充分的注意，并予以适当的解决。

① 节流式流量计仅适用于测量管道直径不小于50mm，雷诺数在 10^4～10^5 以上的流体，而且流体应当清洁，充满管道，不发生相变。

② 为了保证流体在节流装置前后为稳定的流动状态，在节流装置上、下游必须配置一定长度的直管段（直管段长度与管路上安装的弯头等阻流件的结构和数量有关，可以查阅相关手册）。

③ 由流量的基本方程可知，流量与节流件前后差压的开方成正比，因此被测流量不应接近于仪表的下限值，否则差压变送器输出的小信号经开方会产生很大的测量误差。

④ 接至差压变送器上的差压信号应该与节流装置前后的差压相一致，这就需要安装差压信号的引压管路，参见压力仪表的安装。

⑤ 当被测流体的工作状态发生变化时，例如被测流体的温度、压力、雷诺数等参数发生变化，会产生测量上的误差，因此在实际使用时必须按照新的工艺条件重新进行设计计算，或者把所测的结果作必要的修正。

⑥ 节流装置经过长时间的使用，会因物理磨损或者化学腐蚀，造成几何形状和尺寸的变化，从而引起测量误差，因此需要及时检查和维修，必要时更换新的节流装置。

3.4.3 转子流量计

在工业生产中经常遇到小流量的测量，因其流体的流速低，这就要求测量仪表有较高的灵敏度，才能保证一定的精度。转子流量计特别适宜于测量管径50mm以下的管道流量，测量的流量可小到每小时几升。

(1) 检测原理

和差压式流量计相比，转子流量计的工作原理有所不同。差压式流量计，是在节流面积不变的条件下，以差压变化来反映流量的大小。而转子流量计，却是以压降不变的条件下，利用节流面积的变化来测量流量的大小，即采用了变面积的流量测量方法。

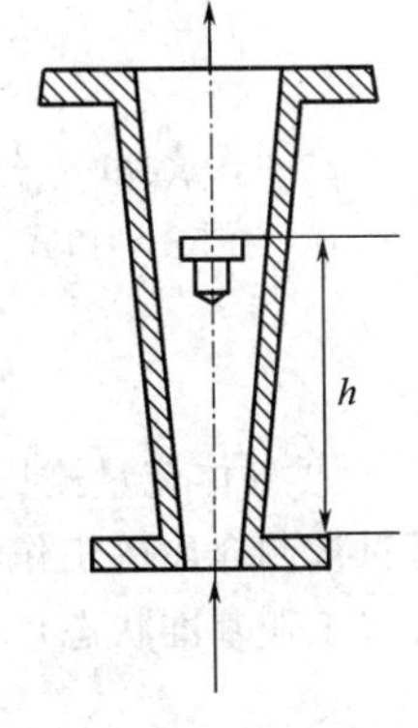

图3-63 转子流量计的检测原理

如图3-63所示，转子流量计主要由两个部分组成：一是由下往上逐渐扩大的锥形管（通常用透明玻璃制成），二是放在锥形管内可自由运动的转子。工作时，被测流体由锥形管下端进入，流过转子与锥形管之间的环隙，再从锥形管上端流出。当流体流过的时候，位于锥形管中的转子受到向上的一个力，使其浮起。当这个力正好等于转子质量减去流体对转子的浮力，此时转子就停浮在一定的高度上。假如被测流体的流量突然由小变大时，作用在转子上的向上的力就加大，转子上升。由于转子在锥形管中位置的升高，造成转子与锥形管间的环隙增大，即流通面积增大。随着环隙的增大，流过此环隙的流体流速变慢，因而，流体作用在转子上的向上力也就变小，转子将在一个新的高度上重新平衡。这样，转子在锥形管中平衡位置的高低 h 与被测介质的流量大小相对应。

转子流量计中转子的平衡条件是

$$V(\rho_t-\rho_f)g=\Delta pA \tag{3-54}$$

式中，V 为转子的体积；ρ_t 和 ρ_f 分别为转子和流体的密度；g 为重力加速度；Δp 为转子前后的压差；A 为转子的最大截面积。

转子和锥形管间的环隙面积相当于节流式流量计的节流孔面积，但它是变化的，并与转子高度 h 成近似的线性关系，因此，转子流量计的流量公式可以表示为

$$q_v=\phi h\sqrt{\frac{2}{\rho_f}\Delta p}=\phi h\sqrt{\frac{2V(\rho_t-\rho_f)g}{\rho_f A}} \tag{3-55}$$

$$q_m=\phi h\sqrt{\frac{2V(\rho_t-\rho_f)g\rho_f}{A}} \tag{3-56}$$

式中，ϕ 为仪表常数；h 为转子浮起的高度。

上面所介绍的转子流量计只适用于就地指示。对配有电远传装置的转子流量计，可以把反映流量大小的转子高度 h 转换为电信号，传送到其他仪表进行显示、记录或控制。

(2) 转子流量计的指示修正

由于转子流量计在生产的时候，通常是在工业基准状态（20℃，0.10133MPa）下用水或空气进行刻度的。所以，在实际使用时，如果被测介质的密度和工作状态发生变化，就必须对流量指示值按照实际被测介质的密度、温度、压力等参数的具体情况进行修正。

① 液体流量测量时的修正　由于测量液体的转子流量计是在常温 20℃下用水标定的，根据式（3-55）可写为

$$q_{v0}=\phi h\sqrt{\frac{2V(\rho_t-\rho_w)g}{\rho_w A}} \tag{3-57}$$

式中，q_{v0} 为用水标定时的流量刻度；ρ_w 为水的密度。

如果被测介质不是水，则需要对流量刻度进行重新修正。如果被测介质的黏度和水的黏度相差不大，可以近似认为 ϕ 是常数，有

$$q_{vf}=\phi h\sqrt{\frac{2V(\rho_t-\rho_f)g}{\rho_f A}} \tag{3-58}$$

式中，q_{vf} 和 ρ_f 分别为被测介质的实际流量和密度。

式（3-58）和式（3-57）相除，整理后可得

$$q_{vf}=\sqrt{\frac{(\rho_t-\rho_f)\rho_w}{\rho_f(\rho_t-\rho_w)}}q_{v0} \tag{3-59}$$

② 气体流量测量时的修正　对于气体介质流量值的修正，除了被测介质的密度之外，还需要对被测介质的工作温度和压力进行修正。当已知仪表显示的刻度为 q_{v0}，则被测介质的实际流量（工业基准状态）可按下式修正，即

$$q_{vf}=\sqrt{\frac{\rho_0}{\rho_f}}\sqrt{\frac{p_f}{p_0}}\sqrt{\frac{T_0}{T_f}}q_{v0} \tag{3-60}$$

式中，q_{vf} 为被测介质的实际流量；ρ_f 和 ρ_0 分别为被测介质和空气在标准状态下的密度；p_f

和 T_f 分别为被测介质的绝对压力和热力学温度；p_0 和 T_0 分别为标准状态下的绝对压力和热力学温度（p_0=0.10133MPa，T_0=293K）；q_{v0} 为刻度流量值。

（3）转子流量计的特点

转子流量计主要有以下几方面的特点：①转子流量计主要适合于检测中小管径、较低雷诺数的中小流量；②流量计结构简单，使用方便，工作可靠，仪表前直管段长度要求不高；③流量计的基本误差约为仪表量程的±2%，量程比可达 10∶1；④流量计的测量精度易受被测介质密度、黏度、温度、压力、纯净度、安装质量等的影响。

3.4.4 电磁流量计

电磁流量计是目前应用最广泛的流量测量仪表，它根据法拉第电磁感应定律进行流量测量。电磁流量计可以检测具有一定电导率的酸、碱、盐溶液，腐蚀性液体以及含有固体颗粒的液体测量，但不能检测气体、蒸汽和非导电液体的流量。

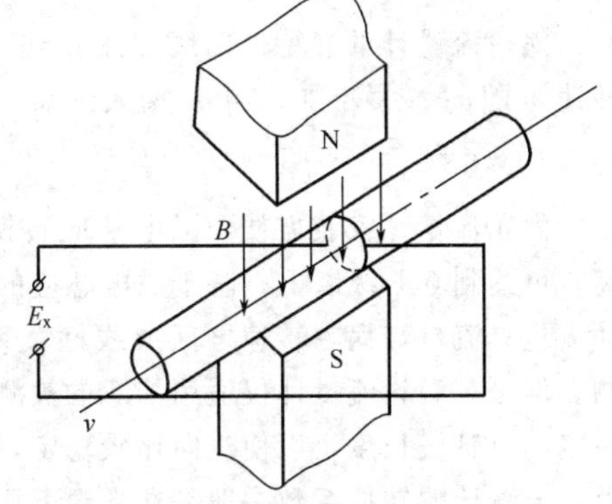

图 3-64 电磁式流量检测原理

如图 3-64 所示，当导电的流体在磁场中以垂直方向流动而切割磁力线时，就会在管道两边的电极上产生感应电势，感应电势的大小与磁场的强度、流体的速度和流体垂直切割磁力线的有效长度成正比。

$$E_x = KBDv \tag{3-61}$$

式中，E_x 为感应电势；K 为比例系数；B 为磁场强度；D 为管道直径；v 为垂直于磁力线的流体流动速度。

而体积流量 q_v 与流速 v 的关系为

$$q_v = \frac{\pi D^2}{4} v \tag{3-62}$$

把式（3-61）代入式（3-62），可得

$$q_v = \frac{\pi D}{4BK} E_x \tag{3-63}$$

由此可见，在管道直径 D 已经确定，磁场强度 B 维持不变时，流体的体积流量与磁感应电势成线性关系。利用上述原理制成的流量检测仪表称为电磁流量计。

由于电磁流量计的测量导管内无可动部件或突出于管道内部的部件，因而压力损失极小。由式（3-62）可以看出，流量计的输出电流与体积流量成线性关系，且不受液体的温度、压力、密度、黏度等参数的影响。电磁流量计反应迅速，可以测量脉动流量，其量程比一般为 10∶1，精度较高的量程比可达 100∶1。电磁流量计的测量口径范围很大，可以从 1mm 到 2m 以上，测量精度一般优于 0.5 级。但是电磁流量计要求被测流体必须是导电的，且被测流体的电导率不能小于水的电导率。另外，由于衬里材料的限制，电磁流量计的使用温度一般为 0～200℃；因电极是嵌装在测量导管上的，这也使最高工作压力受到一定限制。

为了进一步提高流量测量的精度，电磁流量计在安装的时候还需要注意以下几个问题：①它可以水平安装，也可以垂直安装，但要求被测液体充满管道；②电磁流量计的安装现场要远离外部磁场，以减小外部干扰；③电磁流量计前后管道有时带有较大的杂散电流，一般要把流量计前后 1～1.5m 处和流量计外壳连接在一起，共同接地。

3.4.5 涡轮流量计

涡轮式流量检测方法是以动量矩守恒原理为基础的，如图 3-65 所示，流体冲击涡轮叶片，使涡轮旋转，涡轮的旋转速度随流量的变化而变化，通过涡轮外的磁电转换装置可将涡轮的旋转转换成电脉冲。

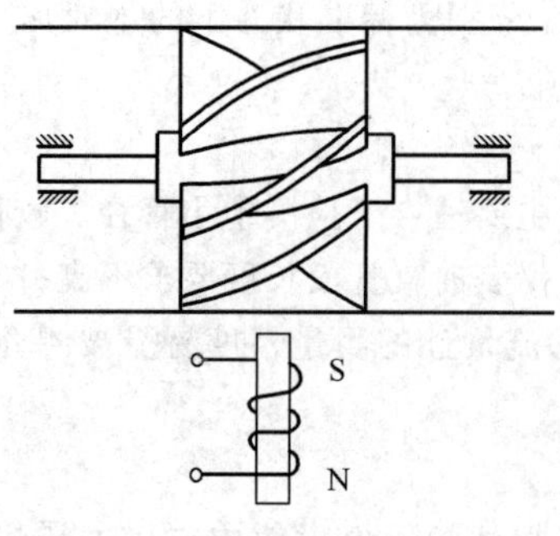

图 3-65 涡轮式流量检测原理

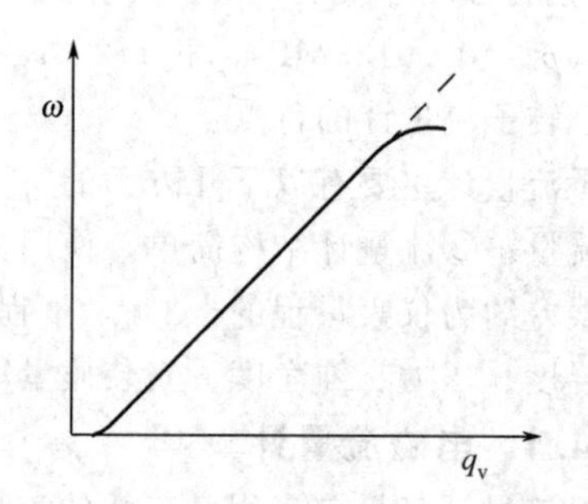

图 3-66 涡轮流量计的静特性曲线

涡轮流量计的静特性曲线如图 3-66 所示，当流量较小时，由于受到摩擦力矩的影响，涡轮转速 ω 随 q_v 缓慢增加；当 q_v 增大到某一数值后，ω 将随 q_v 线性增加，二者可近似为

$$\omega=\xi q_v-\alpha \tag{3-64}$$

涡轮流量计安装方便，磁电感应转换器与叶片间不需密封和齿轮传动机构，因而测量精度高，可达到 0.5 级以上；基于磁电感应的转换原理，使涡轮流量计具有较高的反应速度，可测脉动流量；流量与涡轮转速之间成线性关系，量程比一般为 10∶1，主要用于中小口径的流量检测。但是，涡轮流量计仅适用洁净的被测介质，通常在涡轮前要安装过滤装置；流量计前后需有一定的直管段长度，以使流向比较稳定，一般流量计上、下侧的直管段长度要求在 10*D* 和 5*D* 以上；流量计的转换系数一般是在常温下用水标定的，当介质的密度和黏度发生变化时需重新标定或进行补偿。

3.4.6 旋涡流量计

旋涡流量计又称涡街流量计，其测量方法基于流体力学中的卡门涡街原理。把一个旋涡发生体（如圆柱体、三角柱体等非流线型对称物体）垂直插在管道中，当流体绕过旋涡发生体时会在其左右两侧后方交替产生旋涡，形成涡列，且左右两侧旋涡的旋转方向相反。这种旋涡列就称为卡门涡街，如图 3-67 所示。

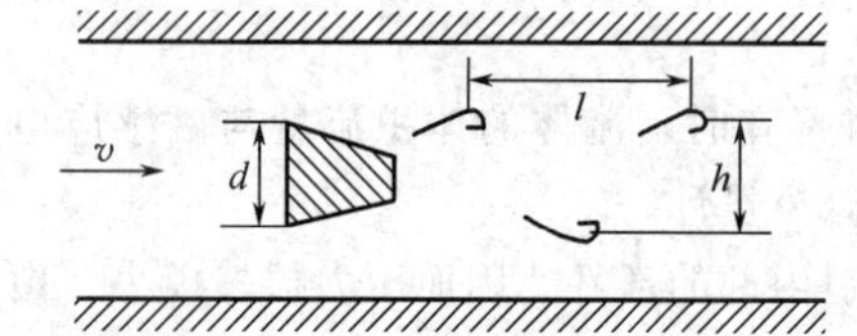

图 3-67 卡门旋涡的形成原理

由于旋涡之间相互影响，旋涡列一般是不稳定的。实验证明，当两列旋涡之间的距离 h 和同列的两个旋涡之间的距离 l 满足公式 $h/l=0.281$ 时，卡门涡街是稳定的。此时旋涡的频率 f 与流体的平均流速 v 及旋涡发生体的宽度 d 有如下关系，即

$$f=St\frac{v}{d} \tag{3-65}$$

式中，St 为斯特劳哈尔数，它主要与旋涡发生体宽度 d 和流体雷诺数有关。在雷诺数为 5000～150000 的范围内，St 基本上为一常数，而旋涡发生体宽度 d 也是定值，因此，旋涡产生的频率 f 与流体的平均流速 v 成正比。所以，只要测得旋涡的频率 f，就可以得到流体的流速 v，进而可求得体积流量 q_v。

一般来说，涡街流量计输出信号（频率）不受流体物性和组分变化的影响，仅与旋涡发生体形状和尺寸以及流体的雷诺数有关。其特点是管道内无可动部件，压损较小，精确度约为 ±(0.5%～1%)，量程比可达 20∶1 或更大。但是，涡街流量计不适于低雷诺数的情况，对高黏度、低流速、小口径的使用有限制，流量计安装时要有足够的直管段长度，上下游的直管段分别不少于 20*D* 和 5*D*，应尽量杜绝振动。

3.4.7 容积式流量计

容积式流量计是在全部流量计中属于最准确的一类流量计，主要有椭圆齿轮式、腰轮式、螺杆式、刮板式、活塞式等。容积式流量计的检测原理就是让被测流体充满具有一定容积的空间，然后再把这部分流体从出口排出，根据单位时间内排出的流体体积可直接确定体积流量。

以椭圆齿轮流量计为例，如图 3-68 所示，就是两个相互啮合的齿轮，一个为主动轮，一个为从动轮。当流体进入时，主动轮由于受到压力的作用，带动从动轮工作，转子每旋转一周，就排出四个由椭圆齿轮与外壳围成的半月形空腔这个体积的流体。在半月形空腔 V 一定的情况下，只要测出椭圆齿轮流量计的转速 n 就可以计算出被测流体的流量

$$q_v = 4Vn \tag{3-66}$$

式中，V 为半月形空腔的容积；n 为椭圆齿轮的转速。

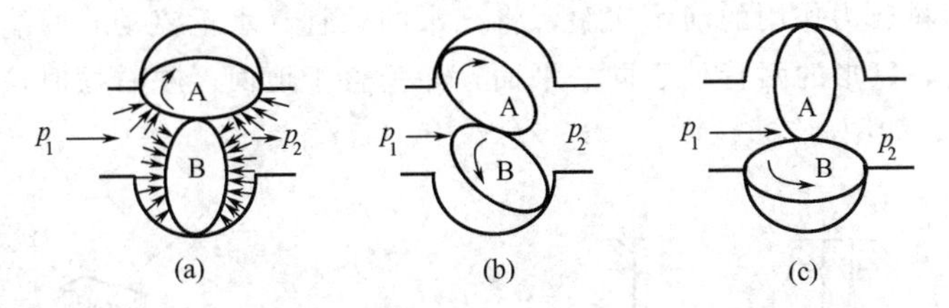

图 3-68　椭圆齿轮流量计的机构原理

容积式流量计的主要特点是计量精度高，一般可达 0.2～0.5 级，有的甚至能达到 0.1 级，安装直管段对计量精度影响不大，量程比一般为 10∶1，一般只适用于 10～150mm 的中小口径。容积式流量计对被测流体的黏度变化不敏感，特别适合于测量高黏度的流体，甚至糊状物的流量，但要求被测介质干净，不含固体颗粒，一般情况下，流量计前要装过滤器。由于受零件变形的影响，容积式流量计一般不宜在高温或低温下使用。

3.4.8 其他流量检测方法

3.4.8.1 超声波式流量检测

超声波式流量计是根据声波在静止流体中的传播速度和在流动流体中的传播速度不同这一原理工作的。

设声波在静止流体中的传播速度为 c，流体的流速为 v，声波发送器和接收器之间的距离为 l。如图 3-69 所示，若在管道上安装两对方向相反的超声波换能器，则声波从超声波发射器 T_1、T_2 到接收器 R_1、R_2 所需的时间分别为

$$t_1 = l/(c+v),\ t_2 = l/(c-v) \tag{3-67}$$

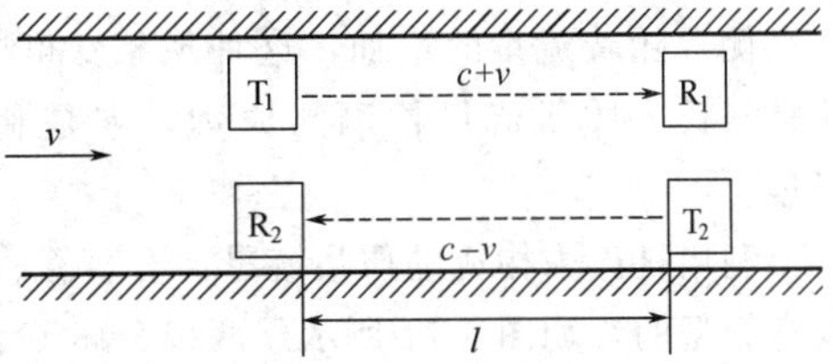

图 3-69　超声波测速原理

二者的时间差为

$$\Delta t = t_1 - t_2 = 2lv/(c^2 - v^2) \approx 2lv/c^2 \tag{3-68}$$

可见，当声速 c 和传播距离 l 已知时，只要测出声波的传播时间差 Δt，就可以求出流体的流速 v，进而可求得流量。

超声波流量计的换能器一般都斜置在管壁外侧，不用破坏管道，不会对管道内流体的流动产生影响，特别适合于大口径管道的液体流量检测。

3.4.8.2 质量流量的检测

质量流量检测方法是通过一定的检测装置，使它的输出直接反映出质量流量，无须进行换算。目前，质量流量的检测方法主要有三大类：①直接式，检测仪表直接输出质量流量；②间接

式，同时检测出体积流量和流体的密度，通过运算得到质量流量；③补偿式，同时测量出流体的体积流量、温度和压力信号，根据密度与温度、压力之间的关系，求出工作状态下的密度，进而与体积流量组合，换算成质量流量。

（1）直接式质量流量检测

直接式质量流量检测方法有许多种，在众多的方法中，基于科里奥利力（简称科氏力）的质量流量检测方法最为成熟。科氏力是在旋转运动的系统中做直线运动的物体所受到的力

$$F_C=2\Delta m(v\omega) \tag{3-69}$$

式中，F_C 为科氏力；Δm 为运动物体的质量；ω 为运动的角速度；v 为旋转或振动系统中物体的径向速度。科氏力大小取决于运动物体的质量 Δm 和其径向速度 v，即质量流量。质量流量传感器使用测量管振动替代旋转系统的恒定角速度 ω。

图 3-70 是表示科氏力作用的演示实验，将充水的软管（水不流动）两端悬挂，使其中段下垂成 U 形，静止时，U 形的两管处于同一平面，并垂直于地面，左右摆时，两管同时弯曲，仍然保持在同一曲面，如图 3-70（a）。

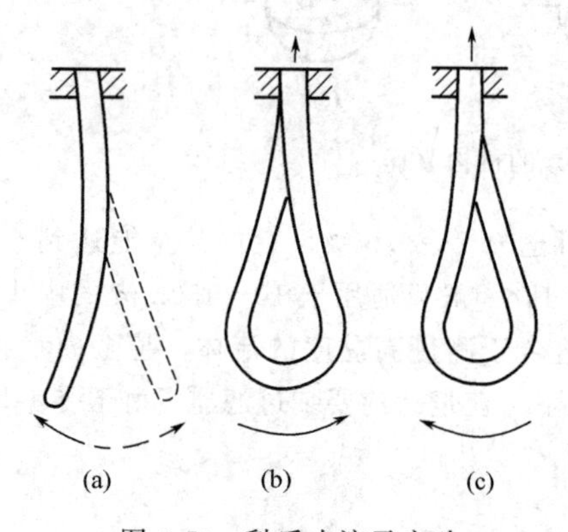

图 3-70 科氏力演示实验

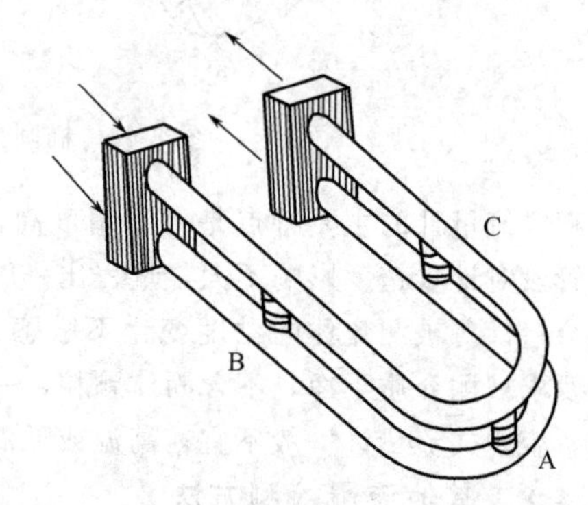

图 3-71 双弯管型科氏力质量流量计

若将软管与水源相接，使水从一端流入，从另一端流出，如图 3-70（b）和（c）中箭头所示。当 U 形管受外力作用左右摆动时，它将发生扭曲，但扭曲的方向总是出水侧的摆动要早于入水侧。随着流量的增加，这种现象变得更加明显，即出水侧摆动相位超前于入水侧更多。这就是科氏力质量流量检测的原理，它是利用两管的摆动相位差来反映流经该 U 形管的质量流量。

利用科氏力构成的质量流量计有直管、弯管、单管、双管等多种形式。但目前应用最多的是双弯管型的，如图 3-71 所示。两根金属 U 形管与被测管路由连通器相接，流体按箭头方向分由两路弯管通过。在 A、B、C 三处各有一组压电换能器，在换能器 A 处外加交流电压产生交变力，使两个 U 形管彼此一开一合地振动，B 和 C 处分别检测两管的振动幅度。B 位于进口侧，C 位于出口侧。根据出口侧相位超前于进口侧的规律，C 输出的交变电信号超前于 B 某个相位差，此相位差的大小与质量流量成正比。若将这两个交流信号相位差经过电路进一步转换成直流 4～20mA 的标准信号，就成为科氏力质量流量计。

科氏力测量原理不受流体物理特性的影响（例如：黏度或密度），在变化、苛刻过程条件下具有液体和气体测量的最高测量性能。以 Endress＋Hauser 的相关科氏力质量流量计为例，质量流量的测量精度可达±0.05%，最大工作压力可达 4Mpa，并可支持 HART、PROFIBUS PA/DP、Modbus RS485、FF、EtherNet/IP，PROFINET 等多种通讯方式输出。

(2) 间接式质量流量检测

间接式质量流量检测是在管道上串联多个（常见的是两个）检测元件（或仪表），建立各自的输出信号与流体的体积流量、密度等之间的关系，通过联立求解方程间接推导出流体的质量流量。目前，基于这种方法的检测元件的组合方式主要有如下几种。

① 体积流量计与密度计的组合　利用容积式流量计或者速度式体积流量计检测流体的体积流量，再配以密度计检测流体密度，将体积流量与密度相乘即为质量流量。

② 差压式流量计与密度计组合　差压式流量计的差压信号正比于 ρq_v^2，配上密度计，将二者相乘后再开方即可得到质量流量。

③ 差压式流量计与体积流量计组合　由于差压式流量计的输出信号与 ρv_v^2 成正比，体积流量计的输出信号与 q_v 成正比，因此将两个信号相除也可以得到质量流量。

(3) 补偿式质量流量检测

间接式质量流量检测需要检测流体的密度信号，但在实际使用时，连续测量温度、压力比连续测量密度要更容易、成本更低，而且温度、压力可以和流体的密度建立数学关系，通过温度、压力信号可换算出流体的密度。因而，这种质量流量检测方法的工业应用也十分常见。

对于不可压缩液体来说，流体的密度主要与温度有关，在温度变化不大的情况下，其数学模型为

$$\rho=\rho_0[1+\beta(t-t_0)] \tag{3-70}$$

式中，ρ_0 为温度 t_0 时流体的密度；β 为被测流体在温度 t_0 附近的体积膨胀系数。

对于可压缩气体来说，在一定的压力范围内，可以认为符合理想气体的状态方程，气体的密度公式为

$$\rho=\rho_0\frac{pT_0}{p_0T} \tag{3-71}$$

式中，ρ_0 为热力学温度 T_0、绝对压力 p_0 时气体的密度（通常以标准状态为基准）；p、T 分别为工作状态的绝对压力和热力学温度。

3.4.9 流量检测仪表的选用和安装

流量检测方法有很多种，每种流量计特点，适用场合亦不相同，表 3-7 给出了常见流量检测仪表的特点及其安装要求。

在实际选用流量仪表时，一般的流量检测多采用孔板等标准节流装置。若测量精确度等级不高于 1.5 级，量程比不大于 10∶1 时，可选用转子流量计（面积式流量计）。其中玻璃管转子流量计一般用于就地指示，适用于流体的压力小于 1MPa，温度低于 100°C 的中小流量、微小流量的测量；金属管转子流量计用于小流量测量，适用于有毒、易燃、易爆但不含磁性、磨损性物质，且对不锈钢无腐蚀性的流体；靶式流量计用于流体黏度较高且含少量固体颗粒，精确度等级要求不高于 1.5 级，量程比不大的流量测量；涡轮和涡街流量计适用于洁净的气体和液体的测量，测量精度较高；椭圆齿轮流量计用于洁净的、黏度较高的液体的流量测量；腰轮流量计用于洁净气体或液体，特别是有润滑性的黏度较高的油品的流量测量；刮板流量计用于各种油品的精确计量。电磁流量计用于对耐腐蚀性和耐磨性有要求的场合，如酸、碱、盐、纸浆、泥浆等液体的流量测量；而凡能传导声波的流体均可选用超声波流量计。特别是工作条件比较恶劣无法采用接触式测量时，可采用超声波流量计。质量流量计用于对直接精确测量液体的质量流量或密度有要求的场合。

表 3-7　常见流量检测仪表的特点及其安装要求

<table>
<tr><th colspan="2">仪表名称</th><th>可测流体种类</th><th>适用管径/mm</th><th>测量精度/%</th><th>安装要求、特点</th></tr>
<tr><td rowspan="3">节流式</td><td>孔板</td><td rowspan="3">液、气、蒸汽</td><td>50～1000</td><td rowspan="3">±1～2</td><td>需直管段,压损大</td></tr>
<tr><td>喷嘴</td><td>50～100</td><td>需直管段,压损中等</td></tr>
<tr><td>文丘里管</td><td>100～1200</td><td>需直管段,压损小</td></tr>
<tr><td colspan="2">转子流量计</td><td>液、气</td><td>4～150</td><td>±2</td><td>垂直安装</td></tr>
<tr><td colspan="2">靶式流量计</td><td>液、气、蒸汽</td><td>15～200</td><td>±1～4</td><td>需直管段</td></tr>
<tr><td colspan="2">椭圆齿轮流量计</td><td>液</td><td>10～400</td><td>±0.2～0.5</td><td>无直管段要求,需装过滤器,压损中等</td></tr>
<tr><td colspan="2">涡轮流量计</td><td>液、气</td><td>4～600</td><td>±0.1～0.5</td><td>需直管段,装过滤器</td></tr>
<tr><td colspan="2">涡街流量计</td><td>液、气</td><td>150～1000</td><td>±0.5～1</td><td>需直管段</td></tr>
<tr><td colspan="2">电磁流量计</td><td>导电液体</td><td>6～2000</td><td>±0.5～1.5</td><td>直管段要求不高,无压损</td></tr>
<tr><td colspan="2">超声波流量计</td><td>液</td><td>>10</td><td>±1</td><td>需直管段,无压损</td></tr>
</table>

3.5　物位检测

在容器中液体介质的高低叫液位，容器中固体或颗粒状物质的堆积高度叫料位。测量液位的仪表叫液位计，测量料位的仪表叫料位计，而测量两种密度不同液体介质的分界面的仪表叫界面计。上述三种仪表统称为物位仪表。在物位检测中，有时需要对物位进行连续检测，有时只需要测量物位是否达到某一特定位置，用于定点物位测量的仪表称为物位开关。

3.5.1　物位检测概述

工业生产中物位测量仪表种类很多，按其工作原理主要有以下几种类型。

① 直读式物位仪表　直读式物位仪表主要有玻璃管液位计、玻璃板液位计等。这类仪表最简单也最常见，但只能就地指示，用于直接观察液位的高低，而且耐压有限。

② 差压式物位仪表　它可分为压力式物位仪表和压差式物位仪表，这类仪表是利用液柱或物料对某定点产生压力的原理工作的。其中差压式液位计是一种最常用的液位检测仪表。

③ 浮力式物位仪表　这类仪表利用浮子高度随液位变化而改变（恒浮力），或液体对浸没于液体中的浮子（或称沉筒）的浮力随液位高度而变化（变浮力）的原理工作的。主要有浮筒式液位计、浮子式液位计等。

④ 电气式物位仪表　根据物理学的原理，物位的变化可以转换为一些电量的变化，如电阻、电容、电磁场等的变化，电气式物位仪表就是通过测出这些电量的变化来测知物位。这种方法既可适用于液位的检测，也可适用于物位的检测，如电容式物位计、电容式液位开关等。

⑤ 辐射式物位仪表　这种物位检测仪表是依据放射线透射物料时，透射强度会随物料厚度而减弱的原理工作的。目前应用较多的是 γ 射线。

除了上述常用的几种物位仪表外，近年来工业生产过程中也采用几种较新的液位检测方法与仪表。如可用于易燃易爆的恶劣环境的光纤液位计、激光液位计，可用于腐蚀性、高黏度和有毒液体的液位以及固体料位测量的雷达波法液位计，和采用磁致伸缩原理开发出的磁致伸缩液位计等。总之，随着微电子技术和计算机技术的发展，新的检测原理与电子部件的应用使得物位仪表更趋向小型化、微型化和智能化。

以下主要介绍几种工业上常用的物位检测仪表。

3.5.2 差压式液位计

如图 3-72 所示，设被测介质的密度为 ρ，容器顶部为气相介质，气相压力为 p_A，根据静力学原理可求得

$$p_2=p_A, \qquad p_1=p_A+\rho gh$$

因此，差压变送器正负压室的压力差为

$$\Delta p=p_1-p_2=\rho gh \tag{3-72}$$

可见，差压变送器测得的差压与液位高度成正比。当被测介质的密度已知时，就可以把液位测量问题转化为差压测量问题了。对于 DDZ-Ⅲ型差压变送器来说，当 $h=0$ 时，差压信号 $\Delta p=0$，变送器输出为 4mA；当 $h=h_{max}$时，差压信号 Δp 为最大，变送器输出为 20mA。

但是，当出现下面两种情况的时候，在 $h=0$ 时差压信号 Δp 将不为 0。

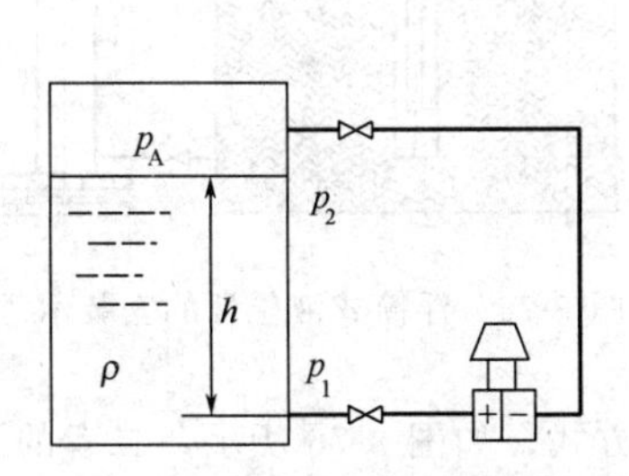

图 3-72 差压式液位测量原理

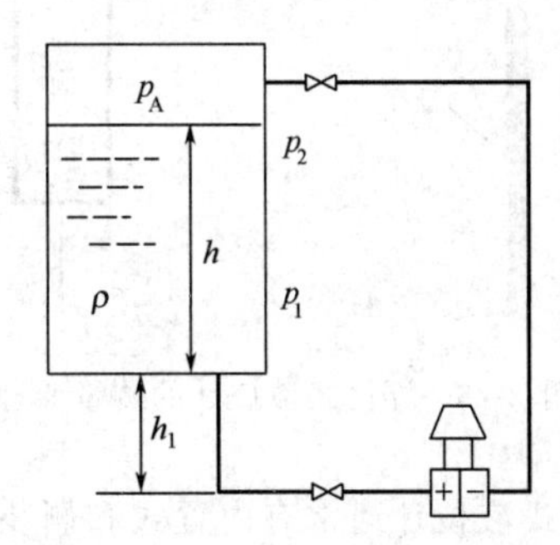

图 3-73 液位测量的正迁移

如图 3-73 所示，当差压变送器的取压口低于容器底部的时候，差压变送器上测得的差压为

$$\Delta p=p_1-p_2=\rho gh+\rho gh_1 \tag{3-73}$$

将式（3-73）与式（3-72）相比较，可以发现此时的差压信号多了 ρgh_1 一项。在无迁移的情况下，当 $h=0$ 时，差压变送器的输出将大于 4mA。为了使液位的满量程和测量起始值仍然能与差压变送器的输出上限和下限相对应，即 $h=0$ 时变送器输出为 4mA，就必须克服固定差压 ρgh_1 的影响，采用零点迁移就可以达到以上目的。由于 $\rho gh_1>0$，故称之为正迁移。

如果被测介质具有腐蚀性，差压变送器的正、负压室与取压口之间往往需要分别安装隔离罐，防止腐蚀性介质直接与变送器相接触，如图 3-74 所示。如果隔离液的密度为 ρ_1（$\rho_1>\rho$），则

$$\Delta p=p_1-p_2=\rho gh+\rho_1 g(h_1-h_2) \tag{3-74}$$

此时的差压信号多了 $\rho_1 g(h_1-h_2)$一项。由于 $\rho_1 g(h_1-h_2)<0$，因此需要进行负迁移。变送器的零点迁移和零点调整在本质上是相同的，目的都是使变送器的输出起始值与测量起始值相对应，只是零点迁移的调整量更大而已。

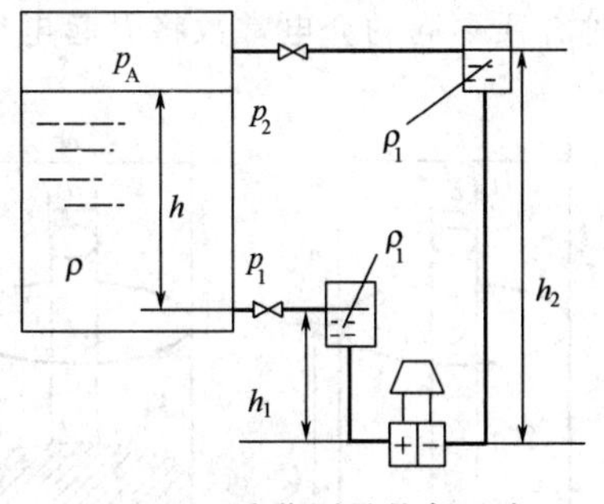

图 3-74 液位测量的负迁移

3.5.3 浮筒式液位计

浮筒式液位计是依据阿基米德定律原理设计而成的液位测量仪表，可用于敞口或压力容器的液位测量。

如图 3-75 所示，浮筒式液位计主要由四个基本部分组成：浮筒、弹簧、磁钢室和输出指示器。当浮筒沉浸在液体中时，浮筒将受到向下的重力 G、向上的浮力 $F_{浮}$ 和弹簧弹力 $F_{弹}$ 的复合

作用。当这三个力达到平衡时，浮筒就静止在某一位置；当液位发生变化时，浮筒所受浮力相应改变，平衡状态被打破，从而引起弹力变化即弹簧的伸缩，直至达到新的平衡。弹簧的伸缩使其与刚性连接的磁钢产生位移，再通过输出指示器内磁感应元件和传动装置或变换输出装置，使其指示出液位或输出与液位对应的电信号。

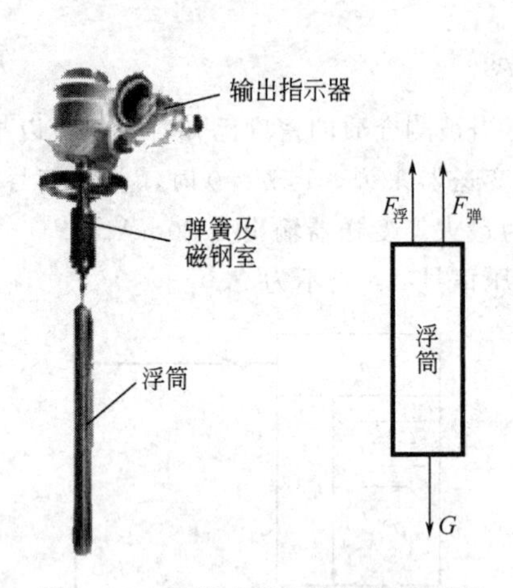

图 3-75　浮筒式液位计的测量原理

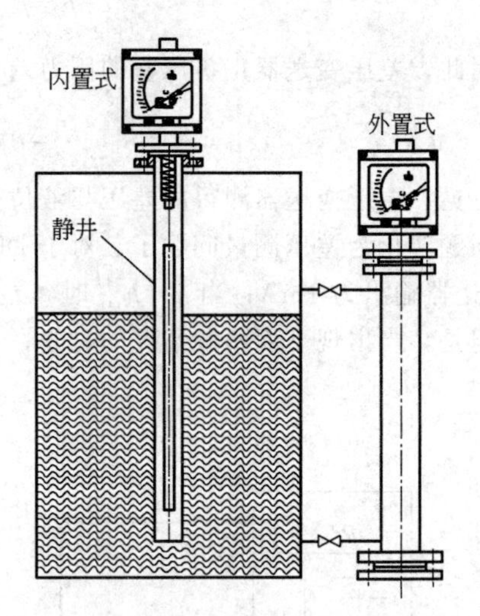

图 3-76　浮筒式液位计的安装示意

浮筒式液位计通常有内置式和侧装外置式两种安装方式，如图 3-76 所示，二者的测量完全相同，但外置式安装更适用于温度较高的场合。

3.5.4　电容式物位计

电容式物位计是基于圆筒电容器工作的。图 3-77（a）所示的是由两个同轴圆柱极板组成的电容器，设极板长度为 L，内、外电极的直径分别为 d 和 D，当两极板之间填充介电常数为 ε_1 的介质时，两极板间的电容量为

$$C=\frac{2\pi\varepsilon_1 L}{\ln(D/d)} \tag{3-75}$$

当极板之间一部分介质被介电常数为 ε_2 的另一种介质填充时，如图 3-77（b）所示，两种介质不同的介电常数将引起电容量发生变化。设被填充的物位高度为 H，可推导出电容变化量 ΔC 为

$$\Delta C=\frac{2\pi(\varepsilon_2-\varepsilon_1)H}{\ln(D/d)}=KH \tag{3-76}$$

当电容器的几何尺寸和介电常数 ε_1、ε_2 保持不变时，电容变化量 ΔC 就与物位高度 H 成正比。因此，只要测量出电容的变化量就可以测得物位的高度，这就是电容式物位计的基本测量原理。

电容式物位计可以用于液位的测量，也可以用于料位的测量，但要求介质的介电常数保持稳定。在实际使用过程中，当现场温度、被测液体的浓度、固体介质的湿度或成分等发生变化时，介质的介电常数也会发生变化，应及时对仪表进行调整才能达到预想的测量精度。

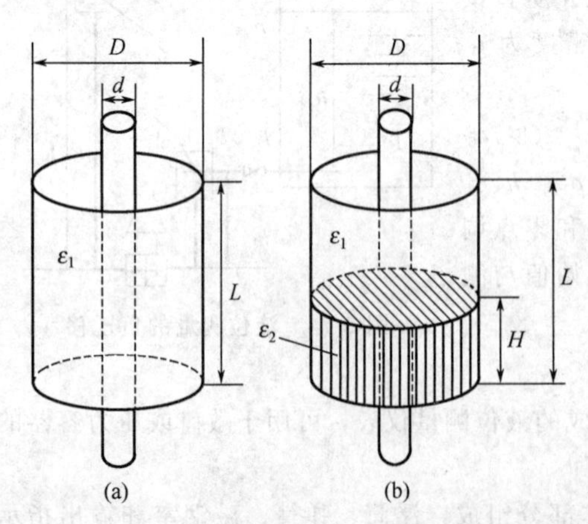

图 3-77　电容式物位计的测量原理

3.5.5 核辐射式物位计

核辐射式物位计是利用放射源产生的核辐射线（通常为 γ 射线）穿过一定厚度的被测介质时，射线的投射强度将随介质厚度的增加而呈指数规律衰减的原理来测量物位的。射线强度的变化规律如下式所示，即

$$I=I_0 e^{-\mu H} \tag{3-77}$$

式中，I_0 为进入物料之前的射线强度；μ 为物料的吸收系数；H 为物料的厚度；I 为穿过介质后的射线强度。

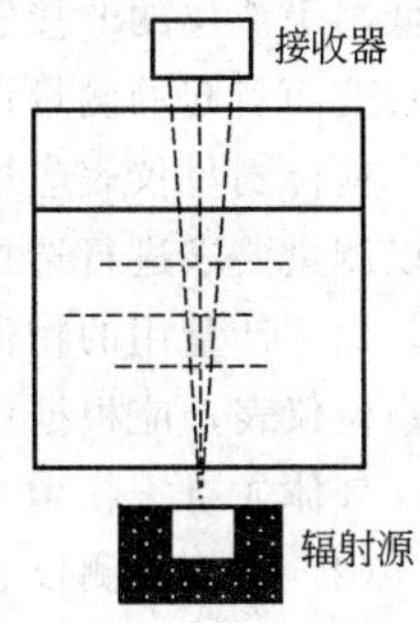

图 3-78 辐射式物位计的测量原理

图 3-78 是辐射式物位计的测量原理示意，在辐射源射出的射线强度 I_0 和介质的吸收系数 μ 已知的情况下，只要通过射线接收器检测出透过介质以后的射线强度 I，就可以检测出物位的厚度 H。

核辐射式物位计属于非接触式物位测量仪表，适用于高温、高压、强腐蚀、剧毒等条件苛刻的场合。核射线还能够直接穿透钢板等介质，可用于高温熔融金属的液位测量，使用时几乎不受温度、压力、电磁场的影响。但由于射线对人体有害，因此对射线的剂量应严加控制，且须切实加强安全防护措施。

3.5.6 物位检测仪表的选用和安装

（1）物位检测仪表的选用

在各种物位检测方法中，有的方法仅适用于液位检测，有的方法既用于液位检测，又可用于料位检测。在液位检测中静压式和浮力式检测是最常用的，如就地液位指示可根据被测介质的温度、压力选用玻璃板液位计或磁性浮子液位计。它们具有结构简单、工作可靠、精度较高等优点，但不适用于高黏度介质或易燃、易爆等危险性较大介质的液位检测。液位和界面的测量宜选用差压式、浮筒式或浮子式液位仪表。当不能满足要求时，可根据具体情况选用电容式、电阻式（电接触式）、声波式、静压式、雷达式、辐射式等物位仪表。

不同的设备采用不同的液位计进行测量，不同的液位计适用范围也各不相同。例如储罐液位仪表，可分为接触式（浮子式、差压式等）与非接触式（雷达式、超声波式等），若原油、重质油储罐液位测量，宜采用非接触式；轻质油、化工原料产品（非腐蚀性）储罐液位测量，宜采用非接触式或接触式；储罐就地液位指示，宜选用磁性浮子液位计、浮球液位计，也可选用直读式彩色玻璃板液位计；常压罐、压力罐、拱顶罐、浮顶罐的液体质量、密度、体积、液位等测量，可选用静压式储罐液位计，但高黏度液位测量不宜采用。下面具体介绍一下各种常用仪表的应用场合。

① 玻璃板液位计适用于就地液位指示，但不宜用于测量深色、黏稠并与管壁有沾染作用的介质液位。对于温度低于 80℃、压力小于 0.4MPa、不易燃、无爆炸危险和无毒的洁净介质，可选用带护罩的玻璃板液位计。

② 磁性浮子液位计适用于就地液位界面指示，它主要应用在工作压力不大于 10MPa，介质温度不大于 250℃，介质密度为 400～2000kg/m^3，介质密度差大于 150kg/m^3 的场合。该液位计不宜用于测量黏度高于 600mPa·s 的介质液位。

③ 差压式液位计用于液位（界面）测量，对于腐蚀性液体、黏稠性液体、熔融性液体、沉淀性液体等，如果采取灌隔离液、吹气或冲液等措施时，亦可选用差压变送器，但测液位的差压变送器应带有迁移机构。差压式液位计对于正常工况下液体密度发生明显变化介质的液位测量，不宜选用差压式变送器。

④ 浮筒式液位计用于密度、操作压力范围比较宽的场合，一般介质的液位（界面）测量以及真空、负压或易气化液体的液位测量。但在密度变化较大的场合，不宜选用浮筒式液位计。

⑤ 电容式液位计或射频式液位计可用于腐蚀性液体、沉淀性流体以及其他工艺介质的液位连续测量和位式测量。但对于易黏附电极的导电液体，不宜采用电容式液位计。两种液位计易受

电磁干扰的影响，使用时应采取抗电磁干扰措施。

⑥ 辐射式液位计可用于高温、高压、高黏度、易结晶、易结焦、强腐蚀、易爆炸、有毒性或低温等液位的非接触式连续测量或位式测量。使用时测量仪表应有衰变补偿，以避免由于辐射源衰变而引起的测量误差，提高运行的稳定性。

料位测量仪表应根据被测物料的工作条件、粒度、安息角、导电性、腐蚀性、料仓的结构形式以测量要求进行选择。仪表的量程应根据测量对象实际需要显示的范围或实际变化的范围确定。除了计量用的物位表，应使正常物位处于仪表量程的50%左右。用于爆炸危险场所的电子式物位仪表，应根据仪表安装场所的爆炸危险类别及被测介质，选合适的防爆结构形式。用于腐蚀性气体或有害粉尘等场所的电子式物位仪表，应根据使用现场环境，选择合适的防护形式。

（2）物位检测仪表的安装

① 玻璃板液位计应安装在便于观察、检修、拆卸的位置；液位计安装应垂直，其垂直允许偏差为液位计长度的5/1000。安装玻璃管液位计时，应用扳手轻轻拧紧，防止玻璃管碎裂。

② 差压式液位计应安装在温度和湿度波动小、无冲击和振动的地方。导压管要尽可能短；两边导压管内的液柱压头应保持平衡。

③ 浮筒式液位计的安装应使浮筒呈垂直状态，并处于正常液位或分界液位的高度。浮筒液位计安装时，浮筒内浮杆必须能自由上下，不能有卡涩现象。

3.6 成分和物性参数的检测

在工业生产过程中，成分和物性参数往往都是最直接的控制指标。例如，精馏塔系统中塔顶、塔底馏出物组分浓度的检测和控制，锅炉燃烧系统烟道气中O_2、CO、CO_2等气体含量的检测和控制，制药过程中pH值的检测和控制，啤酒生产过程中氧含量、浊度的检测和控制等。因此，关于成分和物性参数的检测和控制，也是许多控制系统的核心内容。下面简要介绍几种常用的成分和物性参数的检测方法。

3.6.1 热导式气体成分检测

热导式气体成分检测是根据混合气体中待测组分的热导率与其他组分的热导率有明显的差异这一事实，当被测气体的待测组分含量变化时，将引起热导率的变化，通过热导池转换成电热丝电阻值的变化，从而间接得知待测组分的含量。利用这一原理制成的仪表称为热导式气体分析仪，它是一种应用较广的物理式气体成分分析仪器。

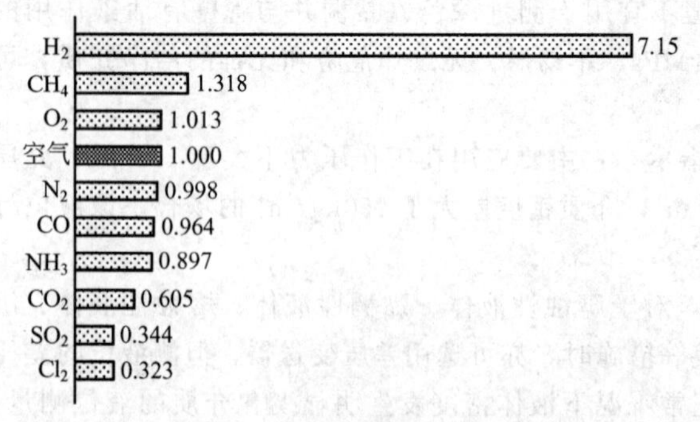

图 3-79 常见气体相对于空气的热导率

表征物质导热能力大小的物理量是热导率λ，λ越大，说明该物质传热速率越大。不同的物质，其热导率是不一样的，常见气体相对于空气的热导率参见图3-79。

对于由多种气体组成的混合气体，若彼此间无相互作用，其热导率可近似为

$$\lambda=\lambda_1c_1+\lambda_2c_2+\cdots+\lambda_ic_i+\cdots+\lambda_nc_n \tag{3-78}$$

式中，λ为混合气体的热导率；λ_i、c_i分别为第i种组分的热导率和浓度。

设待测组分的热导率为λ_1，浓度为c_1，其他气体组分的热导率近似相等，为λ_2。利用式(3-78)可以推出待测组分浓度和混合气体热导率之间的关系为

$$c_1=\frac{\lambda-\lambda_2}{\lambda_1-\lambda_2} \tag{3-79}$$

由此可见，只要测得混合气体的热导率 λ，就可以测得待测气体的浓度 c_1。

从上面的分析可以看出，热导式气体分析仪的使用必须满足两个要求：一是待测气体的热导率与其他组分的热导率要有显著的区别，差别越大，灵敏度越高；二是混合气体中其他组分的热导率应相同或者十分接近。由图 3-79 可知，H_2 的热导率是其他气体的数倍，CO_2、SO_2 的热导率则明显小于其他气体的热导率。因此，热导式气体分析仪可用于 H_2、CO_2、SO_2 等气体在一定条件下的浓度测量。

3.6.2 红外式气体成分检测

红外式气体成分检测是根据气体对红外线的吸收特性来检测混合气体中某一组分的含量。凡是不对称双原子或者多原子气体分子，都会吸收某些波长范围内的红外线，随着气体浓度的增加，被吸收的红外线能量越多。例如，CO 气体对波长在 4.65μm 附近的红外线具有极强的吸收能力，而 CO_2 气体的红外线特征吸收波长则在 4.26μm 和 2.78μm 附近。

红外线气体成分检测的基本原理如图 3-80 所示。红外线光源发生红外光，经反射镜，两路红外光分别经过参比室和工作室。参比室中充满不吸收红外线的 N_2，而待测气体经由工作室通过。

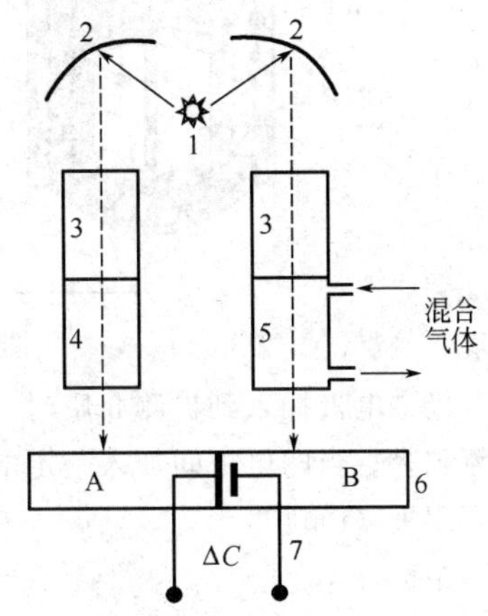

图 3-80　红外线气体成分检测原理

1—红外线光源；2—反射镜；3—滤波室或滤光镜；4—参比室；5—工作室；6—红外探测器；7—薄膜电容

如果待测气体中不含待测组分，红外线穿过参比室和工作室时均未被吸收，进入红外探测器 A、B 两个检测气室的能量相等，两个气室气体密度相同，中间隔膜也不会弯曲，因此平行板电容量不发生变化。

相反，如果待测气体中含有待测组分，红外线穿过工作室时相应波长的红外线被吸收，进入红外探测器 B 检测气室的能量降低（被吸收的能量大小与待测气体的浓度有关），B 气室气体压力降低，薄膜电容中的动片向右偏移，致使薄膜电容的容量产生变化，此变化量与混合气体中被测组分的浓度有关，因此电容的变化量就定义了被测气体的浓度。

由于不同气体会对不同波长的红外线产生不同的吸收作用，如 CO 和 CO_2 都会对 4～5μm 波长范围内的红外线有非常相近的吸收光谱，所以这两种气体的相互干扰就非常明显。为了消除背景气体的影响，可以在检测和参比两条光路上各加装一个滤波气室，滤波气室中充满背景气体，当红外光进入参比室和工作室之前，背景气体特征波长的红外线被完全吸收，使作用于两个检测气室的红外线能量之差只与被测组分的浓度有关。当然，图 3-80 中的两个滤波气室可以用两个相同的滤光镜来取代。

红外线成分检测仪较多地用于 CO、CO_2、CH_4、NH_3、SO_2、NO 等气体的检测，由于受到红外探测器检测气室、滤波气室等的限制，通常一台仪表只能测量一种组分的一定浓度。

3.6.3 溶解氧的检测

所谓溶解氧就是表征溶液中氧的浓度的参数，溶解氧测定的方法有很多，如化学反应法、电化学分析法、质谱分析法等。其中，基于溶氧电极发生电化反应是目前工业上最常用的溶解氧检测方法。

溶氧电极可分为原电池型和极谱型两类。

原电池型电极一般由 Ag、Au、Pt 等贵金属构成阴极，Pb 构成阳极，二者组成一对氧敏感的碱性原电池。当有微量氧含量通过原电池时，两个电极上将发生如下电化学反应，即

阴极（Ag）：　$O_2 + 2H_2O + 4e^- \longrightarrow 4OH^-$

阳极（Pb）：　$2Pb \longrightarrow 2Pb^{2+} + 4e^-$

氧在阴极上还原成 OH^-，并从外部取得电子；Pb 阳极氧化成 Pb^{2+}，同时向外部输出电子。当接通外部电路以后即可形成电流，电流的大小与氧的浓度之间具有良好的线性关系。因此，只要测得原电池电路中的电流就可以测得其中的溶解氧。原电池型传感器不需要外加极化电压，测量极限约为 1×10^{-6}，但会使溶液中含有铅离子。

极谱型电极是由一透气溶氧膜覆盖的电流型电极，如图 3-81 所示。通常，阳极材料为银，阴极材料为金或铂，氯化钾溶液作为电解液和两个电极一起组成电解池。

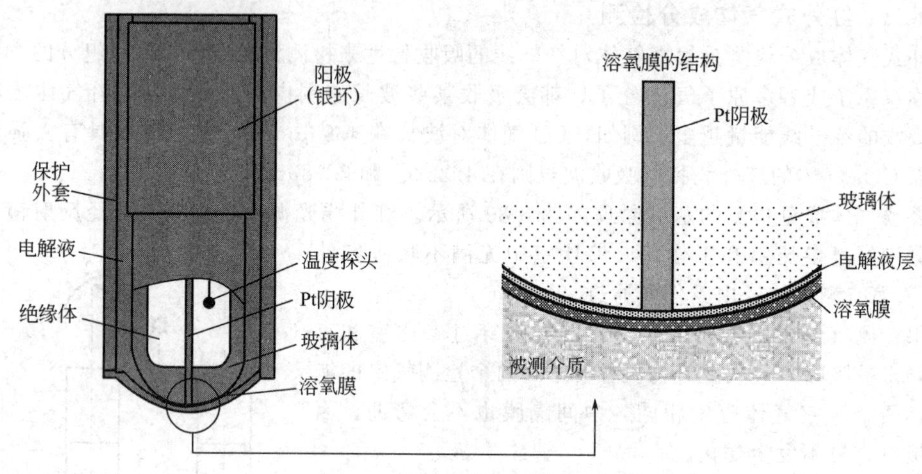

图 3-81　极谱型溶氧电极的结构原理

极谱电极插入到被测介质时，溶解氧通过溶氧膜到达阴极。介质中的氧分压越高，渗入的溶解氧越多。当两电极间加入一定的极化电压时，两电极上发生氧化还原反应，即

阴极（Pt）：　$O_2+2H_2O+4e^- \longrightarrow 4OH^-$

阳极（Ag）：　$4Ag+4Cl^- \longrightarrow 4AgCl+4e^-$

和原电池型电极相类似，极谱型电极的氧化还原反应形成了还原电流，还原电流的大小与氧含量成正比关系。但是，极谱型电极的还原电流绝对量很小，通常为纳安级电流，因此极谱型电极需要专门的信号放大装置对还原电流进行放大输出。

由于温度对氧在溶氧膜中的渗透性影响很大，因此电极中还封装有温度探头，并以此来对这种影响进行补偿。另外，在测量管道中流动介质溶解氧的时候，电极的安装也会对测量精度产生较大的影响。如图 3-82（a）、(b) 所示，如果电极正对着流体或者与流体顺向安装，会使探头附近积累气泡而影响测量精度。正确的安装方法可采用图 3-82（c）所示，探头以不易积累气泡的某个角度对着流体安装。

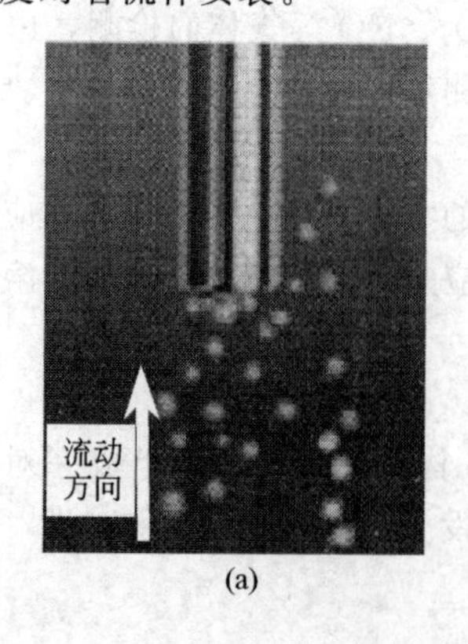

(a)

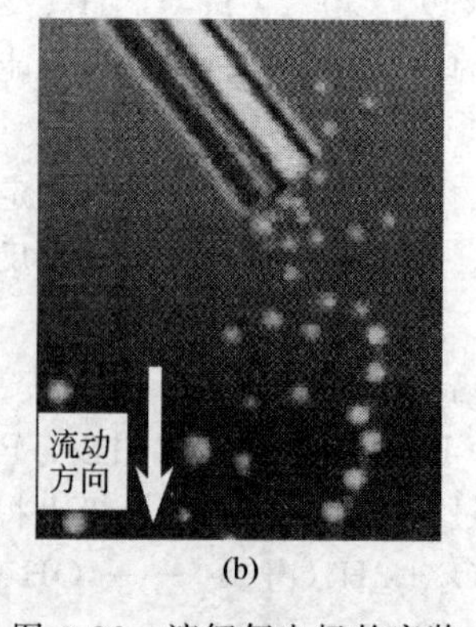

(b)

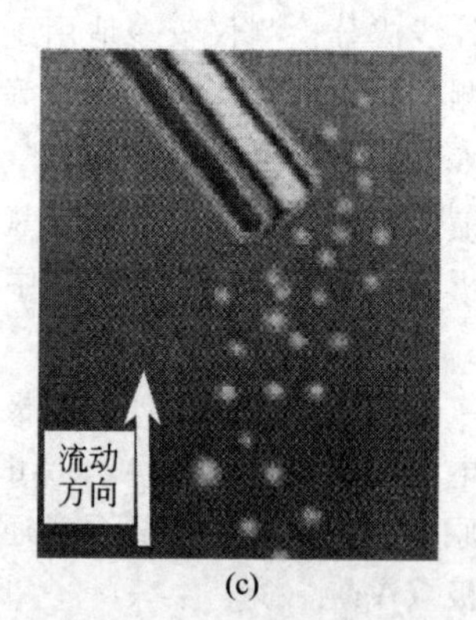

(c)

图 3-82　溶解氧电极的安装

极谱电极的结构简单，使用方便，测量极限可达 1×10^{-9}，测量精度约为 1%，目前已在水质分析、污水处理、酿造、制药、生物工程等领域有广泛应用。

3.6.4 pH 值的检测

pH 被定义为溶液中氢离子活度的负对数，由于直接测量氢离子的活度是有困难的，故通常采用由氢离子活度引起电极电位变化的方法来实现 pH 值的测量。根据 pH 电极理论的核心——能斯特方程可知，电极电位与离子活度的对数呈线性关系。这样，被测介质的 pH 值的测量问题就转化成了电池电动势的测量问题。

pH 电极包括一支测量电极（玻璃电极）和一支参比电极（甘汞电极），二者组成原电池。参比电极的电动势是稳定的和准确的，与被测介质中的氢离子活度无关；玻璃电极是 pH 值测量电极，它可产生正比于被测介质 pH 值的毫伏电势。可见，原电池电动势的大小仅取决于介质的 pH 值。因此，通过对电池电动势的测量，即可计算氢离子活度，也就实现了 pH 值的检测，如图 3-83 所示。如果把参比电极与测量电极封装在一起就形成了复合电极，近年来，由于复合电极具有结构简单，维护量小，使用寿命更长的特点，在各种工业领域中的应用十分广泛。

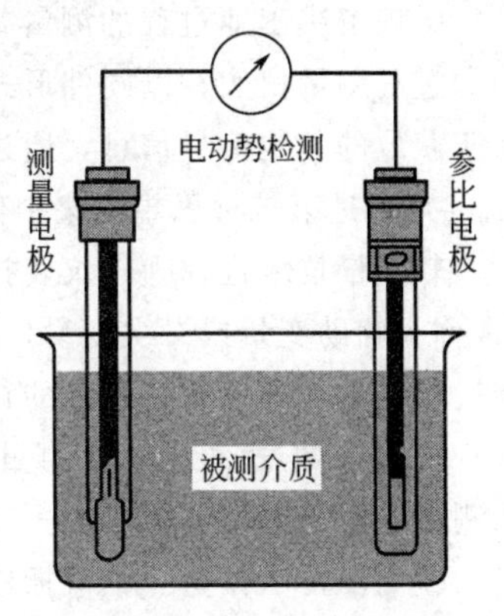

图 3-83　pH 值检测示意

3.6.5 浊度的检测

液体的浊度是液体中许多反应、变化过程进行程度的指示，也是很多行业的中间和最终产品质量检测的主要指标。人们对液体浊度的测量已有很长的历史，从最初的目测比浊、目测透视深度发展到用光电方法进行检测。

目前，用光电方法检测浊度基本上分为透射法和散射法两种。透射法是用一束光通过一定厚度的待测液体，并测量因待测液中的悬浮颗粒对入射光的吸收和散射所引起的透射光强度的衰减量来确定被测液体的浊度；散射法则是利用测量穿过待测液的入射光束被待测液中的悬浮颗粒散射所产生的散射光的强度来实现的。其中，工业上常用的浊度计多基于散射原理制成的。

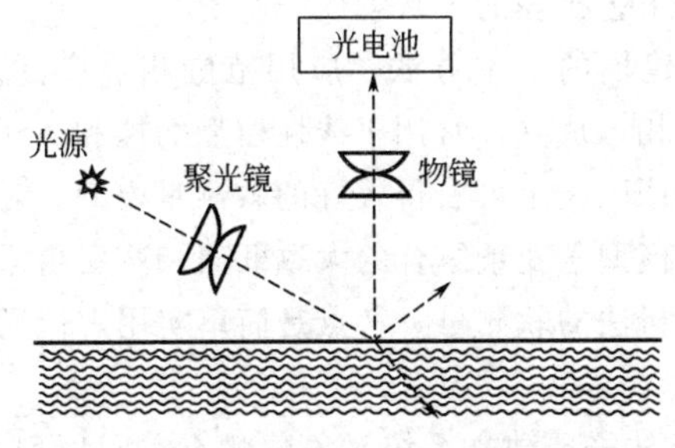

图 3-84　散射式浊度计的工作原理示意

如图 3-84 所示，光源发出的光，经聚光镜聚光以后，以一定的角度射向被测液体，入射光被分成三部分：液体表面的反射光、进入液体内部的折射光和因颗粒产生的散射光。经过设计，只有因颗粒产生的向上的散射光才能进入物镜，其他光线将被侧壁吸收。向上的反射光经物镜的聚光后，照射到光电池上，再经光电池转换成电压输出。

随着被测液体中颗粒的增加，散射光增强，光电池输出增加。当被测液体中不含固体颗粒时，光电池的输出为零。因此，只要测量出光电池的输出电压就可以测出液体中的浊度。为了提高测量精度，浊度计还设有亮度补偿和恒温装置。

3.7 软测量技术简介

随着现代工业过程对控制、计量、节能增效和运行可靠性等要求的不断提高，现代过程检测的内涵和外延较之以往均有很大的深化和拓展。单纯依据流量、温度、压力和液位等常规过程参数的测量信息往往不能完全满足工艺操作和控制的要求，很多控制系统需要获取诸如成分、物性乃至反映过程的多维时空分布信息（例如化学反应器内的介质浓度及其分布等），才能实现更有效的过程控制、优化控制、故障诊断、状态监测等功能。虽然过程检测技术发展至今已有长足的进步，但在实际工业过程中仍存在许多无法或难以用传感器或过程检测仪表进行直接测量的重要过程参数。

一般解决工业过程的测量要求有两条途径：一是沿袭传统的检测技术发展思路，通过研制新型的过程测量仪表，以硬件形式实现过程参数的直接在线测量；二是采用间接测量的思路，利用易于获取的其他测量信息，通过计算来实现被检测量的估计。“软测量技术”（Soft-Sensing Technique）正是第二种思想的集中体现。

软测量技术也称为软仪表技术（Soft Sensor Technique)。概括地讲，就是利用易测过程变量（常称为辅助变量或二次变量，例如工业过程中容易获取的压力、温度等过程参数），依据这些易测过程变量与难以直接测量的待测过程变量（常称为主导变量，例如精馏塔中的各种组分浓度等）之间的数学关系（软测量模型），通过各种数学计算和估计方法，实现对待测过程变量的测量。

软测量技术作为一个概括性的科学术语被提出并得到了快速发展，始于20世纪80年代中后期。经过多年的发展，目前已建立了不少构造软仪表的理论和方法，软测量技术也已经在许多实际工业装置上得到了成功的应用。

通常，软测量技术可分为机理建模、回归分析、状态估计、模式识别、人工神经网络、模糊数学、过程层析成像、相关分析和现代非线性信息处理技术等九种。相对而言，前六种软测量技术的研究较为深入，在过程控制和检测中有更多成功的应用。

① 基于工艺机理分析的软测量　基于工艺机理分析的软测量主要是运用化学反应动力学、物料平衡、能量平衡等原理，通过对过程对象的机理分析，找出不可测主导变量与可测辅助变量之间的关系（建立机理模型），从而实现某一参数的软测量。

对于工艺机理较为清楚的工艺过程，该方法能构造出性能较好的软仪表。但是对于机理研究不充分、尚不完全清楚的复杂工业过程，难以建立合适的机理模型。此时该方法就需要与其他参数估计方法相结合才能构造软仪表。这种软测量方法是工程中最容易接受的方法，其特点是简单，工程背景清晰，便于实际应用，但应用效果依赖于对工艺机理的了解程度。

② 基于回归分析的软测量　经典的回归分析是一种建模的基本方法，应用范围相当广泛。以最小二乘原理为基础的一元和多元线性回归技术目前已相当成熟，常用于线性模型的拟和。对于辅助变量较少的情况，一般采用多元线性回归中的逐步回归技术可获得较好的软测量模型。对于辅助变量较多的情况，通常要借助机理分析，首先获得模型各变量组合的大致框架，然后再采用逐步回归方法获得软测量模型。总的来讲，基于回归分析法的软测量，特点是简单实用，但需要大量的样本（数据），且对测量误差较为敏感。

③ 基于状态估计的软测量　基于状态估计的软测量方法需要建立系统对象的状态空间模型。如果系统的状态变量作为主导变量，且关于辅助变量是完全可观的，那么软测量问题就转化为典型的状态观测和状态估计问题。采用 Kalman 滤波器和 Luenberger 观测器是解决问题的有效方法。目前，这两种方法均已从线性系统推广到了非线性系统，前者适用于白色或静态有色噪声的过程，而后者则适用于观测值无噪声且所有过程输入均已知的情况。

基于状态估计的软仪表由于可以反映主导变量和辅助变量之间的动态关系，有利于处理各变量间动态特性的差异和系统滞后等情况。但由于复杂的工业过程，常常难以建立系统的状态空间模型，这在一定程度上限制了该方法的应用。同时在许多工业生产过程中，常常会出现持续缓慢变化的不可测的扰动，在这种情况下该种软仪表可能会导致显著的误差。

④ 基于模式识别的软测量　该种软测量方法是采用模式识别的方法对工业过程的操作数据进行处理，从中提取系统的特征，构成以模式描述分类为基础的模式识别模型。

不同于传统的数学模型，基于模式识别方法建立的软测量模型是一种以系统的输入、输出数据为基础，通过对系统特征提取而构成的模式描述式模型。该方法的优势在于它适用于缺乏系统先验知识的场合，可利用日常操作数据来实现软测量建模。在实际应用中，该种软测量方法常常和人工神经网络以及模糊技术结合在一起。

⑤ 基于人工神经网络的软测量　基于人工神经网络的软测量是近年来研究最多、发展很快和应用范围很广泛的一种软测量技术。由于人工神经网络具有自学习、联想记忆、自适应和非线性逼近等功能，因此这种软测量方法可在不具备对象的先验知识的条件下，根据对象的输入/输出数据直接建模，将辅助变量作为人工神经网络的输入，而主导变量则作为网络的输出，通过网络的学习来解决不可测变量的测量问题。这种方法还具有模型在线校正能力强，并能适用于高度非线性和严重不确定性系统的特点。

需要指出的是，人工神经网络的种种优点，使得这种软测量备受关注，但该种软测量技术不是万能的。在实际应用中，网络学习训练样本的数量和质量、学习算法、网络的拓扑结构和类型等的选择对所构成的软仪表的性能都有重大影响。

⑥ 基于模糊数学的软测量　模糊数学模仿人脑逻辑思维特点，是处理复杂系统的一种有效手段之一，在过程软测量中也得到了大量应用。基于模糊数学的软测量所建立的相应模型是一种知识性模型，该种软测量方法特别适合应用于复杂工业过程中被测对象呈现亦此亦彼的不确定性，难以用常规数学定量描述的场合。实际应用中常将模糊技术和其他人工智能技术相结合，例如模糊数学和人工神经网络相结合构成模糊神经网络，将模糊数学和模式识别相结合构成模糊模式识别，这样可互相取长补短以提高软仪表的效能。

⑦ 基于过程层析成像的软测量　基于过程层析成像的软测量与其他软测量技术不同的是，它是一种以医学层析成像技术为基础的可在线获取过程参数二维或三维的实时分布信息的先进检测技术，采用该技术可获取关于该变量的时空分布信息。

国内外对过程层析成像的研究始于20世纪80年代中后期，目前在解决两相流/多相流系统参数测量上已取得了不少进展，例如两相管流的流型判别、分相流量的测量，流化床反应器的空隙率的检测等，这是现代过程检测技术领域中一个重要的研究方向。由于技术发展水平的制约，该种软测量技术目前离工业实用化还有一定距离，在过程控制中的直接应用还不多。

⑧ 基于相关分析的软测量　基于相关分析的软测量技术是以随机过程中的相关分析理论为基础，利用两个或多个可测随机信号间的相关特性来实现某一参数的在线测量。

该种软测量方法大多采用的是互相关分析方法，即利用各辅助变量（随机信号）间的互相关函数特性来进行软测量。目前这种方法主要应用于难测流体流速或流量的在线测量和故障诊断（例如流体输送管道泄漏的检测和定位）等。

⑨ 基于现代非线性信息处理技术的软测量　基于现代非线性处理技术的软测量是利用易测过程信息（辅助变量，它通常是一种随机信号），采用先进的信息处理技术，通过对所获信息的分析处理提取信号特征量，从而实现某一参数的在线检测或过程状态的识别。

这种软测量技术的基本思想也是通过信号处理来解决软测量问题，具体的信息处理方法大多是各种先进的非线性信息处理技术，例如小波分析、混沌和分形技术等，因此能适用于常规的信号处理手段难以适应的复杂工业系统。

软测量技术作为一种新型的过程参数检测技术，为解决复杂过程参数的检测问题提供了一条有效的途径。20世纪90年代以来，软测量技术的发展相当迅速，在理论研究和实际应用两方面均取得了多方面的成果，展示了良好的工业应用前景。但它毕竟是一门新技术，系统的理论体系目前也尚未形成，仍有不少理论和实践问题有待于今后进一步完善，因此过分夸大软测量技术的作用或忽视软测量技术的重要性都是不正确的。

3.8 安全仪表系统

安全仪表系统（Safety Instrumented System ，SIS）也称为安全连锁系统、紧急停车系统等，它是能实现一个或多个安全仪表功能的系统。它是由国际电工委员会（IEC）标准 IEC 61508 及 IEC 61511 定义的专门用于工业过程的安全控制系统，用于对设备可能出现的故障进行动作，使生产装置按照规定的条件或者程序退出运行，从而使危险降低到最低程度，以保证人员、设备的安全或避免工厂周边环境的污染。

3.8.1 安全仪表系统的基本概念

3.8.1.1 安全度等级（SIL）

安全度等级（SIL）是指在一定的时间和条件安全系统能成功执行其安全功能的概率，它是对风险降低能力和期望故障率的度量，是对系统可靠程度的一种衡量。国际电工委员会 C61508 将过程安全度等级定义为 4 级（SIL1～SILJ4，其中 SILJ4 用于核工业）。

① SIL1 级　装置可能很少发生事故。如发生事故，对装置和产品有轻微的影响，不会立即造成环境污染和人员伤亡，经济损失不大。

② SIL2 级　装置可能偶尔发生事故。如发生事故，对装置和产品有较大的影响，并有可能造成环境污染和人员伤亡，经济损失较大。

③ SIL3 级　装置可能经常发生事故。如发生事故，对装置和产品将造成严重的影响，并造成严重的环境污染和人员伤亡，经济损失严重。

石油和化工生产装置的安全度等级一般都低于 SIL3 级，采用 SIL2 级安全仪表系统基本上都能满足多数生产装置的安全需求。

3.8.1.2 安全仪表系统（SIS）

安全仪表系统（SIS）是用仪表构成的实现安全功能的系统，主要由传感器、逻辑运算器、最终执行元件及相应软件组成。当生产过程出现变量越限、机械设备故障、SIS 系统本身故障或能源中断时，安全仪表系统必须能自动（必要时可手动）完成预先设定的动作，保证操作人员、生产装置转入安全状态。安全仪表系统的 SIL 等级是由传感器、逻辑运算器、最终执行元件等各组成部件的 SIL 等级共同决定的。其中根据 SIL 等级不同，逻辑运算器可采用以下不同的结构，如 1oo2D（1 out of 2 with Diagnostic）——二取一带故障自诊断。当一个 CPU 被检测出故障时，该 CPU 被切除，另一个 CPU 继续工作，若第二个 CPU 再被检测出故障，则系统停车。2oo3（2 out of 3）——三取二表决方式，即三个 CPU 中若一个与其他两个不同，该 CPU 故障，其余两个继续工作，若再有一个 CPU 故障，则剩下的那个继续工作，直到三个都故障，则系统停车。2oo4D（2 out of 4 with Diagnostic）——双重化二取一带自诊断方式。系统中两个控制模块共有两个 CPU，当一个控制模块中 CPU 被检测出故障时，该 CPU 被切除，另一个控制模块开始以 1oo2D 方式工作，若这一模块中再有一个 CPU 被检测出故障，则系统停车。其中第二和第三种方式在实际中应用较多。

在工程设计中，逻辑运算器的 SIL 等级一般选的都比较高，可达到 SIL3 级，但传感器和最终执行元件的 SIL 等级通常都在 SIL2 级以下，因此，整个系统的 SIL 等级一般都不会高于 SIL2 级。

3.8.1.3 SIS评价指标

SIS是为生产过程的安全而设置的，在工艺参数偏离允许范围时系统必须正确无误地执行安全程序。其可靠性（可用度）和安全性（故障安全）是评价SIS好坏的两个重要指标。但是可用度并不代表系统故障安全。它们的区别在于：可用度是基于导致系统停车的故障进行计算的，可是对引起系统进入安全状态的故障和引起系统进入危险状态的故障是不区别的，它是系统故障频度的度量；故障安全是指系统在故障时按已预知的方式进入安全状态。高可用度的重要性在于系统很少出现进入安全状态或危险状态的故障；故障安全的重要性在于即使系统出现故障，也不会出现灾难性事故。一个好的SIS，既应该有较高的可靠性，又具有很高的安全性。

3.8.2 安全仪表系统的结构

目前SIS系统主要有继电器系统结构、PLC系统结构、三重化（TMR）系统结构等。不同的结构用于不同的场合。

（1）继电器系统结构

继电器系统结构的SIS在工程控制中已经使用数十年，证明“失效安全”型的继电器系统具有良好的安全性能。由继电器线路构成SIS虽然价格便宜，但存在系统庞大、维护困难、可靠性不高、不能与DCS系统通讯、无自诊断功能等缺点，正被逐渐淘汰。继电器系统结构的SIS的平均无故障工作时间（MTBF）为10年。

（2）PLC系统结构

PLC系统结构的SIS灵活性好、体积小、可以编程和扩展修改方便、可靠性高，能实现与DCS通讯以及具备自诊断功能。但只有取得安全证书的PLC才能作为石油化工生产装置的SIS逻辑部件。PLC系统结构的SIS，安全等级在SIL2～3之间，可以覆盖大多数的石油化工装置，价格比较适中，平均无故障工作时间为190年。

（3）TMR系统结构

目前，出现了一些专业的安全仪表系统制造商，如TRICONEX。这些系统大都采用TMR（三重化模块冗余）系统：主处理器、I/O模块、电源采用三重化冗余配置，任何一个模块发生故障都不会影响其他两个模块的正常工作，并可以实现在线更换。同时采用容错技术进行三取二表决，将安全系统的显性故障率和隐性故障率大为降低，可适合于所有的工业过程，是目前最为先进的SIS系统，其不足之处是价格比较昂贵，其平均无故障工作时间为190年。

3.8.3 安全仪表系统（SIS）集成设计

（1）独立设置原则

安全仪表系统（SIS）应独立于过程控制系统，以降低控制功能和安全功能同时失效的概率，使其不依附于过程控制系统就能独立完成自动保护联锁的安全功能。同时，按照需要配置相应的通讯接口，使过程控制系统能够监视安全仪表系统（SIS）的运行状况。原则上，要求独立设置的部分有检测元件、执行元件、逻辑运算器、通讯设备。复杂的SIS应该合理地分解为若干个子系统，各子系统应该相对独立，分组设置后备手动功能。

通常SIS的安全等级要高于过程控制系统的安全等级，独立设置有利于采用高级系统而不至于大幅度地增加企业投资。对不可能将SIS与过程控制系统分开的特殊情况（如气体透平控制系统包括了控制和安全功能），可以将二者合二为一，但该系统的安全等级应按SIS的安全等级来考虑。为了控制投资，SIS所包含的过程控制系统应尽可能地缩小。

（2）SIS系统结构分类及选用原则

SIS可采用电气、电子或者可编程技术，也可以采用由它们组合的混合技术。SIS采用电气、电子技术方案时，主要是用继电器线路来完成其逻辑联锁功能，难以完成复杂系统的安全方面的要求，有其局限性。尤其在安全生产日益受到重视的今天，PES（可编程控制器、分散控制系统控制器或专用的独立微处理器）技术发展成熟的今天，采用 PES 技术实现 SIS 安全联锁功能已是各专业 SIS 系统供应厂商的首选。

下列情况不可采用继电器：高负荷周期性频繁改变状态；定时器或锁定功能；复杂的逻辑应用。固态继电器适用于高负荷的应用，但选用时应恰当处理好非故障安全模式。不推荐固态逻辑用于 SIS 系统。当固态逻辑用于 SIS 时，通常要用 PES 作为其诊断测试工具。

下列情况必须采用 PES 技术：有大量的输入/输出，或许多模拟信号；逻辑要求复杂或者包括计算功能；要求外部数据与过程控制系统进行通信；对不同的操作有不同的设定点。

（3）SIS 系统冗余原则

对于 SIS 系统，不管是硬件还是软件，一般都采用冗余结构，但冗余结构元件必须是可靠的，以防降低系统的可靠性。系统常采用的冗余方法有：①在知道参数间有一定的关系的情况下，可以使用不同的测量方法；②对同一变量采用不同的测量技术；③对冗余结构的每一个通道，采用不同类型的可编程；④采用不同的地址。

选用 SIS 结构时，有以下方面的内容必须确认：选择励磁停车或非励磁停车设计方式；选择同类还是不同类的冗余检测元件，逻辑运算器和最终控制元件；选择什么样的冗余能源和系统电源；选择好操作员接口部件以及它们连接到系统的方法；选择好 SIS 与其他子系统（如 DCS）的通讯接口和通讯方式；考虑系统元件的故障率；考虑诊断覆盖率；考虑好测试间隔。

（4）安全故障型原则

SIS 应该是安全故障型的。SIS 的检测元件以及最终执行元件在系统正常时应该是励磁的，在系统不正常时应该是非励磁的，即非励磁停车设计。一理想的 SIS 应该具有 100％可用性。但由于系统内部的故障概率不能等于零，因此不可能得到可用性为 100％SIS。SIS 的设计目标应该为：当出现故障时，系统能自动转入安全状态，即故障安全系统，从而可以避免由于 SIS 自身故障或因停电、停气而使生产装置处于危险状态。

（5）中间环节最少原则

SIS 的中间环节应该是最少的。中间环节多，发生故障的概率就会增加，系统可用性也就会降低。SIS 设计切忌华而不实，应当用最为简捷的方式实现其功能。

3.8.4 安全仪表系统中传感器设计原则

安全仪表系统的设计包括传感器的设计、执行机构设计和逻辑运算器设计。这里主要介绍一下安全仪表系统中传感器的设计。

（1）传感器的独立设置原则

不同安全级别的安全仪表系统，选择不同的传感器的个数和不同的连接方式。一般来说，一级安全仪表系统可采用单一的传感器，并可以和过程控制系统共用。二级及以上的安全仪表系统应采用冗余的传感器，且应与过程控制系统分开连接。

（2）传感器的冗余设置原则

1 级安全仪表系统，可采用单一的传感器。2 级及以上的安全仪表系统，宜采用冗余的传感器。

（3）传感器的冗余方式选用

设计时当重点考虑系统的安全性时，传感器输出信号应采用“或”逻辑结构。当重点考虑系统的可用性时，传感器输出应采用“与”逻辑结构。当系统的安全性和可用性均需保障时，传感器输出宜采用三取二逻辑结构。

(4) 从安全角度考虑，安全仪表系统的传感器宜采用隔爆型。

具体来说，传感器的设计主要有以下几条：

① 传感器采用隔爆型（减少故障点），宜与过程控制系统分开，独立设置；

② 传感器输出采用开关量或4～20mA DC模拟信号，不采用现场总线、HART或其他串行通信信号；

③ 为了提高系统的安全性和可用性，采用单个传感器时，传感器输出不能直接作为启动安全仪表系统的自动联锁条件；

④ 当传感器输出作为启动安全仪表系统的自动联锁条件时，应采用两个或两个以上传感器。重点考虑系统的安全性时，传感器配置采用二取一“或”逻辑结构；重点考虑系统的可用性时，传感器配置采用二取二“与”逻辑结构；系统的安全性和可用性均需保障时，传感器配置采用三取二逻辑结构。

思考题与习题

1. 过程参数检测的作用是什么？工业上常见的过程参数主要有哪些？

2. 传感器、变送器的作用各是什么？二者之间有什么关系？

3. 何谓测量误差？何谓检测仪表的精度等级？

4. 某控制系统根据工艺设计要求，需要选择一个量程为0～100m^3/h的流量计，流量检测误差小于±0.6m^3/h，试问选择何种精度等级的流量计才能满足要求？

5. 某控制系统中有一个量程为20～100kPa、精度等级为0.5级的差压变送器，在定期校验时发现，该仪表在整个量程范围内的绝对误差的变化范围是－0.5～＋0.4kPa，试问该变送器能否直接被原控制系统继续使用？为什么？如果该变送器不能直接使用，应该如何处理该变送器？

6. 某温度控制系统，最高温度为700℃，要求测量的绝对误差不超过±10℃，现有两台量程分别为0～1600℃和0～1000℃的1.0级温度检测仪表，试问应该选择哪台仪表更合适？如果有量程均为0～1000℃，精度等级分别为1.0级和0.5级的两台温度变送器，那么又应该选择哪台仪表更合适？试说明理由。

7. 过程参数的一般检测原理主要有哪些？

8. 简述变送器的理想输入输出特性及其输入输出表达式。

9. 分别简述电动模拟式变送器、数字式变送器的构成原理，二者的输出信号有什么不同？

10. 何谓变送器的零点调整、量程调整和零点迁移？它们的作用各是什么？

11. 电动模拟式变送器的电源和输出信号的连接方式有哪几种？目前在工业现场最常见的是哪一种？它有什么样的特点？

12. HART协议数字通信的信号制是什么？它有什么样的特点？

13. 有一台DDZ-Ⅲ型两线制差压变送器，已知其量程为20～100kPa，当输入信号为40kPa和70kPa时，变送器的输出信号分别是多少？

14. 什么叫压力？表压力、绝对压力、负压力（真空度）之间有何关系？

15. 简述弹簧管压力表的基本组成和测压原理。

16. 试简述图3-19所示的DDZ-Ⅲ型膜盒式差压变送器的基本测量原理，其中包含的负反馈环节有什么作用？

17. 电容式差压变送器的工作原理是什么？有何特点？

18. 应变片式压力传感器和压阻式压力传感器的工作原理和特点各是什么？

19. 某空压机缓冲罐，其正常工作压力范围为1.1～1.6MPa，工艺要求就地指示压力，并要求测量误差小于被测压力的±5%，试选择一个合适的压力表（类型、量程、精度等级等），并说明理由。

20. 某气氨贮罐，其正常工作压力范围为14MPa，并要求测量误差小于±0.4MPa，试选择一个合适的就地指示压力表（类型、量程、精度等级等），并说明理由。

21. 压力检测仪表的安装需要注意哪些问题？

22. 如图 3-36 所示的差压变送器三阀组的作用是什么？在使用过程中应该如何操作？

23. 试述温度检测仪表有哪几类？各有什么特点？

24. 简述式（3-33）的基本含义。

25. 试推导热电偶的中间导体定律和等值替代定律。

26. 热电偶补偿导线的作用是什么？在选择使用补偿导线时需要注意哪些问题？

27. 工业上常用的标准热电偶有哪些？它们各有什么特点？

28. 采用热电偶测量温度时为什么需要进行两端温度补偿？冷端温度补偿主要有哪几种方法？简述电桥补偿方法的基本原理。

29. 已知热电偶的分度号为 K，工作时的冷端温度为 30℃，测得的热电势为 38.5mV，求工作端的温度是多少。如果热电偶的分度号为 E，其他条件不变，那么工作端的温度又是多少？

30. 已知热电偶的分度号为 K，工作时的冷端温度为 30℃，测得热电势以后，错用 E 分度表查得工作端的温度为 715.2℃，试求工作端的实际温度是多少？

31. 工业上常用的热电阻温度变送器有哪几种？

32. 热电阻信号有哪几种常用的连接方式？各有什么特点？图 3-55 一体化热电阻温度变送器采用的是哪种连接方式？简述其输入电路的基本原理。

33. 用 Pt100 测量温度，在使用时错用了 Cu100 的分度表，查得温度为 140℃，试问实际温度应该为多少？

34. 简述测温元件的安装基本要求。

35. 体积流量、质量流量、瞬时流量、累积流量的含义各是什么？

36. 简述式（3-52）的基本含义。

37. 为什么孔板式流量计、电磁流量计等很多流量计的安装点前后都有直管段的要求？

38. 有一台用水刻度的转子流量计，转子由密度为 7900kg/m^3 不锈钢制成，用它来测量密度为 790kg/m^3 的某液体介质，当仪表读数为 $5\text{m}^3/\text{h}$ 时，被测介质的实际流量为多少？如果转子是由密度为 2750kg/m^3 铝制成，其他条件不变，则被测介质的实际流量又为多少？

39. 用转子流量计来测量压力为 0.65MPa、温度为 40℃的 CO_2 气体流量，若读数为 $50\text{m}^3/\text{h}$，求 CO_2 的实际流量（已知在标准状态下 CO_2 和空气的密度分别为 1.977kg/m^3 和 1.293kg/m^3）。

40. 电磁流量计的工作原理是什么？在使用时需要注意哪些问题？

41. 简述涡轮流量计、旋涡流量计的工作原理及特点。

42. 椭圆齿轮流量计的基本工作原理及特点是什么？

43. 流体的质量流量有哪些测量方法？

44. 图 3-85 所示的液位测量系统中采用双法兰差压变送器来测量某介质的液位。已知介质液位的变化范围 $h=0\sim950\text{mm}$，介质密度 $\rho=1200\text{kg/m}^3$，两取压口之间的高度差 $H=1200\text{mm}$，变送器毛细管中填充的硅油密度为 $\rho_1=950\text{kg/m}^3$，试确定变送器的量程和迁移量。

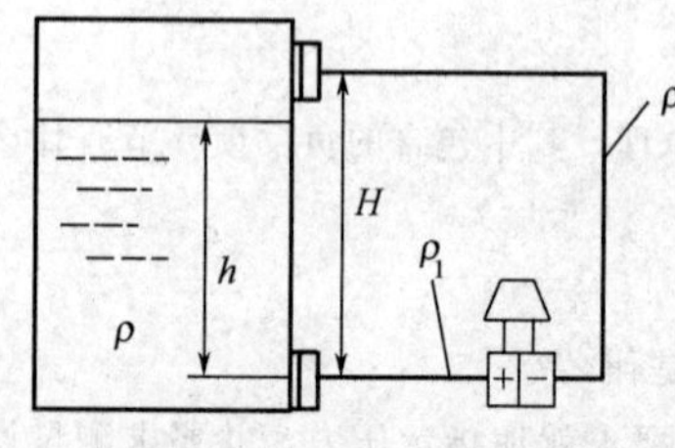

图 3-85　液位测量系统

45. 有两种密度分别为 ρ_1 和 ρ_2 的互不相溶的液体，在容器中它们的界面会经常变化，试问能否利用差压变送器来连续测量其界面？并说明理由。如果可以测量，则在测量过程中需要注意哪些问题？

46. 简述浮筒式液位计的测量原理。

47. 电容式物位计和核辐射式物位计在使用过程中分别需要注意什么问题？

48. 试述成分和物性参数检测的意义。

49. 试比较热导式气体分析仪和热磁式气体分析仪的测量原理。

50. 为什么说红外式气体成分分析仪同时只能测量一种组分的浓度？如果背景气体中含有与待测气体具有相近吸收光谱的某气体组分，则在使用时应如何处理？

51. 原电池型溶解氧分析仪和极谱型溶解氧分析仪的测量原理有何不同？

52. 简述 pH 电极的组成及测量原理。

53. 简述散射式浊度计的基本工作原理。

54. 什么叫软测量技术？它与常规仪表检测的本质区别是什么？

55. 迄今为止主要有哪几种软测量方法？其特点分别是什么？

56. 安全仪表系统中安全仪表分为几个等级？各适用于哪些场合？

57. 安全仪表系统由哪些环节构成？如何确定系统的安全度等级？

58. 安全仪表系统中检测元件的设计原则是什么？

4 控 制 器

4.1 控制器概述

控制器（调节器）是将被控变量测量值与给定值相比较后产生的偏差进行一定的PID运算，并将运算结果以一定信号形式送往执行器，以实现对被控变量的自动控制。控制分为模拟式调节器和数字式控制器。

模拟式调节器所传送的信号为连续的模拟信号，它除了对偏差进行PID运算外，一般调节器还需要具备如下功能。

① 偏差显示　调节器的输入电路接收测量信号和给定信号，两者相减，获得偏差信号，由偏差显示表显示偏差的大小和正负。

② 输出显示　调节器输出信号的大小由显示仪表显示，习惯上显示表也称作阀位表。阀位表不仅显示调节阀的开度，而且通过它还可以观察到控制系统受干扰影响后调节器的控制过程。

③ 提供内给定信号及内、外给定的选择　当调节器用于单回路定值控制系统时，给定信号由调节器内部提供，故称作内给定信号；在随动控制系统中，调节器的给定信号往往来自调节器的外部，称为外给定信号。调节器通过内、外给定开关来选择接收内、外给定信号。

④ 正、反作用的选择　就控制系统而言，当调节器的输入信号增大输出随之增大，称为正作用调节器；而调节器的输入信号增大，输出减小则称为反作用调节器。为了构成一个负反馈系统，必须正确地确定调节器的正、反作用，否则整个控制系统就无法正常运行。可以通过调节器的正、反作用开关来选择正反作用。

⑤ 手动操作与手动/自动双向切换　调节器的手动操作功能是必不可少的。在自动控制系统投入运行时，往往先进行手动操作，来改变调节器的输出信号，待系统基本稳定后再切换为自动运行。当自控工况不正常或者调节器的自动部分失灵时，也必须切换到手动操作，防止系统的失控。通过调节器的手动/自动双向切换开关，可以对调节器进行手动/自动切换，而在切换过程中，都希望切换操作不会给控制系统带来扰动，调节器的输出信号不发生突变，即必须要求无扰动切换。

随着计算机技术的发展，模拟式调节器在实际控制系统中用得越来越少，下面主要介绍数字式控制器。

4.2 数字式控制器

4.2.1 数字式控制器的主要特点

相比于模拟式调节器，数字式控制器的硬件及其构成原理有很大的差别，它以微处理器为核心，具有丰富的运算控制功能和数字通信功能、灵活方便的操作手段、形象直观的数字或图形显示、高度的安全可靠性，比模拟式调节器能更方便有效地控制和管理生产过程，因而在工业生产过程中有广泛的应用。归纳起来，数字式控制器有如下主要特点。

① 实现了模拟仪表与计算机一体化　将微处理器引入控制器，充分发挥了计算机的优越性，使数字式控制器的功能得到很大的增强，提高了性能价格比。同时考虑到人们长期以来的习惯，数字式控制器在外形结构、面板布置、操作方式等方面保留了模拟式调节器的特征。

② 运算控制功能强　数字式控制器具有比模拟式调节器更丰富的运算控制功能，一台数字式控制器既可实现简单PID控制，也可以实现串级控制、前馈控制、变增益控制和史密斯补偿控制；既可以进行连续控制，也可以进行采样控制、选择控制和批量控制。此外，数字式控制器还可对输入信号进行处理，如线性化、数据滤波、标度变换、逻辑运算等。

③ 通过软件实现所需功能　数字式控制器的运算控制功能是通过软件实现的。在可编程调节器中，软件系统提供了各种功能模块，用户选择所需的功能模块，通过编程将它们连接在一起，构成用户程序，便可实现所需的运算与控制功能。

④ 具有和模拟式调节器相同的外特性　尽管数字式控制器内部信息均为数字量，但为了保证数字式控制器能够与传统的常规仪表相兼容，数字式控制器模拟量输入输出均采用国际统一标准信号（4～20mA DC，1～5V DC），可以方便地与DDZ-Ⅲ型仪表相连。同时数字式控制器还有数字量输入输出功能。用户程序采用“面向过程语言（POL）”编写，易学易用。

⑤ 具有通信功能，便于系统扩展　数字式控制器除了用于代替模拟式调节器构成独立的控制系统之外，还可以与上位计算机一起组成DCS控制系统。数字式控制器与上位计算机之间实现串行双向的数字通信，可以将手动/自动状态、PID参数及输入/输出值等信息送到上位计算机，必要时上位计算机也可对控制器施加干预，如工作状态的变更，参数的修改等。

⑥ 可靠性高，维护方便　在硬件方面，一台数字式控制器可以替代数台模拟仪表，同时控制器所用硬件高度集成化，可靠性高。在软件方面，数字式控制器的控制功能主要通过模块软件组态来实现，具有多种故障的自诊断功能，能及时发现故障并采取保护措施。

数字式控制器的规格型号很多，它们在构成规模上、功能完善的程度上都有很大的差别，但它们的基本构成原理则大同小异。

4.2.2 数字式控制器的构成原理

模拟式调节器是由模拟元器件构成，它的功能也完全是由硬件构成形式所决定，因此其控制功能比较单一；而数字式控制器由以微处理器为核心构成的硬件电路和由系统程序、用户程序构成的软件两大部分组成，其控制功能主要是由软件所决定。

4.2.2.1 数字式控制器的硬件电路

数字式控制器的硬件电路由主机电路、过程输入通道、过程输出通道、人机接口电路以及通信接口电路等部分组成，其构成框图如图4-1所示。

(1) 主机电路

主机电路是数字式控制器的核心，用于实现仪表数据运算处理及各组成部分之间的管理。主机电路由微处理器（CPU）、只读存储器（ROM、EPROM）、随机存储器（RAM）、定时/计数器（CTC）以及输入/输出接口（I/O接口）等组成。

(2) 过程输入通道

过程输入通道包括模拟量输入通道和开关量输入通道，模拟量输入通道用于连接模拟量输入信号，开关量输入通道用于连接开关量输入信号。通常，数字式控制器都可以接收几个模拟量输入信号和几个开关量输入信号。

① 模拟量输入通道　模拟量输入通道将多个模拟量输入信号分别转换为CPU所接受的数字量。它包括多路模拟开关、采样/保持器和A/D转换器。多路模拟开关将多个模拟量输入信号逐个连接到采样/保持器，采样/保持器暂时存储模拟输入信号，并把该值保持一段时间，以供A/D转换器转换。A/D转换器的作用是将模拟信号转换为相应的数字量。常用的A/D转换器有逐位比较型、双积分型和V/F转换型等几种。逐位比较型A/D转换器的转换速度最快，一般在10^4次/s以上，缺点是抗干扰能力差；其余两种A/D转换器的转换速度较慢，通常在100次/s以下，但它们的抗干扰能力较强。

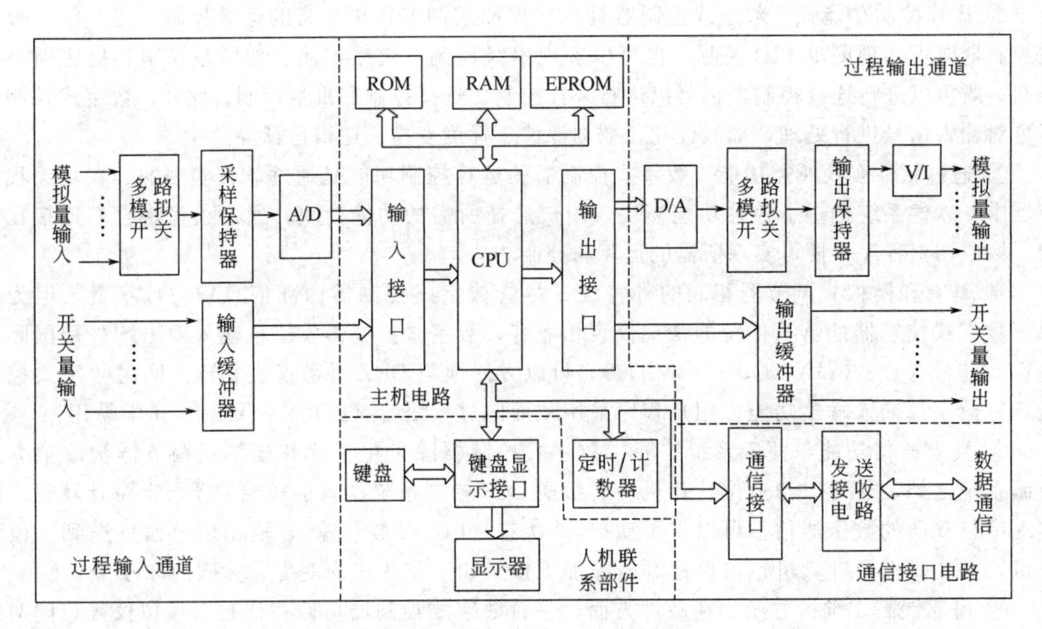

图 4-1　数字式控制器的硬件电路

② 开关量输入通道　开关量指的是在控制系统中电接点的通与断，或者逻辑电平为“1”与“0”这类两种状态的信号。例如各种按钮开关、接近开关、液（料）位开关、继电器触点的接通与断开，以及逻辑部件输出的高电平与低电平等。开关量输入通道将多个开关输入信号转换成能被计算机识别的数字信号。为了抑制来自现场的干扰，开关量输入通道常采用光电耦合器件为输入电路进行隔离传输。

（3）过程输出通道

过程输出通道包括模拟量输出通道和开关量输出通道，模拟量输出通道用于输出模拟量信号，开关量输出通道用于输出开关量信号。通常，数字式控制器都可以具有几个模拟量输出信号和几个开关量输出信号。

① 模拟量输出通道　模拟量输出通道依次将多个运算处理后的数字信号进行数/模转换，并经多路模拟开关送入输出保持电路暂存，以便分别输出模拟电压（1～5V）或电流（4～20mA）信号。该通道包括D/A转换器、多路模拟开关、输出保持电路和V/I转换器。D/A转换器起数/模转换作用，D/A转换芯片有8位、10位、12位等品种可供选用。V/I转换器将1～5V的模拟电压信号转换成4～20mA的电流信号，其作用与DDZ-Ⅲ型调节器或运算器的输出电路类似。多路模拟开关与模拟量输入通道中的相同。

② 开关量输出通道　开关量输出通道通过锁存器输出开关量（包括数字、脉冲量）信号，以便控制继电器触点和无触点开关的接通与释放，也可控制步进电机的运转。同开关量输入通道一样，开关量输出通道也常采用光电耦合器件作为输出电路进行隔离传输。

（4）人/机联系部件

人/机联系部件一般置于控制器的正面和侧面。正面板的布置类似于模拟式调节器，有测量值和给定值显示器，输出电流显示器，运行状态（自动/串级/手动）切换按钮，给定值增/减按钮和手动操作按钮等，还有一些状态显示灯。侧面板有设置和指示各种参数的键盘、显示器。在有些控制器中附带后备手操器。当控制器发生故障时，可用手操器来改变输出电流，进行遥控操作。

(5) 通信接口电路

控制器的通信部件包括通信接口芯片和发送、接收电路等。通信接口将欲发送的数据转换成标准通信格式的数字信号，经发送电路送至通信线路（数据通道）上；同时通过接收电路接收来自通信线路的数字信号，将其转换成能被计算机接收的数据。数字式控制器大多采用串行传送方式。

4.2.2.2 数字式控制器的软件

数字式控制器的软件分为系统程序和用户程序两大部分。

(1) 系统程序

系统程序是控制器软件的主体部分，通常由监控程序和功能模块两部分组成。

① 监控程序　监控程序使控制器各硬件电路能正常工作并实现所规定的功能，同时完成各组成部分之间的管理。其主要完成的任务如下。

a. 系统初始化：对硬件电路的可编程器件（如 I/O 接口、定时/计数器）进行初值设置。

b. 键盘和显示管理：识别键码、确定键处理程序的走向和显示格式。

c. 中断管理：识别不同的中断源，比较它们的优先级，以便作出相应的中断处理。

d. 自诊断处理：实时检测控制器各硬件电路是否正常，如果发生异常，则显示故障代码、发出报警或进行相应的故障处理。

e. 键处理：根据识别的键码，建立键服务标志，以便执行相应的键服务程序。

f. 定时处理：实现控制器的定时（或计数）功能，确定采样周期，并产生时序控制所需的时基信号。

g. 通信处理：按一定的通信规程完成与外界的数据交换。

h. 掉电处理：用以处理“掉电事故”，当供电电压低于规定值时，CPU 立即停止数据更新，并将各种状态、参数和有关信息存储起来，以备复电后控制器能照常运行。

i. 运行状态控制：判断控制器的状态和故障情况，以便进行手动、自动或其他控制。

② 功能模块　功能模块提供了各种功能，用户可以选择所需要的功能模块以构成用户程序，使控制器实现用户所规定的功能。控制器提供的功能模块如下。

a. 数据传送：模拟量和数字量的输入与输出。

b. PID 运算：通常都有两个 PID 运算模块，以实现复杂控制功能。

c. 基本运算：加、减、乘、除、开方、绝对值等运算。

d. 逻辑运算：逻辑与、或、非、异或运算。

e. 高值选择和低值选择。

f. 上限幅和下限幅。

g. 折线逼近法函数运算：实现函数曲线的线性化处理。

h. 一阶惯性滞后处理：完成输入信号的滤波处理或用作补偿环节。

i. 纯滞后处理。

j. 移动平均值运算：从设定的时间到现在的平均值。

k. 脉冲输入计数与积算脉冲输出。

l. 控制方式切换：手动、自动、串级等方式切换。

以上为可编程调节器系统程序所包含的基本功能。不同的控制器，其具体用途和硬件结构不完全一样，因而它们所包含的功能在内容和数量上是有差异的。

(2) 用户程序

用户程序是用户根据控制系统要求，在系统程序中选择所需要的功能模块，并将它们按一定的规则连接起来的结果，其作用是使控制器完成预定的控制与运算功能。使用者编制程序实际上是完成功能模块的连接，也即组态工作。

用户程序的编程通常采用面向过程 POL 语言（Procedure-Oriented Language）。各种可编程调节器一般都有自己专用的 POL 编程语言，但不论何种 POL 语言，均具有容易掌握、程序设计简单、软件结构紧凑、便于调试和维修等特点。POL 语言的这一特点将在 SLPC 可编程调节器的介绍中可以更清楚地看出。控制器的编程工作是通过专用的编程器进行的，有“在线”和“离线”两种编程方法。

4.2.3 SLPC 可编程调节器

4.2.3.1 概述

SLPC 可编程调节器是一种有代表性的、功能较为齐全的可编程调节器，它具有基本 PID、串级、选择、非线性、采样 PI、批量 PID 等控制功能，并具有自整定功能，可使 PID 参数实现最佳整定。SLPC 还具有通信功能，可与上位计算机联系起来构成集散型控制系统；具有自诊断功能，在输入/输出信号、运算控制回路、备用电池及通信出现异常情况时，进行故障处理并进行故障显示。用户只需使用简单的编程语言，即可编制各种控制与运算程序，使控制器具有规定的控制运算功能。

SLPC 调节器的主要性能指标如下。

① 模拟量输入：1～5V（DC）5 点。

② 模拟量输出：1～5V（DC）2 点，负载电阻＞3kΩ。
4～20mA（DC）1 点，负载电阻＝ 0 ～ 750Ω。

③ 数字量输入：接点或电压电平，与数字量输出 6 点共用。

④ 数字量输出：晶体管接点。

⑤ 故障状态输出：晶体管接点 1 点。

⑥ 比例度：6.3％～ 999.9％。

⑦ 积分时间：1～ 9999s。

⑧ 微分时间：0～ 9999s。

⑨ 控制功能：基本控制功能，串级控制功能，选择控制功能。

⑩ 控制算法：标准 PID，采样值 PI，批量 PID。

4.2.3.2 SLPC 可编程调节器的硬件电路

SLPC 可编程调节器的硬件电路原理如图 4-2 所示。

① 主机电路　主机电路中 CPU 采用 8085AHC，时钟频率为 10MHz。ROM 分为系统 ROM 和用户 ROM：前者采用两片 32KB EPROM，用于存放监控程序和各种功能模块；后者采用一片 2KB EPROM，用于存放用户程序。RAM 采用两片 8KB 低功耗 CMOS 存储器。

② 过程输入通道　SLPC 调节器共有 5 个模拟量输入通道，各个输入通道分别设置了 RC 滤波器，通道之间负端相连，即各通道之间不隔离。A/D 转换器是利用 μPC648D 型高速 12 位 D/A 转换器和比较器，通过 CPU 反馈编码，实现 12 位逐次比较型模数转换。D/A 转换器是过程输入通道和过程输出通道共用的。

模拟量输入通道中，X_1 输入通道具有备用方式。模拟输入信号 X_1 在经过 RC 滤波后分为两路，其中一路经过输入多路开关接到比较器，与从 D/A 转换器来的反馈信号比较，被 A/D 转换成为数字量以后进入 CPU，这是正常工作时的信息途径。另一路经电压跟随器送到故障/PV 开关，在 CPU 正常工作时，它不起作用。而当 CPU 发生故障时，CPU 的自检程序或 WDT 电路发出的故障输出信号使故障/PV 开关切换到故障位置，面板上的指示器直接接收从 X_1 来的信号，进行测量值指示。而 CPU 正常工作时，指示器接收的是由 CPU 和 D/A 转换送来的测量信号。需注意的是，5 个模拟量输入通道中只有 X_1 才有上述应付故障的措施。而且 CPU 出故障时，指

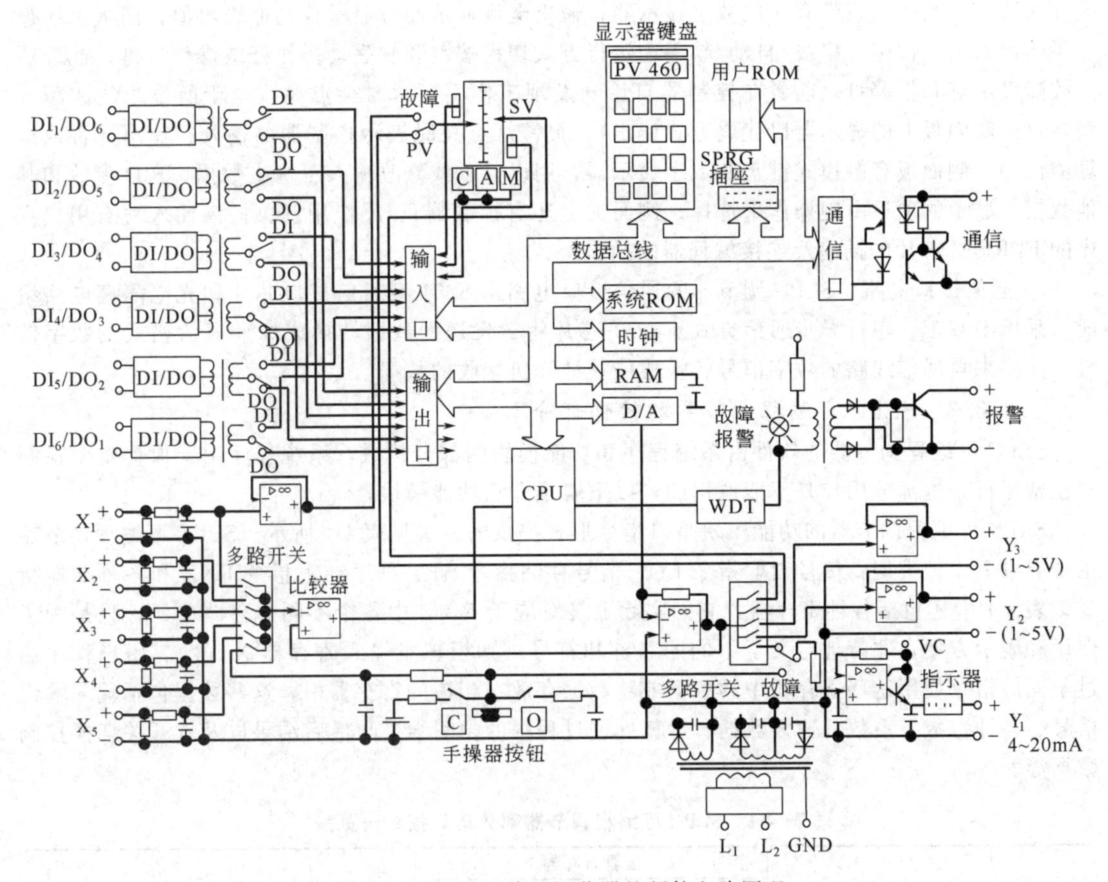

图 4-2　SLPC 可编程调节器的硬件电路原理

示器所指示的是未经 CPU 处理的原始输入信号。

③ 过程输出通道　SLPC 调节器共有 3 个模拟量输出通道，其中一路 Y_1 为 4～20mA DC 电流输出，另两路 Y_2、Y_3 为 1～5V DC 电压输出，相互间也不隔离。模拟量输出中，电压输出的两路都是 D/A 转换器输出经多路开关和电压跟随器后直接输出 1～5V DC 电压信号。电流输出的一路是采用 V/I 电路将 D/A 转换器输出的 1～5V DC 电压转换为 4～20mA DC 电流输出。

模拟量输出通道中，电流输出具有备用方式。在 CPU 正常工作时，电流输出电路的输入为 D/A 转换器输出的电压；而当 CPU 发生故障时，CPU 的自检程序或 WDT 电路发出的故障输出信号使电流输出电路被切换成保持状态，通过正面板上的扳键或按钮就可以在原有输出基础上进行软手动操作，增加或减少输出值。

X_1 输入通道和电流输出通道的备用方式，使控制器在 CPU 出现故障后不会处于完全瘫痪的状态，操作人员可以借助备用方式进行遥控操作，保证生产照常进行。因此在控制系统设计时，应考虑控制器这两个备用方式的合理使用。

④ 开关量输入和输出通道　SLPC 调节器有六个开关量通道，它们既可以当作输入也可以当作输出，由使用者设定。另外还有一个开关量故障输出信号，它既受 CPU 控制也受 WDT 电路控制。从图 4-2 可以看到，开关量输入输出通道都经过高频变压器隔离。

⑤ 人/机联系部件　人/机联系部件包括控制器的正面板和侧面板。正面板的布置类似于模拟式调节器，其测量值和给定值显示器可显示主被控变量的测量值、给定值，显示器有动圈式和

光柱式两种，光柱式兼带有4位数字显示器；输出电流显示器可显示控制器输出值；面板上还设置了给定值增减按键、串级/自动/软手动运行方式切换按键和软手动操作杆或操作按键；此外还有故障显示灯和报警灯，前者在控制器自诊断发现工作不正常时会点亮（至于所发生的故障类型，可由侧面板上的显示器以代码方式读出）；报警灯点亮时表示控制器的输入、输出异常或运算溢出等。侧面板有触摸式键盘和数字显示器，用以显示或修改输入、输出数据，PID参数和其他数据，显示的项目由键操作来选择；侧面板上还有控制器正/反作用开关；供插入写有用户程序的EPROM芯片的插座及连接编程器的插座。

⑥ 通信接口电路　SLPC调节器的通信接口电路由8251型通信接口芯片和光电隔离电路组成，采用半双工、串行异步通信方式。8251芯片将欲发送的数据转换成标准通信格式的数字信号，并将来自通信线路的数字信号转换成能被计算机接收的数据。

4.2.3.3 SLPC可编程调节器的软件部分

SLPC可编程调节器的软件由系统程序和功能模块两部分构成，系统程序用于保证整个控制器正常运行，这部分用户是不能调用的，以下着重介绍功能模块。

SLPC可编程调节器的功能模块是以指令形式提供的，参见表4-1所示。SLPC可编程调节器指令有以下4种类型：信号读取指令LD、信号存储指令ST、程序结束指令END和各种功能指令。表4-1中还包括各种寄存器，它们实际上是对应于RAM中各个不同的存储单元，只是为了使用和表示方便，才特地定义了不同的名称和符号（如模拟量输入寄存器X_n等）。用户程序通过不同的指令使用这些寄存器中的数据或将数据存放在相应的寄存器中，这些数据包括输入输出信号、各种常数、系数、输入数据、运算处理过程中的中间结果与最后结果以及软开关切换控制数据等。

表4-1　SLPC可编程调节器部分运算指令一览表

分类	指令符号	功　能	运算寄存器						说　明
			指令执行前			指令执行后			
			S_1	S_2	S_3	S_1	S_2	S_3	
读取	LD X_n	读取X_n	A	B	C	X_n	A	B	X_n为模拟量输入寄存器　$n=1\sim5$
	LD Y_n	读取Y_n	A	B	C	Y_n	A	B	Y_n为模拟量输出寄存器$n=1\sim6$
	LD A_n	读取A_n	A	B	C	A_n	A	B	A_n为模拟量功能扩展寄存器$n=1\sim16$
	LD B_n	读取B_n	A	B	C	B_n	A	B	B_n为控制参数寄存器$n=1\sim39$
	LD FL_n	读取FL_n	A	B	C	FL_n	A	B	FL_n为开关量功能扩展寄存器$n=1\sim32$
	LD DI_n	读取DI_n	A	B	C	DI_n	A	B	DI_n为状态量输入寄存器$n=1\sim6$
	LD DO_n	读取DO_n	A	B	C	DO_n	A	B	DO_n为状态量输出寄存器$n=1\sim6$
	LD E_n	读取E_n	A	B	C	E_n	A	B	E_n为模拟量接收寄存器$n=1\sim15$
	LD D_n	读取D_n	A	B	C	D_n	A	B	D_n为模拟量发送寄存器$n=1\sim15$
	LD CI_n	读取CI_n	A	B	C	CI_n	A	B	CI_n为开关量接收寄存器$n=1\sim15$
	LD CO_n	读取CO_n	A	B	C	CO_n	A	B	CO_n为开关量发送寄存器$n=1\sim15$
存储	ST Y_n	存入Y_n	A	B	C	A	B	C	将S_1中数据存入Y_n
	ST P_n	存入P_n	A	B	C	A	B	C	将S_1中数据存入P_n
	ST T_n	存入T_n	A	B	C	A	B	C	将S_1中数据存入T_n
	ST A_n	存入A_n	A	B	C	A	B	C	将S_1中数据存入A_n
	ST B_n	存入B_n	A	B	C	A	B	C	将S_1中数据存入B_n
	ST FL_n	存入FL_n	A	B	C	A	B	C	将S_1中数据存入FL_n
	ST DO_n	存入DO_n	A	B	C	A	B	C	将S_1中数据存入DO_n
	ST D_n	存入D_n	A	B	C	A	B	C	将S_1中数据存入D_n
	ST CO_n	存入CO_n	A	B	C	A	B	C	将S_1中数据存入CO_n
	ST LP	存入LP	A	B	C	A	B	C	将S_1中数据存入LP

续表

分类		指令符号	功能	运算寄存器						说明
				指令执行前			指令执行后			
				S_1	S_2	S_3	S_1	S_2	S_3	
功能	基本运算	+	加法	A	B	C	B+A	C	D	$S_2+S_1\rightarrow S_1$
		−	减法	A	B	C	B−A	C	D	$S_2-S_1\rightarrow S_1$
		×	乘法	A	B	C	B×A	C	D	$S_2\times S_1\rightarrow S_1$
		÷	除法	A	B	C	B÷A	C	D	$S_2\div S_1\rightarrow S_1$
		$\sqrt{\ }$	开方	A	B	C	$\sqrt{A}$	B	C	$\sqrt{S_1}\rightarrow S_1$
		$\sqrt{E}$	带小信号切除的开方运算	小信号切除点值	A	B	$\sqrt{A}$或A	C	D	$\sqrt{S_2}\rightarrow S_1$，但若$S_2<S_1$则$S_2\rightarrow S_1$
		ABS	绝对值	A	B	C	|A|	B	C	$\|S_1\|\rightarrow S_1$
		HSL	高值选择	A	B	C	A或B	C	D	比较S_1和S_2的内容，大值存入S_1
		LSL	低值选择	A	B	C	A或B	C	D	比较S_1和S_2的内容，小值存入S_1
	控制功能	BSC	基本控制	PV	A	B	控制输出	A	B	基本控制
		CSC	串级控制	PV_2	PV_1	A	控制输出	A	B	串级控制
		SSC	选择控制	PV_2	PV_1	A	控制输出	A	B	选择控制
结束		END	运算结束	A	B	C	A	B	C	

需注意的是，所有指令都与五个运算寄存器S_1～S_5有关。这五个运算寄存器以堆栈方式构成，其工作原理如图4-3所示。图中为实现一个加法器的运算，S_1～S_5的初始状态分别为A、B、C、D、E。

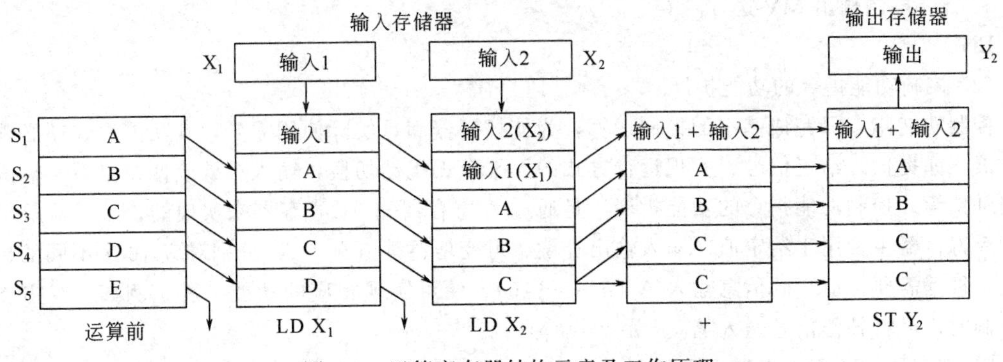

图 4-3　运算寄存器结构示意及工作原理

下面着重讨论控制功能指令。

(1) 控制功能指令的基本功能

SLPC有三种控制功能指令，可以用来组成三种不同类型的控制回路：

① 基本控制指令BSC：内含一个调节单元CNT_1，相当于模拟仪表中的一台PID调节器；

② 串级控制指令CSC：内含两个串联的调节单元CNT_1、CNT_2，可组成串级控制系统；

③ 选择控制指令SSC：内含两个并联的调节单元CNT_1、CNT_2和一个单刀三掷切换开关CNT_3，可组成选择控制系统。

以上三种控制指令在使用时，每台SLPC调节器只能选用其中的一种，且同一应用程序中只能使用一次。图4-4为这三种控制指令的示意。图中CNT_1、CNT_2、CNT_3称为调节单元。每种调节单元有不同的控制算法。

控制功能指令是以指令的形式在用户程序中出现，而调节单元所采用的控制算法则是编程时以代码的形式由键盘确定的。CNT_1有三种控制算法：$CNT_1=1$为标准PID算法；$CNT_1=2$为采样PI算法；$CNT_1=3$为批量PID算法（带间歇开关的PID）。CNT_2有两种控制算法：$CNT_2=1$

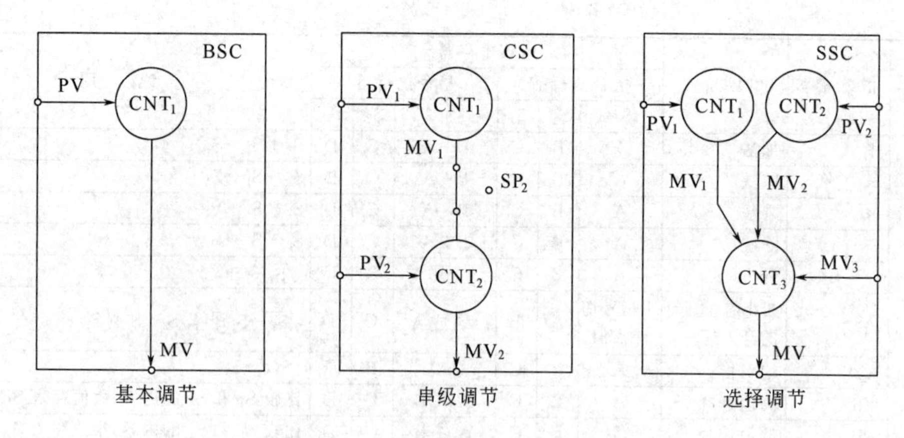

图 4-4　三种控制指令的功能框图

为标准 PID 算法；$CNT_2=2$ 为采样 PI 算法。CNT_3 只有低选和高选之分，$CNT_3=0$ 为低值选择；$CNT_3=1$ 为高值选择。

实现基本调节的程序相当简单。以 BSC 指令为例，被控变量接到模拟量输入通道 X_1，实现单回路 PID 控制的程序如下。

```
LD X1 ;读入测量值 X1
BSC   ;基本控制
ST Y1 ;控制输出 MV 送 Y1
END
```

(2) 控制功能指令的功能扩展

控制功能指令只完成基本的控制运算，为使控制器满足实际使用需要，其功能往往还必须进行扩展，如提供外给定信号、实现运行方式的无平衡无扰动切换、输入报警或偏差报警、输入和输出补偿等。控制功能指令的功能扩展，是通过 A 寄存器和 FL 寄存器来实现的。

A 寄存器主要用于给定值、输入输出补偿、可变增益等。$A_1 \sim A_{16}$ 分别对应 16 个不同的控制功能，根据需要把适当的信息输入 A_n($n=1\sim16$)，便可实现相应的功能扩展。例如，在需要前馈控制时，可将补偿信号送入 A_4。

FL 寄存器主要用于报警、运行方式切换、运算溢出等。$FL_1 \sim FL_{32}$ 分别对应 32 个不同的控制功能，根据需要把适当的信息从 FL_n($n=1\sim32$)读出或写入，便可实现相应的功能扩展。例如，对测量值进行上限报警时，将 FL_1 的信息送给 DO_1。

下面以 BSC 指令为例介绍控制功能指令的功能扩展。

BSC 指令中只有一个调节单元 CNT_1，它的主要作用是把运算寄存器 S_1 里的数据与设定值相减，得到偏差，再经过由 CNT_1 所决定的控制算法运算后，把结果再存入 S_1，这是 BSC 指令的基本作用。通过 A 寄存器和 FL 寄存器可以扩展它的功能，其中 A 寄存器可以提供六种功能，FL 寄存器可以提供七种功能。BSC 指令功能扩展后的功能结构如图 4-5 所示，由图可见，BSC 指令得到以下六个方面的功能扩展。

① FL_{10}、A_1、A_{12} 可以提供外给定信号并实现内、外给定的无扰动切换。当 $FL_{10}=0$ 时，为内给定，由正面板上的 SET 按键改变给定值；$FL_{10}=1$ 时，由 A_1 提供外给定信号。内、外给定信号都可以存在 A_{12} 中，供程序调用。

② FL_9、A_9 提供输出跟踪。当 $FL_9=0$ 时，输出 CNT_1 的运算结果；$FL_9=1$ 时，输出由 A_9 提供的跟踪信号。

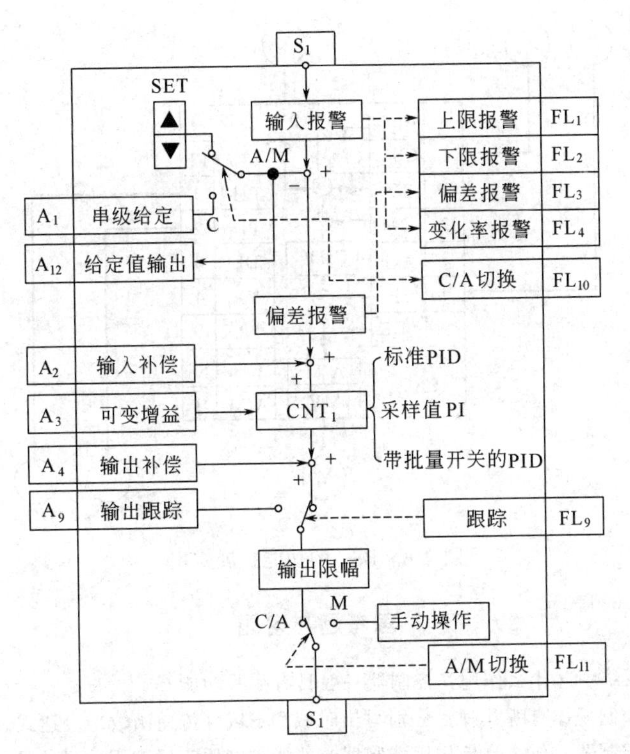

图 4-5　BSC 指令功能扩展后的功能结构

③ FL_{11} 决定自动/手动切换。当 $FL_{11}=0$ 时，为手动输出（即“M”工况）；$FL_{11}=1$ 时，为自动输出（即“C”或“A”工况，其中“C”是外给定，“A”是内给定）。

④ FL_1～FL_4 提供输入报警或偏差报警。

⑤ A_2、A_4 分别提供输入和输出补偿。A_2 信号加在偏差上；A_4 信号加在输出信号上。

⑥ A_3 可以为 CNT_1 引入可变增益。A_3 的数据与 CNT_1 的比例增益相乘。

通过 BSC 指令的功能扩展，控制器可以具有更多的功能。例如将外给定值由 X_2 引入 A_1，可由控制器外部信号决定其给定值；将补偿信号 X_3 引入 A_4，可实现前馈补偿；将 FL_1 和 FL_2 的报警信号送入 DO_1 和 DO_2，可进行被控变量的上、下限报警。相应的应用功能如图 4-6 所示，应用程序如下。

```
LD X2   ;读取给定信号
ST A1   ;将 X2 存入 A1
LD X3   ;读输出补偿信号
ST A4   ;将 X3 存入 A4
LD X1   ;读取测量值 X1
BSC     ;基本控制运算
ST Y1   ;控制输出送 Y1
LF FL1  ;读上限报警状态
ST DO1  ;上限报警送 DO1
LD FL2  ;读下限报警状态
ST DO2  ;下限报警送 DO2
END     ;结束
```

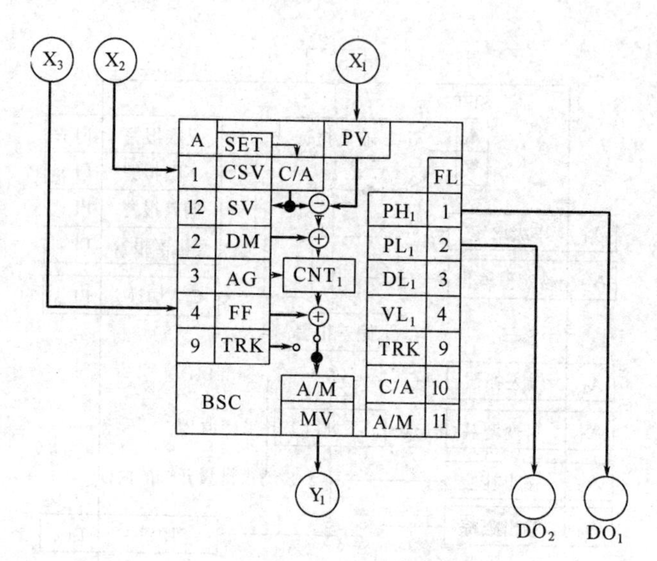

图 4-6 BSC 的功能扩展应用

思考题与习题

1. 控制器在自控系统中起什么作用？控制器一般具有哪些功能？
2. 控制器常用的控制规律有哪几种？分别写出时域和 s 域（传递函数）表达式。
3. 什么是正作用控制器？什么是反作用控制器？选择控制器正反作用的目的是什么？
4. 何谓内给定信号？何谓外给定信号？举例说明各自的使用场合。
5. 无扰动切换的含义是什么？
6. 数字式控制器的主要特点是什么？
7. 在图 4-1 所示的硬件电路框图中，模拟多路开关和采样保持器的作用是什么？
8. 数字式控制器的过程输入、输出通道主要有哪几种类型？各有什么作用？
9. 什么是功能模块？数字式控制器主要有哪些功能模块？
10. SLPC 可编程调节器如何保证出故障时调节器仍然能起到遥控作用？

5 计算机控制系统

5.1 概述

现代科学技术领域中，计算机技术、自动控制技术普遍被认为是发展最迅速的分支之一，计算机控制技术是二者直接结合的产物。随着微电子技术及器件的发展，特别是高速网络通信技术的日臻完善，作为自动化工具的自动化仪表和计算机控制装置取得了突飞猛进的发展，各种类型的计算机控制装置已经成了工业生产实现安全、高效、优质、低耗的基本条件和重要保证，成为现代工业生产中不可替代的神经中枢。

回顾近些年来自动化技术发展的主流，其最明显的特征是各种自动化仪表和自动控制装置在经历了50多年的模拟时代，现已逐渐跨入真正的数字时代。随着计算机技术、自动控制技术、检测和传感技术、先进控制技术、智能仪表技术、网络通信技术的快速发展，计算机控制系统的结构特征从早期的直接数字量控制、集中型计算机控制，发展到分布式计算机控制和现场总线控制；计算机控制系统的功能特征也由单一的回路自动化、工厂局域自动化，发展为全厂综合自动化和计算机集成制造。

5.1.1 计算机控制系统的基本组成

所谓计算机控制就是利用计算机实现工业生产过程的自动控制，图5-1是典型的计算机控制系统原理框图。不同于常规仪表控制系统，在计算机控制系统中的输入、输出信号都是数字信号，因此在典型的计算机控制系统中需要有A/D、D/A等I/O接口装置，实现模拟量信号和数字量信号的相互转换，以构成一个闭合的控制回路。

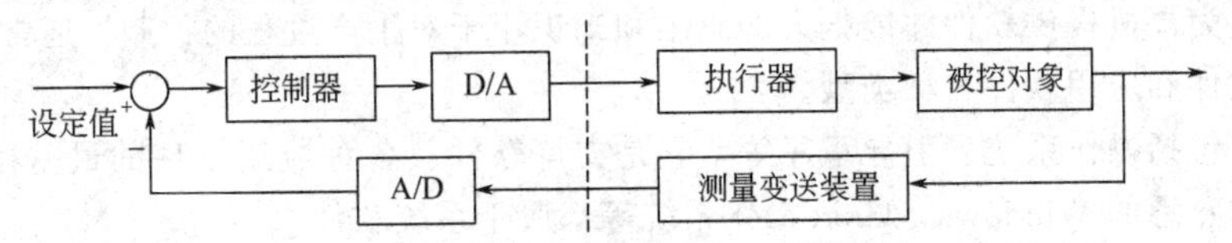

图5-1 典型的计算机控制系统原理框图

计算机控制的工作过程可以归纳为三个步骤：①数据采集，实时检测来自于测量变送装置的被控变量瞬时值；②控制决策，根据采集到的被控变量按一定的控制规律进行分析和处理，决定控制行为，产生控制信号；③控制输出，根据控制决策实时地向执行机构发出控制信号，完成控制任务。计算机控制系统的工作过程不断地重复执行上述的三个步骤，使整个系统按照一定的控制品质进行工作。

计算机控制系统由计算机控制装置、测量变送装置、执行器和被控对象等几大部分组成。从系统构成上看，计算机控制装置只是取代了常规仪表控制系统中的调节器部分，如图5-2所示。计算机控制装置可概括地分为计算机硬件和计算机软件两个部分。

(1) 硬件组成

计算机控制装置的硬件部分通常可理解为由一般意义上的计算机系统和特定的过程输入输出设备组成。

典型的计算机系统还可以细分为主机、外部设备、系统总线等若干部分。主机系统是整个计算机控制装置的核心，它包括中央处理器（CPU）、内存储器（RAM、ROM）等部件，主要进行数据处理、数值计算等工作。作为控制用的主机系统主要是完成计算机控制的三个步骤：数据

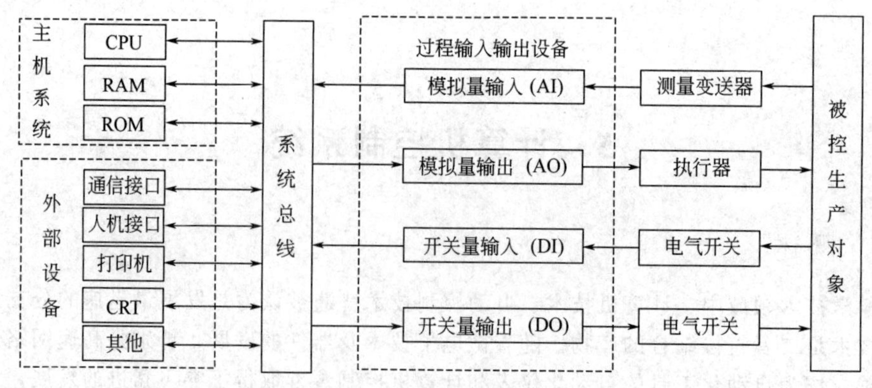

图 5-2 典型计算机控制系统的组成框图

采集、控制决策和控制输出。外部设备可按功能分为三类：输入设备，输出设备和外存储器。最常用的输入设备是鼠标和键盘，用来输入程序、数据和操作命令；常用的输出设备是打印机、CRT 等，它们以字符、曲线、表格和图形等形式来反映生产工况和控制信息；常用的外存储器是磁盘等，用来存放程序和数据。系统总线包括内部总线和外部总线两种。内部总线是计算机系统内部各组成部分进行信息传送的公共通道；外部总线是计算机控制装置与其他计算机系统及各种数字式控制设备进行信息交互的公共通道，如：RS-232、RS-485 及各种类型的现场总线等。

过程输入输出设备是计算机与现场仪表之间信号传递和变换的连接通道。过程输入设备将生产过程的信号变换成计算机能够识别和接收的二进制代码，如模拟量输入模块、开关量输入模块等；过程输出设备用于将主机输出的控制命令和数据变换成执行机构和电气开关的控制信号，包括模拟量输出模块、开关量输出模块等。

(2) 软件组成

众所周知，硬件系统只能构成裸机，它只为计算机控制提供了物质基础。一个完整的计算机控制系统必须为裸机提供软件才能把人的思维和知识用于对生产过程的控制。通常软件分为系统软件、支持软件和应用软件三种类型。

系统软件包括操作系统、引导程序等，它是支持软件及各种应用软件的最基础的运行平台，比如大家非常熟悉的 Windows、Unix 操作系统等都属于系统软件。

支持软件运行在系统软件的平台上，用于开发各种应用软件。支持软件一般包括汇编语言、高级语言、数据库系统、通信网络软件、诊断程序、组态软件等。

应用软件是系统设计人员针对某个生产过程及其控制要求而编制的控制和管理程序。用于操作站的应用软件和用于控制站的应用软件在功能要求上会有所不同，前者主要实现通信管理、数据库的使用和维护、人机交互、质量分析、生产决策等功能。过程输入/输出、信号滤波、实时控制等功能通常由控制站的应用软件实现，它基于经典或现代控制理论中的控制算法，将其演绎为实际应用。

5.1.2 计算机控制系统的发展过程

5.1.2.1 直接数字量控制

在应用于过程控制之前，计算机主要作为数据统计和数值分析的工具，与实际生产过程没有任何的物理连接。到 20 世纪 50 年代末，出现了计算机与过程装置间的接口，实现了“检测仪表—计算机—执行器”三者电气信号的直接传递。计算机系统在配备了检测仪表、执行器以及相关的电气接口后就可以实现过程的检测、监视、控制和管理。直到 1959 年，美国 TRW 公司和 TEXACO 公司联合研制的 TRW300 在炼油装置上投运成功，实现了数据记录和部分控制功能。虽然控制功能极其有限，但这一开创性工作开辟了一个轰轰烈烈的计算机工业应用时代。这种用数字控制技术简单地取代模拟控制技术，而不改变原有的控制功能，形成了所谓的直接数字量控制，简称 DDC。

典型的 DDC 控制系统原理如图 5-3 所示，计算机首先通过 AI 和 DI 等接口实时采集数据，把检测仪表送来的反映各种参数和过程状态的标准模拟量信号、开关量信号转换为数字信号并送往主机，主机按照一定的控制规律进行计算，发出控制信息，最后通过 AO 和 DO 接口把主机输出的数字信号转换为适应各种执行器的控制信号，直接控制生产过程。在本质上 DDC 就是用一台计算机取代一组模拟调节器，构成闭环控制回路，其突出优点是计算灵活，可以分时处理多个控制回路；它不仅能实现 PID 控制，还能方便地对传统 PID 算法进行改进。为此，DDC 也很快发展到 PID 以外的多种复杂控制，如前馈控制、解耦控制等。当时 DDC 用于工业控制的主要问题在于系统的价格昂贵、总体性能偏低。

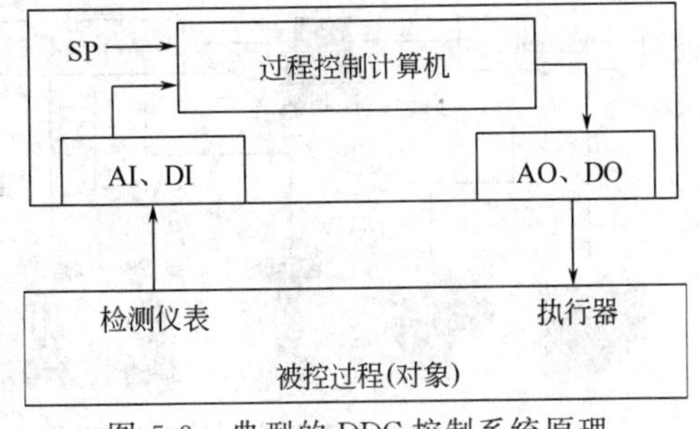

图 5-3　典型的 DDC 控制系统原理

5.1.2.2　集中型计算机控制系统

简单地说，集中型计算机控制就是 DDC 控制在规模上的扩展。由于当时的计算机系统的体积庞大，价格昂贵，为了能与常规仪表控制相竞争，企图用一台计算机来控制尽可能多的控制回路，实现集中检测、控制和管理。从表面上看，集中型计算机控制具有更大的优越性：它更有利于实现先进控制、联锁控制、优化控制和优化生产等各种更复杂的控制功能。但是，由于早期的计算机总体性能低，利用一台计算机控制很多个回路容易出现负荷过载，而且控制的集中也直接导致危险的集中，控制的高度集中使系统变得十分“脆弱”。因此，集中型计算机控制在当时并没有给工业生产带来明显的好处，这种危险集中的系统结构也很难为生产过程所接受，曾一度陷入困境。

但是，随着当今计算机软、硬件水平的提高，集中型计算机控制系统以其较高的性能价格比在许多小型生产装置上又重新得到较广泛的应用。

5.1.2.3　集散控制系统

集中型计算机控制系统由于存在可靠性方面的重大缺陷，在当时的过程控制中并没有得到成功的应用。人们开始认识到，要提高系统的可靠性，需要把控制功能分散到多个不同的控制站实现；同时，考虑到整个生产过程的整体性，各个局部的控制系统之间还应当存在必要的相互联系，并应当服从工业生产和管理的总体目标。这种管理的集中性和控制的分散性是生产过程高效、安全运行的需要，它直接推动了集散控制系统的产生和发展。

集散控制系统简称 DCS，其基本设计思想就是适应上述两方面的需要：一方面使用若干个控制站完成系统的控制任务，每个控制站实现部分有限的控制目标；另一方面，集散控制系统又强调管理的集中性，它依靠计算机网络完成操作显示部分与分散控制系统之间的数据传输，使所有控制站都在生产过程的统一管理协调下工作。

进入 20 世纪 70 年代，微处理器的诞生为研制新型结构的控制系统创造了无比优越的条件，一台微处理器实现几个回路的控制，若干台微处理器就可以控制整个生产过程，从而产生了以微处理器为核心的集中处理信息、集中管理、分散控制权、分散危险的集散型计算机控制系统，人们也常称之为分布式计算机控制系统。

5.1.2.4　现场总线控制系统

在过去的几十年中，工业过程控制仪表一直采用 4～20mA 等标准的模拟信号传输，在一对信号传输线中仅能单向地传输一个信息，如图 5-4 所示。随着微电子技术迅猛发展，微处理器在过程控制装置和仪表装置中的应用不断增加，出现了智能化的变送器、调节器等仪表产品，现代化的过程控制系统对仪表装置在响应速度、精度、多功能等诸多方面都有了更高的要求，导致了用数字信号传输来代替模拟信号传输的需要，这种现场信号传输技术就被称作为现场总线，简称FB。基于FB技术的控制系统称为现场总线控制系统，简称FCS。

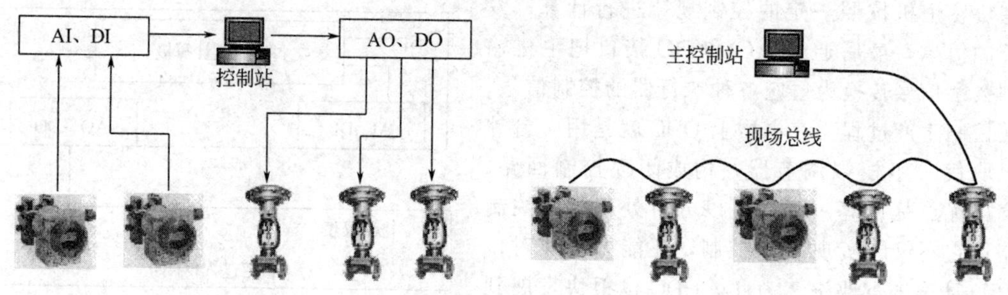

图 5-4 传统计算机控制结构示意　　图 5-5 现场总线控制系统结构示意

一方面，FCS继承了DCS中集散控制的技术思想；另一方面，它又把传统DCS中基于封闭、专用的解决方案变成了基于公开、标准化的解决方案，把DCS中"半分散"控制的体系结构变成了全分散控制的系统构架，把控制功能彻底下放到现场，依靠现场智能设备本身实现基本控制功能。因此，开放性、全分散性与全数字通信是FCS最显著的特征。如图5-5所示，在FCS中，每个现场智能设备分别视作为一个网络节点，通过现场总线实现各节点之间以及与过程控制管理层之间的信息传递与沟通。

当前，现场总线及由此而产生的现场总线智能仪表和控制系统已成为全世界范围自动化技术发展的热点，这一涉及整个自动化和仪表的工业"革命"和产品全面换代的新技术在国际上已引起人们广泛的关注。

5.1.3 计算机控制系统的发展特征

计算机控制系统的发展在很大程度上取决于计算机应用技术的发展。随着局域网、Internet、IT技术迅速发展，计算机控制系统向集成化、网络化、智能化、信息化发展成为一种趋势，当今计算机控制系统主要发展特征可以归纳为以下三个方面。

(1) 系统结构向网络化、网络扁平化方向发展

① 网络化　目前，各种类型的计算机网络在工业自动化系统中得到了广泛的应用，这使传统的回路控制系统的结构发生了根本性的变化。尤其是现场总线技术的发展和应用，它可把全厂范围最基础的现场级仪表与装置都连接起来，与过程控制系统实现全数字化的数据通信，使计算机控制系统各个层面的网络化成为可能。

② 网络扁平化　新一代的计算机控制系统同样会是分层的，但不同的网络层面将通过网络设备（如网桥等）连接，各层面的信息交换将在一个"贯通"的网络整体中实现。计算机控制系统的网络结构也将由多层向两层网络发展，即所谓的网络扁平化，高层网络用以实现高级控制、系统管理、生产调度等功能，而底层网络用以实现控制、报警、系统诊断等功能。

(2) 系统功能向综合化方向发展

在网络化计算机控制系统中，系统功能不再局限于传统意义上的"控制"，而是要实现集生产过程自动化和经营管理自动化为一体的计算机综合自动化，实现开发设计、计划调度、经营管理与过程控制的总体自动化。新一代的计算机控制系统涉及的自动化不是全厂各自动化环节的简单相加，更主要的是体现以信息集成为本质的技术集成。

(3) 系统设备向多样化方向发展

随着计算机控制技术的发展，系统结构和系统功能日趋复杂，系统设备也逐渐向多样化集成

的方向发展。

① DCS与PLC的相互融合　DCS和PLC都是基于微处理器的数字控制装置，前者原本多用于连续过程控制，而后者则用于逻辑/顺序控制。目前，DCS和PLC在控制功能上不断地相互渗透，使二者的区别界限变得模糊，功能互补性、通信可互联性明显加强。新开发的过程控制系统，将既是性能优异的DCS，也是灵活优秀的PLC系统。

② 发展以IPC为基础的小型工业控制系统　工业控制计算机IPC应该是20世纪90年代在自控领域最活跃而影响最广泛的技术之一，它基于通用丰富的PC软、硬件资源和广泛应用的技术优势，将PC总线与工业自动化结合起来的一类工业控制产品。IPC采用标准化的PCI总线，它具有非常强的计算处理功能，先进的图形显示以及多媒体功能，丰富的操作系统支持（Windows，Unix等）和难以计数的应用软件资源，强大的网络支持能力，以及难以令人置信的价格。因此，IPC具有很高的性能价格比。

③ 现场总线及工业以太网技术的推广应用　现场总线是一种用于各种现场仪表与基于计算机的控制系统之间进行的数据通信系统。它不是产品，而是一种开放、全数字化、双向、多支路通信规程的通信技术。现场总线可把全厂范围最基础的现场级仪表与装置都连接起来，与过程控制系统实现全数字化的数据通信。现场总线概念的出现，最终将导致控制功能的彻底分散，使测量控制功能分散下放到现场仪表上，因而它将对传统的控制系统结构带来革新，传统的DCS的输入输出技术将被现场总线技术所取代。与此同时，在现场总线的发展过程中，以太网技术也逐步融入到工业控制网络之中，工业以太网作为控制层和管理层的主干网络已被多数人所认可，目前已有许多现场总线组织在致力于发展实时工业以太网技术，当前迅速发展的IT技术也将成为工业控制网络的一部分。

5.1.4 离散化PID控制和数字滤波算法

在第1章中介绍了模拟式PID控制规律，模拟调节器对每个被控变量的处理是连续的。但在数字控制器和计算机控制系统中，对每个被控变量的处理是周期性的，在时间上是离散、断续进行的。例如，每个被控变量和设定值比较一次，按照预定的控制算法得到输出值，通常要把它保留到下一个采用时刻。因此，数字控制器和计算机控制系统所采用的PID控制算法与模拟式PID控制算法是不同的。

5.1.4.1 离散PID控制算法

离散PID控制算法的基本形式是从模拟式的PID控制算法离散化得到的。下式为模拟式的PID控制算法。

$$u(t)=K_{\mathrm{p}}\left[e(t)+\frac{1}{T_{\mathrm{i}}}\int_{0}^{t}e(t)\mathrm{d}t+T_{\mathrm{d}}\frac{\mathrm{d}e(t)}{\mathrm{d}t}\right] \tag{5-1}$$

为了便于计算机实现，必须把PID控制规律的模拟表达式变换成差分方程。当采样周期相当短时，积分可以用“求和”来近似、微分可以用“后向差分”来代替，为此，在对式（5-1）的离散化过程中可作如下近似。

$$t=nT_{\mathrm{s}}\quad（T_{\mathrm{s}}\text{为采样周期}）$$

$$e(t)\longrightarrow e(n)=r(n)-x(n)\quad[e(n)\text{相当于}e(nT_{\mathrm{s}})\text{的简写}]$$

$$\frac{\mathrm{d}e(t)}{\mathrm{d}t}\longrightarrow\frac{e(n)-e(n-1)}{T_{\mathrm{s}}} \tag{5-2}$$

$$\int_{0}^{t}e(t)\mathrm{d}t\longrightarrow T_{\mathrm{s}}\times\sum_{i=0}^{n}e(i)$$

离散化PID控制算法一般可以表示成位置式PID、增量式PID等几种常见形式。

① 位置式PID控制算法　直接把式（5-2）代入式（5-1），经转化有

$$u(n)=K_p\left\{e(n)+\frac{T_s}{T_i}\sum_{i=0}^{n}e(i)+\frac{T_d}{T_s}[e(n)-e(n-1)]\right\} \tag{5-3}$$

式（5-3）的计算结果即等于执行机构的位置，如阀门的开度，因此称为位置式PID控制算法的数学表达式。很明显，位置式PID控制算法需要累加偏差$e(i)$，计算量大，一旦发生故障，阀位可能发生急剧的变化，因此位置式PID算法并不实用。

② 增量式PID控制算法　由于位置式PID控制算法需要占用大量的存储空间，运算极不方便，因此需要对式（5-3）进行改进。根据式（5-3），可以写出$u(n-1)$的表达式为

$$u(n-1)=K_p\left\{e(n-1)+\frac{T_s}{T_i}\sum_{i=0}^{n-1}e(i)+\frac{T_d}{T_s}[e(n-1)-e(n-2)]\right\} \tag{5-4}$$

将式（5-3）和式（5-4）相减得到控制输出的增量$\Delta u(n)$为

$$\begin{aligned}\Delta u(n)&=u(n)-u(n-1)\\&=K_p\left\{[e(n)-e(n-1)]+\frac{T_s}{T_i}e(n)+\frac{T_d}{T_s}[e(n)-2e(n-1)+e(n-2)]\right\}\end{aligned} \tag{5-5}$$

于是，当前时刻控制器的输出为$u(n)=u(n-1)+\Delta u(n)$。

相比之下，增量型PID算法不需要做累加计算，控制量的增量$\Delta u(n)$仅与最近几次偏差值$e(n)$、$e(n-1)$、$e(n-2)$有关，而且增量型算法得出的是控制量的增量，对调节阀来说相当于出阀门开度的变化量，便于实现手动、自动的无扰动切换。因此，在数字控制器和计算机控制系统中，增量式PID控制算法用得最多。

5.1.4.2 常用数字滤波算法

除了仪表本身原因之外，测量误差是由信号测量和传输过程中引入的干扰和随机噪声引起的，它们可能来自测量仪表本身、传感器、外界干扰等。这种误差有两大类：一是周期性的干扰，典型代表为50Hz的工频干扰；二是随机干扰，这类干扰是指在相同条件下测量同一量时，其大小和符号作无规则的变化而无法预测，但在多次测量中它是符合统计规律的。

为了克服随机干扰引入的误差，可以采用硬件模拟滤波方法，也可以采用数字滤波方法来抑制和滤除有效信号中的干扰成分。在计算机控制系统中，正确地采用数字滤波技术与硬件滤波措施可构成双重抗干扰防线，有助于提高控制系统的整体可靠性。

所谓数字滤波，就是按统计规律通过一定的计算或判断程序减少干扰在有效信号中的比重，其实质是一种程序滤波。它与模拟滤波器相比，数字滤波只是一个计算过程，无需硬件。工业上常用的软件滤波方法主要有以下几种。

① 中位值滤波　中位值滤波的原理是对被测信号连续采样n次（n一般取大于3的奇数），然后将采样结果从大到小排列，取其中间值作为本次采样的有效数据，这种滤波方法十分简单，主要用以克服偶然因素引起的干扰，对于温度、液位等缓慢变化的参数，其滤波效果较好。

② 算术平均滤波　算术平均滤波的原理是根据输入的n个采样数据x_i（$i=1\sim n$），寻找一个$\bar{x}$，使$\bar{x}$与n个样本的偏差的平方和最小。

$$\bar{x}=\frac{1}{n}\sum_{i=1}^{n}x_i \tag{5-6}$$

算术平均滤波适用于随机干扰信号的滤波，信号本身在某一数值范围附近作上下波动，如流量、液位等信号的测量。滤波结果的平滑滤波程度取决于每次滤波的样本数n，当n较大时，平滑度较高，但灵敏度较低，即外界信号的变化对测量计算结果的影响小；相反，当n较小时，平滑度较低，但灵敏度较高。n值应按计算量和滤波效果等具体情况来选取。

③ 递推平均滤波　每进行一次算术平均滤波需要采样n个样本数据，这对于测量速度较慢或响应速度要求较高的实时系统是无法接受的。递推平均滤波法是把n个测量数据看成一个队

列，队列的长度固定为 n，每进行一次新的滤波运算前，先去掉队首的一个数据，其他数据前移1位，然后把一个新的采样结果放入队尾。计算滤波值时，只要把队列中的 n 个数据进行算术平均，得到新的滤波结果。这样每进行一次测量，就可计算得到一个新的平均滤波值。

递推平均滤波算法对周期性干扰有良好的抑制作用，但对偶然出现的脉冲性干扰的抑制作用差，因此它不适用于脉冲干扰比较严重的场合。

④ 加权递推平均滤波　算术平均滤波法和递推平均滤波法中，n 个数据样本的权重是相等的，其实这样的滤波算法对于信号测量会引入滞后，n 越大滞后越严重。为了提高系统对当前采样值的灵敏度，可以采用加权递推平均滤波算法，即不同时刻的数据加以不同的权，通常越接近当前时刻的数据，权越大。

$$\bar{x}=\sum_{i=1}^{n}c_i x_i \tag{5-7}$$

c_i 为数据样本 x_i 的权，且满足 $c_1+c_2+\cdots+c_n=1$，$c_1<c_2<\cdots<c_n$。

⑤ 一阶惯性滤波　一阶惯性滤波实质上是 RC 模拟滤波器的数字实现。常用的 RC 滤波器的传递函数为

$$y(n)=(1-\alpha)x(n)+\alpha y(n-1) \tag{5-8}$$

式中，α 称为滤波系数。通过分析滤波器的频率特性可以得出，α 越大，则滤波器的带宽越窄。一阶惯性滤波算法对周期性干扰具有良好的抑制作用，适用于信号波动频繁的滤波，其不足之处是带来了相位滞后，滞后的程度取决于 α 值的大小。

总而言之，以上几种数字滤波算法各具特点，在实际应用中，究竟选取哪一种数字滤波方法，应视具体情况而定。

5.2 可编程序控制器

5.2.1 概述

可编程序控制器（Programmable Controller）通常也称为可编程控制器，由于早期的可编程序控制器主要应用于逻辑控制，因此习惯上称之为可编程逻辑控制器（Programmable Logical Controller），简称 PLC。当然现代的 PLC 绝不意味着只有逻辑控制功能，它是一种以微处理器为核心，综合了计算机技术、自动控制技术和通信技术而发展起来的一种通用工业自动控制装置；具有体积小、功能强、程序设计简单、灵活通用、维护方便等一系列的优点，特别是它的高可靠性和较强的恶劣环境适应的能力，使其广泛应用于各种工业领域。

自 DEC 公司研制成功第一台 PLC 以来，PLC 已发展成为一个巨大的产业，据不完全统计，现在全世界约有 400 多个 PLC 产品，PLC 产销量已位居所有工业控制装置的首位。

按结构形式可以把 PLC 分为两大类：一类是 CPU、电源、I/O 接口、通信接口等都集成在一个机壳内的一体化结构，如图 5-6 所示；另一类是各种模块在结构上是相互独立的，在实际使用的过程中可根据具体的应用要求，选择合适的模块，安装在固定的机架或导轨上，构成一个完整的 PLC 应用系统，如图 5-7 所示。

小型及超小型 PLC 在结构上一般是一体化形式，主要用于单机自动化；大、中型 PLC 一般采用模块化形式，它除具有小型、超小型 PLC 的功能外，还增强了数据处理能力和网络通信能力，可构成大规模的自动化控制系统，主要用于复杂程度较高的自动控制，并在相当程度上可以替代 DCS 以实现更广泛的自动化功能。

随着计算机综合技术的发展和工业自动化内涵的不断延伸，PLC 的结构和功能也在进行不断的完善和扩充。实现控制功能和管理功能的结合，以不同生产厂家的产品构成开放型的控制系统是自动化系统主要的发展理念之一。长期以来 PLC 走的是专有化的道路，这使得其成功的同

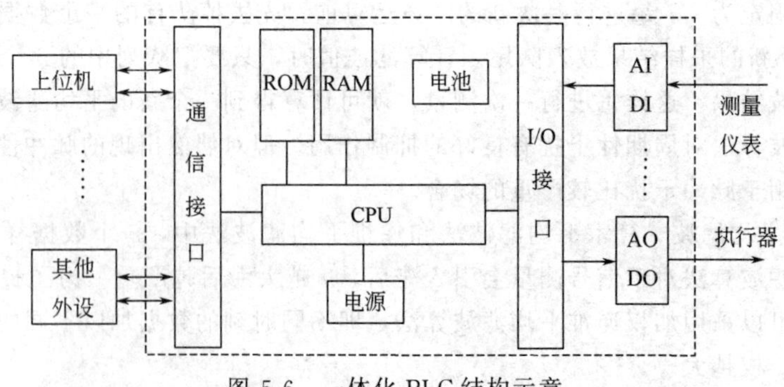

图 5-6　一体化 PLC 结构示意

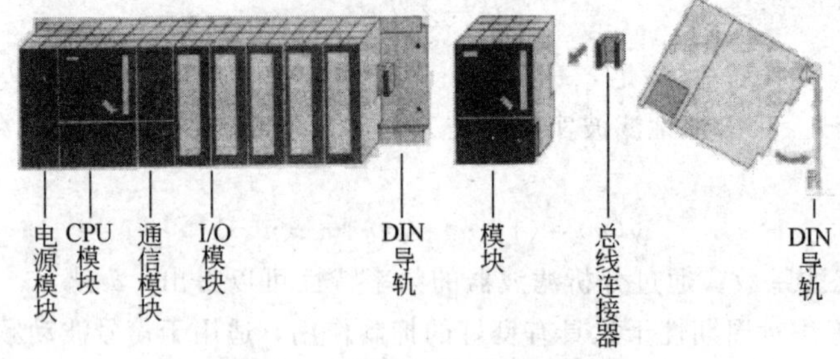

图 5-7　模块化 PLC 结构示意

时也带来了许多制约因素。由于目前绝大多数 PLC 不属于开放系统，寻求开放型的硬件或软件平台成了当今 PLC 的主要发展目标。

5.2.2　PLC 基本组成

PLC 的产品很多，不同型号、不同厂家的 PLC 在结构特点上各不相同，但绝大多数 PLC 的工作原理都基本相同。

PLC 的基本组成与一般的微机系统相类似，主要包括：CPU、通信接口、外设接口、I/O 接口等，分为一体化和模块化两种结构形式。当然模块化 PLC 的应用范围更广泛，如图 5-8 所示，它在系统配置上表现得更为方便灵活，用户可以根据系统规模和设计要求进行配置，模块与模块之间通过外部总线连接。

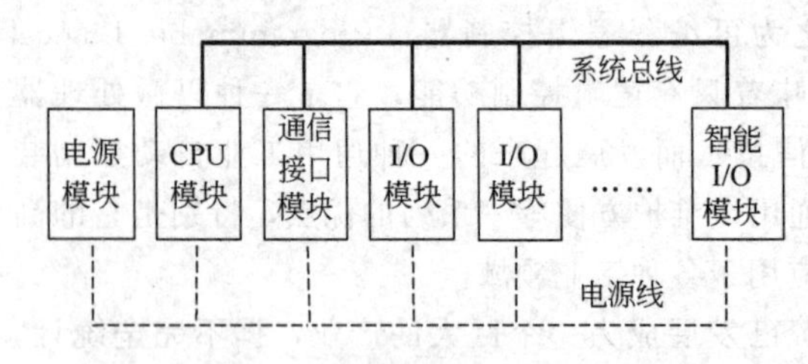

图 5-8　模块化 PLC 结构示意

在模块化 PLC 系统中，一组基本的功能模块可以构成一个机架，CPU 模块所在的机架通常称为中央机架，其他机架统称为扩展机架。根据安装位置的不同，机架的扩展方式又分为本地连接扩展和远程连接扩展两种。前者要求所有机架都集中安装在一起，机架与机架间的连接距离通常在数米之内；后者一般通过光缆或通信电缆实现机架间的连接，连接距离可达几百米到数千米，通过中继环节还可以进一步延伸。远程扩展机架也称为分布式 I/O 站点，这是一种介于模拟信号传输技术和现场总线技术的中间产品。

一个 PLC 所允许配置的机架数量以及每个机架所允许安装模块数量一般是有限制的，这主要取决于 PLC 的地址配置和寻址能力以及机架的结构和负载能力。例如，S7 系列的 CPU315-2DP 要求每个机架最多安装 8 个 I/O 模块，允许配置 1 个中央机架和 3 个本地连接扩展机架。通过 CPU 模块上的 Profibus-DP 接口，用户还可以配置若干个远程连接的扩展机架，总寻址范围达 1kB。下面以模块化 PLC 为例介绍 PLC 的基本组成。

① CPU 模块　CPU 模块是模块化 PLC 的核心部件，主要包括三个部分：中央处理单元

CPU、存储器和通信部件。

小型PLC的CPU单元通常采用价格低、通用性好的8位微处理器或单片机；中型PLC采用16位微处理器或单片机；对于大型PLC，通常采用位片式微处理器，它将多个位片式微处理器级联，并行处理多个任务，具有灵活性好、速度快、效率高等特点。另外，大、中型的PLC很多采用双CPU或多CPU结构，以加快PLC的处理速度。

常用的存储器主要有ROM、EPROM、E^2PROM、RAM等几种，用于存放系统程序、用户程序和工作数据。对于不同的PLC，存储器的配置形式是一样的，但存储器的容量随PLC的规模的不同而有较大的差别。

通信部件的作用是建立CPU模块与其他模块或外部设备的数据交换。例如，S7系列PLC的CPU模块都集成了MPI通信接口，方便用户建立MPI网络；部分CPU模块还配置了Profibus-DP总线接口，便于建立一个传输速率更高、规模更大的分布式自动化系统。

② I/O模块　PLC通过I/O接口与现场仪表相连接，PLC最常用的I/O模块主要包括模拟量输入、模拟量输出、开关量输入和开关量输出模块。

模拟量输入模块用来把变送器输出的模拟信号（如4～20mA）转换成CPU内部的数字信号。模拟量输出模块的作用刚好与模拟量输入模块相反，它利用DAC转换接口，把用二进制表示的信号转换成相应的模拟电压或电流信号。现场过程来的数字量信号主要有交流电压、直流电压等信号类型，而PLC内部所能接收和处理的是基于TTL标准电平的二进制信号，所以开关量输入模块的作用是将现场过程来的数字量信号（1/0）转换成PLC内部的信号电平。开关量输出模块是将CPU内部信号电平转换成过程所需要的外部信号，驱动电磁阀、继电器、接触器、指示灯、电机等各种负载设备。

③ 智能模块　智能模块通常是一个较独立的计算机系统，自身具有CPU、数据存储器、应用程序、I/O接口、系统总线接口等，可以独立地完成某些具体的工作。但从整个PLC系统来看，它还只能是系统中的一个单元，需要通过系统总线与CPU模块进行数据交换。智能模块一般不参与PLC的循环扫描过程，而是在CPU模块的协调管理下，按照自身的应用程序独立地参与系统工作。例如高速计数模块、通信处理器等一般属于智能模块。

④ 接口模块　采用模块化结构的系统是通过机架把各种PLC的模块组织起来的，根据应用对象的规模和要求，整套PLC系统有可能包含若干个机架，接口模块就是用来把所有机架组织起来，构成一个完整的PLC系统。

⑤ 电源模块　PLC一般配有工业用的开关式稳压电源供内部电路使用。与普通电源相比，一般要求电源模块的输入电压范围宽、稳定性好、体积小、质量轻、抗干扰能力强。

⑥ 编程工具　编程工具的作用是编制和调试PLC的用户程序、设置PLC系统的运行环境、在线监视或修改运行状态和参数，主要有专用编程器和专用编程软件两类。

专用编程器一般由PLC生产厂家提供，只能适用于特定PLC的软件编程装置。

除了专用编程器以外，主要PLC生产厂家一般都提供在PC机上运行的专用编程软件，借助于相应的通信接口装置，用户可以在PC机上通过专用编程软件来编辑和调试用户程序，而且专用编程软件一般可适用于一系列的PLC。由于专用编程软件具有功能强大、通用性强、升级方便等特点，往往是多数用户首选的编程装置。

5.2.3 PLC的基本工作原理

PLC的CPU采用分时操作的原理，其工作方式是一个不断循环的顺序扫描过程，它从用户程序的第一条指令开始顺序逐条地执行，直到用户程序结束，然后开始新一轮的扫描。如图5-9所示，PLC的整个扫描过程可以概括地归纳为上电初始化、一般处理扫描、数据I/O操作、用户程序的扫描、外设端口服务五个阶段。每一次扫描所用的时间称为一个工作周期或扫描周期，

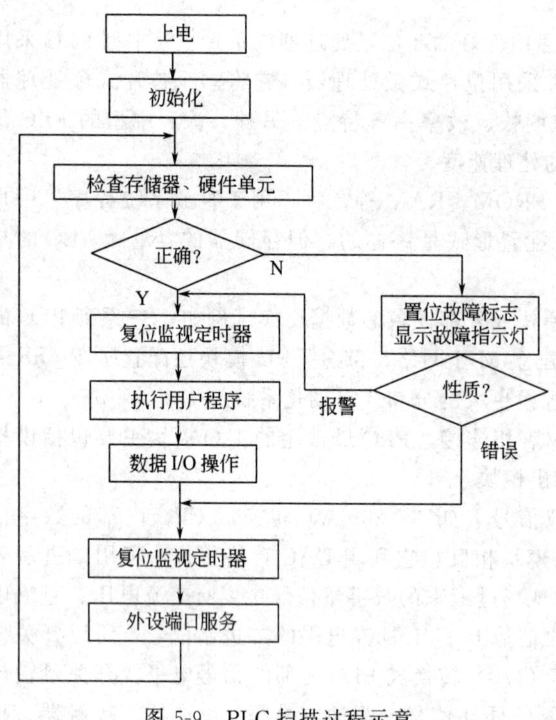

图 5-9　PLC 扫描过程示意

PLC 的扫描周期与 PLC 的硬件特性和用户程序的长短有关，典型值一般为几十毫秒。

① 上电初始化　当 PLC 系统接通电源后，CPU 首先对 I/O、继电器、定时器进行清零或复位处理，消除各元件状态的随机性，检查 I/O 单元的连接，这个过程也就是上电初始化，它只在 PLC 刚刚上电运行时执行一次。

② 一般处理扫描　一般处理扫描是在每个扫描周期前 PLC 进行的自检，如监视定时器的复位、I/O 总线和用户存储器的检查，正常以后转入下一阶段的操作，否则 PLC 将根据错误的严重程度发出警告指示或停止 PLC 的运行。对于一般性故障，PLC 只报警不停机，等待处理；若出现严重故障，PLC 将停止运行用户程序，并切断一切输出联系。

③ 数据 I/O 操作　数据 I/O 实际上包括输入信号采样和输出信号更新两种操作，在每一个循环扫描周期刷新一次。

④ 用户程序的扫描　基于用户程序指令，PLC 读入外部输入的数据和状态，结合软元件（中间变量）状态进行逻辑运算或数值计算，运算产生的软元件状态和输出结果，这就是 PLC 扫描用户程序的基本机制。PLC 对用户程序指令根据先左后右、先上后下的顺序扫描执行，也可以有条件地利用各种跳转指令来决定程序的走向。

PLC 内部设置了一个俗称“看门狗”的监视定时器 WDT，用来监视程序执行是否正常。WDT 的定时时间由用户设置，它将在每个扫描周期的一般处理扫描过程中被复位。在正常情况下，扫描周期小于 WDT 的时间间隔，WDT 不会动作。如果由于 PLC 程序进入死循环，或因某种干扰导致用户程序失控，扫描时间将超过 WDT 的时间间隔，这时 WDT 将发出超时报警信号，使程序重新运行。对于因不可恢复的故障造成的超时，系统则会自动切断外部负载、发出故障信号、停止执行用户程序，并等待处理。

⑤ 外设端口服务　每次执行完用户程序后，开始外设操作请求服务，这一步主要完成与外设端口连接的外部设备（编程器、通信适配器等）的通信。如果没有外设请求，系统自动进入下一个周期的循环扫描。

5.2.4　PLC 的程序设计简介

5.2.4.1　PLC 的程序设计语言

PLC 的程序设计就是用特定的表达方式（编程语言）把控制任务描述出来。作为工业控制装置，PLC 的主要使用者是工厂的现场技术人员，为了满足他们的习惯要求，PLC 的程序设计语言多采用面向现场、面向问题、简单而直观的自然语言，它能直接表达被控对象的动作及输入输出关系，通常是与电气控制线路或工艺流程图相似的语言表达形式。常见的程序设计语言有梯形图、指令语言、逻辑功能图、计算机高级语言等几种形式。

(1) 梯形图

梯形图是在继电器控制的电气原理图基础上开发出来的一种直观形象的图形编程语言。它沿用了继电器、触点、串/并联等术语和类似的图形符号，信号流向清楚，是多数 PLC 的第一用户语言。

不难看出，图 5-10 中（a）、（b）两种梯形图表达的是同一思想：当常闭按钮 B2、B3 处于闭合状态时，按下常开按钮 B1，则继电器 C 的线圈通电，C 的常开触点闭合，该回路通过 C 的常开触点实现自锁；任意按下常闭按钮 B2 或 B3，继电器 C 的线圈断电。

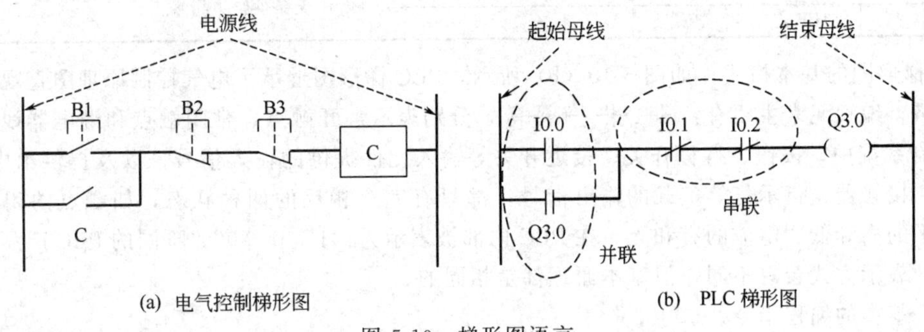

图 5-10　梯形图语言

PLC 梯形图的特点体现在以下几个方面：①梯形图的符号（输入触点、输出线圈）不是实际的物理元件，而只是对应于存储器中的某一位；②梯形图不是硬接线系统，但可以借助“概念电流”来理解其逻辑运算功能；③PLC 根据梯形图符号的排列顺序，按照从左到右、自上而下的方式逐行扫描；前一逻辑行的解算结果，可被后面的程序所引用；④每个梯形图符号的常开、常闭等属性在用户程序中均可以被无限次地引用。

（2）指令语言

指令语言是一种类似于汇编语言的助记符编程语言，每种控制功能通过一条或多条语句来描述。指令语言的特点是面向机器，编程灵活方便，尤其适用于模拟量的解算。不同厂家的 PLC 往往采用不同的助记符号集，但指令语言的基本指令格式都是由操作码和操作数两部分组成。

5.2.4.2　PLC 的程序结构

PLC 的控制作用是由用户编制的应用程序决定的，如果 PLC 要完成一个复杂的控制任务，相应的应用程序也就复杂。如何把程序的各部分清晰地组织起来？选择并确定适合的程序结构很关键。PLC 一般提供了线性编程和结构化编程两种方法可供选用。

线性编程将整个用户指令逐条编写在一个连续的指令块中，CPU 线性或顺序地扫描程序中的每条指令，这种程序结构最初是模拟继电器梯形图模式，适用于比较简单的控制任务。

结构化编程方法适合编制并组织复杂的应用程序，它允许把整个应用程序划分成若干个模块，通过一个主程序来对这些模块进行组织和调用。当然，结构化编程方法还可以有效地利用一个函数来实现一组相同或相近的控制任务，这又可以大大地节省应用程序的开发工作。不难看出，结构化编程的优点是：程序结构层次清晰，部分程序通用化、标准化，易于程序的修改和调试。

5.2.4.3　PLC 的编程

在 PLC 的编程语言中，梯形图和指令语言是最常用的描述方式，但不同的 PLC 产品往往有不同的指令系统。下面将同时以 OMRON 公司的 CP1H PLC 和 SIEMENS 公司的 S7 系列 PLC 为例介绍 PLC 的基本指令。为简洁起见，下面分别把它们编为 1# PLC 和 2# PLC。

（1）指令系统概述

① RLC 指令的组成　指令语句通常由“操作码”＋“操作数”组成。操作码定义指令语句要执行的功能；操作数通常是常数或指令能够找到数据对象的地址，为执行指令操作提供所需要的信息。一般的 PLC 指令通常带一个到数个操作数不等，只有少数指令不带操作数，因为它们

操作的对象惟一，参见表 5-1。

表 5-1　PLC 指令的基本格式

功　能	PLC	指令格式	操作码	操 作 数	功 能 说 明
与逻辑	1#	AND I:0.00	AND	输入继电器 I:0.00 的状态	表示常开触点 I:0.00/I0.1 与前面的逻辑串相串联
	2#	A I0.1	A	输入映像区第 0 字节的第 1 位	
结束指令	1#	END(01)	END(01)	无	无条件结束指令
	2#	BEU	BEU	无	

② 梯形图的基本格式　如图 5-10（b）所示，PLC 梯形图继承了电气控制原理图直观形象的编程风格，编程元素主要有：┤├、┤/├、-( )-等，分别表示常开触点、常闭触点和继电器线圈。在 PLC 控制系统中，按钮、行程开关、接近开关等输入元件提供的输入信号，以及提供给电磁阀、继电器、接触器、指示灯等负载的输出信号，都只有完全相反的两种状态，如触点的闭合和断开、电平的高和低、电流的有和无，在 PLC 内部被表示为“1”和“0”。不同的 PLC 产品，其编程元素的表示方式会有不同，但基本原理都是相同的。

（2）基本的编程指令

PLC 的编程指令非常丰富，包括逻辑运算指令、定时计数类指令、数值运算指令、跳转指令、专用指令等，要详细了解这些指令的功能和使用方法，可以查阅相关的技术资料。以下仅对最基本的逻辑运算指令和定时器指令作简单的介绍。表 5-2 所示为最基本的位逻辑运算指令。

表 5-2　最基本的位逻辑运算指令

PLC	逻辑运算功能	操 作 码	指 令 示 例	说　　明
1#	逻辑串的开始	LD	LD I:0.00	以常开触点 I:0.00 开始的一个逻辑行
		LD NOT	LD NOT I:0.01	以常闭触点 I:0.01 开始的一个逻辑行
	与	AND	AND I:0.02	常开触点 I:0.02 与前面的逻辑触点相串联
	与非	AND NOT	AND NOT I:0.03	常闭触点 I:0.03 与前面的逻辑触点相串联
	或	OR	OR I:0.04	常开触点 I:0.04 与前面的逻辑触点相并联
	或非	OR NOT	OR NOT I:0.05	常闭触点 I:0.05 与前面的逻辑触点相并联
	置位	SET	SET Q:100.00	当执行条件为 ON 时，把 Q:100.00 置“1”
	复位	RESET	RESET Q:100.01	当执行条件为 ON 时，把 Q:100.01 置“0”
	输出	OUT	OUT Q:100.02	把逻辑运算结果输出到 Q:100.02
2#	与	A①	A I0.0	常开触点 I0.0 与前面的逻辑触点相串联
	与非	AN②	AN I0.1	常闭触点 I0.1 与前面的逻辑触点相串联
	或	O①	O I0.2	常开触点 I0.2 与前面的逻辑触点相并联
	或非	ON②	ON I0.3	常闭触点 I0.3 与前面的逻辑触点相并联
	置位	S	S Q0.0	当执行条件为 ON 时，把 Q0.0 置“1”
	复位	R	R Q0.1	当执行条件为 ON 时，把 Q0.1 置“0”
	输出	=	= Q0.2	把逻辑运算结果输出到 Q0.2

① 如果是逻辑串的首条指令，则只对操作数进行“1”扫描，当信号状态为“1”时，扫描结果为“1”。
② 如果是逻辑串的首条指令，则只对操作数进行“0”扫描，当信号状态为“0”时，扫描结果为“1”。

① 串联逻辑指令　“与”或“与非”指令用来表示梯形图中触点的串联逻辑，当串联回路里的所有触点都闭合的时候，该回路就通“电”了。图 5-11（a）、（b）分别表示了 CP1H PLC 和 S7 系列 PLC 的串联逻辑及其各自的指令语言表示。

② 并联逻辑指令　梯形图中触点的并联逻辑主要用“或”和“或非”指令来表示，如果在并联逻辑中有一个或一个以上的触点闭合，则输出继电器通“电”置“1”。图 5-12（a）、（b）分别表示了两种 PLC 的并联逻辑及其各自的指令语言表示。

③ 程序块的串联和并联　在复杂的梯形图逻辑回路中，经常会出现串、并联的复合回路，即程序块的串联和并联。图 5-13、图 5-14 分别表示了程序块的串联和并联。

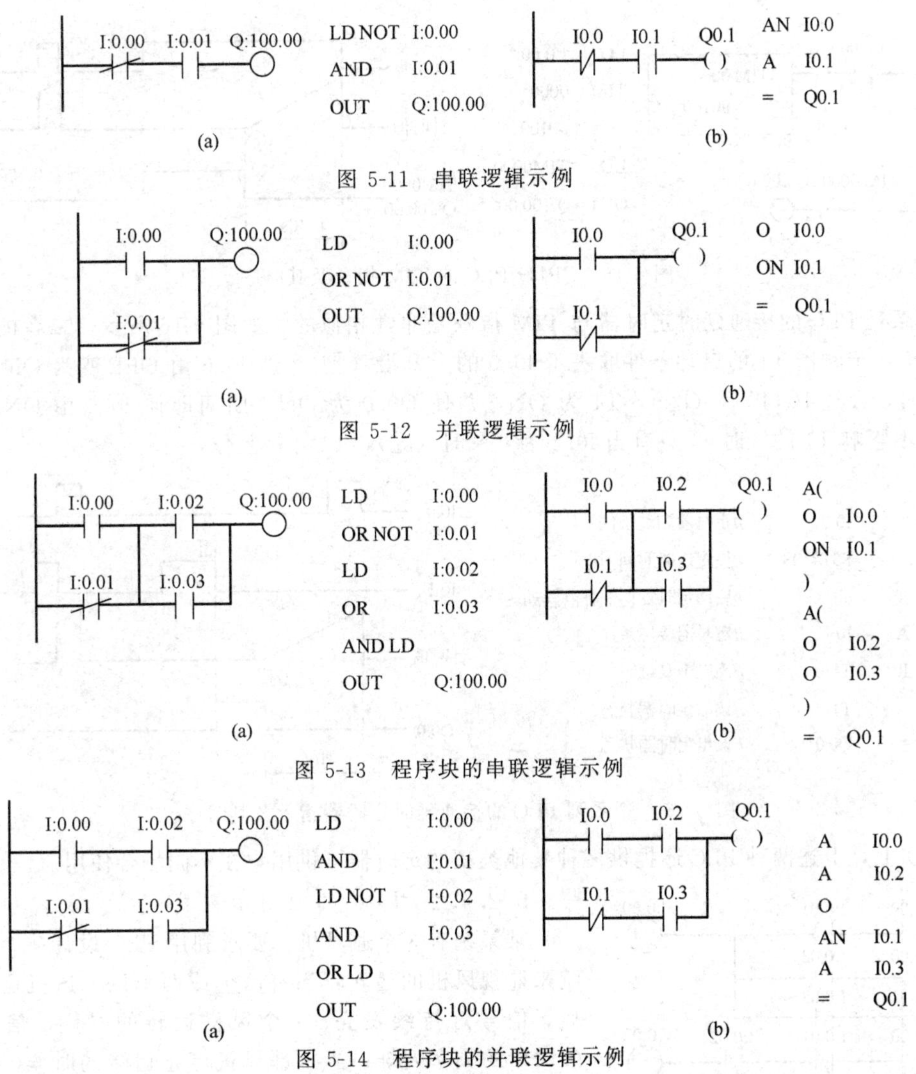

图 5-11 串联逻辑示例

图 5-12 并联逻辑示例

图 5-13 程序块的串联逻辑示例

图 5-14 程序块的并联逻辑示例

如图 5-13、图 5-14 所示，OMRON PLC 是利用块逻辑指令 AND LD 和 OR LD 来表示程序块的串联和并联；而 S7 系列 PLC 则是利用“A（”、“O（”等嵌套指令来表示程序块的串联和并联，当执行“A（”、“O（”等嵌套指令时，PLC 把当前的逻辑操作结果存入嵌套堆栈并开始一个新的逻辑操作。此外，S7 系列 PLC 对各触点是以先“与”后“或”的顺序进行扫描，因此图 5-14（b）中并没有利用到嵌套指令。

④ 定时器指令　在过程控制系统中，不少过程的控制与时间有关系，也就经常用到定时器指令。不同的 PLC 所提供的定时器种类和指令都各不相同，有普通定时器，也有高速定时器，有递增定时器，也有递减定时器等。下面简单介绍 CP1H PLC 和 S7 系列 PLC 的普通通电延时定时器的使用方法，它们都采用递减的方法，即开始定时以后，内部计时值从定时设定值开始递减，直到为 0 时表示时间到，定时器输出一个信号。

图 5-15 中，定时器编号为 0000（编号范围是 0000～4095），设定值为常数 100（取值范围是 0～9999），由于该 PLC 的最小定时间隔为 0.1s，因此设定值为 100 时对应的实际定时时间为 10s。当定时器的执行条件 I：0.00 为 ON 时（ⓐ），定时器 0000 开始定时，经过 10s 以后（ⓑ），定时器输出为 ON，并使 Q：100.00 为 ON。此后，若 I：0.00 一直为 ON，TIM 0000 的状态保持不变；若 I：0.00 变为 OFF（ⓒ），则定时器立即复位，输出为 OFF。

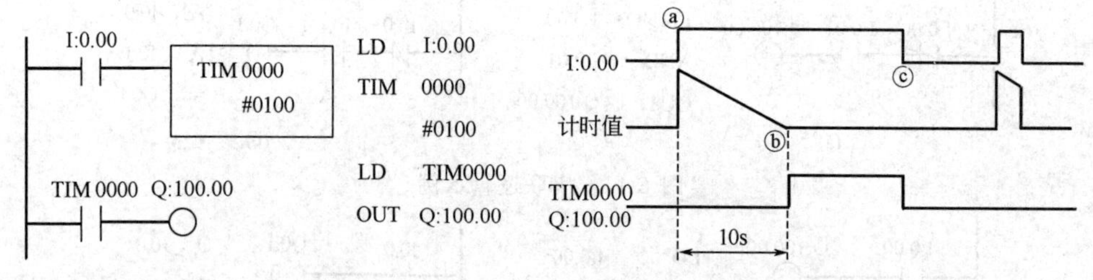

图 5-15 CP1H PLC 的 TIM 指令及其时序

S7 系列 PLC 的接通延时定时器与 TIM 指令是非常相似的，如图 5-16 所示，二者的主要区别仅在于：定时器 T1 的启动条件取决于 I0.0 的上升沿（1），即 I0.0 由 OFF 变为 ON 时，T1 开始计时，经过 10s 以后（2），T1 为 ON，并使 Q0.0 为 ON（期间即使 I0.0 由 ON 变回到 OFF 也不影响 T1 的计时）。只有当 I0.1 为 ON 时（3），T1 才被复位。

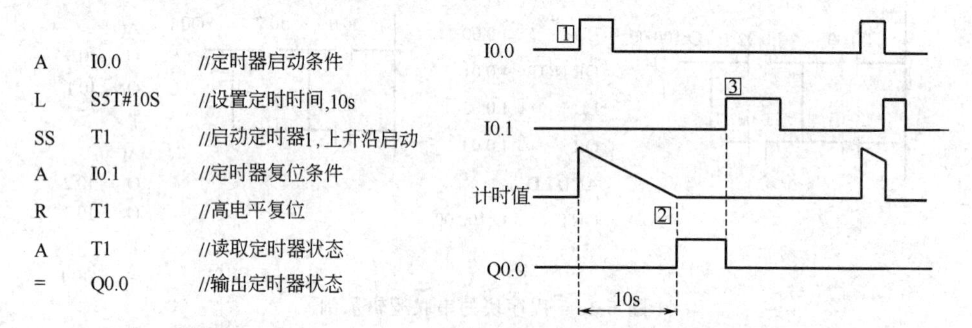

图 5-16 S7 系列 PLC 的接通延时定时器指令及其时序

事实上，上述两种 PLC 还提供多种其他类型的定时器可供用户在不同场合使用。

5.2.4.4 PLC 的应用示例

某系统有 3 个通风机，要求利用 PLC 设计一个监控系统来监视风机的运转：当有两个或两个以上风机运转的时候，信号灯持续发亮；1 个风机运转的时候，信号灯以 0.5Hz 的频率闪烁；当全部风机停止运转的时候，信号灯以 2Hz 的频率闪烁。

首先针对 CP1H PLC 进行监控系统的设计。根据题意，该系统共有 3 个输入信号，分别对应于 3 个通风机的运行状态，假设这 3 个信号分别接入到 I：0.00、I：0.01 和 I：0.02 通道；该系统还有一个输出信号，用于控制信号灯的显示，假设该信号接入到 Q：100.00 通道。

通风机的运行有三种情况：两个或者两个以上通风机运转，1 个通风机运转和 3 个通风机均不运转，这三种情况分别用辅助继电器 W：0.00、W：0.01 和 W：0.02 表示，于是不难写出该监控系统的梯形图和对应的 STL 指令。该系统的梯形图如图 5-17 所示，其中 TIM 0000 为 0.5Hz 定时器，TIM 0001 为 2Hz 定时器。

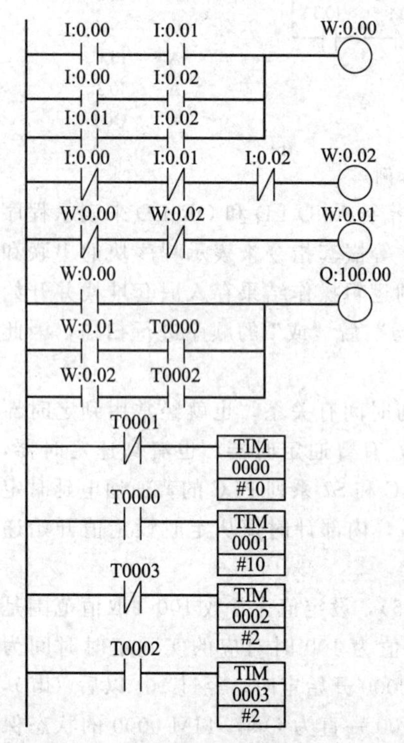

图 5-17 通风机监控系统梯形图

对于 S7 系列 PLC，如果把 3 个通风机的运行状态分别接入到 I0.0、I0.1 和 I0.2 通道，把用于控制信号灯的输出信号接入到 Q0.0 通道，把通风机的运行的三种情况分别用位存储器中的 M0.0、M0.1 和 M0.2 表示，同样可以写出基于 S7 系列 PLC 监控系统的指令程序（见表 5-3）。

表 5-3 通风机监控系统的指令程序

CP1H PLC 的 STL 程序		S7 系列 PLC 的 STL 程序		
LD	I:0.00	A	I0.0	
AND	I:0.01	A	I0.1	//0#、1#两个风机运转
LD	I:0.00	O		//或
AND	I:0.02	A	I0.0	
LD	I:0.01	A	I0.2	//0#、2#两个风机运转
AND	I:0.02	O		//或
ORLD		A	I0.1	
ORLD		A	I0.2	//1#、2#两个风机运转
OUT	W0.00	=	M 0.0	//M0.0 置“1”，中间继电器相当于 20000
LDNOT	I:0.00	AN	I0.0	//0#风机不运转
ANDNOT	I:0.01	AN	I0.1	//且 1#风机不运转
ANDNOT	I:0.02	AN	I0.2	//且 2#风机不运转
OUT	W0.02	=	M0.2	// M0.2 置“1”，中间继电器相当于 20002
LDNOT	W0.00	AN	M0.0	//不满足两个或两个以上风机运转
ANDNOT	W0.02	AN	M0.2	//不满足没有风机运转
OUT	W0.01	=	M0.1	// M0.1 置“1”，中间继电器相当于 20001
LD	W0.00	O	M0.0	//两个或两个以上风机运转时直接输出“1”
LD	W0.01	O		
AND	T0000	A	M0.1	//一个风机运转时
LD	W0.02	A	T 1	//串联 0.5Hz 定时器
AND	T0002	O		
ORLD		A	M0.2	//没有风机运转时
ORLD		A	T 2	//串联 2Hz 定时器
OUT	Q:100.00	=	Q0.0	//指示灯输出
LDNOT	T0001	AN	Q0.0	
TIM	0000	L	S5T#2S	//定时时间 2s
	#10	SS	T 1	
LD	T0000	A	Q0.0	
TIM	0001	R	T 1	//设置 0.5Hz 定时器
	#10	AN	Q0.0	
LDNOT	T0003	L	S5T#500MS	//定时时间 0.5s
TIM	0002	SS	T 2	
	#2	A	Q0.0	
LD	T0002	R	T 2	//设置 2Hz 定时器
TIM	0003			
	#2			

5.3 集散控制系统

5.3.1 概述

集散控制系统 DCS 是随着现代大型工业生产自动化的不断兴起和过程控制要求的日益复杂应运而生的综合控制系统。DCS 可直译为“分布式控制系统”，“集散控制系统”是按中国人习惯理解而称谓的。集散控制系统的主要特征是它的集中管理和分散控制。它采用危险分散、控制分散，而操作和管理集中的基本设计思想，多层分级、合作自治的结构形式，同时也为正在发展的先进过程控制系统提供了必要的工具和手段。目前，DCS 在电力、冶金、石油、化工、制药等各种领域都得到了极其广泛的应用。

根据管理集中和控制分散的设计思想而设计的DCS的特点表现在以下几个方面。

① 分级递阶结构　这种结构方案是从系统工程出发，考虑功能分散、危险分散、提高可靠性、强化系统应用灵活性、减少设备的复杂性与投资成本，并且便于维修和技术更新等优化选择而得出的。分级递阶结构通常为四级，如图5-18所示。每一级由若干子系统组成，形成金字塔结构。同一级的各决策子系统可同时对下级施加作用，同时又受上级的干预，子系统可通过上级互相交换信息。第一级为过程控制，根据上层决策直接控制生产过程，具体承担信号的变换、输入、运算和输出的分散控制任务；第二级为控制管理级，对生产过程实现集中操作和统一管理；第三级为生产管理级，承担全工厂或全公司的最优化；第四级为经营管理级，根据市场需求、各种与经营有关的信息因素和生产管理的信息，做出全面的综合性经营管理和决策。

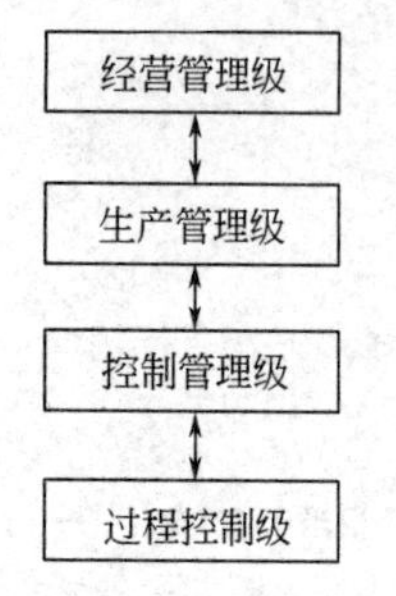

图5-18　DCS的结构层次

② 采用微机智能技术　DCS采用了以微处理器为基础的“智能技术”，成为计算机应用最完善、最丰富的领域。DCS的现场控制单元、过程输入输出接口、数据通信装置等均采用微处理器，可以实现自适应、自诊断和自检测等“智能”控制过程。

③ 采用局部网络通信技术　DCS的数据通信网络采用工业局部网络技术进行通信，传输实时控制信息，进行全系统信息综合管理，并对分散的现场控制单元、人机接口进行控制和操作管理。大多采用光纤传输媒质，通信的可靠性和安全性大为提高。通信协议已开始向标准化前进，如采用IEEE802.3、IEEE802.4、IEEE802.5和MAP3.0等。

④ 丰富的功能软件包　DCS具有丰富的功能软件包，它能提供控制运算、过程监视、组态、报表打印和信息检索等功能。

⑤ 采用高可靠性技术　高可靠性是DCS发展的生命，当今大多数DCS的MTBF达10万小时以上，MTTR一般只有5min左右。除了硬件工艺以外，广泛采用冗余、容错等技术也是保证DCS高可靠性的主要措施。在硬件设计上，各级人机接口、控制单元、过程接口、电源、通信接口、内部通信总线和系统通信网络等均可采用冗余化配置；在软件设计上，则广泛采用了容错技术、故障的智能化自检和自诊断等技术，以提高系统的整体可靠性。

5.3.2　DCS的硬件体系结构

从DCS的层次结构考察硬件构成，最低级是与生产过程直接相连的过程控制级，如图5-18所示。在不同的DCS中，过程控制级所采用的装置结构形式大致相同，但名称各异，如过程控制单元、现场控制站、过程监测站、基本控制器、过程接口单元等，在这里统称现场控制单元FCU。这一级实现了DCS的分散控制功能，是DCS的核心部分。生产过程的各种参量由传感器接收并转换送给现场控制单元作为控制和监测的依据，而各种操作通过现场控制单元送到各执行机构。有关信号的转换、各类基本控制算法都在现场控制单元中完成。过程管理级由工程师站、操作员站、管理计算机和显示装置组成直接完成对过程控制级的集中监视和管理，通常称为操作站。而DCS的生产管理级、经营管理级是由功能强大的计算机来实现，没有更多的硬件构成，这里不再详细阐述。

DCS的硬件和软件，都是按模块化结构设计的，所以DCS的开发实际上就是将系统提供的各种基本模块按实际的需要组合为一个系统，这个过程称为系统的组态。DCS的硬件组态就是根据实际系统的规模对计算机及其网络系统进行配置，选择适当的工程师站、操作员站和现场控制单元。本节将以典型的中、小型集散控制系统CENTUM-μXL为例论述现场控制单元和操作站的硬件构成，如图5-19所示。

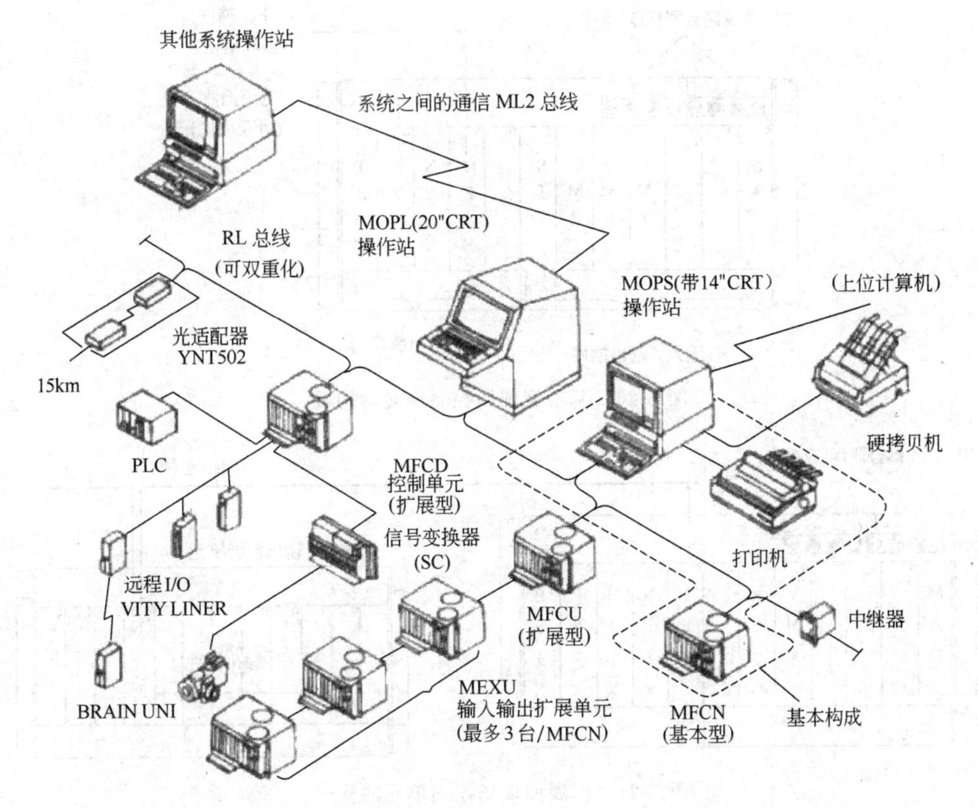

图 5-19　CENTUM-μXL 系统结构

5.3.2.1　现场控制单元

现场控制单元一般远离控制中心，安装在靠近现场的地方，以消除长距离传输的干扰。其高度模块化结构可以根据过程监测和控制的需要配置成测控规模不等的过程控制单元。

(1) 现场控制单元的功能

在 DCS 中，现场控制单元具有如下功能。①完成来自变送器的信号的数据采集，有必要时，要对采集的信号进行校正、非线性补偿、单位换算、上下限报警以及累计量的计算等。②将采集和通过运算得到的中间数据通过网络传送给操作站。③通过其中的软件组态，对现场设备实施各种控制，包括反馈控制和顺序控制。④一般现场控制单元还设置手动功能，以实施对生产过程的直接操作和控制。现场控制单元通常不配备 CRT 显示器和操作键盘，但可备有袖珍型现场操作器，或在前面板上装备小型开关和数字显示设备。⑤现场控制单元具有很强的自治能力，可单独运行。

(2) 现场控制单元的结构

① 基本型现场控制单元的构成　基本型现场控制单元与过程输入、输出设备连接方式如图 5-20 所示。在基本型控制单元上，可插入 12 块功能插件。其中右边的 4 块是通用插件，从右边起，有电源插件、双重化时的电源插件（在非双重化时此槽为空槽）、基本型 CPU 存储插件、双重化时的 CPU 存储插件。左侧的 1# ～8# 个插槽可安装 8 个输入、输出插件，和现场来的信号相配合，可以插入各种控制用的输入、输出插件功能见表 5-4。

② 扩展型现场控制单元的构成　如图 5-21 所示，扩展型现场控制单元外形、尺寸、插入插件的块数、插入插件的插槽构成等和基本型现场控制单元一样，左边 8 个是输入、输出插槽，右边 4 个是通用插槽。但是，扩展型现场控制单元还可以通过 NE 总线连接不超过 3 个输入、输出

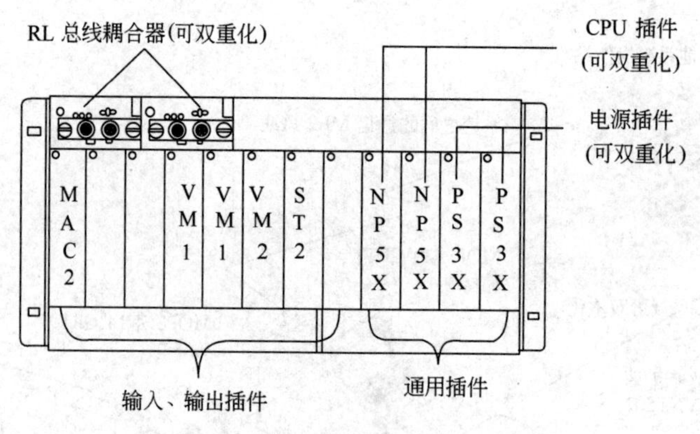

图 5-20　基本型现场控制单元的构成

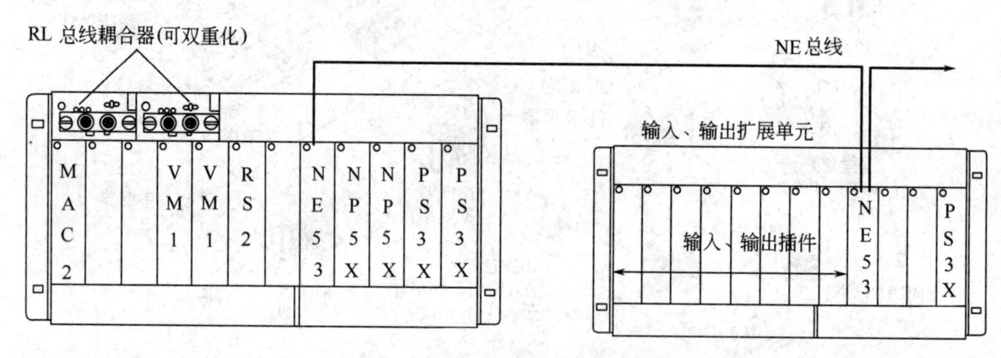

图 5-21　扩展型现场控制单元的构成

扩展单元，此时从右边数起第 5 个插槽内要插入 NE 总线通信插件 NE53，因而这时输入、输出插件的实际可插入数为 7 块。输入、输出扩展单元的外形也和基本型现场控制单元相同，左起前 8 个插槽可安装输入、输出插件，第 9 块插件为 NE 总线通信插件，第 10、11 槽为空槽，第 12 块插件为电源插件。除了可用于基本型控制单元的插件之外，还增加了若干专门用于扩展型控制单元的输入、输出插件，参见表 5-4。

(3) 现场控制单元的部件

现场控制单元的部件插卡大致可分为通用插件和输入、输出插件两类，详见表 5-4。

① 通用插件　通用插件主要包括电源插件和 CPU 插件两种。电源插件共有 PS31、PS32 和 PS35 三种，它们分别对应于 24V DC、110V AC 和 220V AC 输入，输出 24V DC 和 5V DC。CPU 插卡是现场控制单元的核心，它与其他计算机控制装置中 CPU 单元的组成和作用相类似，在此不再赘述。

② 输入、输出插件　DCS 中数量最大、种类最多的就是 I/O 插卡，各插卡功能如表 5-4 所示，各插件可以安装的插槽序号左起顺序编为 1# ～12#。

表 5-4　现场控制单元的部分主要插件一览

型　号	插件功能摘要	可安装的插槽序号								可安装的单元①		
		1#	2#	3#	4#	5#	6#	7#	8#	A	B	C
PS31/32/35	电源插件(可安装于 12#、11#)									√	√	√
NP53/54	CPU 插件(可安装于 10#、9#)									√	√	
NE53	NE 总线通信插件(见图 5-21)											
MAC2	控制用模拟量 I/O 插件(8 路 AI、8 路 AO)	○	○②	○	○②					√	√	
PAC	8 路脉冲量输入，8 路 AO：4～20mA	○	○②							√	√	
ST2	16 路 DI、16 路 DO	○	○	○	○	○	○	○	○	√	√	√

续表

型　号	插件功能摘要	可安装的插槽序号								可安装的单元[1]		
		1#	2#	3#	4#	5#	6#	7#	8#	A	B	C
ST3	32 路 DI	○	○	○	○	○	○	○	○	√	√	√
ST4	32 路 DO	○	○	○	○	○	○	○	○	√	√	√
ST5	32 路 DI、32 路 DO	○	○	○	○	○	○	○	○	√	√	√
ST6	64 路 DI	○	○	○	○	○	○	○	○	√	√	√
ST7	64 路 DO	○	○	○	○	○	○	○	○	√	√	√
VM1	16 路模拟量输入：1～5V DC	○	○	○	○	○	○	○	○	√	√	√
VM2	8 路 AI：1～5V DC，8 路 AO：1～5V DC	○	○	○	○	○	○	○	○	√	√	√
VM4	16 路 AO：1～5V DC	○	○	○	○	○	○	○	○	√	√	
PM1	16 路脉冲量输入：0～6kHz	○	○	○	○	○	○	○	○	√	√	
RS2[3]	RS-232-C 接口插件，可接 4 个设备	○	○	○	○	○	○	○	○		√	√
PX1[3]	PLC 接口插件	○	○	○	○	○	○	○	○		√	√
RS3[3]	通用串行接口插件	○	○	○	○	○	○	○	○		√	√
MF1[3]	远程 I/O 接口插件	○	○	○	○	○	○	○	○		√	√

① A 表示基本型现场控制单元，B 表示扩展型控制单元，C 表示输入、输出扩展单元。

② 当配置一个插件时（无双重化），该插槽为空槽。

③ 一台输入、输出扩展单元之中只能插入 1 块。

5.3.2.2 操作站

操作站（MOPS/MOPL）显示并记录来自各控制单元的过程数据，是人与生产过程的操作接口。通过操作人/机接口，实现适当的信息处理和生产过程操作的集中化。

（1）操作站结构组成

典型的操作站包括主机系统、显示设备、键盘输入设备和打印输出设备等。

① 主机系统　操作站的主机系统主要实现集中监视、对现场直接操作、系统生成和诊断等功能，在同一系统中最多可连接 5 台操作站。有的 DCS 配备一个工程师站，用来生成目标系统的参数等。多数系统的工程师站和操作员站合在一起，仅用一个工程师键盘，起到工程师站的作用。

② 显示设备　主要显示设备是彩色 CRT，或者是触摸屏。

③ 键盘输入设备　键盘分为操作员键盘和工程师键盘两种。操作和监视用的操作员键盘，采用防水、防尘结构的专用键盘。工程师键盘用于系统工程师的编程和组态，类似于 PC 机键盘。

④ 打印输出设备　打印输出设备就是指打印机，主要用于打印生产记录报表、报警列表和拷贝流程画面。

（2）操作站的主要功能

① 显示功能　操作站的 CRT 是 DCS 和现场操作运行人员的主要界面，它有强大、丰富的显示功能，主要包括以下一些显示功能。

a. 模拟参数显示。以模拟方式（棒图）、数字方式和趋势曲线方式显示过程量、给定值和控制输出量。

b. 系统状态显示。以字符、模拟方式或图形颜色等方式显示工艺设备的有关开关状态（运行、停止、故障等）、控制回路的状态（手动、自动、串级）以及顺序控制的执行状态。

c. 多种画面显示。常用于系统监视和操作的画面主要有：总貌画面、分组画面、控制回路画面（见图 5-22）、趋势画面、流程图画面、报警画面、DCS 本身状态画面以及各类变量目录画面、操作指导画面、故障诊断画面、工程师维护画面和系统组态画面等。

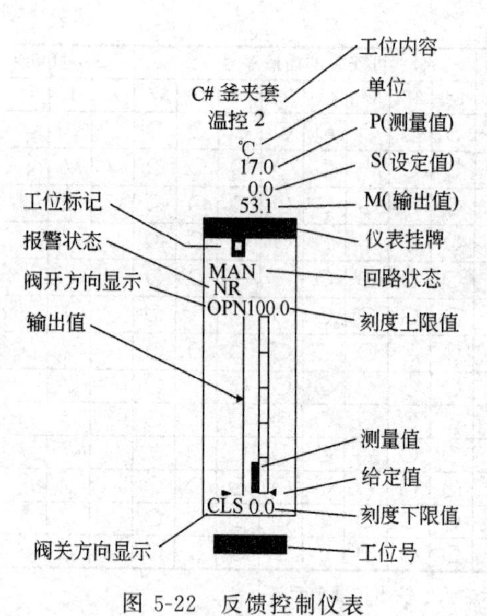

图 5-22　反馈控制仪表

② 报警功能　DCS 可以对操作站、现场控制单元等进行自诊断，发生异常时，还可以提供多种形式的报警功能，如利用画面灯光和模拟音响等方式实现报警。

③ 操作功能　DCS 的操作功能依靠操作员站实现，这些功能如下：a. 对系统中控制回路进行操作管理，包括设定值和 PID 调节器参数设定、控制回路切换（手动、自动、串级）和手动调节回路输出等；b. 调节报警越限值，设定和改变过程参数的报警限及报警方式；c. 紧急操作处理，以便在紧急状态时进行操作处理。

④ 组态和编程功能　系统的组态以及有关的程序编制也是在操作站完成的，这些工作包括数据库的生成、历史记录的创建、流程画面的生成、记录报表的生成、各种控制回路的组态以及对已有组态进行修改等。

5.3.3　DCS 的软件系统

DCS 的软件系统如图 5-23 所示。DCS 的系统软件为用户提供高可靠性实时运行环境和功能强大的开发工具。控制工程师只要利用 DCS 提供的组态软件，将各种功能软件进行适当的“组装连接”（即组态），可极为方便地生成满足控制系统要求的各种应用软件。

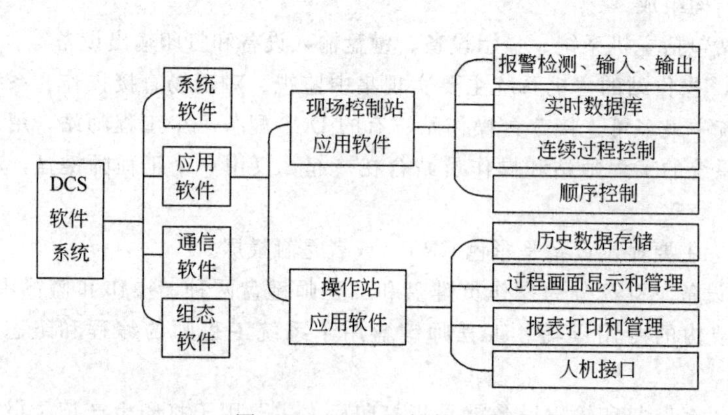

图 5-23　DCS 的软件系统

5.3.3.1　现场控制单元的软件系统

现场控制单元的软件结构如图 5-24 所示，它主要包括数据巡检模块、控制算法模块、控制输出模块、网络通信模块以及实时数据库五个部分。现场控制单元的 RAM 是一个实时数据库，起到中心环节的作用，在这里进行数据共享，各执行代码都与它交换数据，用来存储现场采集的数据、控制输出以及某些计算的中间结果和控制算法结构等方面的信息。

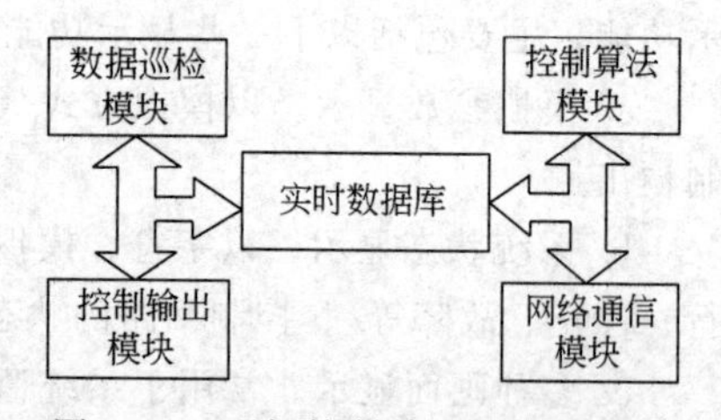

图 5-24　现场控制单元的软件结构

DCS 的控制功能用组态软件生成，由现场控制单元实施。现场控制单元提供的部分基本的控制算法模块如表 5-5 所示。

表 5-5　部分基本的控制算法模块

算　法	模　块　图	功　　能
加法	A, B — ADD — C	$C=A+B$
减法	A, B — SUB — C	$C=A-B$
乘法	A, B — MUL — C	$C=AB$
除法	A, B — DIV — C	$C=A/B$
开方	A — SQRT — C	$C=\sqrt{A}$
比例调节器	A, B — P — C	$C=K_p(A-B)$
比例积分调节器	A, B — PI — C	$C=K_p(A-B)+K_i\int_0^t(A-B)dt$
比例积分微分调节器	A, B — PID — C	$C=K_p(A-B)+K_i\int_0^t(A-B)dt+K_d\frac{d(A-B)}{dt}$
高选通 HISEL	A, B — HS — C	IF $A\geqslant B$，Then $C=A$；Else $C=B$
低选通 LOSEL	A, B — LS — C	IF $A\leqslant B$，Then $C=A$；Else $C=B$

表 5-5 中仅列举了控制算法库中部分基本算法模块，为了有效地实现各类工业对象的控制，控制算法库中还包括：自动/手动切换模块、线性插值模块、非线性模块、变型 PID 模块、平衡输出模块、执行器模块、逻辑模块等。

5.3.3.2　操作站的软件系统

DCS 中的工程师站或操作员站必须完成系统的开发、生成、测试和运行等任务，这就需要相应的系统软件支持，这些软件包括操作系统、编程语言及各种工具软件等。

① 操作系统　DCS 采用实时多任务操作系统，其显著特点是实时性和并行处理性。所谓实时性是指高速处理信号的能力，这是工业控制所必需的；而并行处理特性是指能够同时处理多种信息，它也是 DCS 中多种传感器信息、控制系统信息需同时处理的要求。此外，用于 DCS 的操作系统还应具有如下功能：按优先级占有处理机的任务调度方式、事件驱动、多级中断服务、任务之间的同步和信息交换、资源共享、设备管理、文件管理和网络通信等。

② 操作站配置的应用软件　在实时多任务操作系统的支持下，DCS 系统配备的应用软件有：编程语言，包括汇编、宏汇编以及 FORTRAN、COBOL、BASIC 等高级语言；工具软件，包括加载程序、仿真器、编辑器、DEBUGER 和 LINKER 等；诊断软件，包括在线测试、离线测试和软件维护等。

③ 操作站上运行的应用软件　一套完善的 DCS，其操作站上运行的应用软件应完成如下功能：实时/历史数据库管理、网络管理、图形管理、历史数据趋势管理、记录报表生成与打印、人机接口控制、控制回路调节、参数列表、串行通信和各种组态等。

5.3.4　DCS 的组态（开发与生成）

DCS 的开发过程主要是采用系统组态软件依据控制系统的实际需要生成各类应用软件的过程。一个强大的组态软件，能够提供一个友好的用户界面，并已汉化，使用户只需用最简单的编程语言或图表作业方法而不需要编写代码程序便可生成自己需要的应用软件。下面对应用软件的几个主要内容进行简要说明。

5.3.4.1 控制回路的组态

如前所述，控制回路的组态就是利用各种控制算法模块，依靠软件组态构成各种各样的实际控制系统。要实现一个满足实际需要的控制系统，需分两步进行：首先进行实际系统分析，对实际控制系统，按照组态的要求进行分析，找出其输入量、输出量以及需要用到的模块，确定各模块间的关系；然后生成需要的控制方案，利用DCS提供的组态软件，从模块库中取出需要的模块，按照组态软件规定的方式，把它们连接成符合实际需要的控制系统，并赋予各模块需要的参数。目前，各种不同的DCS提供的组态方法各不相同，下面给出以流量控制系统为例的几种常用组态方式。

① 指定运算模块连接方式　这是在工程师操作键盘上，通过触摸屏幕、鼠标或键盘等操作，调用各种独立的标准运算模块，用线条连接成多种多样的控制回路，然后由计算机读取屏幕组态图形中的信息后自动生成软件，如图5-25所示。

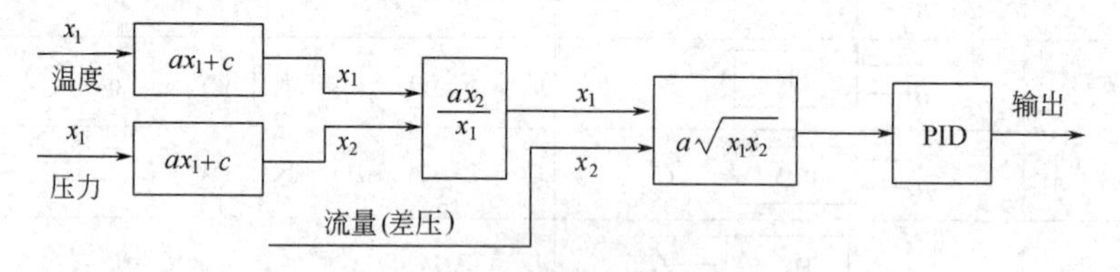

图5-25　指定运算模块连接示意

② 判定表方式　这是纯粹的填表形式，只要按照CRT画面上组态表格的要求，用工程师键盘逐项填入内容或回答问题即可。这种方式更有利于用户的组态操作，如表5-6所示。

表5-6　判定表方式示例

		控制站编号	=01
		回路编号	=23
工位号	=F120	补偿计算	=YES
功能指定	=PID	温度输入	=T130
输入处理		温度设计值	=15(℃)
量程上限	=100.0	压力输入	=P540
量程下限	=0	压力设计值	=1.0(kgf/cm^2)
工业单位	=m^3/h	控制运算	
线性化	=$\sqrt{\ }$	控制周期	=1s
积算指定	=YES	设定值跟踪	=YES
报警处理		输入/输出补偿	=NO
上/下限报警	=YES	输出处理	
上/下限报警灯输出	=NO	正/反动作	=R(反作用)
变化限报警	=YES	输出跟踪	=YES
变化限报警灯输出	=NO	输出变化限幅值	=5%/次
偏差报警	=YES	备用操作器	=NO
偏差报警灯输出	=NO		

注：1kgf/cm^2=98.0665kPa，下同。

③ 步骤记入方式　这是一种面向过程的POL语言指令的编写方式，其编程自由度大，各种复杂功能都可通过一些技巧实现。但由于系统生成效率低，不适用大规模DCS。步骤记入方式首先编制如表5-7所示的程序，然后用相应的组态键盘输入。

表 5-7 步骤记入方式示例

程序步序	程 序		说 明
1	LD	X2	压力输入
2	LD	K2	读入系数
3	+		K2+X2
4	LD	X3	温度输入
5	LD	K3	读入系数
6	+		K3+X3
7	÷		(K2+X2)/(K3+X3)
8	LD	X1	差压输入
9	·		X1·(K2+X2)/(K3+X3)
10	$\sqrt{\ }$		$\sqrt{X1\cdot(K2+X2)/(K3+X3)}$
11	LD	K1	读入系数
12	·		$K1\cdot\sqrt{X1\cdot(K2+X2)/(K3+X3)}$
13	PID		基本 PID 控制
14	ST	Y1	4～20mA 输出
15	END		

5.3.4.2 实时数据库生成

实时数据库是 DCS 最基本的信息资源，这些实时数据由实时数据库存储和管理。在 DCS 中，建立和修改实时数据库记录的方法有多种，常用的方法是用通用数据库工具软件生成数据库文件，系统直接利用这种数据格式进行管理或采用某种方法将生成的数据文件转换为 DCS 所要求的格式。

5.3.4.3 工业流程画面的生成

DCS 是一种综合控制系统，具有丰富的控制系统和检测系统画面显示功能。利用工业流程画面技术不仅实现模拟屏的显示功能，而且使多种仪表的显示功能集成于一个显示器。这样，采用若干台显示器即可显示整个工业过程的上百幅流程画面，达到纵览工业设备运行全貌的目的，而且可以逐层深入，细致入微地观察各个设备的细节。DCS 的流程画面技术支持各种趋势图、历史图和棒图等。此外在各个流程画面上一般还设置一些激励点，它们作为热键使用，用来快速打开所对应的窗口。

5.3.4.4 历史数据库的生成

所有 DCS 都支持历史数据存储和趋势显示功能，历史数据库的建立有多种方式，而较为先进的方式是采用生成方式。由用户在不需要编程的条件下，通过屏幕编辑编译技术生成一个数据文件，该文件定义了各历史数据记录的结构和范围。多数 DCS 提供方便的历史数据库生成手段，以实现历史数据库配置。生成时，可以一步生成目标记录，再下载到操作员站、现场控制单元或历史数据库管理站；或分为两步实现，首先编辑一个记录源文件，然后再对源文件进行编译，形成目标文件下载到目标站。无论采用何种方式，与实时数据库生成一样，历史数据库的生成是离线进行的。在线运行时，用户还可对个别参数进行适当修改。

5.3.4.5 报表生成

DCS 的操作员站的报表打印功能通过组态软件中的报表生成部分进行组态，不同的 DCS 在报表打印功能方面存在较大的差异。某些 DCS 具有很强的报表打印功能，但某些 DCS 仅仅提供基本的报表打印功能。一般来说，DCS 支持如下两类报表打印功能。

(1) 周期性报表打印　这种报表打印功能用来代替操作员的手工报表，打印生产过程中的操作记录和一般统计记录。

(2) 触发性报表打印　这类报表打印由某些特定事件触发，一旦事件发生，即打印事件发生前后的一段时间内的相关数据。

5.4 现场总线控制系统

现场总线（Fieldbus）是顺应智能现场仪表而发展起来的一种开放型的数字通信技术，其发展的初衷是用数字通信代替 4～20mA 模拟传输技术，把数字通信网络延伸到工业过程现场。随着现场总线技术与智能仪表管控一体化（仪表调校、控制组态、诊断、报警、记录）的发展，这种开放型的工厂底层控制网络构造了新一代的网络集成式全分布计算机控制系统，即现场总线控制系统（Fieldbus Control System，简称 FCS）。需要提醒的是，DCS 以其成熟的发展、完备的功能及广泛的应用，在目前的工业控制领域仍然扮演着极其重要的角色。

5.4.1 现场总线的概述

5.4.1.1 什么是现场总线

在传统的计算机控制系统中，现场层设备与控制器之间采用一对一的（一个 I/O 点对应于设备的一个测控点）I/O 连接方式，传输信号采用 4～20mA 等的模拟量信号或 24V DC 等的开关量信号。从 20 世纪 80 年代开始，由于大规模集成电路的发展，导致含有微处理器的智能变送器、数字调节器等智能现场设备的普遍应用。这些智能化的现场设备可以直接完成许多控制功能，也具备了直接进行数字通信的能力。例如，智能化变送器除了具有常规意义上的信号测量和变送功能以外，往往它还具有自诊断、报警、在线标定甚至 PID 运算等功能，因此，智能现场设备与主机系统间待传输的信息量急剧增加，原有的 4～20mA 模拟传输技术已成为当前控制系统发展的主要瓶颈。设想全部或大部分现场设备都具有直接进行通信的能力并具有统一的通信协议，只需一根通信电缆就可将分散的现场设备连接起来，完成对现场设备的监控——这就是现场总线技术的初始想法。

1985 年，国际电工技术委员会 IEC 开始着手制订国际性的智能化现场设备和控制室自动化设备之间的通信标准，并命名为“现场总线”（Fieldbus，简称 FB）。根据 IEC 和美国仪表协会 ISA 的定义，现场总线是连接智能现场设备和自动化系统的数字式、双向传输、多分支结构的通信网络，它的关键标志是能支持双向、多节点、总线式的全数字通信。

从计算机网络体系结构的角度来看，现场总线位于生产控制和网络结构的底层，与工厂现场设备直接连接。一方面将现场测控设备互联为通信网络，实现不同网段、不同现场设备之间的信息共享；另一方面又可以进一步与上层管理控制网络联接和实现信息沟通。

简而言之，现场总线将把全厂范围内的最基础的现场控制设备变成网络节点连接起来，与控制系统实现全数字化通信。它给自动化领域带来的变化是把自控系统与设备带到了信息网络的行列，把企业信息沟通的覆盖范围延伸到了工业现场。因此，现场总线可以认为是通信总线在现场设备中的延伸。

5.4.1.2 现场总线的结构特点和技术特征

现场总线控制系统打破了传统计算机控制系统的结构形式。在如图 5-26 所示的传统计算机控制系统中，广泛使用了模拟仪表系统中的传感器、变送器和执行机构等现场仪表设备，现场仪表和位于控制室的控制器之间均采用一对一的物理连接，一只现场仪表需要由一对传输线来单向传送一个模拟信号，所有这些输入或输出的模拟量信号都要通过 I/O 组件进行信号转换。一方面这种传输方法要使用大量的信号线缆，给现场安装、调试及维护带来困难；另一方面模拟信号的传输精度和抗干扰能力较低，而且不能对现场仪表进行在线参数整定和故障诊断，主控室的工作人员无法实时掌握现场仪表的实际情况，使得处于最底层的模拟变送器和执行机构成了计算机控制系统中最薄弱的环节。

现场总线系统的拓扑结构则更为简单，如图 5-27 所示。由于采用数字信号传输取代模拟信号传输，现场总线允许在一条通信线缆上挂接多个现场设备，而不再需要 A/D、D/A 等 I/O 组件。当需要增加现场控制设备时，现场仪表可就近连接在原有的通信线上，无需增设其他任何组件。

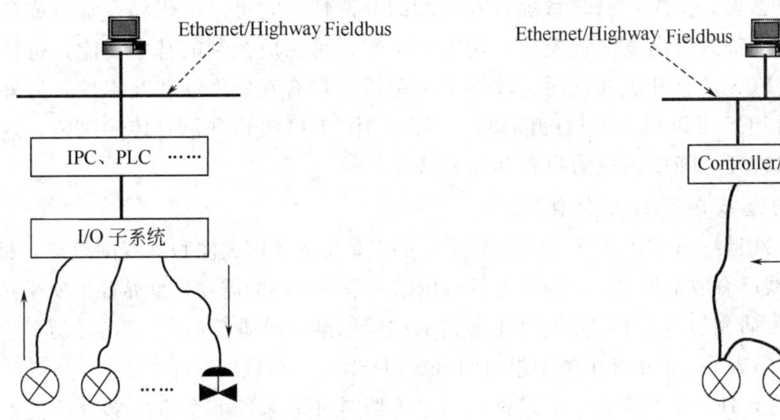

图 5-26　传统计算机控制系统结构示意　　　　图 5-27　FCS 结构示意

从结构上看，DCS 实际上是“半分散”、“半数字”的系统，而 FCS 采用的是一个全数字、全分散的方式。在一般的 FCS 系统中，遵循特定现场总线协议的现场仪表可以组成控制回路，使控制站的部分控制功能下移分散到各个现场仪表中，各种控制设备本身能够进行相互通信，从而减轻了控制站负担，使得控制站可以专职于执行复杂的高层次的控制算法。

现场总线的技术特征可以归纳为以下几个方面。

① 全数字化通信　传统 DCS 的通信网络截止于控制站或输入输出单元，现场仪表仍然是一对一模拟信号传输。在 FCS 中，现场信号都保持着数字特性，所有现场控制设备采用全数字化通信。许多总线在通信介质、信息检验、信息纠错、重复地址检测等方面都有严格的规定，从而确保总线通信快速、完全、可靠地进行。

② 开放型的互联网络　开放的概念主要是指通信协议公开，也就是指对相关标准的一致性、公开性，强调对标准的共识与遵从。一个开放系统，它可以与任何遵守相同标准的其他设备或系统相连。现场总线就是要致力于建立一个开放型的工厂底层网络。

③ 互可操作性与互用性　互操作性的含义是指来自不同制造厂的现场设备可以互相通信、统一组态，构成所需的控制系统；而互用性则意味着不同生产厂家的性能类似的设备可进行互换而实现互用。由于现场总线强调遵循公开统一的技术标准，因而有条件实现设备的互操作性和互换性，用户就可以根据产品的性能、价格选用不同厂商的产品，通过网络对现场设备统一组态，把不同厂家、不同品牌的产品集成在同一个系统内，并可在同功能的产品之间进行相互替换，使用户具有了自控设备选择、集成的主动权。

④ 现场设备的智能化　现场总线仪表本身具有自诊断功能，它可以处理各种参数、运行状态信息及故障信息，系统可随时诊断设备的运行状态，这在模拟仪表中是做不到的。

⑤ 系统结构的高度分散性　数字、双向传输方式使得现场总线仪表可以摆脱传统仪表功能单一的制约，可以在一个仪表中集成多种功能，甚至做成集检测、运算、控制于一体的变送控制器。FCS 可以废弃 DCS 的输入/输出单元和控制站，把 DCS 控制站的功能块分散地分配给现场仪表，构成一种全分布式控制系统的体系结构。

⑥ 对现场环境的适应性　工作在现场设备前端，作为工厂网络底层的现场总线，是专为在现场环境下工作而设计的，它可支持双绞线、同轴电缆、光缆等多种途径传送数字信号。另外，现场总线还支持总线供电，即两根导线在为多个自控设备传送数字信号的同时，还为这些设备传

送工作电源，可满足本质安全防爆要求。

总之，开放性、分散性与数字通信是现场总线系统最显著的特征，FCS更好地体现了“信息集中，控制分散”的思想。首先，FCS系统具有高度的分散性，它可以由现场设备组成自治的控制回路，现场仪表或设备具有高度的智能化与功能自主性，可完成控制的基本功能，也使其可靠性得到提高。其次，FCS具有开放性，而开放性又决定了它具有互操作性和互用性。另外，由于结构上的改变，使用FCS可以减少大量的隔离器、端子柜、I/O接口和信号传输电缆，这可以简化系统安装、维护和管理，降低系统的投资和运行成本。

5.4.1.3 现场总线国际标准化概况

现场总线技术自20世纪90年代初开始发展以来，一直是世界各国关注和发展的热点，目前，具有一定规模的现场总线已有数十种之多，为了开发应用以及争夺市场的需要，世界各国所采用的技术路线基本上都是在开发研究的过程中同步制订了各自的国家标准（或协会标准）。在经历了十多年的纷争以后，于1999年形成了一个由8个类型组成的IEC 61158现场总线国际标准。

到了2003年4月，IEC 61158 Ed3正式推出。这一版是在原来的8个组成部分的基础上增加FFH1总线和Profinet总线。2007年，又把9种实时以太网或现场总线和HART总线纳入到IEC61158 Ed4中，形成了由20种现场总线实时以太网组成的现场总线国际标准。以下对1999年版现场总线国际标准中的8个组成部分作一个简单介绍。

IEC 61158包括的8个组成部分分别是：IEC 61158技术报告、ControlNet、Profibus、P-Net、FF HSE、SwiftNet、WorldFIP和Interbus，如图5-28所示。IEC 61158国际标准只是一种模式，它既不改变原IEC技术报告的内容，也不改变各组织专有的行规（Profile），各组织按照IEC技术报告Type1的框架组织各自的行规。IEC标准的8种类型都是平等的，其中Type2～Type8需要对Type1提供接口，而标准本身不要求Type2～Type8之内提供接口，用户在应用各类型时仍可使用各自的行规，其目的就是为了保护各自的利益。

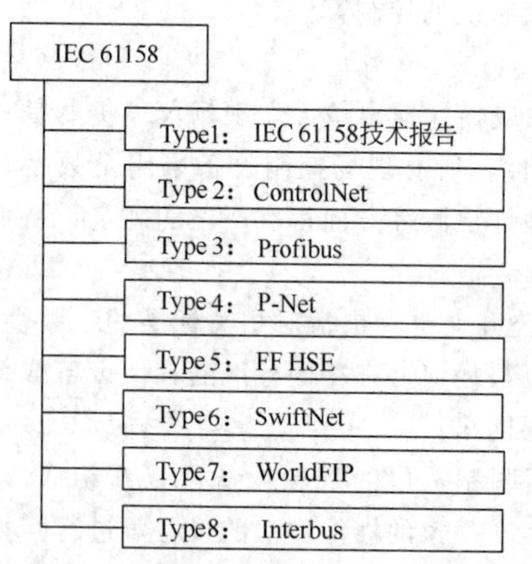

图5-28 IEC 61158采用的8种类型

① IEC 61158 Type1现场总线 IEC 61158 Type1是IEC推荐的现场总线标准，它的网络协议由物理层、数据链路层、应用层以及考虑到现场装置的控制功能和具体应用而增加的用户层组成。

物理层提供机械、电气、功能性和规程性功能，以便在数据链路实体之间建立、维护和拆除物理连接。物理层通过物理连接在数据链路实体之间提供透明的位流传输，传输媒体有双绞线、同轴电缆、光纤和无线传输。数据链路层负责实现链路活动调度，数据的接收和发送，活动状态的响应，总线上各设备间的链路时间同步等。应用层主要提供通信功能、特殊功能以及管理控制功能。

现场总线用户层具有标准功能块FB和装置描述DD功能。标准规定32种功能块，现场装置使用这些功能块完成控制策略。由于装置描述功能包括描述装置通信所需的所有信息，并且与主站无关，所以可使现场装置实现真正的互操作性。

② IEC 61158 Type2现场总线 ControlNET是被国际标准化组织规定为第二种类型的现场总线标准，它的基础技术是在Rockwell Automation长期研究过程中发展起来的，最早于1995年面世。Rockwell自动化网络总称Netlinx，它对传统的工业网络的五层结构（工厂、中心、单元、站、设备）进行了简化，形成了具有Rockwell特点的三层网络结构：信息层（Ethernet）、控制层（ControlNet）和设备层（DeviceNet），其中的控制层就是IEC 61158的一部分。

③ IEC 61158 Type3 现场总线　Type3 现场总线得到 Profibus 用户组织的支持，德国西门子公司则是 Profibus 产品的主要供应商，Profibus 总线已成为欧洲 EN 50170 标准的第二部分。

Profibus 是一种用于车间级监控和现场设备层数据通信的现场总线技术，可实现从现场设备层到车间级监控的分散式数字控制和现场通信网络。与其他现场总线系统相比，Profibus 是一种比较成熟的总线，在工程上的应用十分广泛。

④ IEC 61158 Type4 现场总线　Type4 现场总线得到了 P-Net（Process Automation Net）用户组织的支持。P-Net 是丹麦 Process-Data Sikebory Aps 从 1983 年开始开发，主要应用于啤酒、食品、农业和饲养业，现已成为 EN 50170 欧洲标准的第 1 部分。

⑤ IEC 61158 Type5 现场总线　Type5 现场总线即为 IEC 定义的 H_2 总线，它由 FF 现场总线基金会组织负责开发，并于 1998 年决定全面采用已广泛应用于 IT 产业的高速以太网 HSE（High Speed Ethernet）标准。HSE 使用框架式以太网技术，传输速率可达 100Mbps 或更高。HSE 完全支持 Type1 现场总线的各项功能，诸如功能块和装置描述语言等，H_1 和 HSE 可通过网桥互联。连接到 H_1 上的现场设备无需主系统的干预，可以与系统中连接在 H_1 总线（包括其他 H_1 总线）上所有其他现场设备进行对等层直接通信。HSE 总线成功地采用 CSMA/CD 链路控制协议和 TCP/IP 传输协议。HSE 的推出也标志着 Ethernet 技术开始全面进入工业自动化领域。

⑥ IEC 61158 Type6 现场总线　Swift Net 是 IEC 61158 中的第 6 种现场总线国际标准，它由美国 SHIP STAR 协会主持制定，得到美国波音公司的支持，主要用于航空和航天等领域。该总线的特点是结构简单、实时性高，通信协议仅包括了物理层和数据链路层，在标准中没有定义应用层。

⑦ IEC 61158 Type7 现场总线　成立于 1987 年的 WorldFIP 协会制定并大力推广 Type7 现场总线，WorldFIP 协议已成为欧洲 EN 50170 标准的第 3 部分，物理层采用 IEC 61158.2 标准。WorldFIP 现场总线构成的系统分为三级，即过程级、控制级和监控级。它能满足用户的各种需要，适合于各种类型的应用结构，集中型、分散型和主站/从站型。

⑧ IEC 61158 Type8 现场总线　Interbus 现场总线由德国 Phoenix Contact 公司开发，得到了 Interbus 俱乐部支持。它是一种串行总线系统，适用于分散输入/输出，以及不同类型控制系统间的数据传输。协议包括物理层、数据链路层和应用层。

对于以上所介绍的各种现场总线，P-Net 和 SwiftNet 是用于有限领域的专用现场总线，它们总线的功能相对比较简单。ControlNet、Profibus、WorldFIP 和 Interbus 是以 PLC 为基础的控制系统发展起来的现场总线。Type1 和 HSE 是由传统 DCS 发展起来的现场总线，总线功能较为复杂和全面，它们是 IEC 推荐的国际现场总线标准。相比较而言，FF 和 Profibus 是过程自动化领域中最具竞争力的现场总线，它们得到了众多著名自动化仪表设备厂商的支持，也具有相当广泛的应用基础。

以上 8 种现场总线同时成为了 IEC 61158 现场总线标准的子集，相互间存在市场的交叉和竞争，同时也存在性能的互补。有些没有成为国际标准的现场总线也具有相当的影响，如 Lonworks、CAN 等，它们同样可能在某些领域占有主导地位。另外，在过程自动化领域，HART 协议将是近期内智能化仪表主要的过渡通信协议。这种被称为可寻址远程传感器高速通道的开放通信协议，其特点是在现有模拟信号传输线上实现数字信号通信，因而在当前的过渡时期具有较强的市场竞争能力，在智能仪表市场上占有很大的份额。

5.4.2　基金会现场总线

基金会现场总线简称 FF 总线。按照基金会总线组织的定义，FF 总线是一种全数字的、串行的、双向传输的通信系统，是一种能连接现场各种传感器、控制器、执行单元的信号传输系统。FF 总线最根本的特点是专门针对工业过程自动化而开发的，在满足要求苛刻的使用环境、本质安全、总线供电等方面都有完善的措施。FF 采用了标准功能块和 DDL 设备描述技术，确保不同厂家的产品有良好的互换性和互操作性。为此，有人称 FF 总线为专门为过程控制设计的现场总线。

在 FF 协议标准中，FF 分为低速 H_1 总线和高速 H_2 总线。低速总线协议 H_1 主要用于过程自动化，其传输速率为 31.25Kbps，传输距离可达 1900m，可采用中继器延长传输距离，并可支持总线供电和本质安全防爆环境。高速总线协议 H_2 主要用于制造自动化，传输速率分为 1Mbps 和 2.5Mbps 两种。但原来规划的 H_2 总线已被现场总线基金会所放弃，取而代之的是基于以太网的 HSE。

5.4.2.1 FF 总线的通信模型

基金会现场总线的核心部分之一是实现现场总线信号的数字通信。为了实现通信系统的开放性，其通信模型参考了 ISO/OSI 参考模型，并在此基础上根据自动化系统的特点进行演变后得到的，如图 5-29 所示。

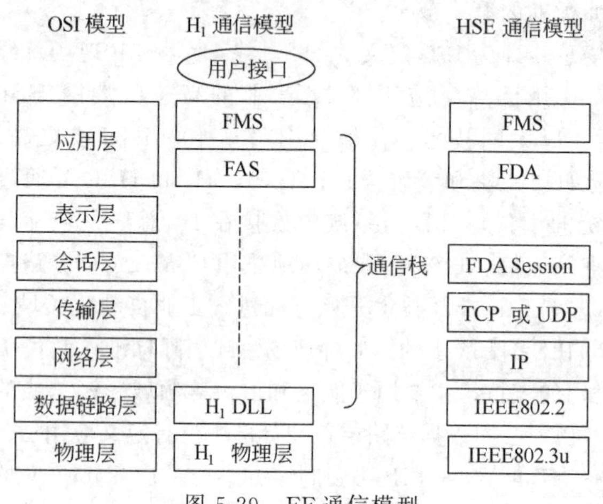

图 5-29 FF 通信模型

① H_1 总线　H_1 总线的通信模型以 ISO/OSI 开放系统模型为基础，采用了物理层、数据链路层、应用层，并在其上增加了用户层。其中，H_1 总线的物理层采用了 IEC 61158-2 的协议规范；数据链路层 DLL 规定如何在设备间共享网络和调度通信，支持面向连接和非连接的数据通信，通过链路活动调度器 LAS 来管理现场总线的访问；应用层则规定了在设备间交换数据、命令、事件信息以及请求应答中的信息格式。用户层则用于组成用户所需要的应用程序，如规定标准的功能块、设备描述，实现网络管理、系统管理等。不过，在相应软、硬件开发的过程中，往往把数据链路层和应用层看作为一个整体，统称为通信栈。这时，现场总线的通信参考模型可简单地视为三层。

② 高速以太网 HSE　2000 年现场总线基金会公布了高速以太网的技术规范 HSE，取代原先规划的 H_2 高速总线标准。HSE 采用了基于 Ethernet 和 TCP/IP 的六层协议结构的通信模型。其中，一至四层为标准的 Internet 协议；第五层是现场设备访问会话 FDAS，为现场设备访问代理 FDAA 提供会话组织和同步服务；第七层是应用层。

HSE 和 H_1 两个网络都符合 IEC 61158 标准，HSE 支持所有 H_1 总线的功能，支持 H_1 设备通过链接设备接口与基于以太网设备的连接。与链接设备连接的 H_1 设备之间可以进行点对点通信，一个链接上的 H_1 设备还可直接与另一个链接上的 H_1 设备通信，无需主机的干涉。

5.4.2.2 网络拓扑和设备连接

FF 现场总线的网络拓扑比较灵活，通常包括点到点型拓扑、总线型拓扑、菊花链型拓扑、树型拓扑以及这多种拓扑组合在一起构成的混合型结构。其中，总线型和树型拓扑在工程中使用较多，如图 5-30 所示。在总线型结构中，现场总线设备通过一段称为支线的电缆连接到总线段上，支线长度一般小于 120m。它适用于现场设备物理分布比较分散、设备密度较低的应用场合。在树型结构中，现场总线上的设备都是被独立连接到公共的接线盒、端子、仪表板或 I/O 卡。它适用于现场设备局部比较集中的应用场合。树型结构还必须考虑支线的最大长度。

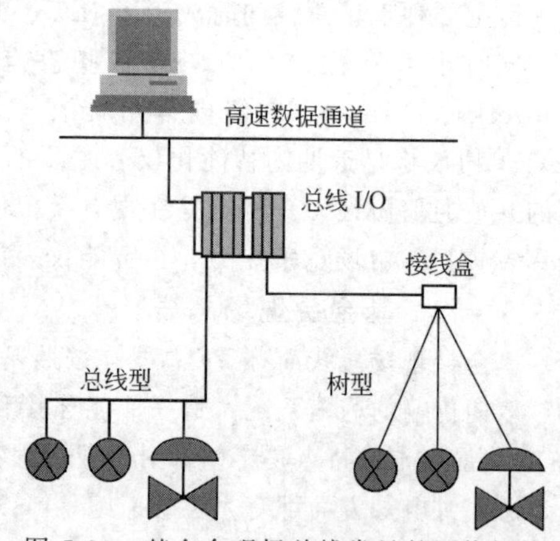

图 5-30 基金会现场总线常见的网络拓扑

(1) H_1 总线的连接

图 5-31 表示 H_1 现场设备与 H_1 总线连接的基本结构，图中的 FF 接口可以是 PLC、IPC、网桥等链路主设备。现场设备与 H_1 总线的连接需要注意以下三个方面的问题。①在 H_1 主干总线的两端要各安装一个终端器，每个终端器由一个 100Ω 的电阻和一个电容串联组成，形成对 31.25kHz 信号的通带。②每一个 H_1 总线段上最多允许安装 32 个 H_1 现场设备（非总线供电）。③总线长度等于主干总线的长度加上所有分支总线的长度，它不能超过 H_1 总线所允许的最大长度。如果实际的 H_1 总线超过规定的长度范围，用户可以采用中继器进行扩展，一个总线段最多允许连接 4 个中继器。例如，H_1 总线采用带屏蔽的双绞线作为通信电缆，不加中继器的最大允许长度是 1900m，如果连接 4 个中继器，则总线长度可扩展到 9500m。

通信速度不同或传输介质不同的网段之间需要采用网桥连接，如图 5-32 所示。每个网桥包含一个上位端口（Root Port）、一个或几个下位端口（Downstream Port），每个端口可以连接一个网段。上位端口连向于主网段，下位端口则相反。

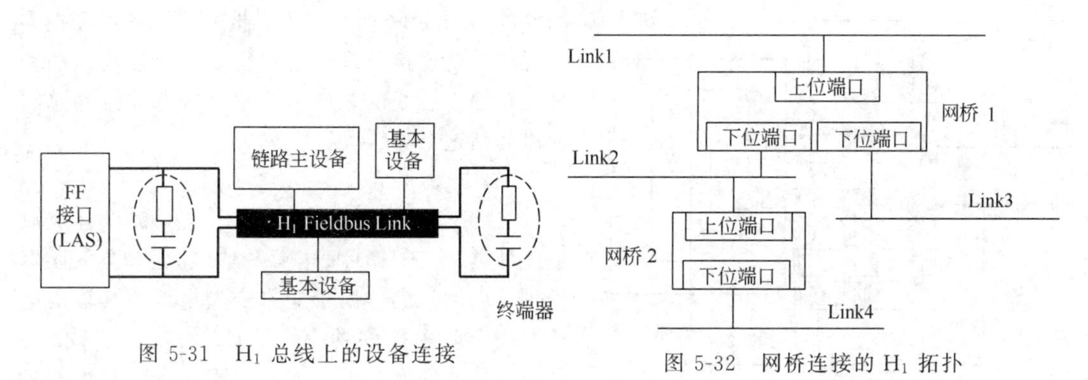

图 5-31　H_1 总线上的设备连接

图 5-32　网桥连接的 H_1 拓扑

(2) HSE 的网络拓扑

图 5-33 是 HSE 的网络拓扑，图中共有 4 种典型的 HSE 设备。①主设备（Host Device）主设备一般指安装有网卡和组态软件，具有通信功能的计算机类设备。②HSE 现场设备（HSE Field Device）　HSE 现场设备本身支持 TCP/IP 的通信协议，它们由现场设备访问代理提供 TCP 和 UDP 的访问。③HSE 连接设备（HSE Linking Device）　HSE 连接设备的作用是实现 H_1 与 HSE 的协议转换，把 H_1 连接到 HSE 上，提供 UDP/TCP 的协议方式来访问 H_1 现场设备。④I/O 网关（I/O Gateway）　I/O 网关用于把非 FF 的 I/O 装置连接到 HSE 上，这就允许把诸如 Profibus、DeviceNet 等其他标准网络系统与 HSE 网络连接在一起。

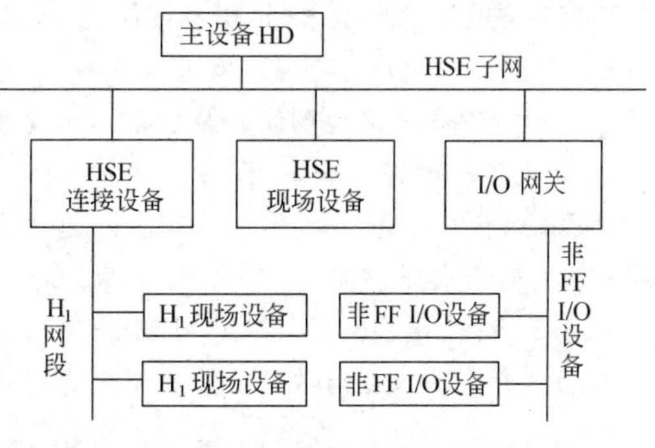

图 5-33　HSE 设备连接示意

从 HSE 设备连接示意图上可以看出，基于以太网的高速总线可以把各种控制设备连接在一起。但在实际应用中往往不宜过分的复杂，一般以比较清晰的 1～2 个层次为宜。

5.4.2.3　常用部件和特性

(1) 电缆

有多种型号的电缆可用于 FF 总线，表 5-8 所列的是 IEC/ISA 物理层标准中指定的几种电缆类型。A 型电缆是指带屏蔽的双绞线电缆，线径为 0.8mm²，它是符合 IEC/ISA 物理层一致性测试的首选电缆，在新建项目中被推荐使用。B 型电缆是指带屏蔽的多股双绞线电缆，线径为

0.32mm²，它可以看作为 A 型电缆的替代产品，它更适用于需要有多条现场总线在同一个区域中运行的情况。

表 5-8　现场总线电缆类型和最大长度

类型	电缆说明	尺寸	最大长度(无中继)/m	类型	电缆说明	尺寸	最大长度(无中继)/m
A	带屏蔽、双绞线	#18AWG 0.8mm²	1900	C	不带屏蔽、多股双绞线	#26AWG 0.13mm²	400
B	带屏蔽、多股双绞线	#22AWG 0.32mm²	1200	D	多芯、带屏蔽、非双绞线	#16AWG 1.25mm²	200

(2) 终端器和接线盒

终端器是安装在传输线的每个末端或附近的阻抗匹配模块，每个现场总线段需要安装两只，其作用是实现信号调制并防止信号失真和衰减。图 5-34 给出了一种常用的连接方式，它可以把多个现场设备连接到现场总线上，如果接线盒的物理位置处于总线的末端，则把终端器连接到总线上以终结这个总线段。

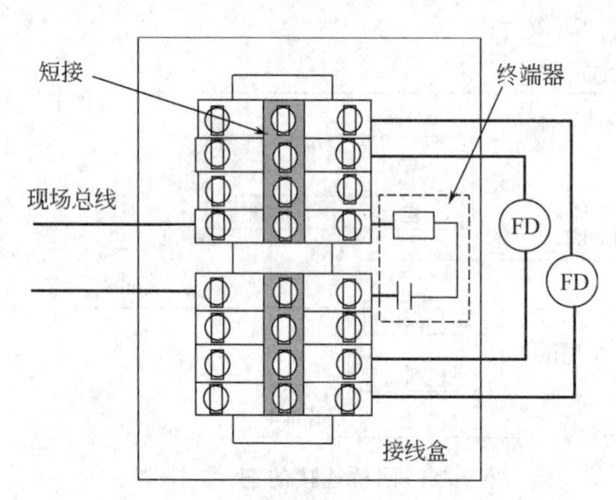

图 5-34　终端器在接线盒中的连接

(3) 电源装置

按照 FF 物理层行规规范，电源被设计成以下 3 种类型。①131 型电源　131 型是为本安防爆栅供电而设计的，属于非本安型电源。其输出电压取决于防爆栅的功率。②132 型电源　132 型也属于非本安型电源，但它不用于本安防爆栅供电。输出电压最大值为 32V DC。③133 型电源　133 型电源属于本安型电源，符合推荐的本安参数。

5.4.3　Profibus 现场总线

Profibus 现场总线标准共包括 Profibus-FMS、Profibus-DP 和 Profibus-PA 三个兼容系列。Profibus 既适合于自动化系统与现场 I/O 单元的通信，也可用于直接连接带有接口的变送器、执行器、传动装置和其他现场仪表及设备，对现场信号进行采集和监控。

5.4.3.1　数据传输技术

Profibus 提供了 RS485 传输、IEC 1158-2 传输和光纤传输三种类型。

(1) RS485 传输技术

RS485 传输用于 Profibus-DP/-FMS，总线电缆在 EN 50170 标准中规定为 A 型双绞铜芯电缆，其最大允许的长度与数据传输速率是直接相关的，参见表 5-9。

表 5-9　传输速率与总线长度的关系

传输速率/Kbps	9.6	19.2	93.75	187.5	500	1500	12000
最大允许总线长度/m	1200	1200	1200	1000	400	200	100

若使用 EN 50170 标准规定的 A 型电缆，需要在总线的两个终结端匹配终端电阻，以保证总线的空载状态电位。Profibus 的总线连接器是 9 针 SUB D 型插头，图 5-35 为有进入和引出数据线，并集成终端电阻的 9 针连接器示意。

(2) IEC 1158-2 传输技术

数据 IEC 1158-2 的传输技术用于 Profibus-PA，是一种位同步协议，它可保持其本质安全性，并通过总线对现场设备供电。

IEC 1158-2 传输技术的主要特性指标有：数据传输采用数字式、位同步和曼彻斯特编码；传输速率为电压式 31.25Kbps；可实现远程电源供电；能进行本质及非本质安全操作；每段最多连接 32 个站点；最多中继器可扩展至 4 台。Profibus-PA 的网络拓扑可以是总线型、树型和两种拓扑的混合。Profibus-PA 使用的传输介质是双绞线电缆，建议使用表 5-10 中所列的 IEC 1158-2 传输技术的参考电缆规格，也可以使用更粗截面导体的其他电缆。

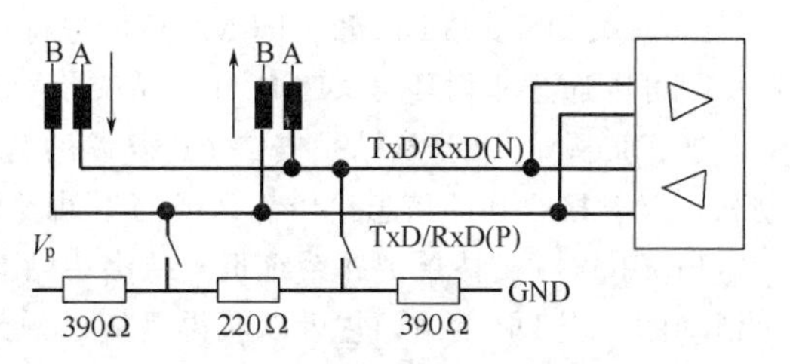

图 5-35　总线连接器的结构示意

表 5-10　参考电缆规格

电缆设计	双绞线屏蔽电缆	电缆设计	双绞线屏蔽电缆
额定导线面积	$0.8mm^2$	39kHz 衰减	3dB/km
回路电阻	44Ω/km	电容不平衡度	2nF/km
阻抗(31.25kHz)	100Ω±20%		

连接到一个段的站点数量最多限于 32 个。如果使用本质安全型总线供电方式，总线上的最大供电电压和最大供电电流均具有明确的规定；按防爆等级和总线供电装置，总线上的站点数量也将受到限制，参见表 5-11。

表 5-11　电源装置的特性参数和传输介质的长度

电源装置型号	Ⅰ型	Ⅱ型	Ⅲ型	Ⅳ型
使用领域	EEx ia/ib ⅡC	EEx ia/ib ⅡC	EEx ia/ib ⅡB	非本质安全
供电电压/V	13.5	13.5	13.5	24
最大供电电流/mA	110	110	250	500
典型站点数①	8	8	22	32
$0.8mm^2$ 电缆长度/m	≤900	≤900	≤400	≤650
$1.5mm^2$ 电缆长度/m	≤1000	≤1500	≤500	≤1900

① 表中的站点数依据每个设备耗电 10mA 计算。

(3) 光纤传输技术

Profibus 系统要桥接更长的距离或在电磁干扰很大的环境下应用时，可使用光纤导体传输。光链路插头可以实现 RS485 信号和光纤导体信号的相互转换。为此，用户可十分方便地在 Profibus 系统同时使用 RS485 传输技术和光纤传输技术。

5.4.3.2　Profibus-DP

Profibus-DP 主要应用于现场设备级的高速数据传输，它具有很高的传输速率、多种网络拓扑结构（总线型、星型、环型等）以及可选的光纤双环冗余。

(1) 设备类型

Profibus 具体说明了串行现场总线的技术和功能特性，它可使分散式数字化控制器从现场底层到车间级网络化，该系统分为主站和从站。主站决定总线的数据通信，当主站得到总线控制权（令牌）时，不用外界请求就可以主动发送信息，它又分为 DPM1 和 DPM2。

① 一类 DP 主站 DPM1　DPM1 相当于完成自动化控制的中央控制器，如 PLC、IPC 系统等。当 DPM1 取得令牌时，在规定的信息周期内可依据通信关系表进行主/从或主/主通信，可周期性地通过循环和非循环与分散的从站交换信息。

② 二类 DP 主站 DPM2　DPM2 是可进行编程、组态、诊断的设备，如编程器、操作面板等，DPM2 可以通过非循环与 DPM1 和从站交换数据。

③ DP 从站　DP 从站是支持 DP 协议的智能现场仪表或智能型 I/O 设备，它们没有总线控制权，仅对接收到的信息给予确认或当主站发出请求时向主站发送信息。

Profibus 可支持单主站系统也支持多主站系统。单主站系统在总线系统的运行阶段，只有一个活动的一类 DP 主站，它可以获得最短的总线循环时间。多主站系统的总线上连有多个主站，各主站与各自从站构成相互独立的子系统，每个子系统包括 DPM1、若干从站及可能的 DPM2 设备。任何一个主站均可读取 DP 从站的输入/输出映像，但同时只有一个主站允许对从站写入数据。

（2）基本 DP 功能

Profibus-DP 的基本功能主要指主站循环地读取从站的输入信息并周期性地向从站发送输出信息。具体的技术指标主要包括以下内容：基于 RS485 传输，传输介质可以是双绞线、双线电缆或光缆；传输速率为 9.6Kbps～12Mbps；主站之间是令牌传递，主站和从站之间是主从传递；站地址为 0～126，其中 126 只能用于投运目的，不可用于数据交换；采用光学链路模块 OLM 和光纤构成双环冗余。

（3）扩展 DP 功能

DP 扩展功能是面向连接的数据通信技术，它允许主从站之间非循环的通信功能，DP 扩展功能是对 DP 基本功能的补充，它与 DP 基本功能兼容。在过程自动化系统中，除了周期性的高速数据传输以外，许多信息往往只在需要时才进行数据交换，如 DPM2 非循环对现场控制设备进行的组态、诊断等，DP 扩展功能满足了过程自动化系统中非周期性的数据传输要求。相对于高速循环的用户数据传输而言，非循环的数据传输具有较低的优先权。

5.4.3.3　Profibus-PA

Profibus-PA 是专为过程自动化而设计的，它是在保持 Profibus-DP 通信协议的条件下，增加了对现场仪表实现总线供电的 IEC 1158-2 的传输技术，使 Profibus 也可以应用于本质安全领域，同时也保证 Profibus-DP总线系统的通用性。

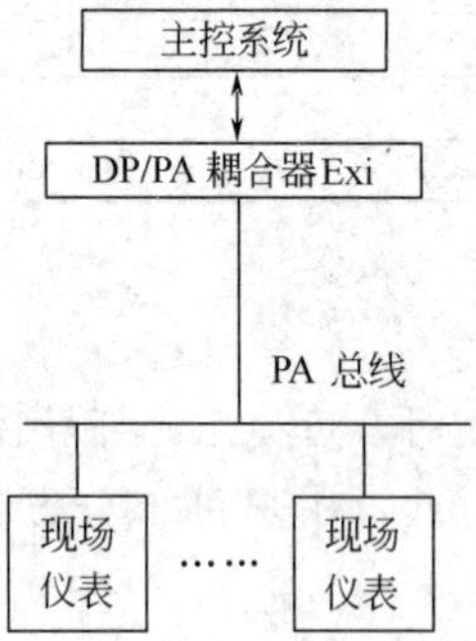

Profibus-PA 总线系统中现场仪表与主控系统的连接如图 5-36 所示。在常规系统中，现场仪表与主控系统之间采用一对一的连接方式。而 PA 总线可以延伸到控制现场，只需要一根与 IEC 1158-2 技术相同的数据传输电缆就可以完成所有现场仪表的信息传送。PA 总线还可以通过一对双绞线在传送信息的同时向现场设备直接供电，总线上的电源来自单一的供电装置，现场仪表与控制室之间无需附加隔离装置，即使在本质安全地区也如此。

图 5-36　PA 总线系统的连接示意

PA 与 DP 总线段之间通过链接器或耦合器连接，以实现两个不同总线段的透明通信，在本质安全地区可使用防爆型 PA/DP 耦合器或 PA/DP 链接器，如图 5-37 所示。

PA/DP 耦合器的作用是把传输速率为 31.25Kbps 的 PA 总线段和传输速率为 45.45Kbps 的 DP 总线段连接起来，PA 总线还可以为现场仪表提供电源。PA/DP 耦合器分为两类：本质安全型（Ex 型）和非本质安全型（非 Ex 型）。通过 Ex 型耦合器连接的 PA 总线最大的输出电流是 100mA，它可以为 10 台现场仪表提供电源；通过非 Ex 型耦合器连接的 PA 总线最大的输出电流是 400mA，最多可为 31 台现场仪表提供电源。

PA/DP 链接器最多由 5 个 Ex 型或非 Ex 型 PA/DP 耦合器组成，它们通过一块主板作为一个

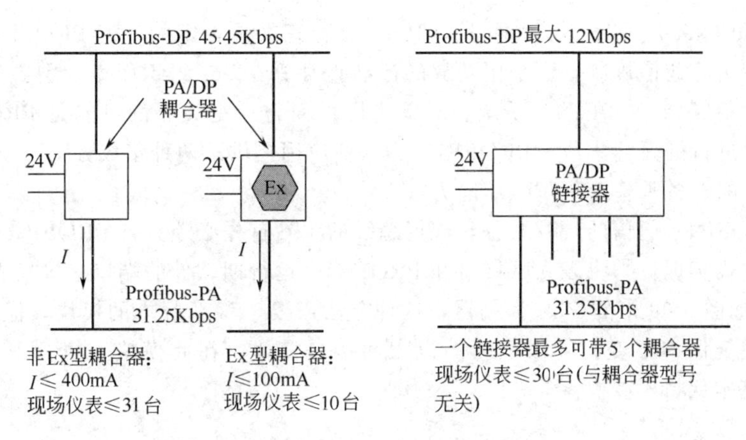

图 5-37 PA/DP 的连接示意

工作站连接到 Profibus-DP 总线上。通过一个 PA/DP 链接器允许连接不超过 30 台现场仪表，这个限制与所使用的耦合器类型无关。PA/DP 链接器的上位总线（DP）的最大传输速率是 12Mbps，下位总线（PA）的传输速率是 31.25Kbps，因此 PA/DP 链接器主要应用于对总线循环时间要求高和设备连接数量大的场合。

5.4.3.4 Profibus-FMS

Profibus-FMS 主要用来解决车间级通用性通信任务，因此更大量的数据传送功能和各种高级功能比通信的实时性更为重要。FMS 服务项目是 ISO 9506 制造信息规范 MMS 服务项目的子集。概括地说，FMS 服务分为面向连接的确认服务和无需连接的非确认服务（见图 5-38）。

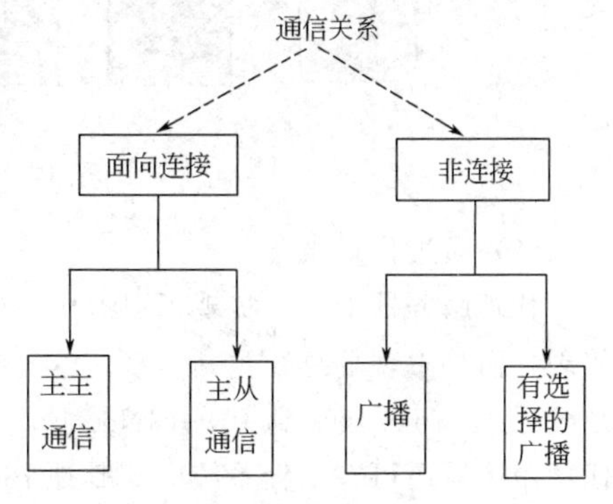

图 5-38 各种可能的通信服务表

面向连接的通信关系表示两个应用过程之间的点对点逻辑连接。面向连接的确认服务在传送数据之前，首先必须用“初始化服务”建立连接。建立成功后，连接受到保护。如果该建立的连接已不再需要了，则可用“退出服务”来中断连接。

非连接的通信关系允许一台设备使用非确认服务同时与好几个站进行通信。在广播通信关系中，FMS 非确认服务可同时发送到其他所有站。在有选择的广播通信关系中，FMS 非确认服务可同时发送给预选定的站组。

5.4.3.5 PROFINet 简介

作为一种可靠的、经过考验的现场总线技术，Profibus 为各领域的自动化控制提供了一致的、协调的通信解决方案，无论是在控制器与分布式 I/O 之间交换自动化信息，还是在智能化现场仪表和各种控制设备间的全数字化通信，无论是在普通场合，还是在本质安全区域，它都能为用户的各种应用提供优化统一的技术标准。众所周知，当前的工业网络已不仅仅是为了满足自动化控制的需要，它已逐渐向高层 IT 系统的融合甚至通过因特网实现全球化联网的趋势发展，这也推动着现场总线技术向纵向集成的方向扩展。PROFINet 正是体现了现场总线技术纵向集成的一种透明性理念。

为了保持与自动化系统较高层的一致性，PROFINet 选用以太网作为通信媒介，一方面，它可以把基于通用的 Profibus 技术的系统无缝地集成到整个系统中；另一方面，它也可以通过代理服务器 Proxy 实现 Profibus-DP 及其他现场总线系统与 PROFINet 系统的简单集成。

那么，PROFINet是否就是以太网上的Profibus？答案是否定的。就PROFINet而言，它不使用Profibus专用的通信机制，而采用开放的标准。对Profibus组织而言，重要的是将Profibus系统无需修改地集成到PROFINet系统。对最终用户而言，更关心的可能是PROFINet对现有的、运行的装置进行的无缝集成，PROFINet为这些应用提供了两种集成方案。

（1）使现有的装备具备PROFINet能力

对于和PROFINet通信的现有装备，现场总线的主站首先必须具备PROFINet的能力，这可通过以下任一方式实现。①将以太网接口和PROFINet运行期软件的端口直接集成到现场总线主站的CPU中，如图5-39中的PLC控制器，这种方法需要一种新版本的模块，但PLC上的实际用户程序可以完全保持不变。②增加新的以太网接口模块，在此模块上执行PROFINet软件，PLC用户程序基本保持不变。

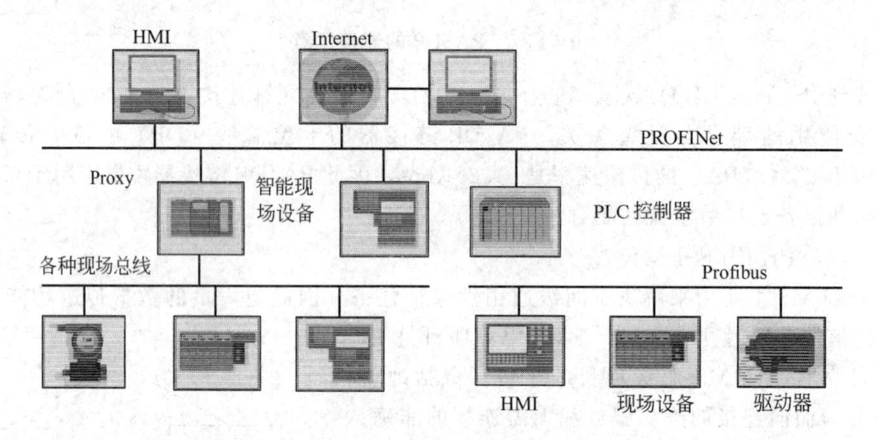

图5-39 PROFINet的连接

（2）通过代理服务器

代理服务器Proxy实现了PROFINet从“外部”观察现场设备，Proxy不是由现场设备本身实现，而是由现场总线主站实现。这不影响现场设备或现场总线协议。假设某Profibus-DP总线系统通过Proxy集成到PROFINet上，不影响原总线上主/从站之间的数据传输，这些数据通过代理服务器还可在工程系统中与其他PROFINet站的数据互联。原则上，其他的现场总线如FF、Interbus等通常都可以用这种方式集成到PROFINet领域。

5.4.4 几个具体问题的分析

5.4.4.1 FCS与DCS的比较

FCS是在DCS的基础上发展起来的，FCS顺应了自动控制系统的发展潮流。虽然FCS在开放性、控制分散等诸多方面都优于传统DCS，代表着自动控制系统的发展方向与潮流。但DCS则代表传统与成熟，DCS以其成熟的发展、完备的功能及广泛的应用而占据着一个尚不可完全替代的地位。

首先，现阶段现场总线尚没有统一的国际标准而呈群雄逐鹿之势，相关的产品单一而且价格昂贵，致使现场总线的各种优越性在当前还难以得到全部的发挥。再者，由于软、硬件水平的限制，FCS还无法提供DCS已有的控制功能，对于复杂的、先进的控制算法还无法在仪表中实现，对于复杂控制缺乏好的解决方案。此外，DCS多层网络结构在FCS中被扁平化，FCS实现了控制功能的下移，强调设备间的数据交换，FCS的数据处理能力和控制的灵活性得到了加强。如果同层的设备过于独立，相互间需要交换的数据量也会大大增加，容易导致数据网络的堵塞。另外，FCS将逐步取代DCS主导控制系统地位，但并不意味着DCS消亡。这和DCS成为主导控制系统后并没有使其他控制设备“消亡”的现象相类似，在小型回路控制中回路调节器可能比FCS

甚至比DCS更适用。

5.4.4.2　现场总线技术与计算机通信技术的比较

由现场总线的定义可知：现场总线是用于现场仪表和控制室系统之间的一种全数字化、双向、多分支结构的计算机通信系统，计算机通信技术的发展会从各个方面影响现场总线的发展。

但是，现场总线又不等同于一般的计算机通信，一般计算机通信的基本功能是可靠地传递信息，而现场总线的功能则是强调：①高效、低成本地实现现场仪表及自控设备之间的全数字化通信，以体现其经济性；②要求传输速度快、最大响应时间是可预知的，以体现其实时性；③解决现场装置的总线供电问题，实现现场总线的本质安全规范，以体现其安全性；④解决现场总线的环境适应性问题，如电磁干扰、环境温度、湿度、振动等因素，以体现其可靠性；⑤现场仪表及现场控制装置要尽可能地就地处理信息，不要将信息过多地在网络上往返传递，以体现现场总线技术发展趋势——信息处理现场化。

5.5　工业以太网

顾名思义，工业以太网（Industrial Ethernet）是指应用于工业控制系统中的以太网技术，它与人们熟知的商用以太网技术密切相关。相比之下，一般的以太网技术除了通信的吞吐量要求较高以外，对其他性能没有特殊的要求；而工业控制现场由于其环境的特殊性，对工业以太网的实时性、可靠性、网络生存性、安全性等均有很高的要求。

推动工业以太网技术发展最直接的原因主要有两方面：一方面是计算机控制系统在不同层次间传送的信息已变得越来越复杂，对工业网络在开放性、互联性、带宽等方面提出了更高的要求；另一方面是以“全数字化特性”著称的现场总线技术至今还没有统一的标准，还无法实现工业企业综合自动化系统中自上而下真正透明的信息互访和集成。

目前，在很多控制系统中，把以太网技术用于监控层的数据交换，尽管这些系统在底层互相间还不能实现互操作，但通过以太网，控制系统监控层之间、各种控制系统之间以及控制系统与企业经营决策管理信息系统之间的数据交换与共享已经变得非常方便、快速。因此，以太网在控制系统监控层的应用，不仅消除了控制系统数据传输的瓶颈，而且消除了企业内部各种自动化系统之间的“信息化孤岛”，基本体现出了这些控制系统的开放性。

5.5.1　以太网的介质访问控制协议

Ethernet最初是由美国Xerox公司于1975年推出的一种局域网，它以无源电缆作为总线来传送数据，并以曾经在历史上表示传播电磁波的以太（Ether）来命名。目前，它是国际上最流行的局域网标准。

以太网对介质的访问控制采用了载波监听多路访问/冲突检测协议CSMA/CD，其主要思想可用“先听后说，边说边听”来形象地表示。

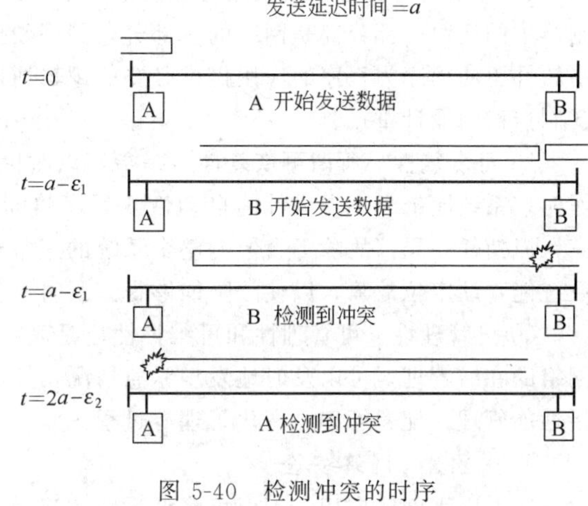

图5-40　检测冲突的时序

“先听后说”是指在发送数据之前先监听总线的状态。如图5-40所示，在以太网上，每个设备可以在任何时候发送数据。发送站在发送数据之前先要检测通信信道中的载波信号，如果没有检测到载波信号，说明没有其他站在发送数据，或者说信道上没有数据，该站可以发送。否则，则等待一个随机的时间后再重复检测，直到能够发送数据为止。

由于数据在网中的传输需要时间，总线上可能会出现两个或两个以上的站点监听到总线上没有数据而发送数据帧，因此就可能发生冲突，“边说边听”就是指在发送数据的过程的同时检测总线上的冲突，即一边将信息输送到传输介质上，一边从传输介质上接收信息，然后将二者进行比较，如果两者一致，说明没有冲突；否则则说明总线上发生了冲突。一旦检出冲突以后，CSMA/CD立即停止数据发送，并向总线发送一串阻塞信号，让其他各站感知冲突已经发生。总线上各站点“听”到阻塞信号以后，均等待一段随机的时间，然后再重发受影响的数据帧。这一段随机的时间通常由网卡中的一个算法来决定。CSMA/CD的优势在于站点无需依靠中心控制就能进行数据发送。当网络通信量较小的时候，冲突很少发生；当网络负载较重的时候，就容易出现冲突，网络性能也相应降低。

5.5.2 以太网应用于工业现场的关键技术

正是由于以太网具有前面所述的诸多优势，使得它在工业控制领域受到了越来越多的关注。但如何利用COTS技术来满足工业控制需要，是目前迫切需要解决的问题，这些问题包括通信实时性、网络生存性、网络安全、现场设备的总线供电、本质安全、远距离通信、可互操作性等，这些技术直接影响以太网在现场设备中的应用。

5.5.2.1 网络通信的实时性

为满足工业过程控制要求，工业以太网必须具有很高的实时性。但是，长期以来，Ethernet通信响应的“不确定性”是它在工业现场设备中应用的致命弱点和主要障碍之一。由于以太网采用了CSMA/CD机制来解决通信介质层的竞争，所以以太网在本质上是不确定性的，这里的“不确定”是指数据传输的响应和时延的“不可预测和再现”。

但随着以太网带宽的迅速增加（10/100/1000Mbps），冲突几率大大减小，加之相关技术的应用，数据传输的实时性不断提高，也使以太网逐渐趋于确定性。经研究表明，经过精心的设计，工业以太网的响应时间小于4ms，可满足几乎所有工业过程控制要求。在工业以太网中，实现实时性的机制主要包括如下几个方面：采用交换式集线器、使用全双工（Full-Duplex）通信模式、采用虚拟局域网（VLAN）技术等。

5.5.2.2 网络生存性

所谓网络生存性，是指以太网应用于工业现场控制时，必须具备较强的网络可用性，即任何一个系统组件发生故障，不管它是硬件还是软件，都会导致操作系统、网络、控制器和应用程序以至于整个系统的瘫痪，则说明该系统的网络生存能力非常弱。

工业以太网的生存性或高可用性包括以下几个方面的内容。

① 可靠性　在基于以太网的控制系统中，网络成了相关装置的核心，从I/O功能模块到控制器中的任何一部分都是网络的一部分。网络硬件把内部系统总线和外部世界联成一体，同时网络软件驱动程序为程序的应用提供必要的逻辑通道。系统和网络的结合使得可靠性成了自动化设备制造商的设计重点。

② 可恢复性　所谓可恢复性，是指当以太网系统中任一设备或网段发生故障而不能正常工作时，系统能依靠事先设计的自动恢复程序将断开的网络连接重新链接起来，并将故障进行隔离，以使任一局部故障不会影响整个系统的正常运行，也不会影响生产装置的正常生产。同时，系统能自动定位故障，以使故障能够得到及时修复。

③ 可管理性　可管理性和可维护性也是高可用性系统最受关注的焦点之一。通过对系统和网络的在线管理，可以及时地发现紧急情况，并使得故障能够得到及时的处理。可管理性一般包括性能管理、配置管理、变化管理等过程。

5.5.2.3 网络安全

工业以太网的应用，不但可降低系统的建设和维护成本，还可实现工厂自上而下更紧密的集成，并有利于更大范围的信息共享和企业综合管理；但同时，也带来了网络安全方面的隐患。以太网和 TCP/IP 的优势在于其在商业网络的广泛应用以及良好的开放性，可是与传统的专用工业网络相比，也更容易受到自身技术缺点和人为的攻击。对于工业以太网，安全问题需考虑来自内部和外部两个方面。

① 内网络的安全　工业以太网可实现管理层和控制层的无缝连接，具有互联性和可互操作性，但不同网段、不同功能单元具有不同的功能和安全需求，因而必须制定安全策略，防止本地用户对设备控制域系统的非法访问。

② 外网络的安全　就是防止外部非法用户访问内部网络上的资源和非法向外传递内部信息，保证内、外通信的保密性、完整性和有效性。根据这些需要，在工业以太网中可以采取的基本安全技术主要有三个方面，即加密技术、鉴别交换技术和访问控制技术。

5.5.2.4　总线供电

所谓“总线供电”或“总线馈电”，是指连接到现场设备的线缆不仅传送数据信号，还能给现场设备提供工作电源。由于 Ethernet 以前主要用于商业计算机通信，一般的设备或工作站没有总线供电的要求，只用于传输信息。

对现场设备的“总线供电”可采用以下方法。

① 在目前 Ethernet 标准的基础上适当地修改物理层的技术规范，将以太网的曼彻斯特信号调制到一个直流或低频交流电源上，在现场设备端再将这两路信号分离出来。采用这种方法时必须注意：修改协议后的以太网应在物理层上与传统 Ethernet 兼容。

② 不改变目前 Ethernet 的物理层结构，即应用于工业现场的以太网仍然使用目前的物理层协议，而通过连接电缆中的空闲线缆为现场设备提供工作电源。

相比而言，第一种方法虽然实现了与传统 DCS 以及 FF、Porfibus 等现场总线所采用的“总线供电法”相一致，做到了“一线二用”，但由于这种方法与传统以太网在物理介质上传输的信号在形式上已不一致，因此基于这种修改后的以太网设备与传统以太网设备不再能够直接互联，而必须增加额外的转接设备才能实现与传统以太网设备的连接。

5.5.2.5　安全防爆技术

以太网控制系统的防爆主要包括现场设备、网络系统两个方面。

现场设备的防爆技术主要包括两类，即隔爆型和本质安全型。与隔爆型技术相比，本质安全技术采取抑制点火源能量作为防爆手段，安全可靠性高，适用范围广。实现本质安全的关键技术为低功耗技术和本安防爆技术。

以太网系统的本质安全包括以下几个方面，即工业现场以太网交换机、传输媒体以及基于以太网的变送器和执行机构等现场设备。由于目前以太网收发器本身的功耗都比较大，一般都在六、七十毫安（5V 工作电源），相对而言，基于以太网的低功耗现场设备和交换机设计比较困难。在目前的技术条件下，对以太网系统采用隔爆防爆的措施比较可行。即通过对以太网现场设备（包括安装在现场的以太网交换机）采取增安、气密、浇封等隔爆措施，使设备本身的故障产生的电火能量不会外泄，以保证系统使用的安全性。

5.5.3　工业以太网的应用

目前，工业自动化领域的中、上层通信在逐步统一到工业以太网上，工业以太网今天所起的作用主要是解决工业自动化领域管理层和控制层之间的数据通信的任务，用以太网将企业中心和自动化岛屿连接在一起，真正的自动化任务是由下位的单元级与现场级中的现场总线来解决的。具有代表性的是基金会现场总线制定的作为主干网通信的快速以太网标准 HSE。作为 Profibus 的主要厂商 SIEMENS 也有多种 Ethernet 接口设备，允许把 PLC、操作面板、IPC 等设备通过以太网连接起来，如图 5-41 所示。应用于控制系统底层的现场级工业以太网，其系统结构如图 5-42 所示。

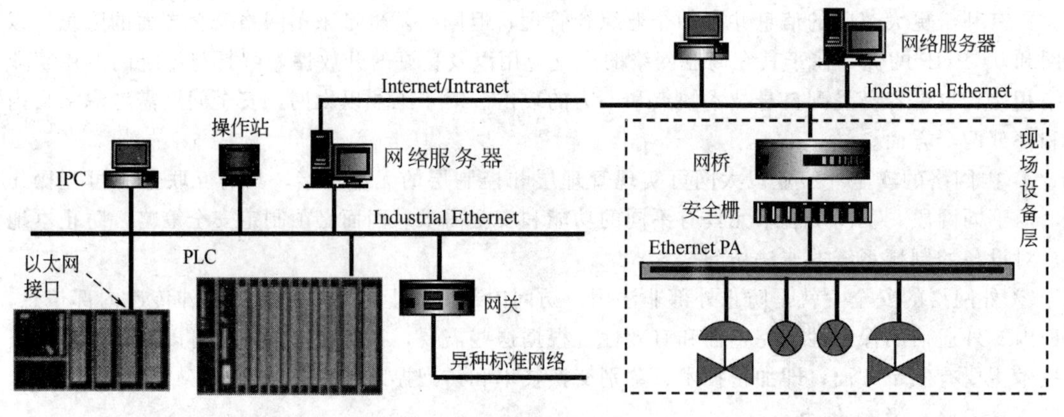

图 5-41 基于工业以太网的典型工业网络示意　　图 5-42 现场级工业以太网

由于 Internet 的快速发展，人们通过 Internet 访问控制系统，进行远程诊断、维护和服务的愿望越来越强烈。与此同时，还看到了两种趋势：一是现场有越来越多的信息需要往上送，随着各种智能化多功能现场设备的出现，除了一般的测控信号之外，大量的诊断、报警、操作等信息需要在现场设备间交互传输；二是计算机通信技术越来越向下延伸，至少 Ethernet 已经在越来越多的系统中作为主干总线来使用。因此，人们不禁要问：现代计算机通信技术是否会最终延伸到现场？Ethernet 能否"e"网到底而取代现场总线？

与目前的现场总线相比，以太网以其应用广泛、成本低廉、通信速率高、可持续发展潜力大的特点，使它的发展一直受到广泛的重视和大量的技术投入。因此，如果工业控制领域采用以太网作为现场设备之间的通信网络平台，将保证技术上的可持续发展。最重要的是，如果采用以太网作为现场总线，可以避免现场总线技术游离于计算机网络技术的发展主流之外，使现场总线和计算机网络技术的主流技术很好地融合起来，从而使现场总线技术和一般网络技术互相促进，共同发展。同时机器人技术、智能技术的发展都要求通信网络有更高的带宽、更好的性能，通信协议有更高的灵活性。这些要求以太网都能很好地满足。

然而，将以太网技术应用于工业现场设备之间的通信，还有一些关键问题需要解决，如通信响应实时性、优先级技术、现场设备的总线供电、本质安全、远距离通信、可互操作性等，这些技术将直接影响以太网在现场设备中的应用。国际电工委员会（IEC）也把工业以太网的关键技术如可靠性、生存性、总线供电等列入未来的工作内容。可以预见，只要上述关键技术得到解决，以太网直接应用于工业控制现场将不是不可能的事，并有可能全面代替目前市场上的各种现场总线。

思考题与习题

1. 什么是计算机控制系统？它的硬件由哪几部分组成？各部分的作用是什么？
2. 简述计算机控制系统的发展过程及其特点。
3. 计算机控制系统的发展特征包括那些方面？
4. 试推导位置式离散 PID 算法和增量式离散 PID 算法。为什么说增量式 PID 控制算法在计算机控制系统中应用更为广泛？
5. 何时需要对离散式 PID 算法进行改进？常见的改进算法有哪些？
6. 何谓数字滤波？常用的数字滤波方法有哪些？
7. PLC 的定义是什么？一体化 PLC 和模块化 PLC 各有什么特点？
8. 什么是 PLC 的扫描周期？它与哪些因素有关？
9. PLC 的工作过程分为哪几个部分？各部分的作用分别是什么？

10. PLC采用的编程语言主要有哪些？

11. 现有一个16点24V DC的开关量输入模块，如何用它来输入无源接点信号和36V AC开关量输入信号？

12. 现有一个16点24V DC的开关量输出模块，如何用它来输出无源接点信号和220V AC开关量输出信号？

13. 写出下图对应的S7 PLC的STL指令。

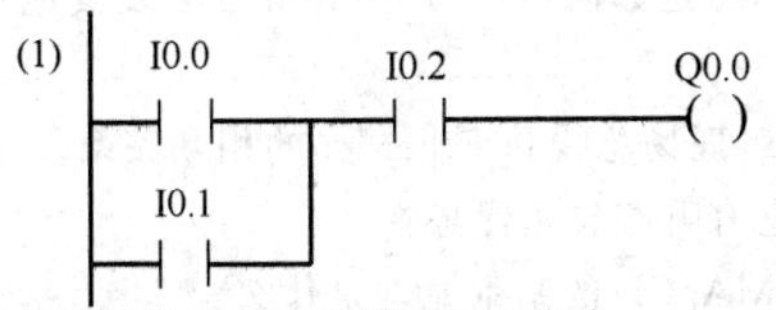

(2) I0.0 I0.1 I0.2 Q0.0

14. 写出下图对应的CP1H PLC指令。

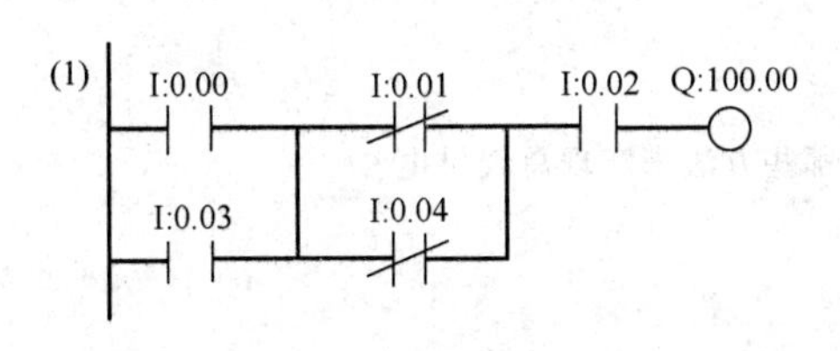

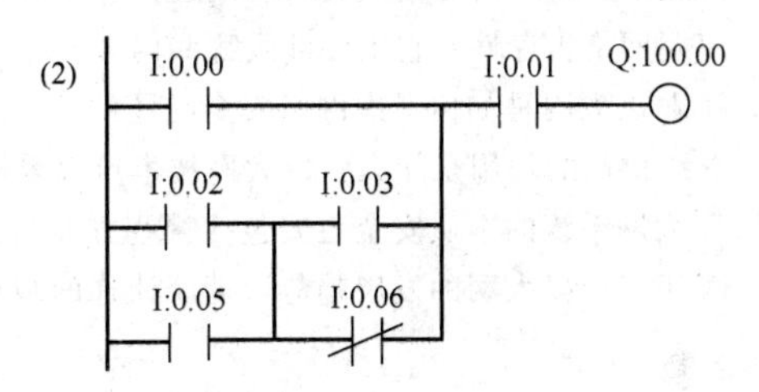

15. 绘出下列指令语言对应的梯形图。

LD	I：0.00	AND	I：0.07
AND	I：0.01	OR LD	
LD	I：0.02	AND LD	
AND NOT	I：0.03	LD	I：0.08
OR LD		AND	I：0.09
LD	I：0.04	OR LD	
AND	I：0.05	AND	I：0.10
LD	I：0.06	OUT	Q：100.00

16. 有一个抢答显示系统，包括一个主席台和三个抢答台，主席台上有一个无自锁的复位按钮，抢答台上各有一个无自锁的抢答按钮和一个指示灯，其控制要求是：①参赛者在回答问题之前要抢先按下桌面上的抢答按钮，桌面上的指示灯点亮，此时，其他参赛者再按抢答按钮，则系统不作反应；②只有主持人按下复位按钮后指示灯才熄灭，进入下一轮抢答。分别用STEP7梯形图和STL编写控制程序。

17. 利用CP1H PLC设计一个开30s，关20s，开30s，关20s……的脉冲信号输出程序（输出继电器为Q100.00），分别画出梯形图，写出STL指令。假设有一个电磁阀，该阀门的工作状态由一个按钮控制，按钮状态通过输入继电器I：0.00接入PLC。当控制按钮为关的时候（I：0.00为“0”），要求电磁阀为关状态；当控制按钮为开的时候（I：0.00为“1”），要求电磁阀以开30s，关20s，开30s，关20s……的波形工作，试按上述要求画出PLC梯形图并写出对应的指令程序。

18. 简述DCS的特点及其发展趋势。

19. DCS的硬件体系主要包括哪几部分？

20. DCS的现场控制单元一般应具备哪些功能？

21. DCS操作站的典型功能一般包括哪些方面？

22. DCS软件系统包括哪些部分？各部分的主要功能是什么？

23. DCS的组态主要包括哪些内容？

24. 什么是现场总线和现场总线控制系统？

25. 现场总线的技术特征主要有哪些？试阐述FCS“全数字、全分散”的特点。

26. IEC61158现场总线国际标准主要有哪几个部分组成？各部分的特点是什么？

27. 什么是 H1 总线？它主要适用于什么场合？

28. 什么是 HSE 总线？它适用于什么场合？

29. 现场总线终端器的作用是什么？

30. 简述 FF 现场总线的网络拓扑。

31. Profibus 总线由哪几部分组成？每部分的特点和适用范围分别是什么？

32. Profibus-DP 和 Profibus-PA 的物理层有什么不同？它们是如何实现互联的？

33. PROFINet 与 Profibus-FMS 有什么不同？PROFINet 是如何实现与 Profibus-DP 及其他现场总线系统集成的？

34. 试阐述 FCS 和 DCS、现场总线和常规计算机通信、现场总线和 Ethernet 的相互关系。

35. 以太网应用于工业控制领域的根本原因是什么？它有哪些技术优势？

36. 何谓介质访问控制？以太网介质访问控制协议 CSMA/CD 的基本原理是什么？

37. 简述工业以太网通信的实时性问题。在工业以太网中，实现实时性的机制主要包括哪几个方面？

38. 何谓网络生存性？它主要涉及哪些内容？

39. 工业以太网是如何考虑网络安全问题的？

40. 总线供电的作用是什么？以太网技术可以采用哪些方法来实现总线供电？

41. 以太网系统的本质安全主要包括哪些方面？

42. 关于工业以太网的发展趋势，请谈谈你的观点。

6 执 行 器

6.1 概述

6.1.1 执行器在自动控制系统中的作用

执行器在自动控制系统中的作用是接收来自调节器的控制信号，通过其本身开度的变化，从而达到调节流量的目的。因此，执行器是自动控制系统中的一个重要的、必不可少的组成部分。

执行器直接与介质接触，常常在高压、高温、深冷、高黏度、易结晶、闪蒸、汽蚀、高压差等状况下工作，使用条件恶劣，因此，它是控制系统的薄弱环节。如果执行器选择或运用不当，往往会给生产过程自动化带来困难，会导致自动控制质量下降、控制失灵，甚至造成严重的生产事故。

6.1.2 执行器的构成

执行器由执行机构和调节机构两个部分构成，如图 6-1 所示。执行机构是执行器的推动装置，它根据输入控制信号的大小，产生相应的输出力 F（或输出力矩 M）和直线位移 l（或角位移 θ），推动调节机构动作。调节机构是执行器的调节部分，在执行机构的作用下，调节机构的阀芯产生一定位移，即执行器的开度发生变化，从而直接调节从阀芯、阀座之间流过的控制变量的流量。图 6-2 是常用的气动薄膜调节阀的结构示意，气信号 p_o 由薄膜上部引入，作用于薄膜 1 上，推动阀杆 3 产生位移，改变了阀芯 4 和阀座 6 之间的流通截面积，从而达到调节流量的目的。

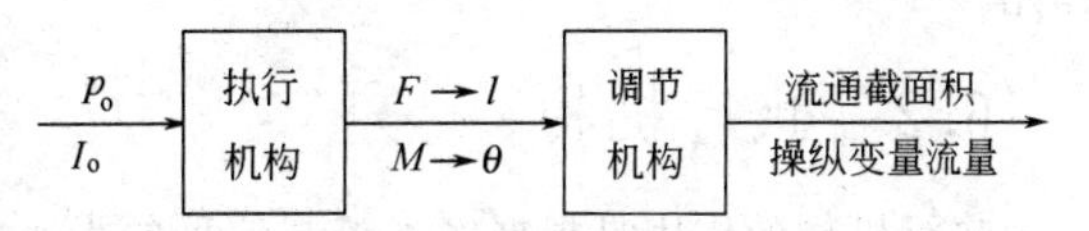

图 6-1 执行器的构成框图

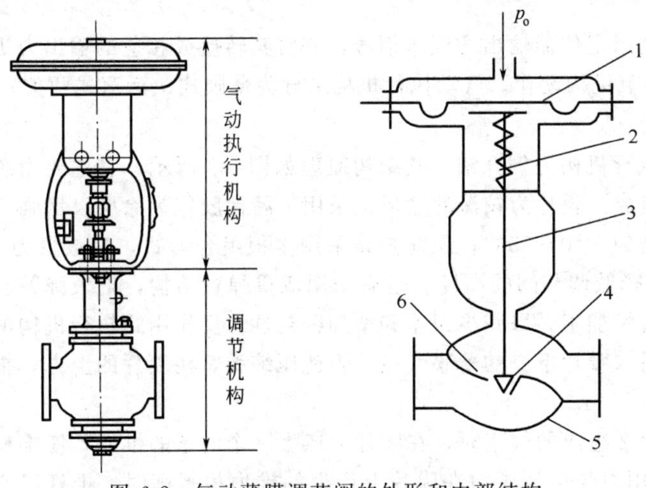

图 6-2 气动薄膜调节阀的外形和内部结构

1—薄膜；2—平衡弹簧；3—阀杆；4—阀芯；5—阀体；6—阀座

执行器还可以配备一定的辅助装置，常用的辅助装置有阀门定位器和手操机构。阀门定位器利用负反馈原理改善执行器的性能，使执行器能按调节器的控制信号，实现准确定位。手操机构用于人工直接操作执行器，以便在停电或停气、调节器无输出或执行机构失灵的情况下，保证生产的进行。

6.1.3 执行器的分类

执行器按其使用的能源形式可分为气动执行器、电动执行器和液动执行器三大类。工业生产中多数使用前两种类型，它们常被称为气动调节阀和电动调节阀。本章仅介绍气动调节阀和电动调节阀。

气动调节阀采用气动执行机构。气动执行机构具有薄膜式、活塞式两类。薄膜式行程较小，只能直接带动阀杆；活塞式行程较长，输出力比薄膜式执行机构更大，适用于要求有较大推力的场合，长行程式执行机构还可以用于和角行程式调节机构配套使用。由于气动调节阀具有结构简单、动作可靠稳定、输出力大、价格便宜和防火防爆等优点，因此，炼油、化工等各种工业生产中使用非常广泛。气动执行器的缺点是响应时间长，气信号不适于远传（传送距离一般在150m以内）。为了解决信号运传的问题，也可以选用电/气转换器或电/气阀门定位器，使传送信号为电信号，在执行器的安装现场，利用电/气转换器或电/气阀门定位器把电信号转换成相应的气信号。

电动调节阀采用电动执行机构。电动执行机构具有直行程式和角行程式两种类型，前者输出为直线位移，后者输出为角位移，分别用于和直行程式或角行程式的调节机构配套使用。电动调节阀具有动作较快、特别适于远距离的信号传送、能源获取方便等优点；其缺点是价格较贵，一般只适用于防爆要求不高的场合。

6.1.4 执行器的作用方式

执行器有正、反作用两种方式。当输入信号增大时，执行器的流通截面积增大，即流过执行器的流量增大，称为正作用；当输入信号增大时，流过执行器的流量减小，称为反作用。

正、反作用的气动调节阀通常分别称为气开阀和气关阀。气动调节阀的正、反作用可通过执行机构和调节机构的正、反作用的组合实现。对于电动调节阀，由于改变执行机构的控制器（伺服放大器）的作用方式非常方便，因此一般通过改变执行机构的作用方式实现调节阀的正、反作用。

6.2 执行机构

执行机构的作用是根据输入控制信号的大小，产生相应的输出力 F（或输出力矩 M）和直线位移 l（或角位移 θ），F 或 M 用于克服调节机构中流动流体对阀芯产生的作用力或作用力矩，以及阀杆的摩擦力、压缩弹簧的预紧力等其他各种阻力；l 或 θ 用于带动调节机构阀芯动作。

6.2.1 气动执行机构

气动执行机构接收气动调节器或阀门定位器输出的气压信号，并将其转换成相应的输出力 F 和直线位移 l（或角位移 θ），以推动调节机构动作。气动执行机构又分为薄膜式、活塞式两类。

6.2.1.1 气动薄膜式执行机构

下面以常用的正作用精小型气动执行机构为例介绍，其结构原理如图 6-3 所示，它主要由膜片、压缩弹簧、推杆、膜盖、支架等组成。膜片为较深的盆形，采用丁腈橡胶作为涂层以增强涤纶织物的强度并保证密封性，工作温度为－40～85℃；压缩弹簧采用多根组合形式，其数量为4根、6根或8根，这种组合形式可有效降低调节阀的高度。也有采用双重弹簧结构，把大弹簧套在小弹簧的外面；推杆的导向表面经过精加工，以减少回差和增加密封性。反作用式执行机构的结构大致相同，区别在于信号压力是通入膜片下方的薄膜气室，因此压缩弹簧在膜片的上方，推杆采用O形密封圈密封。

当信号压力通入由上膜盖1和膜片2组成的气室时，在膜片上产生一个向下的推力，使推杆8向下移动压缩弹簧3，当弹簧的反作用力与信号压力在膜片上产生的推力相平衡时，推杆稳定在一个对应的位置，推杆的位移 l 即为执行机构的输出，也称行程。

6.2.1.2 气动活塞式执行机构

气动活塞式（无弹簧）执行机构如图 6-4 所示。气动活塞式执行机构的基本部分为活塞和气缸，活塞在气缸内随活塞两侧压差而移动。两侧可以分别输入一个固定信号和一个变动信号，或两侧都输入变动信号。它的输出特性有比例式及两位式两种。两位式是根据输入执行活塞两侧的操作压力的大小，活塞从高压侧推向低压侧，使推杆从一个位置移到另一极端位置；比例式是在两位式基础上加有阀门定位器后，使推杆位移与信号压力成比例关系。

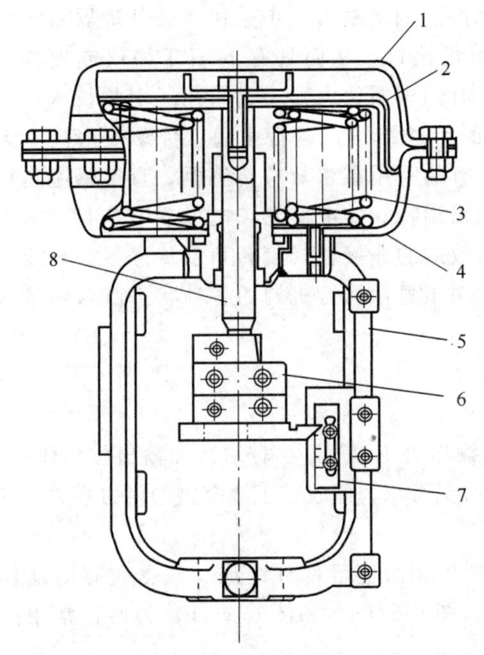

图 6-3　正作用气动薄膜式执行机构结构原理

1—上膜盖；2—膜片；3—压缩弹簧；4—下膜盖；
5—支架；6—连接阀杆螺母；7—行程标尺；8—推杆

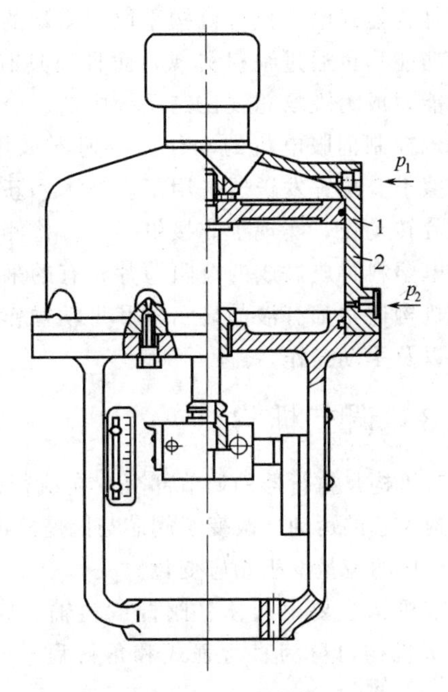

图 6-4　气动活塞式（无弹簧）执行机构

1—活塞；2—气缸

6.2.2　电动执行机构

电动执行机构接收 0～10mA DC 或 4～20mA DC 的输入信号，并将其转换成相应的输出力 F 和直线位移 l 或输出力矩 M 和角位移 θ，以推动调节机构动作。

电动执行机构主要分为两大类：直行程式与角行程式。角行程式执行机构又可分为单转式和多转式，前者输出的角位移一般小于 360°，通常简称为角行程式执行机构；后者输出的角位移超过 360°，可达数圈，故称为多转式电动执行机构，它和闸阀等多转式调节机构配套使用。

电动执行机构由伺服放大器、伺服电机、位置发送器和减速器四部分组成，其构成原理如图 6-5 所示。

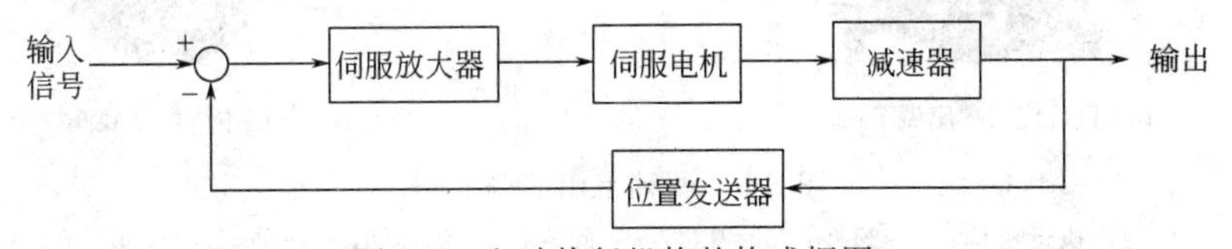

图 6-5　电动执行机构的构成框图

工业生产过程中，电动执行机构的动力部件大多使用伺服电机的电动执行机构。伺服放大器将输入信号和反馈信号相比较，得到差值信号，并将差值进行功率放大。当差值信号大于 0 时，伺服放大器的输出驱动伺服电机正转，再经机械减速器减速后，使输出轴向下运动（正作用执行机构），输出轴的位移经位置发送器转换成相应的反馈信号，反馈到伺服放大器的输入端使差值减小，直至平衡，伺服放大器无输出，伺服电机停止运转，输出轴稳定在与输入信号相对应的位置上。反之，伺服放大器的输出驱动伺服电机反转，输出轴向上运动，反馈信号也相应减小，直至平衡时伺服电机才停止运转，输出轴稳定在另一新的位置上。

6.2.3　智能式电动执行机构

智能式电动执行机构的构成原理与模拟式电动执行机构相同，即也可用图 6-5 的框图表示。但是智能式电动执行机构采取了新颖的结构部件。伺服放大器中采用了微处理器系统，所有控制功能均可通过编程实现，而且还具有数字通信接口，从而具有 HART 协议或现场总线通信功能，成为现场总线控制系统中的一个节点。有的伺服放大器中还采用了变频技术，可以更有效地控制伺服电机的动作。减速器采用新颖的传动结构，运行平稳，传动效率高，无爬行、摩擦小。位置发送器采用了新技术和新方法，有的采用霍尔效应传感器，直接感应阀杆的纵向或旋转动作，实现了非接触式定位检测；有的采用特殊的电位器，电位器中装有球轴承和特种导电塑料材质做成的电阻薄片；有的采用磁阻效应的非接触式旋转角度传感器。智能式电动执行机构通常都有液晶显示器和手动操作按钮，用于显示执行机构的各种状态信息和输入组态数据以及手动操作。

6.3 调节机构

调节机构是执行器的调节部分，在执行机构的输出力 F（输出力矩 M）和输出位移作用下，调节机构阀芯的运动，改变了阀芯与阀座之间的流通截面积，即改变了调节阀的阻力系数，使被控介质流体的流量发生相应变化。

调节机构主要由阀体、阀杆或转轴、阀芯或阀板和阀座等部件组成。根据阀芯的动作形式，调节机构可分为直行程式和角行程式两大类，图 6-6（a）和图 6-6（b）为两种常用的调节阀。

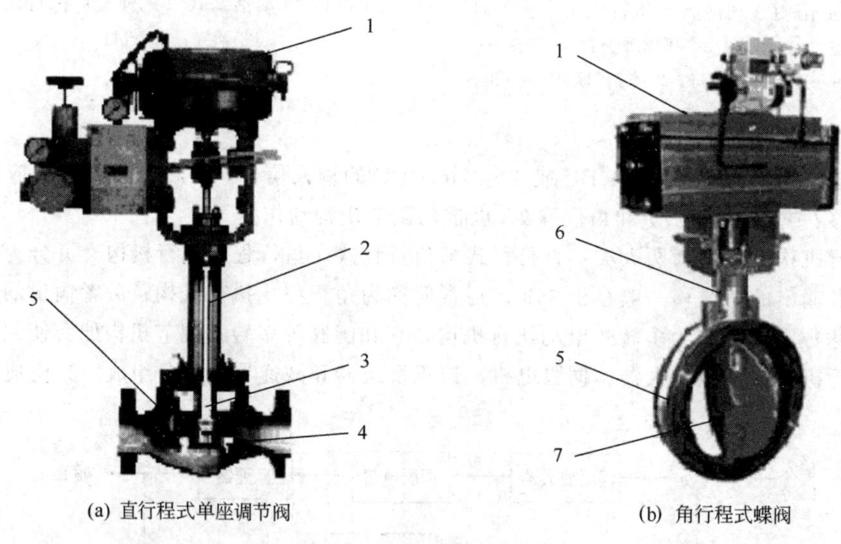

(a) 直行程式单座调节阀　　(b) 角行程式蝶阀

图 6-6　两种常用的调节阀

1—执行机构；2—阀杆；3—阀芯；4—阀座；5—阀体；6—转轴；7—阀板

图 6-6（a）为直行程式单座调节阀，执行机构输出的推力通过阀杆 2 使阀芯 3 产生上、下方向的位移，从而改变了阀芯 3 与阀座 4 之间的流通截面积。图 6-6（b）为角行程式蝶阀，执行机构输出的推力通过转轴 6 使阀板 7 产生旋转位移，从而改变了阀体中的流通截面积，使被控介质的流体的流量发生相应变化。

下面对常用调节机构的特点及应用作一简单介绍，图 6-7 为常用调节阀的结构示意。

直通单座调节阀［见图 6-7（a）、(b)］的阀体内只有一个阀芯和一个阀座。其特点是结构简单、泄漏量小（甚至可以完全切断）和允许压差小。因此，它适用于要求泄漏量小，工作压差较小的干净介质的场合。在应用中应特别注意其允许压差，防止阀门关不死。

直通双座调节阀［见图 6-7（c）］的阀体内有两个阀芯和阀座。因为流体对上、下两阀芯上

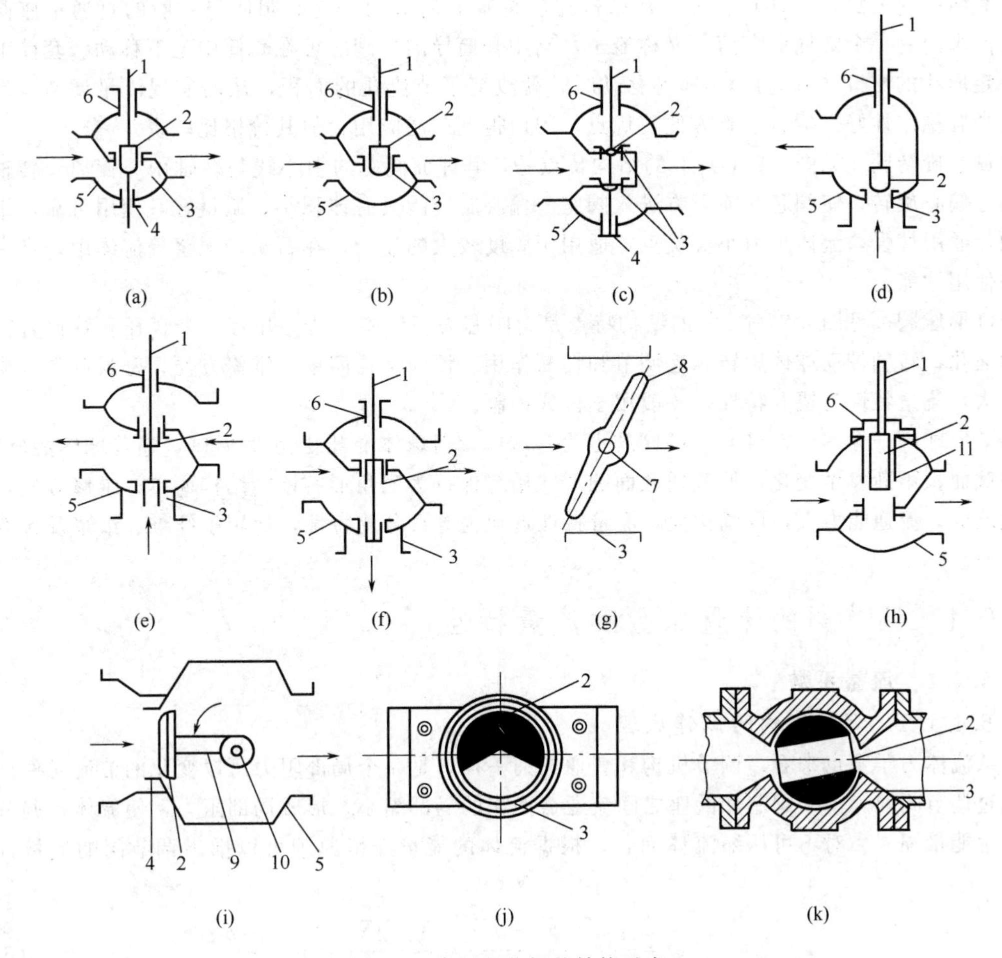

图 6-7 常用调节阀的结构示意

1—阀杆；2—阀芯；3—阀座；4—下阀盖；5—阀体；6—上阀盖；7—阀轴；8—阀板；9—柔臂；10—转轴；11—套筒

的作用力可以相互抵消，但上、下两阀芯不易同时关闭，因此双座阀具有允许压差大、泄漏量较大的特点。故适用于阀两端压差较大，泄漏量要求不高的干净介质场合，不适用于高黏度和含纤维的场合。

角形调节阀［见图 6-7（d）］的阀体为直角形，其流路简单、阻力小，适用于高压差、高黏度、含有悬浮物和颗粒状物质的调节。角形阀一般使用于底进侧出，此时调节阀稳定性好，但在高压差场合下，为了延长阀芯使用寿命，也可采用侧进底出。但侧进底出在小开度时易发生振荡。角形阀还适用于工艺管道直角形配管的场合。

三通阀［见图 6-7（e）、(f）］的阀体有三个接管口，适用于三个方向流体的管路控制系统，大多用于热交换器的温度调节、配比调节和旁路调节。在使用中应注意流体温差不宜过大，通常小于 150℃，否则会使三通阀产生较大应力而引起变形，造成连接处泄漏或损坏。三通阀有三通合流阀、三通切换阀和三通分流阀等类型。三通合流阀为介质由两个输入口流进混合后由一出口流出；三通分流阀为介质由一入口流进，分为两个出口流出。

蝶阀［见图 6-7（g）］是通过挡板以转轴为中心旋转来控制流体的流量。其结构紧凑、体积小、成本低，流通能力大，特别适用于低压差、大口径、大流量的气体形式或带有悬浮物流体的场合，但泄漏较大。

套筒阀［见图 6-7（h）］是一种结构比较特殊的调节阀，它的阀体与一般的直通单座阀相似，但阀内有一个圆柱形套筒，又称笼子，利用套筒导向，阀芯可在套筒中上下移动。套筒上开有一定形状的窗口（节流孔），阀芯移动时，就改变了节流孔的面积，从而实现流量调节。套筒阀还具有稳定性好、拆装维修方便等优点，因而得到广泛应用，但其价格比较贵。

偏心旋转阀［见图 6-7（i）］的结构特点是，其球面阀芯的中心线与转轴中心偏离，转轴带动阀芯偏心旋转，使阀芯向前下方进入阀座。偏心旋转阀具有体积小，质量轻，使用可靠，维修方便，通用性强，流体阻力小等优点，适用于黏度较大的场合，在石灰、泥浆等流体中，具有较好的使用性能。

O 形球阀［见图 6-7（j）］的结构特点是，阀芯为一球体，其上开有一个直径和管道直径相等的通孔，转轴带动球体旋转，起调节和切断作用。该阀结构简单，维修方便，密封可靠，流通能力大，流量特性为快开特性，一般用于位式控制。

V 形球阀［见图 6-7（k）］的阀芯也为一球体，但球体上开孔为 V 形口，随着球体的旋转，流通截面积不断发生变化，但流通截面的形状始终保持为三角形。该阀结构简单，维修方便，关闭性能好，流通能力大，可调比大，流量特性近似为等百分比特性，适用于纤维、纸浆及含颗粒的介质。

6.4 调节阀的流量系数和流量特性

6.4.1 流量系数

6.4.1.1 调节机构的工作原理

从流体力学观点来看，调节机构和普通阀门一样，是一个局部阻力可以变化的节流元件。流体流过调节阀时，由于阀芯和阀座之间流通截面积的局部缩小，形成局部阻力，使流体在调节阀处产生能量损失。对不可压缩流体而言，根据流体的能量守恒原理可以推出调节阀的流量方程式为

$$Q=\frac{A}{\sqrt{\xi}}\sqrt{\frac{2(p_1-p_2)}{\rho}}=\frac{A}{\sqrt{\xi}}\sqrt{\frac{2\Delta p}{\rho}}=K\sqrt{\frac{\Delta p}{\rho}} \tag{6-1}$$

式中，Δp 为调节阀前后压差；ρ 为流体的密度；A 为调节阀接管流通截面积；ξ 为调节阀的阻力系数；K 为调节阀的流量系数。

6.4.1.2 调节阀的流量系数

流量系数 K 是反映调节阀口径大小的一个重要参数。由于流量系数 K 与流体的种类、工况以及阀的开度有关，为了便于调节阀口径的选用，必须对 K 给出一个统一的条件，并将在这一条件下的流量系数以 K_V 表示，即将流量系数 K_V 定义为：在调节阀前后压差为 100kPa，流体密度为 $1g/cm^3$（即 5～40℃的水）的条件下，调节阀全开时，每小时通过阀门的流体量（m^3）。调节阀产品样本中给出的流量系数 K_V 即是指在这种条件下的 K 值。

根据上述定义，一个 K_V 值为 32 的调节阀，则表示当阀全开、阀前后的压差为 100kPa 时，5～40℃的水流过阀的流量为 $32m^3/h$。因此，K_V 值表示调节阀的流通能力。

若将式（6-1）中 Δp 的单位取为 kPa，则可得不可压缩流体 K_V 值的计算公式，即

$$K_V=\frac{10Q\sqrt{\rho}}{\sqrt{\Delta p}} \tag{6-2}$$

式中，Q 的单位为 m^3/h；Δp 的单位为 kPa；ρ 的单位为 g/cm^3。

式（6-2）只适用于一般液体介质。由于流体的种类和性质将影响流量系数 K 的大小，因此

对不同的流体必须考虑其对 K 的影响，例如：对于低雷诺数的液体、气体、蒸汽等，都不能直接采用式（6-2）来计算 K_V，需要对式（6-2）进行修正，读者可以查阅相关的手册。

6.4.2 流量特性

调节阀的流量特性是指介质流过调节阀的相对流量与相对位移（即阀的相对开度）之间的关系，数学表达式为

$$\frac{Q}{Q_{max}}=f\left(\frac{l}{L}\right) \tag{6-3}$$

式中，Q/Q_{max}为相对流量，调节阀某一开度时流量 Q 与全开时流量 Q_{max} 之比；l/L 为相对位移，调节阀某一开度时阀芯位移 l 与全开时阀芯位移 L 之比。

由于调节阀开度变化的同时，阀前后的压差也会发生变化，而压差变化又将引起流量变化，因此，为方便起见，将流量特性分为理想流量特性和实际的工作流量特性。

6.4.2.1 理想流量特性

所谓理想流量特性是指调节阀前后压差一定时的流量特性，它是调节阀的固有特性，由阀芯的形状所决定。

理想流量特性主要有直线、等百分比（对数）、抛物线及快开四种，如图 6-8 所示，相应的柱塞型阀芯形状如图 6-9 所示。

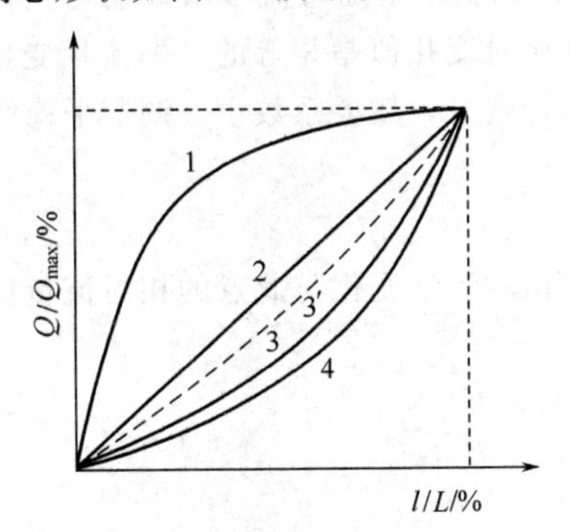

图 6-8 理想流量特性

1—快开；2—直线；3—抛物线；

3′—修正抛物线；4—等百分比

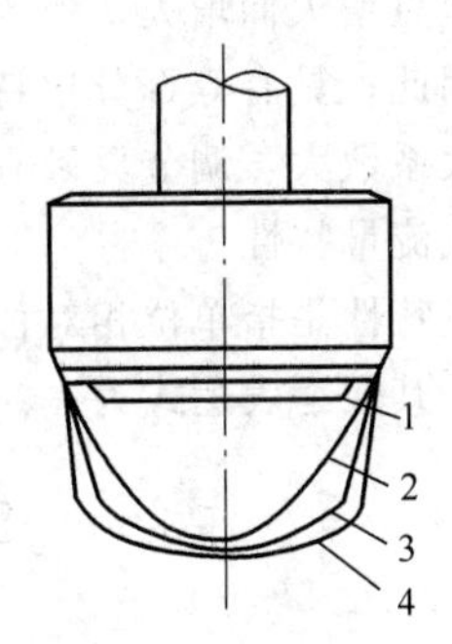

图 6-9 不同流量特性的阀芯形状

（1）直线流量特性

直线流量特性是指调节阀的相对流量与相对位移成直线关系，即单位位移变化所引起的流量变化是常数，用数学式表达为

$$\frac{\mathrm{d}(Q/Q_{max})}{\mathrm{d}(l/L)}=k \tag{6-4}$$

式中，k 为常数，即调节阀的放大系数。

将式（6-4）积分得

$$Q/Q_{max}=k(l/L)+C \tag{6-5}$$

式中，C 为积分常数。已知边界条件：$l=0$ 时，$Q=Q_{min}$；$l=L$ 时，$Q=Q_{max}$。把边界条件代入式（6-5），求得各常数项为

$$\begin{aligned}&C=Q_{min}/Q_{max}=1/R,\ k=1-C\\&Q/Q_{max}=1/R+(1-1/R)l/L\end{aligned} \tag{6-6}$$

式中，R 为可调比。式（6-6）表明 Q/Q_{max} 与 l/L 之间呈直线关系。由图 6-8 中 2 可见，具有直线特性的调节阀的放大系数是一个常数，即调节阀单位位移的变化所引起的流量变化是相等的。但它的流量相对变化值（单位位移的变化所引起的流量变化与起始流量之比）是随调节阀的开度而改变的。在开度小时，流量相对变化值大；而在开度大时，流量相对变化值小。因此，直线特性的调节阀在小开度时，灵敏度高，调节作用强，易产生振荡；在大开度时，灵敏度低，调节作用弱，调节缓慢。

（2）等百分比流量特性（对数流量特性）

等百分比流量特性是指单位相对位移变化所引起的相对流量变化与此点的相对流量成正比关系。用数学式表示为

$$\frac{d(Q/Q_{max})}{d(l/L)}=k(Q/Q_{max}) \tag{6-7}$$

积分后代入边界条件，再整理可得

$$Q/Q_{max}=e^{(l/L-1)\ln R}=R^{(l/L-1)} \tag{6-8}$$

由式（6-8）可见，相对位移与相对流量成对数关系，故也称对数流量特性，在直角坐标上为一条对数曲线，如图 6-8 中 4 所示。等百分比特性曲线的斜率是随着流量增大而增大，即它的放大系数是随流量增大而增大，但等百分比特性的流量相对变化值是相等的，即流量变化的百分比是相等的。因此，具有等百分比特性的调节阀，在小开度时，放大系数小，调节平稳缓和；在大开度时，放大系数大，调节灵敏有效。

（3）抛物线流量特性

抛物线流量特性是指单位相对位移的变化所引起的相对流量变化与此点的相对流量值的平方根成正比关系，其数学表达式为

$$\frac{d(Q/Q_{max})}{d(l/L)}=k(Q/Q_{max})^{1/2} \tag{6-9}$$

如图 6-8 中 3 所示，抛物线特性介于直线与对数特性曲线之间。

为了弥补直线特性在小开度时调节性能差的缺点，在抛物线特性基础上派生出一种修正抛物线特性，如图 6-8 中 $3'$ 虚线所示，它在相对位移 30％及相对流量 20％这段区间内为抛物线关系，而在此以上的范围是线性关系。

（4）快开流量特性

这种流量特性的调节阀在开度较小时就有较大的流量，随着开度的增大，流量很快就达到最大；此后再增加开度，流量变化很小，故称快开流量特性，其特性曲线如图 6-8 中 1 所示。快开阀适用于迅速启闭的位式控制或程序控制系统。

6.4.2.2 工作流量特性

理想流量特性是在假定调节阀前后压差不变的情况下得到的，而在实际使用中，调节阀所在的管路系统的阻力变化将造成阀前后压差变化，使调节阀的流量特性也发生变化。调节阀前后压差变化时的流量特性称为工作流量特性。

以图 6-10 所示的串联管道系统为例进行讨论。系统的总压差 Δp_S 等于管道部分的压差 Δp_F 与调节阀上的压差 Δp_V 之和。如果系统的总压差 Δp_S 一定时，随着流过该串联管道系统的流量 Q 的增大，管道部分的阻力损失增大，即 Δp_F 增大，也就是说调节阀上的压差 Δp_V 随 Q 的增大而减小，如图 6-11 所示，当调节阀全开时，调节阀前后的压差最小，记为 Δp_{Vmin}。这样，就会引起调节阀流量特性的变化，理想的流量特性变为实际的工作流量特性。

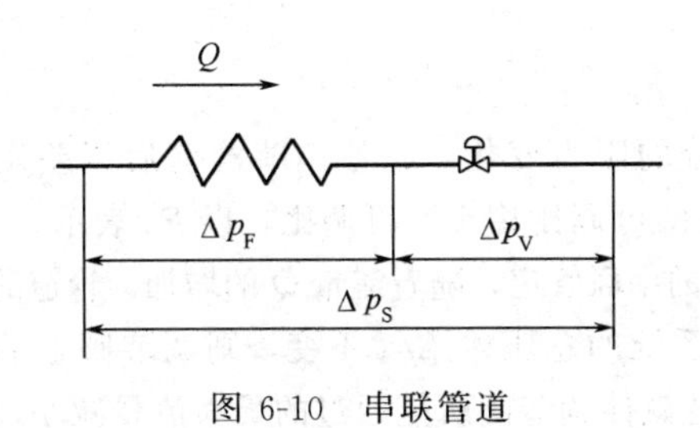

图 6-10　串联管道

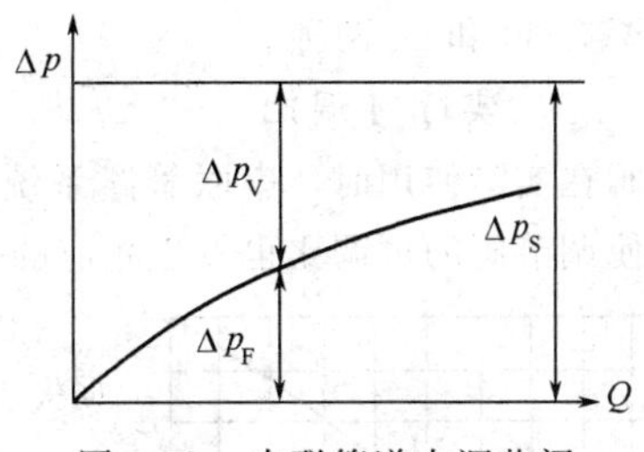

图 6-11　串联管道中调节阀前后压差的变化示意

如果以 S 表示调节阀全开时，调节阀前后压差 Δp_{Vmin} 与系统总压差 Δp_{S} 之比，即 $S=\Delta p_{\mathrm{Vmin}}/\Delta p_{\mathrm{S}}$。当 $S=1$ 时，表示管路部分的阻力损失为 0，调节阀前后压差恒定，调节阀的工作流量特性与理想流量特性相同。但在更多的情况下，S 值是小于 1 的。随着 S 值的减小，调节阀的流量特性将发生畸变，理想直线特性变为快开特性，理想等百分比特性变为直线特性，如图 6-12 所示。

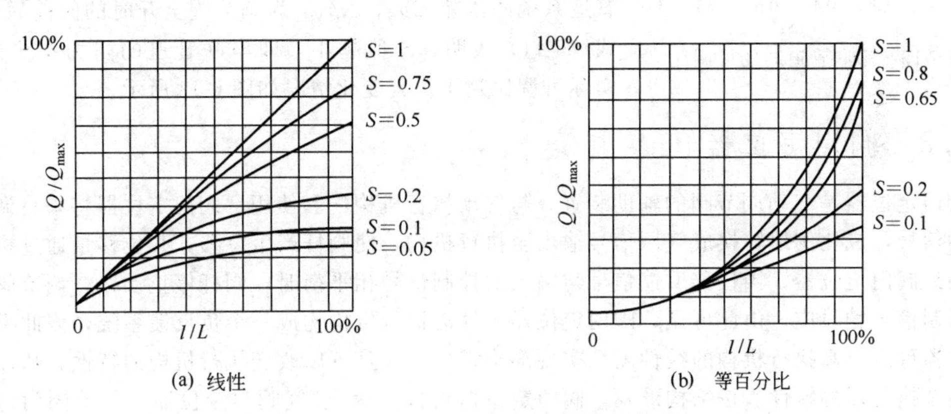

图 6-12　串联管道时调节阀的工作流量特性

在实际使用过程中，S 值过小是不合适的。S 过小，流量特性会发生严重畸变，对控制不利。因此在实际使用时，通常希望 S 值不低于 0.3。

6.4.3　调节阀的可调比

调节阀的可调比 R 是指调节阀所能控制的最大流量 $Q_{\max}$ 和最小流量 $Q_{\min}$ 之比，即 $R=Q_{\max}/Q_{\min}$。可调比也称为可调范围，它反映了调节阀的调节能力。需注意的是，$Q_{\min}$ 是调节阀所能控制的最小流量，与调节阀全关时的泄漏量不同。一般 $Q_{\min}$ 为最大流量的 2%～4%，而泄漏量仅为最大流量的 0.1%～0.01%。

类似于调节阀的流量特性，调节阀前后压差的变化，也会引起可调比变化，因此，可调比也分为理想可调比和实际可调比。

6.4.3.1　理想可调比

调节阀前后压差一定时的可调比称为理想可调比，以 R 表示，即

$$R=\frac{Q_{\max}}{Q_{\min}}=\frac{K_{\max}\sqrt{\Delta p/\rho}}{K_{\min}\sqrt{\Delta p/\rho}}=\frac{K_{\max}}{K_{\min}} \tag{6-10}$$

由上式可见，理想可调比等于调节阀的最大流量系数与最小流量系数之比，它是由结构设计决定的。可调比反映了调节阀的调节能力的大小，因此希望可调比大一些为好，但由于阀芯结构设计和加工的限制，$K_{\min}$ 不能太小，因此，理想可调比一般不会太大，目前，中国调节阀的理想

可调比主要有30和50两种。

6.4.3.2　实际可调比

调节阀在实际使用时，串联管路系统中管路部分的阻力变化，将使调节阀前后压差发生变化，从而使调节阀的可调比也发生相应的变化，这时的可调比称实际可调比，以 R_r 表示。

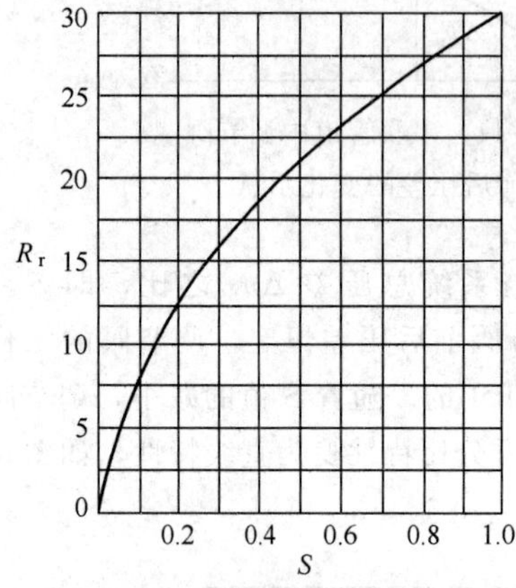

图 6-13　串联管道时的可调比

图6-10所示的串联管道，随着流量 Q 的增加，管道的阻力损失也增加。若系统的总压差 Δp_S 不变，则调节阀上的压差 Δp_V 相应减小，这就使调节阀所能通过的最大流量减小，从而调节阀的实际可调比将降低。此时，调节阀的实际可调比为

$$R_r=\frac{Q_{max}}{Q_{min}}=\frac{K_{max}\sqrt{\Delta p_{Vmin}/\rho}}{K_{min}\sqrt{\Delta p_{Vmax}/\rho}}$$

$$=R\sqrt{\frac{\Delta p_{Vmin}}{\Delta p_{Vmax}}}\approx R\sqrt{\frac{\Delta p_{Vmin}}{\Delta p_S}}=R\sqrt{S} \qquad (6\text{-}11)$$

式中，Δp_{Vmax} 为调节阀全关时的阀前后压差，它约等于管道系统的压差 Δp_S；Δp_{Vmin} 为调节阀全开时的阀前后压差。式（6-11）表明，S 值越小，即串联管道的阻力损失越大，实际可调比越小。其变化情况如图6-13所示。

6.5　阀门定位器

阀门定位器是气动调节阀的辅助装置，与气动执行机构配套使用。阀门定位器将来自调节器的控制信号，成比例地转换成气压信号输出至执行机构，使阀杆产生位移，其位移量通过机械机构反馈到阀门定位器，当位移反馈信号与输入的控制信号相平衡时，阀杆停止动作，调节阀的开度与控制信号相对应。由此可见，阀门定位器与气动执行机构构成一个负反馈系统，因此采用阀门定位器可以提高执行机构的线性度，实现准确定位，并且可以改变执行机构的特性，从而可以改变整个执行器的特性。按结构形式，阀门定位器可以分为电/气阀门定位器、气动阀门定位器和智能式阀门定位器。

6.5.1　电/气阀门定位器

电/气阀门定位器接收4～20mA或0～10mA的直流电流信号，用以控制薄膜式或活塞式气动调节阀。图6-14是一种与薄膜式执行机构配合使用，按力矩平衡原理工作的电/气阀门定位器

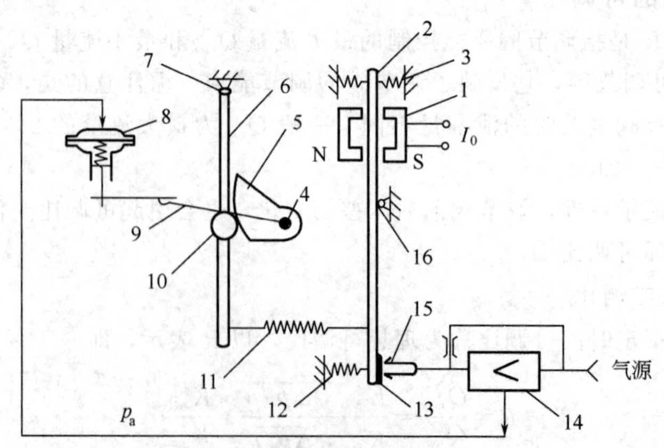

图 6-14　电/气阀门定位器原理

1—力矩马达；2—主杠杆；3—迁移弹簧；4—支点；5—反馈凸轮；6—副杠杆；7—副杠杆支点；8—气动执行机构；9—反馈杆；10—滚轮；11—反馈弹簧；12—调零弹簧；13—挡板；14—气动放大器；15—喷嘴；16—主杠杆支点

的原理。

当输入信号电流 I_0 通入力矩马达 1 的电磁线圈时，它受永久磁钢作用后，对主杠杆 2 产生一个向左的力，使主杠杆绕支点 16 反时针方向偏转，挡板 13 靠近喷嘴 15，挡板的位移经气动放大器 14 转换为压力信号 p_a 引入到气动执行机构 8 的薄膜气室，因 p_a 增加而使阀杆向下移动，并带动反馈杆 9 绕支点 4 偏转，反馈凸轮 5 也跟着逆时针方向偏转，通过滚轮 10 使副杠杆 6 绕支点 7 顺时针偏转，从而使反馈弹簧 11 拉伸，反馈弹簧对主杠杆 2 的拉力与信号电流 I_0 通过力矩马达 1 作用到主杠杆 2 的推力达到力矩平衡时，阀门定位器达到平衡状态。此时，一定的信号压力就对应于一定的阀杆位移，即对应于一定的阀门开度。

弹簧 12 是调零弹簧，调整其预紧力可以改变挡板的初始位置，即进行零点调整。弹簧 3 是迁移弹簧，在分程控制中用来补偿力矩马达对主杠杆的作用力，以使阀门定位器在接收不同范围（例如 4～12mA 或 12～20mA DC）的输入信号时，仍能产生相同范围（20～100kPa）的输出信号。

6.5.2 气动阀门定位器

气动阀门定位器直接接收气动信号，其品种很多，按工作原理不同，可分为位移平衡式和力矩平衡式两大类。图 6-15 所示配用薄膜执行机构为力矩平衡式气动阀门定位器。

比较图 6-14 和图 6-15 可以发现，这两种阀门定位器的区别主要在于输入部分，其他部分完全相同。

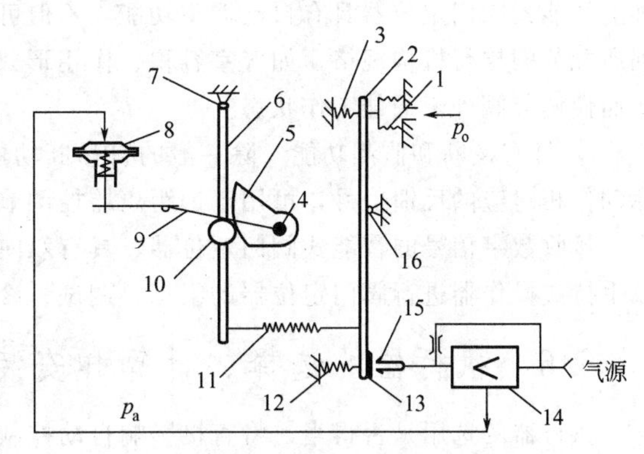

图 6-15 力矩平衡式气动阀门定位器原理

1—波纹管；2—主杠杆；3—迁移弹簧；4—支点；5—反馈凸轮；6—副杠杆；7—副杠杆支点；8—气动执行机构；9—反馈杆；10—滚轮；11—反馈弹簧；12—调零弹簧；13—挡板；14—气动放大器；15—喷嘴；16—主杠杆支点

6.5.3 智能式阀门定位器

智能式阀门定位器有只接收 4～20mA 直流电流信号的，也有既接收 4～20mA 的模拟信号、又接收数字信号的，即 HART 通信的阀门定位器；还有只进行数字信号传输的现场总线阀门定位器。

智能式阀门定位器的硬件电路由信号调理部分、微处理机、电气转换控制部分和阀位检测反馈装置等部分构成，如图 6-16 所示。

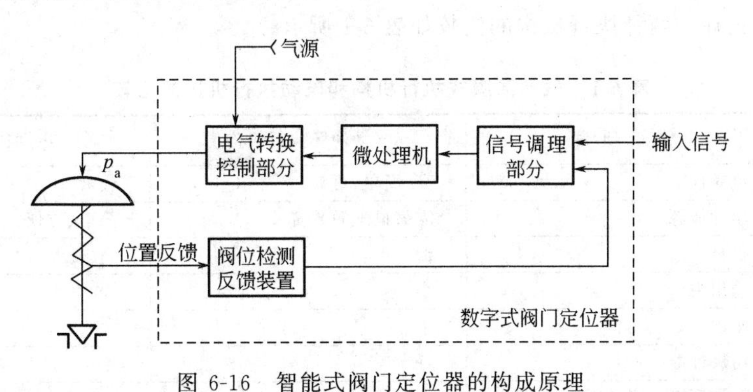

图 6-16 智能式阀门定位器的构成原理

信号调理部分将输入信号和阀位反馈信号转换为微处理机所能接收的数字信号后送入微处理机；微处理机将这两个数字信号按照预先设定的特性关系进行比较，判断阀门开度是否与输入信号相对应，并输出控制电信号至电气转换控制部分；电气转换控制部分将这一信号转换为气压信号送至气动执行机构，推动调节机构动作；阀位检测反馈装置检测执行机构的阀杆位移并将其转换为电信号反馈到阀门定位器的信号调理部分。

智能式阀门定位器通常都有液晶显示器和手动操作按钮，显示器用于显示阀门定位器的各种状态信息，按钮用于输入组态数据和手动操作。

智能式阀门定位器以微处理器为核心，同时采用了各种新技术和新工艺，因此其具有许多模拟式阀门定位器所难以实现或无法实现的优点。

① 定位精度和可靠性高　智能式阀门定位器机械可动部件少，输入信号和阀位反馈信号的比较是直接的数字比较，不易受环境影响，工作稳定性好，不存在机械误差造成的死区影响，因此具有更高的定位精度和可靠性。

② 流量特性修改方便　智能式阀门定位器一般都包含有常用的直线、等百分比和快开特性功能模块，可以通过按钮或上位机、手持式数据设定器直接设定。

③ 零点、量程调整简单　零点调整与量程调整互不影响，因此调整过程简单快捷。许多品种的智能式阀门定位器具有自动调整功能，不但可以自动进行零点与量程的调整，而且能自动识别所配装的执行机构规格，如气室容积、作用形式、行程范围、阻尼系数等，并自动进行调整，从而使调节阀处于最佳工作状态。

④ 具有诊断和监测功能　除一般的自诊断功能之外，智能式阀门定位器能输出与调节阀实际动作相对应的反馈信号，可用于远距离监控调节阀的工作状态。

接收数字信号的智能式阀门定位器，具有双向的通信能力，可以就地或远距离地利用上位机或手持式操作器进行阀门定位器的组态、调试、诊断。

6.6　执行器的选择、计算和安装

执行器的选用是否得当，将直接影响自动控制系统的控制质量、安全性和可靠性，因此，必须根据工况特点、生产工艺及控制系统的要求等多方面的因素，综合考虑，正确选用。执行器的选择，主要是从三方面考虑：执行器的结构形式、调节阀的流量特性和调节阀的口径。

6.6.1　执行器结构形式的选择

6.6.1.1　执行机构的选择

如前所述，执行机构包括气动、电动和液动三大类，而液动执行机构使用甚少，同时气动执行机构中使用最广的是气动薄膜执行机构，因此执行机构的选择主要是指对气动薄膜执行机构和电动执行机构的选择，两种执行机构的比较如表 6-1 所示。

表 6-1　气动薄膜式执行机构和电动执行机构的比较

序　号	比较项目	气动薄膜执行机构	电动执行机构
1	可靠性	高(简单、可靠)	较低
2	驱动能源	需另设气源装置	简单、方便
3	价格	低	高
4	输出力	小	大
5	刚度	小	大
6	防爆性能	好	差
7	工作环境温度范围	大(－40～＋80℃)	小(－10～＋55℃)

气动和电动执行机构各有其特点，并且都包括有各种不同的规格品种。选择时，可以根据实际使用要求，结合表 6-1 综合考虑确定选用哪一种执行机构。

在采用气动执行机构时，还必须确定整个气动调节阀的作用方式。对于气开阀，在有信号压力输入时阀打开，无信号压力时阀全关；而气关阀，在有信号压力时阀关闭，无信号压力时阀全开。气开、气关的选择要从工艺生产上的安全要求出发。考虑原则是：信号压力中断时，应保证设备和操作人员的安全，如阀门处于打开位置时危害性小，则应选用气关阀；反之，则用气开阀。例如，加热炉的燃料气或燃料油应采用气开阀，即当信号中断时应切断进炉燃料，以避免炉温过高而造成事故。又如调节进入设备的工艺介质流量的调节阀，若介质为易爆气体，应选用气开阀，以免信号中断时介质溢出设备而引起爆炸；若介质为易结晶物料，则选用气关阀，以免信号中断时介质产生堵塞。

6.6.1.2 调节机构的选择

调节机构的选择主要依据如下。

① 流体性质　如流体种类、黏度、毒性、腐蚀性、是否含悬浮颗粒等。

② 工艺条件　如温度、压力、流量、压差、泄漏量等。

③ 过程控制要求　控制系统精度、可调比、噪声等。

根据以上各点进行综合考虑，并参照各种调节机构的特点及其适用场合，同时兼顾经济性，来选择满足工艺要求的调节机构。在执行器的结构型式选择时，还必须考虑调节机构的材质、公称压力等级和上阀盖的形式等问题，这些方面的选择可以参考有关资料。

6.6.2 调节阀流量特性的选择

生产过程中常用的调节阀的理想流量特性主要有直线、等百分比、快开三种，其中快开特性一般应用于双位控制和程序控制。因此，流量特性的选择实际上是指如何选择直线特性和等百分比特性。

调节阀流量特性的选择可以通过理论计算，其过程相当复杂，且实用上也无此必要，因此，目前，对调节阀流量特性多采用经验准则或根据控制系统的特点进行选择。可以从以下几方面考虑。

(1) 考虑系统的控制品质

一个理想的控制系统，希望其总的放大系数在系统的整个操作范围内保持不变。但在实际生产过程中，操作条件的改变、负荷变化等原因都会造成控制对象特性改变，因此控制系统总的放大系数将随着外部条件的变化而变化。适当地选择调节阀的特性，以调节阀的放大系数的变化来补偿控制对象放大系数的变化，可使控制系统总的放大系数保持不变或近似不变，从而达到较好的控制效果。例如，控制对象的放大系数随着负荷的增加而减小时，如果选用具有等百分比流量特性的调节阀，它的放大系数随负荷增加而增大，那么，就可使控制系统的总放大系数保持不变，近似为线性。

(2) 考虑工艺管道情况

在实际使用中，调节阀总是和工艺管道、设备连在一起的。如前所述，调节阀在串联管道时的工作流量特性与 S 值的大小有关，即与工艺配管情况有关。因此，在选择其特性时，还必须考虑工艺配管情况。具体做法是先根据系统的特点选择所需要的工作流量特性，再按照表 6-2 考虑工艺配管情况确定相应的理想流量特性。

表 6-2 工艺配管情况与流量特性关系

配管情况	$S=0.6\sim1$		$S=0.3\sim0.6$	
阀的工作特性	直线	等百分比	直线	等百分比
阀的理想特性	直线	等百分比	等百分比	等百分比

从表 6-2 可以看出，当 $S=0.6\sim1$ 时，所选理想特性与工作特性一致；当 $S=0.3\sim0.6$ 时，若要求工作特性是直线的，则理想特性应选等百分比的，这是因为理想特性为等百分比特性的调

节阀，当 $S=0.3\sim0.6$ 时，经畸变后其工作特性已近似为直线特性了。当 $S<0.3$ 时，直线特性已严重畸变为快开特性，不利于控制；等百分比理想特性也已严重偏离理想特性，接近于直线特性，虽然仍能控制，但控制范围已大大减小。因此一般不希望 S 小于 0.3。

目前，已有低 S 值调节阀，它利用特殊的阀芯轮廓曲线或套筒窗口形状，使调节阀在 $S=0.1$ 时，其工作流量特性仍然为直线特性或等百分比特性。

(3) 考虑负荷变化情况

直线特性调节阀在小开度时流量相对变化值大，控制过于灵敏，易引起振荡，且阀芯、阀座也易受到破坏，因此在 S 值小、负荷变化大的场合，不宜采用。等百分比特性调节阀的放大系数随调节阀行程增加而增大，流量相对变化值是恒定不变的，因此它对负荷变化有较强的适应性。

6.6.3 调节阀的口径选择

调节阀口径的选择主要依据流量系数。从式（6-2）可以看出，为了能正确计算流量系数，亦即合理地选取调节阀口径，首先必须要合理确定调节阀流量和压差的数据。通常把代入计算公式中的流量和压差分别称为计算流量和计算压差。而在根据计算所得到的流量系数选择调节阀口径之后，还应对所选调节阀开度和可调节比进行验算，以保证所选调节阀的口径能满足控制要求。因此选择调节阀口径的步骤如下。

① 确定计算流量　根据现有的生产能力、设备负荷，决定最大计算流量 Q_{max}。

② 确定计算压差　根据所选择的流量特性及系统特性选定 S 值，然后决定计算压差。

③ 计算流量系数　选择合适的流量系数计算公式，根据已决定的计算流量和计算压差，求得最大流量时的流量系数 K_{max}。

④ 选取流量系数 K_V　根据已求得的 K_{max}，在所选用的产品型号的标准系列中，选取大于 K_{max} 并与其最接近的那一挡 K_V 值。

⑤ 验算调节阀开度　一般要求最大计算流量时的开度不大于 90%，最小计算流量时的开度不小于 10%。

⑥ 验算调节阀实际可调比。

⑦ 确定调节阀口径　验证合格后，根据 K_V 值决定调节阀的公称直径和阀座直径。

6.6.3.1 计算流量的确定

最大计算流量是指通过调节阀的最大流量，其值应根据工艺设备的生产能力、对象负荷的变化、操作条件变化以及系统的控制质量等因素综合考虑，合理确定。

在确定最大流量时，应注意避免两种倾向：一是过多考虑余量，使调节阀口径选得过大，这不但造成经济上的浪费，而且将使调节阀经常处于小开度工作，从而使可调比减小，调节性能变坏，严重时甚至会引起振荡，因而大大降低了阀的寿命；二是只考虑眼前生产，片面强调控制质量，以致在生产力稍有提高时，调节阀就不能适应，被迫进行更换。

6.6.3.2 计算压差的确定

计算压差主要是根据工艺管路、设备等组成的管路系统压降大小及变化情况来选择，其步骤如下。

① 选择调节阀前后最近的压力基本稳定的两个设备作为系统的计算范围。

② 在最大流量的条件下，分别计算系统内调节阀之外的各项局部阻力所引起的压力损失，再求出它们的总和 $\sum\Delta p_F$。

③ 选取 S 值，S 值应为调节阀全开时阀上压差 Δp_V 和系统中压力损失总和之比，即

$$S=\frac{\Delta p_V}{\Delta p_V+\sum\Delta p_F} \tag{6-12}$$

S 值一般希望不小于 0.3，常选 S=0.3～0.5。

④ 按已求出的$\sum\Delta p_V$及选定的 S 值，利用式（6-12）求取调节阀计算压差Δp_V。

6.6.3.3 调节阀开度的验算

在计算流量和计算压差确定之后，利用相应的流量系数计算公式可求得流量系数K_{max}值，然后根据K_{max}值在所选用的产品型号的标准系列中，选取大于K_{max}且最接近的K_V值，作为确定调节阀口径的依据。由于在选取K_V值时进行了圆整，因此对调节阀工作时的开度和可调比必须进行验算。

调节阀工作时，一般最大流量情况下调节阀的开度应在 90%左右。最大开度过小，则调节阀经常在小开度下工作，造成调节性能变差和经济上的浪费。最小开度一般希望不小于 10%，否则流体对阀芯、阀座的冲蚀较严重，易损坏阀芯而使特性变差，甚至调节失灵。

两种常用流量特性调节阀的开度验算公式如下。

直线特性调节阀

$$k=\left(1.03\sqrt{\frac{S}{S+\frac{K_V^2\Delta p}{100Q_i^2\rho}-1}}-0.03\right)\times 100\% \quad (6\text{-}13)$$

等百分比特性的调节阀

$$k=\left(\frac{1}{1.48}\lg\sqrt{\frac{S}{S+\frac{K_V^2\Delta p}{100Q_i^2\rho}-1}}+1\right)\times 100\% \quad (6\text{-}14)$$

式中，k 为流过调节阀的流量为Q_i时的调节阀开度，%。

6.6.3.4 可调比的验算

目前，调节阀的理想可调比 R 有 30 和 50 两种。考虑到在选用调节阀口径过程中对流量系数进行了圆整和放大，同时在正常使用时对调节阀最大开度和最小开度进行了限制，从而会使可调比 R 下降，一般 R 值只有 10 左右。因此可调比的验算可按以下近似公式进行计算。

$$R_r=10\sqrt{S} \quad (6\text{-}15)$$

若$R_r>Q_{max}/Q_{min}$时，则所选调节阀符合要求。当选用的调节阀不能同时满足工艺上最大流量和最小流量的调节要求时，除增加系统压力外，还可采用两个调节阀进行分程控制来满足可调比的要求。

调节阀开度和实际可调比验证合格后，便可以根据K_V值决定调节阀的公称直径和阀座直径。表 6-3 为常用精小型气动薄膜单座调节阀的基本参数，其他类型的调节阀可查看有关的产品样本。

表 6-3 常用精小型气动薄膜单座调节阀的基本参数

公称直径 DN/mm		20				25	40		50	65	80	100	150		200
阀座直径 D_g/mm		10	12	15	20	25	32	40	50	65	80	100	125	150	200
流量系数 K_V	直线	1.8	2.8	4.4	6.9	11	17.6	27.5	44	69	110	176	275	440	630
	等百分比	1.6	2.5	4	6.3	10	16	25	40	63	100	160	250	400	570

6.6.4 气动调节阀的安装

执行器能否在控制系统中起到良好作用，一方面取决于调节阀结构类型、流量特性及口径的选择是否正确；另一方面与调节阀的安装、使用有关。对于气动调节阀的安装、维护，一般应注意以下问题。

① 调节阀最好垂直安装在水平管道上，在特殊情况下需要水平或倾斜安装，或者调节阀自重很大，或者有振动的场合，一般要加支撑。

② 调节阀应安装在环境温度不高于+60℃和不低于-40℃的地方，以防止气动执行机构的薄膜老化，并远离振动较大的设备。

③ 为了便于使用和维护，调节阀应尽量安装在靠近地面或楼板的地方，在其周边应留有足够的空间。如果装有阀门定位器和手操机构时，保证观察、操作的方便。

④ 调节阀安装到管道上时应使流体流动方向与阀体箭头方向一致，不能反装。

⑤ 调节阀的公称直径与管道直径不同时，两者之间应加一异径管。

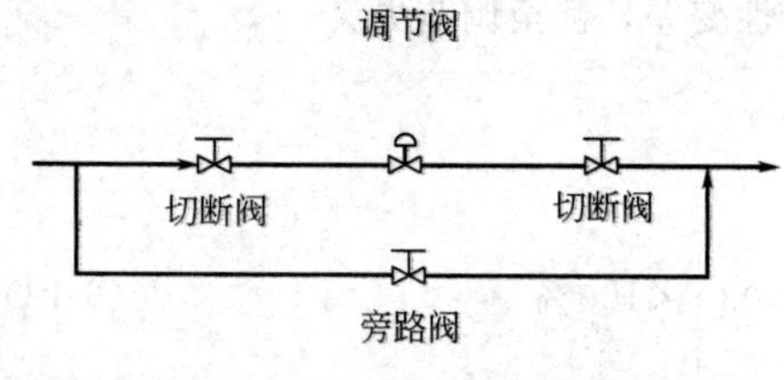

图 6-17 调节阀的旁路装置

⑥ 如图 6-17 所示，调节阀在安装时一般应在执行器两边装切断阀，在旁路上装旁路阀，以便在它发生故障或维修时，可通过旁路继续维持生产。在使用中，有时会遇到阀门口径过大或过小情况，控制器输出经常处于下限或上限附近。遇到口径过大，若把上、下游切断阀关小，流量虽可以减小，但流量特性畸变，可调范围有所下降；遇到口径过小，如果旁路阀打开一些，虽可加大流量，但可调范围大大缩小。因此这两种方法都只能作为临时措施，采用合适口径才是最恰当的办法。

⑦ 在日常使用中，应注意填料的密封和阀杆上、下移动的情况是否良好，气路接头及膜片是否漏气等，要定期进行维修。

⑧ 调节阀在安装之前，应对管路进行扫线清洗，排除焊渣和其他污物；安装以后还应再次对管路和阀门进行清洗。

思考题与习题

1. 执行器在自动控制系统中起什么作用？气动调节阀和电动调节阀有哪些特点？
2. 执行器由哪些部分构成？各起什么作用？
3. 何谓正作用执行器？何谓反作用执行器？
4. 气动执行机构有哪几种？它们各有什么优点？它们的工作原理和基本结构是什么？
5. 电动执行机构的构成原理和基本结构是什么？伺服电机的转向和位置与输入信号有什么关系？
6. 智能式电动执行机构是如何构成的？它们各有什么特点？
7. 常用调节机构有哪几种？它们各有什么优点
8. 何谓调节阀的流量系数？K_V 是如何定义的？
9. 何谓调节阀的流量特性？常用的流量特性有哪几种？理想情况下和工作情况下有何不同？
10. 何谓调节阀的可调比？理想情况下和工作情况下有什么不同？
11. 阀门定位器有什么作用？简述电-气阀门定位器、气动阀门定位器和智能式阀门定位器的工作原理。
12. 如何选用调节阀？选用调节阀时应考虑哪些因素？
13. 什么叫气开阀？什么叫气关阀？根据什么原则选择调节阀的气开气关型式？
14. 调节阀流量特性的选择依据有哪些？
15. 如何确定调节阀的口径？
16. 有一冷却器控制系统，冷却水由离心泵供应，冷却水经冷却器后最终排入水沟，泵出口压力 $p_1=400kPa$，冷却水最大流量为 $18m^3/h$，正常流量为 $10m^3/h$，最大流量时调节阀上的压降为 164kPa，试为该系统选择一个调节阀。
17. 调节阀的安装维护需要注意什么？

7 简单控制系统

简单控制系统是使用最普遍、结构最简单的一种自动控制系统，也是复杂控制系统、先进控制系统的基础。

7.1 简单控制系统的结构与组成

简单控制系统由一个测量变送环节（测量元件及变送器）、一个控制器、一个执行器、一个被控对象组成。由于该系统中只有一条由输出端引向输入端的反馈路线，因此也称为单回路控制系统。图 7-1 的液位控制系统与图 7-2 的温度控制系统都是典型的简单控制系统。

图 7-1 的液位控制系统中，贮槽是被控对象，液位是被控变量，控制变量为流出贮槽的流量。控制器将液位变送器送来的测量信号与液位给定值进行比较得到偏差，并按照一定的控制规律运算后，将控制信号输出给执行器，通过改变控制阀开度来维持液位稳定在给定值上。

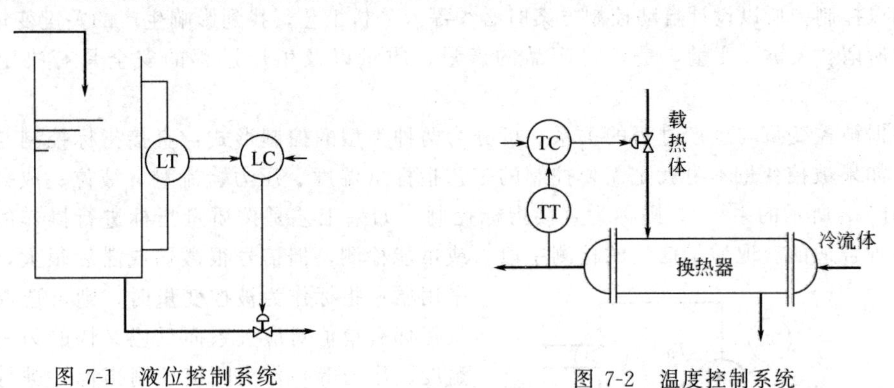

图 7-1 液位控制系统

图 7-2 温度控制系统

图 7-2 所示的温度控制系统，是通过改变进入换热器的载热体流量，来维持换热器出口物料的温度在工艺规定的数值上。其被控对象为换热器，被控变量为物料出口温度，控制变量为载热体流量。（按自控设计规范，测量变送环节在系统中应省略不画，即 LT 或 TT 等后面将不再标出）

图 7-3 是图 7-1 及图 7-2 的控制系统方块图，也是简单控制系统的典型方块图。由图可知，简单控制系统由四个基本环节组成，即被控对象（简称对象）、测量变送环节、控制器和执行器。不同的简单控制系统，均可用图 7-3 所示的方块图来表示。由图 7-3 可知，简单控制系统有着一

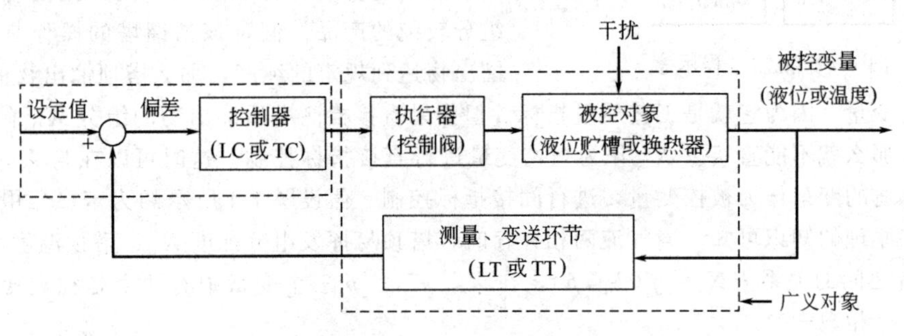

图 7-3 简单控制系统方块图

条从系统的输出端到输入端的反馈回路，也就是说，该系统中的控制器是根据被控变量的测量值与给定值的偏差来进行控制的，这是简单反馈控制系统的又一特点。

简单控制系统具有结构简单，所需的自动化装置数量少、投运及操作维护方便等优点，而且在一般情况下，都能满足控制质量的要求。因此，简单控制系统在工业生产过程中得到了非常广泛应用。

自动控制系统的设计与投运包括控制方案设计、相关工程内容设计、系统的投运与整定等重要环节。其中控制方案设计是整个设计工作的核心，也是关键的第一步，它包括被控变量的选择、控制变量的选择、仪表与装置的选型、控制规律的选择等。

7.2 自动控制的目的及被控变量的选择

自动控制的目的是使生产过程自动按照预定的目标进行，并使工艺参数保持在预先规定的数值上（或按预定规律变化）。因此，在构成一个自控系统时，被控变量的选择十分重要。它关系到自动控制系统能否达到稳定运行、增加产量、提高质量、节约能源、改善劳动条件、保证安全等目的。如果被控变量选择不当，将不能达到预期的控制目标。

被控变量的选择与生产工艺密切相关。影响生产过程的因素很多，但并不是所有影响因素都必须加以控制。所以设计自动控制方案时必须深入分析工艺，找到影响生产的关键变量作为被控变量。所谓“关键”变量，是指对产品的产量、质量以及生产过程的安全具有决定性作用的变量。

根据被控变量与生产过程的关系，可分为两种类型的控制形式：直接指标控制与间接指标控制。如果被控变量本身就是需要控制的工艺指标（温度、压力、流量、液位、成分等，如图7-1、图7-2所示的系统），则称为直接指标控制；如果工艺是按质量指标进行操作的，但由于缺乏各种合适的获取质量信号的检测手段，或虽能检测，但信号很微弱或滞后很大，不能直接采用质量指标作为被控变量时，则可选取与直接质量指标有单值对应关系而反应又快的另一变量（如温度、压力等）作为间接控制指标，进行间接指标控制。

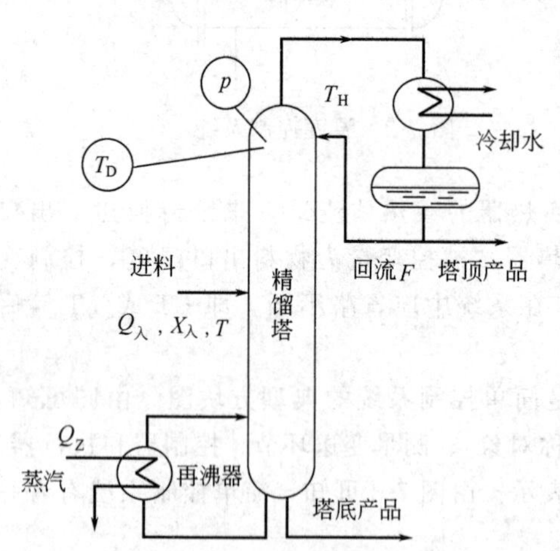

图 7-4 精馏过程示意

被控变量的选择，有时是一件十分复杂的工作，除了前面所说的要找出关键变量外，还要考虑许多其他因素，下面以图7-4所示的精馏过程为例进行说明，然后再进一步说明选择被控变量的一般原则。

图7-4是精馏过程的示意。它的工作原理是利用被分离物各组分挥发度的不同，把混合物分离为组分较纯的产品。假定该精馏塔的操作是要使塔顶馏出物达到规定的纯度，那么塔顶馏出物的组分 X_D 应作为被控变量，因为它就是工艺质量指标。但如果直接检测塔顶馏出物的组分 X_D 有困难，或滞后太大，那么就不能直接以 X_D 作为被控变量进行直接指标控制。这时可以在与 X_D 有关的参数中找出合适的变量作为被控变量，进行间接指标控制。假设图7-4所示的为苯、二甲苯二元体系。由化工原理的知识可知，当气液两相并存时，塔顶易挥发组分纯度 X_D、塔顶温度 T_D、塔顶压力 p 三者之间的关系为 $X_D=f(T_D,p)$，在 X_D、T_D、p 三个变量中有两个是独立变量（自由度＝组分数－相数＋2）。

压力恒定时，组分 X_D 和温度 T_D 之间存在有单值对应的关系，图7-5所示为易挥发组分苯的百分浓度与温度之间的关系。易挥发组分的浓度越高，对应的温度越低；相反，易挥发组分的浓度越低，对应的温度越高。

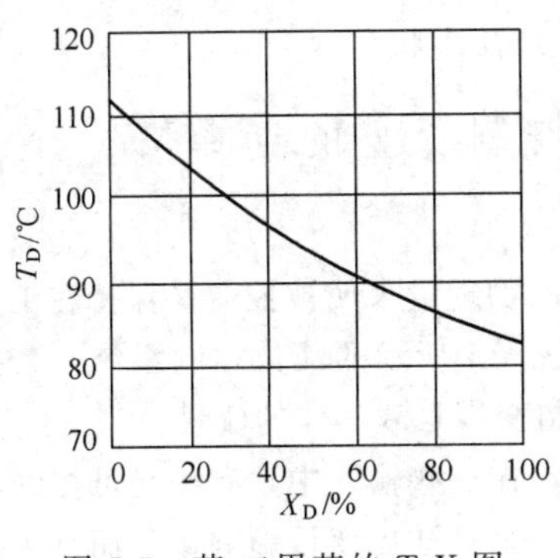

图 7-5 苯-二甲苯的 T-X 图

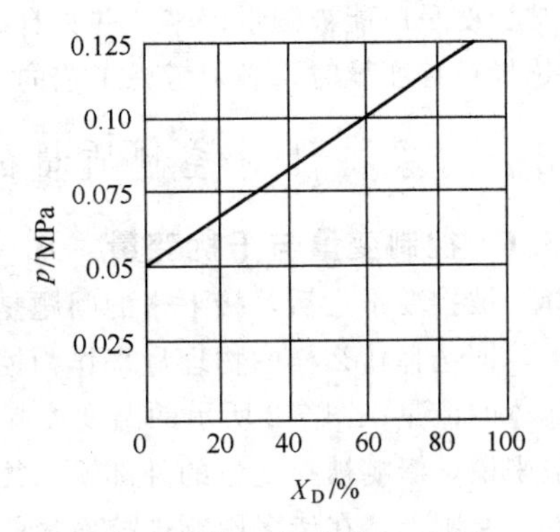

图 7-6 苯-二甲苯的 p-X 图

当温度 T_D 恒定时，组分 X_D 和压力 p 之间也存在着单值对应关系，如图 7-6 所示。易挥发组分浓度越高，对应的压力也越高；反之，易挥发组分的浓度越低，对应的压力也越低。

由此可见，在组分、温度、压力三个变量中，只要固定温度或压力中的一个，另一个变量就可以代替 X_D 作为被控变量。在温度和压力中，究竟应选哪一个参数作为被控变量呢？从工艺合理性考虑，常常选择温度作为被控变量。这是因为：第一，在精馏塔操作中，压力往往需要固定，只有将塔压操作在规定的压力下，才易于保证产品的分离纯度，保证塔的效率和经济性，如塔压波动，就会破坏原来的汽液平衡，影响相对挥发度，使塔处于不良工况，同时，随着塔压的变化，往往还会引起与之相关的其他物料量的变化，影响塔的物料平衡，引起负荷的波动；第二，在塔压固定的情况下，精馏塔各层塔板上的压力基本上是不变的，这样各层塔板上的温度与组分之间就有一定的单值对应关系。由此可见，固定压力，选择温度作为被控变量是可能的，也是合理的。

在选择被控变量时，还必须使所选变量有足够的灵敏度。在上例中，当 X_D 变化时，温度 T_D 的变化必须灵敏，有足够大的变化，容易被测量元件所感知，且相应的测量仪表也应比较简单、便宜。

此外，还要考虑简单控制系统被控变量间的独立性。假如在精馏操作中，塔顶和塔底的产品纯度都需要控制在规定的数值，根据以上分析，可在固定塔压的情况下，塔顶与塔底分别设置温度控制系统。但这样一来，由于精馏塔各塔板上物料温度相互之间有一定联系，塔底温度提高，上升蒸汽温度升高，塔顶温度相应亦会提高；同样，塔顶温度提高，回流液温度升高，会使塔底温度相应提高。也就是说，塔顶的温度与塔底的温度之间存在关联问题。因此，以两个简单控制系统分别控制塔顶温度与塔底温度，势必造成相互干扰，严重的时候会使两个系统都不能正常工作。所以采用简单控制系统时，通常只能保证塔顶或塔底一端的产品质量。若工艺要求保证塔顶产品质量，则选塔顶温度为被控变量；若工艺要求保证塔底产品质量，则选塔底温度为被控变量。如果工艺要求塔顶和塔底产品纯度都要保证，则通常需要组成复杂控制系统，增加解耦装置，解决相互关联问题。

从上面举例中可以看出，要正确地选择被控变量，必须了解工艺过程和工艺对控制的要求，仔细分析各变量之间的相互关系。选择被控变量时，一般要遵循下列原则。

① 被控变量应能代表一定的工艺操作指标或能反映工艺操作状态，一般都是工艺过程中比较重要的变量，且被控变量应是独立可控的。

② 采用直接指标作为被控变量最直接也最有效。当无法获得直接指标信号，或其测量和变送环节滞后很大时，可选择与直接指标有单值对应关系的间接指标作为被控变量。

③ 被控变量应能被测量出来，并具有足够大的灵敏度。

④ 选择被控变量时，必须考虑工艺的合理性和仪表产品现状。

7.3 对象特性对控制质量的影响及控制变量的选择

7.3.1 控制变量与干扰变量

选择了被控变量之后，接下来的问题是选择什么样的物理量来使被控变量保持在工艺要求的设定值上，即选择什么样的物理量来作为控制变量。如图7-1所示的液位控制系统，其控制变量是出口流体的流量；图7-2所示的温度控制系统，其控制变量是载热体的流量。

一般来说，影响被控变量的外部输入往往有若干个，在这些输入中，有些是可控的，有些是不可控的。原则上，在诸多影响被控变量的输入中选择一个对被控变量影响显著而且可控性良好的输入作为控制变量后，其他所有未被选中的输入则成为了系统的干扰。

例如图7-4所示的精馏塔系统，影响塔顶温度的主要因素（输入）有进料的流量$Q_{入}$、成分$X_{入}$、温度$T_{入}$、回流的流量F、回流液的温度T_H、加热蒸汽流量Q_Z、冷凝器冷却温度及塔压等。这些因素都会影响被控变量T_D，如图7-7所示。在这些输入变量中选择哪一个输入变量作为控制变量最有利呢？为此，可先将这些影响因素分为两大类，即可控的和不可控的。从工艺角度看，本例中只有回流量F和加热蒸汽流量Q_Z为可控因素，其他一般为不可控因素。当然，在不可控因素中，有些也是可操作的，例如进料流量$Q_{入}$、塔压等，但是工艺上一般不允许用这些变量去控制塔温，因为进料的流量$Q_{入}$的波动意味着生产负荷的波动；塔压的波动意味着塔的工况不稳定，并且会破坏温度与成分的单值对应关系，这些都是不允许的。因此，将这些影响因素也看成是不可控因素。在两个可控因素中，回流量对塔顶温度的影响比蒸汽流量对塔顶温度的影响更显著。同时，从保证产品质量的角度来讲，控制回流量比控制蒸汽流量更有效，所以应选择回流流量作为控制变量。当然，回流量的大小直接影响到产量的高低，所以应选择适当的塔顶温度T_D，以解决好产品质量（纯度X_D）与产量之间的矛盾。

7.3.2 对象特性对控制质量的影响

如前所述，在所有影响被控变量的输入变量中，一旦选择了其中一个作为控制变量，那么其他输入都成了干扰变量。控制变量与干扰变量作用在对象上，都会引起被控变量的变化，被控变量的变化量是控制作用引起的输出变化量与干扰作用引起的输出变化量的叠加，如图7-8所示。干扰变量由干扰通道施加在对象上，起着破坏作用，使被控变量偏离给定值；控制变量由控制通道施加到对象上，使被控变量回复到给定值，起着校正作用，它们对被控变量的影响力都与对象特性有密切的关系。因此在选择控制变量时，要认真分析对象特性，以利于提高系统的控制质量。

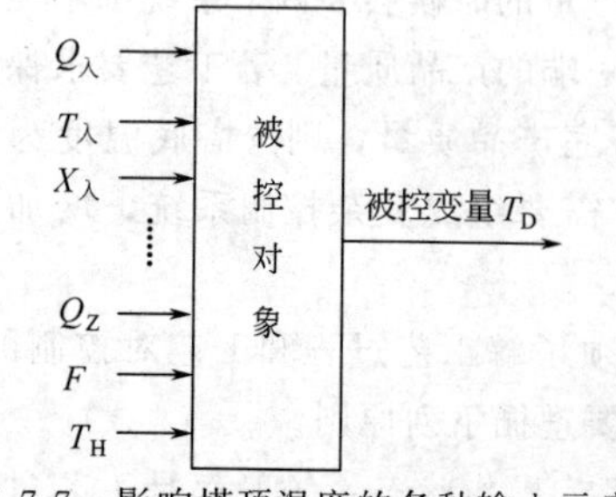

图7-7 影响塔顶温度的各种输入示意

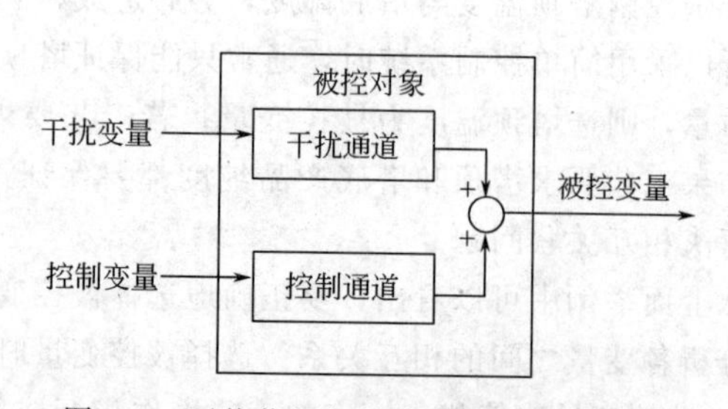

图7-8 干扰作用与控制作用之间的关系

7.3.2.1 对象稳态性质对控制质量的影响

如第2章所述，对象的稳态性质可分控制通道的稳态性质及干扰通道的稳态性质。对象控制通道的稳态性质可由控制通道的放大系数 K_0 来表征；干扰通道的稳态性质可由干扰通道的放大系数 K_f 来表征。

在选择控制变量构成控制回路时，一般希望控制通道的放大系数 K_0 要大一些，这是因为 K_0 的大小表征了控制变量对被控变量的影响程度。K_0 越大，控制作用对被控变量的影响越大，控制作用更为有效。另外，从第2章所述的余差与对象特性的关系［式（2-53）］可知，K_0 越大余差越小。所以从控制有效性考虑，K_0 应适当的大一些，但 K_0 过大时，控制作用会过于灵敏，使控制系统不稳定，这也是因注意避免的。若 K_0 不够大时，也可通过控制器的比例增益 K_p 进行补偿。

对象干扰通道的放大系数 K_f 则越小越好。K_f 越小干扰变量对被控变量的影响就越小，过渡过程中超调量也就越小，余差也越小，控制品质就越好。

在多个输入变量都要影响被控变量时，从稳态性质考虑，应该选择其中放大系数大的可控变量作为控制变量。

7.3.2.2 对象动态特性对控制质量的影响

同理，对象的动态特性也可分为控制通道的动态特性及干扰通道的动态特性。对象控制通道的动态特性可由控制通道的时间常数 T_0 及滞后时间 τ_0 来表征；干扰通道的动态特性可由干扰通道的时间常数 T_f 及滞后时间 τ_f 来表征。

（1）控制通道时间常数的影响

控制作用是通过控制通道施加于对象去影响被控变量的，控制通道的时间常数不能过大，否则会使控制变量的校正作用迟缓，超调量增大，过渡时间增长。所以要求控制通道的时间常数 T_0 小一些，使控制作用能及时、灵敏地影响被控变量，从而获得良好的控制效果。但控制通道的时间常数也并非越小越好，T_0 过小则控制作用过于灵敏，易引起系统振荡。

（2）控制通道纯滞后 τ_0 的影响

控制通道的纯滞后 τ_0 对控制质量的影响是十分不利的。图7-9为纯滞后 τ_0 对控制质量影响的示意。

图中 C 表示无控制作用时，被控变量在干扰作用下的变化曲线，A 和 B 分别表示无纯滞后和有纯滞后时控制变量对被控变量的校正作用；D 和 E 分别表示无纯滞后和有纯滞后情况下被控变量在干扰作用与控制作用同时作用下的变化曲线。

由图7-9可见，对象控制通道无纯滞后时，控制器在 t_0 时间接收正偏差信号而产生校正作用 A，使被控变量从 t_0 以后沿曲线 D 变化；当对象有纯滞后 τ_0 时，控制器虽在 t_0 时间后发出了校正作用，但由于纯滞后的存在，使之对被控变量的影响推迟了 τ_0 时间，即对被控变量的实际校正作用是沿曲线 B 发生变化的。因此被控变量是沿曲线 E 变化的。比较 E、D 曲线可见纯滞后使超调量增加；反之，当控制器接收负偏差时所产生的校正作用由于纯滞后的存在，使被控变量继续下降。如此往复，造成过渡过程的振荡加剧，过渡时间变长，稳定性下降。所以，在选择控制变量构成控制回路时，应尽量避免控制通道纯滞后 τ_0 的存在，无法避免时应使之尽可能小。

（3）干扰通道时间常数的影响

干扰通道时间常数 T_f 越大，干扰对被控变量的影响越缓慢，越有利于改善控制质量。所以，在设计控制方案时，应设法使干扰到被控变量的通道长一些，即时间常数 T_f 要尽可能大一些。

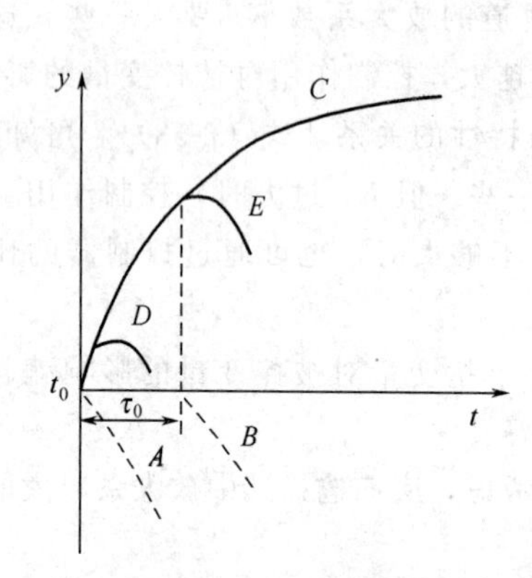

图 7-9　纯滞后 τ_0 对控制质量的影响

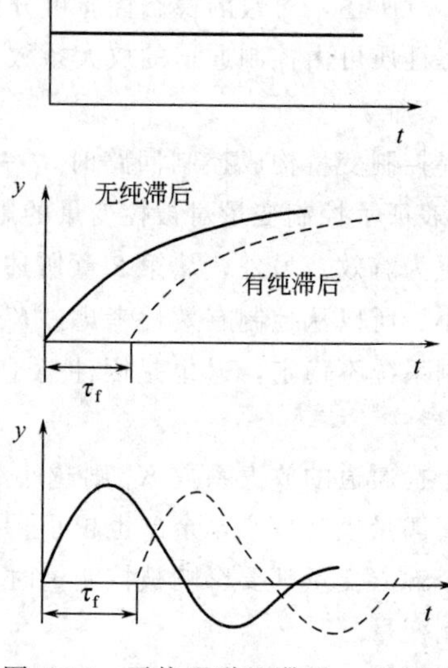

图 7-10　干扰通道纯滞后 τ_f 的影响

(4) 干扰通道纯滞后 τ_f 的影响

如果干扰通道存在纯滞后 τ_f，即干扰对被控变量的影响推迟了时间 τ_f，因而，控制作用也推迟了时间 τ_f，使整个过渡过程曲线推迟了时间 τ_f，所以干扰通道的纯滞后 τ_f 通常不会影响控制质量，其响应曲线如图 7-10 所示。

7.3.3　控制变量的选择原则与选择方法

7.3.3.1　控制变量的选择原则

根据以上分析，概括来说，控制变量的选择原则主要有以下几条。

① 控制变量应是可控的，即工艺上允许调节的变量。

② 控制变量一般应比其他干扰对被控变量的影响更加灵敏。为此，应通过合理选择控制变量，使控制通道的放大倍数适当大、时间常数适当小（但不宜过小，否则易引起振荡）、纯滞后时间尽量小。为使其他干扰对被控变量的影响尽可能小，应使干扰通道的放大系数尽可能小、时间常数尽可能大。

③ 在选择控制变量时，除了从自动化角度考虑外，还要考虑工艺的合理性与生产的经济性。一般说来不宜选择生产负荷作为控制变量，因为生产负荷直接关系到产品的产量，是不宜经常波动的。另外，从经济性考虑，应尽可能地降低物料与能量的消耗。

下面以两个具体的实例来进一步说明如何根据上述原则选择控制变量。

7.3.3.2　控制变量的选择方法

(1) 根据稳态特性选择控制变量

图 7-11 是一个氨直冷式薄板冷却系统，冷却设备由液氨贮罐、薄板冷却器等组成。热物料从薄板冷却器的上端进入，下端流出，液氨从薄板冷却器的下端进入，与热物料逆流相遇时被汽化为气氨后，从上端抽出。其工作原理是利用液氨汽化时所消耗的热量带走热物料

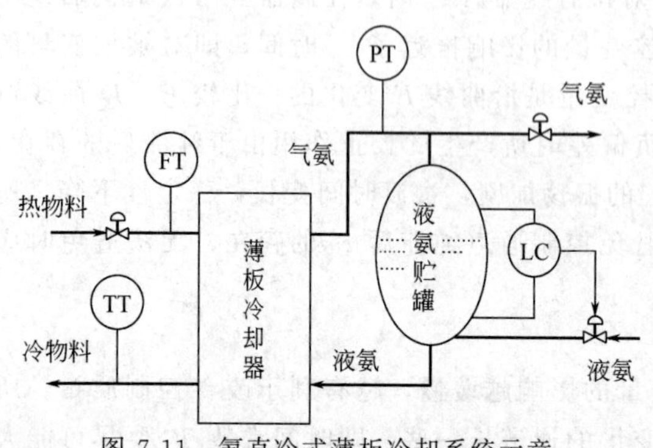

图 7-11　氨直冷式薄板冷却系统示意

的热量对物料进行冷却。工艺要求冷却器物料出口的温度应保持在规定值，但对物料的流量不作要求。

分析工艺可知，影响物料出口温度 T_O 的因素主要有热物料的温度 T_1、热物料的流量 F_1、液氨的流量 F_2 及气氨的回气压力 p。其中，热物料的温度 T_1 为不可控因素；而氨冷并不是靠液氨与物料之间的温差来进行热交换，而是利用液氨汽化，发生相变时的汽化潜热来带走热物料的热量，只有这样才能获得最大的冷却效率。所以通过液氨流量来控制物料出口温度也是不适宜的。因此，排除这两个因素之后，可以选择物料流量 F、气氨回气压力 p 两个变量中的一个作为控制变量。由实验测得这两个通道的放大系数如下。

物料流量 F 对冷却器物料出口温度 T_O 的放大系数为

$$\text{绝对放大系数：}K_1=\frac{\text{温度变化量}}{\text{流量变化量}}=\frac{12-0}{30-10}=0.6\left(\frac{℃}{t/h}\right)$$

$$\text{相对放大系数：}k_1=\frac{\text{温度变化的百分数}}{\text{流量变化的百分数}}=\frac{(12-0)/(100-0)}{(30-10)/(50-0)}=0.3 \tag{7-1}$$

气氨回气压力 p 对冷却器物料出口温度 T 的放大系数为

$$\text{绝对放大系数：}K_2=\frac{\text{温度变化量}}{\text{压力变化量}}=\frac{12-0}{275-245}=0.4\left(\frac{℃}{kPa}\right)$$

$$\text{相对放大系数：}k_2=\frac{\text{温度变化的百分数}}{\text{压力变化的百分数}}=\frac{(12-0)/(100-0)}{(275-245)/(400-0)}=1.6 \tag{7-2}$$

比较式（7-1）、式（7-2）可见，若以物料流量 F 作为控制变量，不能得到较大的控制通道放大系数 K_0，相反，此时气氨回气压力的变化成为主要干扰，则干扰通道的放大系数 K_f 就比控制通道的放大系数大得多，这样对控制质量是非常不利的。而反过来以气氨回气压力作为控制变量，则物料流量 F 成为主要干扰，那么在任何情况下，干扰物料流量的变化对于物料出口温度的影响都比较小，而控制变量对物料出口温度的影响比较大。这样，系统就具有足够的克服干扰的能力，能有效地克服干扰对被控变量的影响，系统的余差也小。所以，在该例中应选择气氨回气压力 p 为控制变量。

根据稳态性质选择控制变量仅仅是第一步，因为控制系统的过渡过程是一个动态过程，按对象的稳态性质来选择有时还不能满足过渡过程的要求，这就需要进一步按动态特性来进行选择。

（2）根据动态特性选择控制变量

有如图 7-12 所示的乳化物干燥系统，液体乳化物经过滤器过滤后进入干燥筒，用热风进行干燥。热风来自于被加热后的压缩空气。工艺要求在保证产品含水率合格的前提下，保证最大产量。

经实验测得干燥筒（以乳化物流量 f_W 为输入，干燥温度 T_1 为输出）、换热器（以通过调节阀 2 的旁路空气流量 f_Q 为输入，冷、热风混合处的温度 T_2 为输出）、换热器（以蒸汽压力流量 f_p 为输入，冷、热风混合处的温度 T_2 为输出）、风管（冷、热风混合处的温度 T_2 为输入，干燥温度 T_1 为输出）的传递函数分别为

$$G_W(s)=\frac{1}{(8.5s+1)(8.5s+1)(8.5s+1)}e^{-2s} \tag{7-3}$$

$$G_Q(s)=\frac{1}{100s+1} \tag{7-4}$$

$$G_p(s)=\frac{1}{(100s+1)(100s+1)} \tag{7-5}$$

$$G_F(s)=e^{-3s} \tag{7-6}$$

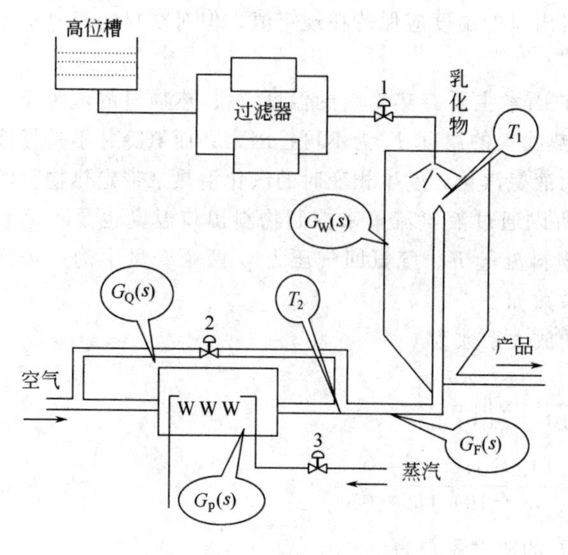

图 7-12　乳化物干燥系统示意

假设调节阀、测量/变送环节的传递函数均为 1。下面讨论如何根据上述原则选择合理的控制变量。

① 该系统所要求控制的工艺指标是产品的含水率，但由于在线测量产品含水率有困难，所以可以采用间接指标控制方式。分析工艺可知，产品的含水率与干燥温度有较为显著的单调对应关系，所以应选择干燥温度 T 作为系统的被控变量。

② 分析工艺可知，影响被控变量的主要输入变量有三个：乳化物流量 f_W、通过调节阀 2 的旁路空气流量 f_Q 及加热蒸汽流量 f_p。

根据图 7-12 绘制的对象方块图如图 7-13 所示。

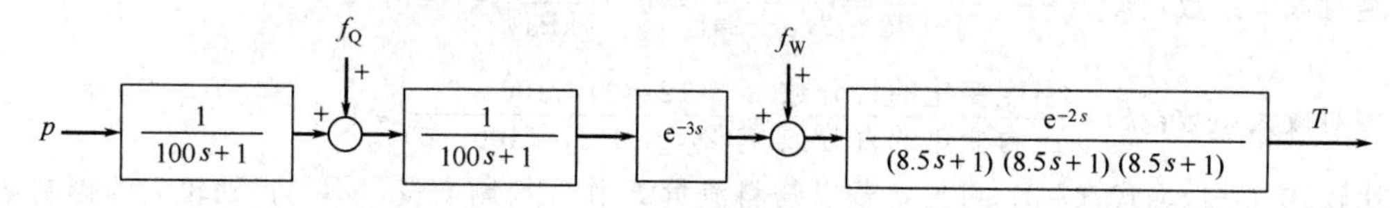

图 7-13　乳化物干燥系统被控对象方块图

若分别以乳化物流量 f_W、通过调节阀 2 的旁路空气流量 f_Q 及加热蒸汽流量 f_p 为控制变量构成控制系统，则可以得到三个不同的控制方案，其方块图分别如图 7-14(a)、图 7-14(b)、图 7-14(c) 所示。

由图 7-14(a)、图 7-14(b)、图 7-14(c) 可知，方案 1 控制通道上存在着三个时间常数为 8.5s 的一阶滞后环节及一个 2s 的纯滞后环节，干扰通道上存在着两个时间常数为 100s 的一阶滞后环节及一个 3s 的纯滞后环节；方案 2 控制通道上存在着三个时间常数为 8.5s 的一阶滞后环节、一个时间常数为 100s 的一阶滞后环节及一个 2s、一个 3s 的纯滞后环节，干扰通道上存在着一个时间常数为 100s 的一阶滞后环节；方案 3 控制通道上存在着三个时间常数为 8.5s 的一阶滞后环节、两个时间常数为 100s 的一阶滞后环节及一个 2s、一个 3s 的纯滞后环节。

比较以上三个方案可知，方案 1 控制通道上的容量滞后最小，且只存在 2s 的纯滞后；方案 2 相对于方案 1 来说控制通道上多增加了一个 100s 的一阶滞后及 3s 的纯滞后；方案 3 相对于方案 2 来说控制通道上又多增加了一个 100s 的一阶滞后。所以，若仅从系统的动态特性来考虑，应选择方案 1 为

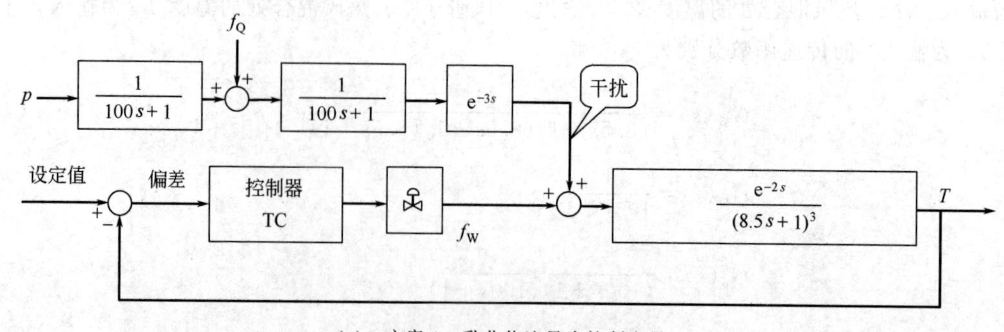

(a)　方案 1：乳化物流量为控制变量

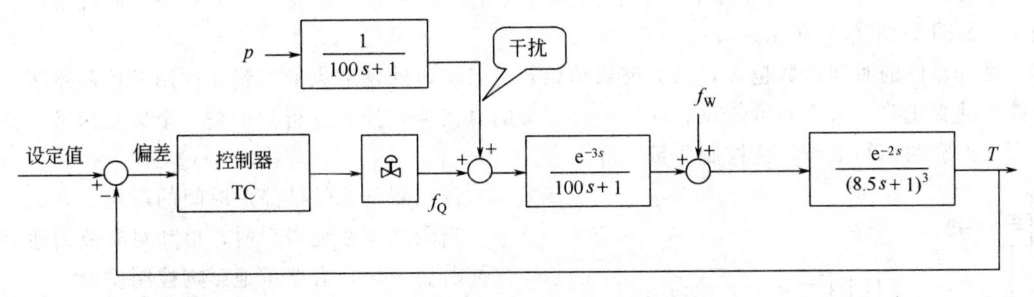

(b) 方案 2：旁路空气流量 f_Q 为控制变量

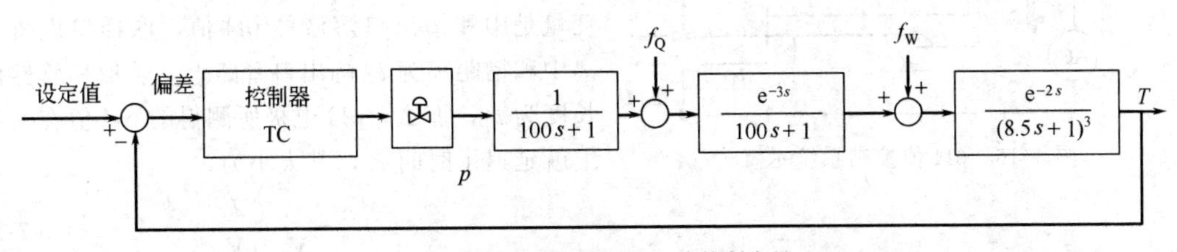

(c) 方案 3：蒸汽流量 f_p 为控制变量

图 7-14 三个不同控制方案的方块图

最佳，因为采用方案 1 可以获得最好的控制效果。但由于乳化物流量为生产负荷，直接关系到产品的产量，所以乳化物流量 f_W 不宜作为控制变量。相比之下，选择方案 2，即旁路空气流量为控制变量最为合理。

7.4 测量滞后对控制质量的影响及测量信号的处理

测量、变送装置是控制系统获取对象信息的重要环节，是系统进行控制的依据。所以，要想得到良好的控制质量，重要条件之一是可靠、准确、迅速地获取被控变量的信息。

7.4.1 测量滞后对控制质量的影响

正如第 2 章所述，和对象一样，测量元件和变送器的特性亦可用放大系数 K_m、时间常数 T_m 和滞后时间 τ_m 三个特性参数表示。三者对调节质量的影响也与对象特性参数相仿。其中动态特性对控制质量的影响尤为显著。

(1) 测量元件时间常数的影响

图 7-15 所示为测量元件时间常数对测量过程的影响。若被控变量 y 作阶跃变化时，测量值 z 慢慢靠近 y，如图 7-15 (a) 所示，显然，前一段两者差距很大；若 y 作递增变化，则 z 则一直

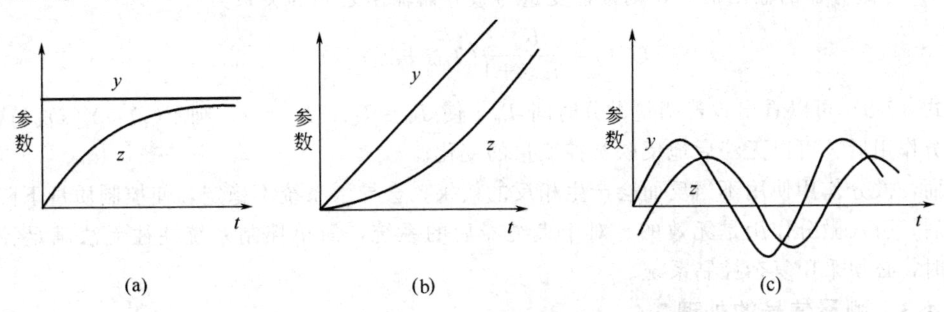

图 7-15 测量元件时间常数对测量过程的影响

跟不上去，如图 7-15（b）所示；若 y 作周期性变化，则 z 的振荡幅值将比 y 小，而且落后一个相位，如图 7-15（c）所示。

测量元件的时间常数越大，以上现象越显著。若将时间常数大的测量元件用于控制系统，当被控变量变化时，由于测量值没有反映被控变量的真实值，控制器得到的是一个失真信号，就不能发出正确的控制信号，使控制质量下降。

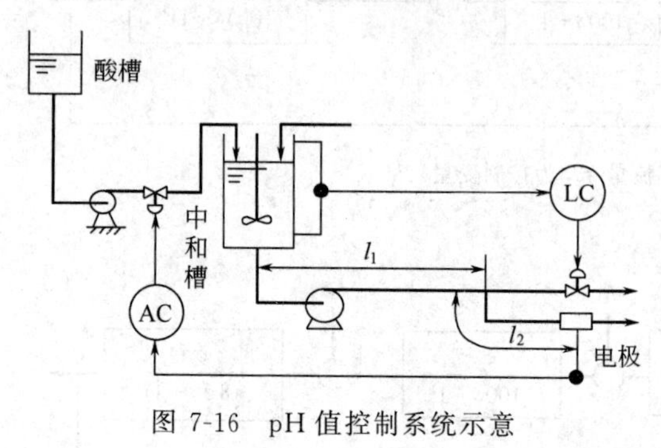

图 7-16　pH 值控制系统示意

（2）测量元件纯滞后时间的影响

当测量存在纯滞后时，也和对象控制通道存在纯滞后一样，会严重地影响控制质量。

测量纯滞后有时是由于测量元件安装位置引起的。例如图 7-16 所示的 pH 值控制系统，被控变量是中和槽出口溶液的 pH 值，取样口设置在离中和槽距离为 l_1 的出口管路上，若取样管路的长度为 l_2，那么，pH 电极所测得的 pH 值在时间上就延迟了时间 τ_0，其大小为

$$\tau_0=\frac{l_1}{V_1}+\frac{l_2}{V_2} \tag{7-7}$$

式中，V_1、V_2 分别为出口管路与取样管路中流体的流速。

这一滞后使测量信号不能及时反映中和槽内溶液 pH 值的变化，因而降低了控制质量。

7.4.2　克服测量滞后的几种方法

① 选择快速测量元件　克服测量滞后对控制不利影响的根本办法是选择快速响应的测量元件。测量元件的时间常数 T_m 越小，对控制越有利。但当测量元件的时间常数 T_m 小于对象控制通道时间常数 T_0 的 1/10 时，对控制质量的影响不大，此时，就没有必要追求小时间常数的测量元件。

② 正确选择测量元件的安装位置　在自动控制系统中，以温度测量元件和成分分析的取样装置所引起的测量滞后为最大。通常测量元件应选择在最具代表性，响应最灵敏、最迅速的位置安装。应避免将其安装在死角或易挂料结焦的地方。分析取样则应在温度比较稳定，离设备较近之处，尽量减小纯滞后。

③ 正确使用微分器　正确使用微分器，合理引入微分特性的超前作用，对克服测量滞后，改善控制质量是一种有效的方法。如图 7-17 所示，在测量、变送装置之后接入一个微分器，图中 $Y(s)$ 为被控变量，$Z(s)$ 为测量、变送装置的输出信号，$U(s)$ 为微分器的输出信号，则被控变量与微分器输出之间的关系为

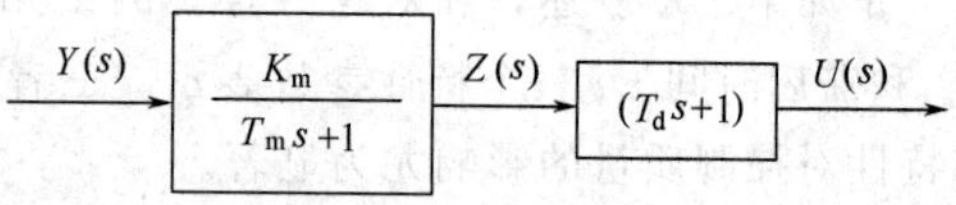

$$Y(s) \rightarrow \boxed{\frac{K_m}{T_m s+1}} \xrightarrow{Z(s)} \boxed{(T_d s+1)} \rightarrow U(s)$$

图 7-17　测量、变送装置与微分器连接示意

$$U(s)=\frac{K_m}{T_m s+1}(T_d s+1)Y(s) \tag{7-8}$$

由式（7-8）可以看出，若调整微分时间 T_d，使 $T_d=T_m$，$K_m=1$，则 $U(s)=Y(s)$。这说明引入微分作用后，可以无滞后地反映被控变量的变化。

然而，微分作用使用不当反而会产生相反的效果，会导致系统不稳定，使控制质量下降。对于纯滞后，引入微分作用是无效的。对于大纯滞后的系统，简单控制系统往往无法满足控制要求，此时，必须采用复杂控制系统。

7.4.3　测量信号的处理

测量、变送装置的输出，有时不可避免地杂有各种各样的随机干扰信号，即噪声。例如某些

容器内的液位本身波动激烈，液位变送器的输出也波动不息。若对测量信号不加分析和处理，直接送往控制器，也就把噪声引入了控制器，这有可能会引起控制器的误动作，这种情况对控制是不利的，有时甚至是非常有害的。

一般来说，在以下情况下，必须对测量信号进行处理后再送往控制器。

① 对呈周期性的脉动信号进行低通滤波　在流体输送过程中，由于输送机械的往复运动，流体的压力和流量呈现周期性的脉动变化，使参数值时高时低，它的频率与输送机械的往复频率相一致。常见的如活塞式压口压力和以往复泵输送液体时的流量所呈现的细脉动现象。这种周期性的波动，给控制系统的运行带来了不少麻烦。因为对于周期性变化的脉动信号，当其平均值不变时，控制系统根本不需要工作。但控制器是按信号偏差工作的，脉动信号构成脉动的偏差信号，它使控制器的输出亦呈周期性的变化，从而使控制阀不停地开大关小。显然这种控制过程是徒劳无益的；弄得不好系统产生共振，反而加剧了被控变量的波动，同时也使控制阀杆加速磨损，影响寿命。在实际生产过程中，一般采用如图 7-18 所示的一阶惯性环节进行低通滤波，其中 T 为滤波时间常数。一阶惯性环节的幅频特性表明，在低频时其动态增益近似为 1，随着频率的增高动态增益大大下降，因而起到了低频容易通过而高频不易通过的低通滤波作用。

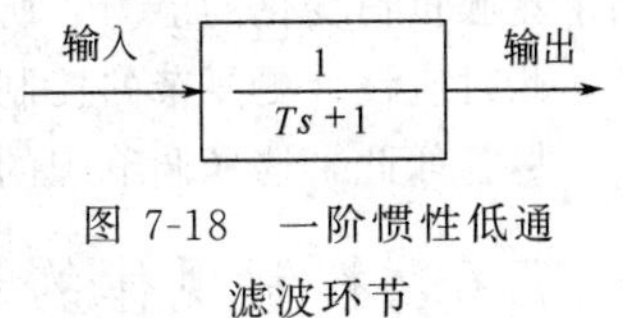

图 7-18　一阶惯性低通滤波环节

在电路上一般采用 RC 滤波电路，数字滤波公式在第 5 章中已作详细描述。

② 对测量噪声进行滤波　对呈高频振荡、剧烈跳动的测量信号，也需利用低通滤波器对信号进行滤波处理。

③ 线性化处理　有的检测变送器，输入输出关系呈非线性。这对指示、记录和观察都带来不便。有时从控制角度出发也希望这个环节为线性，因而需作线性化处理。

7.5　负荷变化对控制质量的影响及调节阀的选择

负荷变化会直接影响到被控对象的特性，影响控制系统的正常运行。负荷的变化是可以突变的，也可能是渐变的。对于预先能够知道的缓慢的负荷变化，比较容易解决，在设计和运行中只要考虑到这种情况，就得求得克服它的控制器参数，在变化前自动地或人工地进行控制器参数的更换，就完全可以达到要求。但是，对于随机性的负荷变化，特别当变化幅值大，而且变化频繁时，人工调整就比较困难，需要控制系统自身具有克服负荷变化的能力。因此，在设计时要慎重考虑，否则，控制系统将可能会失控。

负荷变化对于被控对象的纯滞后和容量滞后都有影响。例如一个换热器，当被加热流体的流量增大时，液体通过换热器的时间缩短，纯滞后减小。同时，由于流速增大，引起传热效果变好，容量滞后减小。在这种情况下，被控对象的特性发生显著变化。负荷的变化对广义对象其他部分的特性也会引起改变。例如，转化器被控变量往往选择在反应最快、热惰性最小的温度灵敏点。如果负荷一旦变化，使得反应气体在转换器的停留时间改变，主要反应层将上、下移动，灵敏点也跟着产生转移，这样，原来选定的灵敏点不再是最灵敏的了。如果继续以此为控制点，控制系统就会产生失控现象。如果把控制点更换一下，以新的灵敏点作为控制点，结果又产生控制点几何位置的改变，导致广义对象的特性产生变化。

克服负荷变化的影响，最有效的办法是从对象本身着手，同时还可以在工艺上和控制器上想办法，如应用非线性控制器等。从自控系统设计的角度来看，克服负荷变化可以在调节阀上找出路。因为直接改变对象特性一般是比较困难的，尤其在已经正式投产的设备上，任何修改都意味着停工，对于生产的正常运行影响很大。

从调节阀这个角度出发，可以通过选择一条合适的非线性曲线，去补偿由于被控对象特性变化，而引起的广义对象特性变化带来的影响。

由第5章可知，调节阀本身的流量特性随调节阀的结构而定，当选择或制造不同结构的调节阀时其$\Delta Q/\Delta L$（流量特性）的比值变化情况可以不同。因而可以根据负荷变化对被控对象的影响而决定$\Delta Q/\Delta L$的变化规律，再从这个规律中找出调节阀应有的特性，选择调节阀的流量特性。

从上面的讨论来看，只要选择适当的调节阀，不管任何负荷干扰，或不管任何一种原因致使对象特性改变，都可以克服。但实际上由于制造的困难，不能得到特性很特殊的调节阀，这就限制了克服负荷变化的能力。所以在负荷变化大的时候，如果不能从选择调节阀的特性来达到要求，此时应设计更复杂的控制系统。

尽管如此，选择调节阀的特性用于克服负荷变化，仍然是一种行之有效的方法。

7.6 控制规律的选择

正确地选择控制器的控制规律，及确定控制器的正、反作用，对整个控制系统的控制质量及稳定运行有着密切关系。在系统设计、调试和投运时必须充分了解被控对象的特性，按照工艺要求进行确定。

7.6.1 控制规律的选择

前面已经讲过，简单控制系统是由被控对象、控制器、执行器和测量变送装置四大基本部分组成的。被控对象、执行器和测量变送装置合在一起称之为广义对象。在广义对象特性已确定，不能任意改变的情况下，只能通过控制规律的选择来提高系统的稳定性与控制质量。

目前工业上常用的控制规律主要有五种：位式控制、比例控制、比例积分控制、比例微分控制和比例积分微分控制。

① 位式控制　位式控制属于简单的控制方式，一般适用于对控制质量要求不高，被控对象是单容量的、且容量较大、滞后较小、负荷变化不大也不太激烈，工艺允许被控变量波动范围较宽的场合。

② 比例控制　比例控制克服干扰能力强、控制及时、过渡时间短。在常用的控制规律中，是最基本的控制规律。但纯比例作用在过渡过程终了时存在余差。负荷变化越大，余差就越大。

比例作用适用于控制通道滞后较小、负荷变化不大、工艺允许被控变量存在余差的场合。

③ 比例积分控制　由于比例积分控制在比例作用的基础上加上积分作用，而积分作用的输出与偏差的积分成正比，只要偏差存在，控制器的输出就会不断变化，直至消除偏差为止。所以，虽然加上积分作用会使系统的稳定性降低，但系统在过渡过程结束时无余差，这是积分作用的优点。

为保证系统的稳定性，在增加积分作用的同时，加大比例度，使系统的稳定性基本保持不变，但系统的超调量、振荡周期都会相应增大，过渡时间也会相应增加。

比例积分作用适用于控制通道滞后较小、负荷变化不大、工艺不允许被控变量存在余差的场合。

④ 比例微分控制　比例微分控制由于引入了微分作用，它能反映偏差变化的速度，具超前控制的作用，这在被控对象具有较大滞后的场合下，将会有效地改善控制质量。但是对于滞后小、干扰作用频繁，以及测量信号中夹杂有无法剔除的高频噪声的系统，应尽可能避免使用微分作用。因为这种控制作用将会使系统产生振荡，严重时使系统失控而发生事故。

⑤ 比例积分微分控制　比例积分微分控制综合了比例、积分、微分控制规律的优点。适用于容量滞后较大、负荷变化大、控制要求高的场合。

7.6.2 控制器正、反作用的选择

控制器正、反作用的选择是关系到系统正常运行与安全操作的重要问题。

第1章已讲到过，自动控制系统稳定运行的必要条件之一是闭环回路形成负反馈。也就是说，被控变量值偏高，则控制作用应使之降低；相反，如果被控变量值偏低，控制作用使之增加。控制作用对被控变量的影响应与干扰作用对被控变量的影响相反，才能使被控变量回复到给定值。

在控制系统中，控制器、被控对象、测量元件及执行器都有各自的作用方向。它们如果组合不当，使总的作用方向构成正反馈，则控制系统不仅不能起作用，反而破坏了生产过程的稳定。所以，在系统投运前必须注意各环节的作用方向，以保证整个控制系统形成负反馈。选择控制器“正”、“反”作用的目的是通过改变控制器的“正”、“反”作用，来保证整个控制系统形成负反馈。

所谓作用方向，就是指输入变化后，输出的变化方向。当输入增加时，输出也增加，则称该环节为“正作用”方向；反之，当环节的输入增加时，输出减小，则称该环节为“反作用”方向。

测量、变送环节的作用方向一般都是“正”方向。

选择控制器的正、反作用可以按以下步骤进行。

① 判断被控对象的正、反作用方向　在一个安装好的控制系统中，被控对象的正、反作用方向由工艺机理确定。

当控制变量增加时，被控对象的输出也增加，控制变量减小时，被控对象的输出也减小，则被控对象为正作用方向；反之，当控制变量增加时，被控对象的输出减小，控制变量减小时，被控对象的输出增加，则被控对象为反作用方向。

② 确定执行器的正、反作用方向　执行器的正、反作用方向由工艺安全条件选定。其选择原则是：控制信号中断时，应保证设备和操作人员的安全。

当来自于控制器的输出增加时，控制变量也增加，来自于控制器的输出减小时，控制变量也减小，则执行器为正作用方向；反之，来自于控制器的输出增加时，控制变量减小，来自于控制器的输出减小时，控制变量增加，则执行器为反作用方向。

③ 确定广义对象的正、反作用方向　由于测量、变送环节为正作用方向，在确定广义对象的正、反作用方向时，这个环节可以不考虑。

若执行器、被控对象两个环节的作用方向相同，则广义对象为正作用特性；若执行器、被控对象两个环节的作用方向相反，则广义对象为反作用特性。

④ 确定控制器的正、反作用方向　若广义对象为正作用方向，则选择控制器为反作用方向；若广义对象为反作用方向，则选择控制器为正作用方向（具体原理请参考第1章）。

下面通过两个具体的例子来进一步说明怎样选择控制器的正、反作用方向。

例 7-1　图 7-19 是一个简单的加热炉出口温度控制系统。在这个系统中，加热炉是对象，燃料气流量是控制变量，被加热的原料油出口温度是被控变量。工艺安全条件为当控制信号中断（断气或断电）时，加热炉不能被烧坏、物料不能被烧焦。试选择执行器的气开、气关形式与控制器的正、反作用方向。

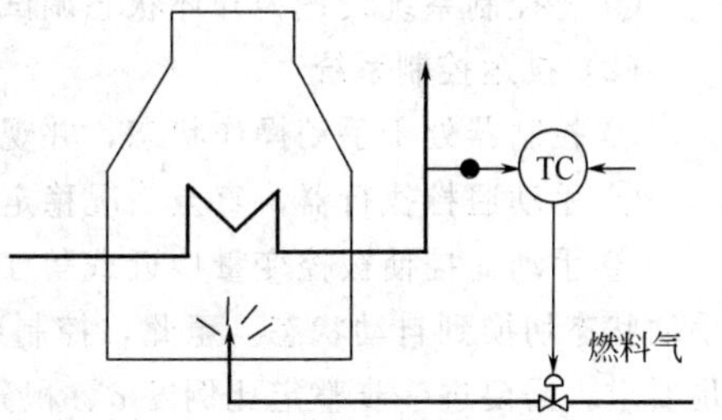

图 7-19　加热炉出口温度控制系统

解　① 确认被控对象的正、反作用方向　当控制变量燃料气流量增加时，被控变量原料油出口温度是增加的，故对象是“正”作用方向。

② 确定执行器的正、反作用方向　从工艺安全条件出发，避免当气源突然断气时，控制阀大开而烧坏炉子，那么应选定执行器是气开阀（停气时关闭）。即当控制器的输出信号增加时，调节阀的开度

增加，控制变量燃料气的流量增加，执行器是“正”作用方向。

③ 确定广义对象的正、反作用方向　由于被控对象、执行器均为正作用方向，所以广义对象为正作用方向。

④ 确定控制器的正、反作用方向　因为广义对象为正作用方向，所以控制器 TC 为反作用方向。

例 7-2　图 7-1 是一个简单的液位控制系统。被控变量是贮槽液位，控制变量是流出贮槽的液体流量。从工艺安全角度出发，要求控制信号断开时，阀门能自动关闭，以免物料全部流走。试选择控制器的正、反作用方向。

解　① 确定被控对象的正、反作用方向　当控制变量流出贮槽的流量增加时，被控变量液位是减小的，故对象是“反”作用方向。

② 确定执行器的正、反作用方向　从工艺安全条件出发，避免当气源突然断气时，控制阀大开而使物料流走，应选定执行器是气开阀（停气时关闭）。即当控制器的输出信号增加时，调节阀的开度增加，控制变量（流出贮槽的流量）增加，所以执行器是“正”作用方向。

③ 确定广义对象的正、反作用方向　由于被控对象为反作用方向，执行器为正作用方向，所以广义对象为反作用方向。

④ 确定控制器的正、反作用方向　因为广义对象为反作用方向，所以控制器 LC 为正作用方向。

7.7　控制系统的投运与参数整定

自控系统各组成部分在根据设计进行正确安装和调试后，就可进行投运，即将生产过程由人工操作方式切换到自动控制状态。合理、正确的投运操作，可使自控系统在工艺过程不受干扰的情况下迅速平稳地投入到自动控制方式。自控系统的投运主要包括两大步骤：①将自控回路由“手动”操作方式切换到“自动”控制方式；②整定控制器的 P、I、D（比例度、积分时间、微分时间参数）。

7.7.1　控制系统的投运

（1）投运前的准备

① 熟悉被控对象和整个控制系统，检查所有仪表及连接管线、气管线、电源、气源等，以保证接线的正确性，及故障时能及时确定故障原因。

② 现场校验所有的仪表，保证仪表能正常的工作。

③ 根据经验或估算比例度 δ、积分时间 T_i 和微分时间 T_d 的数值，或将控制器放在纯比例作用，比例度放在较大位置。

④ 确认控制阀的气开、气关作用。

⑤ 确认控制器的正、反作用。

⑥ 将控制系统设置为开环状态调试控制回路。

（2）投运控制系统

① 控制器处于手动操作状态，并观察测量仪表是否正常工作。

② 手动遥控执行器，直至工况稳定。

③ 手动遥控使被控变量接近或等于设定值，观察仪表测量值，待工况稳定后，将控制器由手动状态切换到自动状态。至此，控制系统初步投运过程结束。但控制系统的过渡过程不一定满足要求，需要进一步整定比例度 δ、积分时间 T_i 和微分时间 T_d 三个参数。

7.7.2　控制器参数的工程整定

自动控制系统的控制质量，与对象特性、干扰形式与大小、控制方案及控制器参数都有着密切的关系。在控制方案、广义对象的特性、控制规律都已确定的情况下，控制质量主要就取决于控制器参数的整定。整定控制器参数，就是按照已定的控制方案，求取使控制质量最好的控制器参数值。即确定最合适的控制器比例度 δ、积分时间 T_i 和微分时间 T_d，使控制质量能满足工艺生产的要求。对于简单控制系统来说，一般希望过渡过程呈（4∶1）～（10∶1）的衰减振荡过程。

控制器参数整定的方法主要有两大类：一类是理论计算的方法；另一类是工程整定法。理论计算的方法是根据已知的广义对象特性及控制质量的要求，通过理论计算出控制器的最佳参数。这种方法由于比较繁琐、工作量大，计算结果有时与实际情况不符合，故在工程实践中长期没有得到推广和应用。

工程整定法是在已经投运的实际控制系统中，通过试验或探索，来确定控制器的最佳参数。这是一种常用的方法。下面介绍三种常用工程整定法。

（1）临界比例度法

它是先通过试验得到临界比例度 δ_k 和临界振荡周期 T_k，然后根据经验公式求出控制器的 PID 参数值，具体如下。

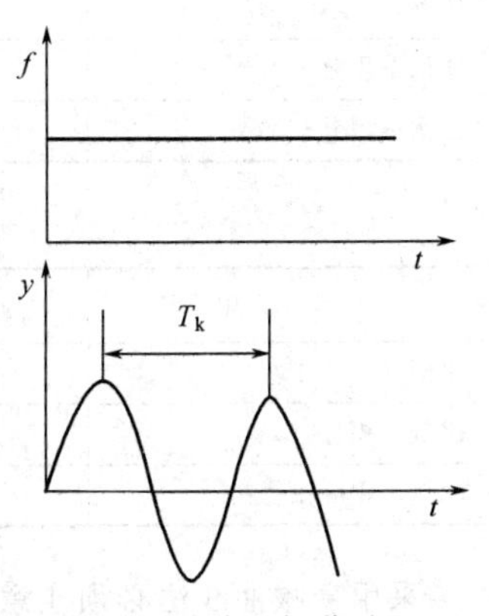

图 7-20　临界振荡过程

在闭环的控制系统中，先将控制器放在纯比例作用，在干扰作用下，从大到小地逐渐改变控制器的比例度，直至系统产生等幅振荡，如图 7-20 所示。这时的比例度称为临界比例度 δ_k，周期称为临界振荡周期 T_k。然后按表 7-1 中的经验公式计算出控制器的各参数整定数值。

表 7-1　临界比例度法参数计算公式

控制作用	比例度/%	积分时间/min	微分时间/min	控制作用	比例度/%	积分时间/min	微分时间/min
比例	$2\delta_k$			比例＋微分	$1.8\delta_k$		$0.85T_k$
比例＋积分	$2.2\delta_k$	$0.85T_k$		比例＋积分＋微分	$1.7\delta_k$	$0.5T_k$	$0.125T_k$

临界比例度法比较简单方便，容易掌握和判断，适用于一般的控制系统。但是对于临界比例度很小或不存在临界比例度的系统不适用。因为临界比例度很小，则控制器输出的变化一定很大，被调参数容易超出允许范围，影响生产的正常进行。

临界比例度法是要使系统达到等幅振荡后，才能找出 δ_k 与 T_k，对于工艺上不允许产生等幅振荡的系统不适用。

（2）衰减曲线法

衰减曲线法通过使系统产生衰减振荡来整定控制器的参数值，具体如下。

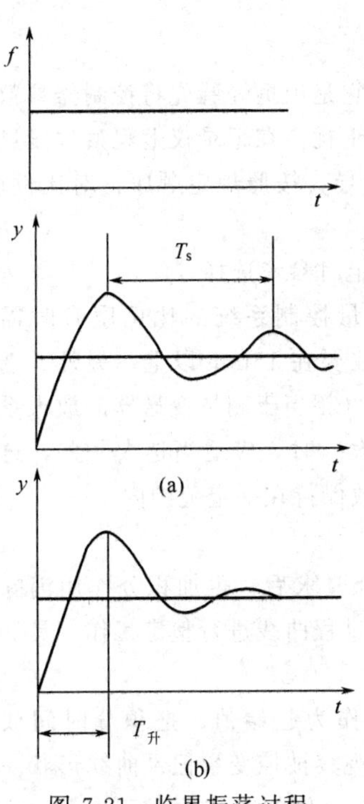

图 7-21　临界振荡过程

在闭环的控制系统中，先将控制器置为纯比例作用，并将比例度预置在较大的数值上。在达到稳定后，用改变给定值的办法加入阶跃干扰，观察被控变量记录曲线的衰减比，然后从大到小改变比例度，直至出现 4∶1 衰减比为止，见图 7-21（a），记下此时的比例度 δ_s（4∶1 衰减比例度），从曲线上得到衰减周期 T_s，然后根据表 7-2 中的经验公式，求出控制器的参数整定值。

有的过程 4∶1 衰减仍嫌振荡过强，可采用 10∶1 衰减曲线法。方法同上，得到 10∶1 衰减曲线［见图 7-21（b）］后，记下此时的比例度 δ_s 和最大偏差时间 $T_{升}$（又称上升时间），然后根据表 7-3 中的经验公式，求出相应的比例度 δ、积分时间 T_i 和微分时间 T_d。

表 7-2　4：1衰减法参数计算公式表

控制作用	比例度/%	积分时间/min	微分时间/min
比例	δ_s		
比例＋积分	$1.2\delta_s$	$0.5T_s$	
比例＋积分＋微分	$0.8\delta_s$	$0.3T_s$	$0.1T_s$

表 7-3　10：1衰减法参数计算公式表

控制作用	比例度/%	积分时间/min	微分时间/min
比例	δ_s		
比例＋积分	$1.2\delta_s$	$2T_{升}$	
比例＋积分＋微分	$0.8\delta_s$	$1.2T_{升}$	$0.4T_{升}$

采用衰减曲线法必须注意以下几点。

① 加的干扰幅值不能太大，要根据生产操作要求来定，一般为额定值的 5%左右，但也有例外的情况。

② 必须在工艺参数稳定情况下才能施加干扰，否则得不到正确的 δ_s、T_s、$T_{升}$。

③ 对于反应快的系统，如流量、管道压力和小容量的液位控制等，要在记录曲线上严格得到 4：1 衰减曲线比较困难。一般以被控变量来回波动两次达到稳定，就可以近似地认为达到 4：1衰减过程了。

衰减曲线法比较简便，适用于一般情况下的各种参数的控制系统。但对于干扰频繁，记录曲线不规则，不断有小摆动的情况，由于不易得到准确的衰减比例度 δ_s 和衰减周期，使得这种方法难以应用。

(3) 经验凑试法

经验凑试法是长期的生产实践中总结出来的一种整定方法。它是根据经验先将控制器参数放在一个数值上，直接在闭环的控制系统中，通过改变给定值施加干扰，在记录仪上观察过渡过程曲线，运用比例度、积分时间、微分时间对过渡过程的影响为指导，按照规定顺序，对比例度、积分时间和微分时间逐个整定，直到获得满意的过渡过程为止。

表 7-4 所示为各类控制系统中控制器参数的经验数据，供整定时参考选择。

表中给出的只是一个大体范围，有时变动较大。例如，流量控制系统的比例度有时需在 200%以上；有的温度控制系统，由于容量滞后大，积分时间往往要在 15min 以上。另外，选取比例度值时应注意测量部分的量程和控制阀的尺寸，如果量程小（相当于测量变送器的放大系数 K_m 大）或控制阀的尺寸选大了（相当于控制阀的放大系数 K_v 大）时，应适当选大一些，这样可以适当补偿 K_m 大或 K_v 大带来的影响，使整个回路的放大系数保持在一定范围内。

整定的步骤有以下两种。

① 先用纯比例作用进行凑试，待过渡过程已基本稳定并符合要求后，再加积分作用消除余差，最后加入微分作用是为了提高控制质量。按此顺序观察过渡过程曲线进行整定工作。具体方法如下。

根据经验并参考表 7-4 的数据，选定一个合适的比例度值作为起始值，把积分时间放在"∞"，微分时间置于"0"，将系统投入自动状态。改变给定值，观察被控变量记录曲线形状。如曲线不是 4：1 衰减（这里假定要求过渡过程是 4：1 衰减振荡的），例如衰减比大于4：1，说明选的比例度值偏大，适当减小比例度值再看记录曲线，直到呈 4∶1 衰减为止。注意，当把控制器比例度改变以后，如无干扰就看不出衰减振荡曲线，一般都要稳定以后再改变一下给定值才能看到。若工艺上不允许反复改变给定值，那只好等候工艺本身出现较大干扰时再看记录曲线。比例度值调整好后，如要求消除余差，则要引入积分作用。一般积分时间可先取为衰减周期的一半，并在积分作用引入的同时，将比例度增加 0～20%，看记录曲线的衰减比和消除余差的情况，如不符合要求，再适当改变比例度和微分时间值，直到记录曲线满足要求。如果是三作用控制器，则在已调整好的比例度和积分时间的基础上再引入微分作用，而在引入微分作用后，允许把比例度值缩小一点，把积分时间值也再缩小一点。微分时间也要在表 7-4 给出的范围内凑试，以使过渡过程时间短，超调量小，提高控制质量，满足生产要求。

表 7-4　控制器参数经验数据表

被控对象	对　象　特　性	比例度/%	积分时间/min	微分时间/min
流量	对象时间常数小，参数有波动，δ 要大，T_i 要短，不用微分	40～100	0.3～1	
温度	对象容量滞后大，参数变化迟缓，δ 应小，T_i 要长，一般需加微分	20～60	3～10	0.5～3
压力	对象容量滞后不大，一般不用微分	30～70	0.4～3	
液位	对象时间常数范围较大，δ 应在一定范围内选取，一般不用微分	20～80	0.4～3	

经验凑试法的关键是“看曲线，调参数”。因此，必须弄清楚控制器参数变化对过渡过程曲线的影响关系。一般来说，在整定中，观察到曲线振荡很频繁，需把比例度增大以减少振荡；当曲线最大偏差大且趋于非周期过程时，需把比例度减小。当曲线波动较大时，应增大积分时间；而在曲线偏离给定值后，长时间回不来，则需减小积分时间，以加快消除余差的过程。如果曲线振荡得厉害，需把微分时间减到最小，或者暂时不加微分作用，以免加剧振荡；在曲线最大偏差大而衰减缓慢时，需增加微分时间。经过反复凑试，一直调到过渡过程振荡两个周期后基本达到稳定，品质指标达到工艺要求为止。

在一般情况下，比例度过小、积分时间过小或微分时间过大，都会产生周期性的激烈振荡。但是，积分时间过小引起的振荡，周期较长；比例度过小引起的振荡，周期较短；微分时间过大引起的振荡周期最短，如图 7-22 所示，曲线 a 的振荡是积分时间过小引起的，曲线 b 是比例度过小引起的，曲线 c 的振荡则是由于微分时间过大引起的。比例度过小、积分时间过小和微分时间过大引起的振荡，还可以这样进行判别：如果从给定值变化到测量值发生变化所经历的时间短，应把比例度增加；如果这段时间长，则应将积分时间增大；如果时间最短，应把微分时间减小。比例度过大或积分时间过大，都会使过渡过程变化缓慢，一般来说，比例度过大，曲线波动较剧烈、不规则地、较大幅度地偏离给定值，而且，形状像波浪般起伏变化，如图 7-23 曲线 a 所示。如果曲线通过非周期的不正常路径，慢慢地回复到给定值，这说明积分时间过大，如图 7-23 曲线 b 所示。应当注意，积分时间过大或微分时间过大，超出允许的范围时，不管如何改变比例度，都是无法补救的。

② 经验凑试法还可以按下列步骤进行：先按表 7-4 中给出的范围把积分时间 T_i 定下来，如要引入微分作用，可取 $T_d=\left(\frac{1}{3}\sim\frac{1}{4}\right)T_i$，然后对比例度 δ 进行凑试，凑试步骤与前一种方法相同。

一般来说，这样凑试可较快地找到合适的参数值。但是，如果开始 T_i 和 T_d 设置得不合适，则可能得不到所要求的记录曲线。这时应将 T_i 和 T_d 作适当调整，重新凑试，直至记录曲线合乎要求为止。

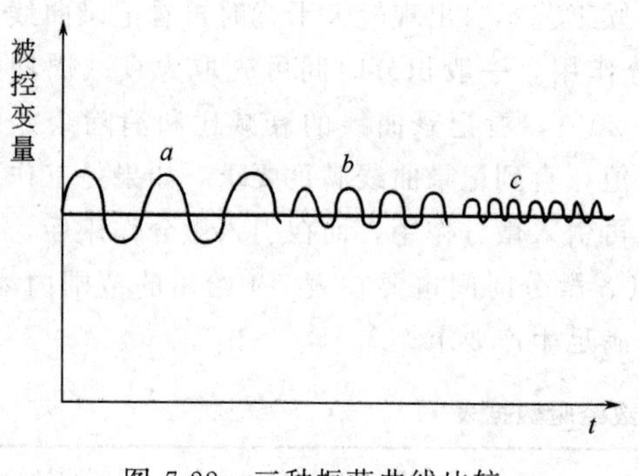

图 7-22　三种振荡曲线比较

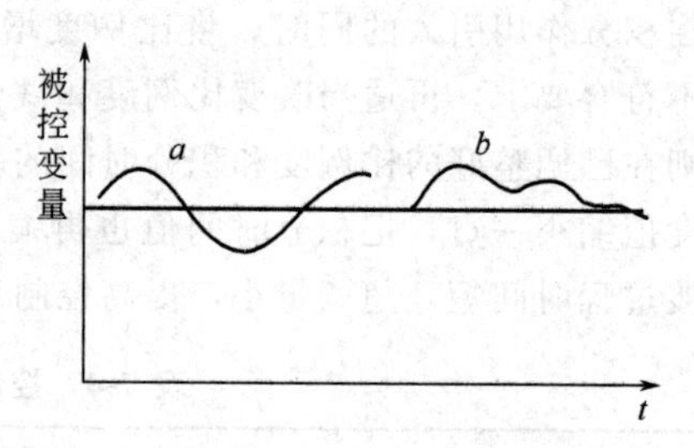

图 7-23　比例度、积分时间过大比较

经验凑试法的特点是方法简单，适用于各种控制系统，因此应用非常广泛。特别是外界干扰作用频繁，记录曲线不规则的控制系统，采用此法最为合适。但是此法主要是靠经验，在缺乏实际经验或过渡过程本身较慢时，往往较为费时。为了缩短整定时间，可以运用优选法，使每次参数改变的大小和方向都有一定的目的性。对于同一个系统，不同的参数匹配有时会得到衰减情况极为相近的过渡过程。

在一个自动控制系统投运时，控制器的参数必须整定，才能获得满意的控制质量。同时，在生产进行的过程中，如果工艺操作条件改变，或负荷有很大变化，被控对象的特性就要改变，控制器的参数也必须重新整定。所以，整定控制器参数是经常要做的工作，对工艺人员与仪表人员来说，都是需要掌握的。

思考题与习题

1. 简单控制系统由哪几部分组成？各部分的作用是什么？

2. 什么是直接指标控制与间接指标控制？在什么情况下需要选择间接指标控制？

3. 被控变量的选择原则是什么？

4. 什么是可控变量（可控因素）？什么是不可控变量（不可控因素）？当存在多个可控变量时应如何选择控制变量？

5. 控制变量的选择原则是什么？

6. 测量滞后对控制质量有什么影响？怎样克服测量滞后？

7. 什么情况下必须对测量信号进行处理后送往控制器？测量信号的处理方法主要有哪些？

8. 负荷变化对控制质量有什么影响？怎样克服负荷变化对控制质量的影响？

9. 控制器控制规律的选择原则是什么？

10. 什么是控制器的“正”、“反”作用方向？为什么要选择控制器的“正”、“反”作用方向？

11. 执行器“正”、“反”作用方向的选择原则是什么？

12. 如何确定广义对象的“正”、“反”作用方向？

13. 如何确定控制器的“正”、“反”作用方向？

14. 图 7-24 所示的反应器温度控制系统中，反应器内需维持一定温度，以利反应进行，但温度不允许过高，否则有爆炸危险。试确定执行器的气开、气关型式和控制器的正、反作用型式。

15. 试确定图 7-25 所示两个系统中执行器的正、反作用及控制器的正、反作用。图 7-25（a）为一加热器出口物料温度控制系统，要求物料温度不能过高，否则容易分解。图 7-25（b）为一冷却器出口物料温度控制系统，要求物料温度不能太低，否则容易结晶。

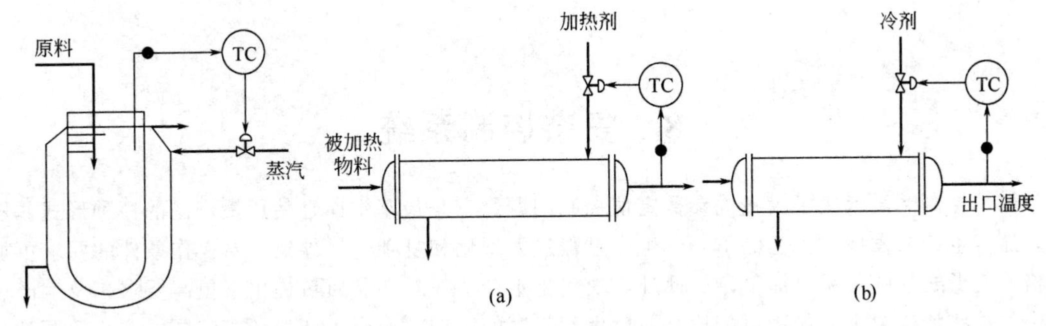

图 7-24　反应器温度控制系统

图 7-25　温度控制系统

16. 图 7-26 所示为贮槽液位控制系统，为安全起见，贮槽内液体严格禁止溢出，试在下述两种情况下，分别确定执行器的气开、气关型式及控制器的正、反作用。

(1) 选择流入量 q_i 为控制变量；

(2) 选择流出量 q_o 为控制变量。

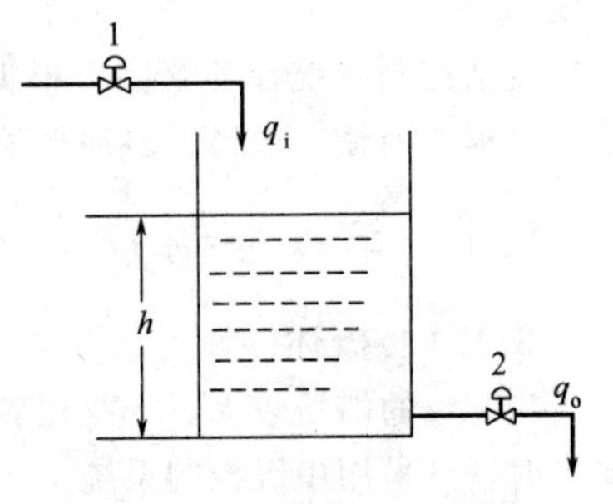

图 7-26　贮槽液位控制系统

17. 为什么要整定控制器参数？整定控制器参数的方法有哪几种？

18. 临界比例度的意义是什么？为什么工程上控制器所采用的比例度要大于临界比例度？

19. 试述用临界比例度法整定控制器参数的步骤及注意事项。

20. 试述用衰减曲线法整定控制器参数的步骤及注意事项。

21. 试述用经验凑试法整定控制器参数的步骤及注意事项。

22. 如何区分由于比例度过小、积分时间过小或微分时间过大所引起的振荡过渡过程？

8　复杂控制系统

简单控制系统解决了大量的参数定值控制问题，它是最基本而且使用最广泛的一种形式。然而，随着生产的发展、工艺的革新，生产过程的大型化和复杂化，导致了对操作条件的要求更加严格，变量之间的关系更加复杂。此外，现代化生产往往对产品质量提出了更高要求，及生产过程中的某些特殊要求，如物料配比、前后生产工序的协调、安全生产保护等问题，这些问题都是简单控制系统所不能解决的。需要引入更为复杂、更为先进的控制系统。这些系统称为复杂控制系统。

复杂控制系统种类繁多，根据系统的结构和所担负的任务来分，常见的有串级、均匀、比值、分程、前馈、选择、多冲量等复杂控制系统。

8.1　串级控制系统

8.1.1　概述

当对象的滞后较大，干扰比较剧烈、频繁，采用简单控制系统控制质量较差，满足不了工艺要求时，可采用串级控制系统。

下面以图 8-1 所示的精馏塔塔釜温度控制系统为例，进一步说明串级控制系统的结构与工作原理。

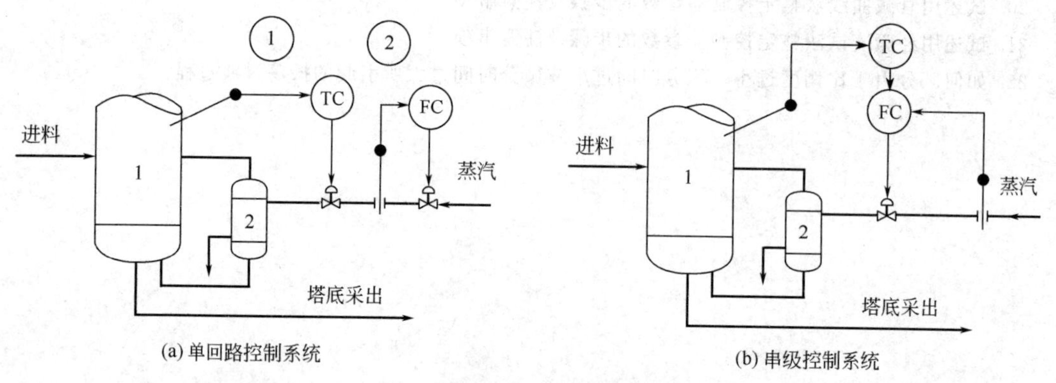

图 8-1　精馏塔塔釜温度控制系统

1—精馏塔；2—再沸器

精馏塔塔釜温度是保证产品分离纯度的重要指标，一般要求将它恒定在一定的数值。为此，通常采用图 8-1（a）中的第一个方案，即以改变加热蒸汽流量来克服干扰对温度的影响，从而达到稳定温度的目的。这个控制系统的特点是所有对温度的干扰都概括在控制回路中，且都能用控制作用来予以克服。但问题是当蒸汽压力波动比较厉害时，由于温度对象滞后较大，控制质量不够理想，对某些精馏过程来说是不符合要求的。

有时也采用间接的办法，即控制蒸汽流量恒定的方案［图 8-1（a）中的第二个方案］。这个方案的优点是能及时克服蒸汽压力这一干扰对温度的影响，即在蒸汽压力影响蒸汽流量之前就被控制作用所克服。但缺点是它不能解决进料流量、物料初温等其他因素对塔釜温度带来的影响。因此，它仍然不能满足某些精馏过程的要求。

那么，为综合以上两种方案的优点，是否能同时采用两套单回路控制系统呢？即由流量控制器来控制蒸汽流量，同时又以改变蒸汽阀门来控制塔釜温度。显然，这样两个系统对蒸汽流量的要求是矛盾的，因此它们是不能协调工作的。人们希望的是在塔釜温度不变时蒸汽流量能保持设定值，而当塔釜温度在外来干扰的作用下偏离给定值时，又要求蒸汽流量能作相应的变化，使塔釜温度保持在设定值上。也就是说，流量控制器的设定值应该由温度控制的需要来决定它“变”还是“不变”，以及变化的“大”和“小”。因此有必要将两个控制器串接起来，并使温度控制器的输出作为流量控制器的设定值，从而构成串级控制系统，如图 8-1（b）所示。其方块图如图 8-2所示。根据信号传递的关系，图中将被控对象精馏过程分为两部分。一部分为蒸汽管道，图上标为流量对象，它的输出变量为蒸汽流量。另一部分为精馏塔装置，图上标为温度对象，它的输出变量为塔釜温度。干扰 f_2 表示蒸汽压力的变化，它通过流量对象首先影响蒸汽流量，然后再影响塔釜温度。干扰 f_1 表示进料流量、进料温度、进料成分等的变化，它通过温度对象直接影响塔釜温度。

从图 8-2 可以看出，在串级控制系统中，有两个控制器 TC 和 FC，分别接收来自对象不同部位的测量信号 y_1 和 y_2，其中一个控制器 TC 的输出作为另一个控制器 FC 的给定值，而后者的输出去控制执行器以改变控制变量。从系统的结构来看，这两个控制器是串接工作的，所以，这样的系统称为串级控制系统。

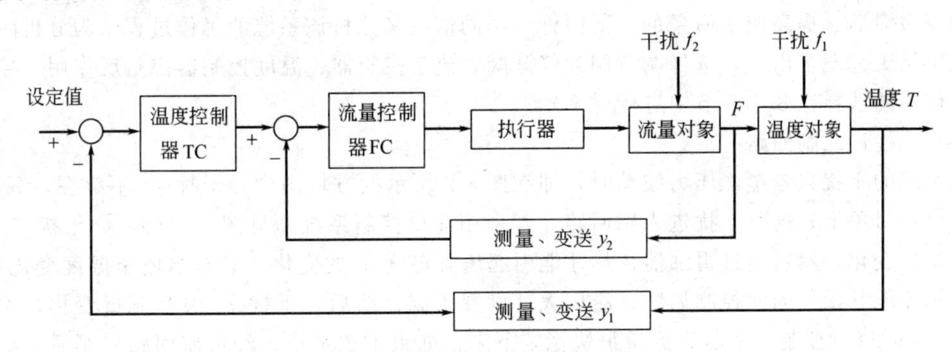

图 8-2　精馏塔控制系统方块图

为了更好地阐述和研究问题，这里介绍几个串级控制系统中常用的名词。

主变量：生产过程所需要控制的工艺参数，在串级控制系统中起主导作用的被控变量，如上例中的塔釜温度。

副变量：串级控制系统中为了稳定主变量或因某种需要而引入的辅助变量，如上例中的蒸汽流量。

主对象：主变量表征其特性的生产设备或生产过程，如上例中的精馏塔。

副对象：副变量表征其特性的工艺生产设备，如上例中执行器至精馏塔间的工艺生产设备。

主控制器：按主变量的测量值与给定值偏差而工作，其输出作为副变量给定值的控制器（又名主导控制器），如上例中的温度控制器 TC。

副控制器：其给定值来自主控制器的输出，并按副变量的测量值与给定值的偏差而工作的控制器（又名随动控制器），如上例中的流量控制器 FC。

主回路：由主变量的测量变送装置，主、副控制器，执行器和主、副对象构成的外回路，也称为外环或主环。

副回路：由副变量的测量变送装置、副控制器、执行器和副对象所构成的内回路，也称为内环或副环。

根据前面所介绍的串级控制系统的专用名词，各种具体对象的串级控制系统都可以画成典型形式的方块图，如图 8-3 所示。图中的主测量、变送和副测量、变送分别表示主变量和副变量的测量、变送装置。

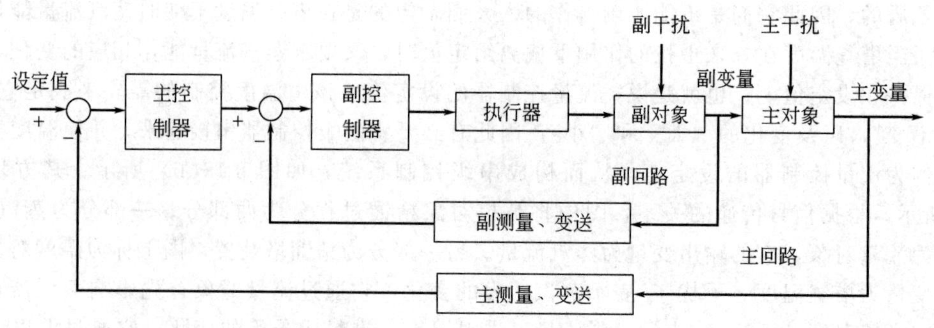

图 8-3 串级控制系统方块图

从图 8-3 可看出，串级控制系统中有两个闭合回路，副回路是包含在主回路中的一个小回路，两个回路都是具有负反馈的闭环系统。

8.1.2 串级控制系统的工作过程

下面以图 8-2 所示的精馏塔流量—温度串级控制系统为例，进一步说明串级控制系统是如何有效地克服滞后、提高控制质量的。下面针对不同情况来分析该系统的工作过程，为分析问题方便，假定从工艺安全出发，选择调节阀为气开阀，流量控制器、温度控制器都是反作用（控制器正、反作用的选择在 8.1.5 节中进行讨论）。

(1) 干扰进入副回路

当系统的干扰只是蒸汽压力波动时，即在图 8-2 所示的方块图中，干扰 f_1 不存在，只有 f_2 作用在流量对象上，这时干扰进入副回路。若采用简单控制系统［见图 8-1 (a)］干扰 f_2 先引起蒸汽流量变化，然后通过再沸器传热才能引起塔釜温度 T 的变化。只有当塔釜温度变化以后，控制作用才能开始，因此控制迟缓、滞后大。设置了副回路后，干扰 f_2 引起流量变化，流量控制器 FC 及时进行控制，使蒸汽流量很快稳定下来，如果干扰量小，经过副回路控制后，此干扰一般影响不到塔釜温度；在大幅度的干扰下，其大部分影响为副回路所克服，波及塔釜温度已影响不大，再由主回路进一步克服，彻底消除干扰的影响，使被控变量回复到给定值。

由于副回路控制通道短，时间常数小，所以当干扰进入副回路时，可以获得比单回路控制系统超前的控制作用，有效地克服蒸汽压力变化对塔釜温度的影响，从而大大提高了控制质量。

(2) 干扰作用于主对象

假如某一时刻，由于进料量或进料温度、成分的变化，即在图 8-3 所示的方块图中，f_2 不存在，只有 f_1 作用于温度对象上。若 f_1 的作用结果使塔釜温度 T 升高。这时温度控制器 TC 的测量值增加，那么 TC 的输出降低，即 FC 的给定值降低。流量控制器跟踪这一变化的给定值动作，发出相应信号去关小调节阀，以减少加热蒸汽的进入，达到恢复釜温的目的。

在串级控制系统中，如果干扰作用于主对象，由于副回路的存在，可以及时改变副变量的数值，以达到稳定主变量的目的。

(3) 干扰同时作用于副对象和主对象

如果除了进入副回路的干扰外，还有其他干扰作用在主对象上，亦即在图 8-2 所示的方块图中，f_1、f_2 同时存在，分别作用在主、副对象上，这时可以根据干扰作用下主、副变量变化的方向，分下列两种情况进行讨论。

一种是在干扰作用下，主、副变量的变化方向相同，即同时增加或同时减小。在如图 8-2 所示的流量-温度串级控制系统中，一方面由于蒸汽压力增加使塔釜温度增加，同时，由于进料温度增加（或流量减少）而使塔釜温度增加。这时主控制器的输出由于塔釜温度的增加而减小。副控制器的输出由于测量值增加、给定值（TC 的输出）减小而大大减小，使调节阀关得更小些，更多地减少了蒸汽供给量，直至主变量回复到给定值为止。由于此时主、副控制器的工作都是使阀门关小，所以加强了控制作用，加快了控制过程。

另一种情况是主、副变量的变化方向相反，一个增加，另一个减小。如在上例中，假定一方面由于蒸汽压力升高而使蒸汽流量增加，另一方面由于进料温度降低（或流量增加）而使塔釜温度降低。这时主控制器的测量值降低，其输出增大，这使得副控制器的给定值也随之增大，而这时副控制器的测量值也在增大，如果两者增加量恰好相等，则偏差为零，这时副控制器输出不变，阀门不需动作；如果两者增加量虽不相等，由于能互相抵消掉一部分，因而偏差也不大，只要控制阀稍稍动作一点，即可使系统达到稳定。

通过以上分析可以看出，在串级控制系统中，由于引入一个闭合的副回路，不仅能迅速克服作用于副回路的干扰，而且对作用于主对象上的干扰也能加速克服。副回路具有先调、粗调、快调的特点；主回路具有后调、细调、慢调的特点，并对于副回路没有完全克服掉的干扰影响能彻底加以克服。因此，在串级控制系统中，由于主、副回路相互配合、相互补充，充分发挥了控制作用，大大提高了控制质量。

8.1.3 串级控制系统的特点及应用范围

由上所述可知串级控制系统有以下几个特点。

① 从在系统结构来看，串级控制系统有主、副两个闭合回路；有主、副两个控制器；有分别测量主变量和副变量的两个测量变送器。

串级控制系统中，主、副控制器是串联工作的。主控制器的输出作为副控制器的给定值，系统通过副控制器的输出去控制执行器，实现对主变量的定值控制。所以，在串级控制系统中，主回路是定值控制系统，而副回路是随动控制系统。

② 在串级控制系统中，有主、副两个变量。

一般来说，主变量是反映产品质量或生产过程运行情况的主要工艺变量。控制的目的在于使这一变量等于工艺规定的给定值。所以，主变量的选择原则与简单控制系统中介绍的被控变量选择原则是一样的。关于副变量的选择原则后面再详细讨论。

③ 从在系统特性来看，串级控制系统由于副回路的引入，改善了对象的特性，使控制过程加快，具有超前控制的作用，从而有效地克服滞后，提高了控制质量。

④ 串级控制系统由于增加了副回路，因此具有一定的自适应能力，可用于负荷和操作条件有较大变化的场合。

在第 7 章中已经讲过，对于一个控制系统来说，控制器参数是在一定的负荷，一定的操作条件下，按一定的质量指标整定得到的。因此，一组控制器参数只能适应一定的负荷和操作条件。如果对象具有非线性，那么，随着负荷和操作条件的改变，对象特性就会发生变化。这样，原先的控制器参数就不再适应了，需要重新整定。如果仍用原先的参数，控制质量就会下降。这一问题，在单回路控制系统中是难以解决的，在串级控制系统中，主回路是一个定值系统，副回路却是一个随动系统。当负荷或操作条件发生变化时，主控制器能够适应这一变化及时地改变副控制器的给定值，使系统运行在新的工作点上，从而保证在新的负荷和操作条件下，控制系统仍然具有较好的控制质量。

由于串级控制系统具有上述特点，所以当对象的滞后和时间常数很大，干扰作用强而且频繁、负荷变化大，简单控制系统满足不了控制质量的要求时，可采用串级控制系统。但也不能盲目地套用串级控制系统，否则，不仅造成设备的浪费，而且用得不对还会引起系统的失控。

8.1.4 串级控制系统主、副回路的选择

由于串级控制系统比单回路系统多了一个副回路，因此与单回路系统相比，串级系统具有一

些单回路系统所没有的优点。然而，要发挥串级系统的优势，副回路的设计是一个关键问题。副回路设计得合理，串级系统的优势会得到充分发挥，串级系统的控制质量比单回路控制系统的有明显的提高；副回路设计不合适，串级系统的优势将得不到发挥，控制质量的提高将不明显，甚至导致串级控制系统无法工作。

一般情况下，主变量的选择与单回路控制时被控变量的选择原则是一样的，能直接或间接地表征生产过程质量的参数都可以作为控制系统的被控变量。具体设计时，则需根据第 7 章中提出的原则，并结合生产实际情况而定。

副回路的选择，实际上就是根据生产工艺的具体情况，选择一个合适的副变量，构成一个以副变量为被控变量的副回路。

为了使串级系统充分发挥优势，副回路的选择应考虑如下几个原则。

8.1.4.1 主、副变量间应有一定的内在联系

在串级控制系统中，副变量的引入往往是为了提高主变量的控制质量。因此，在主变量确定以后，选择的副变量应与主变量间有一定的内在联系，即副变量的变化应在很大程度上影响主变量的变化。

选择串级控制系统的副变量一般有两类情况。一类情况是选择与主变量有一定关系的某一中间变量作为副变量。如图 8-4 所示的管式加热炉温度-温度串级控制系统。管式加热炉是炼油、化工生产中重要装置之一。无论是原油加热或重油裂解，对炉出口温度的控制十分重要。将温度控制好，一方面可延长炉子寿命，防止炉管烧坏；另一方面可保证后面精馏分离的质量。由图可知，当燃料压力或燃料本身的热值变化后，先影响炉膛的温度，然后通过传热过程逐渐影响原料油的出口温度。选择炉膛温度作为副变量，由于它与主变量存在显著的对应关系，且它的滞后小、反应快，能及时克服炉膛温度波动对主变量的影响，可以提前预报主变量 T_1 的变化，因此控制炉膛温度 T_2 对平稳原料出口温度波动有着显著的作用。

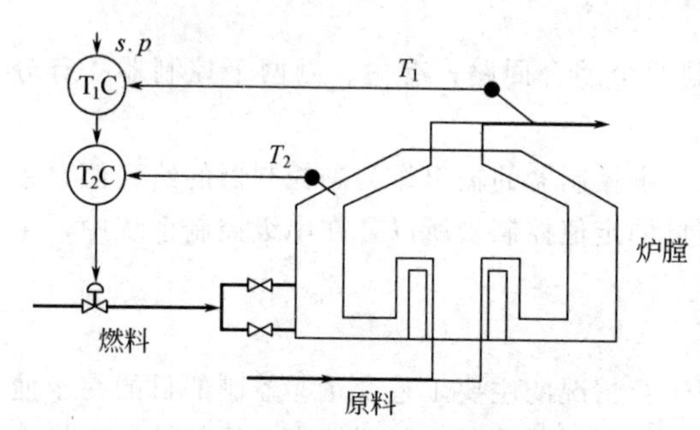

图 8-4 管式加热炉温度-温度串级控制系统

另一类情况选择的副变量就是控制变量本身，例如前面所讲的精馏塔的流量-温度串级控制系统。选择的副变量是蒸汽流量（即控制变量），当干扰来自蒸汽压力或流量的波动时，副回路能及时加以克服，较大程度地减少了这一干扰对主变量的影响，使塔釜温度的控制质量得以提高。

8.1.4.2 副回路应将生产过程中的主要干扰包围在内

从前面的分析中已知，串级控制系统的副回路具有反应速度快、抗干扰能力强（主要指进入副回路的干扰）的特点。如果在确定副变量时，一方面能将对主变量影响最严重、变化最激烈的干扰包围在副回路内，另一方面又使副对象的时间常数很小。这样就充分利用了副环的快速抗干扰性能，将干扰的影响抑制在最低限度。主要干扰对主变量的影响将会大大减小，从而提高了控制质量。

下面图 8-5 的试验进一步说明了这一点。

图 8-5 是一溶液配制设备，为保证后续过程的平稳操作，要求溶剂出口温度保持一定。为此设计了如图所示的串级控制系统。试验结果表明，当干扰 f_1 从第一槽进入时，串级控制的效果非常显著；当干扰 f_2 从第三槽进入时，串级控制的效果并不比单回路控制的效果好，如图 8-6 所示。这是因为主要干扰作用点处于主回路内，副回路的作用得不到充分发挥，因而串级控制的

效果不大。

8.1.4.3 在可能的情况下，应使副环包围更多的次要干扰

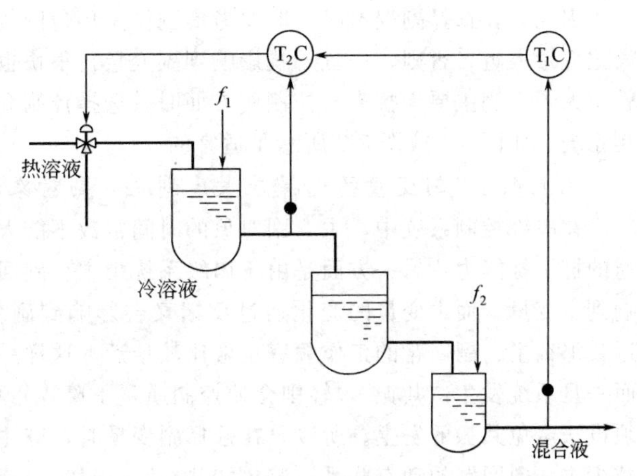

图 8-5 溶液配制设备温度-温度串级控制系统

如果在生产过程中，除了主要干扰外，还有较多的次要干扰，或者系统的干扰较多且难以分出主要干扰与次要干扰，在这种情况下，选择副变量应考虑使副环尽量多包围一些干扰，这样可以充分利用副环的快速抗干扰能力，提高控制质量。

比较图 8-4 与图 8-7 所示的控制方案，显然，图 8-4 所示的控制系统其副环包围的干扰更多一些，凡是能影响炉膛温度的干扰都能在副回路中加以克服，从这一点上来看，图 8-4 所示的串级控制方案似乎更理想一些。

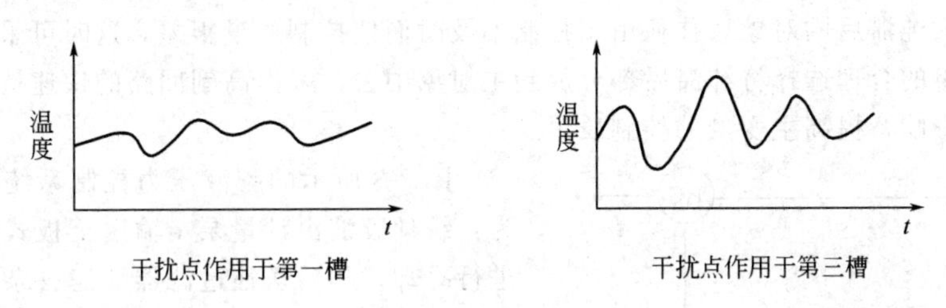

(a) 单回路控制时出口温度的过渡过程

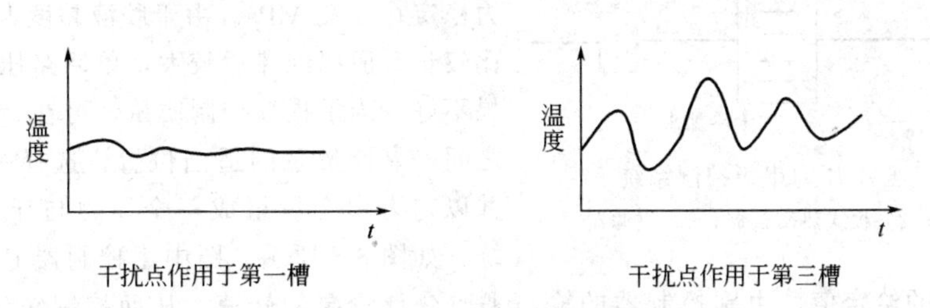

(b) 串级控制时出口温度的过渡过程

图 8-6 溶液配制出口温度的过渡过程比较

在考虑使副环包围更多干扰时，也应同时考虑到副环的灵敏度，因为这两者经常是相互矛盾的。随着副回路包围干扰的增多，副环将随之扩大，副变量离主变量也就越近。这样，副对象控制通道就变长，滞后也就增大，从而削弱了副回路快速控制的特点。例如对于管式加热炉，如采用图 8-4 所示的控制方案，当主要干扰燃料油压力波动时，必须通过燃烧过程影响炉膛温度后，副回路才能施加控制作用来克服这一扰动的影响。而对于图 8-7 所示的控制方案，只要燃料油压力一波动，在尚未影响到炉膛温度时，控制作用就已经开始。这对于抑制扰动来说更为迅速、有力。

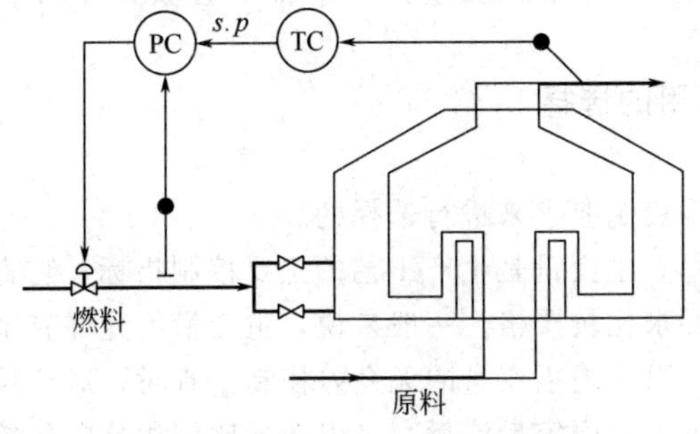

图 8-7 加热炉出口温度与燃料压力串级控制系统

因此，在选择副变量时，既要考虑到使副环包围较多的干扰，同时又要考虑到使副变量不要离主变量太近，否则，一旦干扰影响到副变量，很快也就会影响到主变量，这样副回路的作用也就不大了。当主要干扰来自控制阀方面时，选择控制介质的流量或压力作为副变量来构成串级控制系统，如图 8-1 或图 8-7 所示是适宜的。

8.1.4.4 副变量的选择应考虑到主、副对象时间常数的匹配，以防发生“共振”

在串级控制系统中，主、副对象的时间常数不能太接近。这一方面是为了保证副回路具有快速的抗干扰能力，另一方面是由于串级系统中主、副回路之间是密切相关的，副变量的变化会影响到主变量，而主变量的变化通过反馈又会影响到副变量。如果主、副对象的时间常数比较接近，那么主、副回路的工作频率也就比较接近，这样一旦系统受到干扰，就有可能产生“共振”。而一旦系统发生“共振”，轻则会使控制质量下降，重则会导致系统发散而无法工作。因此，必须设法避免共振的发生。所以，在选择副变量时，应注意使对象的时间常数之比为 3～10 倍，以减少主、副回路的动态联系，避免“共振”。当然，也不能盲目追求减小副对象的时间常数，否则可能使副回路包围的干扰太少，使系统克服干扰的能力降低。

8.1.4.5 副变量的选择应使副环尽量少包含纯滞后或不包含纯滞后

对于含有大纯滞后的对象，往往由于控制不及时而使控制质量很差，这时可采用串级控制系统，通过副变量的合理选择将纯滞后部分放到主对象中去，来提高副回路的快速抗干扰能力，及时克服干扰的影响，提高主变量的控制质量。

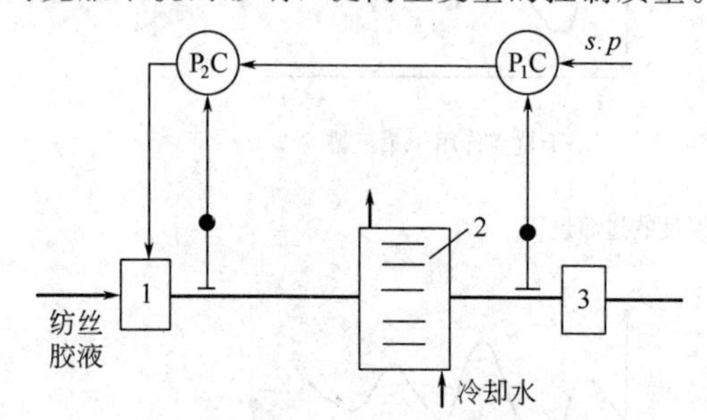

图 8-8 压力-压力串级控制系统

1—计量泵；2—板式热交换器；3—过滤器

图 8-8 所示的胶液压力控制系统，其工艺过程为：纺丝胶液由计量泵 1 输送至板式热交换器 2 中进行冷却，随后送往过滤器 3 滤去杂质。为不影响下道工序的正常工作，工艺上要求过滤前的胶液压力稳定在 0.25MPa。由于胶液黏度大，控制通道又比较长；所以纯滞后较大，单回路压力控制方案效果不好。为了提高控制质量，可在计量泵和冷却器之间，靠计量泵的适当位置，选择一个压力测点，并以它为副变量组成一个压力与压力串级控制系统，如图 8-8 所示。图中主控制器 P_1C 的输出作为副控制器 P_2C 的给定值，由副控制器的输出来改变计量泵的转速，从而控制纺丝胶液的压力。采用上述方案后，当纺丝胶液黏度发生变化或因计量泵前的混合器有污染而引起压力变化时，副变量可及时反映出来，并通过副回路进行克服，从而稳定了过滤器前的胶液压力。

不过，这种方法是有很大局限性的，即只有当纯滞后环节能够大部分乃至全部都可以被划入到主对象中去时，这种方法才能有效地提高系统的控制质量，否则将不会获得很好的效果。

8.1.5 主、副控制器控制规律及正、反作用的选择

(1) 控制规律的选择

串级控制系统中主、副控制器的控制规律是根据控制要求来进行选择的。

串级控制系统的目的是为了高精度地稳定主变量。主变量是生产工艺的主要控制指标，它直接关系到产品的质量或生产的正常，工艺上对它的要求比较严格。一般来说，主变量不允许有余差。所以，主控制器通常都选用比例积分控制规律，以实现主变量的无余差控制。有时，对象控制通道滞后比较大，例如温度对象或成分对象等，为了克服容量滞后，可以选择比例积分微分控制规律。

在串级控制系统中，稳定副变量并不是目的，设置副变量的目的就在于保证和提高主变量

的控制质量。在干扰作用下，为了维持主变量的不变，副变量就要变。副变量的给定值是随主控制器输出变化而变化的。所以，在控制过程中，对副变量的要求一般都不很严格，允许它有波动。因此，副控制器一般采用比例控制规律。为了能够快速跟踪，最好不带积分作用，因为积分作用会使跟踪变得缓慢。副控制器的微分作用也是不需要的，因为当副控制器有微分作用时，一旦主控制器输出稍有变化，就容易引起控制阀大幅度地变化，这对系统的稳定是不利的。

(2) 控制器正、反作用的选择

串级控制系统中，必须分别根据各种不同情况，选择主、副控制器的作用方向，选择方法如下。

① 串级控制系统中的副控制器作用方向的选择，是根据工艺安全等要求，选定执行器的“正”、“反”作用方式后，按照使副控制回路成为一个负反馈系统的原则来确定的。因此，副控制器的作用方式与副对象特性、执行器的“正”、“反”作用方式有关，其选择方法与简单控制系统中控制器“正”、“反”作用的选择方式相同，这时可不考虑主控制器的作用方向，只要将主控制器的输出作为副控制器的给定即可。

例如图 8-4 所示的管式加热炉温度-温度串级控制系统中的副回路，如果为了在气源中断时，停止供给燃料油，以防烧坏炉子，那么执行器应该选气开阀，是“正”方向。当燃料量加大时，炉膛温度 T_2（副变量）是增加的，因此副对象是“正”方向。为了使副回路构成一个负反馈系统，副控制器 T_2C 应选择“反”作用方向。只有这样，才能当炉膛温度受到干扰作用上升时，T_2C 的输出降低，使气开阀关小，减少燃料量，促使炉膛温度下降。

② 串级控制系统中主控制器“正”、“反”作用方式的选择可按下述方法进行：当主、副变量在增加（或减小）时，如果由工艺分析得出，为使主、副变量减小（或增加），要求控制阀的动作方向是一致的，主控制器应选“反”作用。反之，则应选“正”作用。

综上所述，串级控制系统中主控制器“正”、“反”作用方式的选择全由工艺情况确定，与执行器的“正”、“反”作用方向及副控制器的“正”、“反”作用方向无关。因此，串级控制系统中主、副控制器“正”、“反”作用方向的选择可以按先副后主的顺序，即先确定执行器的“正”、“反”作用型式及副控制器的“正”、“反”作用，然后确定主控制器的“正”、“反”作用方向；也可以按先主后副的顺序，即先按工艺过程特点的要求确定主控制器的作用方向，然后按一般单回路控制系统的方法再选定执行器的“正”、“反”作用型式及副控制器的“正”、“反”作用方向。

例如图 8-1 所示的精馏塔塔釜温度串级控制系统，由于蒸汽流量（副变量）增加时，需要关小控制阀，塔釜温度（主变量）增加时，也需要关小控制阀，因此它们对控制阀的动作方向要求是一致的，所以主控制器 TC 应为反作用方向。图 8-4 所示的管式加热炉串级控制系统，不论是主变量 T_1 或副变量 T_2 增加时，对控制阀动作方向的要求是一致的，都要求关小控制阀，减少供给的燃料量，才能使 T_1 或 T_2 降下来，所以此时主控制器 T_1C 也应确定为反作用方向。

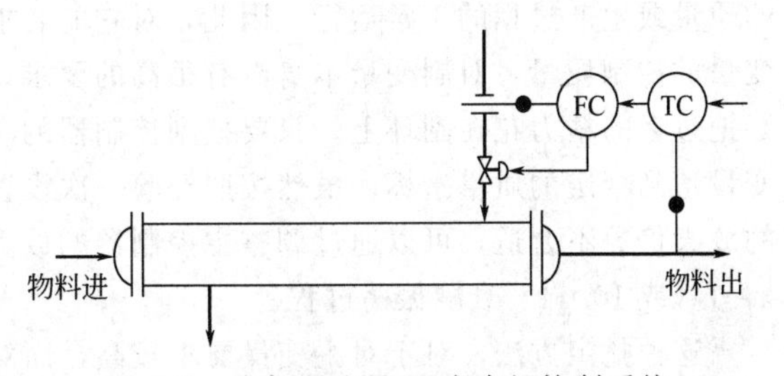

图 8-9 冷却器流量-温度串级控制系统

再例如图 8-9 所示的冷却器流量-温度串级控制系统。为了保证被冷却物料出口温度的恒定，并及时克服冷剂压力波动对控制质量的影响，设计了以被冷却物料出口温度为主变量，冷剂流量为副变量的串级控制系统。分析冷却器的特性可以知道，当主变量即被冷却物料出口的温度增加时，需要开大控制阀，而当副变量冷剂流量增加时，需要关小控制阀，它们对控制阀动作方向的要求是不一致的，因此主控制器 TC 的作用方向应选用正作用。

③ 当由于工艺过程的需要，执行器由“正”作用改为“反”作用，或由“反”作用改为“正”作用时，只要改变副控制器的“正”、“反”作用而不需改变主控制器的“正”、“反”作用。

在有些生产过程中，要求控制系统既可以进行串级控制，又可以实现单回路控制，即切除副回路，由主控制器的输出直接控制执行器，此时系统的闭环回路必须形成负反馈。

8.1.6 主、副控制器参数的工程整定

串级控制系统主、副控制器的参数整定方法主要有以下两种。

(1) 两步整定法

先整定副控制器，后整定主控制器，整定过程如下。

① 在工况稳定，主、副控制器都在纯比例作用的条件下，将主控制器的比例度先固定在100%的刻度上，然后逐渐减小副控制器的比例度，求取副回路在满足某种衰减比（如4∶1）过渡过程下的副控制器比例度 δ_{2s} 和操作周期 T_{2s}。

② 在副控制器比例度等于 δ_{2s} 的条件下，逐步减小主控制器的比例度，直至得到同样衰减比下的过渡过程，记下此时主控制器的比例度 δ_{1s} 和操作周期 T_{1s}。

③ 根据上面得到的 δ_{1s}、T_{1s}、δ_{2s}、T_{2s} 按表 7-2（或表 7-3）的规定关系计算主、副控制器的比例度、积分时间和微分时间。

④ 按“先副后主”、“先比例次积分后微分”的整定方法，将计算出的控制器参数加到控制器上。

⑤ 观察控制过程，适当调整，直到获得满意的过渡过程。

如果主、副对象时间常数相差不大，动态联系密切，可能会出现“共振”现象，主、副变量长时间地处于大幅度波动情况，控制质量严重恶化。这时可适当减小副控制器比例度或积分时间，以达到减小副回路操作周期的目的。同理，可以加大主控制器的比例度或积分时间，以增大主回路操作周期，使主、副回路的操作周期之比加大，避免“共振”。这样会在一定程度上降低所期望的控制质量。如果副变量的选择不合适，这时就不能完全靠控制器参数的改变来避免产生“共振”了。

(2) 一步整定法

两步整定法虽能满足主、副变量的要求，但要分两步进行，需寻求两个 4∶1 的衰减振荡过程，比较繁琐。为了简化步骤，串级控制系统中主、副控制器的参数整定可以采用一步整定法，即根据经验先将副控制器一次放好，不再变动，然后按一般单回路控制系统的整定方法直接整定主控制器参数。

一步整定法的依据是：在串级控制系统中，主变量是工艺的主要操作指标，直接关系到产品的质量或生产过程的正常运行，因此，对它的要求比较严格。而副变量的设置主要是为了提高主变量的控制质量，对副变量本身没有很高的要求，允许它在一定范围内变化。因此，在整定时不必把过多的精力花在副环上。只要把副控制器的参数置于一定数值后，集中精力整定主环，使主变量达到规定的质量指标。虽然按照经验一次设置的副控制器参数不一定合适，但因为副控制器的放大倍数不合适，可以通过调整主控制器的放大倍数来进行补偿，结果仍然可以使主变量呈现 4∶1（或 10∶1）衰减振荡过程。

这种整定方法，对于对主变量要求较高，而对副变量没有什么要求或要求不严、允许它在一定范围内变化的串级控制系统，是很有效的。

人们经过长期的实践，大量的经验积累，总结得出表 8-1 所示的不同的副变量情况下，副控制器的参数值。

表 8-1 采用一步整定法副控制器参数选择范围

副变量类型	副控制器比例度 δ_2/%	副控制器比例放大倍数 K_{P2}
温度	20～60	5.0～1.7
压力	30～70	3.0～1.4
流量	40～80	2.5～1.25
液位	20～80	5.0～1.25

一步整定法的整定步骤如下。

① 在生产正常，系统为纯比例运行的条件下，按照表 8-1 所列的数据，将副控制器比例度调到某一适当的数值。

② 利用简单控制系统中任一种参数整定方法整定主控制器的参数。

③ 如果出现“共振”现象，可加大主控制器或减小副控制器的参数整定值，一般即能消除。

8.2 均匀控制系统

均匀控制是指控制方案所起的作用而言，因为就系统的结构来看，有时像简单控制系统，有时像串级控制系统。所以要识别控制方案是否起均匀控制作用，应从控制的目的进行确定。

8.2.1 均匀控制的目的

在一个连续的生产过程中，各生产设备都是前后紧密联系在一起的。前一设备的出料，往往是后一设备的进料，各设备的操作情况也是相互关联、相互影响的。图 8-10 所示为连续精馏的多塔分离过程。甲塔的出料为乙塔的进料。对甲塔来说，塔釜液位是一个重要的工艺参数，必须保持在一定范围之内，为此配备了液位控制系统，而对乙塔来说，从自身平稳操作的要求出发，希望进料量稳定，所以设置了流量控制系统。这样甲、乙两塔间的供求关系就出现了矛盾。如果采用图8-10所示的两个独立的定值控制系统，显而易见，两套系统是相互矛盾，无法同时正常工作的。

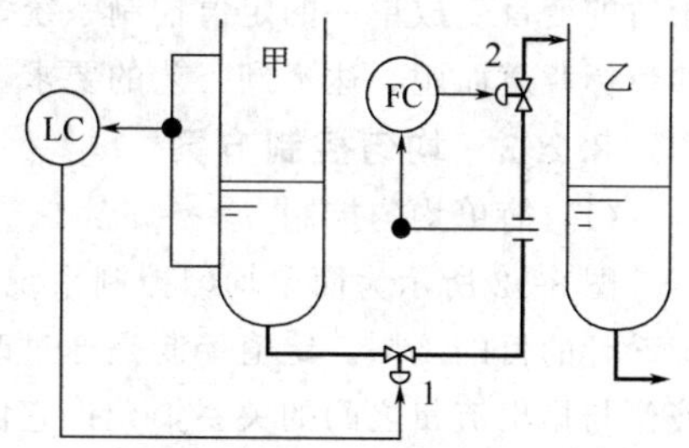

图 8-10 前后精馏塔的物料供求关系

为解决这一矛盾，可在两塔之间设置一个中间贮罐，既满足甲塔控制液位的要求，又缓冲了乙塔进料流量的波动。但是由此会增加设备，使流程复杂化。当物料易分解或聚合时，就不宜在贮罐中久存，所以此法也不能完全解决问题。

那么，是否可从控制方案出发，将两个塔的供求矛盾限制在一定的范围内渐变，以满足前后两塔的不同要求呢？

分析工艺和设备可知，甲塔有一定的容量，这里可将其看作为一个缓冲罐，允许液位在一定的范围内变化。而对于乙塔来说，如不能做到进料流量的定值控制，但若能使其缓慢变化，与进料流量剧烈的波动相比对乙塔的操作也是很有益的。所以，从控制方案出发，解决前后工序供求矛盾，达到前后兼顾协调操作，使液位和流量均匀变化的目的是确实可行的。为此目的所组成的系统就称为均匀控制系统。

均匀控制应达到下列要求。

① 表征前后供求矛盾的两个变量在控制过程中都应该是缓慢变化的 因为均匀控制是指前后设备的物料供求之间的均匀，两个变量都不应该稳定在某一固定的数值。图 8-11（a）中把液位控制成比较平稳的直线，因此下一设备的进料量必然波动很大，这样的控制过程只能看作液位的定值控制，而不能看作均匀控制。反之，图 8-11（b）中把后一设备的进料量控制成比较平稳的直线，那么，前一设备的液位就必然波动很厉害，所以，它只能被看作是流量的定值控制。只

有如图 8-11（c）所示的液位和流量的控制曲线才符合均匀控制的要求，两者都有一定程度的波动，但波动都比较缓慢。

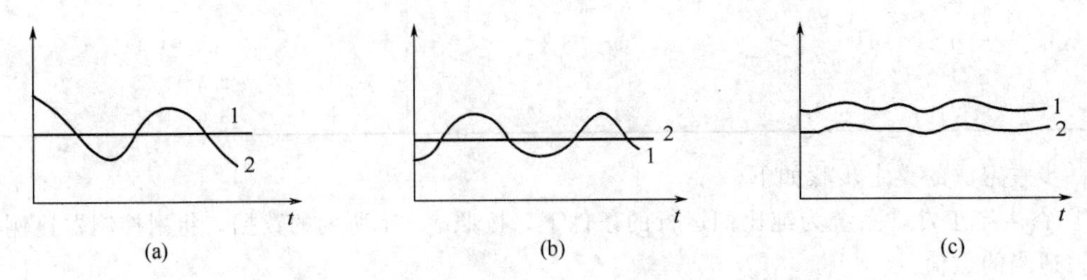

图 8-11　前一设备液位和后一设备进料量之间的关系

1—液位变化曲线；2—流量变化曲线

② 前后互相联系又互相矛盾的两个变量应保持在所允许的范围内波动　均匀控制要求在最大干扰作用下，甲塔的液位在上下限范围内波动；而乙塔进料流量也应在一定范围内平稳渐变，不能超过乙塔所能承受的最大负荷或低于最小处理量。

均匀控制的设计必须满足这两个限制条件。当然，均匀控制允许波动范围比定值控制过程的允许偏差要大得多。

明确均匀控制的目的及其特点是十分必要的。若不清楚均匀控制的目的，而将前后两个相互矛盾的变量变成单一的定值控制系统，或者想把两个变量都控制得很平稳，这样将会与均匀控制的目标背道而驰，达不到工艺的要求。

8.2.2　均匀控制方案

(1) 简单均匀控制

图 8-12 所示为简单均匀控制系统。从系统结构来看与简单的液位定值控制系统一样，但系统设计的目的不同。定值控制是通过改变排出流量来保持液位稳定，而简单均匀控制是为了协调液位与排出流量之间的关系，允许它们都在各自许可的范围内作缓慢变化。

均匀控制的目标主要是从控制器参数的设置上来实现的。简单均匀控制系统的控制器一般都是纯比例作用，比例度取值很大，液位变化时，控制器的输出变化很小，排出流量只作微小缓慢的变化。有时为克服连续发生的同一方向干扰所造成的过大偏差，防止液位超出规定范围，则引入积分作用。这时比例度一般大于 100%，积分时间也要放得大一些。因为微分作用与均匀控制的目的相反，所以不采用。

(2) 串级均匀控制

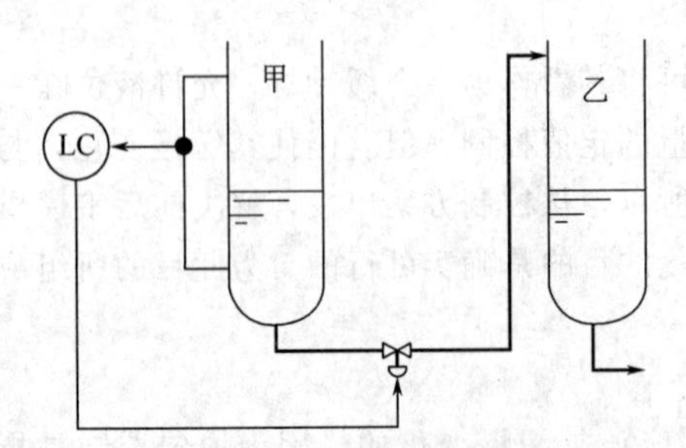

图 8-12　简单均匀控制系统

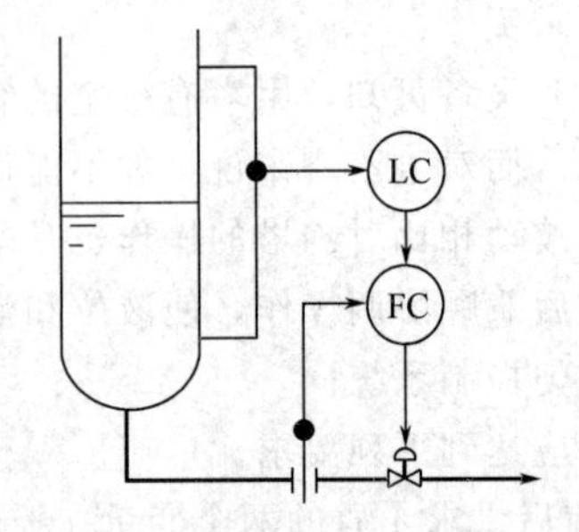

图 8-13　串级均匀控制系统

串级均匀控制系统如图 8-13 所示。从图中可以看出，在系统结构上它与串级控制系统是相同的。液位控制器 LC 的输出，作为流量控制器 FC 的给定值，用流量控制器的输出来控制执行器。由于增加了副回路，串级均匀控制可以及时克服由于塔内或排出端压力改变所引起的流量变化，克服了简单均匀控制的缺点。设计串级均匀控制的目的是为了协调液位和流量两个变量的关系，使之在规定的范围内作缓慢的变化，所以虽然在结构上与串级控制系统相同，但在本质上却是有着根本的区别。

和简单均匀控制一样，串级均匀控制系统也是通过控制器参数的设置来实现前后两个变量间的相互协调的。在串级均匀控制系统中，参数整定的目的不是使变量尽快地回到给定值，而是要求变量在允许的范围内作缓慢的变化。参数整定的方法也与一般的串级控制系统不同。一般控制系统的比例度和积分时间是由大到小地进行调整，均匀控制系统却正相反，是由小到大地进行调整。均匀控制系统的控制器参数数值一般都很大。

串级均匀控制系统的主、副控制器一般都采用纯比例作用，只是在要求较高时，为了防止偏差超过允许范围，才引入适当的积分作用。

8.3 比值控制系统

8.3.1 概述

在工业生产过程中，常需要将两种或两种以上的物料按一定的比例关系进行混合。例如，在造纸生产过程中，必须使浓纸浆和水以一定比例混合，才能制造出一定浓度的纸浆，显然产品质量与流量比密切相关。再比如以重油为原料生产合成氨时，氧气量和重油量应保持一定的比例，若氧油比过高，则会使生产设备损坏，严重时甚至会发生爆炸；但若氧油比过低，则会影响产品质量，并使生产设备发生堵塞。工业生产过程中类似于这样的例子很多，比值控制的目的是为了实现几种物料按一定变量混合，使生产能安全、正常地进行。

实现两个或两个以上参数符合一定比例关系的控制系统，称为比值控制系统。通常为流量比值控制。

在需要保持比值关系的两种物料中，必有一种物料处于主导地位，这种物料称为主物料，表征这种物料的参数称为主动量，用 Q_1 表示。由于在生产过程控制中主要是流量比值控制系统，所以主动量也称为主流量；而另一种物料按主物料进行配比，在控制过程中随主物料而变化，因此称为从物料，表征其特性的参数称为从动量或副流量，用 Q_2 表示。一般情况下，生产中的主要物料定为主物料，如上例中的浓纸浆、重油为主物料，而相应跟随变化的水、氧则为从物料。在有些场合，以不可控物料作为主物料，用改变可控物料即从物料的量来实现它们之间的比值关系。副流量 Q_2 与主流量 Q_1 的比值关系为

$$Q_2 = KQ_1 \tag{8-1}$$

式中，K 为副流量与主流量的流量比值系数。

8.3.2 比值控制的类型

比值控制系统主要有开环比值控制系统、单闭环比值控制系统、双闭环比值控制系统、变比值控制系统几种方案。

(1) 开环比值控制系统

图 8-14 所示的开环比值控制系统是最简单的比值控制方案。图中 Q_1 是主流量，Q_2 是副流量。当 Q_1 变化时，通过控制器 FC 及安装在从物料管道上的调节阀来控制 Q_2，以满足 $Q_2=KQ_1$ 的要求。其方块图如图 8-15 所示。从图中可以看出，该系统的测量信号取自主物料流量 Q_1，但控制器的输出却去控制从物料的流量 Q_2，整个系统没有构成闭环，所以是一个开环系统。

这种方案的优点是结构简单，但当 Q_2 因阀门两侧压力差发生变化而波动时，系统不起控制作用，此时就保证不了 Q_2 与 Q_1 的比值关系。这种比值控制方案对副流量 Q_2 无克服干扰能力。所以这种系统只能适用于副流量较平稳且比值要求不高的场合。实际生产过程中，Q_2 本身常常要受到干扰，因此生产上很少采用开环比值控制方案。

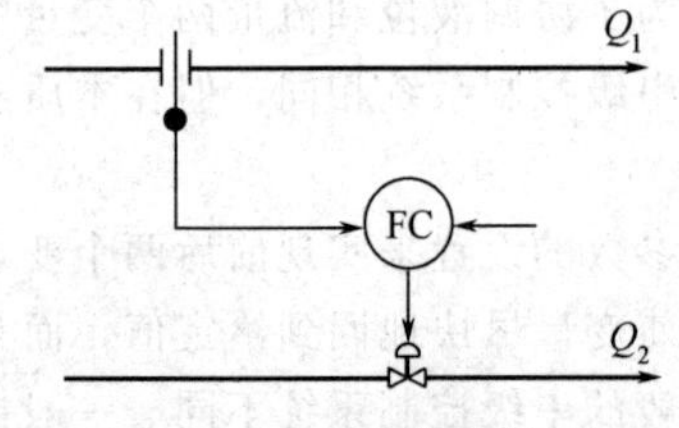

图 8-14　开环比值控制系统

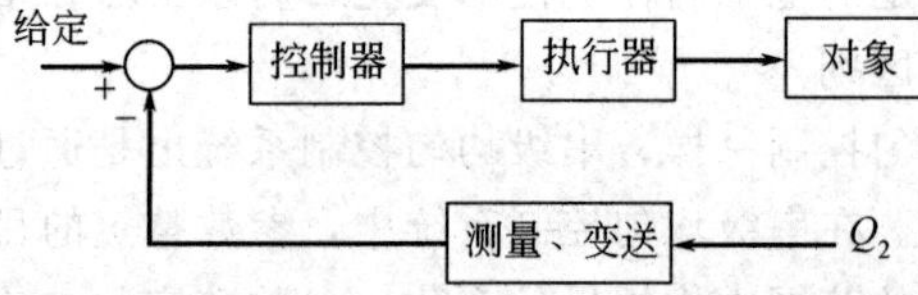

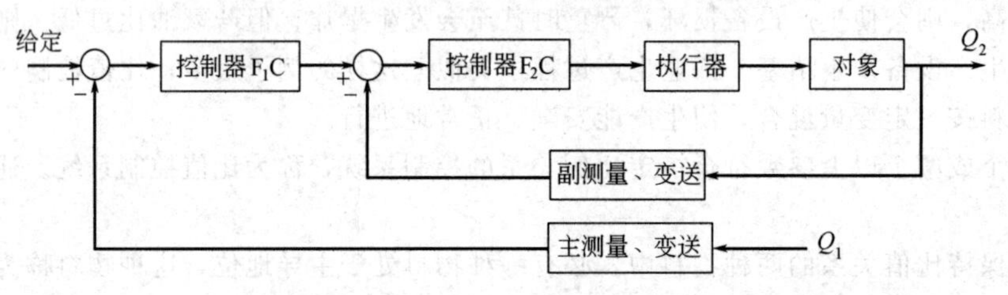

图 8-15　开环比值控制系统方块图

（2）单闭环比值控制系统

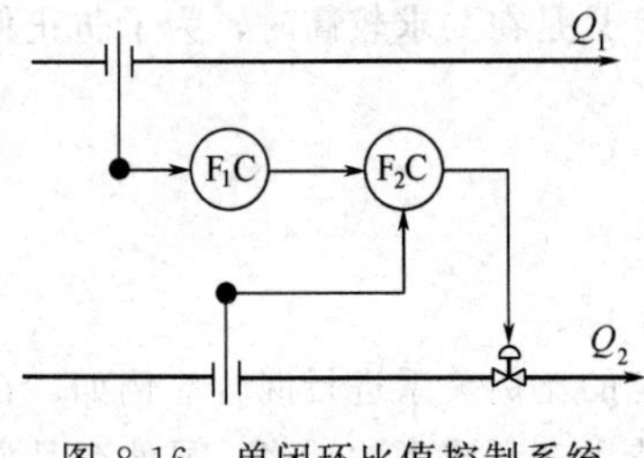

图 8-16　单闭环比值控制系统

为了克服开环比值控制方案的不足，在开环比值控制系统的基础上，增加一个副流量的闭环控制系统，就构成了如图 8-16 所示的单闭环比值控制系统。图 8-17 所示是该系统的方块图。从图中可以看出，单闭环比值控制系统的副流量 Q_2 构成了一个闭环控制回路，主流量 Q_1 仍然为开环控制。

在 Q_1 稳定的情况下，主、副流量满足工艺要求的比值 $K=Q_2/Q_1$，当主流量 Q_1 变化时，经变送器送至主控制器 F_1C，F_1C 按预先设置好的比值使输出成比例地变化，也即成

图 8-17　单闭环比值控制系统方块图

比例地改变副流量控制器 F_2C 的给定值，此时副流量闭环系统为一个随动控制系统，Q_2 跟随 Q_1 变化，使得在新的工况下，流量比值 K 保持不变。当主流量没有变化而副流量由于自身干扰发生变化时，此副流量闭环系统相当于一个定值控制系统，通过定值控制克服干扰，使流量比值仍保持不变。

单闭环比值控制的优点是它不但能实现副流量跟随主流量的变化而变化，而且还可以克服副流量本身干扰对比值的影响，因此主、副流量的比值较为精确。另外，这种方案的结构形式较简单，实施起来也比较方便，所以得到广泛的应用，尤其适用于主物料在工艺上不允许进行控制的场合。

虽然单闭环比值控制系统能保持两物料量比值一定，但由于主流量是不受控制的，当主流量变化时，总的物料量就会跟着变化。

（3）双闭环比值控制系统

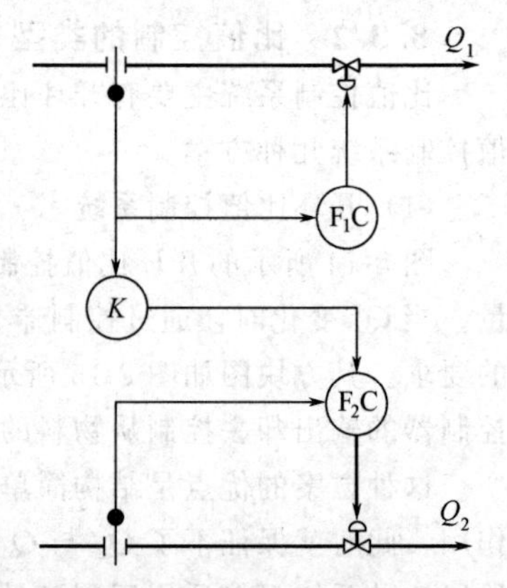

图 8-18　双闭环比值控制系统

图 8-18 所示的双闭环比值控制系统，是为了克服单闭环比值控制系统主流量不受控制，生产负荷（与总物料量有关）在较大范围内波动的缺点而设计的。它在单闭环比值控制的基础上，增加了主流量控制回路。从图可以看出，当主流量 Q_1 变化时，一方面通过主流量控制器 F_1C 对它进行控制，另一方面通过比值控制器 K 乘以适当的系数后作为副流量控制器的给定值，

使副流量跟随主流量的变化而变化。图 8-19 所示是双闭环比值控制系统的方块图。由图可以看出，该系统具有两个闭合回路，分别对主、副流量进行定值控制。同时，由于比值控制器 K 的存在，使得主流量由受到干扰作用开始到重新稳定在给定值这段时间内，副流量能跟随主流量的变化而变化。这样不仅实现了比较精确的流量比值控制，而且也确保了两物料总量的基本不变，这是双闭环比值控制的一个主要优点。双闭环比值控制系统的另一个优点是提降负荷比较方便，只要缓慢地改变主流量控制器的给定值，就可以提降主流量，同时副流量也就自动跟踪提降，并保持两者比值不变。

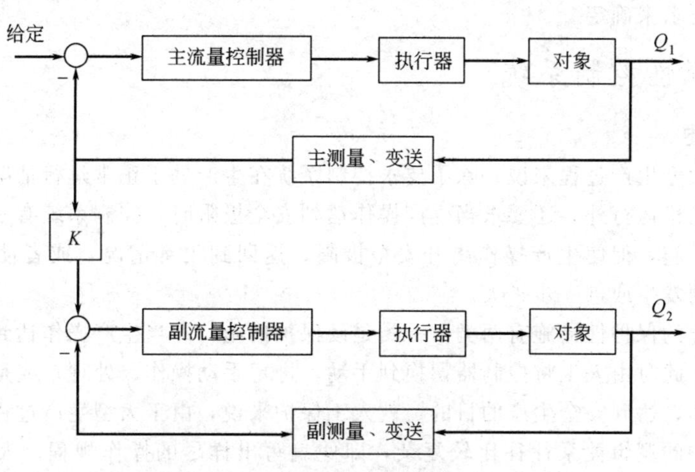

图 8-19　双闭环比值控制系统方块图

这种比值控制方案的缺点是结构比较复杂，投资较大，系统调整比较麻烦。

双闭环比值控制系统主要适用于主流量干扰频繁、工艺上不允许负荷有较大波动或工艺上经常需要提降负荷的场合。

(4) 变比值控制系统

有些生产过程，要求两种物料的比值能灵活地随第三变量的需要而加以调整，这就是变比值控制系统。

图 8-20 是合成氨生产过程中煤造气工段的变换炉比值控制系统示意。在生产过程

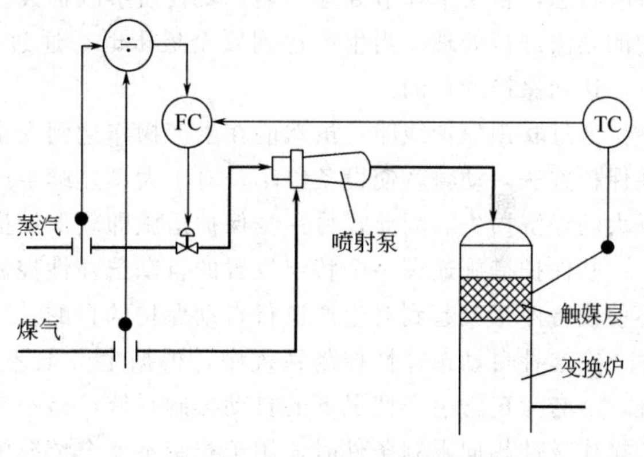

图 8-20　变比值控制系统

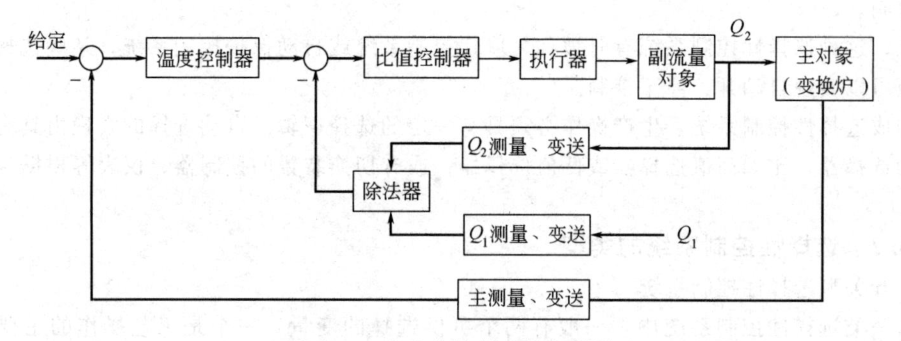

图 8-21　变比值控制系统方块图

中，半水煤气与水蒸气的量需保持一定的比值，但其比值系数要能随一段触媒层的温度变化而变化，才能在较大负荷变化下保持良好的控制质量。水蒸气与半水煤气的实际比值 $K(K=Q_2/Q_1)$ 可由水蒸气流量、半水煤气流量经测量变送后计算得到，并作为流量比值控制器 FC 的测量值。而 FC 的给定值来自温度控制器 TC，最后通过调整蒸汽量（实际是调整了蒸汽与半水煤气的比值）来使变换炉触媒层的温度恒定在工艺要求的设定值上。图 8-21 是该变比值控制系统的方块图。由图可见，从系统的结构上来看，实际上是变换炉触媒层温度与蒸汽、半水煤气的比值串级控制系统。系统中温度控制器 TC 按串级控制系统中主控制器的要求来选择，比值系统按单闭环比值控制系统的要求来确定。

8.4 选择性控制系统

8.4.1 概述

对于现代化大型生产过程来说，除了要求控制系统在生产处于正常运行情况下能克服外界干扰，维持生产的平稳运行外，还要求当生产操作达到安全极限时，控制系统有一种应变能力，能采取相应的保护措施，促使生产操作离开安全极限，返回到正常情况，或者使生产暂时停止下来，以防止事故的发生或进一步扩大。

正常生产过程的保护性措施有两类。一类是硬保护措施，即当生产操作达到安全极限时，有声、光报警产生。此时由人工将控制器切换到手动，进行手动操作、处理；或是通过联锁保护线路，实现自动停车，达到安全生产的目的。就人工保护来说，由于大型生产过程限制性条件多而且严格，安全保护的逻辑关系往往比较复杂，即使编写出详尽的操作规程，人工操作也难免出错。此外，由于生产过程进行的速度往往很快，操作人员的生理反应难以跟上，因此，一旦出现事故状态，若某个环节处理不当，就会使事故扩大。因此，当遇到这类问题时，常常采用联锁保护的办法进行处理。当生产达到安全极限时，通过专门设置的联锁保护线路，自动地使设备停车，达到保护的目的。

通过联锁保护线路，虽然能在生产操作达到安全极限时起到安全保护的作用，但是，这种硬性保护方法，动辄就使设备停车，对于大型连续生产过程来说，即使是短暂的设备停车也会造成巨大的经济损失。因此，另一类保护措施即软保护措施更为合理。

软保护措施通过一个特定设置的自动选择性控制系统，当生产短期内处于不正常情况时，即不使设备停车又起到对生产进行自动保护的目的。

在这种自动选择性控制系统中，根据生产工艺过程限制条件的逻辑关系，设置两套控制系统，一套为正常生产情况下的自动控制系统，另一套为非正常生产情况下的安全保护系统。当生产操作条件趋向限制条件时，用于控制不安全情况的自动保护系统自动取代正常情况下工作的控制系统。直到生产操作重新回到安全范围时，正常情况下工作的控制系统又自动恢复对生产过程的正常控制。

因此，这种选择性控制系统有时被称为取代控制系统或自动保护控制系统。某些选择性控制系统甚至可以实现自动开、停车控制。

要构成选择性控制系统，生产操作必须具有一定的选择逻辑。自动选择的实现由具有选择功能的自动选择器，比如高值选择器或低值选择器；或有切换装置的控制器、仪表等根据选择逻辑来完成。

8.4.2 选择性控制系统的类型

(1) 开关型选择性控制系统

在这一类选择性控制系统中，一般有两个可供选择的变量。一个是工艺操作的主要技术指标，它直接关系到产品的质量或生产效率；另一个为安全生产的极限指标，工艺上对它只有极限值的要求，只要不超出极限值，生产就是安全的，一旦超出极限值，生产过程就有可能发生事故。因此，在安全生产的极限值以内，生产过程就按照工艺要求来进行正常控制。一旦安全指标达到极限值时，选择性控制系统通过自动选择装置，切断工艺操作指标控制器的输出，将控制阀迅速关闭或打开，以防止事故的发生。直到安全生产指标回到极限值以内时，系统才又自动重新恢复到正常生产过程的控制，按工艺操作指标进行控制。

图 8-22 所示为丙烯冷却器的选择性控制系统。在冷却器中，利用液态丙烯低温下蒸发汽化带走热量的原理，达到降低裂解气温度的目的。在此例中，裂解气温度为被控变量，液态丙烯流量为控制变量，其温度控制系统如图 8-22（a）所示。在图 8-22（a）所示的方案中当裂解气出口温度偏高时，控制阀开大，液态丙烯流量随之增大，冷却器内丙烯的液位就会上升，冷却器内列管被液态丙烯淹没的数量则增多，换热面积于是就增大，液态丙烯汽化所带走的热量将会增多，因而裂解气温度就会下降。反过来，当裂解气出口温度偏低时，控制阀关小，丙烯液位则下降，换热面积就减小，丙烯汽化带走热量也减小，裂解气温度则上升。因此，通过对液态丙烯流量的控制就可以达到维持裂解气出口温度不变的目的。

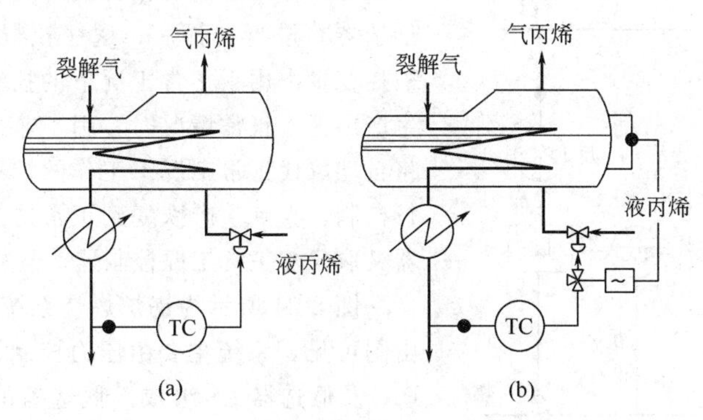

图 8-22　丙烯冷却器的两种控制方案

但当裂解气温度过高或负荷量过大时，控制阀将要大幅度打开，进入冷却器的液态丙烯流量增加。当冷却器中的列管全部为液态丙烯所淹没，而裂解气出口温度仍然降不到设定温度时，就不能再使控制阀开度继续增加。因为，这时液位继续升高将不再能增加换热面积，换热效果也不再能够提高，再增加控制阀的开度，冷剂将得不到充分的利用；另外液位的继续上升，会使冷却器中的丙烯蒸发空间逐渐减小，甚至会完全没有蒸发空间，以致使气相丙烯出现带液现象。气相丙烯带液进入压缩机将会损坏压缩机。因此，必须对丙烯液位上升到极限时采取防护性措施。图 8-22（b)所示为裂解气出口温度与丙烯冷却器液位的开关型选择性控制系统。

方案（b）在方案（a）的基础上增加了一个带上限节点的液位变送器（或报警器）和一个连接于温度控制器 TC 与执行器之间的电磁三通阀。上限节点一般设定在液位总高度的 75%左右。在正常情况下，液位低于 75%，节点是断开的，电磁阀失电，温度控制器的输出可直通执行器，实现温度自动控制。当液位上升达到 75%时，保护压缩机不致受损坏已成为主要矛盾。于是液位变送器的上限节点闭合，电磁阀得电而动作，将控制器输出切断，同时使执行器的膜头与大气相通，使膜头压力很快下降为零，控制阀将很快关闭（对气开阀而言），这就终止了液态丙烯继续进入冷却器。待冷却器内液态丙烯逐渐蒸发，液位缓慢下降到低于 75%时，液位变送器的上限节点又断开，电磁阀重新失电，于是温度控制器的输出又直接送往执行器，恢复成温度控制系统。

开关型选择性控制系统的方块图如图 8-23 所示。图中的方块“开关”可以根据液位的不同情况分别让执行器接通温度控制器或接通大气。

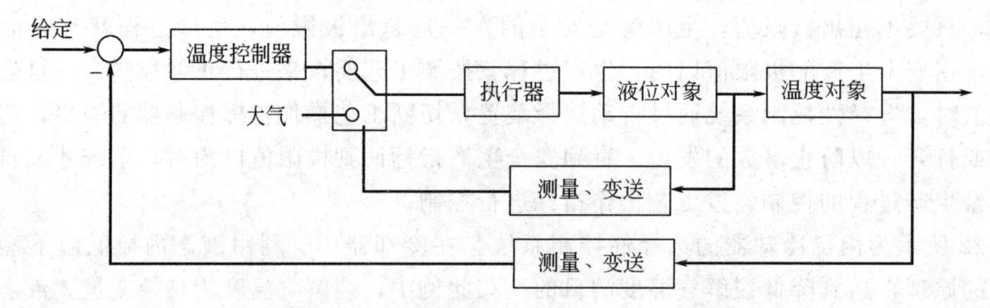

图 8-23　开关型选择性控制系统方块图

（2）连续型选择性控制系统

当保护作用取代正常情况下的控制作用时，连续型选择性控制系统的控制阀不是立即全关或全开，而是在原来的基础上继续进行连续控制。因此，对被控对象来说，控制作用是连续的。

在连续型选择性控制系统中，一般有两台控制器，一台在正常工况下工作，另一台在非正常工况下工作。它们的输出同时送往选择器（高选器或低选器）进行选择后，送往执行器。在正常工况下，被控变量由用于正常工况下的控制器进行控制；一旦生产出现不正常情况时，用于非正常工况下的控制器将自动取代正常工况下工作的控制器，对被控对象进行控制，直到生产恢复到正常情况后，正常工况控制器又取代非正常工况控制器，恢复对生产过程的控制。

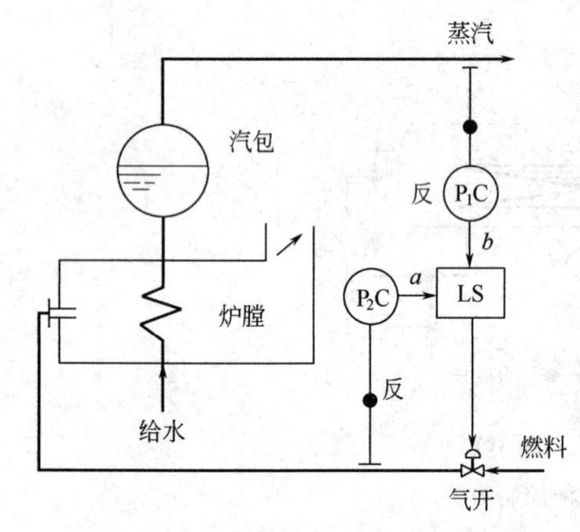

图 8-24　蒸汽压力与燃料低选控制系统

图 8-24 所示为锅炉燃烧系统的选择性控制系统。由图可见，系统主要由压力控制器 P_1C、压力控制器 P_2C 及低选器 LS 组成。低选器的特性是它能自动地选择两个输入信号中较低的一个作为它的输出信号。

蒸汽锅炉所用的燃料为天然气或其他燃料气。在正常情况下，根据蒸汽压力来控制所加的燃料量。当用户所需蒸汽量增加时，蒸汽压力就会下降。为了维持蒸汽压力不变，必须在加供水量的同时相应地增加燃料气量。当用户所需蒸汽量减少时，蒸汽压力就会上升，这时就得减少燃料气量。

从安全的角度来说，进入炉膛的燃气压力不能过高，当燃气压力过高时，就会产生脱火现象。一旦脱火现象发生，大量燃气就会因未燃烧而导致烟囱冒黑烟，不但污染环境，更严重的是燃烧室内积存大量燃料气与空气混合物，会有爆炸的危险。为了防止脱火现象的发生，采用了图 8-24所示的蒸汽压力与燃料气压力的自动选择性控制系统，其方块图如图 8-25 所示。

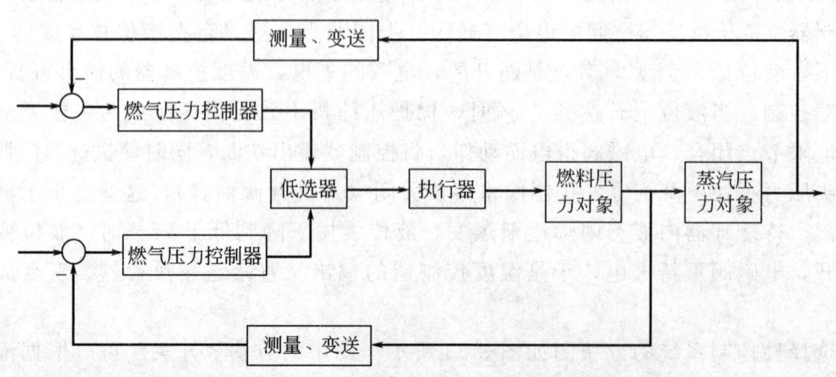

图 8-25　蒸汽压力与燃气压力选择性控制系统方块图

压力控制器 P_1C 与燃料气压力控制器 P_2C 之一的输出送往设置在燃料气管线上的控制阀。

在正常情况下，燃料气压力低于给定值，燃料气压力控制器 P_2C 所感受到的是负偏差，由于 P_2C 是反作用（根据系统控制要求决定）控制器，因此它的输出 a 将呈现为高信号。而与此同时，蒸汽压力控制器 P_1C 的输出 b 呈现为低信号。这样，低选器 LS 将选中 b 作为输出，也即此时执行器将根据蒸汽压力控制器的输出而工作，系统实际上是一个以蒸汽压力作为被控变量的单回路控制系统。

当燃料气压力升高到超过给定值时，由于燃料气压力控制器 P_2C 的比例度一般都设置得比较小，一旦出现这种情况时它的输出将迅速减小，这时 $b>a$，于是低选器 LS 将改选 a 信号作为输出送往执行器。因为此时防止脱火现象产生正上升为主要矛盾，因此，系统将改为以燃料气压力为被控变量的单回路控制系统。

待燃料气压力下降到低于给定值时，a 又迅速升高成为高信号，此时蒸汽压力控制器的输出 b 又成为低信号，于是蒸汽压力控制器将迅速取代燃料气压力控制器的工作，系统恢复以蒸汽压力作为被控变量的正常控制。

当系统处于燃料气压力控制时，蒸汽压力的控制质量将会明显下降，这是为了防止事故发生所采取的必要应急措施，这时的蒸汽压力控制系统实际上停止工作，由属于非正常情况下的燃料气压力控制系统所取代。

(3) 混合型选择性控制系统

在同一个控制系统中开关型选择性控制与连续型选择性控制同时并存的系统，称为混合型选择性控制系统。如锅炉燃烧系统既考虑脱火又考虑回火的保护问题就可以通过设计一个混合型选择性控制系统来解决。

燃料气管线压力过高会产生脱火现象。然而当燃料气压力不足时，燃料气管线的压力就有可能低于燃烧室压力，这样就会出现危险的回火现象，危及燃料气罐，使它发生燃烧和爆炸。因此，回火现象和脱火现象一样也必须设法加以防止。为此，可在图 8-24 所示的蒸汽压力与燃料气压力连续型选择性控制系统的基础上增加一个防止燃料气压力过低的开关型选择性控制系统，如图 8-26 所示。

与图 8-24 相比，图 8-26 增加了一个带下限节点的压力控制器 P_3C 和一台电磁三通阀。当燃料气压力正常时，下限节点是断开的，电磁阀失电，此时系统的工作与图 8-24 相同，低选器 LS 的输出可以通过电磁阀，送往执行器。一旦燃料气压力下降到极限值时，为防止回火的产生，下限节点接通，电磁阀通电，于是便切断了低选器 LS 送往执行器的信号，并同时使控制阀膜头与大气相通，膜头内压力迅速下降到零，于是控制阀将关闭（气开阀），回火事故将不致发生。当燃料气压力上升达到正常时，下限节点又断开，电磁阀中失电，于是低选器的输出又被送往执行器，恢复成图 8-24 所示的蒸汽压力与燃料气压力连续型选择性控制方案。

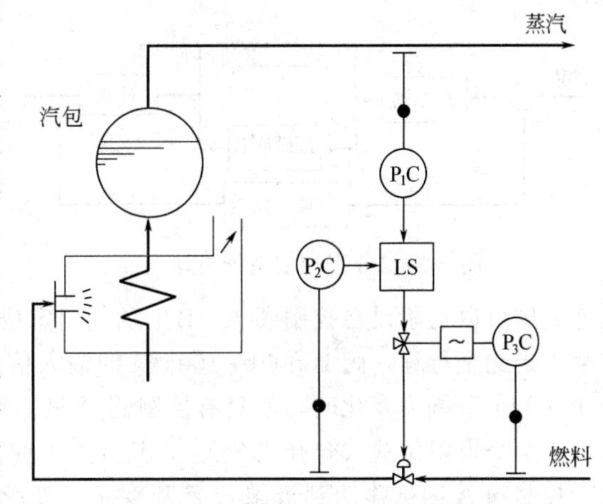

图 8-26 混合型选择性控制系统

8.4.3 积分饱和及抗积分饱和措施

(1) 积分饱和的产生及其危害性

当一个具有积分作用的控制器处于开环工作状态时，如果偏差输入信号一直存在，由于积分作用的存在，控制器的输出不断增加或不断减小，一直达到输出的极限值为止，这种现象称为“积分饱和”。产生积分饱和的条件有三个：一是控制器具有积分作用；二是控制器处于开环工作状态，其输出没有被送往执行器；三是控制器的输入偏差信号长期存在。

在具有两个以上控制器的选择性控制系统中，任何时候选择器只能选中其中的一个控制器的输出，并将其送往执行器，而未被选中的控制器则处于开环工作状态。这个处于开环工作状态下的控制器如果具有积分作用，在偏差长期存在的条件下，就会产生积分饱和。当控制器处于积分饱和状态时，它的输出将达到最大或最小的极限值，该极限值已超出执行器的有效输入信号范围。对于气动薄膜控制阀来说，有效输入信号范围为20～100kPa，也就是说，当输入由20kPa变化到100kPa时，控制阀就可以由全开变为全关（或由全关变为全开），当输入信号在这个范围以外变化时，控制阀将停留在某一极限位置（全开或全关）不再变化。由于控制器处于积分饱和状态时，它的输出已超出执行器的有效输入信号范围，所以它在某个时刻重新被选择器选中，取代另一个控制器对系统进行控制时，由于它的输出已到达饱和区，不在执行器的有效输入范围之内，所以它并不能立即发挥作用，使得控制作用不及时。这种取代不及时（或者说取代虽然及时，但真正发挥作用不及时）有时会给系统带来严重的后果，甚至会造成事故，因此必须设法防止和克服。

除选择性控制系统会产生积分饱和现象外，只要满足产生积分饱和的这三个条件，其他系统也会产生积分饱和问题。如用于控制间歇生产过程的控制器，当生产停下来而控制器未切入手动，在重新开车时，控制器就会有积分饱和的问题，其他如系统出现故障、阀芯卡住、信号传送管线泄漏等都会造成控制器的积分饱和问题。

（2）抗积分饱和措施

目前防止积分饱和的方法主要有以下两种。

① 限幅法　这种方法是通过一些专门的技术措施对积分反馈信号加以限制，从而使控制器输出信号被限制在工作信号范围之内。

② 积分切除法　这种方法是当控制器处于开环工作状态时，将控制器的积分作用切除掉，这样就不会使控制器输出一直增大到最大值或一直减小到最小值，不会产生积分饱和。

8.5　分程控制系统

8.5.1　概述

在前面所述的控制系统中，都是一台控制器的输出控制一台控制阀。但在分程控制系统中，一台控制器的输出可以同时控制两台甚至两台以上的控制阀。

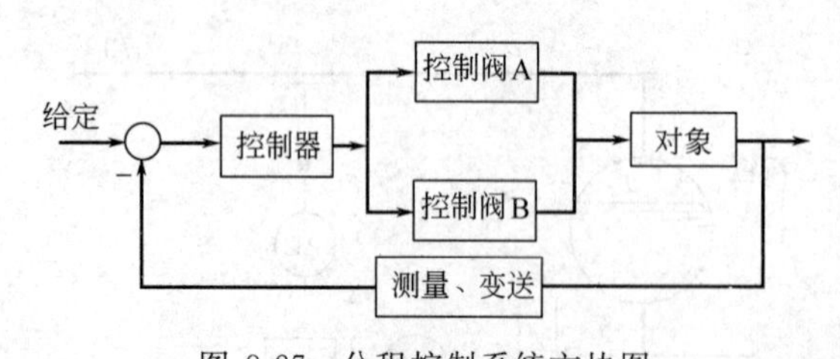

图8-27　分程控制系统方块图

分程控制系统中控制器按输出信号的不同区间去控制不同的阀门。分程一般是由附设在控制阀上的阀门定位器来实现。在如图8-27所示的分程控制系统中，采用了两台分程阀A与B。若要求A阀在20～60kPa信号范围内作全行程动作（即由全关到全开或由全开到全关）；B阀在60～100kPa信号范围内作全行程动作。则可以对附设在控制阀A、B上的阀门定位器进行调整，使控制阀A在20～60kPa的输入信号下走完全行程，阀B在60～100kPa的输入信号下走完全行程。这样，当控制器输出信号在小于60kPa范围内变化时，就只有控制阀A随着信号压力的变化改变自己的开度，而控制阀B则处于某个极限位置（全开或全关），其开度不变。当控制器输出信号在60～100kPa范围内变化时，控制阀A因已移动到极限位置开度不再变化，控制阀B的开度却随着信号大小的变化而变化。

就控制阀的动作方向而言，分程控制系统可以分为两类：一类是两个控制阀同向动作，即两控制阀都随着控制器输出信号的增大或减小同向动作，其过程如图 8-28 所示，其中图（a）为气开阀的情况，图（b）为气关阀的情况。另一类是两个控制阀异向动作，即随着控制器输出信号的增大或减小，一个控制阀开大，另一个控制阀则关小，如图 8-29 所示，其中图（a）是 A 为气关阀、B 为气开阀的情况，图（b）是 A 为气开阀、B 为气关阀的情况。

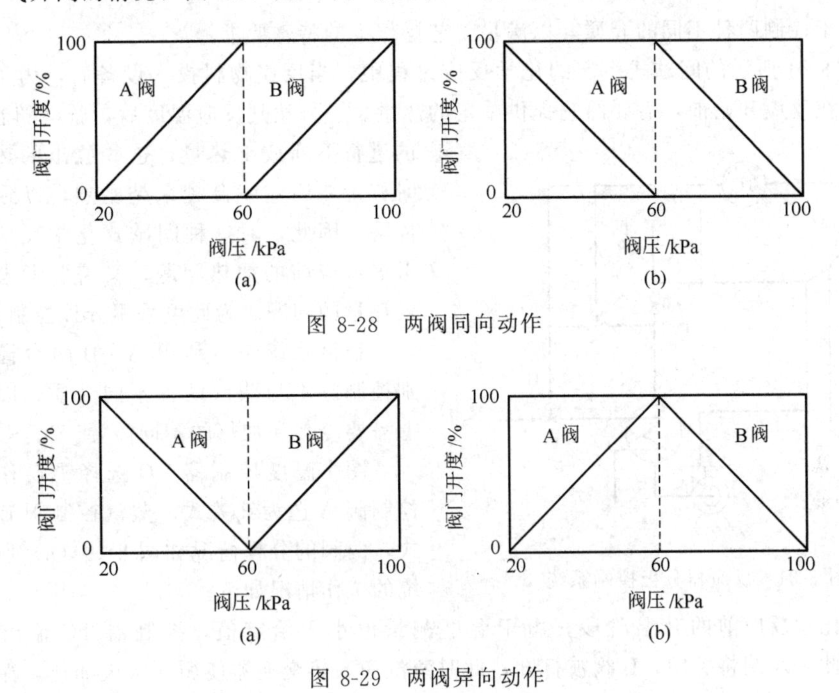

图 8-28　两阀同向动作

图 8-29　两阀异向动作

分程阀同向或异向动作的选择必须根据生产工艺的实际要求来确定。

8.5.2　分程控制的应用

（1）提高控制阀的可调比，改善控制品质

如第 6 章所述，控制阀有一个重要的指标，即控制阀的可调比 R。有时生产过程要求流量变化要有较大的范围，但由于控制阀的可调比是有限的。若采用同一个控制阀，能够控制的最大流量和最小流量不可能相差太大，满足不了生产上流量大范围变化的要求，在这种情况下可采用两个控制阀并联的分程控制方案。

图 8-30 为某蒸汽压力减压系统。锅炉产汽压力为 10MPa，是高压蒸汽，而生产上需要的是压力平稳的 4MPa 中压蒸汽。为此，需要通过节流减压的方法将 10MPa 的高压蒸汽节流减压成 4MPa 的中压蒸汽。在选择控制阀口径时，为了适应大负荷下蒸汽供应量的需要，控制阀的口径就要选择得很大。然而，在正常情况下，蒸汽量却不需要这么大，这就得要将阀关小。也就是说，正常情况下控制阀只在小开度下工作。而大口径阀门在小开度下工作时，除了阀特性会发生畸变外，还容易产生噪声和振荡，这样会使控制效果变差，控制质量降低。为解决这一问题，可采用分程控制方案，构成图 8-30 所示的系统。

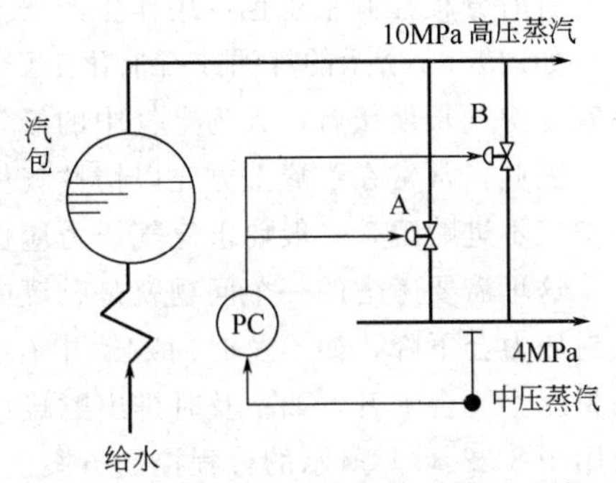

图 8-30　蒸汽减压系统分程控制系统

在该分程控制方案中采用了 A、B 两台控制阀（假定根据工艺要求均选择为气开阀）。其中 A 阀在控制器输出压力为20～60kPa时，从全关到全开，B阀在控制器输出压力为60～100kPa时由全关到全开。这样在正常情况下，即小负荷时，B阀处于关闭状态，只通过A阀开度的变化来进行控制。当大负荷时，A阀已全开仍满足不了蒸汽量的需要，中压蒸汽管线的压力仍达不到给定值，于是反作用式的压力控制器PC输出增加，超过了60kPa，使B阀也逐渐打开，以弥补蒸汽供应量的不足。

(2) 用于控制两种不同的介质，以满足工艺操作上的特殊要求

在如图8-31所示的间歇式生产的化学反应过程中，当反应物料投入设备后，为了使其达到反应温度，在反应开始前，需要给它提供一定的热量。一旦达到反应温度后，就会随着化学反应的进行不断放出热量，这些放出的热量如不及时移走，反应就会越来越剧烈，以致有爆炸的危险。因此，对这种间歇式化学反应器，既要考虑反应前的加热问题，又需要考虑过程中移走热量的问题。为此可采用分程控制系统。

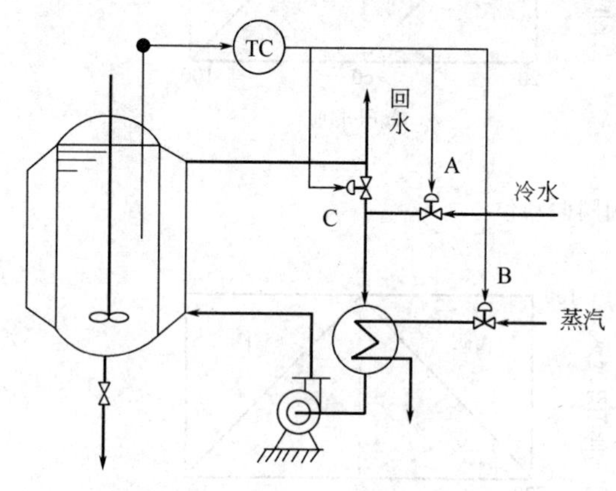

图 8-31　反应器分程控制系统

在该系统中，利用A、B两台控制阀，分别控制冷水与蒸汽两种不同介质，以满足工艺上需要冷却和加热的不同需要。

图中温度控制器TC选择为反作用，冷水控制阀A选为气关式，蒸汽控制阀B选为气开式，两阀的分程情况如图8-29 (a) 所示。该系统的工作情况如下。

在进行化学反应前的升温阶段，由于温度测量值小于给定值，控制器TC输出较大（>60kPa），因此，A阀将关闭，B阀被打开，此时蒸汽通入热交换器使循环水被加热，循环热水再通入反应器夹套为反应物加热，以便使反应物温度慢慢升高。

当反应物温度达到反应温度时，化学反应开始，于是就有热量放出，反应物的温度将逐渐升高。由于控制器TC是反作用的，因此随着反应物温度的升高，控制器的输出逐渐减小。与此同时，B阀将逐渐关闭。待控制器输出小于60kPa以后，B阀全关，A阀则逐渐打开。这时，反应器夹套中流过的将不再是热水而是冷水。这样一来，反应所产生的热量就不断为冷水所移走，从而达到维持反应温度不变的目的。图中的阀门C当阀门A打开时全关，阀门B打开时全开。

从生产安全的角度考虑，本方案中选择蒸汽控制阀为气开式，冷水控制阀为气关式。因为，一旦出现供气中断情况，A阀将处于全开，B阀将处于全关。这样，就不会因为反应器温度过高而导致生产事故。

(3) 用作安全生产的保护措施

有时分程控制系统也可用作生产安全的保护措施。

如图8-32所示的炼油或石油化工厂存放油品或石油化工产品的贮罐。这些油品或石油产品不宜与空气长期接触，因为空气中的氧气会使油品氧化而变质，甚至引起爆炸。

因此，常常在贮罐上方充以惰性气体N_2，以使油品与空气隔绝，通常称之为氮封。为了保证空气不进贮罐，一般要求氮气压力应保持为微正压。

这里需要考虑的一个问题就是贮罐中物料量的增减会导致氮封压力的变化。当抽取物料时，氮封压力会下降，如不及时向贮罐中补充N_2，贮罐就有被吸瘪的危险。而当向贮罐中打料时，氮封压力又会上升，如不及时排出贮罐中部分N_2，贮罐就可能被鼓坏。为了维持氮封压力，可采用图8-32 (a) 所示的分程控制方案。本方案中采用的A阀为气开式，B阀为气关式，它们的分程特性如图8-32 (b) 所示。贮罐压力升高时，测量值将大于给定值，压力控制器PC的输出

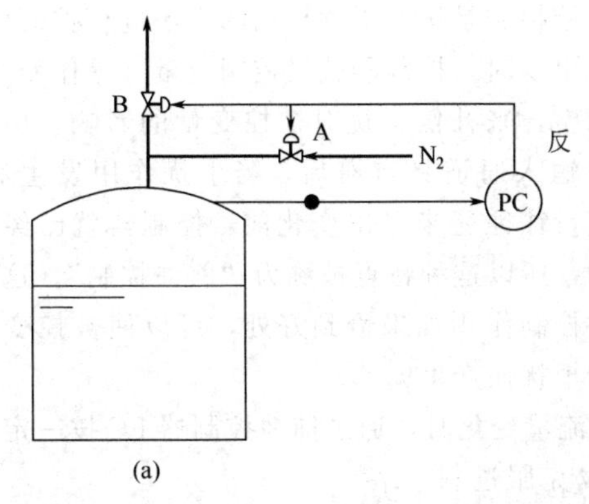

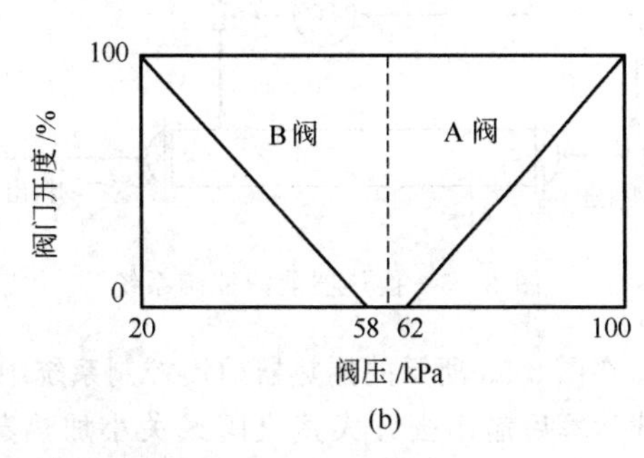

图 8-32 贮罐氮封分程控制方案

将下降，这样A阀将关闭，而B阀将打开，于是通过放空的办法将贮罐内的压力降下来。当贮罐内压力降低，测量值小于给定值时，控制器输出将变大，此时B阀将关闭而A阀将打开，于是，N_2 被补充加入贮罐中以提高贮罐的压力。

为了防止贮罐中压力在给定值附近变化时A、B两阀的频繁动作，可在两阀信号交接处设置一个不灵敏区，如图8-32（b）所示。方法是通过阀门定位器的调整，使B阀在20～58kPa信号范围内从全开到全关，使A阀在62～100kPa信号范围内从全关到全开，而当控制器输出压力在58～62kPa范围变化时，A、B两阀都处于全关位置不动。这样做的结果，对于贮罐这样一个空间较大，因而时间常数较大、且控制精度不是很高的具体压力对象来说，是有益的。因为留有这样一个不灵敏区之后，将会使控制过程变化趋于缓慢，系统更为稳定。

8.5.3 分程控制系统应用中应注意的几个问题

① 控制阀流量特性要正确选择。因为在两阀分程点上，控制阀的放大倍数可能出现突变，表现在特性曲线上产生斜率突变的折点，这在大小控制阀并联时尤其重要。如果两控制阀均为线性特性，情况更严重。如果采用对数特性控制阀，分程信号重叠一小段，则情况会有所改善。

② 大小阀并联时，大阀的泄漏量不可忽视，否则就不能充分发挥扩大可调范围的作用。当大阀的泄漏量较大时，系统的最小流通能力就不再是小阀的最小流通能力了。

③ 分程控制系统本质上是简单控制系统，因此控制器的选择和参数整定，可参照简单控制系统处理。不过在运行中，如果两个控制通道特性不同，就是说广义对象特性是两个，控制器参数不能同时满足两个不同对象特性的要求。遇此情况，只好照顾正常情况下的被控对象特性，按正常情况下整定控制器的参数，对另一台阀的操作要求，只要能在工艺允许的范围内即可。

8.6 前馈控制系统

8.6.1 概述

在前述控制系统中，控制器是按照被控变量相对于给定值的偏差而进行控制的。控制作用影响被控变量，而被控变量的变化又返回来影响控制器的输入，使控制作用发生变化。这些控制系统都属于反馈控制系统。不论什么干扰，只要引起被控变量变化，都可以进行控制，这是反馈控制的优点。但是，在这样的系统中，总是要在干扰已经造成影响，被控变量偏离给定值以后才能产生控制作用，控制作用总是不及时的。特别是在干扰频繁，对象有较大滞后时，使控制质量的提高受到很大的限制。

与反馈控制相比，前馈控制具有以下特点。

(1) 前馈控制比反馈控制及时，并且不受系统滞后大小的限制

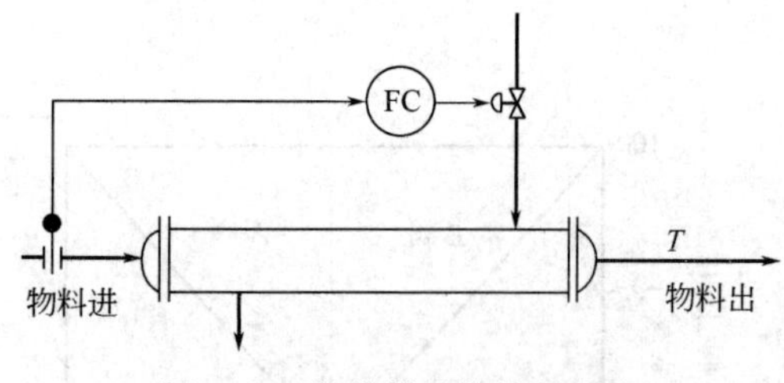

图 8-33　换热器前馈控制系统

前馈控制是按照干扰作用的大小进行控制的。当干扰出现时，控制器就对控制变量（操作变量）进行调整，来补偿干扰对被控变量的影响。由于系统的输入通道具有滞后，当干扰作用发生后，被控变量往往还未显出变化前，控制器就已经进行控制，所以这种特点被称为“前馈控制”。这种前馈的控制作用如果恰到好处，可以使被控变量不会因干扰而产生偏差。

在图 8-33 所示的换热器前馈控制系统中，当进料流量变化时，通过前馈控制器 FC 按一定的规律运算后输出去开大蒸汽阀或关小加热蒸汽阀，以克服进料流量变化对出口物料温度的影响。例如当进料流量突然阶跃增加 ΔQ 后，就会通过干扰通道使换热器出口物料温度 T 下降，其变化趋势曲线如图 8-34 中曲线 1 所示。与此同时，进料流量的变化经检测变送后，送入前馈控制器 FC，由于加热蒸汽量增加，通过加热器的控制通道会使出口物料温度 T 上升，其变化趋势如图 8-34 中曲线 2 所示。由图可知，干扰作用使温度 T 下降，控制作用使温度 T 上升。如果控制规律选择合适，可以得到完全的补偿。也就是说，当进口物料流量变化时，可以通过前馈控制，使出口物料的温度完全不受进口物料流量变化的影响。显然，前馈控制对于干扰的克服要比反馈控制及时得多。干扰一旦出现，不需等到被控变量受其影响产生变化，就会立即产生控制作用，这个特点是前馈控制的一个主要优点。

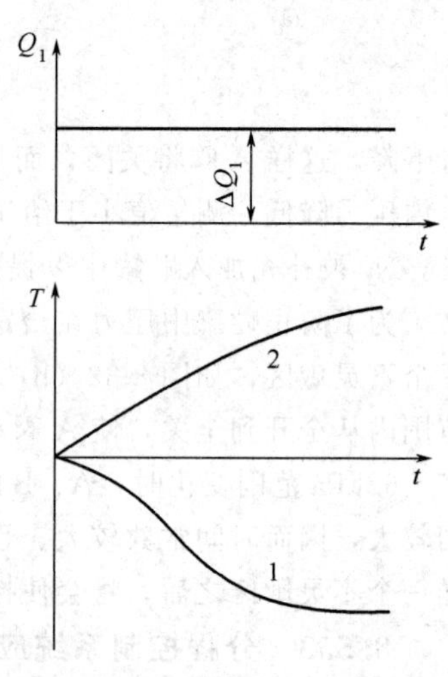

图 8-34　前馈控制的补偿过程

图 8-35（a）、（b）分别表示反馈控制与前馈控制的方块图。由图 8-35 可以看出，反馈控制与前馈控制的检测信号与控制信号有如下不同的特点。

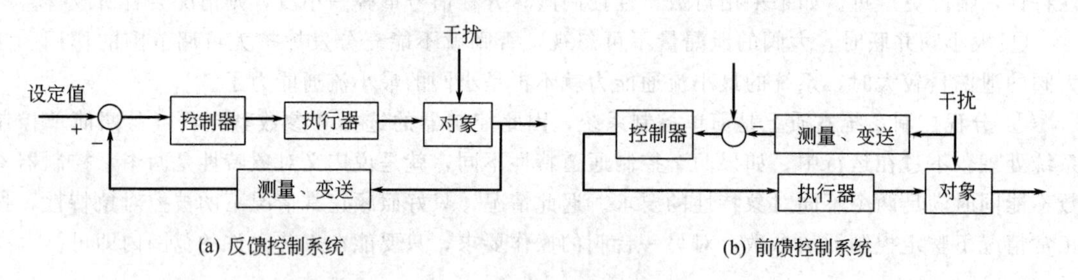

图 8-35　反馈控制系统与前馈控制系统方块图

反馈控制的依据是被控变量与给定值的偏差，检测的信号是被控变量，控制作用发生时间是在偏差出现以后。前馈控制的依据是干扰的变化，检测的信号是干扰量的大小，控制作用的发生时间是在干扰作用的瞬间而不需等到偏差出现之后。

（2）前馈控制属于开环控制

反馈控制系统是闭环系统，前馈控制系统是开环系统。由图 8-35（b）可以看出，在前馈控制系统中被控变量没有被检测。当前馈控制器按扰动量产生控制作用后，对被控变量的影响并不返回来影响控制器的输出，所以前馈控制系统是一个开环系统。这是前馈控制的不足之处。

反馈控制由于是闭环系统，控制结果能够通过反馈获得检验，而前馈控制其控制效果并不通过反馈来加以检验。如上例中，根据进口物料流量变化这一干扰施加前馈控制作用后，出口物料的温度（被控变量）是否达到所希望的温度是不得而知的。因此，要想找到一个合适的前馈控制作用，必须对被控对象的特性作深入的研究和彻底的了解。

（3）前馈控制规律与对象特性密切相关

大多数反馈控制系统均采用通用的PID控制器，而前馈控制要采用专用前馈控制器（或前馈补偿装置）。对于不同的对象特性，前馈控制器的控制规律将是不同的。为了使干扰得到完全克服，干扰通过对象的干扰通道对被控变量的影响，应该与控制作用（也与干扰有关）通过控制通道对被控变量的影响大小相等、方向相反。所以，前馈控制器的控制规律取决于干扰通道的特性与控制通道的特性。对于不同的对象特性，就应该设计具有不同控制规律的控制器。

（4）一种前馈作用只能克服一种干扰

由于前馈控制作用是按干扰进行工作的，而且整个系统是开环的，因此根据一种干扰设置的前馈控制就只能克服这一干扰对被控变量的影响，而对于其他干扰，由于这个前馈控制器无法感受到，也就无法克服。而反馈控制只用一个控制回路就可克服多个干扰，这一点也是前馈控制系统的一个弱点。

8.6.2 前馈控制系统的结构

8.6.2.1 纯前馈控制系统

单纯的前馈控制系统是按照干扰的大小来进行控制。根据对干扰补偿的特点，前馈控制系统可分为静态前馈控制和动态前馈控制。

（1）静态前馈控制

在图8-33中，前馈控制器的输出信号是根据干扰的大小随时间变化的，它是干扰量以及时间的函数。当干扰通道和控制通道动态特性相同时，可以不考虑时间变量，只按静态特性确定前馈控制规律。若当干扰阶跃变化时，前馈控制器的输出也为阶跃变化。如图8-33中干扰进料流量的波动为ΔQ，前馈控制器的输出Δm_f为

$$\Delta m_f = K_f \Delta Q \tag{8-2}$$

式中，K_f是前馈控制器的比例系数。

在有条件列写各参数的静态方程时，可按静态方程式来计算静态前馈的比例系数K_f。在图8-33中，若冷料进入量为Q_1，进口温度为T_1，出口温度为T_2（被控变量）。分析影响出口温度T_2的因素主要有进料流量Q_1、进口温度T_1及蒸汽压力等。假如这些干扰中，进料流量Q_1变化幅度大，而且频繁，进口温度T_1及蒸汽压力都比较平稳，只考虑对主要干扰Q_1进行静态补偿。在这种情况下，可利用热平衡原理进行分析，近似的平衡关系是蒸汽冷凝放出的热量等于进料流体获得的热量。

$$Q_2 L = Q_1 c_p (T_2 - T_1) \tag{8-3}$$

式中，L为蒸汽冷凝热；c_p为被加热物料的比热容；Q_1为进料流量；Q_2为蒸汽流量。

当进料增加ΔQ_1后，为保持出口温度T_2不变，蒸汽流量需要相应地增加ΔQ_2，其静态方程为

$$(Q_2 + \Delta Q_2) L = (Q_1 + \Delta Q_1) c_p (T_2 - T_1) \tag{8-4}$$

式（8-4）减去式(8-3)得

$$\Delta Q_2 L = \Delta Q_1 c_p (T_2 - T_1) \tag{8-5}$$

所以，当进料流量变化ΔQ_1后，为使出口温度为T_2保持不变，应增加的蒸汽量为

$$\Delta Q_2 = \frac{c_p (T_2 - T_1)}{L} \Delta Q_1 = K_f \Delta Q_1 \tag{8-6}$$

考虑进料流量 Q_1、进口温度 T_1 及蒸汽压力等干扰因素，根据式（8-6）构成的静态前馈控制方案如图 8-36 所示。

（2）动态前馈控制

静态前馈控制只能保证被控变量的静态偏差接近或等于零，但不能保证动态偏差达到这个要求。所以，确定前馈控制器的控制规律，还必须考虑对象的动态特性。在图 8-36 静态前馈控制的基础上加上动态前馈补偿环节，便构成了图 8-37 的动态前馈控制实施方案。

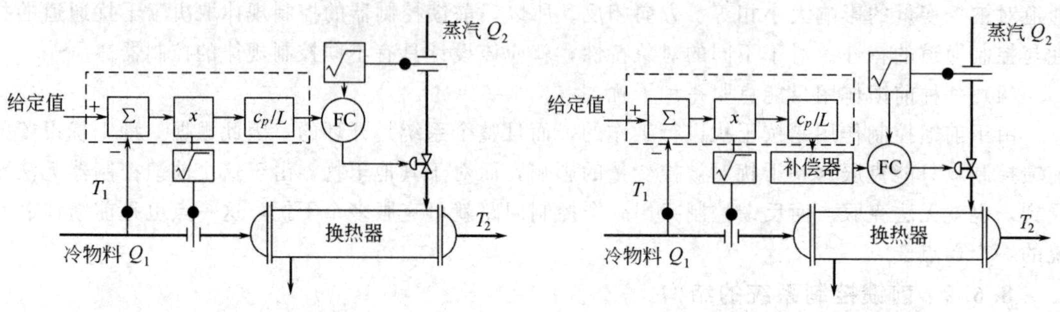

图 8-36　静态前馈控制方案　　　图 8-37　动态前馈控制方案

图中的动态补偿环节的特性，应针对对象的动态特性来确定。但由于工业对象特性的千差万别，如果按对象特性来设计前馈控制器，实现起来比较困难。因此，可在静态前馈控制的基础上，加上延迟环节或微分环节，以达到干扰作用的近似补偿。按此原理设计的一种前馈控制器，有三个可以调整的参数 K、T_1、T_2。K 为放大倍数，是为了静态补偿用的。T_1、T_2 是时间常数，都有可调范围，分别表示延迟作用和微分作用的强弱。相对于干扰通道而言，控制通道反应快的给它加强延迟作用，反应慢的给它加强微分作用。根据两通道的特性适当调整 T_1、T_2 的数值，使两通道反应合拍便可以实现动态补偿，消除动态偏差。

8.6.2.2　前馈-反馈控制

若将前馈控制与反馈控制结合起来，利用前馈控制作用及时的优点，以及反馈控制能克服所有干扰及前馈控制规律不精确带来的偏差的优点。两者取长补短，可得到较高的控制质量。

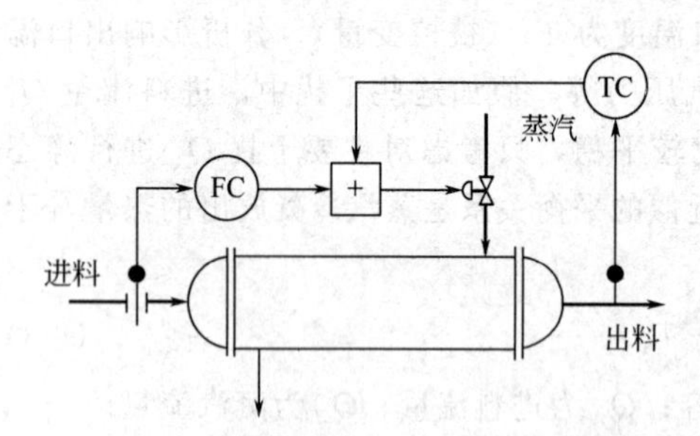

图 8-38　换热器前馈-反馈控制系统

图 8-37 所示的换热器前馈控制系统，仅能克服由于进料量变化对被控变量的影响。如果还同时存在其他干扰，例如进料温度、蒸汽压力的变化对被控变量的影响，以及前馈控制规律不精确带来的偏差等，通过这种单纯的前馈控制系统是不能克服的。因此，往往用“前馈”来克服主要干扰，再用“反馈”来克服其他干扰，组成如图 8-38 所示的前馈-反馈控制系统。

图中的控制器 FC 起前馈控制作用，用来克服由于进料量波动对被控变量的影响，而温度控制器 TC 起反馈控制作用，用来克服其他干扰对被控变量的影响。前馈和反馈控制作用相加，共同改变加热蒸汽量，使出料温度维持在给定值上。

图 8-39 是前馈-反馈控制系统的方块图。从图可以看出，前馈-反馈控制系统虽然也有两个控制器，但在结构上与串级控制系统是完全不同的。串级控制系统是由内、外（或主、副）两个反馈回路所组成；而前馈-反馈控制系统是由一个反馈回路和另一个开环的补偿回路叠加而成。

8.6.3　前馈控制系统的应用场合

前馈控制主要的应用场合有下面几种。

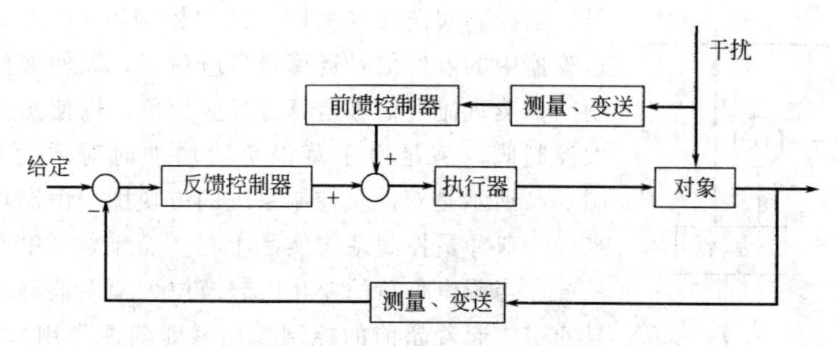

图 8-39　前馈-反馈控制系统方块图

① 干扰幅值大而频繁，对被控变量影响剧烈，仅采用反馈控制达不到要求的对象。

② 主要干扰是可测而不可控的变量。所谓可测，是指干扰量可以用检测变送装置将其在线转化为标准的电信号。所谓不可控，主要是指这些干扰难以通过设置单独的控制系统进行控制，这类干扰在连续生产过程中是经常遇到的，其中也包括一些虽能控制但生产上不允许控制的变量，例负荷量等。

③ 当对象的控制通道滞后大，反馈控制不及时，控制质量差时，可采用前馈或前馈-反馈控制系统，提高控制质量。

8.7　多冲量控制系统

冲量即变量的意思。多冲量控制系统，也就是多变量控制系统。多冲量控制系统的称谓来自于热电行业的锅炉液位控制系统。冲量本身的含义应为作用时间短暂的不连续的量，多冲量控制系统的名称本身并不确切，但由于在锅炉液位控制中已习惯使用这一名称，所以就沿用了。

多冲量控制系统在锅炉给水系统控制中应用比较广泛。下面以锅炉液位控制为例来说明多冲量控制系统的工作原理。

在锅炉的正常运行中，汽包水位是重要的操作指标，给水控制系统的作用就是自动控制锅炉的给水量，使其适应蒸发量的变化，维持汽包水位在允许的范围内。

锅炉液位的控制方案有下列几种。

(1) 单冲量液位控制系统

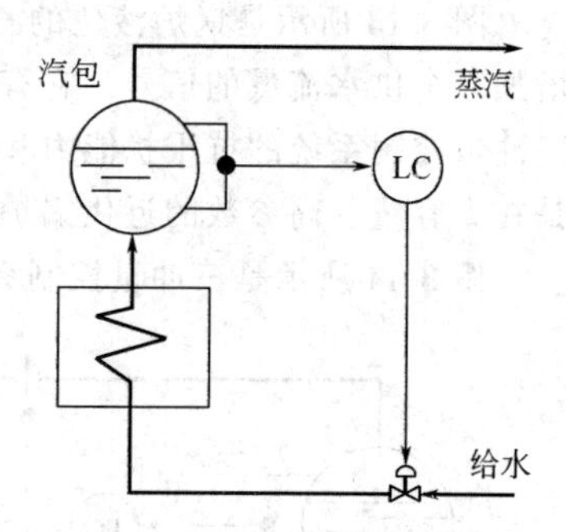

图 8-40　单冲量控制系统

图 8-40 所示是锅炉液位单冲量控制系统的示意。它实际上是根据汽包液位的信号来控制给水量的，属于简单的单回路控制系统。其优点是结构简单、使用仪表少。主要用于蒸汽负荷变化不剧烈、控制要求不十分严格的小型锅炉。它的缺点是不能适应蒸汽负荷的剧烈变化。在燃料量不变的情况下，倘若蒸汽负荷突然有较大幅度的增加，由于汽包内蒸汽压力瞬时下降，汽包内的沸腾状况突然加剧，水中的气泡迅速增多，将水位抬高，形成了虚假的水位上升现象。因为这种升高的液位并不反映汽包中贮水量的真实变化情况，所以称为“虚假液位”。这种“虚假液位”会使阀门产生误动作，不但不开大给水阀门，补充由于蒸汽负荷量增加而引起的汽包内贮水量的减少，维持锅炉的水位，反而却根据“虚假液位”的信号去关小控制阀，减少给水流量。显然，这将引起锅炉汽包水位大幅度的波动。严重的甚至会使汽包水位降到危险的程度，以致发生事故。为了克服这种由于“虚假液位”而引起的控制系统的误动作，可引入双冲量控制系统。

(2) 双冲量液位控制系统

图 8-41 所示是锅炉液位的双冲量控制系统示意。这里的双冲量是指液位信号和蒸汽流量信

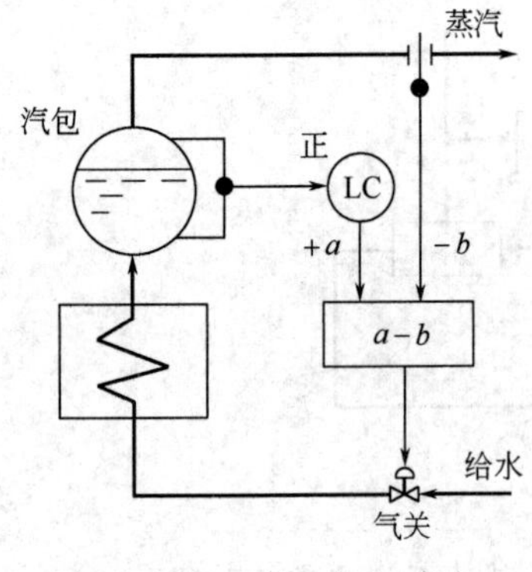

图 8-41　双冲量控制系统

号。当控制阀选为气关阀，液位控制器 LC 选为正作用时，其运算器中的液位信号运算符号应为正，以使液位增加时关小控制阀；蒸汽流量信号运算符号应为负，以使蒸汽流量增加时开大控制阀，满足由于蒸汽负荷增加时对增大给水量的要求。图 8-42所示是双冲量控制系统的方块图。由图可见，从结构上来说，双冲量控制系统实际上是一个前馈-(单回路）反馈控制系统。当蒸汽负荷的变化引起液位大幅度波动时，蒸汽流量信号的引入起着超前的控制作用（即前馈作用)，它可以在液位还未出现波动时提前使控制阀动作，从而减少因蒸汽负荷量的变化而引起的液位波动，改善控制品质。

影响锅炉汽包液位的因素还包括供水压力的变化。当供水

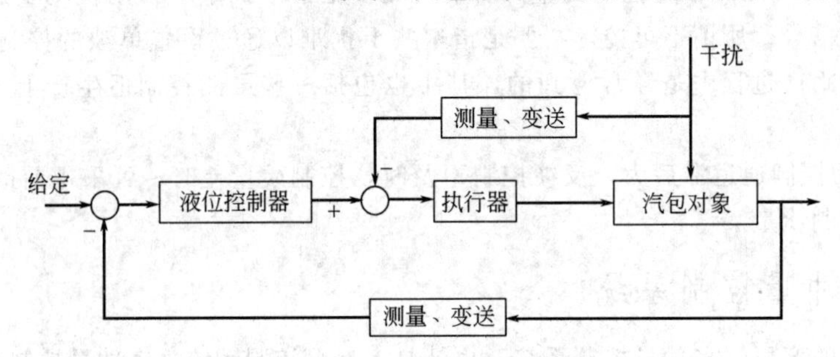

图 8-42　双冲量控制系统方块图

压力变化时，会引起供水流量变化，进而引起汽包液位的变化。双冲量控制系统对这种干扰的克服是比较迟缓的。它要等到汽包液位变化以后再由液位控制器来调整，使进水阀开大或关小。所以，当供水压力扰动比较频繁时，双冲量液位控制系统的控制质量较差，这时可采用三冲量液位控制系统。

(3) 三冲量液位控制系统

图 8-43 所示是锅炉液位的三冲量控制系统示意。在系统中除了液位与蒸汽流量信号外，再增加一个供水流量的信号。它有助于及时克服由于供水压力波动而引起的汽包液位的变化。由于三冲量控制系统的抗干扰能力和控制品质都比单冲量、双冲量控制要好，所以用得比较多，特别是在大容量、高参数的近代锅炉上，应用更为广泛。

图 8-44 所示是三冲量控制系统的一种实施方案，图 8-45 是它的方块图。

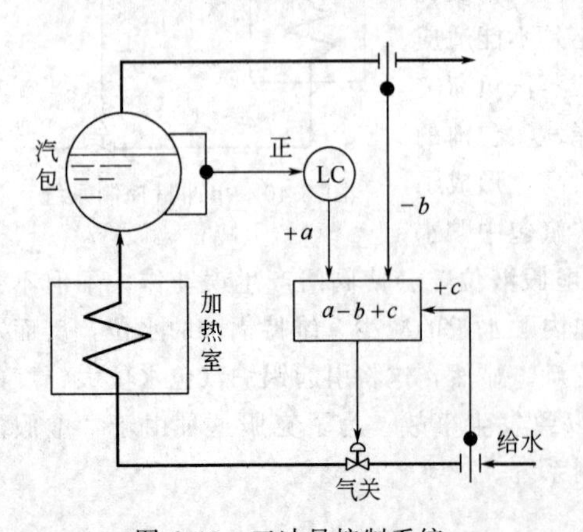

图 8-43　三冲量控制系统

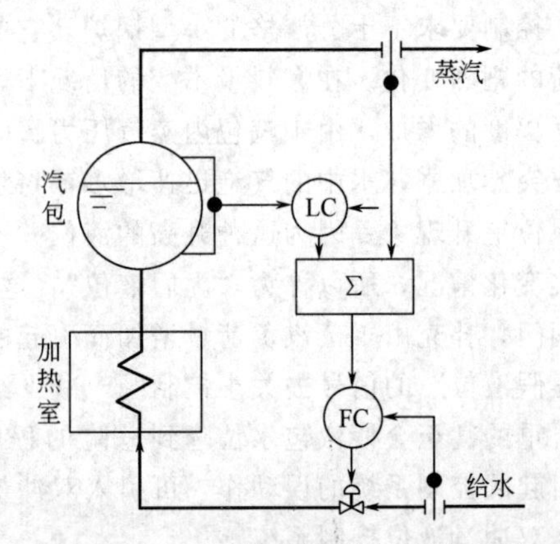

图 8-44　三冲量控制系统的实施方案

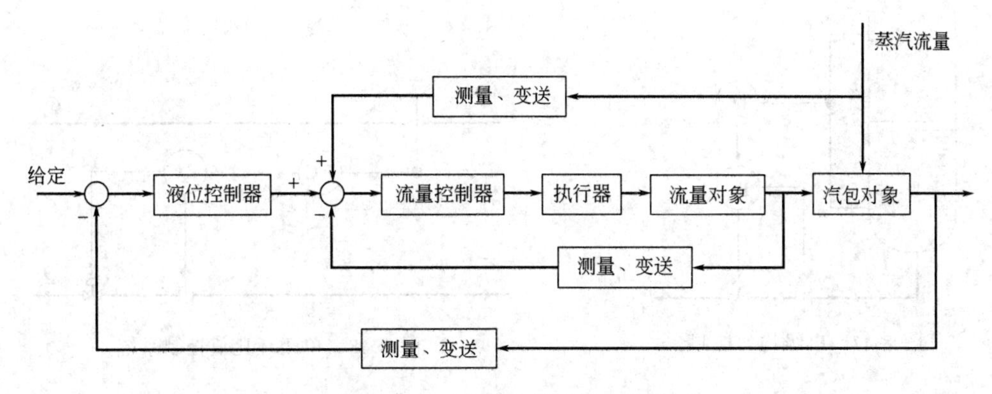

图 8-45　三冲量控制系统方块图

由图可见，这实质上是前馈-串级控制系统。在这个系统中，是根据三个变量（冲量）来进行控制的。其中汽包液位是被控变量，也是串级控制系统中的主变量，是工艺的主要控制指标；给水流量是串级控制系统中的副变量，引入这一变量的目的是为了利用副回路克服干扰的快速性来及时克服给水压力变化对汽包液位的影响；蒸汽流量是作为前馈信号引入的，其目的是为了及时克服蒸汽负荷变化对汽包液位的影响。

思考题与习题

1. 什么是串级控制？画出串级控制系统的典型方块图。

2. 串级控制系统有哪些特点？主要使用在什么场合？与简单控制系统相比，串级控制系统有什么优点？

3. 控制系统中的主、副变量应如何选择？

4. 为什么说串级控制系统中的主回路是定值控制系统，而副回路是随动控制系统？

5. 图 8-46 所示为聚合釜温度控制系统。

(1) 这是一个什么类型的控制系统？试画出它的方块图。

(2) 聚合釜的温度不允许过高，否则易发生事故，试确定控制阀的气开、气关型式，及主、副控制器的正、反作用型式。

(3) 简述当冷却水压力变化时的控制过程。

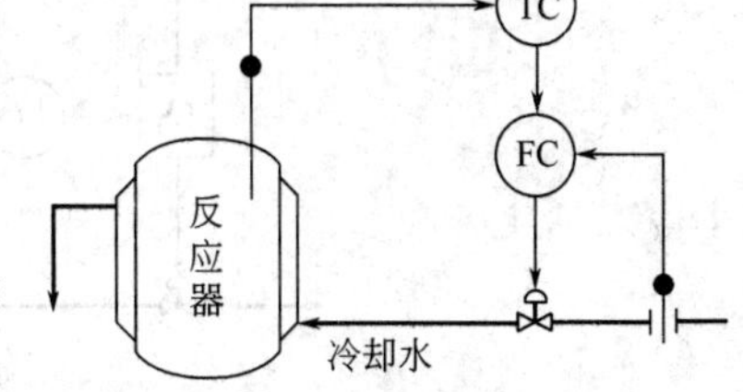

图 8-46　聚合釜温度控制系统

(4) 如果冷却水的温度是经常波动的，上述系统应如何改进？

(5) 如果选择夹套内的水温作为副变量构成串级控制系统，试画出它的方块图，并确定主、副控制器的正、反作用。

6. 为什么在一般情况下，串级控制系统中的主控制器应选择比例积分作用或比例积分微分作用，而副控制器选择比例作用？

7. 串级控制系统中主、副控制器的参数整定有哪两种主要方法？试分别说明之。

8. 均匀控制系统的目的和特点是什么？

9. 简单均匀控制系统和简单控制系统有什么异同之处？

10. 图 8-47 所示是串级均匀控制系统示意，试画出该系统的方块图，并分析这个方案与普通串级控制系统的异同点。

11. 什么是比值控制系统？

12. 比值控制系统有哪些类型？它们各有什么特点？适用于什么场合？

13. 试简述图 8-48 所示的单闭环比值控制系统，在 Q_1 和 Q_2 分别有波动时控制系统的控制过程。

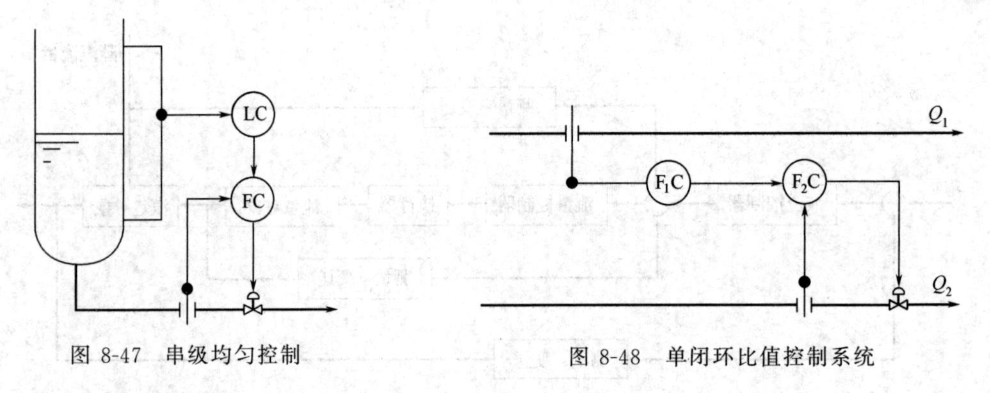

图 8-47　串级均匀控制　　　　图 8-48　单闭环比值控制系统

14. 双闭环比值控制系统与串级控制系统有什么异同点？

15. 什么是变比值控制系统？

16. 在图 8-49 所示的控制系统中，被控变量为精馏塔塔底温度，控制手段是改变进入塔底再沸器的热剂流量，该系统采用 2℃的气态丙烯作为热剂，在再沸器内释热后呈液态进入冷凝液贮罐。试分析：

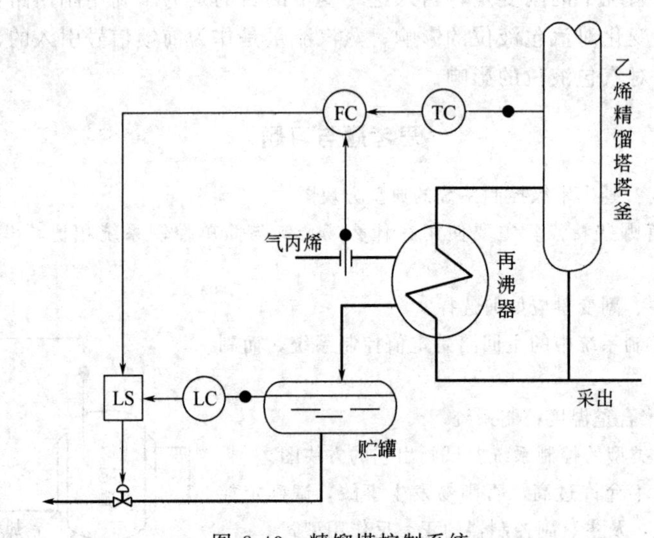

图 8-49　精馏塔控制系统

(1) 该系统是一个什么类型的控制系统？试画出其方块图；

(2) 若贮罐中的液位不能过低，试确定调节阀的气开、气关型式及控制器的正、反作用型式；

(3) 简述系统的控制过程。

17. 什么是生产过程的软保护措施与硬保护措施？与硬保护措施相比软保护措施有什么优点？

18. 选择性控制系统有些什么类型？各有什么特点？

19. 系统为什么会出现积分饱和？积分饱和的危害是什么？产生积分饱和的条件是什么？抗积分饱和的措施有哪些？

20. 什么是分程控制系统？它区别于一般简单控制系统的最大特点是什么？

21. 分程控制系统应用于哪些场合？试分别举例说明其控制过程。

22. 分程控制系统中控制器的正、反作用是如何确定的？试举例说明。

23. 在分程控制系统中，什么情况下选择同向动作的调节阀？什么情况下选择反向动作的调节阀？

24. 采用两个控制并联的分程控制系统为什么能扩大控制阀的可调范围？

25. 与反馈控制系统相比，前馈控制系统有什么特点？为什么一般控制系统中不单纯采用前馈控制，而是采用前馈-反馈控制系统？

26. 什么是多冲量控制系统？

27. 试说明在双冲量控制系统中，引入蒸汽流量这个冲量的目的。

28. 在三冲量控制系统中，为什么要引入供水流量这个冲量？

29. 试结合图8-45所示的锅炉液位三冲量控制系统，分别说明当汽包液位、蒸汽流量、供水流量变化时，控制系统的工作过程。

9 新型控制系统

20 世纪 40 年代开始形成的控制理论被称为经典控制理论。经典控制理论对线性定常对象、单输入单输出等简单对象极为有效。其中最辉煌的成果之一是 PID 控制规律。PID 控制规律具有控制原理简单，易于实现等诸多优点。到目前为止，工业控制中仍有 85%以上的系统使用 PID 控制规律。但随着科学技术和工业生产的迅速发展，生产过程不断地趋向于大型化和复杂化，对于大型、复杂、多变量、各变量之间相互关联，具有非线性和时变性的工业过程来说，经典控制理论就有了其局限性。

在 20 世纪 60 年代发展起来的现代控制理论，以状态空间法为基础，对多输入-多输出等多变量线性系统进行了透彻的研究，并在航天、航空、制导等领域取得了辉煌的成果。但由于实际的工业过程常具有非线性、时变性和不确定性，且大多数工业过程十分复杂，难以建立精确的数学模型，所以现代控制理论在工业控制中的应用收效甚少。

为解决经典控制理论及现代控制理论所碰到的难题，以及实现大规模复杂工业生产过程的最优控制，从 20 世纪 70 年代开始，人们除了加强对生产过程建模、系统辨识、自适应控制、鲁棒控制等，在现代控制理论基础上发展起来的各种理论分支进行研究外，还不断探索新理论新方法，相继形成和发展了智能控制、模糊控制、人工神经元网络控制、专家系统等新的控制理论和技术，并逐步在工业控制领域得到广泛应用。

本章将对解耦控制、推断控制、自适应控制、预测控制、模糊控制、神经元网络控制、智能控制与专家系统、故障检测与故障诊断等新型控制系统作简要介绍。与传统的 PID 控制相比，它们的控制性能有了较明显的提高。

9.1 解耦控制

9.1.1 系统间的相互关联

在同一个工艺设备中具有两个以上的控制系统时，两个控制器的作用往往会产生相互影响，如图 9-1 所示的压力和流量控制系统。若因某一干扰使压力 p 升高，压力控制器 PC 就会命令控制阀 A 开大，使压力 p 降低，以保持给定值，与此同时，由于压力 p 的增加，影响到流量控制系统，虽然控制阀 B 的开度不变，但是通过阀门的流量却增加了，这时流量控制器 FC 就会命令控制阀 B 关小，以便使流量回复到给定值。在这个动态过程中可以看到，当两个系统都受到干扰时，两个控制阀动作的结果都是使流量增加或减少，它们的动作方向是一致的，这种关联性质是相加的。如果两个阀动作的结果，一个使被控变量增加，另一个使被控变量减少，它们的动作方向是相反的，则这种关联性质是相减的。

通过以上分析可以看到，压力和流量两个控制系统是相互关联的，其中一个控制系统的输出将会影响另一个，它们的动态关系是十分密切的。由于两个对象都非常灵敏，其关联性质又是相加的，因此对这样的系统来说，往往容易产生过调现象，引起两个系统不停地振荡。

一般来说，在一个装置或设备上设置多个控制系统时，就有可能出现关联现象。图 9-2 所示为 2×2 多输入-多输出过程的方块图。由图可知系统的输出为

$$\begin{cases} Y_1(s)=G_{11}(s)U_1(s)+G_{12}(s)U_2(s) \\ Y_2(s)=G_{21}(s)U_1(s)+G_{22}(s)U_2(s) \end{cases} \tag{9-1}$$

如果式（9-1）中的传递函数 $G_{12}(s)$、$G_{21}(s)$ 都等于零，系统间无关联，不存在耦合关系；若 $G_{12}(s)$、$G_{21}(s)$ 其中的一个为零，则系统为半耦合的；若 $G_{12}(s)$、$G_{21}(s)$ 都不为零，则两控制系统相互关联，存在耦合关系。

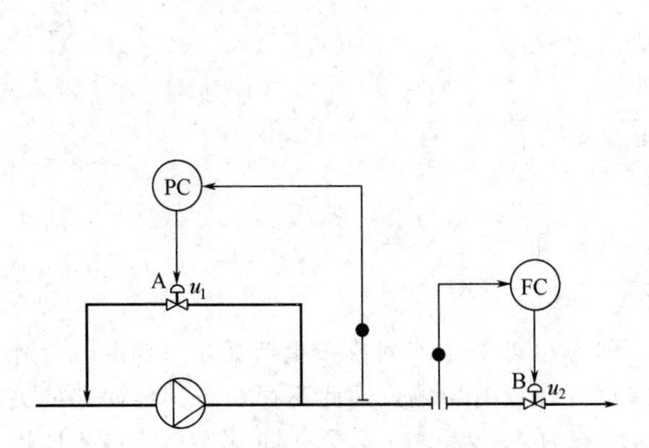

图 9-1　相互关联的压力及流量控制系统

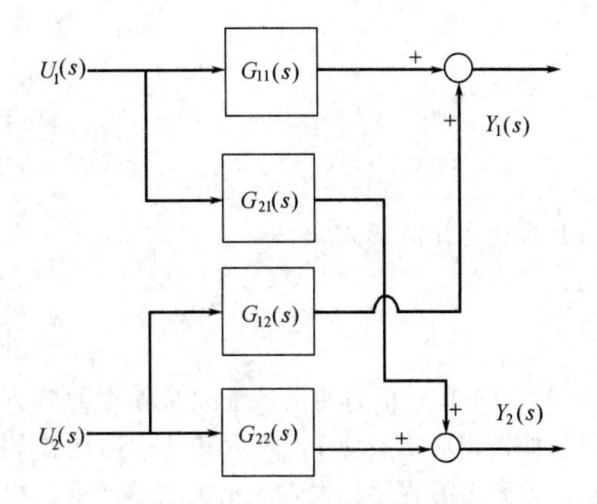

图 9-2　2×2 多输入-多输出系统方块图

系统间的关联程度都不一样，有的很强，有的并不显著。系统间的关联程度通常用相对增益 λ_{ij}（对于图 9-2 所示的 2×2 系统来说，$i=1$，2；$j=1$，2）来表征。下面以图 9-2 所示的 2×2 系统为例，对相对增益 λ_{ij} 的定义及特性进行讨论。

当输入 u_j（$j=1$，2）作用于输出 y_i（$i=1$，2）时，某通道在其他系统均为开环时的放大系数与该通道在其他系统均为闭环时的放大系数之比称为相对增益 λ_{ij}。这里所谓开环是指除了 u_j 以外，其他的输入变量都保持不变；所谓闭环是指除了 y_i 以外其他的输出变量都保持不变。

为简便起见，有时只考虑稳态情况，此时对于式（9-1）有

$$\begin{cases} y_1 = k_{11}u_1 + k_{12}u_2 \\ y_2 = k_{21}u_1 + k_{22}u_2 \end{cases} \tag{9-2}$$

式中，k_{11}、k_{12}、k_{21}、k_{22} 分别为变量 u_1 作用于输出 y_1、变量 u_2 作用于输出 y_1，以及变量 u_1 作用于输出 y_2、变量 u_2 作用于输出 y_2 的放大系数。

根据定义及式（9-2），当 $i=1$，$j=1$ 时，u_1 作用于 y_1 的开环放大系数为

$$\left.\frac{\Delta y_1}{\Delta u_1}\right|_{\text{开环}} = k_{11} \tag{9-3}$$

根据定义及式（9-2）系统闭环时有

$$\begin{cases} \Delta y_1 = k_{11}\Delta u_1 + k_{12}\Delta u_2 \\ 0 = k_{21}\Delta u_1 + k_{22}\Delta u_2 \end{cases} \tag{9-4}$$

由式（9-4）求 Δu_2 得

$$\Delta u_2 = -\frac{k_{21}}{k_{22}}\Delta u_1 \tag{9-5}$$

将式（9-5）代入式（9-4），整理后得系统的闭环放大系数为

$$\left.\frac{\Delta y_1}{\Delta u_1}\right|_{\text{闭环}} = k_{11} - \frac{k_{12}k_{21}}{k_{22}} \tag{9-6}$$

根据式（9-3）与式（9-6）得双输入-双输出系统的相对增益 λ_{11} 为

$$\lambda_{11}=\frac{k_{11}k_{22}}{k_{11}k_{22}-k_{12}k_{21}} \tag{9-7}$$

同理可得

$$\lambda_{22}=\lambda_{11}=\frac{k_{11}k_{22}}{k_{11}k_{22}-k_{12}k_{21}} \tag{9-8}$$

$$\lambda_{12}=\lambda_{21}=\frac{-k_{12}k_{21}}{k_{11}k_{22}-k_{12}k_{21}} \tag{9-9}$$

将其表述为矩阵形式为

$$\boldsymbol{\lambda}=\begin{bmatrix}\lambda_{11} & \lambda_{12}\\ \lambda_{21} & \lambda_{22}\end{bmatrix} \tag{9-10}$$

式（9-10）即为衡量系统关联程度的阵列，称为相对增益阵列或布里斯托尔（Briistol）阵列。如果相对增益为1，表示其他回路的作用对该开环没有影响，因此不存在与其他回路的关联，偏离1的程度越大，表示关联越严重。相对增益为0，表示 y_i 不受 u_j 的影响，所以不能用 u_j 来控制 y_i。

对其他多输入-多输出系统而言，上述讨论同样适用。

双输入双输出系统具有如下性质。

① 相对增益阵列中，每行和每列的元素之和为1。如当 $\lambda_{11}=0.8$ 时，$\boldsymbol{\lambda}=\begin{bmatrix}0.8 & 0.2\\ 0.2 & 0.8\end{bmatrix}$。这个基本性质在双输入双输出变量系统中特别有用。只要知道了阵列中任何一个元素，其他元素可立即求出。

② 在相对增益阵列中所有元素为正时，为正耦合。当 k_{11} 与 k_{22} 同号（都为正或都为负），k_{12} 与 k_{21} 中一正一负时，λ_{ij} 都为正值，且 $\lambda_{ij}\leqslant 1$，属正耦合系统。

③ 在相对增益阵中只要有一元素为负，为负耦合。

④ 当一对 λ_{ij} 为1，则另一对 λ_{ij} 为0，此时系统不存在稳态关联。

⑤ 当采用两个单一的控制器时，控制变量 u_j 与被控变量 y_i 间的匹配应使两者间的 λ_{ij} 尽量接近1。

⑥ 如果匹配的结果是 λ_{ij} 仍小于1，则由于控制间关联，该通道在其他系统闭环后的放大系数将大于在其他系统开环时的数值，系统的稳定性往往有所下降。

⑦ 不能采用 λ_{ij} 为负值的 u_j 与 y_i 的匹配方式，这时候当其他系统改变其开环或闭环状态时，本系统将丧失稳定性。

9.1.2 解耦控制

常用的解除或减少系统间相互关联的解耦控制方法有下面几种。

(1) 正确匹配被控变量与控制变量

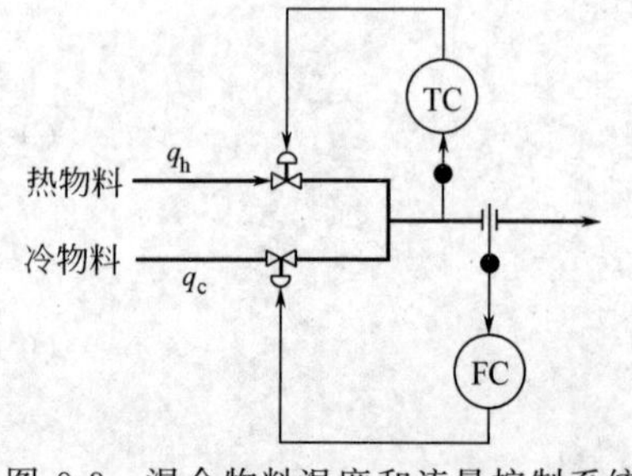

图 9-3 混合物料温度和流量控制系统

对有些系统来说，减少与解除耦合的途径可通过被控变量与控制变量间的正确匹配来解决，这是最简单的有效手段。

如图9-3所示的冷热物料混合系统，混合物料流量 F 及温度 T 都要求控制在设定值。经实验及分析计算得到，以温度 T 为被控变量，热物料流量 q_h 为控制变量所组成的温度控制系统，及以混合物料流量 F 为被控变量，冷物料流量 q_c 为控制变量所组成的流量控制系统的匹配关系为

	q_h	q_c
T	0.2	0.8
F	0.8	0.2

根据上述理论分析，由相对增益阵列可知，图 9-2 所示控制系统的被控变量与控制变量的匹配是不合理的，应重新匹配，组成以温度 T 为被控变量，冷物料流量 q_c 为控制变量的温度控制系统；及以混合物料流量 F 为被控变量，热物料流量 q_h 为控制变量的流量控制系统。

(2) 整定控制器参数，减小系统间的关联程度

图 9-1 所示的压力及流量控制系统，对象特性都很灵敏，动态联系密切，相关性质又是相加的，对于这样的系统如果能把两者之间的动态联系减弱，使两个控制回路的工作频率错开，就可使两个系统的控制正常运行。

其实现方法为，整定控制器的参数，把其中一个系统的比例度积分时间放大，使它受到干扰作用后，反应适当缓慢一些，调节过程长一些，这样就能达到目的。

在图 9-1 所示的压力和流量控制系统中，如果把流量作为主要被控变量，那么流量控制回路像通常一样整定，要求响应灵敏；而把压力作为从属的被控变量，压力控制回路整定得“松”一些，即比例度大一些，积分时间长一些。这样，对流量控制系统来说，控制器输出对被控流量变量的作用是显著的，而该输出引起的压力变化，经压力控制器输出后对流量的效应将是相当微弱的。这样就减少了关联作用。当然，在采用这种方法时，次要被控变量的控制品质往往较差，这一点在工艺允许的情况下是值得牺牲的，但在另外一些情况下却可能是个严重的缺点。

(3) 减少控制回路

把上述方法推到极限，次要控制回路的控制器取无穷大的比例度，此时这个控制回路不再存在，它对主要控制回路的关联作用也就消失。例如，在精馏塔的控制系统设计中，工艺对塔顶和塔底的组分均有一定要求时，若塔顶和塔底的组分均设有控制系统，这两个控制系统是相关的，在扰动较大时无法投运。为此，目前一般采用减少控制回路的方法来解决。如塔顶重要，则塔顶设置控制回路，塔底不设置质量控制回路而往往设置加热蒸汽流量控制回路。

(4) 串接解耦控制

在控制器输出端与执行器输入端之间，可以串接入解耦装置 $D(s)$，双输入双输出串接解耦框图如图 9-4 所示。

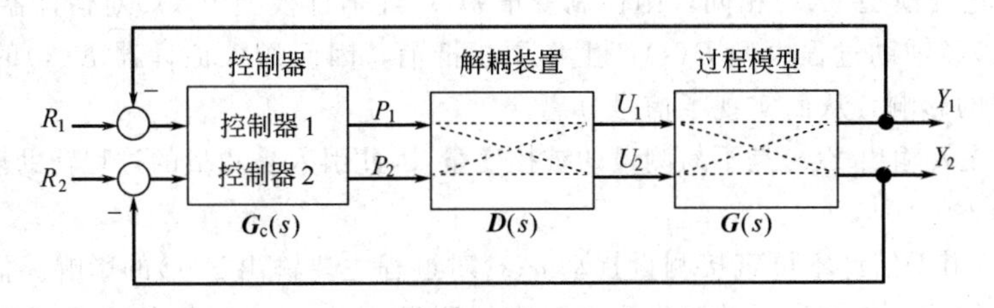

图 9-4 双输入双输出串接解耦框图

由图可得

$$\boldsymbol{Y}(s)=\boldsymbol{D}(s)\boldsymbol{G}(s)\boldsymbol{P}(s) \tag{9-11}$$

即

$$\begin{bmatrix} Y_1(s) \\ Y_2(s) \end{bmatrix}=\begin{bmatrix} D_{11}(s) & D_{12}(s) \\ D_{21}(s) & D_{22}(s) \end{bmatrix}\begin{bmatrix} G_{11}(s) & G_{12}(s) \\ G_{21}(s) & G_{22}(s) \end{bmatrix}\begin{bmatrix} P_1(s) \\ P_2(s) \end{bmatrix}=\begin{bmatrix} M_{11}(s) & 0 \\ 0 & M_{22}(s) \end{bmatrix}\begin{bmatrix} P_1(s) \\ P_2(s) \end{bmatrix}$$

找到合适的 $\boldsymbol{D}(s)$ 使 $\boldsymbol{D}(s)\ \boldsymbol{G}(s)$ 为对角矩阵，就解除了系统之间的耦合，两个控制系统不再关联。

9.2 推断控制

有时被控变量不能直接测得，因而就难以实现反馈控制。如果扰动可测，则尚能采用前馈控制。假若扰动也不能直接测得，则只能采用推断控制。

推断控制是利用数学模型由可测信息将不可测的输出变量推算出来实现反馈控制，或将不可测扰动推算出来以实现前馈控制的控制系统。

假若不可测的被控变量，只需要采用可测的输入变量或其余辅助变量即可推算出来，这是推断控制中最简单的情况，习惯上称这种系统为“采用计算指标的控制系统”，例如热焓控制、内回流控制、转化率控制等。

对于不可测扰动的推断控制是美国学者 C. B. Brosilow 等于 1978 年提出来的。它利用过程的辅助输出，如温度、压力、流量等测量信息，来推断不可直接测量的扰动对过程主要输出（如产品质量、成分等）的影响。然后基于这些推断估计量来确定控制输入，以消除不可直接测量的扰动对过程主要输出的影响，改善控制品质。

推断控制系统的基本组成如图 9-5 所示，它通常由信号分离、估计器、推断控制器三个部分组成。

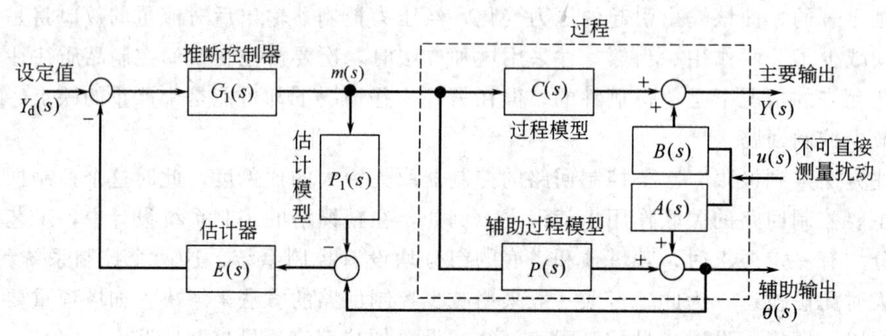

图 9-5 推断控制系统方块图

（1）信号分离

引入估计模型 $P_1(s)$将不可直接测量扰动 $u(s)$对辅助输出 $\theta(s)$的影响分离出来，若估计模型 $P_1(s)$与辅助过程模型 $P(s)$相同，则控制变量 $m(s)$经估计模型 $P_1(s)$对估计器 $E(s)$产生作用与控制变量 $m(s)$经辅助过程模型 $P(s)$产生作用相抵消，因而送入估计器 $E(s)$的信号仅为扰动变量对辅助过程的影响，从而实现了信号分离。

由于过程的主要输出 $Y(s)$是不易测量的被控变量，因此引入易测量的过程辅助输出 $\theta(s)$。

（2）估计器 $E(s)$

估计器 $E(s)$用于估计不可直接测量扰动 $u(s)$对过程主要输出 $Y(s)$的影响。估计器选取合适算法如最小二乘估计，使估计器的输出为不可直接测量扰动 $u(s)$对被控变量即主要输出影响的估计值。

（3）推断控制器 $G_1(s)$

推断控制器的设计应能使系统对设定值变化具有良好的跟踪性能，对外界扰动具有良好的抗扰动能力，一般推断控制器 $G_1(s)$设计为过程模型的逆，即在不可直接测量扰动 $u(s)$作用下，主要输出 $Y(s)=0$，而在设定值发生变化时，$Y(s)=Y_d(s)$。

对于实际系统，这样设计的控制器有时难以实现（受元器件的物理约束），为此需加入滤波器 $F(s)$。很显然，加入滤波器 $F(s)$之后，要实现设定值变化的动态跟踪以及不可直接测量扰动的完全动态补偿是不可能的。但只要滤波器的稳态放大倍数为 1，则系统的稳态性能就能够得到保证，实现稳态无差控制。

推断控制系统的成功与否，在于是否有可靠的不可测变量（输出）估计器，而这又取决于对过程的了解程度。如果过程模型很精确，就能得到理想的估计器，从而实现完善的控制。当过程模型只是近似知道时，推断控制的控制品质将随过程模型的精度不同而不同。由于推断控制是基于模型的控制，要获得过程模型精确的难度较大，所以这类推断控制应用不多。

图 9-5 所示推断控制，其实质是估计出不可测的扰动以实现前馈性质的控制。从这个意义上讲它是开环的。因此要进行完全不可直接测量扰动的补偿以及实现无差控制，必须准确地已知过程数学模型以及所有扰动特性，然而这在过程控制中往往是相当困难的。为了克服模型误差以及其他扰动所导致的过程输出稳态误差，在可能的条件下，推断控制常与反馈控制系统结合起来，构成推断反馈控制系统。

9.3 自适应控制

第 7 章、第 8 章所介绍的控制系统，其控制器参数均为固定值。在实际生产过程中，有些对象的特性是随时间而变化的，这些变化可能使工艺参数发生较大幅度的变化。对于这类生产过程，采用第 7 章、第 8 章所介绍的常规 PID 控制往往不能很好地适应工艺参数的变化，而导致控制质量下降。自适应控制系统能够通过测取系统的有关信息，了解对象特性的变化情况，再经过某种算法自动地改变控制器的可调参数，使系统始终运行在最佳状况下，从而保证控制质量不随工艺参数的变化而下降。

9.3.1 自适应控制系统的特点与功能

自适应控制系统是一个具有适应能力的系统，它必须能够辨识过程参数与环境条件的变化，并在此基础上自动地校正控制规律与控制器参数。一个自适应控制系统至少应有以下三个组成部分。

① 具有一个测量或估计环节。该环节能对过程和环境进行监视，并具有对测量数据进行分类以及消除数据中噪声的能力。它通常为对过程的输入输出进行测量，并在此基础上进行参数的实时估计。

② 具有评价系统控制效果好坏的性能指标，并具有能够测量或计算性能指标的能力，该环节能够对系统是否偏离最优状态进行判断。

③ 具有控制规律与控制器参数的调整能力，能根据评估结果自动调整控制规律或控制器的参数。

9.3.2 自适应控制系统的类型

根据自适应控制的设计原理和结构的不同，可分为如下 3 类。

(1) 增益调度自适应控制

这类系统的方块图如图 9-6 所示。系统的工作原理是直接检测引起参数变动的环境条件（辅助变量 f），直接查找预先设计好的表格选择控制器的增益，以补偿系统受环境等条件变化而造成对象参数变化的影响。这种方法的关键是找出影响对象参数变化的辅助变量 f，并找到辅助变量 f 与最佳控制器增益的对应关系。

这是最简单的自适应控制系统。这种系统结构简单，动作迅速，但参数补偿是按开环方式进行的。

(2) 模型参考自适应控制

模型参考自适应控制系统的基本结构如图 9-7 所示。图中参考模型表示控制系统的性能要求，虚线框内表示控制系统。参考模型与控制系统并联运行，接受相同的设定信号 r，它们的输出信号的差值 $e=y_m-y_p$，经过自适应机构来调整控制器的参数，直至使控制系统性能接近或等于参考模型规定的性能。

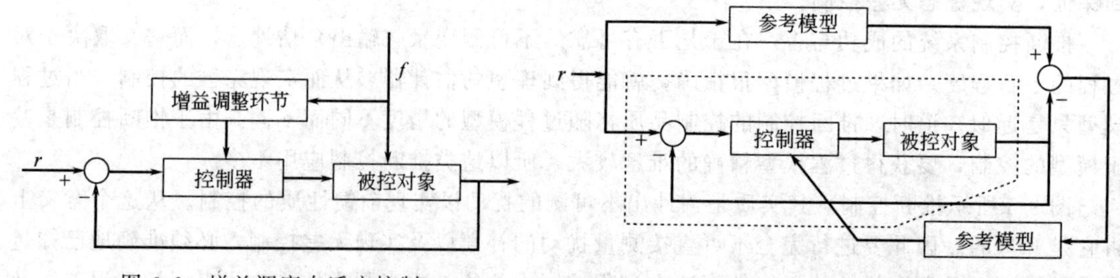

图 9-6　增益调度自适应控制　　　图 9-7　模型参考自适应控制系统的基本结构

这种系统中，不需采用专门的在线辨识装置，更新控制系统参数的依据是相对于理想模型的广义误差 $e(t)$，取目标函数 $J=\int_{t_0}^{t} e^2(t)\mathrm{d}t$，通过调整可调参数，使 J 趋于极小值。参考模型与控制系统的模型可以用系统的传递函数、微分方程、输入输出方程或系统的状态方程来表示。它的关键在于设计一个稳定的、具有较高性能的自适应机构的自适应算法。

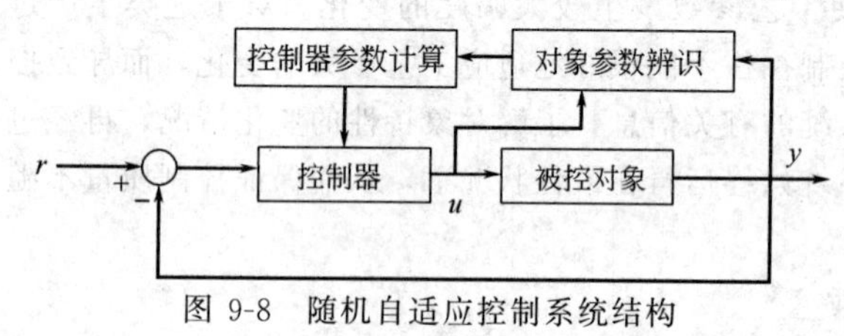

图 9-8　随机自适应控制系统结构

(3) 随机自适应控制系统

这类控制系统是应用比较广泛的一种自适应控制系统，它考虑了随机扰动。整个控制策略可分为最优估计和最优控制两部分。系统结构如图 9-8 所示。该系统在原有控制系统的基础上，增加了一个外回路。它由对象参数辨识器和控制器参数计算机构组成。对象的输入信号 u 和输出信号 y 送入对象参数辨识器，在线辨识出时变对象的数学模型，控制器参数计算机构根据辨识结果设计自校正控制律和修改控制器参数，在对象参数受到扰动而发生变化时，控制系统性能仍保持或接近最优状态。

9.4　预测控制

预测控制是 20 世纪 70 年代发展起来的一种基于模型的计算机控制算法。预测控制的基本思想与传统的 PID 控制不同。PID 控制是根据过程当前的输出测量值与设定值的偏差来确定当前的控制输入。而预测控制不但利用当前的和过去的偏差值，而且还利用预测模型来预估过程未来的偏差值，以滚动优化确定当前的最优控制策略。因此从基本思想看，预测控制优于 PID 控制。

9.4.1　预测控制的基本特征

预测控制算法的种类很多，但归纳起来各类预测控制算法都有其共同点，它们都具有预测模型、反馈校正、滚动优化、参考轨迹四个基本特征，如图 9-9 所示。

① 预测模型　预测控制需要一个描述系统动态行为的模型称为预测模型。它具有预测功能，即能够根据系统的现时刻的控制输入以及过程的历史信息，预测过程输出的未来值。在预测控制

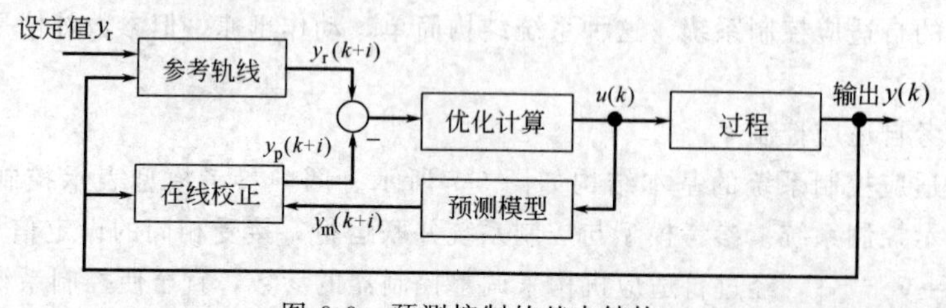

图 9-9　预测控制的基本结构

中各种不同算法，采用不同类型的预测模型，通常采用在实际工业过程中较易获得的脉冲响应模型和阶跃响应模型等非参数模型或传递函数。

② 反馈校正　在预测控制中，采用预测模型进行过程输出值的预估只是一种理想的方式，对于实际过程，由于存在非线性、时变、模型失配和扰动等不确定因素，使基于模型的预测不可能准确地与实际相符。因此，在预测控制中，通过输出的测量值 $y(k)$ 与模型的预估值 $y_m(k)$ 进行比较，得出模型的预测误差，再利用模型预测误差来对模型的预测值进行修正。

由于对模型施加了反馈校正的过程，使预测控制具有很强的抗扰动和克服系统不确定的能力。预测控制中不仅基于模型，而且利用了反馈信息，因此预测控制是一种闭环优化控制算法。

③ 滚动优化　预测控制是一种优化控制算法。它是通过某一性能指标的最优化来确定未来的控制作用。这一性能指标还涉及过程未来的行为，它是根据预测模型由未来的控制策略决定的。

但预测控制中的优化与通常的离散最优控制算法不同，它不是采用一个不变的全局最优目标，而是采用滚动式的有限时域优化策略。也就是说，优化过程不是一次离线完成的，而是反复在线进行的，即在每一采样时刻，优化性能指标只涉及从该时刻起到未来有限的时间，而到下一个采样时刻，这一优化时段会同时向前推移。因此，预测控制不是用一个对全局相同的优化性能指标，而是在每一个时刻有一个相对于该时刻的局部优化性能指标。

④ 参考轨迹　在预测控制中，考虑到过程的动态特性，为了使过程避免出现输入和输出的急剧变化，往往要求过程输出沿着一条所期望的、平缓的曲线达到设定值 y_r。这条曲线通常称为参考轨迹。它是设定值经过在线“柔化”后的产物。

将上述四个部分与对象连成整体，就构成了基于模型的预测控制系统。由于预测控制对模型结构的不唯一性，使它可以根据过程的特点和控制要求，以最为方便的方法在系统的输入输出信息中，建立起预测模型。由于预测控制的优化模式和预测模式的非经典性，使它可以把实际系统中的不确定因素体现在优化过程中，形成动态优化控制，并可处理约束和多种形式的优化目标。

因此，可以认为预测控制的预测和优化模式是对传统最优控制的修正，它使建模简化，并考虑了不确定性及其他复杂性因素，从而使预测控制能适合复杂工业过程的控制。

由于预测控制的这些基本特征，使其具备了对数学模型要求不高、模型误差具有较强的鲁棒性、能直接处理具有纯滞后的过程、具有良好的跟踪性能和较强的抗扰动能力等诸多优点。这些优点使预测控制更加符合工业过程的实际要求，这是 PID 控制或现代控制理论无 法相比的。因此，预测控制在实际工业中已得到广泛重视和应用。

9.4.2　预测控制算法的类型

目前已经有了几十种预测控制算法，其中比较有代表性的是模型算法控制（MAC）、动态矩阵控制（DMC）、广义预测控制（GPC）和内部模型控制（IMC）等。

(1) 模型算法控制

模型算法控制的结构包括如上所述的内部模型、反馈校正、滚动优化、参考轨迹四个计算环节。主要有单步模型算法控制、多步模型算法控制、增量模型算法控制和单值模型算法控制等。在此以多步模型算法控制为例。

① 内部模型　模型算法控制采用单位脉冲响应曲线这类非参数模型作为内部模型，如图 9-10 所示，分别以各个采样时刻的 $\hat{g}_i$ 表示，共取 N 个采样值。

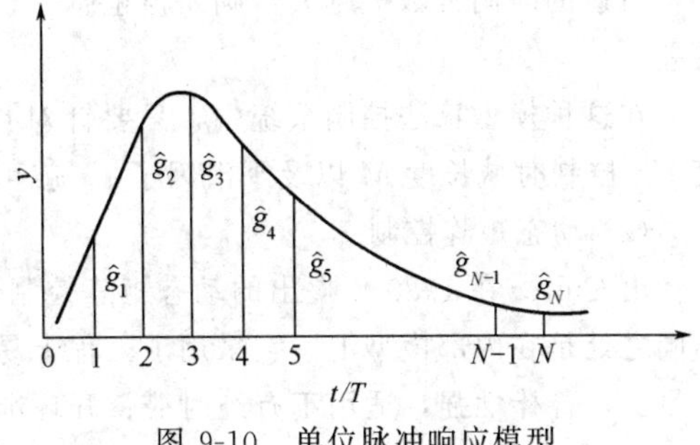

图 9-10　单位脉冲响应模型

这种模型容易测得，不必进行复杂的数据处理，尽管精度不是很高，但数据冗余量大，使其抗干扰能力较强。基于这个内部模型，由对象的过去和未来的输入、输出数据，从折积方程可预测对象未来的输出 $y_m(k+i)$ 为

$$y_m(k+1)=\hat{g}_1 u(k)+\hat{g}_2 u(k-1)+\cdots+\hat{g}_N u(k-N+1) \tag{9-12}$$

$$y_m(k+i)=\sum_{j=1}^{p}\hat{g}_j u(k+i-j) \qquad (i=1,2,\cdots,p) \tag{9-13}$$

式中，$y_m(k+1)$为 $k+1$ 时刻预测模型的输出；$\hat{g}_1$，$\hat{g}_2$，…，$\hat{g}_{N-1}$，$\hat{g}_N$ 为实测到的对象单脉冲响应序列值；$u(k-1)$，$u(k-2)$，…，$u(k-N+2)$，$u(k-N+1)$为过去相应时刻的控制输入值；N 为单位脉冲响应系列长度；p 为多步输出预测时域长度（$N\geqslant p\geqslant M$），M 为待求控制量的个数，称为控制时域长度，超过 M 的控制量不再改变，即

$$u(k+M-1)=u(k+M)=\cdots=u(k+p-1)$$

由于有了内部模型的预测作用，与传统的 PID 控制相比控制效果更好，对具有纯滞后的对象效果更为显著。

② 反馈校正　常用的修正算式为

$$y_p(k+i)=y_m(k+i)+h_i[y(k)-y_m(k)]=y_m(k+i)+h_i e(k) \tag{9-14}$$

式中，$y_p(k+i)$为闭环预测输出；$y_m(k+i)$为预测模型输出；$e(k)$为 k 时刻预测模型输出误差，$e(k)=y(k)-y_m(k)$；$y(k)$为 k 时刻对象输出的实测值；$y_m(k)$为 k 时刻预测模型的输出值；h_i 为误差修正系数，一般令 $h_i=1$（$i=1,2,3,\cdots,p$）。

③ 滚动优化　与其他最优控制一样，它的目标函数 J 是使某项性能指标最小。常用的二次型目标函数为

$$J_p=\sum_{i=1}^{p}q_i[y_p(k+i)-y_r(k+i)]^2+\sum_{j=1}^{M}\lambda_j[u(k+j-1)]^2 \tag{9-15}$$

式中，q_i，λ_j 分别为输出预测误差和控制质量的加权系数；$y_r(k+i)$为参考输入轨迹；其他符号同式（9-14）。

④ 参考轨迹　参考轨迹最广泛采用的为一阶指数变化形式。它在未来 i 个时刻的数值为

$$\begin{cases} y_r(k+i)=y(k)+[r-y(k)](1-\alpha_r^i) \\ y_r(k)=y_k \end{cases} \qquad (i=1,2,\cdots) \tag{9-16}$$

式中，r 为设定值；$\alpha_r=e^{-T_0/\tau}$ 为平滑因子；T_0 为采样周期；τ 为参考轨迹的时间常数。

采用这种参考轨迹，将减小过量的控制作用，使系统输出能平滑地到达设定值。还可看出，参考轨迹的时间常数 τ 越大，则 α 值也越大，系统的柔性越好，鲁棒性也越强，但控制快速性却变差。

在这种模型算法控制系统中，只要针对具体对象合适的选择加权系数 q_i、λ_j 和预测时域长度 p、控制时域长度 M 以及平滑因子 α，就可获得好的控制效果。

（2）动态矩阵控制

由 Culter 在 1980 年提出的动态矩阵控制也是预测控制的一种重要算法。它与模型算法控制不同之处是在内部模型上。它采用了工程上易于测取的对象阶跃响应作模型，算法比较简单，计算量少，鲁棒性强，适用于有纯时滞、开环渐近稳定的非最小相位对象，已在石化企业得到广泛的应用。

① 内部模型　本算法的内部模型为单位阶跃响应曲线，如图 9-11 所示。单位阶跃响应曲线如同单位脉冲响应曲线那样，可以表示对象的动态特性，它们之间是可以互相转换的，其关系式为

$$\begin{cases} \hat{a}_i = \sum_{j=1}^{i} g_i \\ \hat{a}_i - \hat{a}_{i-1} = \hat{g}_i \end{cases} \quad (i=1,2,\cdots,N) \quad (9\text{-}17)$$

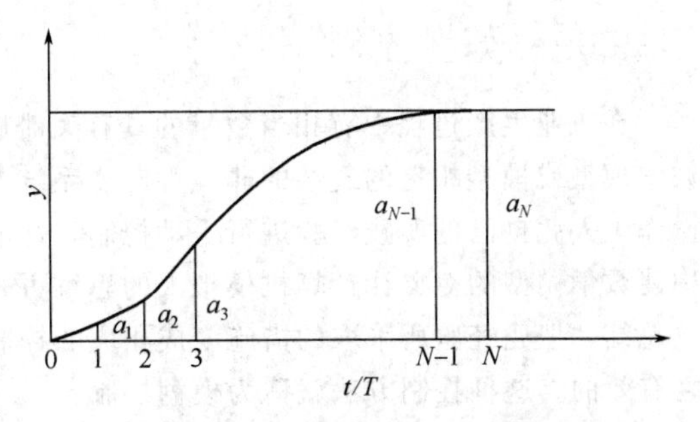

图 9-11　单位阶跃响应模型

从折积方程可推导出用单位阶跃响应表示的预测模型输出关系为

$$\begin{aligned} y_{\mathrm{m}}(k+1) &= \hat{a}_1 u(k) + (\hat{a}_2 - \hat{a}_1) u(k-1) + \cdots + (\hat{a}_N - \hat{a}_{N-1}) u(k-N+1) \\ &= \hat{a}_1 \Delta u(k) + \hat{a}_2 \Delta u(k-1) + \cdots + \hat{a}_{N-1} \Delta u(k-N+2) + \hat{a}_N \Delta u(k-N+1) \end{aligned} \quad (9\text{-}18)$$

同理，可推导出预测时域长度为 p、控制时域长度为 M 的不同预测长度 i 的模型输出 $y_{\mathrm{m}}(k+i)$。

② 反馈校正环节、滚动优化环节及参考轨迹环节　反馈校正环节、滚动优化环节及参考轨迹环节的算法同模型算法控制，见式（9-14）～式（9-16）。

(3) 广义预测控制

由 Clarke 于 1987 年提出来的广义预测控制，经过近 10 多年来的研究与开发，得出了不少的改进算法，并在工业控制领域得到了广泛应用。

虽然预测控制算法对内部模型要求不高，即使有些误差，由于采用反馈校正，使误差得到补偿，再加上采用滚动优化技术，使模型由于对象时变、干扰和失配等造成的影响能及时得到补偿，与传统的 PID 控制相比，系统的稳定性和鲁棒性得到很大提高。但若对象的预测模型与真实模型失配较大时，也会使系统的动态特性和控制质量变坏，甚至可能使系统失稳，破坏系统的正常运行。解决这一问题的有效方法就是引入自适应控制的思想，广义预测控制正是这种解决方案的算法。

(4) 内部模型控制

内部模型控制是 Garcia 于 1982 年提出来的一种新型控制算法，它的基本结构如图 9-12 所示。对象为 G，$\hat{G}$ 为对象的内部模型，G_{c} 为内模控制器，G_{f} 为反馈滤波器，G_{r} 为参考输入滤波器，y、u 为对象的输出量和输入量，r 为给定值，y_{r} 为给定值经输入滤波器柔化后的参考轨迹，v 为外部干扰。

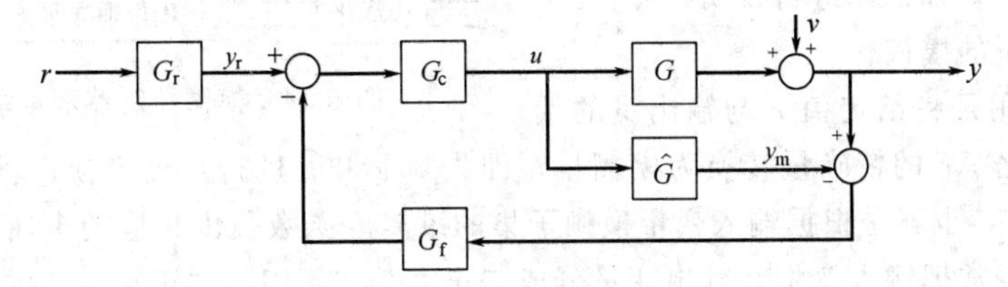

图 9-12　内部模型控制结构框图

从图 9-12 可以看出，引入内部模型 $\hat{G}$ 后，反馈量已由原来的输出量反馈变为扰动量反馈，而且控制器设计也变得较为容易。当模型与对象失配时，在反馈回去的信息中，还含有模型失配的误差信息，从而有利于控制系统的抗干扰设计，增强系统的鲁棒性。

9.5 模糊控制

在工业生产过程中有相当数量的具有大滞后、非线性及时变性的复杂工业对象，及无法获得数学模型或模型粗糙的复杂的非线性时变系统，难以用经典的控制方法实现自动控制。但熟练的操作工人凭自己的实践经验进行手动控制，却能得到令人满意的控制效果。那么，能否对于无法构建数学模型的对象让计算机模拟人的思维方式进行控制决策呢？实践证明，把人的丰富经验加以总结，把凭经验所采取的措施变成相应的控制规则，对复杂的工业过程进行自动控制是十分行之有效的。这种控制方法就称为模糊控制。

模糊控制是以模糊集合论、模糊语言变量及模糊推理为基础的一种计算机数字控制。与传统的控制方法相比，具有实时性好，超调量小，抗干扰能力强，稳态误差小等优点。从线性控制与非线性控制的角度出发，模糊控制是一种非线性控制；从控制器的智能性出发，模糊控制并不需要建立控制过程的精确的数学模型，而是完全凭人的经验知识“直观”地控制，属于智能控制的范畴。

9.5.1 模糊控制的基本原理

图 9-13 所示为模糊控制系统的方块图。从系统结构上来说，模糊控制系统类同于一般的数字控制系统，对象的输出（被控变量）y 被反馈回输入端与给定值进行比较后得到偏差 e，偏差 e 和偏差变化率 c 输入到模糊控制器。由模糊控制器推断出控制量 u 来控制对象。

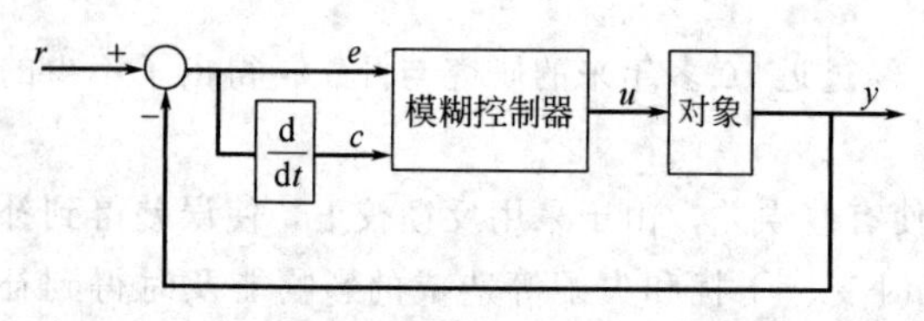

图 9-13 模糊控制系统方块图

由于对模糊控制来说，输入和输出都是精确的数值，而模糊控制原理是采用人的思维，也就是按语言规则进行推理的，因此必须将输入数据变换成语言值，这个过程称为精确量的模糊化（Fuzzification），然后进行推理及控制规则的形成（Rule Evaluation），最后将推理所得结果变换成实际的一个精确的控制值。综上所述，模糊控制的几个步骤如下。

① 根据所得到的对象输出（被控变量）计算系统的输入变量。一般选择偏差信号及偏差信号的变化率为模糊控制器的输入量。

② 将输入变量模糊化，即将输入变量的精确值变为模糊量。

③ 根据输入变量（模糊量）及模糊控制规则，按模糊推理合成规则计算控制量（模糊量）。

④ 将得到的控制量（模糊量）精确化。

模糊控制器的基本结构框图如图 9-14 所示。下面对输入变量的模糊化、模糊推理、控制变量的清晰化以及知识库进行说明。

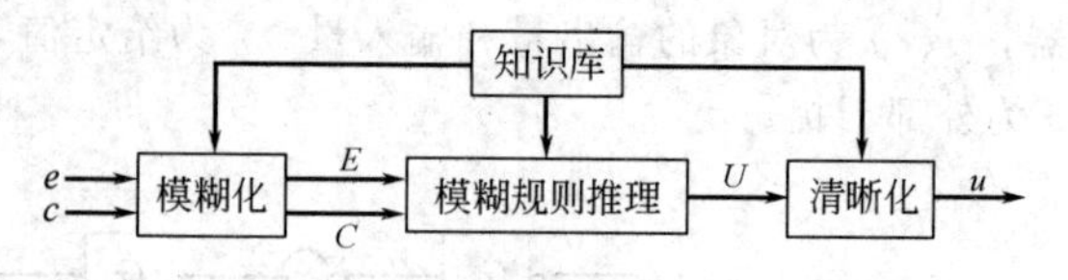

图 9-14 模糊控制器基本结构框图

(1) 输入变量的模糊化

这部分的作用是将给定值 r 与输出量的偏差 e 及偏差的变化率 c 的精确量转换为模糊量，即先对 e 和 c 进行尺度变换，再进行模糊处理，成为模糊量 E、C，也就是根据输入变量模糊子集的隶属度函数找出相应的隶属度的过程。在实际控制过程中，经常把输入变量和输出变量分成“正大”、“正中”、“正小”、“零”、“负小”、“负中”、“负大”这七级，称模糊分割为七级，用英文字母表示为

$$\{PL, PM, PS, ZE, NS, NM, NL\}$$

每一个变量的语言值都对应一个模糊子集。先要确定这些模糊子集的隶属度函数（Membership Function），才能进行模糊化这一步骤。

一个语言变量的各个模糊子集之间没有明确的分界线，反映在模糊子集的隶属度函数的曲线上，就是这些曲线必定是相互重叠的，这个相邻隶属度函数的合适选择的重叠正是一个模糊控制器相对于参数变化时具有鲁棒性（Robust）的原因所在。

各种隶属度函数曲线形状对控制性能的影响不大，所以一般选择三角形或梯形，这不仅出于它们的形状简单，计算工作量少，也在于当输入值变化时，三角形状的隶属度函数比正态分布状的要具有更大的灵敏性。当存在偏差时，就能迅速产生一个相应的输出。这一点对于控制器的特性来说相当重要，因此，当需要在某一量值范围内控制器的响应灵敏的话，那里相应位置的三角形隶属度函数曲线的斜率可取大些。反之，当某一量值范围要求控制不灵敏时，此处曲线则变化平缓，甚至呈水平线状，如图 9-15 所示。

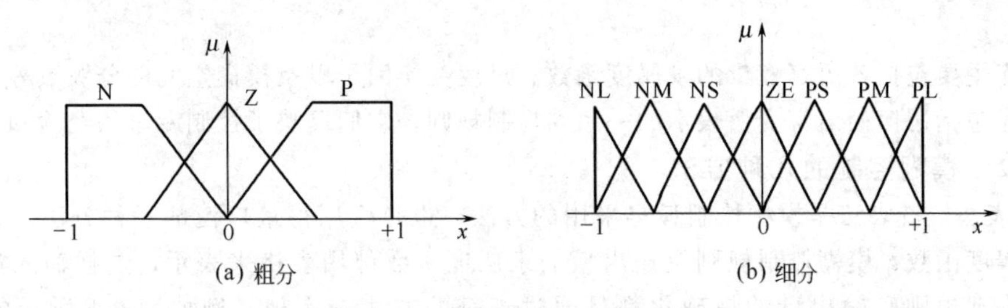

图 9-15 模糊分割的图形表示

模糊控制器的非线性性能与隶属度函数总体的位置分布有密切关系，而每个隶属度函数的宽度与位置又确定了每个规则的影响范围，它们必须重叠，所以在设定一个语言变量的隶属度函数时，所要考虑的因素为：隶属度函数的个数、形状、位置分布和相互重叠程度等。为缩短优化时间及提高控制的及时性，应从实际出发，针对具体过程，设置语言变量的级数。

（2）模糊控制规则

模糊规则推理是模糊控制的核心，它具有模拟人的基于模糊概念的推理能力。模糊推理需要依据语言规则进行，因此在进行模糊规则推理之前，先要制定好语言控制规则，称为规则库。

控制规则是根据操作者或专家的经验知识来确定，它们也可以在试验过程中不断进行修正和完善。规则的形式一般为常用的条件语句，描述为：IF X is A and Y is B，THEN Z is C。

这是用来表示系统控制规律的推理式，通常称为规则（RULE）。其中 IF 部分的“X is A and Y is B”称为前件部，THEN 部分的“Z is C”称为后件部，X、Y 是输入变量，Z 是推理结果。在模糊推理中 X、Y、Z 都是模糊量，而现实系统中的输入、输出量都是确定量，所以在实际模糊控制实现中，输入、输出量 X、Y 要进行模糊化，Z 要进行清晰化。A、B、C 是模糊集，在实际系统中用隶属度函数表示，一个实际的模糊控制器是由若干条这样的规则组成的，当然输入、输出变量可能有多个。

有了模糊控制规则库，模糊控制器就可根据这些规则实现控制。控制工作要满足完备性的要求，即对任意的输入应确保它至少有一个适用的规则。

模糊控制的描述使用规则，而规则的多少、规则的重叠程度、隶属度函数形状等都可以视输入及输出量数目及要求的精度灵活而定，这虽增加了控制的灵活性，但也使系统的建立和调整不容易把握，需要经过反复的修改和调试才能得到比较满意的结果。

由于规则的质量对于控制品质的优劣起着关键的作用，所以有必要对规则进行优化。优化方法之一是建立合适的规则数和正确的规则形式，而另一重要方法是给每条规则赋予适当的权数或称置信因子（Credit Factor），它可以凭经验给出或关键模拟试验效果来确定。而神经网络则是建立规则和确定规则权数的一条捷径。

（3）控制变量的精确化

精确化是将语言表示的模糊量回复到精确的数值，也就是根据输出模糊子集的隶属度计算出确定的输出数值。精确化有各种方法，其中最简单的一种是最大隶属度方法。在控制技术中现在最常用的精确化方法则是面积重心法 COG（Center of Gravity），其计算式为

$$u=\frac{\sum f(z_i)z_i}{\sum f(z_i)} \tag{9-19}$$

式中，$f(z_i)$为各规则结论的隶属度。如果是连续变量，要用积分形式来表示。

选择什么样的方法进行精确化，与隶属度函数的形状及所选择的推理方法有关。

（4）知识库

知识库中包含了具体应用领域中的知识和要求的控制目标。它通常由数据库和模糊控制规则库组成。

数据库主要包括各语言变量的隶属度函数、尺度变换因子以及模糊空间的分级数等。

规则库包括用模糊语言变量表示的一系列控制规则，它们反映了控制专家的经验和知识。

9.5.2 模糊控制的几种方法

① 查表法　查表法是模糊控制最早采用的方法，也是应用得最广泛的一种方法。它是将输入量的隶属度函数、模糊控制规则及输出量的隶属度函数都用表格来表示，这样输入量的模糊化、模糊推理规则和输出量的精确化都是通过查表的方法来实现。例如表 9-1 所示的模糊决策表。

表 9-1　模糊决策表示例

<table>
<tr><th>zi　yi
xi</th><th>负大
NL</th><th>负中
NM</th><th>负小
NS</th><th>0</th><th>正小
PS</th><th>正中
PM</th><th>正大
PL</th></tr>
<tr><td>负大 NL</td><td colspan="4">负大 NL</td><td rowspan="2">负中 NM</td><td colspan="2" rowspan="2">0</td></tr>
<tr><td>负中 NM</td><td colspan="2" rowspan="3">负中 NM</td><td colspan="2">负中 NM</td></tr>
<tr><td>负小 NS</td><td rowspan="2">负小 NS</td><td rowspan="2">0</td><td>0</td><td colspan="2">正小 PS</td></tr>
<tr><td>0</td><td></td><td colspan="2" rowspan="2">正中 PM</td></tr>
<tr><td>正小 PS</td><td colspan="2">负小 NS</td><td>0</td><td colspan="2">正中 PM</td></tr>
<tr><td>正中 PM</td><td colspan="2" rowspan="2">0</td><td rowspan="2">正中 PM</td><td colspan="2">负小 NS</td><td colspan="2">0</td></tr>
<tr><td>正大 PL</td><td colspan="4">正大 PL</td></tr>
</table>

表中，xi、yi 为输入量（模糊量），zi 为输出量（模糊量）。如当 xi 为负大 NL，yi 为负中 NM 时，查表可得 zi 应为负大 NL。

② 专用硬件模糊控制器　专用硬件模糊控制器是用硬件直接实现上述的模糊推理。它的优点是推理速度快，控制精度高。现在世界上已有各种模糊芯片供选用。但与使用软件方法相比，专用硬件模糊控制器价格昂贵，目前主要应用于伺服系统、机器人、汽车等领域。

③ 软件模糊推理法　软件模糊推理法的特点就是模糊控制过程中输入量模糊化、模糊规则推理、输出清晰化和知识库这四部分都用软件来实现。

9.6 神经元网络控制

人脑的结构极其复杂，它是一个由上千亿个细胞组成的网状结构。神经元网络控制是用微电子技术来模拟人脑思维的一种控制方法。它是一种基本上不基于模型的控制方法，具有较强的适应和学习功能，比较适用于具有不确定性或高度非线性的被控对象，属智能控制的范畴。

9.6.1 神经元模型

（1）生物神经元模型

人脑由大量的细胞组合而成，它们之间相互连接，组成了一个极其复杂的网络。每个细胞的结构如图 9-16 所示。

脑神经元由细胞体、树突和轴突构成。细胞体是神经元的中心，它又由细胞核、细胞膜等组成。树突是神经元的主要接收器，用来接收信息。轴突的作用是传导信息，从轴突起点传到轴突末梢，轴突末梢与另一个神经元的树突或细胞体构成一个突触的机构，通过突触实现神经元之间的信息传递。

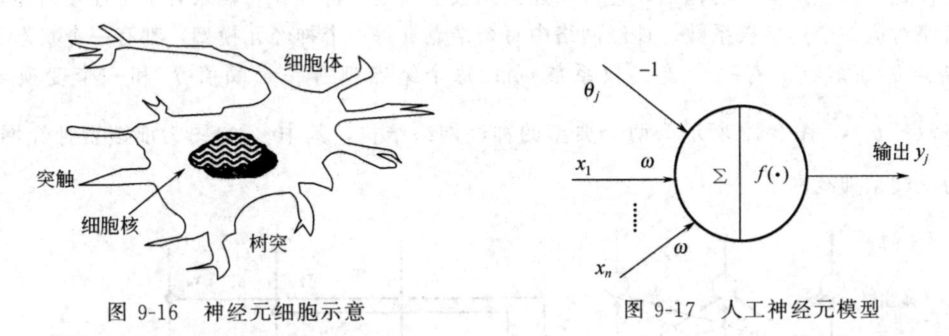

图 9-16 神经元细胞示意　　图 9-17 人工神经元模型

(2) 人工神经元模型

人工神经元网络是利用物理器件来模拟生物神经网络的某些结构和机能。人工神经元模型如图 9-17 所示。它的输入输出关系为

$$y_j = f(s_j)$$

$$s_j = \sum_{i=1}^{n} \omega_{ji} x_i - \theta_j = \sum_{i=0}^{n} \omega_{ji} x_i \quad (x_0 = \theta_j, \omega_{j0} = -1) \tag{9-20}$$

式中，$f(\cdot)$为输出变换函数；θ_j 为阈值；ω_{ji} 为连接权系数。

常见的变换函数 $f(\cdot)$的解析表达式如下。

① 比例函数

$$y = f(s) = s \tag{9-21}$$

② 符号函数

$$y = f(s) = \begin{cases} 1, & s \geqslant 0 \\ -1, & s < 0 \end{cases} \tag{9-22}$$

③ 饱和函数

$$y = f(s) = \begin{cases} 1, & s \geqslant \dfrac{1}{k} \\ ks, & -\dfrac{1}{k} \leqslant s < \dfrac{1}{k} \\ -1, & s < -\dfrac{1}{k} \end{cases} \tag{9-23}$$

④ 双曲函数

$$y = f(s) = \frac{1 - e^{-\mu s}}{1 + e^{-\mu s}} \tag{9-24}$$

⑤ 阶跃函数

$$y = f(s) = \begin{cases} 1, & s \geqslant 0 \\ 0, & s < 0 \end{cases} \tag{9-25}$$

⑥ s 形函数

$$y=f(s)=\frac{1}{1+e^{-\mu s}} \tag{9-26}$$

9.6.2 人工神经网络

人工神经网络是一个并行和分布式的信息处理网络结构，该网络结构一般由许多个神经元组成，每个神经元有一个单一的输出，它可以连接到很多其他的神经元，输入有多个连接通路，每个连接通路对应一个连接权系数。神经网络中每个结点（每一个神经元模型）都有一个状态变量 x_j；从结点 i 到结点 j 有一个连接权系数 ω_{ji}；每个结点都有一个阈值 θ_j 和一个变换函数 $f(\sum_{i=1}^{n}\omega_{ji}x_j-\theta_j)$。图 9-18 所示为两个典型的神经网络结构，其中（a）图为前馈型神经网络，（b）图为反馈型神经网络。

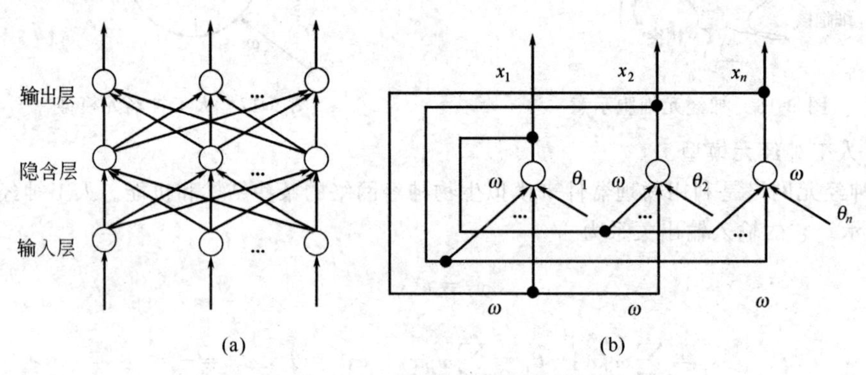

图 9-18　典型神经网络结构

人工神经网络是生物神经网络的一种模拟和近似。它主要从两方面加以模拟：一种是从结构和实现机理方面进行模拟；另一种是从功能上加以模拟，即尽量使人工神经网络具有生物神经网络的某些功能特性，如学习、识别和控制等。由于生物神经网络的结构和机理相当复杂，所以，第一种模拟方式离实现还有很大的差距。下面将着重于第二种模拟方式，简要介绍两种比较常用的神经网络。

（1）BP（反向传播，Back Propagation）网络

从结构以及从信号的传输方向看，BP 网络是一种多层前向网络，如图 9-18（a）所示。它由若干层构成，其中包括输入层、隐含层（可有多个）和输出层。它的输入、输出量是在 0 到 1 之间变化的连续量，可以实现从输入到输出的任意非线性映射。由于连接权的调整采用误差修正反向传播（Back Propagation）的学习算法，所以该网络称为 BP 网络。误差修正反向传播学习算法亦称为监督学习，它需要搜集一批正确的输入输出数据对（训练样本），在将输入数据加载到网络输入端后，把神经网络的实际响应输出与期望的正确输出相比较得到偏差，接着根据偏差的情况修改各连接权的值，以使网络朝着正确响应的方向不断变化下去，直到实际响应的输出与期望的输出之间的偏差落在允许范围之内。

BP 网络能够实现输入输出的非线性映射关系且不依赖于模型。其输入与输出的关联信息存储于连接权中，由于连接权的个数很多，个别神经元的损坏只对输入输出关系有较小的影响，因此 BP 网络具有较好的容错性。对于控制方面的应用，BP 网络具有良好的逼近特性和泛化能力。但其收敛速度慢是一个很大的缺点，这一点难以满足实时控制的要求。

（2）RBF（径向基函数，Radical Basis Function）网络

径向基函数网络结构如图 9-19 所示。它在结构上很像 BP 网络，但是它只有相当于隐层的一层，而且节点的激发函数是径向基函数 $\varphi\|\boldsymbol{I}-\boldsymbol{I}_i\|$，式中 $\boldsymbol{I}$ 是输入，$\boldsymbol{I}_i$ 是该径向基函数的中心。

在各种径向基函数中，高斯函数用得最多。

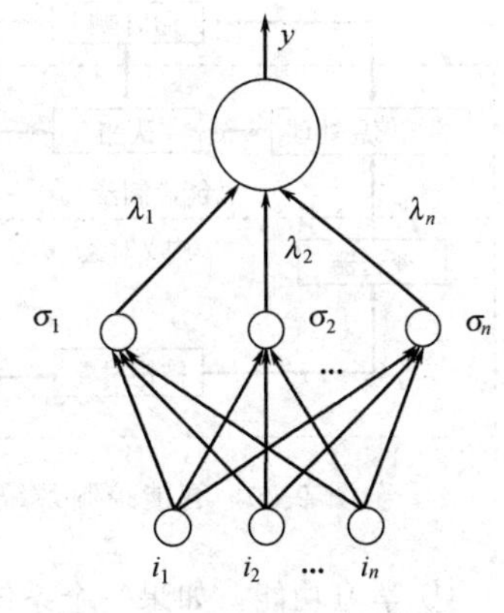

图 9-19　径向基函数网络结构

RBF 网络也有很好的非线性函数逼近能力。它另一个优点就是学习比较简捷，因为单输出 RBF 网络的输出是

$$y=\sum\lambda_i g_{\sigma i}(\|\boldsymbol{I}-\boldsymbol{I}_i\|)\quad(\boldsymbol{I}=i_1,i_2,\cdots,i_N)\qquad(9\text{-}27)$$

当采用高斯函数网络时，$\boldsymbol{I}_i$ 是 N 个脉冲函数的 $\exp[-(\boldsymbol{I}-\boldsymbol{I}_i)2/\sigma]$的中心。网络的输出 y 由 N 个脉冲函数组成，外部输入向量 $\boldsymbol{I}$ 越靠近哪个中心 $\boldsymbol{I}_i$，该脉冲函数对输出的影响就越大，反之，与中心距离较远时，该脉冲函数对输出的影响就越小，所以只要部分的网络参数就可决定网络的输出。这样参数的确定就简单了许多，也使 RBF 网络具有了学习速度快的优点。也正是因为这一原因，RBF 网络被称为局部网络，而 BP 网络则为全局模型。但 RBF 网络的泛化性要比 BP 网络差。

9.6.3　神经网络在自动控制中的应用

由于神经网络具有强大的非线性逼近能力及并行处理工作方式等许多优异特征，所以决定了它在控制系统中应用的多样性和灵活性。它在自动控制中的应用主要有以下几个方面。

① 在基于精确模型的各种控制结构中充当对象的模型。

像前面介绍过的模型参考自适应控制、预测控制等都是基于模型的控制。它们在处理线性系统时都能获得比较满意的效果，但遇到非线性过程时，设计就比较困难了。而利用神经网络来作为模型，便可以解决这一难题。

② 反馈控制系统中直接充当控制器的作用。

③ 在传统控制系统中起优化计算作用。

④ 故障检测和诊断。

神经网络可被用作故障检测与诊断的工具。不同的故障情况，会产生不同的现象。将反映现象的工况变量作为网络输入，并通过网络的训练，使网络的各输出结点反映某种故障的存在与否。比如，各结点输出都接近于零，表示不存在故障，若第 i 个结点输出接近于 1，表明存在故障 i。

9.7　智能控制与专家系统

智能控制（Intelligent Control）是目前一个极受人们关注的新兴学科，它是以传统的控制理论为基础发展而来的，主要用来解决那些用一般方法难以解决的复杂系统的控制问题，如具有不确定的模型、高度的非线性或控制要求复杂的系统。智能控制将是继经典控制理论方法和现代控制理论方法之后新一代的控制理论方法。

9.7.1　智能控制概述

智能控制系统是实现某种控制任务的一种智能系统，它是人工智能和自动控制的结合。所谓智能系统是指具备一定的智能行为的系统。具体地来讲，就是对于一个问题的激励输入，系统具备一定的智能行为，并能够产生合适的解的响应，这样的系统便称为智能系统。智能控制系统的结构如图 9-20 所示。

在该系统中，广义对象包括了通常意义下具体的化工过程设备等被控对象及其所处的外部环境、执行器、变送器等。感知信息处理、认知以及规划和控制等部分构成智能控制器。感知信息处理将对变送器采集得来的生产过程信息加以处理。认知部分则主要接收和存储知识、经验、数据，并在对其进行了分析、推理和预测后输出相应的控制决策到规划和控制部分，然后再由规划和控制部分根据控制要求、反馈信息及经验知识，完成自动搜索、推理决策和动作规划，最终

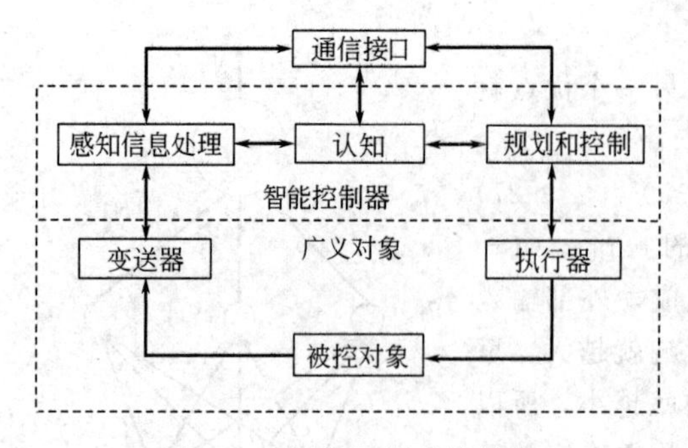

图 9-20 智能控制系统结构

产生具体的控制作用，经执行器施加于被控对象。通信接口除了提供人-机之间的联系外，还负责各个环节间的信号联系，并可根据需要将智能系统与上位计算机联系起来。

智能控制的定义并未给出一个明确的界限，即使是智能控制系统，其智能程度的高低也各有不同。通常的智能行为主要包括：判断、推理、证明、识别、感知、思考、预测、设计、学习、规划和决策等。另外，智能控制系统都大致具备以下几项功能。

① 学习功能　如果一个系统能对生产过程或其外部环境的未知特征所固有的信息进行学习，并将得到的经验用于进一步的估计、分类、决策或控制，从而使系统的性能得到改善，那么便称该系统为学习系统。

具有学习功能的控制系统就称为学习控制系统，这里主要强调其具备学习功能的特点。对于不同的智能系统，其学习功能也有高有低，低层次的学习功能主要指对被控对象参数的学习；而高层次的学习则是指知识的更新和遗忘等。

② 适应功能　此处所涉及的适应功能要比前面所介绍的自适应控制中的适应功能具有更为广泛的意义，它包括更高层次的适应性。由于智能行为实质上是一种从输入到输出的映射关系，它可看作是不依赖模型的自适应估计，因此它具有很好的适应性能。当系统的输入是没有学习过的新情况时，由于适应功能的补偿作用，仍能给出适当的输出。甚至当系统的某部分出现故障时，系统仍能正常地工作。如果系统具有更高程度的智能的话，系统还能进行故障的自诊断及自动修复，从而体现了更强的适应性。

③ 组织功能　组织功能指的是对于复杂的系统和分散的变送器信息具有自行组织和协调的能力，它也可表现为系统具有相当程度的主动性和灵活性，即智能控制器可以在任务要求的范围内自行决策、主动地采取行动；而当出现多目标相互冲突时，它还能依据一定的限制条件自行裁决。智能控制是多学科的交叉，其内容十分广泛，目前仍处于它的发展初期，还未能建立起一个完整的理论体系，因此，要系统地讨论其理论内容为时尚早。对于已经发展起来的智能控制系统，目前最主要的有三种形式，即前面介绍过的模糊控制、人工神经网络及专家系统。它们既可以单独地使用，也可以和其他形式的系统结合使用，并适用于过程建模、控制优化、计划调度和经营决策等不同的层面。

9.7.2 智能控制的主要类型

根据智能控制系统的定义和控制功能，可对各种智能控制器进行分类，主要类型有以下几种。

① 自寻优智能控制器　它具有拟人的“自寻优”功能，不要求预先知道被控对象的精确数学模型，就能够自动寻找系统的最优工作状态；并能适应对象特性的漂移，自动保持最优工作状态。

② 自学习智能控制器　它具有拟人的“自学习”功能，可在系统运行过程中，根据控制性能指标要求，利用反馈信息，自动修改控制器参数或控制规律，不断积累经验，逐步改善控制系统的工作状态。

③ 自适应智能控制器　它具有拟人的“自适应”功能，能适应系统的环境条件或被控对象特性的变化，自动校正或调整控制器的参数和性能，以保持系统最优的或满意的工作状态。

④ 自组织智能控制器　它具有拟人的“自组织”功能，能根据控制目标要求，以及有关对象特性和环境条件的信息，利用所需的控制软件、控制元件与部件和连接工具，自动组成合乎要

求的控制器。

⑤ 自修复智能控制器　它具有拟人的“自修复”功能，能自动诊断和排除控制系统故障，维持系统正常工作状态。

⑥ 自锁定智能控制器　它具有拟人的“自锁定”功能，能在环境条件和对象特性不确知、不确定，缺乏完备的信息的情况下，自动寻求、保持控制系统的稳定性。

⑦ 自协调智能控制器　它具有拟人的“自协调”功能，能自行协调大系统中各子系统的工作，在各子系统稳定和优化的基础上，自动实现大系统的稳定和优化。

⑧ 自繁殖智能控制器　它具有拟人的“自繁殖”功能，能根据系统的目的、要求或环境条件变化的需要，自动复制或生成类似的或新的控制器。

9.7.3　专家控制系统

(1) 专家控制系统的概念

自动控制学科从经典控制理论发展到现代控制理论，以及预测控制等一批先进控制算法，并取得了巨大的进展。但是，这种传统控制理论必须依赖被控对象的严格的数学模型来求取最优控制效果。而实际对象，尤其是化工生产过程存在着许多难以建模的因素。完善的模型一般都难以解析表示，过于简化的模型往往又不足以解决实际问题。因此，自动控制领域专家开始把专家系统的思想和方法引入控制系统的研究。专家系统是一种基于知识的系统，它主要面临的是各种非结构化问题，尤其是处理定性的、启发式或不确定的知识信息，经过各种推理过程达到系统任务目标。专家系统技术的特点为解决传统控制理论的局限性提供了重要的启示，二者的结合导致了多种新颖的专家控制系统。

根据专家系统技术在控制系统中应用的复杂程度，可以分为专家控制系统和专家式智能控制器。专家控制系统具有全面的专家系统结构、完善的知识处理功能，同时又具有实时控制的可靠性能。这种系统知识库庞大，推理机制复杂，还包括知识获取子系统和学习子系统，人-机接口要求较高；专家式智能控制器是专家控制系统的简化，功能上没有本质的区别，只是针对具体的控制对象或过程，专注于启发式控制知识的开发，设计较小的知识库，简单的推理机制，省去复杂的人-机对话接口等。

专家控制系统能够运用控制工作者的成熟的控制思想、策略和方法，包括成熟的理论方法、直觉经验和手动控制技能。因此，专家控制系统不仅可以提高常规控制系统的控制品质，拓宽系统的作用范围，增加系统的功能，而且可以对传统控制方法难以奏效的复杂过程实现高品质的控制。

专家控制系统的设计规范是建立数学模型与知识模型相结合的广义知识模型，它的运行机制是包含数值算法在内的知识推理，是控制技术与信息处理技术的结合。专家控制系统是人工智能与控制理论方法和技术相结合的产物。

(2) 专家控制系统的类型

根据专家控制系统在过程控制中的用途和功能可分为直接型专家控制器和间接型专家控制器。如按知识表达技术分类，则又可分为产生式专家控制系统和框架式专家控制系统等。

① 直接型专家控制器　直接型专家控制器具有模拟（或延伸、扩展）操作工人的智能（经验和知识）的功能。它取代常规 PID 控制，实现在线实时控制，它的知识表达和知识库均较简单，由几十条产生式规则构成，便于增、减和修改。其推理和控制策略也较简化，采用直接模式匹配方法，推理效率较高。

② 间接型专家控制器　间接型专家控制器和常规 PID 控制器相结合，对生产过程实现间接智能控制。它具有模拟（或延伸、扩展）控制工程师的智能（知识和经验）的功能，可实现优化、适应、协调、组织等高层决策。按它的高层决策功能，可分为优化型、适应型、协调型和组

织型专家控制器。这些专家控制器功能较复杂，要求智能水平较高，相应的知识表达需采用综合技术，既用产生式规则，也要用框架和语义网络，以及知识模型和数学模型相结合的广义模型化方法；知识库的设计需采用层次型、网络型或关系型的结构；推理机的设计需考虑启发推理和算法推理、正向推理和反向推理相结合，还要用到非精确、不确定和非单调推理等。优化型和适应型常在线实时联机运行，而协调型和组织型可离线非实时运行。

(3) 专家控制系统的结构

专家控制系统总体结构如图 9-21 所示。该系统由算法库、知识基系统和人-机接口与通信系统三大部分组成。算法库部分主要完成数值计算：控制算法根据知识基系统的控制配置命令和对象的测量信号，按 PID 算法或最小方差算法等计算控制信号，每次运行一种控制算法。辨识算法和监督算法为递推最小二乘算法和延时反馈算法等，只有当系统运行状况发生某种变化时，才往知识基系统中发送信息。在稳态运行期间，知识基系统是闲置的，整个系统按传统控制方式运行；知识基系统具有定性的启发式知识，它进行符号推理，按专家系统的设计规范编码，它通过算法库与对象相连。人-机接口与通信系统作为人-机界面和实现与知识基系统直接交互联系，与算法库进行间接联系。

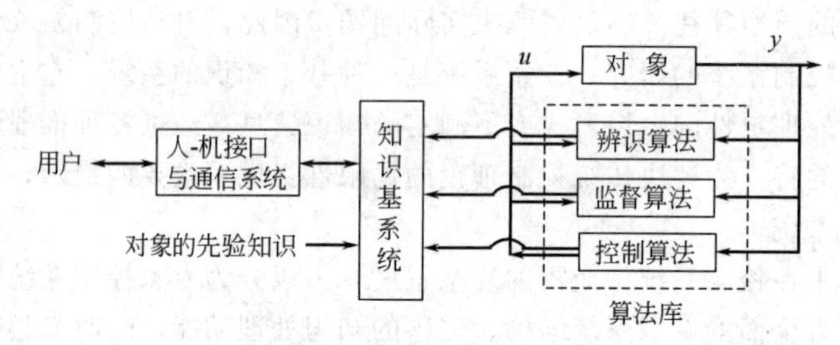

图 9-21　专家控制系统结构

由于工业生产过程的复杂性，难以对对象进行完善的建模，这时就要根据过去获得的经验信息，通过估计来学习，逐渐逼近未知信息的真实情况，使控制性能逐步改善。

9.8　故障检测与故障诊断

随着自动化水平的迅速提高，系统的规模日益庞大，系统的复杂性也迅速增加，同时系统的投资也越来越大。因此，人们迫切希望提高控制系统的可靠性和可维修性。故障检测和诊断技术为提高控制系统的可靠性和可维修性提供了一条捷径。

故障检测和诊断技术是一门应用型的边缘学科，它的理论基础涉及到诸多方面，如现代控制理论、现代信号处理理论、数理统计、模糊集合论、人工智能和计算机工程等。

在此仅就故障检测和诊断技术的主要内容作简要介绍。

9.8.1　提高控制系统可靠性的主要方法

(1) 提高元器件的可靠性

增强元器件的可靠性是提高系统可靠性的根本途径之一，可通过改善屏蔽技术，选择优质材料和改革工艺水平等方法来实现。

(2) 采用高可靠性设计

为提高控制系统的可靠性，在系统设计方面，可采用如下方法。

① 简化系统结构　系统结构越简单，采用的元部件越少，系统可靠性越高。因此在不影响系统性能的条件下，应尽量简化系统结构。

② 采用备份　对重要的系统，通常可采用双重或三重备份方法来提高系统的可靠性。

(3) 采用容错设计

通过控制器的合理设计，使控制系统出现某些局部故障时仍能保持稳定。这种设计技术较为复杂，如多输入多输出系统，若某个传感器或执行器失效，致使某个或某些回路开路，整个控制系统仍能保持稳定，或设计一个控制器，使相像的所有控制方式都是稳定的。

(4) 基于故障检测和诊断技术的容错设计

故障检测和诊断技术是提高控制系统可靠性的最后一道防线。当控制系统发生局部故障时，它可以迅速报警，并分别画出发生故障的部位，以帮助维修人员迅速查出故障源，进行排除，以防局部故障在系统中传播而导致灾难性的故障发生；此外，它还可以构造一种新的容错控制系统，产生新的控制规律，以确保系统稳定。

9.8.2 故障检测与诊断的主要方法

控制系统的故障主要涉及传感器故障、执行器故障、控制器故障、计算机系统故障（如输入、输出卡件、计算机硬盘及 CPU 等）、通信网络、软件等几个方面。

故障诊断的含义是当控制系统发生故障时，可以及时发现并报警。提高故障的正确检测率，降低故障漏报率和误报率一直是故障检测和诊断领域的前沿课题。

故障诊断是分离出故障的部位，判别故障的类型，估计出故障的大小与时间，并作出评价与决策。

故障诊断比故障检测难度大得多，因为故障诊断需要更多时间来分离出故障部位并估计出故障的大小、类型、严重程度，以决定采取何种措施。

常用的故障检测与诊断的主要方法有以下几种。

(1) 基于控制系统动态模型的方法

控制系统的变送器、执行器和被控系统可以由动态模型来描述。基于动态模型就有可能事先对其故障进行检测和诊断。诊断的思路是利用观测器或滤波器对控制系统的状态或参数进行重构，并构成残差序列，然后采用一些措施来增强残差序列中所含的故障信息，抑制模型误差等非故障信息，通过对残差序列的统计分析就可以检测出故障的发生，并进行故障诊断。

(2) 不依赖于动态模型的方法

由于控制系统的复杂性，使得很多控制系统的建模非常困难或很不精确。因此，上述基于动态模型的方法就不太适用。不依赖动态模型的方法也就应运而生。这种方法是与人工智能紧密相连的，类型很多，下面介绍主要的几种。

① 诊断专家系统　图 9-22 所示为故障诊断专家系统结构。该系统主要由知识库和推理机两大部分组成。知识库中含有规则库和数据库。规则库中有一系列反映引起故障的因果关系的规则，它属于判断性的经验知识，是用产生式规则来表示的，借推理机寻找结论；数据库可存放一些叙述性的环境知识、系统知识、实时检测到的生产过程特征数据和故障时检测到的数据。推理机就是专家系统的诊断程序，在规则库和数据库的支持下，综合运用各种规则，进行一系列的推理，必要时还可随时调用各种应用程序。专家系统和知识库通过知识获取环节，人-机接口与被控过程和人联系，知识获取过程就是从被控过程测取新知识，以便更新数据库中的知识，也可为数据库增添系统故障前或故障发生时观测到的一些特征量。推理机在运行中间，可经人-机接口向用户索取到必要的信息后，就可快速地直接找到最终故障或是最有可能的故障。

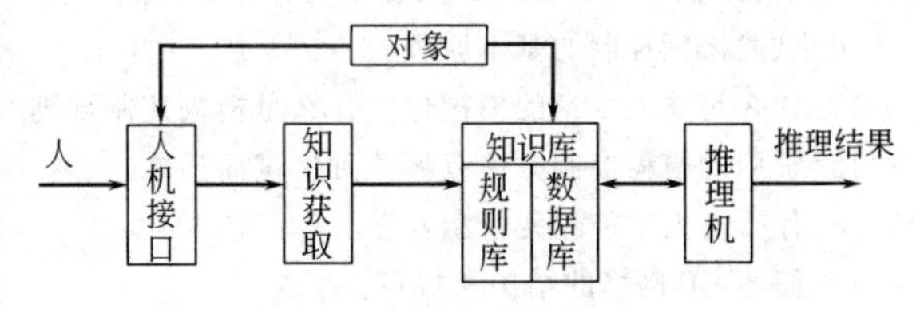

图 9-22　故障诊断专家系统结构

② 模糊数学的诊断法　生产过程中，有些复杂过程的状态常常很难或无法用数学模型来表示，模糊数学是描述这类过程的有效工具。故障状态也具有模糊性，故障模糊分析法是诊断故障

的一个有效方法。将模糊集划分成不同水平的子集，借此判断故障最可能属于哪一个子集。

③ 模式识别诊断法　这种方法适合于积累了大量有关故障的案例，一般诊断步骤如下。

a. 选择能表达系统故障状态的向量集，以此构成故障模式向量。

b. 根据故障向量中各参数的重要性，选择故障状态最敏感的特征参数，构成特征向量集，作为故障的基准模式集。

c. 由特征向量以一定方式构成判别函数，用来判别系统目前状态属于哪一个基准模式，或说系统属于哪种故障状态。

④ 人工神经元网络诊断法　神经元网络具有联想记忆和自学习能力，当出现新颖故障时，它可以通过自学，不断调整权值和阈值，以提高故障检测率，降低漏报率和误报率，并有可能用于控制系统在线故障检测。其诊断步骤如下。

a. 选择能够反映控制系统的动态特性，建模误差和干扰影响的变量作为神经元网络的输入变量，而网络输出变量值可由人为规定。

b. 选择适当的神经元网络。

c. 根据所选择的输入输出信号的历史数据，使得神经元网络进行训练，确定有关的权值和阈值。

d. 反映控制系统动态特性的输入信号一直作用于神经元网络，一旦网络输出值超出所规定的阈值时，可认为系统发生了故障。

思考题与习题

1. 什么是系统间的关联？其关联程度可以用什么参数来表征？
2. 解除耦合有哪几种方法？它们各有什么特点？
3. 什么情况下要采用推断控制？推断控制系统由哪几个部分组成？
4. 什么样的系统称为自适应控制系统？在什么情况下需要采用自适应控制系统？
5. 自适应控制系统有哪几种类型？
6. 模型参考自适应控制系统有何特点？可用什么方法设计这种系统？
7. 预测控制有哪些基本特征？它与PID控制相比有什么主要的不同之处？它主要适用于什么场合？
8. 最具有代表性的预测控制算法是什么？
9. 模糊控制与常规的PID控制相比有什么特点？
10. 试述模糊控制的基本原理。
11. 什么是输入变量的模糊化？什么是模糊控制规则？什么是控制变量的精确化？
12. 常用的模糊控制方法有哪几种？试简述之。
13. 什么是人工神经元模型？
14. 简述BP网络的结构和特点。
15. 简述RBF网络的结构和特点。
16. 智能控制主要具备了哪些功能？
17. 智能控制主要有哪些类型？
18. 什么是专家控制系统？
19. 专家控制系统主要有哪些类型？
20. 简述专家控制系统的结构。
21. 提高控制系统可靠性的方法主要有哪些？
22. 故障检测与诊断的方法主要有哪些？

10 典型化工单元的控制

控制方案的确定是实现工业生产过程自动化的重要环节。要设计一个好的控制系统，首先必须深入了解生产工艺，按工业生产过程内在的物理、化学变化机理来探讨和确定其自动控制方案。

10.1 化工单元自动控制的一般设计原则

各种化工单元主要是用来实现一些特定的物理和（或）化学反应过程，化工单元自动控制的基本要求，就是使物理变化过程和（或）化学反应过程在符合预定的要求、条件下自动进行。虽然化工单元的种类很多，工作方式和工艺目标各不相同，但是设计化工单元的自控方案的一般性原则都是相类似的。一般来说，保证工艺质量指标，满足物料平衡和安全约束条件，提高机械效率和能源利用率，是化工单元自动控制设计中最重要的设计原则。

① 质量指标　质量指标一般指化学反应的转化率或反应生成物的规定浓度。显然，转化率应当是被控变量。如果转化率不能直接测量，就只能选取几个与它相关的参数，经过运算去间接控制转化率。如聚合釜出口温差控制与转化率的关系为

$$y=\frac{\rho gc(\theta_o-\theta_i)}{x_i H} \tag{10-1}$$

式中，y 为转化率；θ_i、θ_o 分别表示进、出料温度；ρ 为进料密度；c 为物料的比热容；x_i 为进料浓度；H 为每摩尔进料的反应热。

由上式可知，对于绝热反应器来说，当进料温度一定时，转化率与温度差成正比，即 $y=K(\theta_o-\theta_i)$。这是由于转化率越高，反应生成的热量也越多，因此物料出口的温度也越高。所以，以温差（$\theta_o-\theta_i$）作为被控变量，可以间接控制转化率的高低。

因为绝大多数化学反应过程都会伴随有热效应，所以温度是最能够表征质量的间接控制指标。就目前在成分仪表尚属于薄弱环节的条件下，通常是采用温度作为质量的间接控制指标构成各种控制系统，必要时再辅以压力和处理量（流量）等控制系统，即可保证反应器的正常操作。

以温度、压力等工艺变量作为间接控制指标，有时并不能保证质量稳定。当在扰动作用时，转化率和反应生成物组分等仍会受到影响。特别是在有些反应中，温度、压力等工艺变量和生成物组分之间不完全是单值对应关系，这就需要不断地根据工况变化去改变温度控制系统中的设定值，甚至改变控制系统的结构。

② 物料平衡　转化率是指在反应过程中反应物的消耗量与其起始量之比。为使反应正常，转化率高，要求进入反应器的各种物料量（或配比）符合要求。为此，在进入反应器前，往往对物料采用流量定值控制或比值控制。另外，在有一部分物料循环的反应系统中，为保持原料的浓度和物料平衡，需另设辅助控制系统。如氨合成过程中的惰性气体自动排放系统。

③ 约束条件　对于各种化工单元，要防止操作过程或工艺变量进入危险区或不正常工况。例如：容积式泵出口流量控制不当，可以导致泵体损坏；又如在催化反应系统中，反应温度控制不当或杂质含量过高，将会破坏催化剂，甚至出现骤爆的危险；还如在流化床反应器中，过低的流速可能造成固相沉降，而过高的流速则可能固体随气相飞逸。为此，这类系统往往还需要配备报警、联锁或取代控制等，以确保对象工作在正常的工况之下。

④ 机械效率　在多数化工单元的生产过程中，都要消耗大量的能量。例如任何一类流体传

送设备，要实现其正常、稳定的工作，一般都有多种控制方案可供选择。但是，不同的控制方案由于其控制机理的不同，它们在机械效率和能耗上会有很大的差异。因而，如何利用自动控制系统来降低各种化工单元的能耗，在能源紧张的今天更显得至关重要。

以下将从工艺要求和自动控制度角度出发，分析若干典型化工操作单元的控制要求，介绍其控制方案，从中理解和掌握控制方案设计的共同原则和方法。

10.2 流体输送设备的控制

用来输送流体并向它提供能量的机械设备称为流体输送设备。其中用于输送液体的设备称为泵，输送气体的设备称为风机或压缩机。

在连续的化工生产过程中，除了输送设备的启停、程序控制、输送设备与其他设备之间的信号联锁等控制之外，对流体输送设备的控制多属于压力或者流量的控制。有些生产过程，要求系统平稳，往往希望输送设备的出口压力或者流量保持定值，则控制系统需要采用单回路的定值控制；也有些生产过程，要求各种物料保持合适的比例，则需要采用比值控制系统。此外，为了保护输送设备不至于损坏，有些系统还需要采取一些保护性的控制方案，例如离心式压缩机的防喘振控制等。

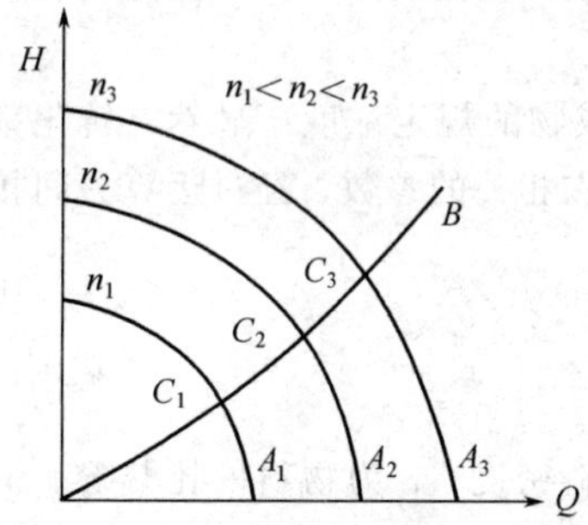

图 10-1 离心泵的特性曲线示意

10.2.1 离心泵的控制

在化工生产中，离心泵是最常见的流体输送设备。离心泵的特点是结构简单，流量均匀，且易于调节和自控，因而在化工生产中占有特殊的地位，约有 80%～90% 的化工用泵为离心泵。

离心泵的压头 H 是由高速旋转叶轮作用于液体的离心力产生的。旋转叶轮对液体作功，将机械能传给液体，液体在离心力的作用下获得动能，经转换后提高了静压能，被输送到预定的地方。离心泵的压头 H 与泵出口的流量 Q 以及泵的转速 n 有关，其特性曲线如图 10-1 所示。图中，曲线 A_1、A_2、A_3 分别表示同一个离心泵在转速为 n_1、n_2、n_3 时 H 与 Q 的对应关系，B 为管路特性曲线。

离心泵的控制主要有三种方法。

(1) 控制离心泵出口的调节阀开度

在离心泵出口安装阀门，通过控制调节阀的开度来直接调节离心泵出口流量 Q 的方法如图 10-2所示，这是一种最简单也是应用最广泛的控制方案。

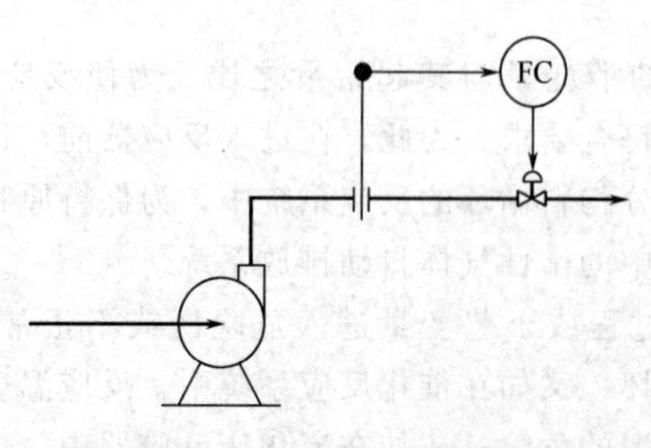

图 10-2 离心泵出口的直接节流

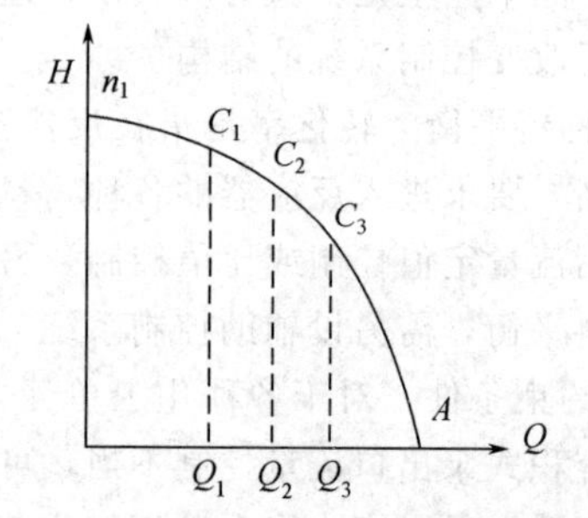

图 10-3 离心泵的流量特性曲线

在转速一定的情况下，离心泵的出口流量 Q 和压头 H 有一定的对应关系，如图 10-3 中的曲线 A 称为泵的流量特性曲线。对于具体的一台离心泵来说，在不同的出口流量下，泵所能提供的压头是不同的。在正常工作的时候，泵提供的压头用于克服管路上的阻力损失。随着阀门开度的减小，管路系统阻力损失将增大，因而排出流量相应地减小，反之亦然。但需要注意的是，调节阀一般应该安装在泵的出口管线上。

这种控制方案的最大优点就是简便易行，其缺点是机械效率较低，特别是在阀门开度较小的时候，阀上的压降较大，即功率损耗很大，因此不宜使用在出口流量小于正常流量30%的场合。

(2) 控制离心泵的转速

当泵的转速改变时，泵的流量特性曲线也会发生改变。如图10-1所示，在相同的流量下，提高泵的转速会使压头增加；同样，在相同的管路特性曲线 B 的情况下，提高泵的转速，会使工作点由 C_1 移到 C_2 或者 C_3，出口流量增加。

在工业生产过程中，通常可以采用变频调速器、电动调速装置、原动机与泵之间的联轴变速器等来调节泵的转速。采用这种控制方案，在液体输送管线上不需要安装调节阀，阻力损失较小，机械效率较高，因此在大功率的泵装置上的应用日渐广泛。

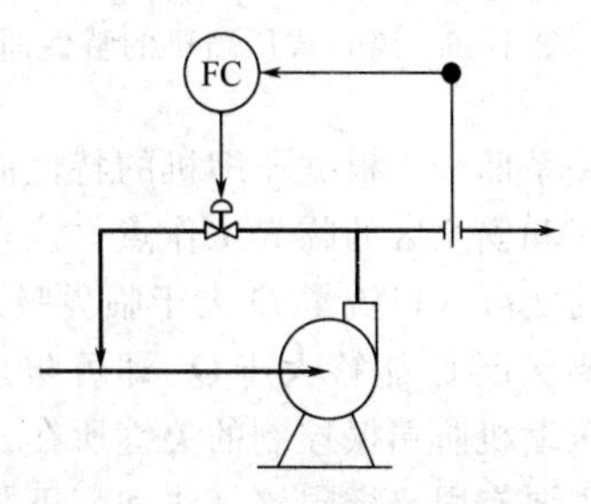

图10-4 离心泵旁路流量控制

(3) 控制离心泵的出口旁路阀开度

如图10-4所示，这种控制方案的目的是将泵出口的部分流体通过旁路管道回流到泵的入口，通过改变旁路阀的开度来控制泵的实际出口流量。由于旁路阀前后的压差很大，所以阀门口径往往较小，工程实施较方便。但由于那部分回流的高压液体能量将消耗于旁路阀上，所以该控制方案的机械效率较低，在实际生产中也较少采用。

10.2.2 容积式泵的控制

容积式泵也是工业生产过程中常用的一类流体输送设备，例如活塞式往复泵、椭圆齿轮泵等，它们多用于流量较小，压头较高的场合。

容积式泵有一个共同的特点，它将机械能以静压能的形式直接传给流体，泵的流体排出量只取决于泵的转速，或者泵的往复次数及泵的冲程大小，而与管路特性基本无关，往复泵的每一次往返或者齿轮泵的每一周转动，都有一定量的流体排出，在一定的转速下，随着流量的减小压头急剧增大，容积式泵的特性曲线如图10-5所示。因此，这类泵不允许在出口管路上安装调节阀，一旦出口阀门关闭，将导致泵体损坏。

对于容积式泵来说，常用的流量控制方案主要有两种：一种是控制泵的转速，另一种是通过旁路控制。这两种控制方法都与离心泵相同。对于往复泵还可以通过改变冲程来进行流量控制，但这种控制冲程的方法较为复杂，且有一定的难度，只有在计量泵等一些特殊的往复泵上才考虑采用。

10.2.3 压缩机的控制

压缩机是用于输送气体的传输装置，与泵的区别在于压缩机是提高气体的压力。压缩机的种类很多，按作用原理的不同一般也分为离心式和往复式两大类。

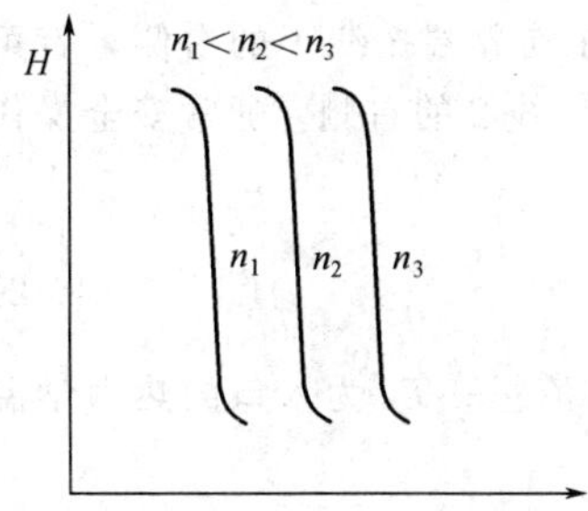

图10-5 容积式泵的特性曲线

压缩机的控制方案与泵的控制方案也有很多相似之处，被控变量同样是压力或者流量，控制手段大体也分为：直接控制流量、入口压力控制、控制旁路流量或者控制压缩机的转速等几种控制方案，这些控制方案有时是同时使用的。相比之下，控制压缩机转速是一种最节能的控制手段。

离心式压缩机的工作原理与离心泵相似，常用多级结构，气体吸入后经多级压缩后排出。近年来，随着工业生产过程向大型化的发展，离心式压缩机也急剧地向高压、高速、大容量方向发

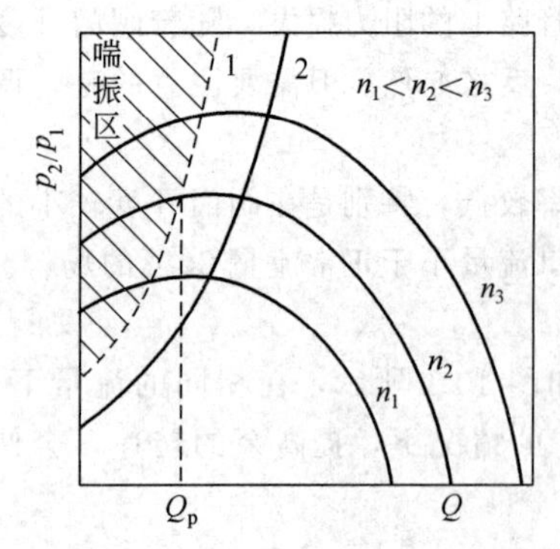

图 10-6　离心式压缩机的特性曲线

展。由于离心式压缩机体积小，运转平稳，送气量大而均匀，调节性能好，维修方便等特点，使其在各种化工生产装置中得到了很广泛的应用。

对于离心式压缩机，还有这样一个特点：当负荷降低到一定程度时，气体的排送可能会出现强烈的振荡，并使压缩机机身也出现剧烈的振动，这种现象称为压缩机的“喘振”，喘振是离心式压缩机固有的特性。由于喘振现象会严重损坏压缩机机体。因此，在离心式压缩机控制中，防喘振控制是一个极其重要的课题。

图 10-6 是离心式压缩机的特性曲线，即压缩机的出口与入口的绝对压力之比 p_2/p_1 与压缩机入口体积流量 Q 之间的关系曲线。根据压缩机的特性曲线可知，当压缩机工作在一定的转速下，必然存在一个介于喘振区和安全区的临界工作点，该点对应的入口流量称为临界吸入流量或极限流量 Q_p。如果压缩机的实际入口流量 Q 大于临界吸入流量 Q_p，系统就会工作在安全区中，不会发生喘振。因此，只要保证 Q 能够大于 Q_p 即可防止压缩机出现喘振现象，这也就是压缩机防喘振控制的关键所在。目前，工业上常用的防喘振控制主要有固定极限流量法和变极限流量法两种方案。

(1) 固定极限流量的防喘振控制

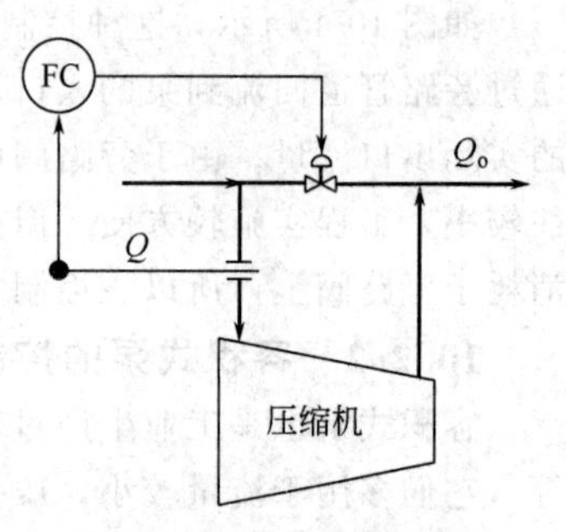

图 10-7　固定极限流量的防喘振控制

这种控制方案上是使压缩机的入口流量始终保持在大于某一个固定值，即正常可以达到的最高转速下的极限流量 Q_p，从而防止了进入喘振区的危险。固定极限流量的防喘振控制方案如图 10-7所示。在正常运行的时候，压缩机的入口流量 Q 大于极限流量 Q_p，旁路阀关闭；当入口流量减小到接近临界值的时候，则打开旁路阀，使一部分气体返回到压缩机的入口，保证压缩机的入口流量始终大于极限流量，从而防止发生喘振现象。需要提醒的是，这种控制方案与图 10-4 中离心泵的旁路流量控制是不同的，固定极限流量的防喘振控制回路中需要检测的是压缩机的入口流量。

固定极限流量的防喘振控制方案结构简单，运行安全可靠，系统投资费用较少，但这种方法主要适用于固定转速的场合。当压缩机的转速变化时，如按高转速取给定值，势必在低转速时给定值偏高，能耗过大；如按低转速取给定值，则在高转速时仍有因给定值偏低而使压缩机产生喘振的危险。因此，当压缩机的转速不恒定时，一般不宜采用这种控制方案。

(2) 可变极限流量的防喘振控制

当压缩机的转速可变时，进入喘振区的极限流量也是变化的。为了减少能耗，在压缩机的负荷可能经常波动的场合，可以采用变极限流量的防喘振控制方案。

由图 10-6 所示的压缩机特性曲线可知，只要压缩机的工作点在临界喘振线 1 的右侧，就可以避免喘振发生。但为了安全起见，实际工作点往往控制在安全操作线 2 的右侧。通常安全操作线可以近似为抛物线，其方程可用下式表示为

$$\frac{p_2}{p_1}=a+b\,\frac{Q^2}{T_1} \tag{10-2}$$

式中，p_1、p_2 分别为压缩机入口、出口的绝对压力；Q 为入口流量；T_1 为入口的热力学温度；a、b 均为系数，该系数一般由压缩机制造厂提供。

如果$\frac{p_2}{p_1}\leqslant a+b\,\frac{Q^2}{T_1}$，表示压缩机系统工作在安全区；如果$\frac{p_2}{p_1}>a+b\,\frac{Q^2}{T_1}$，则系统有可能产生

喘振。变极限流量的防喘振控制就是通过控制系统来确保压缩机工作在$\frac{p_2}{p_1}\leqslant a+b\frac{Q^2}{T_1}$的工况。

图 10-8 所示就是根据式（10-2）所设计的一种防喘振控制方案。不同于固定极限流量的防喘振控制，变极限流量的控制除了要测量入口流量 Q 之外，还要测量压缩机的入口压力 p_1 和出口压力 p_2 等参数，控制系统根据各参数的测量值和系数 a、b 进行计算并产生一个输出。当满足$\frac{p_2}{p_1}\leqslant a+b\frac{Q^2}{T_1}$的时候，旁路阀是关闭的；当$\frac{p_2}{p_1}>a+b\frac{Q^2}{T_1}$，这时需要适当打开旁路阀，以保证压缩机的入口流量不小于极限流量。

假设入口流量通过差压式流量计测量，则差压 Δp 与流量 Q 之间的关系为

$$Q=K\sqrt{\frac{\Delta p}{\rho}} \tag{10-3}$$

式中，K 为流量系数；ρ 为气体的密度。

由于气体是一种可压缩介质，它的密度 ρ 随温度、压力而变。根据气体方程可知

$$\rho=r\frac{p_1}{T_1} \tag{10-4}$$

式中，r 是与气体常数、气体压缩因子以及气体分子量有关的常系数。

把式（10-3）、式（10-4）带入式（10-2），可得

$$\frac{p_2}{p_1}=a+bK^2\frac{\Delta p}{rp_1} \tag{10-5}$$

$$\Delta p=\frac{r}{bK^2}(p_2-ap_1) \tag{10-6}$$

不难理解，该控制方案只需要检测出 p_1 和 p_2，经过计算，$\frac{r}{bK^2}(p_2-ap_1)$作为控制器 FC 的设定值，图 10-9 所示为变极限流量防喘振单回路控制。

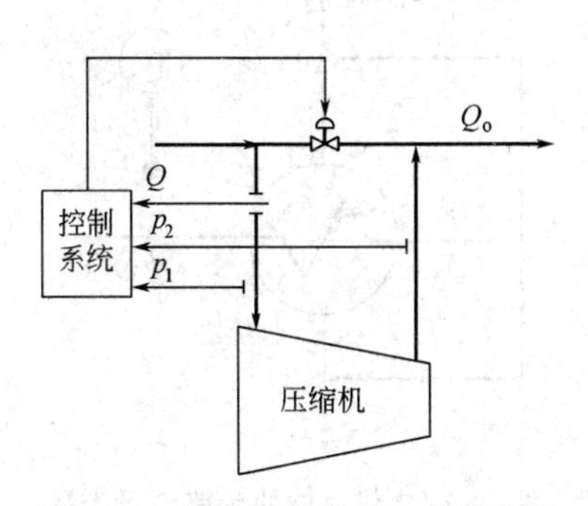

图 10-8　变极限流量的防喘振控制

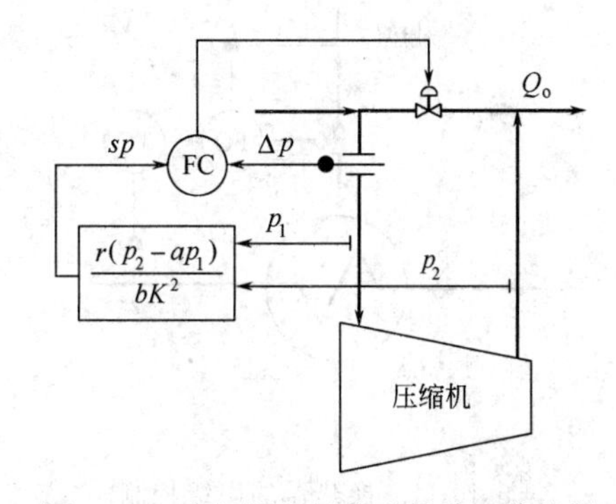

图 10-9　变极限流量防喘振单回路控制

10.3　传热设备的控制

工业过程中，传热设备的种类很多，如换热器、冷凝器、加热炉等，这些设备主要用于冷热流体之间的热量交换。

冷热流体间进行热交换的形式主要有两大类：一类是两侧均无相变情况下的加热或冷却；另一类是在相变情况下的加热或冷却，例如蒸汽的冷凝、液氨的汽化等。传热设备自动控制的目的就是通过改变换热器的热负荷，以保证工艺介质在换热器出口的温度满足生产工艺的要求。在大多数情况下，一般传热设备的被控变量是工艺介质的出口温度，而操纵变量的选择通常是载热体的流量。

10.3.1 无相变情况下传热设备的控制

无相变情况下传热设备的温度控制主要有以下两类控制方法。

10.3.1.1 控制载热体的流量

选择载热体的流量作为操作变量是应用最普遍的控制方案，如图 10-10 所示。

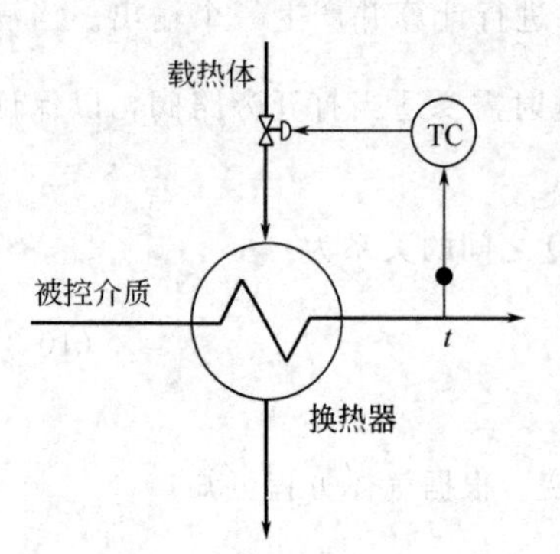

图 10-10 换热器的单回路控制

根据能量守恒原理，在传热面积、工艺介质的流量、入口温度、比热容等一定的情况下，影响被控介质出口温度 t 的因素主要就是换热器的传热系数和冷热流体之间的平均温差 Δt_m。改变载热体的流量，本质上就是改变 Δt_m。因为当载热体的流量发生变化以后，载热体的出口温度也会发生变化，这就必然导致 Δt_m 发生变化，进而达到控制被控介质出口温度 t 的目的。

图 10-10 这种控制方案的结构简单，实施方便，一般适用于载热体的流量变化对出口温度的影响较灵敏、载热体入口的压力平稳而且负荷变化不大的场合。如果载热体入口的压力波动较大，往往还需要对载热体另设稳压控制，或者采用以被控介质的温度为主变量，以载热体的流量（或压力）为副变量的串级控制，如图 10-11 所示。由于引起载热体入口压力波动的各种干扰可以在副回路中得到有效的克服，因而可以改善对象特性，从而提供整个系统的控制品质。

在有些情况下，载热体也是生产过程的一种主要介质，其流量是不允许变化的，此时可以用一个三通分流调节阀来取代图 10-10 中的调节阀，同样也能利用改变温差的手段来实现换热器出口温度的控制，如图 10-12 所示。三通调节阀用来改变进入换热器的载热体流量和旁路流量的比例，这样既可以调节进入换热器的载热体流量，又可以保证载热体总流量不受影响。

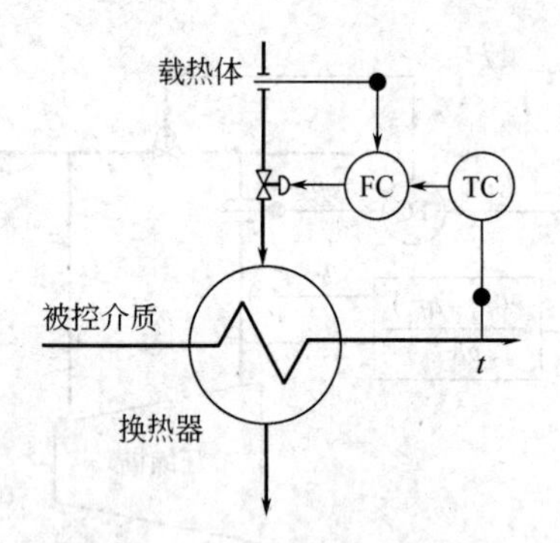

图 10-11 换热器的串级控制

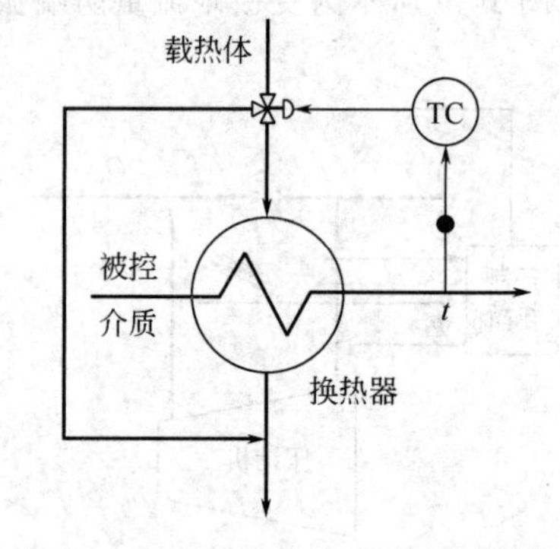

图 10-12 载热体的旁路流量控制

10.3.1.2 控制被控介质的流量

根据换热器的热交换原理，改变被控介质的流量同样也能达到控制其出口温度的目的。与前一类方案相比，这种控制方案则以被控介质的流量来作为系统的操纵变量，如图 10-13 所示。

如果被控介质的流量不允许控制，可以将一小部分被控流体直接通过旁路流到换热器的出口，使冷热物料混合来控制温度，如图 10-14 所示。

很明显，在这类控制方案中载热体的流量一直处于最大状态，一般要求换热器的换热面积要有较大的裕量。如果被控介质流量较小时，图 10-13 所示的控制方案是不能实现有效控制的，即使采用图 10-14 的控制方案，也会因换热效率低而显得极不经济。因此，这类控制方案在工业现场的应用并不广泛。

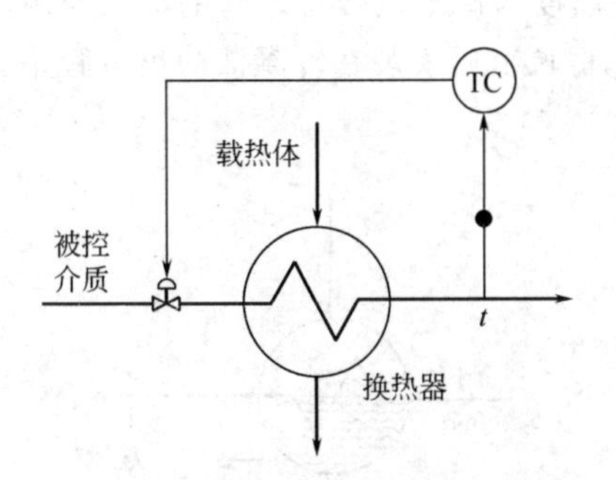

图 10-13　改变被控介质流量控制出口温度

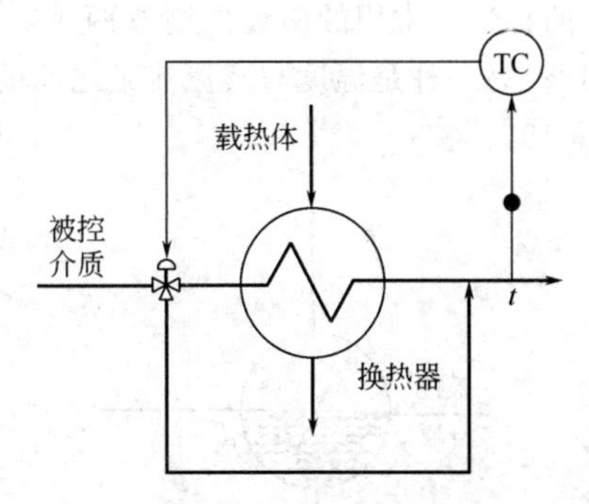

图 10-14　改变介质旁路流量控制出口温度

10.3.2　有相变情况下传热设备的控制

10.3.2.1　加热器的温度控制

在工业生产过程中，最常见的就是利用蒸汽冷凝来加热被控介质的温度。在加热器中进行热交换的能量包括两个部分：一是蒸汽冷凝成凝液而散发出的汽化潜热；二是冷凝液降温散发出的显热。通常，蒸汽冷凝潜热要比冷凝液降温的显热大得多。

当被加热介质的出口温度作为被控变量的时候，在有相变情况下的加热器常采用下面两种控制方案：一是直接控制入口蒸汽的流量；二是通过改变凝液排出量来控制有效换热面积。

(1) 直接控制蒸汽流量

当蒸汽流量及其他工艺条件比较稳定的时候，可以采用通过改变入口蒸汽流量来控制被加热介质的出口温度，如图 10-15 所示，这是一种最简单也是最常见的控制方案。当阀前蒸汽压力有波动时，可对蒸汽总管增设压力定值控制系统，或者采用温度与蒸汽流量（或压力）的串级控制。一般来说，增设压力定值控制比较方便，但采用温度与流量的串级控制可以对于副环内的其余干扰，或者阀门特性不够完善的情况，也能有所克服，如图 10-16 所示。

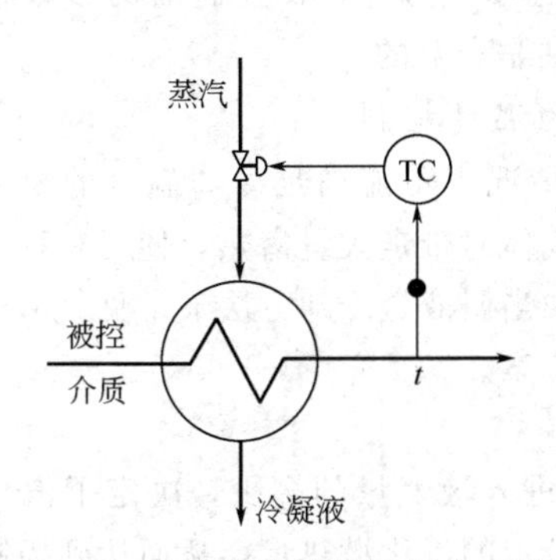

图 10-15　改变蒸汽流量控制出口温度

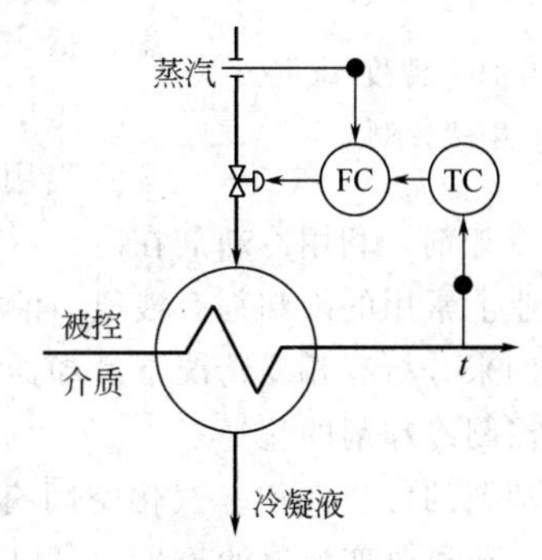

图 10-16　出口温度-蒸汽流量的串级控制

(2) 控制换热器的有效换热面积

在传热系数和传热温差基本保持不变的情况下，改变有效的换热面积也可以达到控制出口温度的目的。

如图 10-17 所示，如果把调节阀安装在冷凝液的排出口上，当调节阀的开度发生变化时，冷凝液的排出量也发生改变，进而使加热器内部的冷凝液液位发生变化。由于冷凝液在传热过程中不发生相变，所以，冷凝液液位的变化本质上就相当于传热面积的变化。

在图 10-17 所示的控制系统中，冷凝液至传热面积的通道是一个滞后的过程，这必将降低系统的控制品质。一个有效的控制方案就是采用串级控制，使这一环节包含于副回路内，以改善广义对象的特性。常用的串级控制有两种方案：一种是温度与冷凝液液位之间的串级控制，参见图 10-18；另一种是温度与蒸汽流量之间的串级控制，但调节阀安装在冷凝液的出口管路上，参见图 10-19。

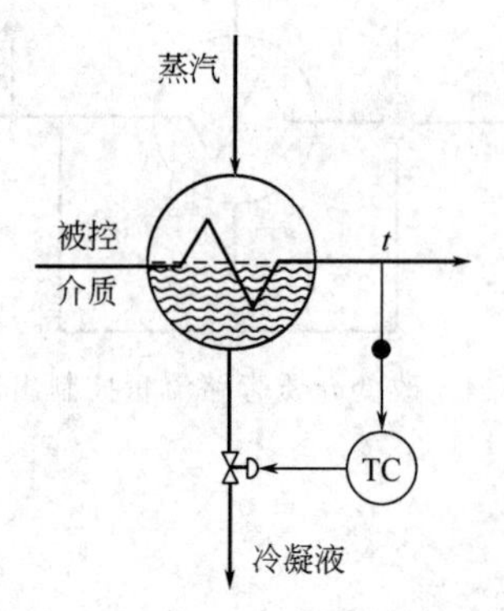

图 10-17 改变换热面积控制温度

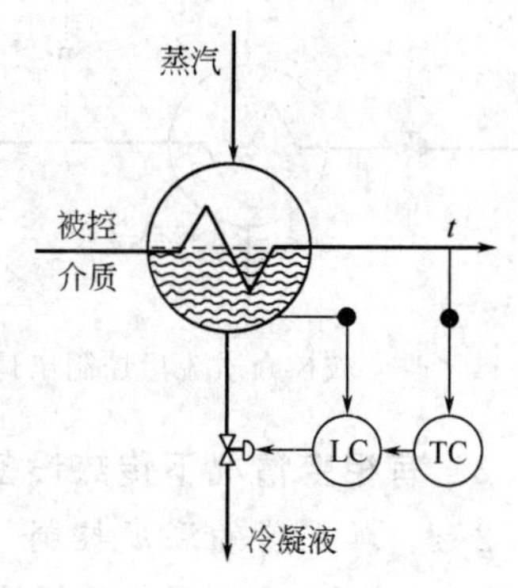

图 10-18 温度-液位串级控制

以上介绍了两种控制方案及其各自改进的串级控制方案，它们各有优缺点。控制蒸汽流量的方案简单易行，过渡过程时间短，控制迅速；缺点是需选用较大的蒸汽阀门，传热量变化比较剧烈，容易造成冷凝液的排放不连续，影响均匀传热。控制冷凝液排出量的方案，控制通道长、变化迟缓，且需要有较大的传热面积裕量。但由于变化和缓，有防止局部过热的优点。由于蒸汽冷凝后凝液的体积比蒸汽体积小得多，所以可以选用尺寸较小的阀门。

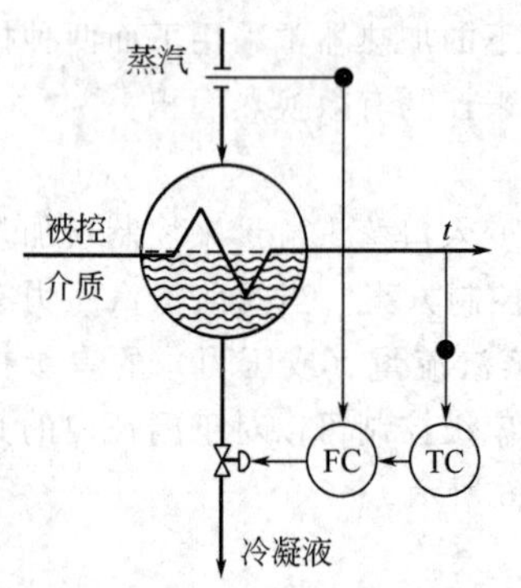

图 10-19 温度-流量串级控制

总的来说，传热设备是一个具有多容时滞的分布参数系统，在检测元件的安装时，不论在安装位置上，或者安装方式上，都应该将测量滞后减到最小程度。另外，在控制器的参数整定过程中，适当引入微分作用往往是有益的。

10.3.2.2 冷却器的温度控制

当用冷却剂在无相变情况下不能满足冷却温度的要求时，需要用其他冷却剂，利用冷却剂在冷却器中由液体汽化为气体时带走大量潜热，使另一种物料得到冷却。工业上常用的冷却剂有液氨、液态的乙烯等，其中当属液氨冷却方法最常见。下面以液氨冷却器为例来分析有相变情况下冷却器温度的几种控制方案。

(1) 控制冷却剂的流量

当冷却器的传热面积、汽化空间有裕度的情况下，进入液氨量的多少，决定了汽化量的多少。所以，通过改变液氨的流量，可以调节液氨因汽化带走的汽化潜热量，从而达到控制介质温度的目的。控制方案如图 10-20 所示，这也是一种最简单的单回路控制。

(2) 温度-液位的串级控制

如果进入冷却器的液氨量超过其蒸发能力，可以导致冷却器内的液位上升。随着液位的上升，汽化空间将减小，过高的液位会导致汽化空间不足，轻则使控制质量下降，重则会因气氨中夹带大量液氨引起氨压缩机的损坏。

设计一个介质出口温度-冷却器液位的串级控制系统，是解决这类问题最常用的手段，如图 10-21所示。图中所示的串级控制系统仍然以液氨流量作为操纵变量、以被控介质出口温度作为主变量，增加了冷却器内的液位作为副变量进行控制。它把引起液位变化的一些干扰（如液氨压力等）包含在副回路中，从而提高了控制质量。

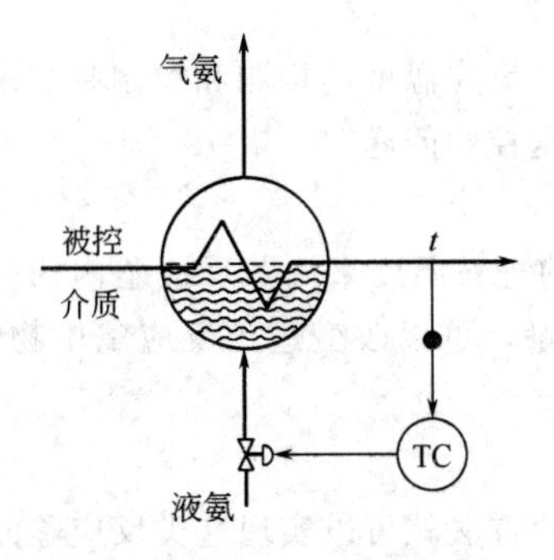

图 10-20 用冷却剂流量控制温度

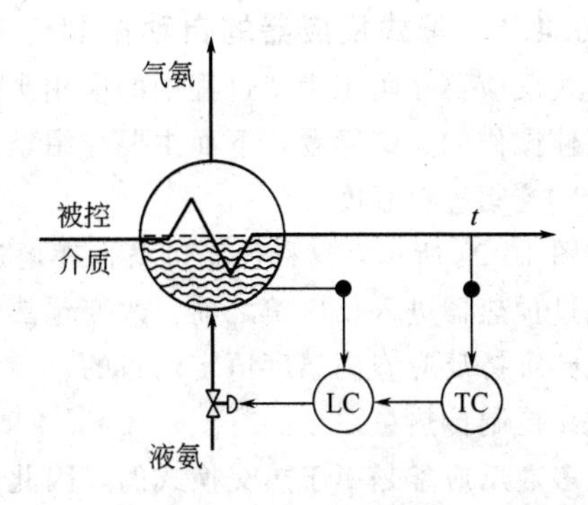

图 10-21 冷却器的温度-液位串级控制系统

(3) 控制冷却剂的汽化压力

冷却剂的汽化温度是与汽化压力直接相关的。例如液氨在常压下蒸发，对应的汽化温度约为－33℃；在 270kPa 的压力下蒸发，对应的蒸发温度约为－4℃。由此可见，在上述控制方案中，如果汽化压力出现较大的波动，必将造成冷却器内的温度发生很大的变化，使控制品质下降，甚至因局部过冷造成工艺设备的冻结而影响生产。

图 10-22 这种控制方案的工作原理就是在实现冷却器液位控制度同时，再根据被控介质的温度来改变汽化压力。当介质温度升高偏离给定值的时候，增大气氨出口调节阀的开度，来降低液氨的汽化压力，此时蒸发温度随之下降，相当于增大介质与冷却剂之间的温差，加大传热量，以实现温度控制的目的。在对汽化温度要求较严格的场合，可以在液氨出口单独设计控制回路，来实现汽化压力的精确控制，如图 10-23 所示。

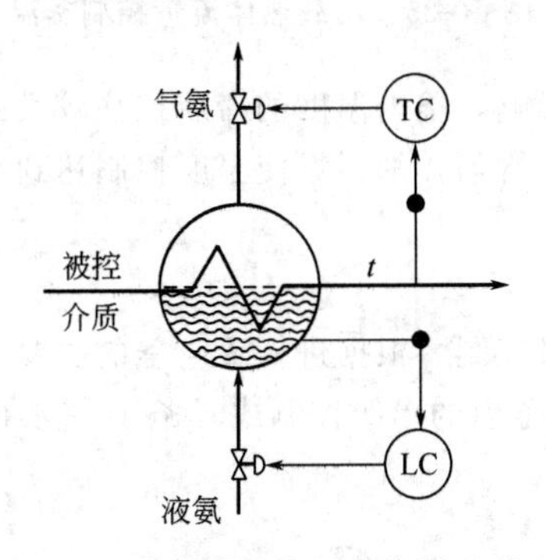

图 10-22 用汽化压力控制温度

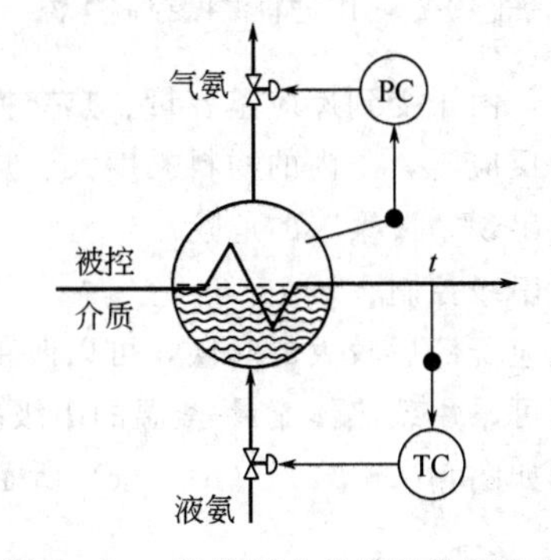

图 10-23 汽化压力的单独控制方案

10.4 化学反应器的自动控制

化学反应器是化工生产中重要的设备之一。在化学反应器中进行的各种化学反应过程都伴有不同的化学物理现象，涉及能量、物料平衡，以及物料动量、热量和物质传递等过程。按操作过程可分为间歇式操作、连续式操作和半连续操作几种形式；若按换热方式又可分为绝热式和换热式（间接换热式和直接换热式等）两类，由此可见，化学反应器的操作一般比较复杂。

直接关系到产品的质量、产量和安全生产的反应器自动控制，由于反应器在结构、物料流程、反应机理和传热传质情况等方面的差异，自动控制的难易程度、自动控制度方案都相差很大。按反应器的结构特征，常见的工业反应器可分为釜式、床式、管式、塔式等结构形式。

10.4.1 釜式反应器的自动控制

釜式反应器在化工生产过程中的应用十分普遍，通常，反应温度的检测和控制是实现这类反应器最佳操作的关键问题，下面主要介绍釜式反应器的温度控制问题。

(1) 控制进料温度

如图 10-24 所示，这种控制方案旨在通过改变反应釜的进料温度来调节反应釜内的问题。当物料经过预热器进入反应釜之前，改变预热器的载热体流量，可以改变进入反应釜中物料温度，从而达到维持反应釜内温度恒定的目的。

(2) 控制传热量

大多数反应釜是属于热交换式的，因此用改变传热量的方法就可以实现这类反应釜的温度控制，如图 10-25 所示。该方案中被控变量是釜内的温度，操纵变量是载热体的流量。这是一种结构简单、成本低、维护方便、应用范围最广的控制方案。

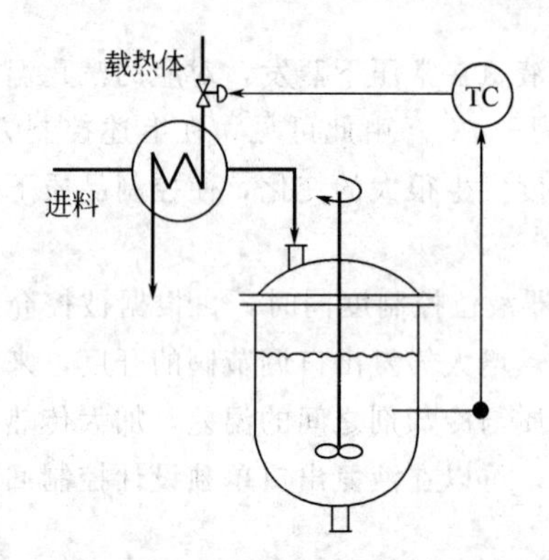

图 10-24 用进料温度控制釜温

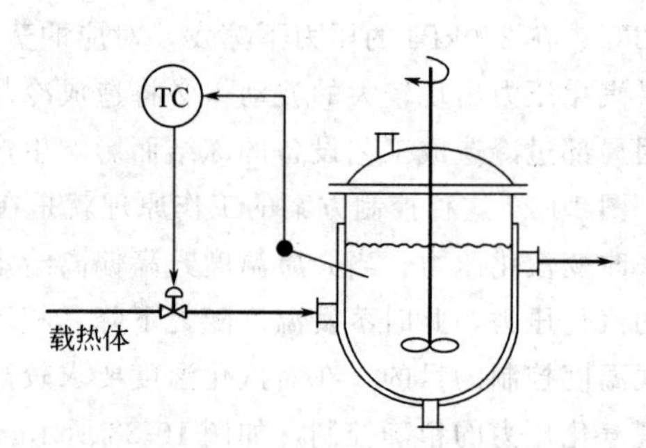

图 10-25 用载热体流量控制釜温

但是，由于受到反应釜容量、热交换速度等因素的影响，釜内温度的滞后往往较大。特别是用于聚合反应时，釜内的物料黏度大、热传递差、混合不均匀，都很难使温度控制达到严格的要求，甚至出现“爆聚”的危险。

(3) 串级控制

当反应釜滞后较大的时候，可以改单回路控制为串级控制。根据进入反应釜的主要干扰的不同，通常可采用载热体流量-釜温的串级控制、夹套温度-釜温的串级控制或者釜压-釜温的串级控制，分别如图 10-26 (a)、(b)、(c) 所示。

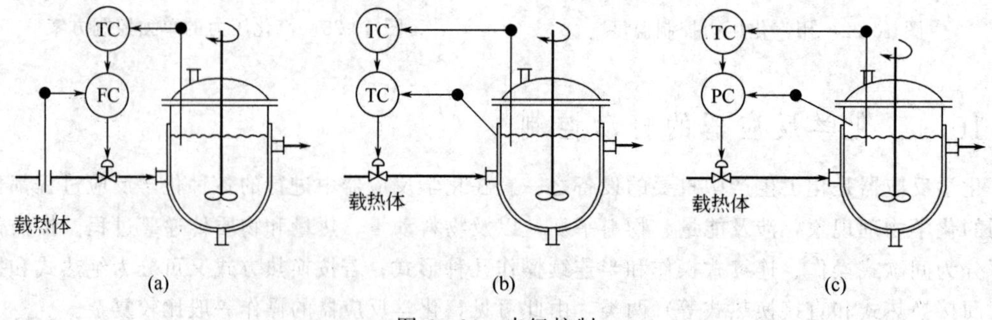

图 10-26 串级控制

10.4.2 固定床反应器的自动控制

凡是流体通过不动的固体物料所形成的床层而进行反应的装置都称作固定床反应器，其中尤以用气态的反应物料通过由固体催化剂所构成的床层进行反应的气-固相催化反应器占最主要的地位。如炼油工业中的催化重整、异构化，基本化学工业中的氨合成等。

固定床中的化学反应都伴有热效应，而温度的变化会对化学反应速度、化学平衡和催化剂活性等产生重要的影响，即整个反应过程和反应结果都对温度的依赖性很强，因此对于热效应大的反应过程，传热与控温问题就成为固定床技术中的关键所在。

固定床反应器常见的温度控制方案有下列几种。

(1) 改变进料浓度

对放热反应来说，原料浓度越高，化学反应放热量越大，反应后温度也越高。以硝酸生产为例，当氨浓度在9%～11%范围内时，氨含量每增加1%可使反应温度提高60～70℃。因此，这类系统就可以通过改变进料浓度达到控制反应器内反应温度的目的。如图10-27所示，该控制方案就是利用一个变比值控制系统来调节氨和空气的比例，即调节氨的浓度，从而控制反应器内的温度。FC为变比值控制器，控制器TC向FC提供氨气与空气的比值设定。

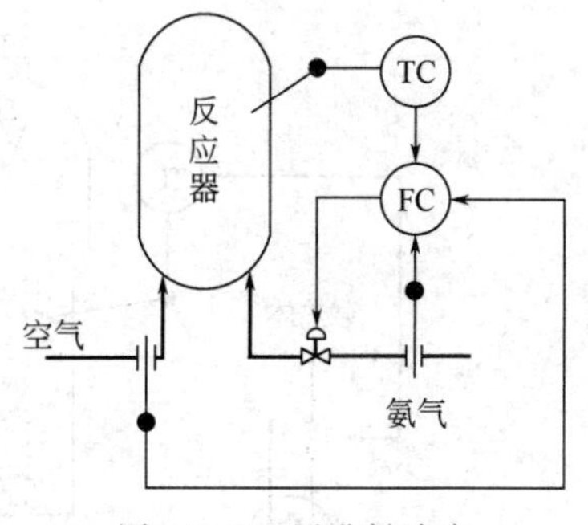

图 10-27 用进料浓度控制反应温度

(2) 改变进料温度

改变进料温度，使进入反应器的总热量发生变化，整个床层温度也就会变化。若原料进反应器前需预热，可通过改变进入换热器的载热体流量，以控制反应床上的温度，如图10-28所示。有时就把反应器的部分出料作为载热体，使其在预热器中与进料进行热交换，以提高能量的利用率，如图10-29所示。

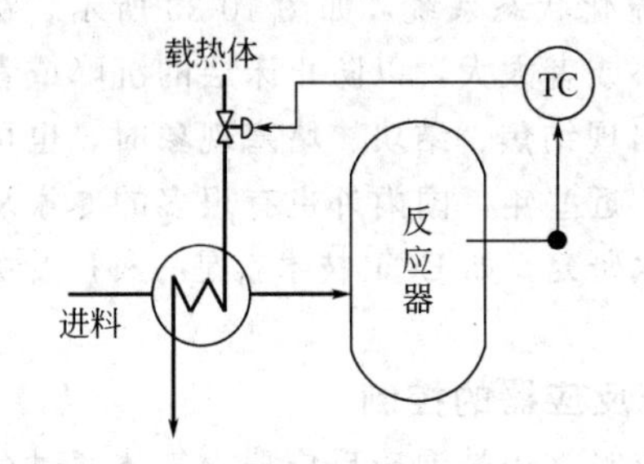

图 10-28 用进料温度控制反应温度Ⅰ

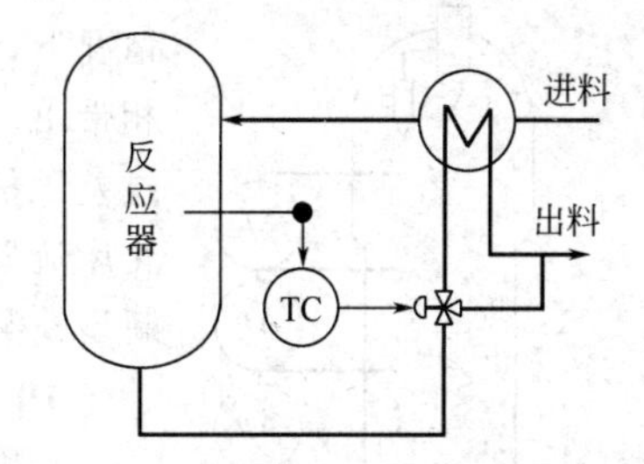

图 10-29 用进料温度控制反应温度Ⅱ

(3) 改变段间冷料量

在多段反应器中，可以把部分温度较低的原料直接进入段间，使其与上一段反应后的热料混合，从而降低了下一段的温度。图10-30所示为硫酸生产中用SO_2氧化成SO_3的固定床反应器温度控制方案，这种控制方案由于冷的那部分原料气少经过一段催化剂层，所以原料气总的转化率有所降低。

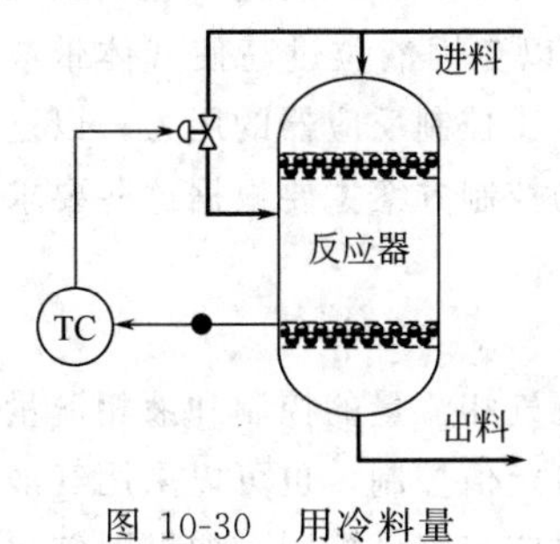

图 10-30 用冷料量控制温度

10.4.3 流化床反应器的自动控制

流化床反应器底部装有多孔筛板，催化剂等固体颗粒（或粉末）放在筛板上，当流体向上流过颗粒床层时，如流速较低，则流体从颗粒间空隙通过时粒子不动，这就是固定床；如流速渐增，则粒子间空隙率将开始增加，床层体积逐渐增大，而当流速达到某一限值，床层刚刚能被流体托动时，床内粒子就开始流化起来了，这时称为流化床。由于流化床反应器中搅动剧烈，因而传热、传质和反应强度效能高，而且床内温度易于维持均匀，这对于热效应大而对温度又很敏感的过程是很重要的，因此特别被应用于氧化、裂解、焙烧以及干燥等各种过程。

与固定床的自动控制相类似，流化床的温度是其最重要的被控变量。为了实现流化床反应器内的温度控制，可以通过改变原料入口的温度，或者通过换热方式改变载热体的流量来达到温度控制度目的，这两种控制方案分别如图 10-31、图 10-32 所示。

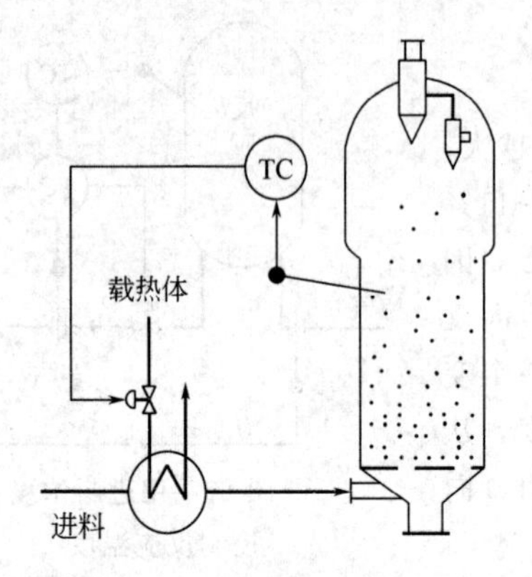

图 10-31　用进料温度控制温度

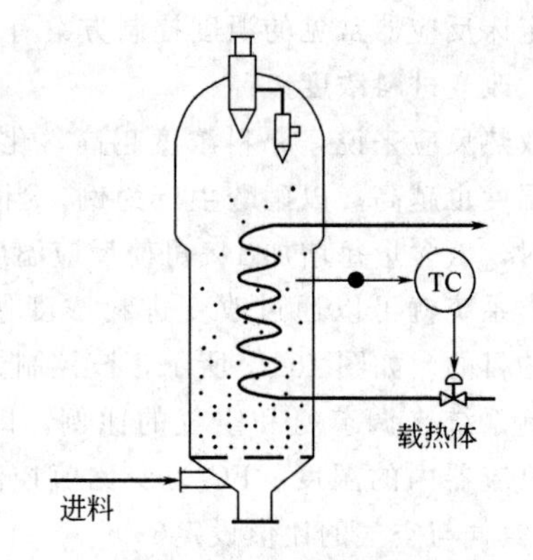

图 10-32　用载热体流量控制温度

在流化床反应器中，为了保证有一个合适的流化状态，在实现温度控制度同时，有时还要设置流型的监测系统。以气固流化床为例，过小的气速可以造成床层的沉降，而过大的气速会使颗粒随气相带出。这种现象可以从流化床的内差压信号得到体现。目前，工业上常用流化床内的差压来间接表征床内的流化状态系统，如图 10-33 所示。在正常情况下，差压不能太小或者太大，以防止床层的沉降或者随气相带出。当反应器中出现结焦、结块、堵塞现象时，也可以通过差压信号显示出来。近些年，国内外也有很多的专家从事流化床流型的新检测技术研究，如 ECT 技术就是一种广受关注的新型检测技术之一。

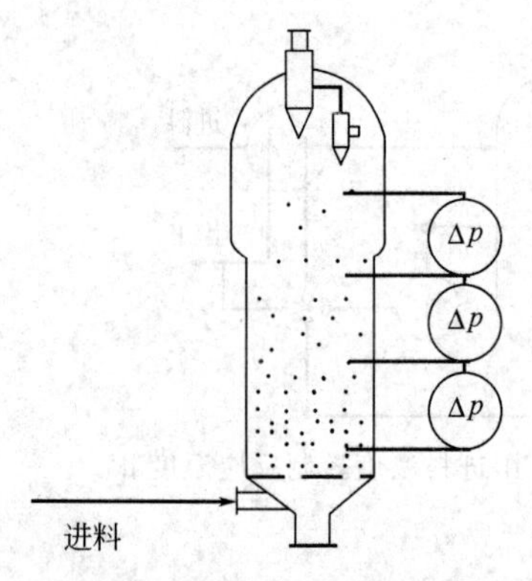

图 10-33　流体床差压指示系统

10.4.4　鼓泡床反应器的控制

当进行气液相反应时常用鼓泡床反应器，气体通过分布器以鼓泡的方式穿过液层，以此来形成气液反应所必需的相界面并促使液体呈湍动状态，以强化床层内的化学反应、传质和传热。由于床层内气泡的运动也还可能导致液相的返混，这类反应器无需采用机械搅拌，具有结构简单、造价便宜等优点，已在石油化工、无机化工、生物化工和制药工业等方面有广泛应用，例如烃类的气-液相氧化反应。

根据气液反应的特点，鼓泡床操作的基本控制要求主要包括四个方面：①控制进料量（及比例）；②控制反应温度，保证反应质量；③控制鼓泡床液相的液位，以免因液位过高使气体带液严重，或者因液位太低使气体在液相中的停留时间太短而影响反应；④控制反应器的压力，以进一步平稳整个反应过程，提高反应器的操作安全性。因此，鼓泡床的控制方案主要根据这些要求来设置，如图 10-34 所示。

（1）进料量的控制

鼓泡床反应器的原料一般包括气液两相，因而反应器要同时实现气相流量的控制和液相流量的控制。鼓泡床反应器进料量的控制可以采用两个独立的单回路流量定值控制，也可以采用气液相流量比值控制。在使用催化剂的鼓泡床反应器中，催化剂量一般也应有流量控制。如果因催化剂流量太小而难以测量时，可用定量泵、高位槽加入等方式尽量使其稳定。

(2) 反应温度的控制

反应物料成分、流量稳定的情况下，温度一般是衡量反应质量好坏的标志。因为，反应温度的变化往往是反应变化的先导，要比质量指标灵敏，而且也是监视反应安全性的重要标志之一。鼓泡床反应器均设置温度控制回路，操纵变量多为载热体的流量，必要时可以采用多段温度控制方案。

(3) 反应器液位的控制

单回路控制方案是实现反应器液位稳定最常用，也是最简单的控制方法，它根据鼓泡床内的液位来控制出料量。这种控制方案存在一个缺点就是不管反应是否合格，只要有进料就必须有出料。

液位控制的另一方案是用反应温度控制出料，而用液位控制液相进料，液相的进料量与气相的进料量构成比值控制系统，以保证气、液相进料之间的比例。反应温度仍然通过载热体的流量来实现控制，如图 10-35 所示。以放热反应为例，当流量增加使反应温度上升时，通过温度控制回路的控制，一方面加大冷却剂量，同时加大出料量；另一方面关小出口阀门，通过液位控制减少进料量，加速温度下降。两个温度控制回路用同一测量元件和变送，是为了避免两个回路用两套测量系统带来误差。用两个控制器，是为了满足不同对象对控制器参数的不同要求。

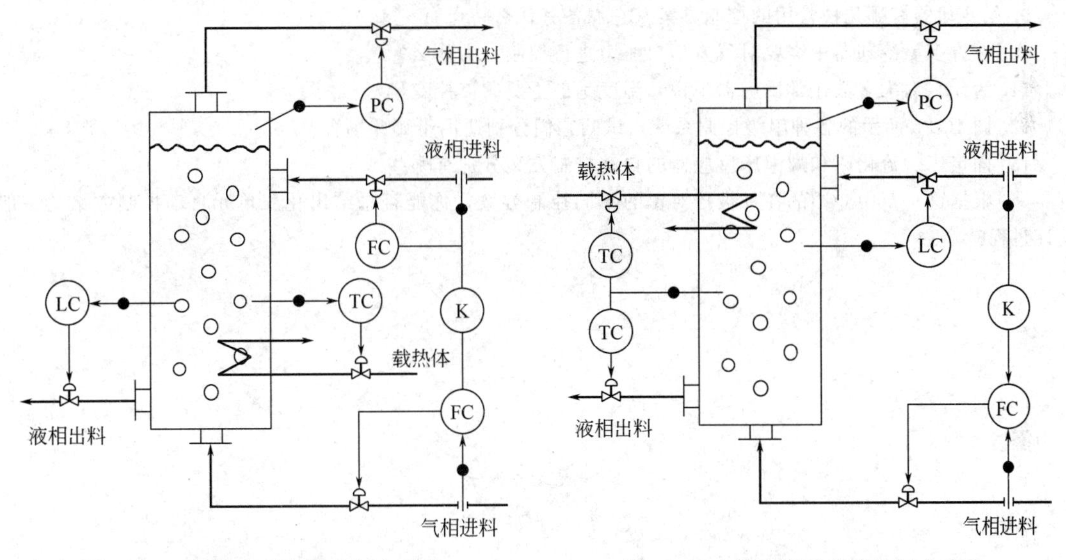

图 10-34　鼓泡床反应器控制方案Ⅰ　　　图 10-35　鼓泡床反应器控制方案Ⅱ

另外，鼓泡床的液位信号一般不宜采用内浮筒式液位计来测量，这是因为鼓泡现象会使内浮筒式液位计出现较大的测量波动，通常采用差压法或外沉筒式比较合适。

(4) 反应器压力的控制

为了充分利用反应器的体积，增加气液接触时间，鼓泡床控制的液位一般较高，液位的上部的空间也较小。因而，反应器内压力波动对进料的影响一般要比液位波动时对进料影响大。特别是对于强放热反应会产生骤爆的反应，设置压力控制和报警等紧急措施就显得极其重要。压力控制可装在本设备上，也可装在后继设备上；可采用单回路控制，也可采用分程控制，正常情况下控制小阀，不正常时控制大阀。

思考题与习题

1. 化工单元自动控制的一般设计原则有哪些？
2. 离心泵的流量控制方案有哪几种？各有什么特点？

3. 为了控制某往复泵的出口流量，问能否采用图 10-36 所示的控制方案？为什么？

4. 何谓离心式压缩机的喘振？离心式压缩机在什么情况下会产生喘振？

5. 离心式压缩机有哪几种防喘振控制方案？各有什么特点？

6. 试述图 10-10 和图 10-11 所示的两种换热器控制方案的特点。

7. 某加热炉系统如图 10-37 所示，工艺要求介质出口物料的温度稳定，无余差，已知燃料入口的压力波动频繁，是该控制系统的主要干扰。试根据上述要求设计一个温度控制系统，画出控制系统原理图和方块图，确定调节阀的作用形式，选择合适的调节规律和控制器正、反作用。

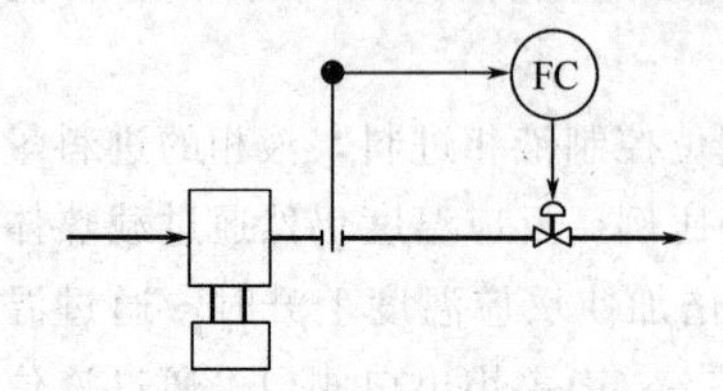

图 10-36 往复泵的流量控制

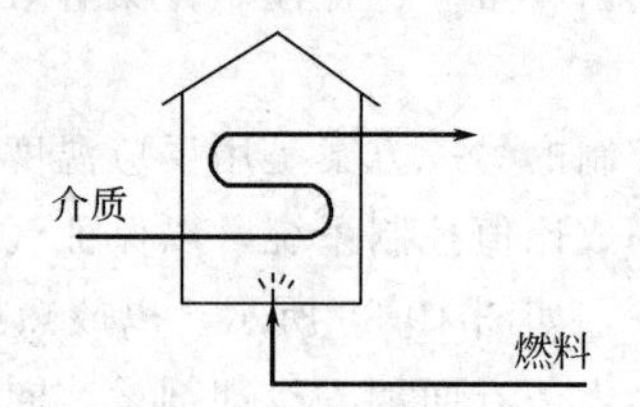

图 10-37 加热炉的温度控制

8. 蒸汽加热器有哪几种常用的控制方案？各有什么特点？

9. 氨冷却器有哪几种常用的控制方案？它们各有什么特点？

10. 在许多氨冷却器中需要对气氨出口压力进行控制，为什么？

11. 为什么对大多数化学反应器来说，温度是最主要的被控变量？

12. 图 10-26 所示的各种串级控制系统，试问它们分别适用于哪些场合？

13. 固定床、流化床和鼓泡床反应器的自动控制方案分别有哪些？

14. 根据这一章中介绍的各种被控对象的不同控制方案，你能否总结出化工单元自动控制方案的一般设计过程？

11 计算机控制系统的应用

要实现一个具体对象的真正控制，最终是通过控制系统实现的。除了明确控制要求、确定控制方案之外，设计一个完整的控制系统，更多的工作还包括仪表的选型，控制系统结构的论证和确定，控制系统软、硬件的开发和配置，控制系统的工程实施、调试和投运等一系列复杂的工作。例如，对于一个具体的被控对象如何选择控制系统的类型，需要对被控对象的特点和要求、控制系统的规模、控制方案的复杂性等诸多方面进行分析，从必要性和可行性两方面来综合考虑。如果控制回路较少、控制功能较单一，此时可以选择以常规模拟仪表，或者数字调节器，或者以 IPC、小型 PLC 为基础构成的控制系统；如果被控对象的工艺流程较长，检测、控制回路较多，控制方案复杂，高级控制系统较多，安全可靠性较高，操作管理功能要求较高……此时应该采用 DCS 或者大、中型的 PLC 来构筑控制系统；如果以逻辑控制、顺序控制为主，则 PLC 比 DCS 更适用于此类对象的控制。这一章将以若干个实际对象为例，来简单介绍工业上最常见的几种计算机控制系统的设计。

11.1 计算机控制系统的工程设计

11.1.1 计算机控制系统的基本设计原则

关于计算机控制系统的设计原则往往会涉及很多方面，其中最基本的设计原则可以归纳为四点：①最大限度地满足工业生产过程或机械设备的控制要求——完整性原则；②确保计算机控制系统的可靠性——可靠性原则；③力求控制系统简单、实用、合理——经济性原则；④适当考虑生产发展和工艺改进的需要，在 I/O 接口、通信能力等方面要留有余地——发展性原则。很明显，这四条最基本的设计原则对各种类型的计算机控制系统设计都是适用的。

11.1.2 计算机控制系统的工程设计程序

11.1.2.1 工程设计程序简介

计算机控制系统的设计一般包括初步设计和工程设计两个过程。

根据工艺生产的需要，完成初步的管道仪表流程图（P&ID）、控制系统/联锁系统/电气系统的技术方案、操作说明等的设计，并在此基础上统计控制系统所需要的输入/输出点数、控制/检测的回路数，初步确定计算机控制系统的类别和型号、确定外部设备的配置。这些都属于初步设计的工作内容，也是进行必要性、可行性论证的基础性材料。必要的时候，还应根据初步设计的配置和技术要求，向结构、建筑、暖通、电气、消防等专业提交初步设计条件。

所谓工程设计，就是在经过论证的初步设计结果的基础上，对工程实施所需要的各项具体内容进行细化设计。这一阶段一般要完成以下工作：系统的配置图、机柜的硬件布置图、复杂控制系统框图、顺序控制/时序控制/逻辑控制/批量控制等原理图、控制室平面布置图、各类机柜的布线及接线图、仪表回路图及 I/O 清单、仪表电缆/电线敷设图、供电系统图、接地系统图等，必要时还应向建筑等有关专业提出工程设计技术条件。

完成上述设计内容以后，就可以逐步开始硬件系统的开发、应用软件的编程以及系统的实施、调试和投运等工作。

11.1.2.2 一般性设计内容

计算机控制系统的种类很多，不同类型控制系统的性能、适用领域是有差异的，它们在设计内容和设计方法上也会有所不同，通常还与设计人员习惯的设计规范及实践经验有关。但是，所有设计方法要解决的基本问题是相同的。单纯从控制度角度看，计算机控制系统设计所要完成的一般性内容主要如下。

① 分析被控对象的工艺特点和要求，拟定控制系统的控制功能和设计目标。

② 细化控制系统的技术要求，如 I/O 接口数量、系统结构形式、安装的物理位置等。

③ 计算机控制系统的选型，包括 CPU、I/O 模块、接口模块、网络通信等。

④ 编制 I/O 分配表和控制柜及其与现场仪表的接线图。

⑤ 根据系统要求编制软件规格说明书，开发应用软件。

⑥ 编写设计说明书和使用说明书。

⑦ 系统安装、调试和投运。

计算机控制系统的一般性设计内容可以根据具体任务作适当调整。

11.1.3 计算机控制系统的硬件设计

11.1.3.1 了解工艺过程，分析系统要求

设计一个良好的控制系统，第一步就是需要对被控生产对象的工艺过程和特点作深入的了解，这也是现场仪表选型与安装、控制目标确定、系统配置的前提。一个复杂的生产工艺过程，通常可以分解为若干个工序，而每个工序往往又可分解为若干个具体步骤，这样做可以把复杂的控制任务明确化、简单化、清晰化，有助于明确系统中各控制站（如 PLC、DCS 的现场控制单元等）及其 I/O 的配置，合理分配系统的软、硬件资源。

计算机控制系统要实现的功能是在了解了工艺过程的基础上制定的，一般包括两个方面：一是为了保证设备和生产过程本身的正常运行所必需的控制功能，也就是控制系统的主体部分，如回路控制、联动控制、顺序控制等；二是为了提高系统可靠性、可操作性等因素制定的附属部分，如人机交互、紧急事件处理、信息管理等功能。控制系统设计应围绕主体展开，同时也必须兼顾附属功能。

11.1.3.2 创建设计任务书

设计任务书的创建实际上就是对技术要求的细化，把各部分必须具备的功能和实现方法以书面形式描述出来。设计任务书是进行设备选型、硬件配置、软件设计、系统调试的重要技术依据，若在 PLC 系统的开发过程中发现不合理的方面，需要进行及时的修正。通常，设计任务书要包括以下各项内容。

① 数字量输入总点数及端口分配。

② 数字量输出总点数及端口分配。

③ 模拟量输入通道总数及端口分配。

④ 模拟量输出通道总数及端口分配。

⑤ 特殊功能总数及类型。

⑥ 控制站功能的划分以及各控制站的分布与距离。

⑦ 对通信能力的要求及通信距离。

11.1.3.3 硬件设备的选型

在满足控制要求的前提下，计算机控制系统硬件设备的选型应该追求最佳的性能价格比。计算机控制系统硬件设备的选型主要包括 CPU、I/O 接口、通信接口、电源模块和其他附属硬件的选择等方面。

(1) CPU 的选型

在选择 CPU 型号的时候，往往需要综合考虑 CPU 的基本性能、速度、存储器容量等因素。

① CPU 基本性能　CPU 的基本性能要与控制任务相适应，具体表现在三个方面。

a. 最大允许配置的 I/O 点数。这个性能指标与 CPU 的寻址能力有关，不同型号的 CPU 允

许配置的I/O上限是不一样的。

b. 网络功能。当一个系统的控制功能需要由多个控制站完成的时候，组网能力和网络通信功能也是CPU选型所要考虑的关键。例如，在S7系列PLC中，CPU31x可以通过MPI接口直接组网，其通信速率为187.5Kbps，每个网段最多允许连接32个站点，这种组网方式对多数中、小型系统是可以适用的。如果站点之间的通信量很大或站点数很多，则需要选用CPU31x-2通过更高通信速率的Profibus-DP总线组网。

c. 复杂控制功能和先进控制功能。

② 响应速度　响应速度应满足系统的实时性要求。事实上，绝大多数计算机控制系统都能够满足一般的工业控制要求，只有少数需要有快速响应要求的系统，需要仔细考虑系统的实时性要求。

③ 存储器容量　存储器主要是用来保存应用程序以及系统运行所需的相关数据，而应用程序的大小是与系统规模、控制要求、实现方法及编程水平等许多因素有关，其中I/O点数在很大程度上可以反映控制系统对存储器的要求。以PLC为例，在工程实践中，PLC存储器容量一般是通过I/O点数粗略估算的。根据统计经验，每个I/O接口及有关功能占用的内存可以大致估算如下：

开关量输入：总字节数＝总点数×10；

开关量输出：总字节数＝总点数×8；

模拟量输入/输出：总字节数＝通道数×100；

定时器/计数器：总字节数＝定时器/计数器个数×2；

通信接口：总字节数＝接口数量×300。

以上计算的结果只具有参考价值，在明确存储器容量时，还应对其进行修正。特别是对初学者来说，应该在估算值的基础上充分考虑余量。

(2) I/O的配置

I/O配置主要是根据控制要求选择合适的I/O卡件，并把输入点（输入通道）与输入信号、输出点（输出通道）与输出控制信号一一对应编号，并以系统安装说明书或接线图的形式描述出来。I/O的数量、信号类型以及输出信号的驱动能力是I/O配置的关键。

需要注意的是，在配置I/O卡件的时候要留有一定的余量，以便满足系统扩展和其他不时之需。通常，I/O卡件要留10%～15%的备用量，控制柜内还要保留10%的卡件安装位置和相应的接线端子。

(3) I/O站点的分配与通信接口模块的选择

一般来说，计算机控制系统中所有的I/O模块（插件）最终都将安装在一个或多个机架（或现场控制单元）上，而通信接口模块则是把多个机架（或现场控制单元）连接成一个整体。因此，在硬件配置中，需要根据机架的数量、机架的安装位置和安装方式来选择合适的通信接口模块。

因为通信总线是维系整个计算机控制系统正常运行的纽带，为了提高系统的可靠性，通信总线应尽可能采取冗余配置。

(4) 电源模块和其他附属硬件的选择

根据系统中各机架和现场控制单元所消耗的电源总量及其实际的系统结构，最后还需要为计算机控制系统配置一个和多个电源模块。一般来说，每个电源模块的容量应不小于实际最大负载的125%。

整套计算机控制系统的电源应由不间断电源（UPS）供给，不间断电源的指标应高于计算机控制系统对电源质量的要求，UPS还应该配有高性能的蓄电池，蓄电池的容量一般可以按系统规模大小备用15～30min考虑。

此外，通信电缆、通信连接器、信号连接器等一些附属硬件的配备也是硬件设计的内容。

11.1.3.4 安全回路的设计

安全回路是能够独立于计算机控制系统运行的应急控制回路或后备手操系统。安全回路一般以确保人身安全为第一目标、保证设备运行安全为第二目标进行设计，这在很多国家和国际组织发表的技术标准中均有明确的规定。一般来说，安全回路在以下几种情况下将发挥安全保护作用：①设备发生紧急异常状态时；②计算机系统失控时；③操作人员需要紧急干预时。

安全回路的典型设计，是将关键设备或回路中的执行器（包括阀门、电机等）以一定的方式连接到紧急处理装置上。在系统运行过程中，根据故障的性质，可以让安全回路中的后备系统来接管控制功能，或者通过安全回路实施紧急处理。

设计安全回路的一般性任务主要包括：①为系统定义故障形式、紧急处理要求和重新启动特性；②确定控制回路与安全回路之间逻辑和操作上的互锁关系；③设计后备手操回路以提供对过程中重要设备的手动安全性干预手段；④确定其他与安全和完善运行有关的要求。

11.1.4 计算机控制系统的软件设计

11.1.4.1 前期工作

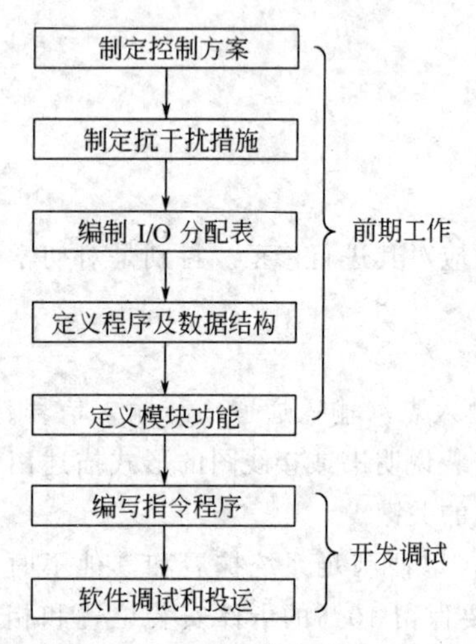

图11-1 软件设计的基本过程

计算机控制系统应用程序的设计过程如图11-1所示，首先需要制定控制方案、制定抗干扰措施、编制I/O分配表、确定程序结构和数据结构、定义软件模块的功能，然后编写应用软件的指令程序，最后进行软件的调试和投运。如果在实现每一项任务的过程中发现不合理的地方，要进行及时的修正。

在软件设计过程中，前期工作内容往往会被设计人员所忽视，事实上，这些工作对提高软件的开发效率、保证应用软件的可维护性、缩短调试周期都是非常必要的，特别是对较大规模的控制系统更是如此。

11.1.4.2 应用软件的开发和调试

根据功能的不同，计算机控制系统的应用软件可以分为基本控制程序、中断处理程序和通信服务程序三个部分。其中，基本控制程序是整个应用软件的主体，它包括信号采集、信号滤波、控制运算、结果输出等内容。

对于整个应用软件来说，程序结构设计和数据结构设计是程序设计的主要内容。合理的程序结构不仅决定着应用程序的编程质量，而且还对编程周期、调试周期、可维护性都有很大的影响。

11.2 PLC在啤酒发酵过程中的应用

本节的例子选自于某啤酒厂的发酵罐群控制系统。在不影响系统完整性的前提下，在具体叙述中作了适当的简化处理。

11.2.1 发酵过程的生产工艺和控制要求简介

11.2.1.1 工艺简介

啤酒酿造需要四种原料：麦芽、大米、酒花、酵母。概括地说，整套啤酒生产工艺分为糖化、发酵和灌装三大过程。其中，糖化过程包括了粉碎、糖化、糊化、过滤、煮沸等工序，其作用是把原料转化成啤酒发酵原液（麦汁）；发酵过程包括了啤酒发酵、修饰、清酒、过滤等工序，发酵过程出来的产品就是啤酒，它们经杀菌、灌装后成为成品啤酒。这里以 S7-300 PLC 为背景，抽取啤酒发酵工序作为被控生产过程来介绍 PLC 系统的应用。

11.2.1.2　被控对象和控制要求

实际发酵罐的温度一般采用 2～5 段的多段控制，通过改变进入冷却夹套的冷媒流量来调节罐内温度，可以采用如图 11-2 所示的连续调节阀控制，也可以采用开关阀控制；发酵罐内的压力通过罐顶 CO_2 的排除量来控制，一般采用双位控制。

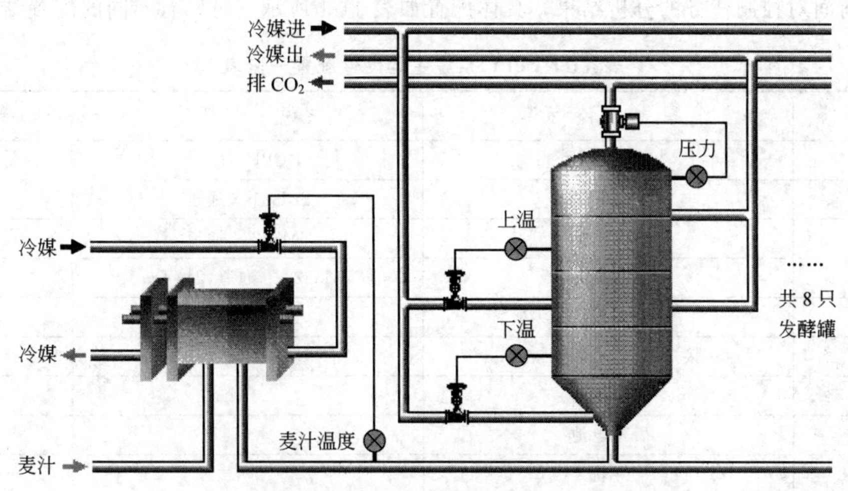

图 11-2　啤酒发酵过程 P&ID

假设被控对象如图 11-2 所示，PLC 系统需要完成 1 个冷却器和 8 只大小相同的发酵罐的自动控制。糖化麦汁先经过冷却器把麦汁温度冷却到 8℃左右进入发酵罐发酵，每个发酵罐需要控制酒液的发酵温度和罐顶的压力。酒液温度通常采用自上而下的分段控制，分段数量视发酵罐大小和罐体结构而定。需要说明的是，本例仅包括了最基本的温度、压力控制，没有涉及发酵过程中诸如酵母添加、麦汁充氧、出酒、CIP 等其他工序的控制内容。

11.2.2　S7 PLC 的硬件设计

11.2.2.1　明确控制任务

这是一个对控制任务进行明确、细化、分类的过程，分类结果是仪表选型、PLC 配置的依据。

在温度控制回路中，冷媒流量通过调节阀来控制。因此，每个温度控制回路需要 1 只温度变送器和 1 只调节阀，分别占用 1 个 AI 通道和 1 个 AO 通道。变送器的量程、调节阀的口径等仪表参数要根据实际的工艺参数来定。由于罐顶压力的控制要求较低，通过电磁阀实现开关量控制即可满足要求。因此，每个压力控制回路需要 1 只压力变送器和 1 只电磁阀，占用 1 个 AI 通道和 1 路 DO 通道。

① 现场仪表分类

温度变送器数量：1＋2×8＝17（只）；

压力变送器数量：1×8＝8（只）；

调节阀数量：1＋2×8＝17（只）；

电磁阀数量：1×8＝8（只）。

如果需要，每一种现场仪表还必须根据量程、口径等参数作进一步的分类。

② I/O 端口的分类

AI 通道数量：17(温度变送器)＋8(压力变送器)＝25；

AO 通道数量：17（调节阀）；

DO 通道数量：8（电磁阀）。

事实上，S7 PLC 模拟量输入模块可以直接接入热电阻信号，那样模拟量输入通道的配置将发生变化。

11.2.2.2 PLC 硬件配置

根据前面对控制任务的分析结果，具体配置如表 11-1 所示（可以有不同的配置结果）。

表 11-1 PLC 系统主要硬件配置一览表

序号	模块名称	说明	数量
1	CPU 模块	CPU 314	1
2	AI 模块	SM331:8 通道	4
3	AO 模块	SM332:4 通道	5
4	DO 模块	SM322:16 通道,24VDC	1
5	电源模块	PS307:5A	1
6	接口模块(机架连接)	IM360、IM361	各 1
7	前连接器	20 针	10
8	后备电池		1
9	导轨		2
10	操作站通信模块	CP5611:安装在 IPC 上	1

① CPU 模块　通过前面介绍的技术要求，CPU 选型的依据主要是最大允许配置的I/O、存储器估算容量、组网方式、运算速度等几个方面，因此 CPU314 及其以上的型号都能满足本系统的要求。

② I/O 模块和接口模块　I/O 模块主要是根据系统对 PLC 的 I/O 总能力要求、输入/输出的信号类型，同时综合考虑系统扩展的需要。为了简单起见，不妨设变送器输出是 4～20mA，DO 输出驱动 24V DC 电磁阀。因此，8 通道模拟量输入模块需要 4 块（冗余 7 路），4 通道模拟量输出模块需要 5 块（冗余 3 路），16 通道开关量输出模块需要 1 块（冗余 8 路）。每个 I/O 模块还要配置一个前连接器（20 针），现场信号通过前连接器连接。

下一步需要考虑机架的配置，该系统共有 10 个 SM 模块，也就需要两个机架（导轨）来安装。在确定接口模块时，主要考虑机架的安装位置。如果两个机架的安装距离较远(＞10m)，ER 可以选择 IM153 等接口模块与 CR 上的 DP 端口相连，这也就要求 CR 上必须具备 DP 端口。在多数情况下，I/O 机架都可以集中安装，这时接口模块可以选择表中的 IM360/IM361，也可以选用 IM365/IM365。表 11-2 所示为机架配置及 I/O 分配。

11.2.2.3 安全回路的设计

在过程控制系统中，最常用的安全回路是后备手操系统。

不难理解，后备手操系统要串接在原输出回路中，它至少包含手自动切换开关和手动操作部件。图 11-3（a)，当手自动切换开关打到自动状态“A”时，负载由 PLC 直接控制；当手自动切换开关打到手动状态“H”时，负载由手动操作按钮控制。图 11-3（b）的原理也是一样，自动状态 $I_O=I_{OA}$，手动状态 $I_O=I_{OH}$，为简单起见，这里没有考虑诸如无扰动切换等其他因素。

表 11-2 机架配置及 I/O 分配

CR	PS307	CPU314	IM360	8 路 SM331	8 路 SM331	8 路 SM331	8 路 SM331	16 路 SM322
槽号	1	2	3	4	5	6	7	8
缺省地址				256～271	272～287	288～303	304～319	16.0～17.7
I/O 分配				1#～8#上温	1#～8#下温	1#～8#压力	麦汁温度	24V DC 控制 1#～8#电磁阀
信号类型				4～20mA	4～20mA	4～20mA	4～20mA	
ER			IM361	4 路 SM332	4 路 SM332	4 路 SM332	4 路 SM332	4 路 SM332
槽号	1	2	3	4	5	6	7	8
缺省地址				384～391	400～407	416～423	432～439	448～455
I/O 分配				1#～4#上温调节阀	5#～8#上温调节阀	1#～4#下温调节阀	5#～8#下温调节阀	冷却器调节阀
信号类型				4～20mA	4～20mA	4～20mA	4～20mA	4～20mA

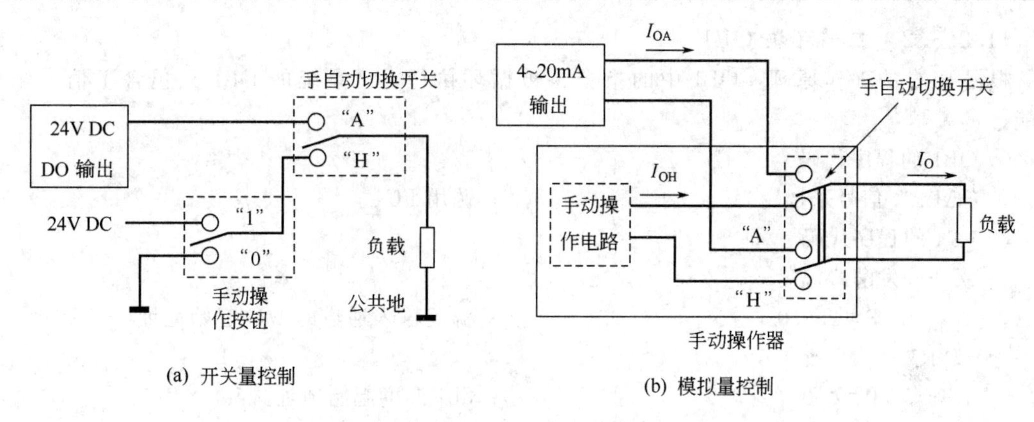

图 11-3 后备手操连接原理

11.2.3 软件设计

11.2.3.1 软件结构分析

在这个例子中，有些功能是可以多次使用的，例如，各个发酵罐的控制思想是相同的，这些控制功能可以利用一个函数（也即 FB 块）来完成，调用 FB 时只需要为它们赋予不同的数据（即背景数据块）。对于仅使用一次的功能部件，如：采样、麦汁温度控制等，它们可以根据功能的划分做成若干个子程序的形式（即 FC）。所有的 FB 和 FC 最终由 OB1 和 OB35 组织，这样会使程序更加清晰，程序代码精练，并给调试带来许多便利。

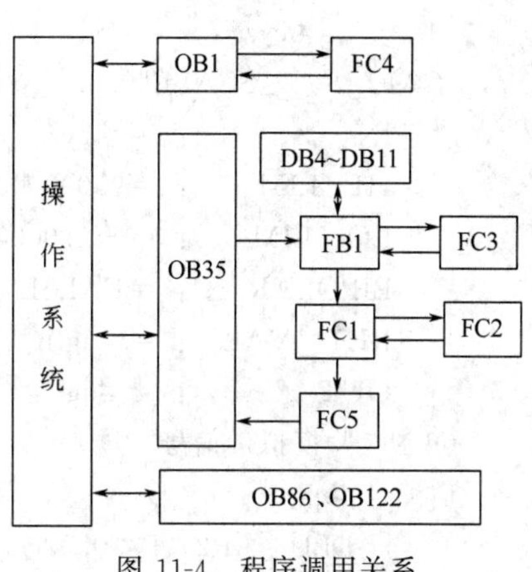

图 11-4 程序调用关系

根据前面提出的要求，该系统需要的所有程序块 OB、FB、FC 以及数据块 DB 列举在表 11-3 中，图 11-4 是应用程序的调用关系原理。

表 11-3　OB、FB、FC 和 DB 一览

类　型	对象名称	符号变量名	语言	说　明
组织块	OB1	循环执行程序	STL	
	OB35	定时中断程序	STL	控制周期：0.5s
	OB122	模块故障中断	STL	I/O 访问故障处理程序
逻辑功能块	FB1	发酵罐控制	STL	用于每只发酵罐温度、压力控制的函数
	FC1	麦汁温度控制	STL	用于麦汁温度控制
	FC2	罐温控制 PID 计算	STL	发酵罐温度控制回路的 PID 计算
	FC3	麦汁温度控制 PID 计算	STL	麦汁温度控制回路的 PID 计算
	FC4	信号采样	STL	从输入模块端口采集信号
	FC5	信号输出	STL	把控制结构输出到端口
数据块	DB1	模拟量信号	DB	存储所有模拟量输入信号
	DB2	开关量信号	DB	存储所有开关量输出信号
	DB3	麦汁温度(共享数据块)	DB	存储麦汁温度控制回路的控制参数和中间变量
	DB4～DB11	罐 1#～8# 背景块	DB	存储 1#～8# 罐控制回路的控制参数和中间变量

11.2.3.2　主循环块 OB1

根据 PLC 的工作原理，OB1 中的指令将被循环执行，该系统的 OB1 只包含了信号采样功能。

① OB1 的程序代码

```
CALL" 信号采样"                          ; 调用 FC4
```

② FC4 的程序代码

```
//┈┈发酵罐温度┈┈//
L       P#256.0                        ; 温度输入通道的 I/O 起始地址
LAR1
L       P#0.0                          ; db1 温度起始地址
LAR2
L       16                             ; 通过循环采集 16 个温度信号
n1:T     #loopjsq
L       PIW [AR1, P#0.0]               ; 从过程输入存储区装入十进制结果
T        #cyzc
CALL     " SCALE"                      ; 将十进制结果转化为工程量
  IN          := #cyzc
  HI_LIM      :=9.000000e+001          ; 温度变送器量程－10～90℃
  LO_LIM      :=－1.000000e+001
  BIPOLAR     :=FALSE
  RET_VAL     := #jgfh
  OUT         := #jg
OPN  " 模拟量信号"
L     #jg
T     DBD [AR2, P#0.0]                 ; 把工程量存储到 DB1
L     P#2.0       ; 改变地址寄存器的值
```

```
+AR1
L      P#4.0
+AR2
L      #loopjsq
LOOP n1
……                    ；压力及其他参数的采样原理与温度采样相同，由于篇幅限制，故这
                        部分代码省略。
BEU                   ；该逻辑块的结束指令
```

11.2.3.3 定时中断组织块 OB35

OB35 用于周期性地完成系统的控制功能，如果把中断时间间隔设为 0.5s，也就相当于控制周期为 0.5s。需要强调的是，PLC 执行所有与 OB35 相关的指令所需要的时间必须小于 OB35 设置的中断时间间隔。

OB35 的指令代码如下。

```
CALL"发酵罐控制","罐1背景块"                ；1#发酵罐温度压力控制，相当于
                                             CALL FB1，罐1背景块
    T1       :="模拟量信号".fjgsw_1          ；上温——入口参数
    T2       :="模拟量信号".fjgxw_1          ；下温
    P        :="模拟量信号".fjgyl_1          ；压力
    T1_Out   :="模拟量信号".swfw_1           ；上调节阀阀位输出
    T2_Out   :="模拟量信号".xwfw_1           ；下调节阀阀位输出
    P_Out    :="开关量信号".ky_1             ；压力控制电磁阀状态输出
……                                           ；2#～8#罐的调用方式与1#罐相似
CALL"麦汁温度控制"                           ；相当于调用 FC1
CALL"信号输出"                               ；相当于调用 FC5
```

由于这一节介绍的重点是程序的结构和相互调用关系，因此，其他的逻辑功能块不再一一列举。

11.3 DCS 在链条锅炉系统中的应用

为具体说明如何应用 DCS，这一节以 SUPCON JX-300X 系统在链条锅炉上的应用为例来说明 DCS 应用的设计内容。

11.3.1 工艺简介

链条锅炉工艺流程如图 11-5 所示。燃料自给煤料斗加到链条炉排上，链条炉中的炉排如同履带一样自前向后缓慢地运动。由于燃料层与炉排之间没有相对运动，燃料将随炉排一起运动。空气经由鼓风机吸入，再经由空预器加热后从炉排下方自下而上穿过炉排和其上的燃料相遇，和燃料一起燃烧。

燃烧过程中排放的高温烟气加热炉膛四周布满的水冷壁管道，然后经水平烟道加热过热器，再至尾部烟道加热省煤器、空预器后，温度降至 160℃以下，再经除尘器除尘后，最后通过引风机由烟囱排入大气。

而水从给水母管经给水泵加压后，分为两路，一路送至省煤器加热后，至水冷壁管道继续加热送至汽包，在汽包内蒸发为蒸汽，然后经低温过热器被加热，再流至高温过热器继续被加热到额定温度和额定压力，最后送给蒸汽用户。

燃料量主要通过炉排转速的改变来实现，当负荷变化大或煤种改变时，调整炉闸门的高度来

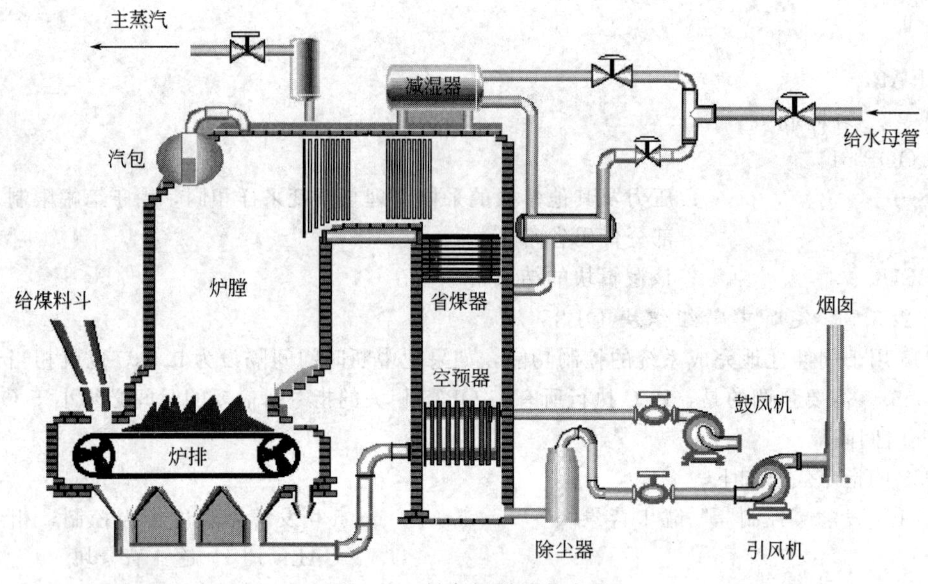

图 11-5　链条锅炉工艺流程

改变煤层厚度。调节送风保持合适的风煤比，调节引风量维持炉膛的负压。

11.3.2　系统的主要控制要求

根据工艺要求，该系统主要实现锅炉燃烧的自动控制、汽包水位控制、炉膛负压控制、除氧器水位控制和除氧器压力控制。其中，燃烧控制是锅炉控制系统中的重点，也是控制的难点。在燃烧过程中，任何一个物理参数（如温度、压力、流量、液位）的改变都会影响到其他物理参数的改变（这在控制理论中称之为耦合性）。如燃料量的改变，不仅会影响到主蒸汽流量的变化，也会影响到主蒸汽温度的变化，以及影响到主蒸汽压力的变化。且链条锅炉燃烧过程中，各被控设备的输出物理量对输入物理量的响应有较大的时间滞后特性，以及各被控设备的输出物理量与输入物理量之间的数学特性为非线性，使得控制运算变得复杂。

11.3.3　系统控制方案分析

由于系统中要求控制的对象的工艺特性及要求不同，为了达到最佳控制效果，针对不同的对象，往往需要采用不同的控制方案。

11.3.3.1　炉膛负压控制

炉膛负压控制可采用单回路前馈控制方案。前馈控制可使受控变量连续地维持在恒定的给定值上，其本身不形成闭合反馈回路，也即对于补偿的效果没有检验的手段，控制结果无法消除受控变量的偏差，因此将反馈与之结合，保持了反馈控制能克服多种扰动及对受控变量最终校验的长处。控制原理框图如图 11-6 所示。

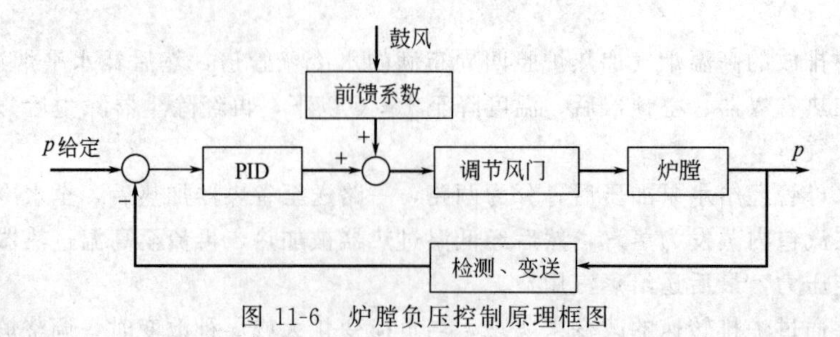

图 11-6　炉膛负压控制原理框图

11.3.3.2 汽包水位控制

本系统中的汽包水位可采用如图 11-7 所示的常规三冲量串级控制，采用此种方案的先决条件是：①锅炉蒸发量较小，汽包容量相对较大，容积迟延情况不是很明显；②对于饱和蒸汽带来的虚假水位现象也较小，不存在很大的问题；③对于负荷变化很剧烈的时候，可考虑采用变 PID（PID 规则库）方案。

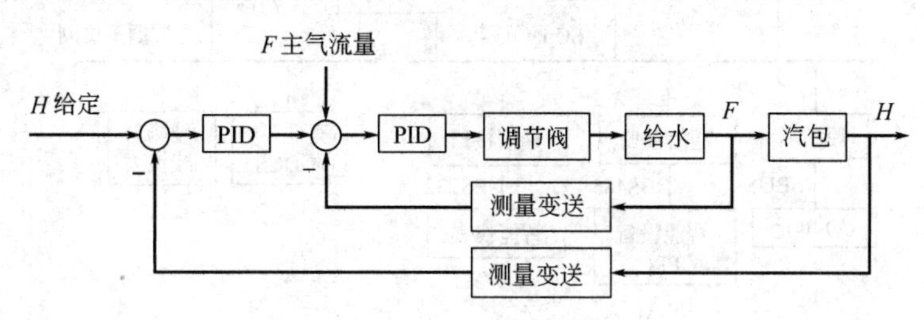

图 11-7 汽包水位控制原理

11.3.3.3 燃烧控制

在燃烧系统中采用常规的单回路或串级控制一般是难以达到要求的，这里采用专家系统来实现其控制要求。燃烧控制实现的原则是：根据负荷来设定炉排转速——粗调，根据主汽压力来细调炉排转速；根据炉排转速来设定送风（统计出送风量与炉排转速的对应关系 K），考虑到经济燃烧，必须确定合理的风煤比，一般来说是通过测烟气中的氧含量来判断，控制原理如图 11-8 所示。

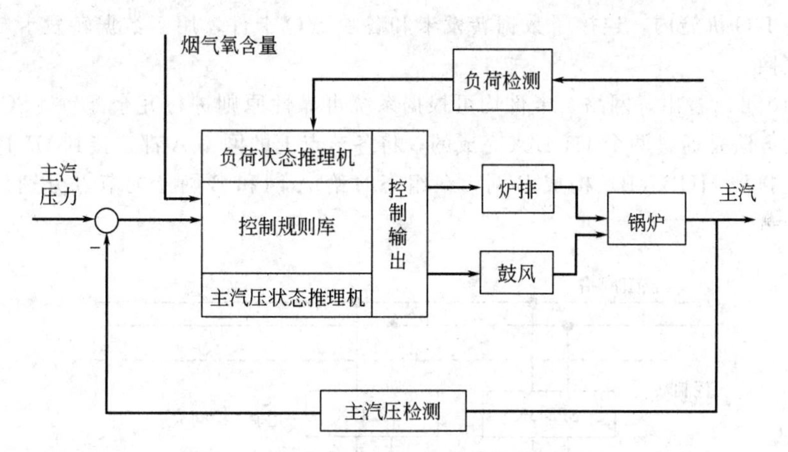

图 11-8 链条锅炉燃烧专家系统控制原理

11.3.4 控制方案在 DCS 上的实现

11.3.4.1 JX-300X 系统介绍

（1）系统概要

从网络结构看，JX-300X DCS 采用三层通信网络结构，如图 11-9 所示。最上层为信息管理网，采用以太网络，用于工厂级的信息传送和管理，是实现全厂综合管理的信息通道。该网络通过在多功能计算站上安装多重网络接口转接的方法，获取集散控制系统中过程参数和系统的运行信息，同时向下传送上层管理计算机的调度指令和生产指导信息。管理网采用大型网络数据库，实现信息共享，并可将各个装置的控制系统连入企业信息管理网，实现工厂级的综合管理、调度、统计、决策等。

中间层为过程控制网（名称为 SCnet Ⅱ），采用了双高速冗余工业以太网 SCnet Ⅱ 作为其过

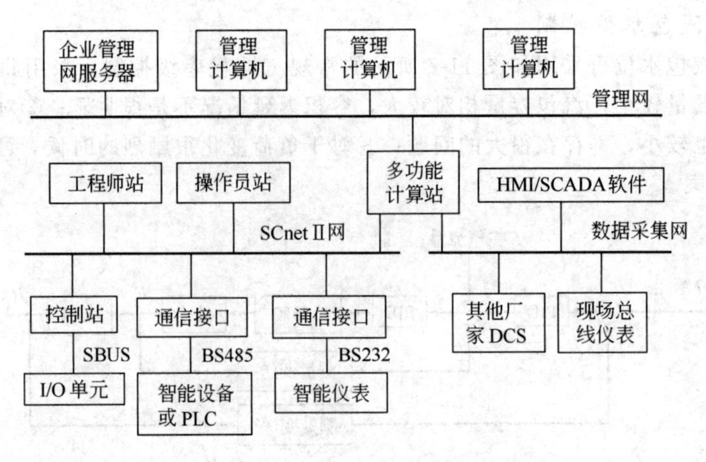

图 11-9 JX-300X 系统结构

程控制网络（冗余的两个网络分别称为A网和B网），连接系统的工程师站、操作站和控制站，完成站与站之间的数据交换。

底层网络为控制站内部网络，称为SBUS，采用主控制卡指挥式令牌网，存储转发通信协议，是控制站各卡件之间进行信息交换的通道。SBUS总线分为两层：第一层为双重化总线SBUS-S2。SBUS-S2总线是系统的现场总线，物理上位于控制站所管辖的I/O机笼之间，连接了主控制卡和数据转发卡，用于主控制卡与数据转发卡间的信息交换。第二层为SBUS-S1总线。物理上位于各I/O机笼内，连接了数据转发卡和各块I/O卡件，用于数据转发卡与各块I/O卡件间的信息交换。

从图11-10可以看出，网络、卡件均可根据系统可靠性原则进行冗余配置。SCnet Ⅱ网络冗余配置实现的方法是通过两个HUB来完成的，将各节点上的网口A都连接到HUB（A）构成A网，网口B连接到HUB（B）构成B网，在组态时给A网和B网上的节点分别设置不同的网络码。

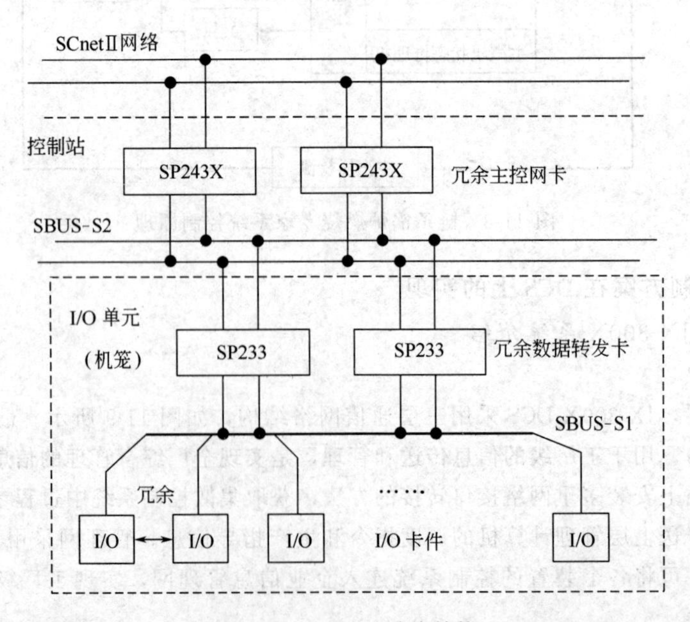

图 11-10 SBUS 总线结构

JX-300X DCS控制站内部以机笼为单位。机笼固定在机柜的多层机架上，每只机柜最多配置7只机笼：1只电源箱机笼和6只卡件机笼（可配置控制站各类卡件）。

卡件机笼根据内部所插卡件的型号分为两类：主控制机笼（配置主控制卡）和I/O机笼（不配置主控制卡）。每类机笼最多可以配置20块卡件，即除了最多配置一对互为冗余的主控制卡和数据转发卡之外，还可以配置16块各类I/O卡件。

在一个控制站内，主控制卡通过SBUS总线可以挂接8个I/O单元或远程I/O单元（即8个机笼），每个I/O机笼内必须装配一对（冗余）或一块（不冗余）数据转发卡来管理本机笼内的所有I/O卡件。

冗余中的两个主控卡均执行同样的应用程序，一个运行在工作模式，另一个运行在备用模式；工作模式下的主控卡执行数据采集和控制功能，监视其配对的备用卡件和过程控制网络的好坏，备用模式下的主控卡执行诊断和监视主控卡的好坏，通过周期查询运行中的主处理器的数据库存储器，接收工作机发送的全部运行信息，备用卡可随时保存最新的控制数据，包括过程点数据、控制算法中间值等，保证了工作/备用的无扰动故障切换。主控卡的切换有失电强制切换、干扰随机切换和故障自动切换等。

数据转发卡与I/O卡件间的通信是通过机笼内母板上的通信通道实现的。

(2) 控制站卡件

控制站卡件位于控制站卡件机笼内，主要由主控制卡、数据转发卡和I/O卡（即信号输入/输出卡）组成。卡件按一定的规则组合在一起，完成信号采集、信号处理、信号输出、控制、计算、通信等功能，每块卡件面板上均有指示灯指示卡件的工作或故障状态。表11-4为卡件一览。

表11-4　控制站卡件一览

型　号	卡　件　名　称	性能及输入/输出点数
SP243X	主控制卡(SCnet Ⅱ)	负责采集、控制和通信等,10Mbps
SP244	通信接口卡(SCnet Ⅱ)	RS232/485/422通信接口,可与PLC、智能设备等通信
SP233	数据转发卡	SBUS总线标准,用于扩展I/O单元
SP313X	电流信号输入卡	4路输入,可配电,分组隔离,可冗余
SP314X	电压信号输入卡	4路输入,分组隔离,可冗余
SP315X	应变信号输入卡	2路输入,点点隔离
SP316X	热电阻信号输入卡	2路输入,点点隔离,可冗余
SP317	热电阻信号输入卡(定制小量程)	2路输入,点点隔离,可冗余
SP322X	模拟信号输出卡	4路输出,点点隔离,可冗余
SP335	脉冲量输入卡	4路输入,最高相应频率10kHz
SP341	位置调节输出卡(PAT卡)	1路模入,2路开出、2路开入
SP363	触点型开关量输入卡	8路输入,统一隔离
SP361	电平型开关量输入卡	8路输入,统一隔离
SP362	晶体管触点开关量输出卡	8路输出,统一隔离
SP364	继电器开关量输出卡	8路输出,统一隔离
SP000	空卡	I/O槽位保护板

(3) 系统软件

JX-300X系统软件基于中文Windows NT开发，主要由三部分组成：第一部分是组态软件包，包括基本组态软件SCKey、流程图制作软件SCDraw、报表制作软件SCForm、用于控制站编程的编程语言SCX、图形组态软件SCControl等；第二部分是用于过程实时监视、操作、记录、打印、事故报警等功能的实时监控软件包AdvanTrol；第三部分是用于与管理信息网相连的软件，如OPC服务软件、APC-PIMS软件等。此外，还有一些专用软件如SOE事件查看软件、故障分析软件、离线浏览器软件等。

11.3.4.2 控制系统配置

(1) I/O的配置

根据系统监控要求，需要确定出系统中要检测的量和要控制的量（即I/O点），列出系统I/O测点清单并说明测点信号类型。在本系统中，可采用热电偶、热电阻等测温元件将要检测的炉膛温度、排烟温度等温度量转换成模拟量电压信号输入到DCS中，采用压力变送器、差压变送器等将各种压力、水位、流量信号等转换成模拟电流信号输入到DCS中，利用模拟输出信号去控制各种调节阀来实现输出控制等。表11-5为本系统中要用到的I/O点数及测点信号类型。

表 11-5 系统 I/O 点分布

信号类型		不冗余点数	冗余点数	总点数
AI	热电阻		4	4
	电流信号	8	20	28
	电压信号		8	8
AO(模拟量输出)			12	12
DI(开关量输入)		7		7
DO(开关量输出)		7		7

(2) 硬件配置

根据控制方案所需的I/O点数及厂家的监控要求，结合JX-300X系统卡件特点，配置了一个控制站、一个工程师站和一个操作员站。控制站卡件配置如表11-6所示，控制站卡件布置如图11-11所示。

表 11-6 控制站卡件配置

卡件名称	卡件代码	卡件数量	卡件名称	卡件代码	卡件数量
主控卡	SP243X	2	热电阻信号输入卡	SP316X	4
数据转发卡	SP233	4	模拟信号输出卡	SP322X	6
电流信号输入卡	SP313X	12	触点型开关量输入卡	SP363	1
电压信号输入卡	SP314X	4	继电器开关量输出卡	SP364	1

1#机笼卡件布置

0	1	2	3	4	5	6	7	8	9	10	11	12	13	14	15	16	17	18	19
冗余		冗余		冗余		冗余		冗余		冗余		冗余				冗余		冗余	
SP 243 X	SP 243 X	SP 233	SP 233	SP 313 X	SP 313 X	SP 313 X	SP 313 X	SP 313 X	SP 313 X	SP 313 X	SP 313 X	SP 313 X	SP 313 X	SP 313 X	SP 313 X	SP 314 X	SP 314 X	SP 314 X	SP 314 X

2#机笼卡件布置

0	1	2	3	4	5	6	7	8	9	10	11	12	13	14	15	16	17	18	19
		冗余		冗余		冗余		冗余		冗余		冗余							
		SP 233	SP 233	SP 316 X	SP 316 X	SP 316 X	SP 316 X	SP 322 X	SP 322 X	SP 322 X	SP 322 X	SP 322 X	SP 322 X	SP 363	SP 363				

图 11-11 控制站内部卡件布置

(3) 软件配置

工程师站配置SCkey组态软件包和AdvanTrol监控软件包；操作站配置AdvanTrol监控软件包。

11.3.4.3 系统组态

由于DCS系统的通用性和复杂性，系统的许多功能及匹配参数需要根据具体场合由用户设定。例如，系统采集什么样的信号、采用何种控制方案、怎样控制、操作时需显示什么数据、如何操作等。另外，为适应各种特定的需要，集散系统备有丰富的I/O卡件、各种控制模块及多种操作平台，用户一般根据自身的要求选择硬件设备，有关系统的硬件设备的配置情况也需要用户提供给系统。当系统需要与另外系统进行数据通信时，用户还需要将系统所采用的协议、使用的端口告诉控制系统。以上是需要用户为系统设定各项参数的操作，即所谓的“系统组态”。

系统组态通常是在工程师站上利用组态软件SCkey完成，然后下载到控制站执行。

(1) 系统组态

首先根据前面给出的系统硬件配置组态控制站和操作站，并确定好其地址。

(2) 控制站组态

控制站组态主要包括硬件组态、自定义变量组态、折线表组态、系统控制方案组态等，其任务是要确定控制站组成情况及所要执行的程序和所用的参量。

① 硬件组态　根据控制站卡件布置图及卡件端子接线图，对各卡件及信号点进行组态。卡件组态的内容有卡件地址、卡件型号、冗余与否，信号点组态的内容有位号、地址、类型（AI、AO、DI、DO等），信号点参数设置应确定测点信号类型等。

② 自定义变量组态　自定义变量的作用是在上下位机之间建立交流的途径，上下位机均可读可写。点击“控制站”下拉菜单中的“自定义变量”，即可进入自定义变量组态画面，根据监控的要求将相应的变量名填入位号一栏。

③ 系统控制方案组态　系统控制方案组态可分为常规控制方案组态和自定义控制方案组态。

常规控制方案组态在组态窗口中进行，表11-7列出了JX-300X系统支持的8种常用的典型控制方案。对常规控制方案，组态时只需在对话框中填入相应的输入输出位号及回路位号就可实现相应的调节运算，而无需编制程序。

表11-7　常规控制方案

控制方案	回路数	控制方案	回路数
手操器	单回路	串级前馈	双回路
单回路	单回路	单回路比值	单回路
串级调节	双回路	串级变比值-乘法器	双回路
单回路前馈	单回路	采样控制	单回路

以汽包水位控制为例，若汽包水位高度位号为LC201，给水流量位号为FI302，给水调节阀位号为LZ2011，前馈控制的主汽流量位号为FI301，给水流量回路位号为S02-L000，汽包水位高度回路位号为S02-L001，则在组态时可按如下步骤进行。

a. 点击“控制站”菜单下的“常规控制方案组态”，进入“常规回路”画面。

b. 在“控制方案”中选择“串级前馈”。

c. 点击“设置”即可对参数进行设置，如图11-12所示。

d. PID参数是在监控画面中设置的。

前述的炉膛负压控制（单回路前馈）、汽包水位控制（串级前馈）、除氧器压力控制（单回路）、除氧器液位控制（单回路）都可以直接组态。

对一些有特殊要求的控制，必须根据实际需要自己定义控制方案，自定义控制方案可通过SCX语言编程和图形化编程两种方式实现。

(3) 操作站组态

操作站组态是对系统操作站上操作画面和监控画面的组态，是面向操作人员的PC操作平台的定义。它主要包括操作小组设置、标准画面组态、流程图、报表、自定义键、语音报警六部

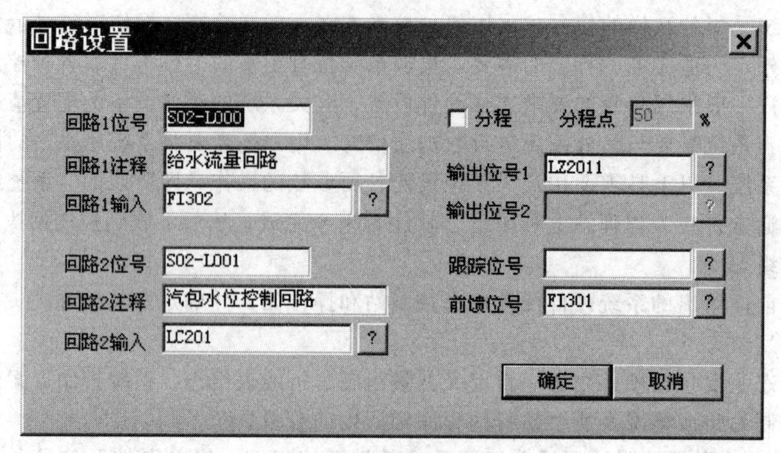

图 11-12　串级前馈控制方案组态设置

分。在进行操作站组态前，必须先进行系统的单元登录及系统控制站组态，只有当这些组态信息已经存在，系统的操作站组态才有意义。

(4) 编译、下载

系统组态完毕之后，必须通过编译命令将组态保存信息转化为控制站（控制卡）和操作站识别的信息，再通过下载命令将组态传送到控制站执行。

11.4　FCS 在大颗粒尿素装置中的应用简介

目前，FCS 技术在产业化方面已逐渐走向成熟，FCS 在国内的应用已涉及了炼油、冶金、化工、锅炉等各个领域。迄今为止，在众多的 FCS 中 DeltaV 系统应该是最为成功的一套现场总线控制系统之一。下面以 DeltaV 系统在某化工企业年产 16 万吨大颗粒尿素装置上的应用为例，介绍现场总线控制系统在设计、安装、运行方面的特点以及如何实现现场总线控制系统。

11.4.1　工艺简介

世界上各种大颗粒尿素生产工艺都具有基本相似的工艺流程，主要由造粒、筛分、冷却和洗涤这几部分组成，每种工艺的特点取决于其造粒技术。目前工业化的大颗粒尿素造粒技术主要有高温盘式造粒、流化床造粒、喷射流化床造粒及流化床转鼓造粒等。虽然各种造粒技术在生产工艺、原料要求等方面有所不同，但它们在最终产品质量、环保性能等方面并没有太大的区别。

16 万吨/年大颗粒尿素装置是某大型化工企业的一个新建项目，采用了流化床转鼓造粒技术，整个大颗粒尿素的生产装置由一套 DeltaV 系统来实现控制。为简单起见，现把该装置测控点的数量和类型列于表 11-8 中。

表 11-8　测控点的数量和类型

<table>
<tr><th colspan="2">功能
类型</th><th>控制</th><th>监视</th><th>备注</th></tr>
<tr><td rowspan="5">输入</td><td>FF 总线信号</td><td>18</td><td>8</td><td></td></tr>
<tr><td>4～20mA</td><td></td><td>2</td><td>二线制</td></tr>
<tr><td>4～20mA</td><td>1</td><td>9</td><td>四线制</td></tr>
<tr><td>热电阻 RTD</td><td></td><td>5</td><td>Pt100</td></tr>
<tr><td>数字量</td><td colspan="2">88</td><td>无源接点</td></tr>
<tr><td rowspan="2">输出</td><td>4～20mA</td><td colspan="2">18</td><td></td></tr>
<tr><td>数字量</td><td colspan="2">27</td><td>无源接点</td></tr>
</table>

11.4.2 DeltaV 系统简介

DeltaV 系统是在传统 DCS 系统基础上结合现场总线技术开发而成的新一代控制系统。DeltaV 系统的控制网络采用了 FF 规定的拓扑结构，由工作站和控制站构成网络节点，任何两个节点之间可以进行对等信息直接交流。目前，DeltaV 系统的控制网络传输速率可达到 100Mbps。另外，DeltaV 系统还具有开放的网络结构与 OPC 标准、模块化结构设计、所有卡件均可带电插拔等特点。

DeltaV 系统由控制器、I/O 卡件、工作站及其软件系统组成。DeltaV 系统的控制器用于提供现场设备与控制网络中其他节点之间的通信和控制，可完成从简单到复杂的监视、联锁及回路控制。所有 I/O 卡件均为模块化设计，可即插即用、带电插拔，以便于系统的在线维护和扩展。DeltaV 的 I/O 卡件分为传统 I/O 卡件和现场总线接口卡件两大类，在系统中可混合使用。

11.4.3 控制要求在 FCS 上的实现

11.4.3.1 DeltaV 系统的硬件配置

DeltaV 系统的硬件配置主要包括工作站（上位机）、控制器和 I/O 卡件三个方面。

① 工作站硬件配置　DeltaV 系统允许配置多套工作站系统，以提高系统的可操作性和可靠性。一般来说，每套控制系统至少配置工程师站和操作员站各一台，通常操作员站仅用于系统操作，工程师站用于工程组态、操作、诊断及事件记录外，同时兼作操作员站。控制系统中工作站除了要满足一般计算机系统所需的各种硬件配置之外，(冗余的）控制网络接口是硬件配置的一个关键内容。

② DeltaV 控制器　DeltaV 系统可供配置的控制器有 M3、M5 和 MD 控制器，所有的 DeltaV 控制器均为 1∶1 冗余配置，后备控制器与主控制器采用热备用工作方式，一旦主控制器出现故障，系统可自动切换到后备控制器上。DeltaV 控制器冗余也可在线加入。

本系统配置有一对冗余的 M3 通用控制器，用于完成一般的顺序控制及回路控制功能。

③ I/O 子系统　DeltaV 的 I/O 子系统完全采用模块化设计，安装简单灵活，可即插即用，自动识别卡件类型和地址。I/O 子系统包括：输入输出卡件接口底板，模拟量、开关量输入输出卡及现场总线接口卡。所有 I/O 卡件和现场总线接口卡都安装在输入输出卡件接口底板上，并可方便地带电插拔。DeltaV 系统的每种 I/O 卡件只有 8 个通道，目的是使危险更加分散。

根据本装置的 I/O 点数，配置有如下卡件。

H_1 现场总线接口卡：带 I/O 端子（3 块）

模拟量输入卡：8 通道，二线制 I/O 端子（2 块）

模拟量输入卡：8 通道，四线制 I/O 端子（2 块）

模拟量输入卡：8 通道，RTD I/O 端子（2 块）

模拟量输出卡：8 通道，带保险丝 I/O 端子（7 块）

开关量输入卡：8 通道，24V DC，干触点，带保险丝 I/O 端子（16 块）

开关量输出卡：8 通道，24V DC，常开，带保险丝 I/O 端子（6 块）

11.4.3.2 控制网络

所有控制器与工作站间通过过程控制网络连接。DeltaV 系统的控制网络为冗余的符合 TCP/IP 协议标准的以太网。该网络以总线型结构通过安装在系统中的 HUB 连接所有网络设备（工作站和控制器）。网络通信速率为 10/100Mbps。DeltaV 系统通过 FF 卡件完成对现场总线的支持，每个 FF 卡件可支持两条 H_1 总线，总线的拓扑结构设计可以根据实际情况选择总线型、树型、菊花链或者混合拓扑结构。本项目中的系统配置如图 11-13 所示。

两条现场总线的传输介质选用普通的 DJYPVP 1×2×1.5 电缆，符合系统“A”型电缆的标准，接线盒选用 XJS 系列防尘接线箱，终端器就安装在距控制室最远的接线箱内，其网络拓扑

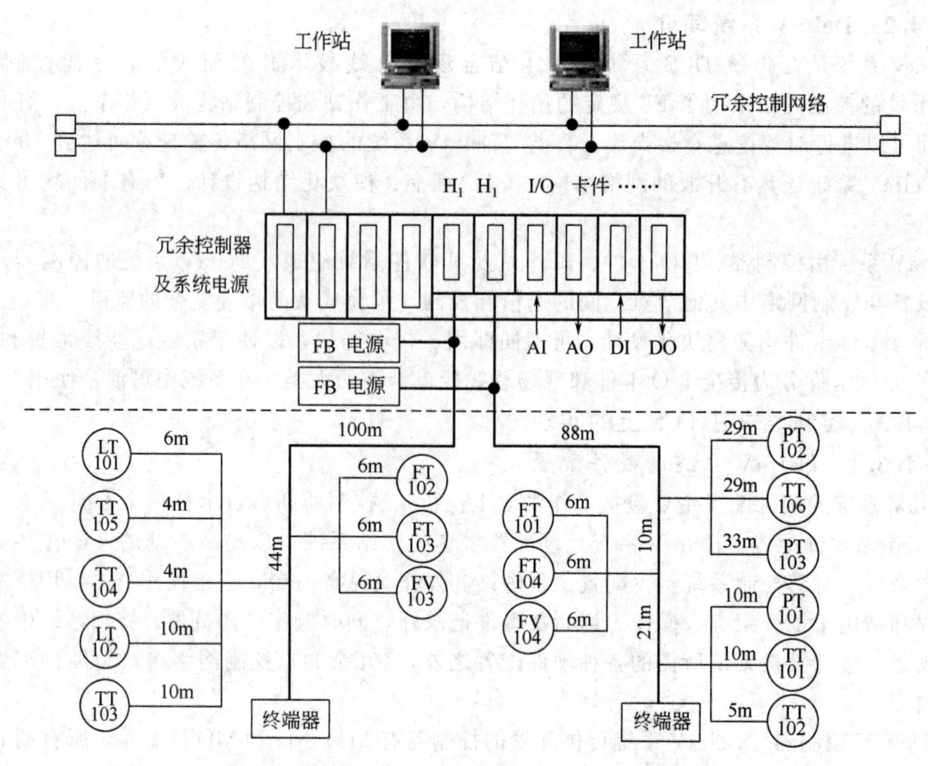

图 11-13　大颗粒尿素装置 FCS 配置示意

结构采用树型。

11.4.3.3　系统组态及操作软件

DeltaV 系统的组态主要包括以下几个部分：构置网络、定义 I/O 通道并下装到卡件，建立区域，组态回路，下装 Module（模块）到控制器，制作流程图画面并进行参数链接以及离线调试等。由于组态软件大量地使用了功能块，组态只需从 Library（用户库）中移动或复制需要的功能块，并进行输入、输出的链接，参数及属性的定义，即可完成相应的组态工作。

DeltaV 系统具有较好的互可操作性，各种 FF（基金会现场总线）现场设备都可以直接集成到系统中。该系统也使用多种不同厂家的现场仪表，包括 3051 系列的 FF 变送器、8711 系列的 FF 电磁流量计、3244 系列的 FF 温度变送器、DVC5000 系列的 FF 电气阀门定位器等。

另外，由于该装置中开关量较多，现场所有的开关量信号均与传统 DCS 一样全部用电缆送入控制室的机柜，并未真正体现现场总线的优越性。但这种结果也恰恰体现出了 FCS 系统的通用性和灵活性。

思考题与习题

1. 设计计算机控制系统一般应掌握哪些设计原则？
2. 何谓初步设计？何谓工程设计？
3. 计算机控制系统设计所要完成的一般性内容有哪些？
4. 在 CPU 型号选择的时候通常需要注意哪些问题？
5. 在计算机控制系统中，安全回路的作用是什么？
6. 举例说明如何实现开关量控制回路的手自动切换和手动操作。
7. 针对一个模拟量控制回路设计一个能实现手自动切换和手动操作的安全回路。如果要求实现自动跟踪手动，该安全回路又需要考虑一些什么问题？

8. 假设某控制系统需要输入21路二线制连接的4～20mA电流信号、15路四线制连接的4～20mA电流信号、3路1～5V DC电压信号、4路Pt100电阻信号，输出7路24V DC开关量信号、7路220V AC开关量信号、32路4～20mA电流信号。要求：①配置S7 PLC的I/O模块并选择合适的CPU单元；②根据可能出现的工艺情况，谈谈在确定系统结构时需要注意的问题。

9. 简述S7-300 PLC的程序结构。逻辑功能块FB和FC各有什么特点？适用在什么场合？

10. 关于先进控制技术在计算机控制系统中的作用，请谈谈你的观点。

11. 简述JX-300X DCS的通信网络结构及其特点。

12. 试述现场总线技术对计算机控制产生的影响。

部分习题参考答案

第1章

8. 最大偏差＝50℃；衰减比＝4.2∶1；振荡周期＝36min

10. (1) $G(s)=\frac{K}{Ts+1}$；(2) $G(s)=\frac{K}{(T_1s+1)(T_2s+1)}$；(3) $G(s)=K_p$

(4) $G(s)=K_p(1+\frac{1}{T_is}+T_ds)$

13. 图1-31：等效传递函数$=\frac{G_1G_2G_3}{1+G_1G_2-G_2G_3G_4}$

图1-32：等效传递函数$=\frac{(1+G_1)G_2}{1+G_2}$

14. (2) $\Delta T(\infty)\approx 2.78$℃；余差≈2.22℃

第2章

7. $T\frac{\mathrm{d}u_o(t)}{\mathrm{d}t}+u_o(t)=Ku_i(t)$，$G(s)=\frac{K}{Ts+1}$，$T=RC$，$K=1$

8. $T\frac{\mathrm{d}p_o(t)}{\mathrm{d}t}+p_o(t)=Kp_i(t)$，$G(s)=\frac{K}{Ts+1}$，$T=RC$，$K=1$

9. $T_1T_2\frac{\mathrm{d}^2h_2(t)}{\mathrm{d}t^2}+(T_1+T_2+R_2C_1)\frac{\mathrm{d}h_2(t)}{\mathrm{d}t}+h_2(t)=Kq_1(t)$

$G(s)=\frac{K}{T_1T_2s^2+(T_1+T_2+R_2C_1)s+1}$

$T_1=R_1C_1$，$T_2=R_2C_2$，$K=R_2$

11. $5\frac{\mathrm{d}y(t)}{\mathrm{d}t}+y(t)=10x(t-2)$

12. 用h表示液位的增量，q_i表示流入量的增量，则

$0.5\frac{\mathrm{d}h(t)}{\mathrm{d}t}=q_i(t)$，$G(s)=\frac{2}{s}$

当$q_i=0.1\mathrm{m}^3/\mathrm{h}$时，$h=\frac{t}{5}$

13. $3.35\frac{\mathrm{d}y(t)}{\mathrm{d}t}+y(t)=60x(t-2)$

27. ≈83％

28. 200％

29. 见附图1和附图2。

30. $K_p=1$，$T_i=1.5\mathrm{min}$，$T_d=0$

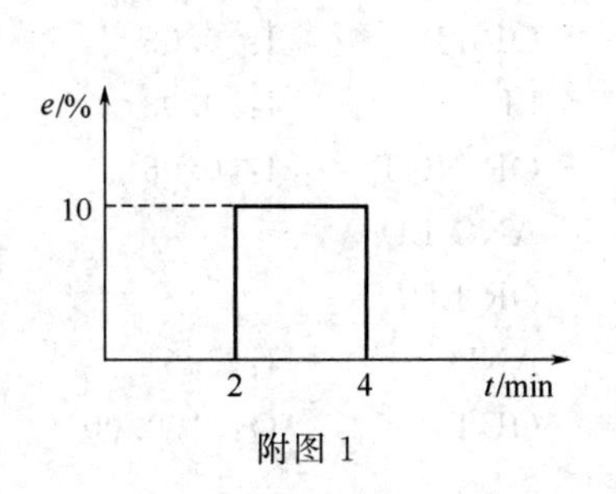

附图 1

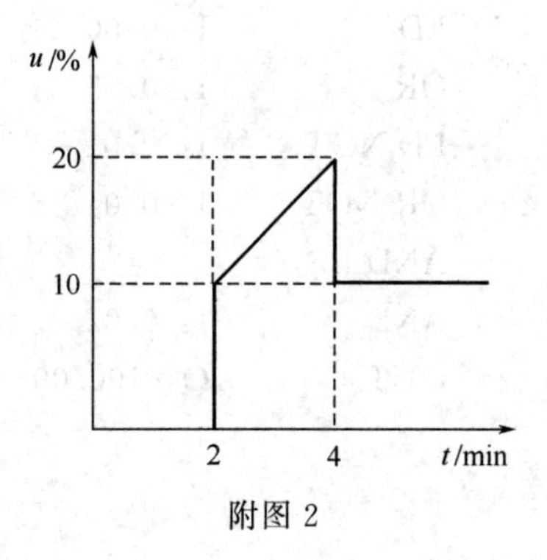

附图 2

31. 见附图 3 和附图 4（m 为系数）。

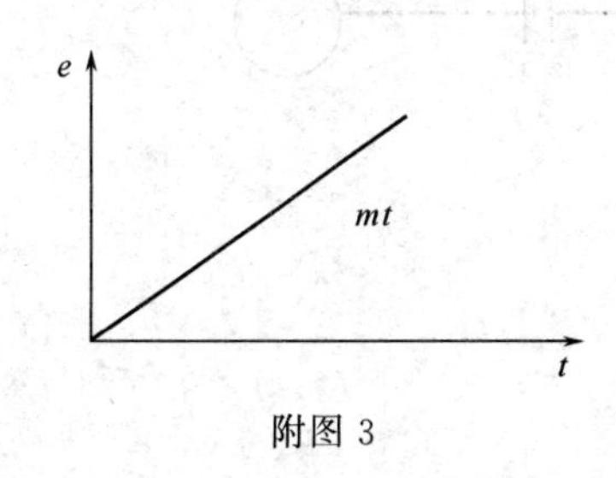

附图 3

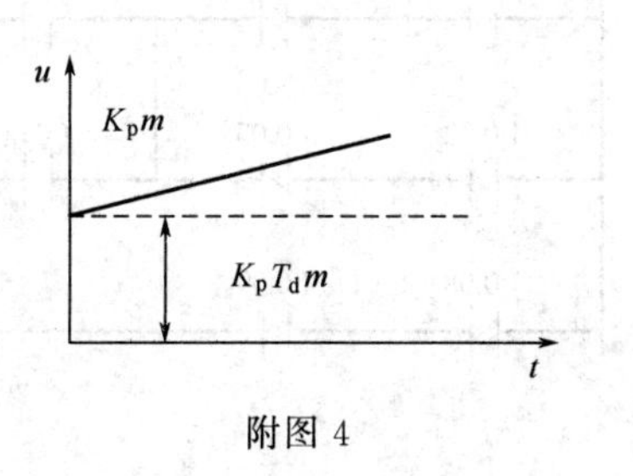

附图 4

第 3 章

4. 0.5 级

5. 不能直接被原系统使用

6. 应该选择测量范围是 0～1000℃的 1.0 级温度检测仪表。选 1.0 级表更合适，0.5 级表可以用于要求更高的场合。

13. 8mA，14mA

19. 0～2.5MPa，1.5 级

20. 0～25MPa，1.5 级，仪表材质不能含 Cu

29. 959.9℃；540.8℃

30. 1355.4℃

33. 157.1℃

38. $5.71\text{m}^3/\text{h}$；$5.95\text{m}^3/\text{h}$

39. $106.5\text{m}^3/\text{h}$

44. $\Delta p_{\max}=11183.4\text{Pa}$，变送器量程应选 0～16kPa，负迁移，迁移量为 11183.4Pa

第 5 章

13. (1)

```
A    I 0.0
A (
  O    I 0.1
  O    I 0.2
  )
  =    Q 0.0
```

(2)

```
A    I 0.0
AN   I 0.1
A    I 0.2
=    Q 0.0
```

14. （1）

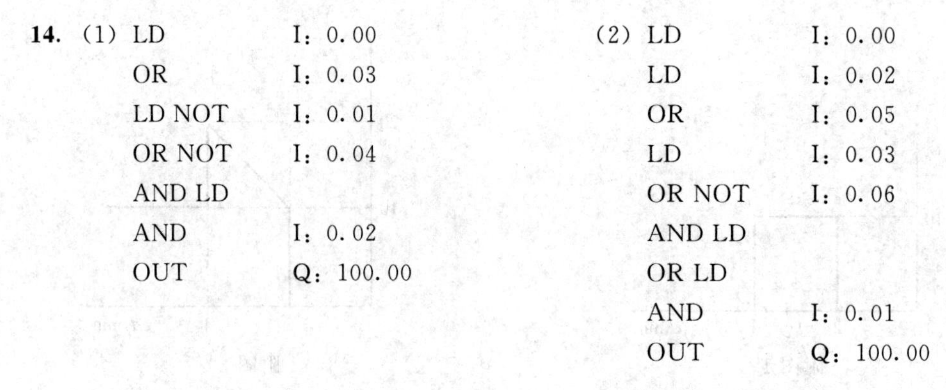

```
LD        I：0.00
OR        I：0.03
LD NOT    I：0.01
OR NOT    I：0.04
AND LD
AND       I：0.02
OUT       Q：100.00
```

（2）

```
LD        I：0.00
LD        I：0.02
OR        I：0.05
LD        I：0.03
OR NOT    I：0.06
AND LD
OR LD
AND       I：0.01
OUT       Q：100.00
```

15.

16.

```
AN    I 0.3
=     L 0.0
A     L 0.0
A(
O     I 0.0
O     Q 0.0
)
AN    Q 0.1
AN    Q 0.2
=     Q 0.0
A     L 0.0
A(
O     I 0.1
O     Q 0.1
)
AN    Q 0.0
AN    Q 0.2
=     Q 0.1
A     L 0.0
A(
O     I 0.2
O     Q 0.2
)
AN    Q 0.0
AN    Q 0.1
=     Q 0.2
```

说明：参考答案中假设，主席台上的按钮输入地址为I0.3，三个抢答台的按钮输入地址分别为I0.0、I0.1、I0.2，三个抢答台上的指示灯信号分别由Q0.0、Q0.1、Q0.2输出。程序中L0.0为临时变量地址（也可以不用临时变量）。

17. 开30s，关20s，开30s，关20s……的脉冲信号输出程序：

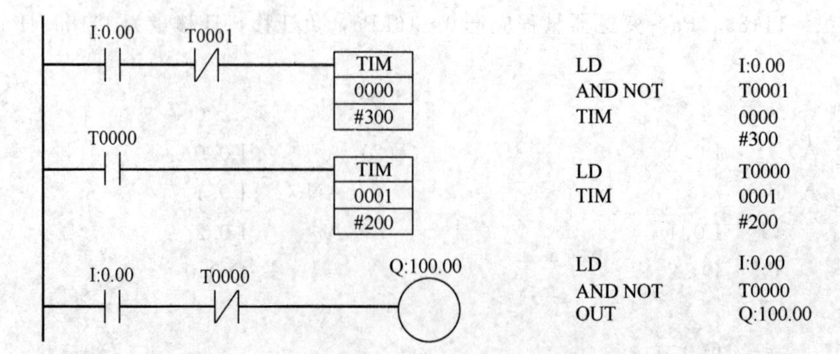

第6章

16. $K_v=16$，$D_g=32mm$

第7章

14. 气开、反作用

15. 图 7-25（a）：气开、反作用
图 7-25（b）：气开、正作用

16.（1）气开、反作用
（2）气关、反作用

附　录

附录1　部分压力单位的换算关系

单位	帕 Pa	巴 bar	毫米水柱 mmH_2O	标准大气压 atm	工程大气压 at	毫米汞柱 mmHg
帕 Pa	1	1×10^{-5}	1.019716×10^{-1}	0.986923×10^{-5}	1.019716×10^{-5}	0.75006×10^{-2}
巴 bar	1×10^{5}	1	1.019716×10^{4}	0.986923	1.019716	0.75006×10^{3}
毫米水柱 mmH_2O	0.980665×10	0.980665×10^{-4}	1	0.967841×10^{-4}	1×10^{-4}	0.735559×10^{-1}
标准大气压 atm	1.01325×10^{5}	1.01325	1.033227×10^{4}	1	1.033227	0.76×10^{3}
工程大气压 at	0.980665×10^{5}	0.980665	1×10^{4}	0.967841	1	0.735559×10^{3}
毫米汞柱 mmHg	1.333224×10^{2}	1.333224×10^{-3}	1.35951×10	1.31579×10^{-3}	1.35951×10^{-3}	1

附录2　热电偶分度表

附录表 2-1　铂铑$_{10}$-铂热电偶（S型）分度表（参考端温度为0℃）

温度/℃	0	10	20	30	40	50	60	70	80	90
	热电势/mV									
0	0.000	0.055	0.113	0.173	0.235	0.299	0.365	0.432	0.502	0.573
100	0.645	0.719	0.795	0.872	0.950	1.029	1.109	1.190	1.273	1.356
200	1.440	1.525	1.611	1.698	1.785	1.873	1.962	2.051	2.141	2.232
300	2.323	2.414	2.506	2.599	2.692	2.786	2.880	2.974	3.069	3.164
400	3.260	3.356	3.452	3.549	3.645	3.743	3.840	3.938	4.036	4.135
500	4.234	4.333	4.432	4.532	4.632	4.732	4.832	4.933	5.034	5.136
600	5.237	5.339	5.442	5.544	5.648	5.751	5.855	5.960	6.064	6.169
700	6.274	6.380	6.486	6.592	6.699	6.805	6.913	7.020	7.128	7.236
800	7.345	7.454	7.563	7.672	7.782	7.892	8.003	8.114	8.225	8.336
900	8.448	8.560	8.673	8.786	8.899	9.012	9.126	9.240	9.355	9.470
1000	9.585	9.700	9.816	9.932	10.048	10.165	10.282	10.400	10.517	10.635
1100	10.754	10.872	10.991	11.110	11.229	11.348	11.467	11.587	11.707	11.827
1200	11.947	12.067	12.188	12.308	12.429	12.550	12.671	12.792	12.913	13.034
1300	13.155	13.276	13.397	13.519	13.640	13.761	13.883	14.004	14.125	14.247
1400	14.368	14.489	14.610	14.731	14.852	14.973	15.094	15.215	15.336	15.456
1500	15.576	15.697	15.817	15.937	16.057	16.176	16.296	16.415	16.534	16.653
1600	16.771	16.890	17.008	17.125	17.245	17.360	17.477	17.594	17.711	17.826
1700	17.924	18.056	18.170	18.282	18.394	18.504	18.612			

附录表 2-2　铂铑$_{30}$-铂铑$_6$热电偶（B型）分度表（参考端温度为0℃）

温度/℃	0	10	20	30	40	50	60	70	80	90
	热电势/mV									
0	0.000	−0.002	−0.003	−0.002	−0.000	0.002	0.006	0.011	0.017	0.025
100	0.033	0.043	0.053	0.065	0.078	0.092	0.107	0.123	0.141	0.159
200	0.178	0.199	0.220	0.243	0.267	0.291	0.317	0.344	0.372	0.401
300	0.431	0.462	0.494	0.527	0.561	0.596	0.632	0.669	0.707	0.746
400	0.787	0.828	0.870	0.913	0.957	1.002	1.048	1.095	1.143	1.192

续表

温度/℃	0	10	20	30	40	50	60	70	80	90
	热电势/mV									
500	1.242	1.293	1.344	1.397	1.451	1.505	1.561	1.617	1.675	1.733
600	1.792	1.852	1.913	1.975	2.037	2.101	2.165	2.230	2.296	2.363
700	2.431	2.499	2.569	2.639	2.710	2.782	2.854	2.928	3.002	3.078
800	3.154	3.230	3.308	3.386	3.466	3.546	3.626	3.708	3.790	3.873
900	3.957	4.041	4.127	4.213	4.299	4.387	4.475	4.564	4.653	4.743
1000	4.834	4.926	5.018	5.111	5.205	5.299	5.394	5.489	5.585	5.682
1100	5.780	5.878	5.976	6.075	6.175	6.276	6.377	6.478	6.580	6.683
1200	6.786	6.890	6.995	7.100	7.205	7.311	7.417	7.524	7.632	7.740
1300	7.848	7.957	8.066	8.176	8.286	8.397	8.508	8.620	8.731	8.844
1400	8.956	9.069	9.182	9.296	9.410	9.524	9.639	9.753	9.868	9.984
1500	10.099	10.215	10.331	10.447	10.563	10.679	10.796	10.913	11.029	11.146
1600	11.263	11.380	11.497	11.614	11.731	11.848	11.965	12.082	12.199	12.316
1700	12.433	12.549	12.666	12.782	12.898	13.014	13.130	13.246	13.361	13.476
1800	13.591	13.706	13.820							

附录表 2-3 镍铬-铜镍热电偶（E 型）分度表（参考端温度为 0℃）

温度/℃	0	10	20	30	40	50	60	70	80	90
	热电势/mV									
0	0.000	0.591	1.192	1.801	2.419	3.047	3.683	4.329	4.983	5.646
100	6.317	6.996	7.683	8.377	9.078	9.787	10.501	11.222	11.949	12.681
200	13.419	14.161	14.909	15.661	16.417	17.178	17.942	18.710	19.481	20.256
300	21.033	21.814	22.597	23.383	24.171	24.961	25.754	26.549	27.345	28.143
400	28.943	29.744	30.546	31.350	32.155	32.960	33.767	34.574	35.382	36.190
500	36.999	37.808	38.617	39.426	40.236	41.045	41.853	42.662	43.470	44.278
600	45.085	45.891	46.697	47.502	48.306	49.109	49.911	50.713	51.513	52.312
700	53.110	53.907	54.703	55.498	56.291	57.083	57.873	58.663	59.451	60.237
800	61.022	61.806	62.588	63.368	64.147	64.924	65.700	66.473	67.245	68.015
900	68.783	69.549	70.313	71.075	71.835	72.593	73.350	74.104	74.857	75.608

附录表 2-4 镍铬-镍硅热电偶（K 型）分度表（参考端温度为 0℃）

温度/℃	0	10	20	30	40	50	60	70	80	90
	热电势/mV									
0	0.000	0.397	0.798	1.203	1.612	2.023	2.436	2.851	3.267	3.682
100	4.096	4.509	4.920	5.328	5.735	6.138	6.540	6.941	7.340	7.739
200	8.138	8.539	8.940	9.343	9.747	10.153	10.561	10.971	11.382	11.295
300	12.209	12.624	13.040	13.457	13.874	14.293	14.713	15.133	15.554	15.975
400	16.397	16.820	17.243	17.667	18.091	18.516	18.941	19.366	19.792	20.218
500	20.644	21.071	21.497	21.924	22.350	22.776	23.203	23.629	24.055	24.480
600	24.905	25.330	25.755	26.179	26.602	27.025	27.447	27.869	28.289	28.710
700	29.129	29.548	29.965	30.382	30.798	31.213	31.628	32.041	32.453	32.865
800	33.275	33.685	34.093	34.501	34.908	35.313	35.718	36.121	36.524	36.925
900	37.326	37.725	38.124	38.522	38.918	39.314	39.708	40.101	40.494	40.885
1000	41.276	41.665	42.053	42.440	42.826	43.211	43.595	43.978	44.359	44.740
1100	45.119	45.497	45.873	46.249	46.623	46.995	47.367	47.737	48.105	48.473
1200	48.838	49.202	49.565	49.926	50.286	50.644	51.000	51.355	51.708	52.060
1300	52.410	52.759	53.106	53.451	53.795	54.138	54.479	54.819		

附录3 热电阻分度表

附录表 3-1 工业用铂热电阻（Pt100）分度表（$R_0=100\Omega$）

温度/℃	0	1	2	3	4	5	6	7	8	9
	热电阻/Ω									
−150	39.71	39.30	38.88	38.46	38.04	37.63	37.21	36.79	36.37	35.95
−140	43.87	43.45	43.04	42.63	42.21	41.79	41.38	40.96	40.55	40.13
−130	48.00	47.59	47.18	46.76	46.35	45.94	45.52	45.11	44.70	44.28
−120	52.11	51.70	51.29	50.88	50.47	50.06	49.64	49.23	48.82	48.41
−110	56.19	55.78	55.38	54.97	54.56	54.15	53.74	53.33	52.92	52.52
−100	60.25	59.85	59.44	59.04	58.63	58.22	57.82	57.41	57.00	56.60
−90	64.30	63.90	63.49	63.09	62.68	62.28	61.87	61.47	61.06	60.66
−80	68.33	67.92	67.52	67.12	66.72	66.31	65.91	65.51	65.11	64.70
−70	72.33	71.93	71.53	71.13	70.73	70.33	69.93	69.53	69.13	68.73
−60	76.33	75.93	75.53	75.13	74.73	74.33	73.93	73.53	73.13	72.73
−50	80.31	79.91	79.51	79.11	78.72	78.32	77.92	77.52	77.13	76.73
−40	84.27	83.88	83.48	83.08	82.69	82.29	81.89	81.50	81.10	80.70
−30	88.22	87.83	87.43	87.04	86.64	86.25	85.85	85.46	85.06	84.67
−20	92.16	91.77	91.37	90.98	90.59	90.19	89.80	89.40	89.01	88.62
−10	96.09	95.69	95.30	94.91	94.52	94.12	93.73	93.34	92.95	92.55
0	100.00	99.61	99.22	98.83	98.44	98.04	97.65	97.26	96.87	96.48
0	100.00	100.39	100.78	101.17	101.56	101.95	102.34	102.73	103.13	103.51
10	103.90	104.29	104.68	105.07	105.46	105.85	106.24	106.63	107.02	107.40
20	107.79	108.18	108.57	108.96	109.35	109.73	110.12	110.51	110.90	111.28
30	111.67	112.06	112.45	112.83	113.22	113.61	113.99	114.38	114.77	115.15
40	115.54	115.93	116.31	116.70	117.08	117.47	117.85	118.24	118.62	119.01
50	119.40	119.78	120.16	120.55	120.93	121.32	121.70	122.09	122.47	122.86
60	123.24	123.62	124.01	124.39	124.77	125.16	125.54	125.92	126.31	126.69
70	127.07	127.45	127.84	128.22	128.60	128.98	129.37	129.75	130.13	130.51
80	130.89	131.27	131.66	132.04	132.42	132.80	133.18	133.56	133.94	134.32
90	134.70	135.08	135.46	135.84	136.22	136.60	136.98	137.36	137.74	138.12
100	138.50	138.88	139.26	139.64	140.02	140.39	140.77	141.15	141.53	141.91
110	142.29	142.66	143.04	143.42	143.80	144.17	144.55	144.93	145.31	145.68
120	146.06	146.44	146.81	147.19	147.57	147.94	148.32	148.70	149.07	149.45
130	149.82	150.20	150.57	150.95	151.33	151.70	152.08	152.45	152.83	153.20
140	153.58	153.95	154.32	154.70	155.07	155.45	155.82	156.19	156.57	156.94
150	157.31	157.69	158.06	158.43	158.81	159.18	159.55	159.93	160.30	160.67
160	161.04	161.42	161.79	162.16	162.53	162.90	163.27	163.65	164.02	164.39
170	164.76	165.13	165.50	165.87	166.24	166.61	166.98	167.35	167.72	168.09
180	168.46	168.83	169.20	169.57	169.94	170.31	170.68	171.05	171.42	171.79
190	172.16	172.53	172.90	173.26	173.63	174.00	174.37	174.74	175.10	175.47
200	175.84	176.21	176.57	176.94	177.31	177.68	178.04	178.41	178.78	179.14
210	179.51	179.88	180.24	180.61	180.97	181.34	181.71	182.07	182.44	182.80
220	183.17	183.53	183.90	184.26	184.63	184.99	185.36	185.72	186.09	186.45
230	186.82	187.18	187.54	187.91	188.27	188.63	189.00	189.36	189.72	190.09
240	190.45	190.81	191.18	191.54	191.90	192.26	192.63	192.99	193.35	193.71
250	194.07	194.44	194.80	195.16	195.52	195.88	196.24	196.60	196.96	197.33
260	197.69	198.05	198.41	198.77	199.13	199.49	199.85	200.21	200.57	200.93
270	201.29	201.65	202.01	202.36	202.72	203.08	203.44	203.80	204.16	204.52
280	204.88	205.23	205.59	205.95	206.31	206.67	207.02	207.38	207.74	208.10
290	208.45	208.81	209.17	209.52	209.88	210.24	210.59	210.95	211.31	211.66
300	212.02	212.37	212.73	213.09	213.44	213.80	214.15	214.51	214.86	215.22

附录表 3-2　工业用铜热电阻（Cu100）分度表（R_0＝100Ω）

温度/℃	0	1	2	3	4	5	6	7	8	9
	热电阻/Ω									
－50	78.49									
－40	82.80	82.36	81.94	81.50	81.08	80.64	80.20	79.78	79.34	78.92
－30	87.10	86.68	86.24	85.82	85.38	84.95	84.54	84.10	83.66	83.22
－20	91.40	90.98	90.54	90.12	89.68	89.26	88.82	88.40	87.96	87.54
－10	95.70	95.28	94.84	94.42	93.98	93.56	93.12	92.70	92.26	91.84
0	100.00	99.56	99.14	98.70	98.28	97.84	97.42	97.00	96.56	96.14
0	100.00	100.42	100.86	101.28	101.72	102.14	102.56	103.00	103.43	103.86
10	104.28	104.72	105.14	105.56	106.00	106.42	106.86	107.28	107.72	108.14
20	108.56	109.00	109.42	109.84	110.28	110.70	111.14	111.56	112.00	112.42
30	112.84	113.28	113.70	114.14	114.56	114.98	115.42	115.84	116.28	116.70
40	117.12	117.56	117.98	118.40	118.84	119.26	119.70	120.12	120.54	120.98
50	121.40	121.84	122.26	122.68	123.12	123.54	123.96	124.40	124.82	125.26
60	125.68	126.10	126.54	126.96	127.40	127.82	128.24	128.68	129.10	129.32
70	129.96	130.38	130.82	131.24	131.66	132.10	132.52	132.96	133.38	133.80
80	134.24	134.66	135.08	135.52	135.94	136.38	136.80	137.24	137.66	138.08
90	138.52	138.94	139.36	139.80	140.22	140.66	141.08	141.52	141.94	142.36
100	142.80	143.22	143.66	144.08	144.50	144.94	145.36	145.80	146.22	146.66
110	147.08	147.50	147.94	148.36	148.80	149.22	149.66	150.08	150.52	150.94
120	151.36	151.80	152.22	152.66	153.08	153.52	153.94	154.38	154.80	155.24
130	155.66	156.10	156.52	156.96	157.38	157.82	158.24	158.68	159.10	159.54
140	159.96	160.40	160.82	161.28	161.68	162.12	162.54	162.98	163.40	163.84

参 考 文 献

[1] 杨丽明，张光新．化工仪表及自动化．北京：化学工业出版社，2004.
[2] 厉玉鸣. 化工仪表及自动化. 第5版. 北京：化学工业出版社，2011.
[3] 沈平，赵宏，孙优贤. 过程控制理论基础. 杭州：浙江大学出版社，1991.
[4] 王骥程，祝和云. 化工过程控制工程. 北京：化学工业出版社，1991.
[5] 周泽魁. 控制仪表与计算机控制装置. 北京：化学工业出版社，2002.
[6] 杜维，张宏建，乐嘉华. 过程检测技术及仪表. 北京：化学工业出版社，1998.
[7] 俞金寿，孙自强. 过程自动化及仪表. 第3版. 北京：化学工业出版社，2015.
[8] 李海青，黄志尧. 软测量技术原理及应用. 北京：化学工业出版社，1999.
[9] 周泽魁等. EK系列过程控制仪表与1751电容式变送器. 杭州：浙江大学出版社，1992.
[10] 吴勤勤等. 控制仪表及装置. 北京：化学工业出版社，1997.
[11] 向婉成等. 控制仪表与装置. 北京：机械工业出版社，1999.
[12] 张永德. 过程控制装置. 北京：化学工业出版社，2000.
[13] 王家桢，阳宪惠. 现场总线技术及其应用. 北京：清华大学出版社，1999.
[14] 吴国熙. 调节器与执行器. 北京：清华大学出版社，2001.
[15] 张宝芬等. 自动检测技术及仪表控制系统. 北京：化学工业出版社，2000.
[16] 吴国熙. 调节阀使用与维修. 北京：化学工业出版社，1999.
[17] 徐世许. 可编程序控制器原理、应用、网络. 合肥：中国科学技术大学出版社，2000.
[18] 杨献勇. 热工过程自动控制. 北京：清华大学出版社，2000.
[19] 王树青，赵鹏程. 集散型计算机控制系统（DCS）. 杭州：浙江大学出版社，1996.
[20] 俞金寿，何衍庆. 集散控制系统. 北京：化学工业出版社，1995.
[21] 郭宗仁等. 可编程控制器及其通信网络技术. 北京：人民邮电出版社，1999.
[22] 江秀汉等. 可编程控制器原理及应用. 西安：西安电子科技大学出版社，2000.
[23] 齐蓉. 可编程控制器教程. 西安：西北工业大学出版社，2000.
[24] 邱公伟. 可编程控制器网络通信及应用. 北京：清华大学出版社，2000.
[25] 郑晟等. 现代可编程控制器原理与应用. 北京：科学出版社，1999.
[26] 王慧. 计算机控制系统. 北京：化学工业出版社，2000.
[27] 林锦国. 过程控制系统·仪表·装置. 南京：东南大学出版社，2001.
[28] 李士勇. 模糊控制·神经控制和智能控制. 哈尔滨：哈尔滨工业大学出版社，1998.
[29] 缪学勤. 现场总线技术的最新进展. 自动化仪表，2000，21（6）.
[30] 缪学勤. 现场总线技术的最新进展（续）. 自动化仪表，2000，21（7）.
[31] 杜维，张宏建，王会芹. 过程检测技术及仪表. 第2版. 北京：化学工业出版社，2011.
[32] 蔡武昌. 从FLOMEKO 2010看流量测量技术和仪表的发展. 石油化工自动化，2011，47（5）.
[33] 蔡武昌. 流量检测技术和传感器设计若干趋势. 自动化仪表，2007，28卷.
[34] 施鑫. 浅谈流量仪表的技术现状及发展方向. 资源节约与环保，2014，10.
[35] 王魁汉. 温度测量技术的最新动态及特殊与实用测温技术. 自动化仪表，2001，22（8）.
[36] 杨永军. 温度测量技术现状和发展概述. 计测技术，2009，29.
[37] 杨朝虹. 新型液位检测技术的现状与发展趋势. 工矿自动化，2009，6.
[38] 葛君山. 液位检测技术的现状与发展趋势. 船电技术，2013，33（2）.
[39] 石油化工装置安全仪表系统设计探讨. 河南化工，2008，25.
[40] 石油化工安全仪表系统设计规范. 中国石化工程建设公司. 北京：2003.